“十三五”普通高等教育本科部委级规划教材

食品机械与设备

顾　林　陶玉贵　主编
刘汉涛　权伍荣　副主编

中国纺织出版社
全国百佳图书出版单位
国家一级出版社

内 容 提 要

本书按单元操作系统介绍了食品工业普遍使用的机械与设备,重点论述典型设备的工作原理、主要结构形式、特点及应用范围,具有较强的实用性。

本书共分十三章,分别介绍输送机械与设备,清洗与分级分选机械与设备,分离机械与设备,脱壳与脱皮机械与设备,粉碎与切割机械与设备,搅拌、混合及均质机械与设备,食品成型机械与设备,杀菌机械与设备,干燥机械与设备,浓缩设备,冷冻机械与设备,发酵机械与设备,包装机械与设备。

本书为高等院校食品科学与工程及相关专业本科教材及教学参考书,亦可供食品工业工程技术人员、科研人员以及从业人员参考。

图书在版编目(CIP)数据

食品机械与设备/顾林,陶玉贵主编. -- 北京:中国纺织出版社,2016.6(2024.2 重印)
“十三五”普通高等教育本科部委级规划教材
ISBN 978-7-5180-2533-6

Ⅰ.①食… Ⅱ.①顾… ②陶… Ⅲ.①食品加工设备—高等学校—教材 Ⅳ.①TS203

中国版本图书馆 CIP 数据核字(2016)第 073819 号

责任编辑:彭振雪　责任设计:品欣排版　责任印制:王艳丽

中国纺织出版社出版发行
地址:北京市朝阳区百子湾东里 A407 号楼　邮政编码:100124
销售电话:010—67004422　传真:010—87155801
http://www.c-textilep.com
E-mail:faxing@c-textilep.com
中国纺织出版社天猫旗舰店
官方微博 http://weibo.com/2119887771
北京虎彩文化传播有限公司印刷　各地新华书店经销
2016 年 6 月第 1 版　2024 年 2 月第 6 次印刷
开本:787×1092　1/16　印张:24.5
字数:404 千字　定价:48.00 元

《食品机械与设备》编委会成员

主　编　顾　林　扬州大学

　　　　　陶玉贵　安徽工程大学

副主编　刘汉涛　内蒙古农业大学

　　　　　权伍荣　延边大学

参　编（按姓氏笔画排序）

　　　　　千春录　扬州大学

　　　　　权伍荣　延边大学

　　　　　刘汉涛　内蒙古农业大学

　　　　　李素云　郑州轻工业学院

　　　　　顾　林　扬州大学

　　　　　徐　良　苏州农业职业技术学院

　　　　　陶玉贵　安徽工程大学

　　　　　曹仲文　扬州大学

普通高等教育食品专业系列教材
编委会成员

前言

食品机械与设备是食品工业实现加工目的的重要工具，没有食品机械与设备就无法形成食品工业，食品机械与设备直接体现了食品工业的技术水平及先进性。食品工业的快速发展促进了食品机械与设备的技术进步；而技术先进、性能优越的新设备在食品工业获得应用，也推动了食品工业的持续发展。本书按食品机械设备的共性，结合食品生产特性及工艺过程，重点介绍食品机械设备的分类、工作原理及特点，典型设备的结构、适用范围。从教学、科研和生产实际出发，力求理论联系实际，反映食品加工新技术、新装备，为食品机械设备的应用提供理论指导。

本书共分十三章，由扬州大学、安徽工程大学、内蒙古农业大学、延边大学、郑州轻工业学院、苏州农业职业技术学院等院校多年从事食品科学与工程专业教学科研工作、主讲食品机械与设备课程的教师共同编写。本书执笔编写人员有扬州大学顾林（绪论、第6章），内蒙古农业大学刘汉涛（第1章、第5章、第13章），郑州轻工业学院李素云（第2章、第7章、第11章），扬州大学千春录（第2章、第5章），扬州大学曹仲文（第3章），苏州农业职业技术学院徐良（第4章、第9章），延边大学权伍荣（第4章、第9章），安徽工程大学陶玉贵（第8章、第10章、第12章）。本书由扬州大学顾林负责统稿。

食品机械与设备种类繁多、品质多样、难以全面覆盖，本书以应用为目标，以典型设备为例，按单元操作对食品机械设备进行介绍。本书供高等院校食品科学与工程及相关专业本科学生作为教材或教学参考书，也可供食品工业工程技术人员、科研人员以及从业人员参考。

由于编者水平局限，本书可能存在疏漏，敬请本书读者给予批评指正，本书编写过程中参考了相关教材内容以及有关专家和研究人员的专著和科研成果，在此表示深深的感谢与敬意。

本书得到扬州大学出版基金资助。

编者

2015年11月

目 录

绪论 …………………………………………………………………………… (1)
第 1 章 输送机械与设备 ……………………………………………… (10)
1.1 带式输送机 ……………………………………………………… (10)
1.1.1 带式输送机的结构和工作原理 ……………………………… (11)
1.1.2 带式输送机的主要构件 ……………………………………… (11)
1.2 螺旋输送机 ……………………………………………………… (15)
1.2.1 螺旋输送机的原理 …………………………………………… (15)
1.2.2 水平螺旋输送机 ……………………………………………… (15)
1.2.3 垂直螺旋输送机 ……………………………………………… (17)
1.3 斗式提升机 ……………………………………………………… (17)
1.3.1 斗式提升机的结构和工作原理 ……………………………… (17)
1.3.2 斗式提升机的主要构件 ……………………………………… (19)
1.4 气力输送设备 …………………………………………………… (20)
1.4.1 气力输送装置的基本类型 …………………………………… (21)
1.4.2 气力输送装置的主要部件 …………………………………… (23)
1.5 液体物料输送机械 ……………………………………………… (34)
1.5.1 离心泵 ………………………………………………………… (34)
1.5.2 螺杆泵 ………………………………………………………… (36)
1.5.3 齿轮泵 ………………………………………………………… (37)
1.5.4 滑片泵 ………………………………………………………… (37)
1.5.5 活塞泵 ………………………………………………………… (38)
第 2 章 清洗与分级分选机械与设备 ………………………………… (40)
2.1 清洗机械与设备 ………………………………………………… (40)
2.1.1 鼓风式清洗机械 ……………………………………………… (40)
2.1.2 滚筒式清洗机械 ……………………………………………… (41)
2.1.3 刷淋式清洗机械 ……………………………………………… (42)
2.1.4 洗瓶机 ………………………………………………………… (43)
2.1.5 镀锡薄钢板空罐清洗机 ……………………………………… (49)
2.1.6 CIP 装置 ……………………………………………………… (49)
2.2 分级分选机械与设备 …………………………………………… (53)
2.2.1 分级分选方法及原理 ………………………………………… (53)

2.2.2 筛理机械与设备基础 …………………………………………… (56)
2.2.3 振动筛 …………………………………………………………… (61)
2.2.4 旋转圆筛 ………………………………………………………… (64)
2.2.5 弧形筛 …………………………………………………………… (65)
2.2.6 精选机械与设备 ………………………………………………… (66)
2.2.7 色选机械与设备 ………………………………………………… (67)
第3章 分离机械与设备 …………………………………………… (69)
3.1 压榨机 …………………………………………………………… (70)
3.1.1 压榨的概念和在食品工业中的应用 ………………………… (70)
3.1.2 压榨的基本理论和方法 ……………………………………… (70)
3.1.3 分批式压榨机 ………………………………………………… (72)
3.1.4 连续式压榨机 ………………………………………………… (73)
3.2 打浆机 …………………………………………………………… (76)
3.2.1 打浆机的结构与工作过程 …………………………………… (76)
3.2.2 打浆机的工作调整和使用注意事项 ………………………… (77)
3.3 离心机 …………………………………………………………… (78)
3.3.1 离心分离的概念与应用 ……………………………………… (78)
3.3.2 离心机的原理及分类 ………………………………………… (78)
3.3.3 连续式离心机 ………………………………………………… (80)
3.3.4 间歇式离心机 ………………………………………………… (86)
3.3.5 离心分离机 …………………………………………………… (89)
3.4 萃取机械 ………………………………………………………… (92)
3.4.1 萃取原理 ……………………………………………………… (92)
3.4.2 液—液萃取设备 ……………………………………………… (93)
3.4.3 固液萃取设备 ………………………………………………… (95)
3.4.4 超临界萃取设备 ……………………………………………… (100)
3.5 膜分离机械 ……………………………………………………… (103)
3.5.1 膜分离基本概念 ……………………………………………… (103)
3.5.2 膜分离组件 …………………………………………………… (104)
3.5.3 电渗析器设备 ………………………………………………… (111)
3.5.4 膜技术设备的系统配置 ……………………………………… (113)
3.5.5 膜分离技术在食品工业中的应用 …………………………… (116)
第4章 脱壳与脱皮机械与设备 …………………………………… (119)
4.1 脱壳机械与设备 ………………………………………………… (119)
4.1.1 脱壳机理 ……………………………………………………… (119)

4.1.2 胶辊砻谷机 …… (120)
4.1.3 离心式脱壳机 …… (125)
4.2 脱皮机械与设备 …… (127)
4.2.1 去皮原理 …… (127)
4.2.2 碾米机 …… (128)
4.2.3 离心擦皮机 …… (130)
4.2.4 湿法碱液去皮机 …… (131)
4.2.5 干法碱液去皮机 …… (133)
第5章 粉碎和切割机械与设备 …… (136)
5.1 粉碎概述 …… (136)
5.1.1 粉碎方式 …… (136)
5.1.2 粉碎机械与粉碎操作 …… (137)
5.2 普通粉碎机 …… (138)
5.2.1 销棒式粉碎机 …… (138)
5.2.2 锤式粉碎机 …… (139)
5.2.3 辊式磨粉机 …… (141)
5.3 超微粉碎机 …… (144)
5.3.1 机械冲击式粉碎机 …… (144)
5.3.2 气流粉碎机 …… (146)
5.3.3 磨介式粉碎机 …… (151)
5.4 切割机械 …… (152)
5.4.1 刀具运动原理 …… (152)
5.4.2 切肉机 …… (155)
5.4.3 绞肉机 …… (155)
5.4.4 斩拌机 …… (158)
5.4.5 果蔬类切割机械 …… (159)
第6章 搅拌、混合及均质机械与设备 …… (163)
6.1 均质机 …… (164)
6.1.1 高压均质机 …… (164)
6.1.2 胶体磨 …… (167)
6.1.3 高剪切均质机 …… (168)
6.2 混合机 …… (171)
6.2.1 卧式螺带式混合机 …… (172)
6.2.2 双轴桨叶式混合机 …… (173)
6.2.3 立式搅龙混合机 …… (174)

6.2.4 行星搅龙式混合机 …………………………………………… (174)
6.2.5 一维运动混合机 …………………………………………… (175)
6.2.6 二维摆动混合机 …………………………………………… (177)
6.2.7 三维运动混合机 …………………………………………… (177)
6.2.8 混合质量影响因素与改善措施 ……………………………… (179)
6.2.9 混合机的选择 ……………………………………………… (179)
6.3 搅拌机 ……………………………………………………… (180)
6.3.1 搅拌机 …………………………………………………… (180)
6.3.2 搅拌罐 …………………………………………………… (181)
6.3.3 搅拌器 …………………………………………………… (182)
6.3.4 打蛋机 …………………………………………………… (190)
6.4 捏合机 ……………………………………………………… (193)
6.4.1 双轴卧式和面机 …………………………………………… (193)
6.4.2 立式和面机 ……………………………………………… (195)
第7章 食品成型机械与设备 ……………………………………… (197)
7.1 搓圆成型机 …………………………………………………… (197)
7.1.1 伞形搓圆机 ……………………………………………… (197)
7.1.2 锥形搓圆机 ……………………………………………… (199)
7.1.3 输送带式搓圆机 …………………………………………… (200)
7.1.4 网格式搓圆机 …………………………………………… (201)
7.2 模压成型机 …………………………………………………… (202)
7.2.1 冲印成型机械 …………………………………………… (202)
7.2.2 辊印成型机械 …………………………………………… (205)
7.2.3 典型辊压切割成型设备 …………………………………… (208)
7.3 压延成型机 …………………………………………………… (209)
7.3.1 预压成型机 ……………………………………………… (209)
7.3.2 卧式压延机 ……………………………………………… (211)
7.3.3 立式压延机 ……………………………………………… (212)
7.4 挤压加工设备 ………………………………………………… (213)
7.4.1 挤压加工技术的概念和特点 ……………………………… (214)
7.4.2 挤压加工设备分类 ………………………………………… (215)
7.4.3 单螺杆挤压机 …………………………………………… (216)
7.4.4 双螺杆挤压机 …………………………………………… (222)
第8章 杀菌机械与设备 …………………………………………… (226)
8.1 食品杀菌机械与设备 …………………………………………… (226)

8.1.1 管式杀菌机 …………………………………………………………… (227)
8.1.2 板式杀菌机 …………………………………………………………… (229)
8.1.3 刮板式杀菌机 ………………………………………………………… (230)
8.1.4 注入式杀菌装置 ……………………………………………………… (231)
8.1.5 蒸汽喷射式杀菌装置 ………………………………………………… (232)
8.2 包装食品杀菌机械与设备 ………………………………………………… (233)
8.2.1 立式杀菌锅 …………………………………………………………… (233)
8.2.2 卧式杀菌锅 …………………………………………………………… (235)
8.2.3 回转式杀菌机 ………………………………………………………… (236)
8.2.4 常压连续杀菌机 ……………………………………………………… (237)
8.2.5 水封式连续杀菌机 …………………………………………………… (238)
8.2.6 静压连续杀菌机 ……………………………………………………… (239)
8.3 其他杀菌机械与设备 ……………………………………………………… (240)
8.3.1 高压脉冲电场杀菌装置 ……………………………………………… (240)
8.3.2 辐射杀菌 ……………………………………………………………… (242)
8.3.3 超高静压杀菌装置 …………………………………………………… (243)
8.3.4 脉冲强光杀菌装置 …………………………………………………… (246)
第9章 干燥机械与设备 ……………………………………………………… (248)
9.1 喷雾干燥设备 ……………………………………………………………… (248)
9.1.1 喷雾干燥的工作原理 ………………………………………………… (249)
9.1.2 喷雾干燥的类型 ……………………………………………………… (249)
9.1.3 喷雾干燥装置的基本构成 …………………………………………… (252)
9.2 沸腾干燥装置 ……………………………………………………………… (256)
9.2.1 沸腾干燥的基本原理 ………………………………………………… (256)
9.2.2 单层圆筒型流化床干燥机 …………………………………………… (258)
9.2.3 多层流化床干燥机 …………………………………………………… (259)
9.2.4 卧式多室流化床干燥机 ……………………………………………… (260)
9.3 滚筒干燥机 ………………………………………………………………… (261)
9.3.1 滚筒干燥机类型与特点 ……………………………………………… (261)
9.3.2 单滚筒干燥机 ………………………………………………………… (262)
9.3.3 双滚筒干燥机 ………………………………………………………… (262)
9.4 冷冻干燥机 ………………………………………………………………… (263)
9.4.1 冷冻干燥系统 ………………………………………………………… (263)
9.4.2 常见冷冻干燥装置 …………………………………………………… (267)

第 10 章　浓缩设备 ……………………………………………… (271)
10.1　食品浓缩的基本原理及设备分类 ……………………………… (271)
10.1.1　食品浓缩的原理与特点 ……………………………… (271)
10.1.2　浓缩设备的分类及特点 ……………………………… (272)
10.2　单效浓缩设备 ……………………………………………… (273)
10.2.1　单效膜式蒸发浓缩设备 ……………………………… (273)
10.2.2　单效真空蒸发浓缩设备 ……………………………… (275)
10.3　多效浓缩设备 ……………………………………………… (278)
10.3.1　多效浓缩的原理与流程 ……………………………… (279)
10.3.2　多效真空浓缩设备 …………………………………… (283)
10.4　冷冻浓缩设备 ……………………………………………… (287)
10.4.1　冷冻浓缩的原理与特点 ……………………………… (288)
10.4.2　冷冻浓缩设备 ………………………………………… (288)
10.4.3　冷冻浓缩设备的装置系统 …………………………… (289)
10.5　浓缩设备的选择 …………………………………………… (290)
第 11 章　冷冻机械与设备 ………………………………………… (293)
11.1　制冷原理 …………………………………………………… (293)
11.1.1　压缩式制冷 …………………………………………… (294)
11.1.2　吸收式制冷 …………………………………………… (294)
11.2　制冷剂 ……………………………………………………… (295)
11.2.1　制冷剂要求 …………………………………………… (295)
11.2.2　制冷剂的分类和命名 ………………………………… (296)
11.2.3　常用的制冷剂 ………………………………………… (298)
11.2.4　主要载冷剂 …………………………………………… (300)
11.3　压缩式制冷系统 …………………………………………… (300)
11.3.1　制冷压缩机 …………………………………………… (300)
11.3.2　冷凝器 ………………………………………………… (310)
11.3.3　膨胀阀 ………………………………………………… (314)
11.3.4　蒸发器 ………………………………………………… (317)
11.3.5　制冷系统的附属设备 ………………………………… (319)
11.4　食品速冻机 ………………………………………………… (324)
11.4.1　空气冻结法冷冻设备 ………………………………… (324)
11.4.2　间接接触式冻结设备 ………………………………… (329)
11.4.3　直接接触冻结设备 …………………………………… (331)
11.5　食品解冻 …………………………………………………… (332)

11.5.1 常见解冻方法与特点 …… (333)
11.5.2 典型解冻设备 …… (333)
第12章 发酵机械与设备 …… (337)
12.1 通风发酵设备 …… (337)
12.1.1 机械搅拌通气发酵罐 …… (337)
12.1.2 自吸式发酵罐 …… (341)
12.1.3 气升式发酵罐 …… (344)
12.2 嫌气发酵设备 …… (346)
12.2.1 酒精发酵设备 …… (346)
12.2.2 啤酒发酵设备 …… (348)
第13章 包装机械与设备 …… (357)
13.1 食品袋装技术装备 …… (358)
13.1.1 食品袋装的工艺流程 …… (358)
13.1.2 袋装设备构造与特点 …… (359)
13.1.3 计量方法与计量装置 …… (361)
13.1.4 袋的成型与封袋装置 …… (364)
13.2 液体灌装技术装备 …… (367)
13.2.1 灌装料液与灌装方法 …… (367)
13.2.2 灌装供料原理与装置 …… (369)
13.2.3 液体灌装设备的简介 …… (371)
13.3 无菌包装技术装备 …… (371)
13.3.1 无菌包装的基本原理 …… (372)
13.3.2 无菌包装过程与设备 …… (374)
参考文献 …… (377)

绪论

食品工业承担着为我国13亿人提供安全放心、营养健康食品的重任,是国民经济的支柱产业和保障民生的基础性产业。食品机械行业是为食品工业提供技术装备的重要产业,对食品工业的发展起着举足轻重的作用。食品机械的技术水平,是衡量食品工业技术装备能力的重要标志,食品机械的现代化程度是一个国家食品工业发展水平的直接反映。食品机械肩负着推进农产品增值、农民增收和食品工业产业升级的重要使命。没有现代化的食品机械,就没有现代化的食品工业。食品工业已经成为我国国民经济发展的重要支柱产业。食品机械工业的技术进步为食品制造业和食品加工业的快速发展提供了重要的技术基础保障;而食品工业的快速发展促进了食品机械与设备的不断创新、发展与完善。

1. 食品工业及食品机械工业的发展现状

民以食为天、国以民为本。人类对食物的需求经历了满足温饱的吃饱阶段、满足嗜好感观享受的吃好阶段、追求营养安全符合健康的科学饮食阶段。我国国民经济的迅速发展和人民生活水平的不断提高,推动了我国食品工业的快速发展,食品工业已成为我国国民经济的支柱产业。食品工业的快速发展促进了食品机械工业迅速崛起。我国食品工业及食品机械工业经历了20世纪50~70年代初级阶段、20世纪80~90年代的高速发展阶段、21世纪以后的成熟完善阶段。

20世纪50年代以前,食品的生产加工主要以手工操作为主,基本属于传统作坊生产方式。仅在沿海一些大城市有少量工业化生产方式的食品加工厂,所用的设备几乎全是国外设备。而粮食加工厂情况略好于食品加工厂。此阶段的工业化生产的粮食加工厂主要是以面粉的工业化生产加工为主。但同样,面粉厂所用的设备也几乎全是国外设备。可以说50年代以前全国几乎没有一家像样的专门生产食品机械的工厂。1952年我国食品工业总产值为82.80亿元。

20世纪50~70年代,食品加工业及食品机械工业得到很大的发展,全国各地新建大批食品加工厂,尤其是食品基础原料加工企业,如面粉、大米、食用油的生产加工厂。在多数主要的粮食加工厂中基本上实现了初步的机械化工业生产。但同期的食品加工厂尚处于半机械半手工的生产阶段,机械加工仅用于一些主要的工序中,而其他生产工序仍沿用传统的手工操作方式。与此阶段食品工业发展相适应,食品机械工业也得到了快速发展,全国各地新建了一大批专门生产粮食和食品机械的制造厂。国内的食品机械工业经过近30年的发展,国产食品机械基本能满足我国食品工业发展的需求,为此阶段实现食品工业化生产做出了重大贡献,食品机械工业已初步形成了一个独立的机械工业。1982年我国食品工业总产值为755.5亿元。

20世纪80～90年代，食品工业得到迅猛发展。随着外资的引入，外商独资、合资等形式的食品加工企业建立。国内引进先进的食品生产工艺技术的同时，也引入大量先进的食品机械。加上社会对食品加工质量、品种、数量要求的提高，极大地推进了我国食品工业及食品机械制造业的发展进程及速度。此阶段，通过消化吸收国外先进的食品机械技术，使我国的食品机械工业的发展水平得到很大提高。80年代中期，食品工业全面实现了机械化和自动化。进入90年代以后，许多粮食加工厂和食品加工厂对设备进行了更新换代，或直接引进全套的国外先进的设备，或采用国内厂家消化吸收生产出的新型机械设备，极大地推进了食品机械工业的发展，食品机械工业已完全形成了一个独立的机械工业。1990年我国食品工业总产值为1360亿元，1995年为4496.1亿元。

21世纪以来，信息技术、生物技术、纳米技术、新材料等高新技术发展迅速，与食品科技交叉融合，不断转化为食品生产新技术，如互联网技术、生物催化、生物转化等技术已开始应用于从食品原料生产、加工到消费的各个环节中。营养与健康技术、酶工程、发酵工程等高新技术的突破催生了传统食品工业化、新型保健与功能性食品产业、新资源食品产业等新业态的不断涌现，促使我国食品工业进入成熟完善阶段，食品工业总产值稳步提高，2000年我国食品工业实现总产值为8368.87亿元2005年为20324.35亿元，2010年为61273.84亿元，2013年突破100000亿元，2015年达到123000亿元。食品工业的发展离不开食品工业技术装备的支撑，我国食品机械工业的技术进步对推进食品工业快速发展起到了积极作用。“十二五”期间，我国食品和包装机械行业经济运行态势仍然保持了高速增长。全国食品和包装机械行业平均增长率为14.5%，高于全国机械工业的整体增长速度。2010年我国食品和包装机械工业实现总产值1800亿元，2014年为3400亿元，2015年将达到3918亿元。我国食品和包装机械工业“十三五”规划预计到2020年我国食品和包装机械工业总产值达到6000亿元以上。

“十二五”期间我国在粮油、果蔬、畜禽产品、水产品加工、液态食品的包装等重点领域的技术和关键装备开发取得了丰硕的成果，自主创新能力明显增强，突破了食品加工领域中的一批共性技术，在食品非热加工、可降解食品包装材料、在线品质监控等关键技术的研究方面取得重大突破；掌握和开发了一批具有自主知识产权的核心技术和先进装备。食品工业装备的技术水平与国际差距逐渐缩小，部分产品性能达到或超过国外先进水平，谷物磨制、食用植物油、乳制品、肉类及肉制品、水产品、啤酒、葡萄酒、饮料、方便面、速冻食品等行业的大中型企业的装备水平基本与世界先进水平同步，实现了关键成套装备从长期依赖进口到基本实现自主化并成套出口的跨越，行业的产品质量总体水平显著提高，全面提升了我国食品机械和包装机械工业的整体水平。

目前我国食品机械中高端的关键装备、成套装备的技术水平与国际先进水平逐步接近，部分产品已替代进口、并开拓国际市场；中端产品已基本实现国产化，整机的技术水平和可靠性已逐年提高；低端产品由于存在技术配置低、故障率高、能耗高等缺陷，在结构调整中正逐步改造或淘汰。我国食品和包装机械行业80%以上为中小企业,企业规模小,国际竞争力仍然处于劣势,技术装备水平与国外还存在较大差距。对长期存在的技术水平低、产品质量差、产品结构不合理、创新能力不足等问题,长期以来未能根本好转。目前存在的突出问题主要有,一是自主知识产权核心技术缺乏,产品竞争能力弱。二是国产装备普遍存在能耗较高、可靠性和安全性不足、卫生保障性差、自动化程度低、关键零部件使用寿命短、成套性差等问题。三是标准化程度低、覆盖面小、标准类型不配套等。

中国食品和包装机械工业"十三五"发展规划发展目标:提出依托自主创新体系及平台,在大型食品加工装备和重点包装装备领域,实现重点关键技术和共性技术的重大突破,推进新技术、新产品的开发。形成若干具有自主知识产权的产品和技术。行业技术创新能力显著增强,开发的新产品部分达到同期国际先进水平。到2020年,关键食品装备自主化率由50%提高到70%以上,逐步改变我国高端食品和包装机械与成套装备严重依赖进口的局面。通过产品技术创新,采用先进技术、新材料、新工艺,改造传统制造方法,提高装备制造的专业化、规模化生产水平。食品机械和包装机械的节能降耗、环保减排等指标达到国家相关标准要求,部分产品的性能达到国际先进水平。

中国食品和包装机械工业"十三五"发展规划发展重点:把技术创新、智能化、信息化、绿色安全、高效节能及重要成套装备作为"十三五"食品和包装机械行业的发展重点。"十三五"期间,我国食品和包装机械行业将以"中国制造2025"发展纲要为指导,全面推进智能制造、绿色制造和优质制造,努力实现"中国制造向中国创造转变、中国速度向中国质量转变、中国产品向中国品牌转变"。

中国食品和包装机械工业"十三五"发展规划提出重点加强研发的共性关键技术与通用装备:

(1)食品装备制造与食品加工网络化自动管理系统 基于食品原料快速检测及分级技术、MES制造执行系统、SCADA和互联网技术等,开发食品原料品质、加工安全、成品质量无损快速检测仪器、食品质量在线监控装备、食品装备柔性制造生产管理及食品加工厂网络自动化管理系统,建设数字化车间,实现运行数据、质量体系、制造管理等全程监控及互联网数据访问、远程调试、视频监控、质量跟踪等管理服务功能,并优先在食品包装设备制造企业和饮料加工企业等应用示范。

(2)高效食品粉碎技术与装备 重点开展湿法超细粉碎技术的创新研究,解决传统湿法粉碎设备效率低、能耗高的缺陷,研发高效节能的食品粉碎装备,提升产品综合品质、生产效率和降低能耗。重点开展干法超细粉碎技术研究及大型装备研发,气流冲击磨粉碎技术与装备研发,解决目前干法超细粉碎物性不稳、产量低、能耗高、效率低的问题。

(3)食品杀菌技术与智能装备 重点开展杀菌技术的创新研究、杀菌技术集成应用研究、节能技术的研究、智能控制技术的研究,降低杀菌对食品品质的影响程度,提高杀菌效率、降低能耗;重点开发智能型全自动多工位间歇杀菌釜与高效连续杀菌釜、固态食品微波杀菌和高温短时蒸汽杀菌装备,面向工业化生产应用的电磁场杀菌设备、辐射杀菌设备,电子束灭菌无菌灌装设备以及基于微波技术的流态食品 UHT 加工新技术与装备等。

(4)食品干燥技术与装备 以保证食品品质、提高效率、降低能耗为出发点，重点开展食品物性与干燥方法的优化及集成研究，优化食品干燥工艺，提高设备智能化水平。重点开发节能高效的热风干燥技术与装备、负压红外热辐射干燥技术与装备、高效热泵干燥技术与装备、太阳能干燥技术与装备、真空微波干燥技术与装备、连续真空冷冻干燥以及多热源组合节能干燥技术与装备，实现产业化应用。

(5)高效食品分离技术与装备 重点开展离心分离、膜分离、萃取分离、物态转化分离等方法研究。开展高速离心机关键技术的研究和关键零部件的设计与制造，开发高速碟片离心机和卧式离心沉降分离机，实现国产化、替代进口。开展膜分离技术的研究，开发新型的膜分离过滤材料，提高膜分离关键部件的技术水平，开发高效智能的膜分离装备。开展绿色萃取溶剂的研究，优化萃取工艺，提高萃取效率和质量，开发大生产能力的智能化超声与微波辅助提取等萃取生产装备。开展过滤工艺和可再生聚苯乙烯颗粒的无土过滤技术研究，采用新型过滤工艺及过滤元件彻底取代以往的添加介质过滤，研发食品多功能智能化过滤系统技术及装备。

(6)食品冷冻冷藏技术与装备 重点开展高效节能制冷冰蓄冷技术、蒸发器换热技术、高效节能配风技术和除霜技术等研究，开展高效无轨螺旋输送装置、连续冻干装置等关键装置的研发，开发高效节能的流态化速冻机、双螺旋速冻机、液氮超低温速冻机、真空冻干机、流态化制冰机等，提高装备的生产效率、自动化水平，降低能耗。

(7)食品物性重组关键技术与装备 重点研究挤压膨化工艺技术，开发高低水分大豆组织蛋白、大型谷物食品加工单双螺杆挤压膨化技术和装备。

(8)食品加工洁净技术与装备 对有洁净、无菌要求的食品加工、食品包装环节，积极采用洁净技术，建立洁净生产环境，确保食品洁净生产和食品安全。结合食品加工工艺，研发洁净技术与装备。

(9)食品智能包装关键技术与装备 重点开展粉体阀口防静电包装、超细粉体高精度计量包装、浓酱高效灌装封盖、抗氧化气调包装、异性物料混合包装、多轴伺服数控和机器人视觉识别系统等关键技术研究，研发高粉尘物料防尘包装、粘稠食品快速计量灌装与封盖、即食食品保质包装、多轴数控枕式包装和多种非规则物料连续混合包装、预制袋充填封口真空气调包装和制袋充填封口真空气调包装等大型智能包装装备、高速罐头智能包装生产线、900 罐/分以上的高速全自动食品超薄罐制罐生产线等。

(10)食品检测仪器与设备 重点开发粮油品质检测、果蔬农药残留检测、茶叶质量在线检测、水产品检验与检疫、畜禽产品品质快速无损检测和加工质量、安全信息在线检测以及食品品质分析等检测仪器与设备，不断提高质量和水平，逐步推进产业化，满足食品加工企业和流通行业对食品外观品质和内部品质检测的需求，并实现替代进口。

中国食品和包装机械工业“十三五”发展规划提出重点加强开发的专用技术与装备：

(1)粮食加工装备 重点开发粮食加工在线检测、自动拣选、杂余清理等大型成套技术和装备，营养强化米、糙米、留胚米等大型制米成套技术装备；营养早餐、杂粮主食、半干面条、挂面、方便食品、面制主食化、米制主食化等传统主食工业化成套技术装备；薯类速冻制品、全粉制品、干制品、快餐食品等主粮化及废弃物处理、综合利用自动化成套技术装备。提升薯类全粉、淀粉、大豆食品和大豆蛋白制品加工成套装备的自动化水平。

(2)油脂加工装备 重点开发绿色制油的大型智能化膨化、调质器、双螺杆榨油装备以及低温节能脱溶和节能脱臭成套装备，油茶籽油、核桃油、橄榄油等木本油料加工关键装备，粮食加工副产物为原料的玉米油、米糠油等加工关键装备，油脂蛋白联产成套装备，油角综合利用及深度加工成套技术与装备等。

(3)果蔬保鲜与加工装备 重点开发果蔬商品化处理、预冷及冷链配送、物理保鲜贮藏、保鲜膜包装、节能干燥、在线检测、加工废弃物综合利用和净菜加工、新型罐头加工、食用菌加工、果汁大罐无菌灌装储运、果汁加工香气回收、坚果精制分选及加工等成套技术与装备。

(4)禽畜屠宰与肉类加工装备 重点研发牛羊屠宰、家禽自动掏膛去内脏、畜禽宰后自动化分割、精准化分级、连续化包装、中式肉卤制品加工、大型数控真空斩拌、制冷滚揉、全自动定量灌装、香肠剪切、连续式液态烟熏、热风烘烤、肉串加工、全自动肉饼(块)成型、连续定量切边，拉伸真空包装、骨肉分离和全自动切割分份等肉类加工设备，集成开发工业化生产的传统肉制品和西式肉制品自动化生产线。

(5)乳制品加工技术与装备 重点开发大型机械化挤奶系统及牛奶预处理、牛奶无菌储运、长货架期酸奶包装、高速无菌包装、大型低温自动化制粉与配粉、大型甜炼乳生产等关键装备以及乳制品品质无损检测等安全生产成套技术与装备。

(6)水产品保鲜加工技术与装备 重点开发水产品清洗装备，鱼、虾、贝的自动剥制和分级技术与装备，水产品废弃物综合利用技术与装备，优质珍贵水产品保活保鲜技术与装备、水产品等生鲜食品长效保鲜包装技术装备、海藻加工技术与装备和海洋药物及天然化合物提取装备等。

(7)大型全自动制糖生产装备 重点开发大型(1500mm × 3000mm)甘蔗压榨装备、12000 吨甘蔗渗出器、220m^3 连续煮糖装备、100m^3 甜菜清洗装备、1800mm 转鼓切丝机、200m^3 预灰槽和 300m^3 立式助晶机等装备。

(8)软饮料生产装备 重点开发全热膜工艺无菌水、无臭氧化矿泉水、物理无菌水制备设备，军民两用车载太阳能移动式饮用水生产装备，大型吹灌旋一体化无菌冷灌装技术与装备和超洁净灌装生产线(开发 72000 瓶/时以上旋转式 PET 瓶饮料吹灌旋一体化装备、36000 瓶/时饮料无菌吹灌旋一体机、12L 以上大瓶水吹灌旋一体机等)，豆类、杏仁、核桃等蛋白饮料加工的去皮、分离过滤、茶汤连续萃取技术与装备，全自动数控高速自立袋灌装封口设备，饮料品质在线检测与自动剔除装备，高速智能组合贴标印码防伪一体机(72000 瓶/时以上)，新型激光裁切及预涂胶贴标机，智能高速回转式贴标机，高速玻璃瓶、塑料瓶、易拉罐含气饮料灌装封盖设备，单腔 2400 瓶/时以上高速旋转式 PET 瓶吹瓶机等。

(9)酒及含酒精饮料生产装备 重点开发高效、低排放啤酒加工的新型麦芽粉碎、大型节能糖化、大型全自动麦汁压滤、智能发酵技术与装备、大型易拉罐(90000罐/时)啤酒灌装生产线、玻璃瓶60000瓶/时啤酒灌装生产线、PET桶装(12L、20L)啤酒灌装生产线;重点开发白酒从制曲、发酵、出入窖到灌装的年产1000吨白酒基酒自动化标准生产线和年产10万吨白酒智能化工厂成套装备。

(10)中式料理产业化关键装备 研发具有易清洁的低损去杂清洗、快捷更换的自动组合切制、自调节清洗消毒、自动变频低损脱水的中央厨房调理中心成套设备;研制中式配菜和调理参数自动调控的腌制、炒制、炸制、蒸煮和烘烤等智能烹饪设备;研发自控洁净杀菌、包装设备和餐厨剩余物资源化处理设备;通过技术集成开发中式料理生产线,进一步提升中式料理以及食醋、酱油和香料加工的现代化水平。

(11)物流化包装装备及智能化立体仓储系统 重点研发食品生产高速后道分拣、装箱、码垛、卸垛包装智能机器人,400包/分以上高速便携式小型化六连包包装一体机,120包/分以上多功能高速膜包装机,60箱/分以上高速纸板裹包式装箱机,6层/分以上立柱式高速码垛机,食品包装智能立体仓储库及物流输送系统,30箱/分易碎瓶特种纸箱包装机(适合罐头、调味品、易损农产品等),膜包与码垛、装箱与码垛的集成化智能一体机等。通过技术集成优先在饮料、罐头、成品油等食品加工领域建立自动化后包装生产线和智能化立体仓储系统。

2. 食品机械的特点

我国食品机械的特点主要有以下几点。

(1)食品机械种类多、专用性强 1982年国家国民经济行业分类中将食品工业按行业划分为食品制造业、饮料制造业、烟草加工业三大类。食品制造业分为粮食加工、植物油加工、糕点糖果制造、制糖、屠宰肉类、蛋品、乳品、水产、罐头、加工盐、添加剂、调味品及其他等行业;饮料制造业分为饮料酒、酒精、制茶业、无酒精饮料、其他等行业;烟草加工业分为烟叶复烤、卷烟制造、其他等行业。

2002年5月10日,国家质量监督检验检疫总局批准了国家统计局重新修订的国家标准《国民经济行业分类》(GB/T 4754—2002),并于2002年10月1日正式实施。《国民经济行业分类》(GB/T 4754—2002)中食品工业按行业划分为农副食品加工业、食品制造业、饮料制造业、烟草制品业四大类。农副食品加工业分为谷物磨制,饲料加工,植物油加工,制糖,屠宰及肉类加工,水产品加工,蔬菜、水果和坚果加工,其他农副食品加工等行业;食品制造业分为焙烤食品制造,糖果、巧克力及蜜饯制造,方便食品制造,液体乳及乳制品制造,罐头制造,调味品、发酵制品制造,其他食品制造等行业;饮料制造业分为酒精制造,酒的制造,软饮料制造;精制茶加等行业工。烟草制品业分为烟叶复烤,卷烟制造,其他烟草制品加工等行业。

新国家标准《国民经济行业分类》(GB/T 4754—2011)经国家质量监督检验检疫总局、

国家标准化管理委员会批准发布,并于 2011 年 11 月 1 日实施。新国家标准《国民经济行业分类》(GB/T 4754—2011)中食品工业按行业划分为农副食品加工业、食品制造业、酒、饮料和精制茶制造业、烟草制品业四大类。农副食品加工业分为谷物磨制,饲料加工,植物油加工,制糖,屠宰及肉类加工,水产品加工,蔬菜,水果和坚果加工,其他农副食品加工等行业;食品制造业分为焙烤食品制造,糖果、巧克力及蜜饯制造,方便食品制造,乳制品制造,罐头制造,调味品,发酵制品制造,其他食品制造等行业;酒、饮料和精制茶制造业分为酒的制造,饮料制造,精制茶加工等行业;烟草制品业分为烟叶复烤,卷烟制造,其他烟草制品加工等行业。

食品工业行业众多、原料种类各异、产品形式繁杂。食品工业的大多原料都具有生物属性,不同原料除化学成分不同外,物理形态、质地不同,相应的加工方式不同;相同原料生产出不同的产品时,质量要求不同,则加工方法不同。不同行业、不同原料其加工特性不同;即使相同原料,其生产不同产品种类的生产要求不同,对食品机械的要求则有不同的要求。由于食品工业原料和产品的品种繁多,加工工艺各异,因此食品机械具有种类多、专用性强的鲜明特点。目前我国生产的食品机械的规格品种有 3000 多种,由于食品加工机械的种类多、专用性强,因此在学习过程中要注意学习方法的掌握,掌握正确的分析问题的方法后,对典型的机械与设备能做到举一反三、融会贯通。

(2)食品机械安全卫生要求高 食品和包装机械关乎食品安全,关乎人身健康,对经济发展和社会稳定具有重要影响。在安全问题上,将机械安全引入食品和包装机械设计与制造中,可有效规避安全风险对工作人员的伤害,防止各类伤亡事故的发生,推进食品加工企业的安全生产。在卫生问题上,将机械设计的卫生要求引入食品和包装机械的设计与制造中,可有效防止食品和包装机械材料有害成分向食品迁移,防止食品加工过程中微生物超标,推进食品加工的食品安全。

中国国家标准化管理委员会(SAC)发布国家标准《食品机械安全卫生》(GB 16798—1997)。该标准规定了食品机械装备的材料选用、设计、制造、配置的安全卫生要求,食品机械装备以及具有产品接触表面的液体、固体和半固体等食品包装机械的安全卫生要求:一是与食品直接接触部位材料耐腐蚀酸碱,不生锈,无迁移,防止食品污染;二是要求易清洗消毒,避免食品原料残留造成微生物繁殖、引起产品腐败。

(3)食品机械工艺适应性要求高 食品加工原料特别是水果和蔬菜等农产品,具有很强的季节性,食品工厂生产季节性强,更换加工原料时,生产车间内专用性设备需要更换,要求食品机械体积小,重量轻,易移动;改变加工产品规格时需要更换模具以适应不同品种、规模的生产,要求食品机械的主要构件具有系列零部件、一机多用的特点。

3. 食品机械分类

食品机械是指把食品原料加工成食品或半成品过程中所应用的机械设备和装置。食品工业原料和产品的品种繁多,加工工艺差异较大,食品机械设备品种十分繁杂,食品机械分类尚未确立国家标准及统一的方法。中华人民共和国商务部2009年12月25号发布、2010年7月1号实施的食品机械型号编制方法（SB/T 10084—2009）中食品机械分类将食品机械按其工作对象分为：饮食加工机械、小食品加工机械、糕点加工机械、乳制品加工机械、糖果加工机械、豆制品加工机械、冷冻饮品加工机械、屠宰加工机械、酿造加工机械、其他食品加工机械。而通常习惯于按机械设备应用行业的原料或产品分类或按机械设备应用于加工工艺的单元操作功能分类。

（1）按机械设备应用行业的原料或产品分类 制米机械、制粉机械、油脂加工机械、制糖机械、制盐机械、淀粉加工机械、豆制品加工机械、面制品机械、糖果制造机械、乳制品机械、蛋品加工机械、肉类加工与屠宰机械、水产品加工机械、果蔬加工和保鲜机械、罐头制品机械、发酵机械、饮料机械、方便食品机械、调味品和添加剂制品机械、饮事机械等等。

这类机械设备具有较强的专用性。仅在其行业中专用于特定原料或产品。

（2）按加工工艺单元操作的机械设备的功能分类 输送机械包括机械输送机械、气力输送装置、各种泵类、通风机；清洗机械包括原料清洗机械、容器清洗机械、CIP系统；剥壳剥皮机械；分选分级机械；粉碎切割机械包括破碎、研磨、切割等机械与设备；混合机械；成型机械包括挤压膨化机械；分离提取机械包括过滤、压榨、离心分离机械与设备、各种提取和提纯机械与设备；搅拌与均质机械包括液状物料的混合处理机械与设备；蒸煮机械包括蒸煮、杀青、熬糖、煎炸等机械与设备；蒸发浓缩机械与设备；干燥机械包括对流干燥机械与设备、辐射干燥、冷冻干燥等机械与设备；杀菌机械与设备；烘烤机械与设备；冷冻机械包括各种制冷机械与设备，速冻机和冷饮品冻结机械；发酵设备包括发酵罐、生物反应器、酿造机械与设备包装机械与设备；其他机械包括各种难以归类的机械与设备如、换热设备和容器等等。

这类机械设备具有一定的通用性。

4. 食品机械与设备的选型与应用

食品工业行业众多、原料种类各异、产品形式繁杂，导致食品加工机械具有种类多、专用性强及卫生要求高等特点，通过对典型的机械与设备的了解与掌握，做到举一反三、融会贯通，科学合理进行食品机械与设备的选型与应用。

食品机械与设备的选型与应用一般遵循以下原则：

（1）卫生安全 食品机械设备的选择首先要考虑其卫生安全，要求所选设备必须符合国家标准《食品机械安全卫生》（GB 16798—1997）。

（2）满足工艺条件要求，符合物料特性 食品机械与设备是为食品加工工艺服务的重要工具，必须满足工艺要求，保证产量与质量。所选设备符合原料和其他辅助材料的特性，适应产品品种、产量、规格、质量标准等要求；满足生产规模要求，实现主要设备及辅助设备之间相互配套。

（3）技术先进成熟可靠 食品机械设备选择考虑先进技术同时要求考虑其可靠性。所选设备应该具备技术先进成熟、科技含量高;设备结构合理、功能完善;连续化、机械化和自动化程度较高;劳动生产率较高;资源利用效率高等特点。同时要求设备成熟度高,尽可能采用定型并经过使用的设备,不能采用未经中试及生产实践或有遗留技术难题的新设备。

(4)经济合理 食品机械设备应具有固定资产投资小、运行成本低、资源利用率高、能源消耗低等的特点。国产设备的价格便宜,从性能费用比考虑,在满足工艺要求条件下优先选择国产设备,如果国产设备无法满足工艺要求,再考虑购置国外设备,节省投资费用。设备选择时应高度重视能源消耗,尽量选择节水、节汽、节电、节热等节能设备,节能设备运行维护费用低,生产成本低。设备选择时应考虑单位产品物耗,单位产品物耗低,资源利用率高、经济效率显著。

另外还应选择使用寿命及无故障工作时间长的设备,保证食品机械与设备的工作效率,充分发挥其性能,提高设备使用的经济效益。

第1章　输送机械与设备

本章重点及学习要求:本章主要介绍带式输送机、斗式输送机、螺旋输送机、气力输送设备等固体物料输送机械的结构和工作原理;齿轮泵、离心泵等液体物料输送机械的结构和工作原理。通过本章学习掌握常见典型输送机械工作构件的基本结构形式及特点,掌握带式输送机、斗式输送机、螺旋输送机、气力输送设备等固体物料输送机械及齿轮泵、离心泵等液体物料输送机械的特点及应用范围。

在食品工厂中,存在着大量物料(如食品原料、辅料或废料以及成品或半成品)的供排送问题。在生产过程中,从原料进厂到成品出厂,以及在生产单元各工序间,均有大量的物料需要输送,必须采用各种输送机械与设备来完成物料的输送任务,将物料按生产工艺的要求从一个工作地点传送到另一个工作地点,有时在传送过程中也会对物料进行工艺操作。所以,合理地选择和使用物料输送机械与设备,对保证生产连续性、提高劳动生产率和产品质量、减轻工人劳动强度、改善劳动条件、减少输送中的污染以及缩短生产周期等都有着重要意义。在采用了先进的技术设备和实现单机自动化后,更需要将单机之间有机地衔接起来,使某一单机加工出半成品后,用输送机械与设备将该半成品输送到另一单机,逐步完成以后的加工,形成自动生产流水线,尤其是在大工业规模化生产情况下,输送机械与设备就更显得必不可少了。

在食品加工过程中,需要输送的物料种类繁多,而且各种物料的性质差异也很大,因此,输送机械与设备的选用必须根据物料来确定。按工作原理,输送机械与设备可分为连续式和间歇式;按输送时的运动方式,可分为直线式和回转式;按驱动方式,可分为机械驱动、液压驱动、气压驱动和电磁驱动等形式;按所输送物料的状态,可分为固体物料输送机械与设备和流体物料输送机械与设备。

输送固体物料时,可选用各种形式的带式输送机、斗式提升机、螺旋输送机、气力输送装置或流送槽等输送机械与设备;输送流体物料时,可选用各种类型的泵(如离心泵、螺杆泵、齿轮泵、滑片泵等)和真空吸料装置等输送机械与设备。

1.1　带式输送机

带式输送机是食品工厂中使用最广泛的一种固体物料连续输送机械。它常用于在水平方向或倾斜角度不大($<25°$)的方向上对物料进行传送,也可兼作选择检查、清洗或预处理、装填、成品包装入库等工段的操作台。它适合于输送密度为$0.5\times10^3\sim2.5\times10^3 kg/m^3$的块状、颗粒状、粉状物料,也可输送成件物品。

带式输送机具有工作速度范围广（输送速度为0.02～4.00m/s）、适应性广、输送距离长、运输量大、生产效率高、输送中不损伤物料、能耗低、工作连续平稳、结构简单、使用方便、维护检修容易、无噪声、输送路线布置灵活、能够在全机身中任何地方进行装料和卸料等特点。

其主要缺点是倾斜角度不宜太大，不密闭，轻质粉状物料在输送过程中易飞扬等。

带式输送机的带速视其用途和工艺要求而定，用作输送时一般取0.8～2.5m/s，用作检查性运送时取0.05～0.1m/s，在特殊情况可按要求选用。

1.1.1　带式输送机的结构和工作原理

带式输送机如图1－1所示，是由挠性输送带作为物料承载件和牵引件来输送物料的运输机构的一种型式。它用一根闭合环形输送带作牵引及承载构件，将其绕过并张紧于前、后两滚筒上，依靠输送带与驱动滚筒间的摩擦力使输送带产生连续运动，依靠输送带与物料间的摩擦力使物料随输送带一起运行，从而完成输送物料的任务。主要组成部件有：张紧滚筒、张紧装置、装料漏斗、改向滚筒、支撑托辊、封闭环形带、卸载装置、驱动滚筒及驱动装置等。

工作时，在传动机构的作用下，驱动滚筒作顺时针方向旋转，借助驱动滚筒的外表面和环形带的内表面之间的摩擦力的作用使环形输送带向前运动，当启动正常后，将待输送物料从装料漏斗加载至环行输送带上，并随带向前运送至工作位置。当需要改变输送方向时，卸载装置即将物料卸至另一方向的输送带上继续输送，如不需要改变输送方向，则无须使用卸载装置，物料直接从环形输送带右端卸出。

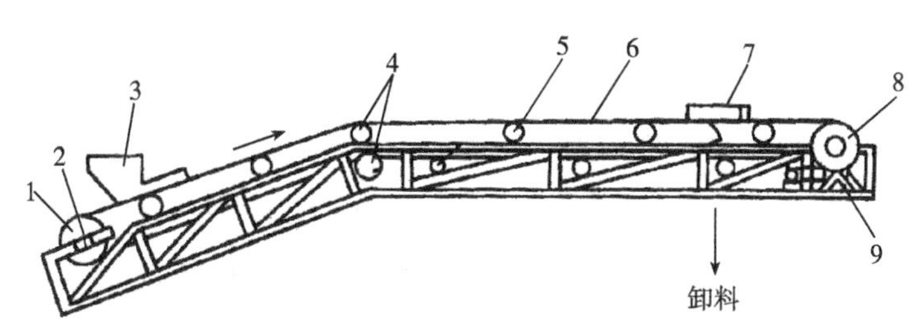

图1－1　带式输送机

1—张紧滚筒　2—张紧装置　3—装料漏斗　4—改向滚筒　5—支撑托辊　6—环形输送带　7—卸载装置　8—驱动滚筒　9—驱动装置

1.1.2　带式输送机的主要构件

1.1.2.1　输送带

在带式输送机中，输送带既是承载件又是牵引件，它主要用来承放物料和传递牵引力。它是带式输送机中成本最高（约占输送机造价的40%），又最易磨损的部件。因此，对所选输送带要求强度高、延伸率小、挠性好、本身重量轻、吸水性小、耐磨、耐腐蚀，同时还必须满足食品卫生要求。

常用的输送带有：橡胶带、各种纤维编织带、塑料带、锦纶带、强力锦纶带、板式带、钢带和钢丝网带等，其中用得最多的是普通型橡胶带。各种输送带的品种及规格可查阅相关的机械设计手册。

（1）橡胶带 橡胶带是用2～10层棉织物、麻织品或化纤织物作为带芯（常称衬布），挂胶后叠成胶布层再经加热、加压、硫化粘合而成。带芯主要承受纵向拉力，使带具有足够的机械强度以传递动力。带外上下两面附有覆盖胶作为保护层称为覆盖层，其作用是连接带芯，防止带受到冲击，防止物料对带芯的摩擦，保护带芯免受潮湿而腐烂，避免外部介质的侵蚀等。

（2）钢带（钢丝网带） 钢带的机械强度大，不易伸长，不易损伤，耐高温，因而常用于烘烤设备中。食品生坯可直接放置在钢带之上，节省了烤盘，简化了操作，且因钢带较薄，在炉内吸热量较小，节约了能源，而且便于清洗。但由于钢带的刚度大，故与橡胶带相比，需要采用直径较大的滚筒。钢带容易跑偏，其调偏装置结构复杂，且由于其对冲击负荷很敏感，故要求所有的支撑及导向装置安装准确。油炸食品炉中的物料输送、水果洗涤设备中的水果输送等常采用钢丝网带，如水果碱液去皮机上的输送带就采用不锈钢丝网带。钢丝网带也常用于食品烘烤设备中，由于网带的网孔能透气，故烘烤时食品生坯底部的水分容易蒸发，其外形不会因胀发而变得不规则或发生油滩、洼底、粘带及打滑等现象。但因长期烘烤，网带上积累的面屑碳黑不易清洗，致使制品底部粘上黑斑而影响食品质量。此时，可对网带涂镀防粘材料来解决。

（3）塑料带 塑料带具有耐磨、耐酸碱、耐油、耐腐蚀、易冲洗以及适用于温度变化大的场合等特点，目前在食品工业中普遍采用的工程塑料主要有聚丙烯、聚乙烯和乙缩醛等，它们基本上覆盖了90%输送带的应用领域。

（4）板式带 板式带即链板式输送带。它与带式传动装置的不同之处是：在带式传送装置中，用来传送物料的牵引件为各式输送带，输送带同时又作为被传送物料的承载构件；而在链板式传送装置中，用来传送物料的牵引件为板式关节链，而被传送物料的承载构件则为托板下固定的导板，也就是说，链板是在导板上滑行的。在食品工业中，这种输送带常用来输送装料前后的包装容器，如玻璃瓶、金属罐等。

链板式传送装置与带式传送装置相比较，结构紧凑，作用在轴上的载荷较小，承载能力大，效率高，并能在高温、潮湿等条件差的场合下工作。链板与驱动链轮间没有打滑，因而能保证链板具有稳定的平均速度。但链板的自重较大，制造成本较高，对安装精度的要求亦较高。由于链板之间有铰链关节，需仔细地保养和及时调整、润滑。

1.1.2.2 驱动装置

驱动装置一般由一个或若干个驱动滚筒、减速器、联轴器等组成。驱动滚筒是传递动力的主要部件，除板式带的驱动滚筒为表面有齿的滚筒外，其他输送带的驱动滚筒通常为直径较大、表面光滑的空心滚筒。滚筒通常用钢板焊接而成，为了增加滚筒和带的摩擦力，有时在表面包上木材、皮革或橡胶。滚筒的宽度比输送带宽100～200mm，呈鼓形结构，即中部直径稍大，用于自动纠正输送带的跑偏。其驱动滚筒布置方案如图1－2所示。

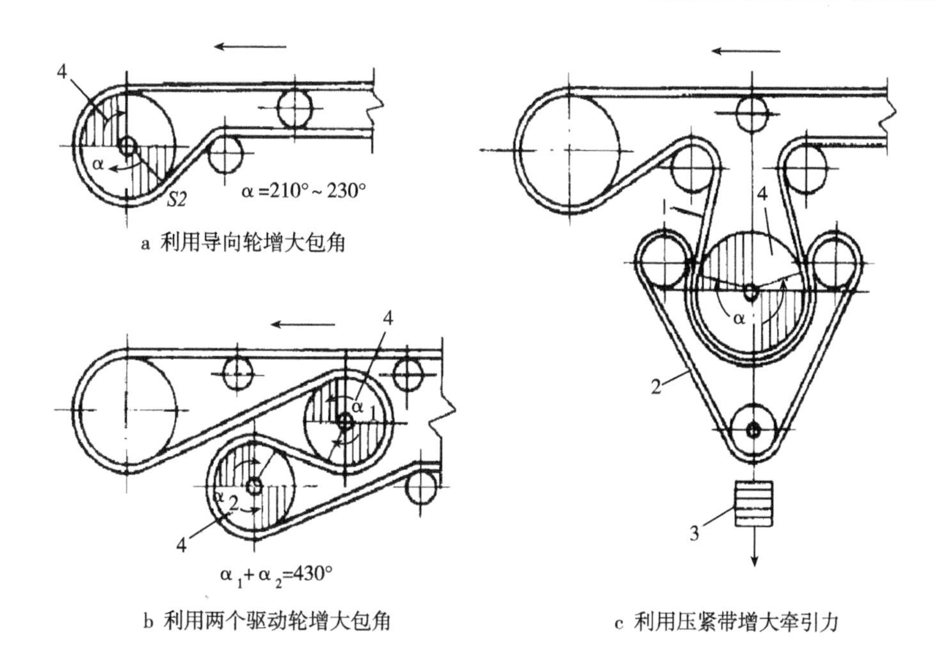

a 利用导向轮增大包角

b 利用两个驱动轮增大包角

c 利用压紧带增大牵引力

图1-2　驱动滚筒布置方案

1—传送带　2—压紧带　3—重锤　4—驱动轮

1.1.2.3　张紧装置

在带式输送机中，由于输送带具有一定的延伸率，在拉力作用下，本身长度会增大。这个增加的长度需要得到补偿，否则带与驱动滚筒间会因不能紧密接触而打滑，使输送带无法正常运转。张紧装置的作用是保证输送带具有足够的张力，以便使输送带和驱动滚筒间产生必要的摩擦力以保证输送机正常运转。常用的张紧装置有重锤式（图1-2c）和螺旋式（图1-3）。对于输送距离较短的输送机，张紧装置可直接装在输送带的从动滚筒的支承轴上，而对于较长的输送机则需设专用的张紧辊。

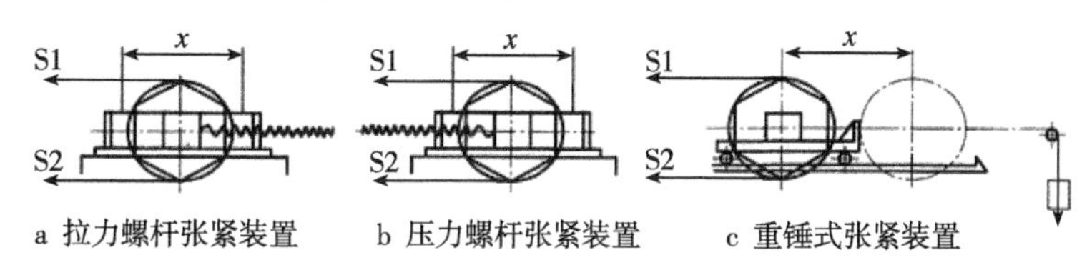

a 拉力螺杆张紧装置　b 压力螺杆张紧装置　c 重锤式张紧装置

图1-3　张紧装置简图

1.1.2.4　机架和托辊

带式输送机的机架多用槽钢、角钢和钢板焊接而成。可移式输送机的机架装在滚轮上以便移动。

托辊在输送机中对输送带及上面的物料起承托的作用，使输送带运行平稳。板式带不用托辊，因它靠板下的导板承托滑行。托辊应尽量做到运动阻力系数小、功率消耗小、结构简单、便于拆装维修、有较高的强度和耐磨性以及良好的密封性能等。

托辊分上托辊(即载运段托辊)和下托辊(即空载段托辊)。托辊的布置有槽形和平形,如图1-4所示,槽形托辊是在带的同一横截面方向接连安装3条长平形辊,底下一条水平,旁边两条倾斜而组成一个槽形,主要用于输送量大的散状物料。定型的托辊的总长度比带宽B宽出部分为100~200mm。

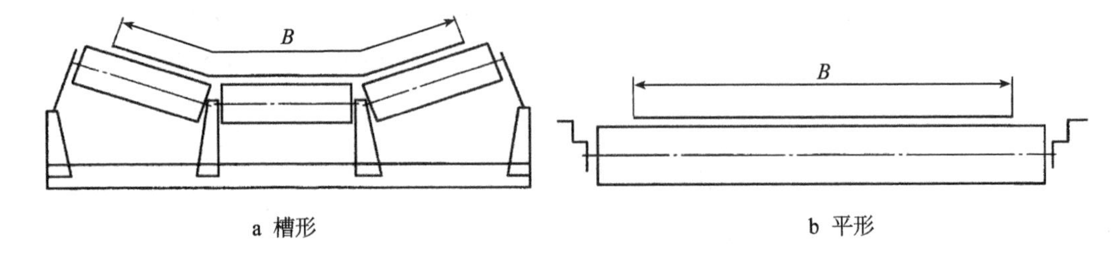

a 槽形　　b 平形

图1-4　托辊的布置形式

托辊的间距和直径与带的种类、带宽及运送物料的密度等有关。物料密度大时,间距应小,当物料为大于20kg的成件物品时,间距应小于物品在运输方向的长度的一半,通常取0.4~0.5m。物料密度比较小时,间距可取1~2m。

托辊可用铸铁制造,但较常见的是用两端加上凸缘的无缝钢管制造。

1.1.2.5　清扫器

清扫器用于清扫黏附在输送带上的食品物料。食品物料多具有黏附性,因此安装可靠的清扫器十分必要。它分为弹簧清扫器与刮板清扫器两种:弹簧清扫器装在头部滚筒处,用以清扫卸料后黏附在输送带承载面上的物料;刮板清扫器装在尾部滚筒前,用以清扫输送带运转面上的物料。

1.1.2.6　装载和卸载装置

装载装置亦称喂料器,它的作用是保证均匀地供给输送机一定量的物料,使物料在输送带上均匀分布,通常使用料斗进行装载。

卸料装置位于末端滚筒处。中间卸料时,采用"犁式"卸料器,它的构造简单,成本低,但是对输送带磨损严重,如图1-5。

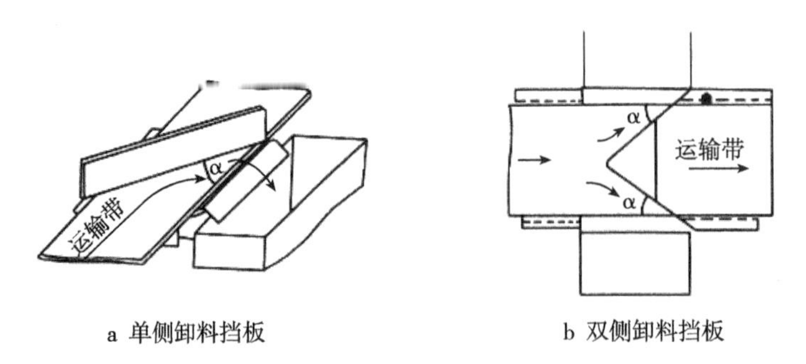

a 单侧卸料挡板　　b 双侧卸料挡板

图1-5　犁式卸料挡板

1.2　螺旋输送机

1.2.1　螺旋输送机的原理

螺旋输送机属于没有挠性牵引构件的连续输送机械。根据输送形式，螺旋输送机分为水平螺旋输送机和垂直螺旋输送机两大类。它的某些类型常被用作喂料设备、计量设备、搅拌设备、烘干设备、仁壳分离设备、卸料设备以及连续加压设备等。

螺旋输送机的主要优点：

①结构简单、紧凑、横断面尺寸小，可在其他输送设备无法安装时或操作困难的地方使用；

②工作可靠，易于维修，成本低廉，仅为斗式提升机的一半；

③机槽可以是全封闭的，能实现密闭输送，以减少物料对环境的污染，对输送粉尘大的物料尤为适宜；

④输送时，可以多点进料，也可在多点卸料，因而工艺安排灵活；

⑤物料的输送方向是可逆的，一台输送机可以同时向两个方向输送物料，即集向中心输送或背离中心输送；

⑥在物料输送中还可以同时进行混合、搅拌、松散、加热和冷却等工艺操作。

螺旋输送机的主要缺点：物料在输送过程中，由于与机槽、螺旋体间的摩擦以及物料间的搅拌翻动等原因，使输送功率消耗较大，同时对物料具有一定的破碎作用；特别是它对机槽和螺旋叶片有强烈的磨损作用；对超载敏感，需要均匀进料，且应空载启动，否则容易产生堵塞现象；不宜输送含长纤维及杂质多的物料。

螺旋输送机用于摩擦性小的粉状、颗粒状及小块状散粒物料的输送；在输送过程中，主要用于距离不太长的水平输送（一般在 30m 以下），或小倾角的倾斜输送，少数情况也用于大倾角和垂直输送。

1.2.2　水平螺旋输送机

如图 1－6 所示，水平螺旋输送机由机槽、转轴、螺旋叶片、轴承及传动装置等主要构件组成。物料从一端加入，卸料出口可沿机器的长度方向设置多个，用平板闸门启闭，一般只有其中之一卸料，传动装置可装在槽体前方或尾部。

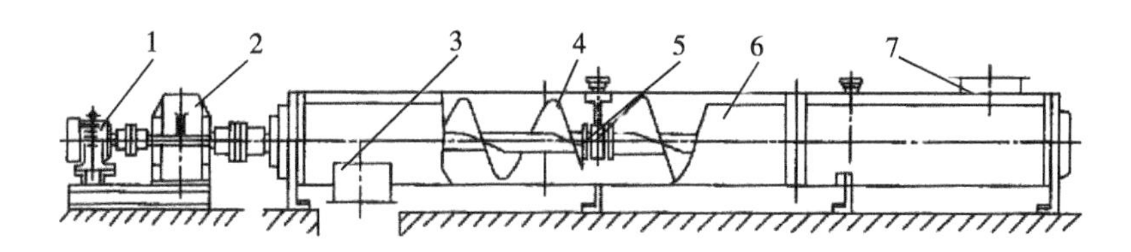

图 1－6　螺旋式输送机

1—电动机　2—减速器　3—卸料口　4—螺旋叶片　5—中间轴承　6—机槽　7—进料口

螺旋输送机利用旋转的螺旋，将被输送的物料在封闭的固定槽体内向前推移而进行输送。当螺旋旋转时，由于叶片的推动作用，同时在物料重力、物料与槽内壁间的摩擦力以及物料的内摩擦力作用下，物料以与螺旋叶片和机槽相对滑动的形式在槽体内向前移动。物料的移动方向取决于叶片的旋转方向及转轴的旋转方向。为平稳输送，螺旋转速应小于物料被螺旋叶片抛起的极限转速。

（1）螺旋叶片 螺旋叶片的旋向通常为右旋，必要时可采用左旋，有时在一根螺旋转轴上一端为右旋，另一端为左旋，用以将物料从中间输送到两端或从两端输送到中间。叶片数量通常为单头结构，特殊场合可采用双头或三头结构。如图1－7所示，螺旋叶片形状分为实体、带状、桨叶和齿形等四种。当运送干燥的小颗粒或粉状物料时，宜采用实体螺旋，这是最常用的形式。运送块状的或黏滞性的物料时，宜采用带状螺旋。当运送韧性和可压缩性的物料时，则用桨叶式或齿形的，这两种螺旋往往在运送物料的同时，还可以进行搅拌、揉捏等工艺操作。

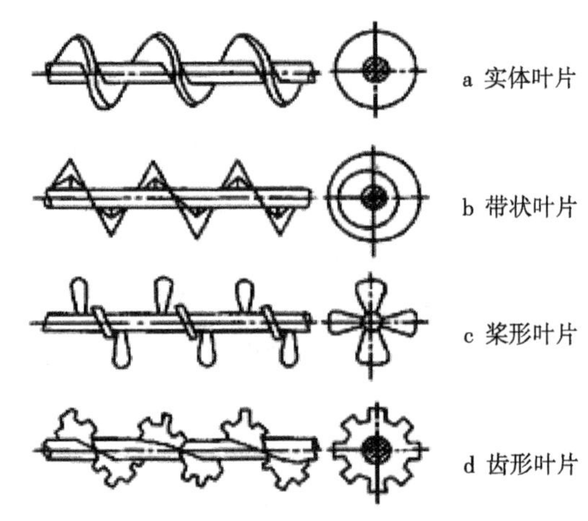

图1－7 螺旋形状

（2）转轴 转轴有实心和空心两种结构形式，其中空心轴质量轻，而且连接方便。根据总体长度，一般制造成2～4m长的节段，利用连接段插入空心轴的衬套内，并以穿透螺钉固定连接装配，如图1－8所示。

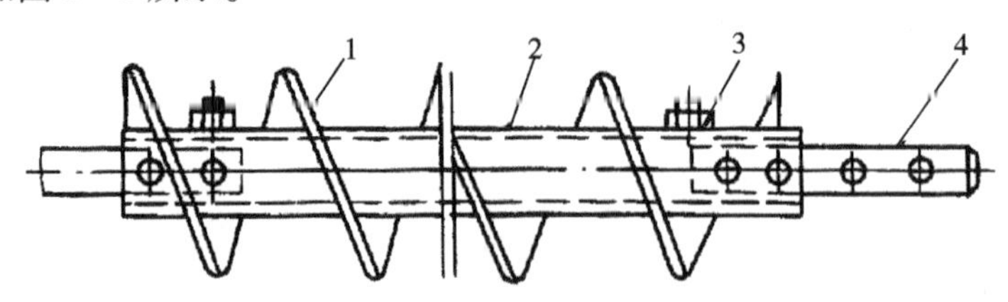

图1－8 螺旋输送机转轴

1—空心轴 2—螺钉连接 3—连接段 4—螺旋面 5—衬套

（3）料槽 料槽是由3～8mm厚的不锈钢或薄钢板制成的U形长槽，覆盖以可拆卸的盖板。料槽的内直径稍大于螺旋直径，间隙一般为6～9mm。

1.2.3　垂直螺旋输送机

垂直螺旋输送机是依靠螺旋较高的转速向上输送物料的。其输送原理如下：物料在垂直螺旋叶片较高转速的带动下得到很大的离心惯性力，这种力克服了叶片对物料的摩擦力将物料推向螺旋四周并压向机壳，对机壳形成较大的压力，反之，机壳对物料产生较大的摩擦力，足以克服物料因本身重力在螺旋面上所产生的下滑分力。同时，在螺旋叶片的推动下，物料克服了对机壳的摩擦力作螺旋形轨迹上升而达到提升的目的。离心惯性力所形成的机壳对物料的摩擦力是物料得以在垂直螺旋输送机内上升的前提，螺旋的转速越高，其上升也就越快。能使物料上升的螺旋的最低转速称为临界转速。低于此转速时，物料不能上升。

1.3　斗式提升机

在食品连续化生产中，有时需要在不同的高度装运物料，如将物料由一个工序提升到在不同高度上的下一工序，也就是说需将物料沿垂直方向或接近于垂直方向进行输送，此时常采用斗式提升机。如酿造食品厂输送豆粕和散装粉料，罐头食品厂把蘑菇从料槽升送到预煮机，在番茄、柑橙制品生产线上也常采用。

斗式提升机主要用于在不同高度间升运物料，适合将松散的粉粒状物料由较低位置提升到较高位置上。斗式提升机的主要优点是占地面积小，提升高度大(一般为 7 ~ 10m，最大可达到 30 ~ 50m)，生产率范围较大(3 ~ 160m^3/h)，有良好的密封性能，但过载较敏感，必须连续均匀地进料。

斗式提升机的分类方法很多，按输送物料的方向不同可分为倾斜式和垂直式；按牵引机构的形式不同，可分为带式和链式(单链式和双链式)等。

1.3.1　斗式提升机的结构和工作原理

斗式提升机主要由牵引件、滚筒(或链轮)、张紧装置、加料和卸料装置、驱动装置和料斗等组成。在牵引件上装置着一连串的小斗(称料斗)，随牵引件向上移动，达到顶端后翻转，将物料卸出。料斗常以背部(后壁)固接在牵引带或链条上，双链式斗式提升机有时也以料斗的侧壁固接在链条上。

图 1 - 9 为倾斜斗式提升机的结构示意图。为了改变物料升送的高度，适应不同生产情况的需要，料斗槽中部有一可拆段，使提升机可以伸长也可以缩短。支架也是可以伸缩的，用螺钉固定。支架有垂直的(如图中支架 1)和倾斜的(如图中支架 2)，倾斜支架固定在槽体中部。有时为了移动方便，机架装在活动轮子上。

图 1 - 10 为垂直斗式提升机的结构示意图，它主要由料斗、牵引带(或链)、驱动装置、机壳和进、卸料口组成。工作时被输送物料由进料口均匀喂入，在驱动滚筒的带动下，固定在输送带上的料斗刮起物料后随输送带一起上升，当上升至顶部驱动滚筒的上方时，料斗开始翻转，在离心力或重力的作用下，物料从卸料口卸出，送入下道工序。

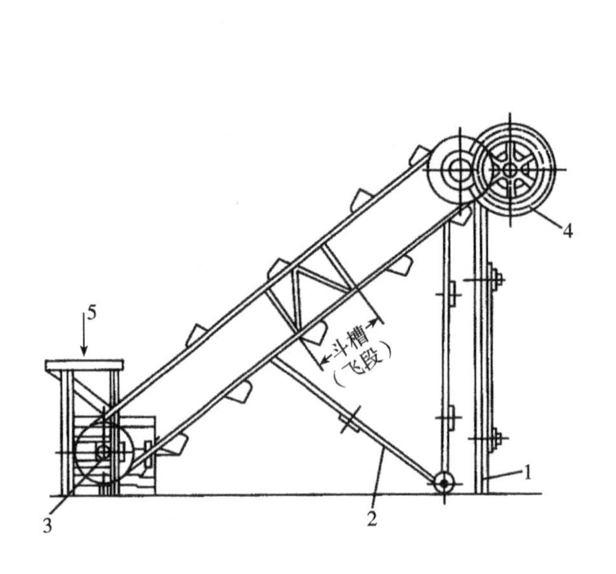

图1-9 倾斜斗式提升机

1、2—支架 3—张紧装置 4—传动装置 5—装料口

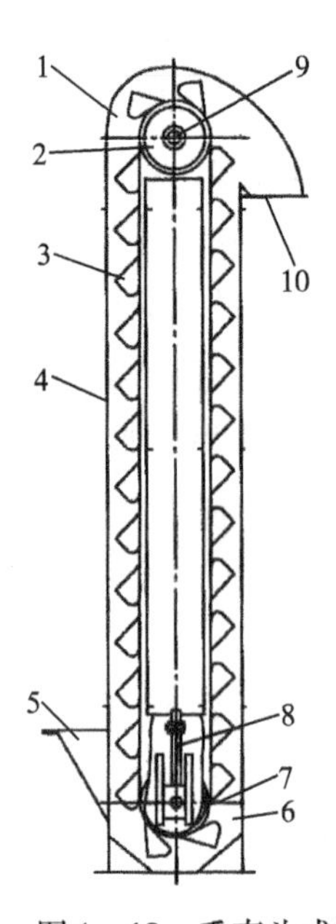

图1-10 垂直斗式提升机

1—进料口 2—头轮 3—番斗 4—机筒

5—进料斗 6—机座 7—底轮 8—张紧螺杆

9—驱动滚筒 10—卸料口

斗式提升机的装料方式分为挖取式和撒入式，如图1-11所示。挖取法是指料斗被牵引件带动经过底部物料堆时，挖取物料。这种方法在食品工厂中采用较多，主要用于输送粉状、粒状、小块状等散状物料。料斗上移速度较快，一般为0.8~2m/s之间，料斗布置疏散。撒入法是指物料从加料口均匀加入，直接流入到料斗里。这种方法主要用于大块和磨损性大的物料的提升场合，输送速度较低，一般不超过1m/s，料斗布置密集。

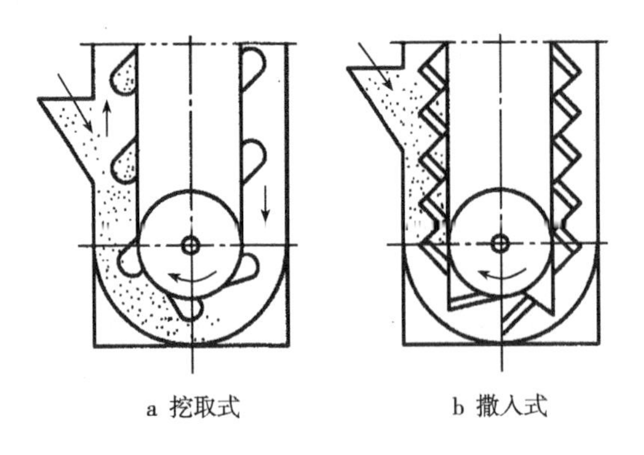

a 挖取式　　b 撒入式

图1-11 斗式提升机装料方式

物料装入料斗后，提升到上部进行卸料。

斗式提升机的卸料方式可分为离心式、重力式和离心重力式三种形式，如图1-12所示。

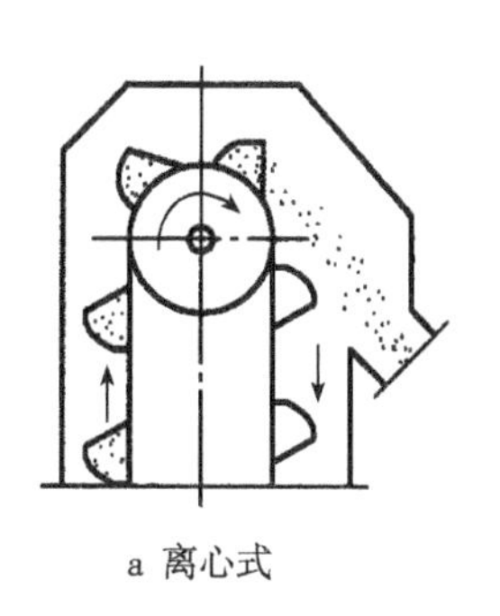

a 离心式

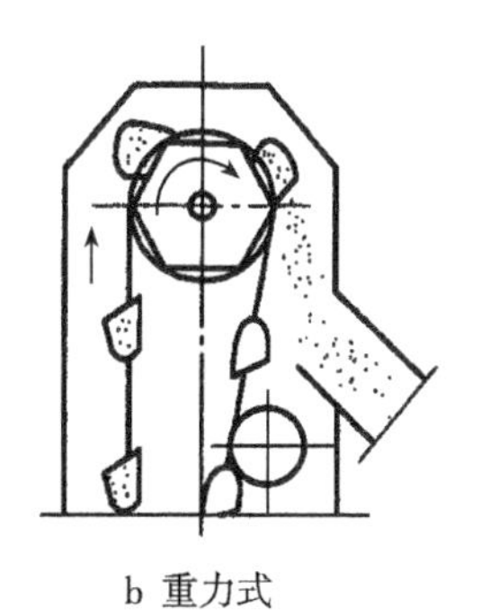

b 重力式

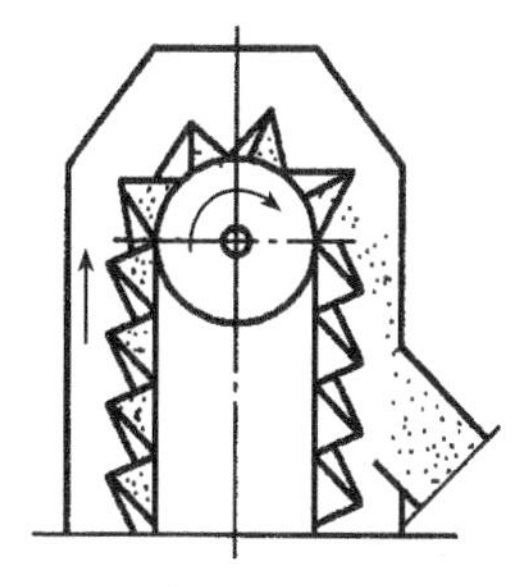

c 离心重力式

图 1－12　斗式提升机卸料方式

离心卸料方式是指当料斗上升至滚筒处时，由直线运动变为旋转运动，料斗内的物料因受到离心力的作用而被甩出，从而达到卸料的目的。适用于粒度小、磨损性小的干燥松散物料，且要求提升速度较快的场合，一般在 1～2m/s。料斗与料斗之间要保持一定的距离，一般应超过料斗高度的 1 倍以上，否则甩出的物料会落在前一个料斗的背部，而不能顺利进入卸料口。

重力卸料方式靠物料的重力使物料落下而达到卸料的目的，适用于提升大块状、密度大、磨损性大和易碎的物料，适用于低速运送物料的场合，速度一般为 0.5～0.8m/s。这种卸料方式又称无定向自流式。当提升黏性较大或较重的物料时，出料滚筒下面常装有导向轮，使胶带略弯曲，料斗运行到此处能完全翻转，因而物料借自重能顺利卸出。

离心重力混合卸料方式靠重力和离心力的同时作用而达到卸料的目的，也适用于提升速度较低的场合，一般为 0.6～0.8m/s，适用于流动性不良的散状、纤维状物料或潮湿物料。料斗与料斗之间紧密相连，物料沿前一个料斗的背部落下。这种卸料方式又称定向自流式。

1.3.2　斗式提升机的主要构件

1.3.2.1　料斗

料斗是提升机的盛料构件，根据运送物料的性质和提升机的结构特点，料斗可分为三种不同的形式，即圆柱形底的深斗、浅斗及尖角形斗，如图 1－13 所示。

图 1－13a 所示为深斗，斗口呈 65°倾斜角，斗的深度较大，适用于干燥的、流动性能好的、能很好地撒落的粒状物料的输送。

图 1－13b 所示为圆底浅斗，斗口呈 45°倾斜，深度小。它适用于运送潮湿的和流动性差的粉末、粒状物料。由于倾斜度较大和斗浅，物料容易从斗中倒出。

深斗和浅斗在牵引件上排列要有一定的间距，斗距通常取为(2.3～3.0)h(h 为斗深)。料斗宽度为 160～250mm，用 2～6mm 厚的不锈钢板或铝板焊接、铆接或冲压而成。

图 1－13c 为尖角形料斗，它与上述两种斗不同之处是斗的侧壁延伸到底板外，使之成为挡边。卸料时，物料可沿一个斗的挡边和底板所形成的槽卸料。它适用于黏稠性大和沉重的块状物料的运送，斗间一般没有间隔。

料斗的主要参数是斗宽 B、伸距 A、容积 V 和高度 h 及斗的形式，这些参数可从有关产品目录中查取。

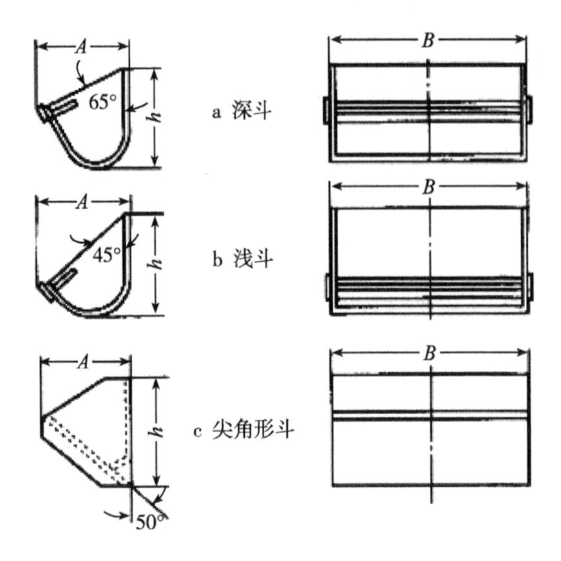

图 1－13　料斗的形式

1.3.2.2　牵引件

斗式提升机的牵引件可用胶带和链条两种，胶带和带式输送机的相同。料斗用特种头部的螺钉和弹性垫片固接在牵引带上，带宽比料斗的宽度大 35～40mm。

链条常用套筒链或套筒滚子链。当料斗的宽度较小（160～250mm）时，用一根链条固接在料斗的后壁上；料斗的宽度大时，用两条链条固接在料斗两边的侧板上，即借助于角钢把料斗的侧边和外链板相连。

牵引件的选择，取决于提升机的生产率、升送高度和物料的特性。用胶带作牵引件主要用于中小生产能力的工厂及中等提升高度，适合于体积和密度小的粉状、小颗粒等物料的输送。用链条作牵引件则适合于大生产率及升送高度大和较重物料的输送。

1.4　气力输送设备

气力输送又称风力输送，是借助空气在密闭管道内的高速流动，物料在气流中被悬浮输送到目的地的一种运输方式，目前已被广泛应用，如发酵工厂利用气流输送瓜干、大麦、大米等都收到良好的效果。

气力输送与其他机械输送相比，具有以下一些优点：

（1）系统密闭，可以避免粉尘和有害气体对环境的污染。

（2）在输送过程中，可以同时进行对输送物料的加热、冷却、混合、粉碎、干燥和分级除尘等操作。

（3）占地面积小，可垂直或倾斜地安装管路。

（4）设备简单，操作方便，容易实现自动化、连续化，改善了劳动条件。

气力输送也有不足的地方：一般来讲其所需的动力较大；风机噪声大；要求物料的颗粒尺寸限制在 30mm 以下；对管道和物料的磨损较大。不适用于输送黏结性和易带静电而有爆炸性的物料，对于输送量少而且是间歇性操作的，不宜采用气力输送。

1.4.1　气力输送装置的基本类型

气力输送的形式较多，根据物料流动状态，气力输送可分为悬浮输送和推动输送两大类，目前采用较多的是前者，即使散粒物料呈悬浮状态的输送形式。悬浮输送又可分为吸送式、压送式和吸、压送相组合的综合式三种。

1.4.1.1　吸送式气力输送装置

吸送式气力输送又称真空输送。如图 1－14 所示，吸送式气力输送装置系将风机（真空泵）安装在整个系统的尾部，运用风机从整个管路系统中抽气，使管道内的气体压力低于外界大气压力，即处于负压状态。由于管道内外存在压力差，气流和物料从吸嘴被吸入输料管，经分离器后物料和空气分开，物料从分离器底部的卸料器卸出，含有细小物料和尘埃的空气再进入除尘器净化，然后经风机排入大气。

由于此种装置系统的压力差不大，故输送物料的距离和生产率受到限制。其真空度一般不超过 0.05～0.06MPa，如果真空度太低，又将急剧地降低其携带能力。该装置中的关键部件需要采用无缝焊接技术以保证弯头部位平滑且没有缝隙，这将有利于清洗，在食品（和制药等）行业中尤为重要。由于输送系统为真空，消除了物料的外漏，保持了室内的清洁。

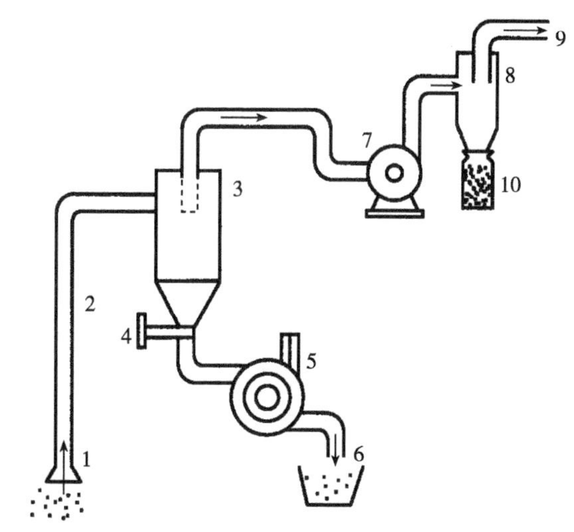

图 1－14　吸送式输送流程

1—物料　2—输送管　3—1 号旋风分离器　4—落料口　5—粉碎机
6—料仓　7—抽风机　8—2 号旋风分离器　9—废气　10—集尘袋

1.4.1.2　压送式气力输送装置

压送式气力输送装置流程，系将风机（压缩机）安装在系统的前端，风机启动后，空气即压送入管路内，管道内压力高于大气压力，即处于正压状态。从供料器下来的物料，通过喉管与空气混合送到分离器，分离出的物料由卸料器卸出，空气则通过除尘器净化后排入大气，见图 1－15。

此装置的特点与吸送式气力输送装置恰恰相反。由于它便于装设分岔管道，故可同时把物料输送至几处，且输送距离较长，生产率较高。此外，容易发现漏气位置，且对空气的除尘要求不高。它的主要缺点是由于必须从低压往高压输料管中供料，故供料器结构较复杂，并且较难从几处同时吸取物料。

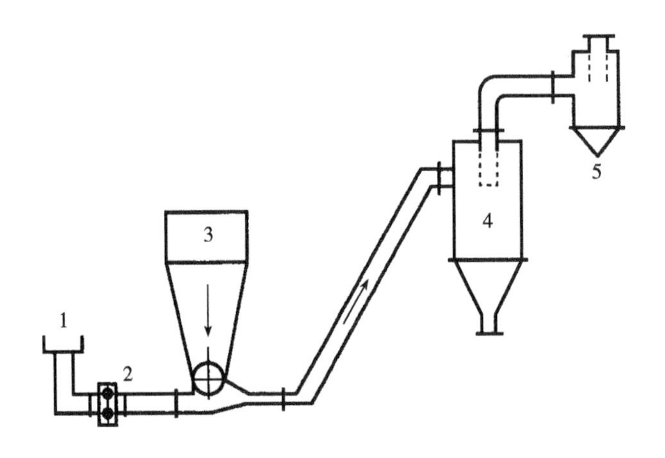

图 1－15　压送式输送流程

1—空气粗滤器　2—鼓风机　3—供料器　4—分离器　5—除尘器

1.4.1.3　综合式气力输送装置

把真空输送与压力输送结合起来，就组成了综合式气力输送系统，如图 1－16 所示。风机一般安装在整个系统的中间。在风机前，物料靠管道内的负压来输送，即吸送段；而在风机后，物料靠空气的正压来输送，即压送段。

此种形式的气力输送装置综合了吸送式和压送式的优点，既可以从几处吸取物料，又可以把物料同时输送到几处，且输送的距离可较长。其主要缺点是中途需将物料从压力较低的吸送段转入压力较高的压送段，含尘的空气要通过鼓风机，使它的工作条件变差，同时整个装置的结构也较复杂。

综上所述，气力输送装置不管采用何种形式，也不管风机以何种方式供应能量，它们总是由能量供应、物料输送和空气净化等几部分组成，只不过是不同场合采用不同形式的装置罢了。

当从几个不同的地方向一个卸料点送料时，采用吸送式（真空）气力输送系统最适合；而当从一个加料点向几个不同的地方送料时，采用压送式气力输送系统最适合。

真空输送系统的加料处，不需要供料器，而排料处则要装有封闭较好的排料器，以防止在排料时发生物料反吹。与此相反，压送式系统在加料处需装有封闭较好的供料器，以防止在加料处发生物料反吹，而在排料处就不需排料器，可自动卸料。

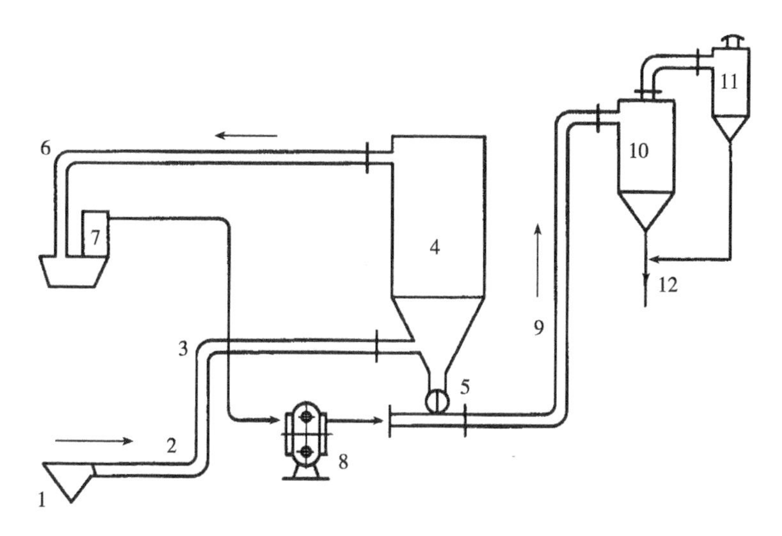

图1-16 综合式气力输送流程

1—吸嘴 2—软管 3—吸入侧固定管 4—分离器 5—旋转卸(加)料器 6—吸出风管
7—过滤器 8—风机 9—压出侧固定管 10—压出侧分离器 11—二次分离器 12—排料口

当输送量相同时,压送式系统较真空输送系统采用较细的管道。

在选用气力输送装置时必须对输送物料的性质、形状、尺寸、输送能力、输送距离等情况进行详细的了解,并与实际经验结合起来,综合考虑。

1.4.2 气力输送装置的主要部件

气力输送装置主要由供料器、输料管系统、分离器、除尘器、关风器和气源设备等部件组成。

1.4.2.1 供料器

供料器的作用是把物料供入气力输送装置的输料管中,形成合适的物料和空气的混合比。它是气力输送装置的"咽喉",其性能的好坏将直接影响气力输送装置的生产率和工作稳定性。其结构特点和工作原理取决于被输送物料的物理性质以及气力输送装置的形式。供料器可分为吸送式气力输送供料器和压送式气力输送供料器两大类。

(1)吸送式气力输送供料器 吸送式气力输送供料器的工作原理是利用输料管内的真空度,通过供料器使物料随空气一起被吸进输料管。吸嘴与固定式受料嘴(喉管)是最常用的吸送式气力输送供料器。

①吸嘴:吸嘴主要适用于车、船、仓库等场地装卸粉状、粒状及小块状物料。对吸嘴的要求主要是:在进风量一定的情况下,吸料量多且均匀,以提高气力输送装置的输送能力;具有较小的压力损失;轻便、牢固可靠、易于操作;具有补充风量装置及调节机构,以获得物料与空气的最佳混合比;便于插入料堆又易从料堆中拔出,能将各个角落的物料吸引干净。

吸嘴的结构形式很多,可分成单筒吸嘴和双筒吸嘴两类。

a.单筒吸嘴。输料管口是单筒形吸嘴,空气和物料同时从管口吸入。单筒吸嘴结构简单,它是一段圆管,下端做成直口、喇叭口、斜口或扁口,如图 1 – 17 所示。直口吸嘴结构最简单,但压力损失大,补充空气无保证(因吸嘴插入料堆后,补充空气口易被物料埋住堵死),有时会因物料与空气的混合比过大而造成输料管堵塞;喇叭口吸嘴的阻力和压力损失较直口吸嘴小,也可在 A 处用一个可转动的调节环来调节补充空气量,但从 A 处补充的空气只能使已进入吸嘴的物料获得加速度,而不能像从吸嘴口物料空隙进入的空气那样起到携带物料进入吸嘴的作用;斜口吸嘴对焦炭、煤块等物料的插入性能好,但吸嘴未埋入料堆前,补充空气量太大,而埋入物料堆后又无补充空气;扁口吸嘴适于吸取粉状物料,吸嘴口角上的四个支点使吸嘴与物料间保持一定间隙,以便于补充空气进入。

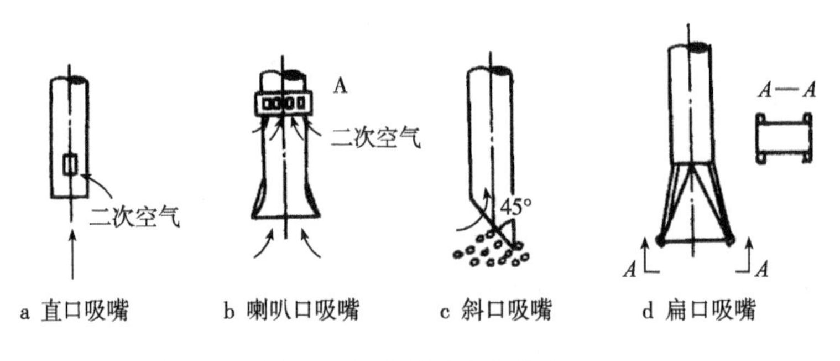

图 1 – 17 单筒吸嘴的形式

b. 双筒吸嘴。由两个不同直径的同心圆筒组成,如图 1 – 18 所示。内筒的上端与输料管相连,下端做成喇叭形,目的是为了减少空气及物料流入时的阻力,外筒可上下移动。双筒吸嘴吸取物料时,物料及大部分空气经吸嘴底部进入内筒。通过调节外筒的上下位置,可改变吸嘴端面间隙 s,从而调节从内外筒间的环形间隙进入吸嘴的补充空气量,以获得物料与空气的最佳混合比,并使物料得到有效的加速,提高输送能力。吸嘴端面间隙 s 在吸送不同物料时的最佳值应由试验确定,例如吸送稻谷时 s 的最佳值为 2 ~ 4mm。一般情况下,s 大则物料与空气的混合比小。

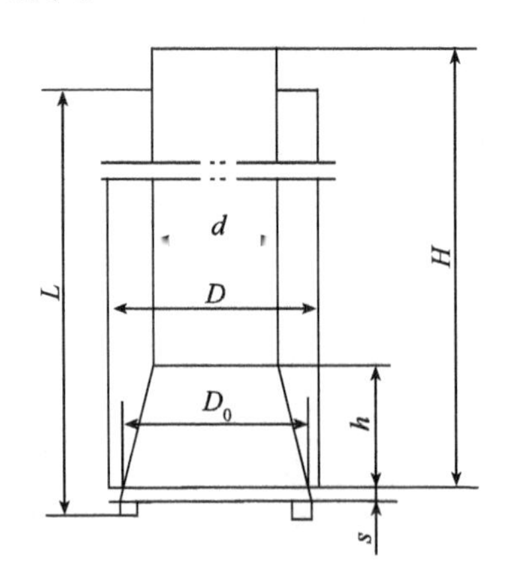

图 1 – 18 双筒吸嘴

②固定式受料嘴(又称喉管):固定式受料嘴主要用于车间固定地点的取料,如物料直接从料斗或容器下落到输料管的情况。物料的下料量可以通过改变挡板的开度进行调节,调节挡板的开度可采用手动、电动或气动操作。固定式受料嘴的主要形式如图 1-19 所示,分为 Y 形、L 形和 γ 形(又称动力型),这些形式的固定受料嘴多用于气流烘砂系统。

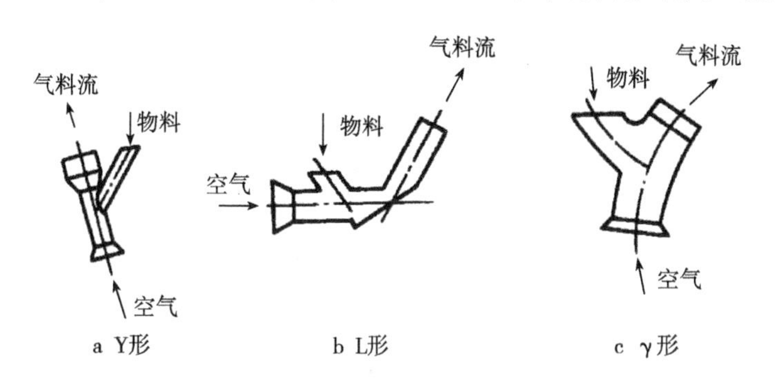

图 1-19　固定式受料嘴形式

(2)压送式气力输送供料器　在压送式气力输送装置中,供料是在管路中的气体压力高于外界大气压的条件下进行的,为了按所要求的生产率使物料进入输料管,同时又尽量不使管路中的空气漏出,所以对压送式气力输送供料器的密封性要求较高,因而其结构较复杂。根据作用原理的不同压送式气力输送供料器可分为旋转式、喷射式、螺旋式和容积式等几种形式。

①旋转式供料器:旋转式供料器又称星形供料器,在真空输送系统中用作卸料,而在压送式气流输送系统中可用作供料器。因此,旋转式供料器广泛运用于中、低压的压送式气力输送装置中,一般适用于流动性较好、磨琢性较小的粉状、粒状或小块状物料。普遍使用的为绕水平轴旋转的圆柱形叶轮供料器,其结构如图 1-20 所示。在电机和减速传动机构的带动下,叶轮在壳体内旋转,物料从加料斗进入旋转叶轮的格室中,然后随着叶轮的旋转从下部流进输料管中。

为了提高格室中物料的装满程度,设有均压管,其作用是当叶轮的格室旋转到装料口之前,格室中的高压气体可从均压管中排出,从而使其中的压力降低,便于物料填装。为防止叶轮的叶片被异物卡死,在进料口还须装设具有弹性的防卡挡板。

这种供料器的供料量,一般在低转速时(旋转叶片的圆周速度为 0.25~0.5m/s)与速度成正比。但当速度再加快时,供料量反而下降,并出现不稳定的情况。这是由于叶片旋转速度太快,叶片会将物料飞溅开,使物料不能充分送入叶片间的格子内,已送入的又有可能被甩出来的缘故。生产中为调节供量准确,转子的转数应考虑在与供料量成正比的变化范围内。

旋转式供料器结构紧凑,体积小,运行维修方便,能连续定量供料,有一定程度的气密性。但对加工要求较高,叶轮与壳体磨损后易漏气。

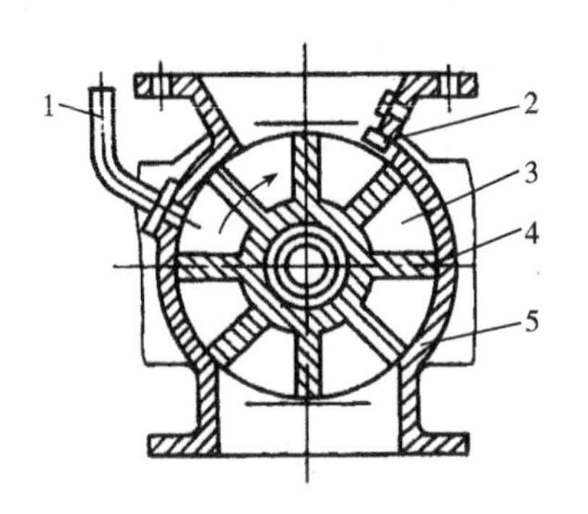

图1-20　旋转式供料器

1—均压管　2—防卡挡板　3—格室　4—叶轮　5—壳体

②喷射式供料器：喷射式供料器主要应用于低压、短距离的压送式气力输送装置中，其结构如图1-21所示。喷射式供料器的工作原理为，由于供料口处管道喷嘴收缩使气流速度增大，从而将部分静压转变为动压，造成供料口处的静压等于或低于大气压力，于是管内空气不仅不会向供料口喷吹，相反会有少量空气随物料一起从料斗进入喷射式供料器。在供料口后有一段渐扩管，渐扩管中气流的速度逐渐减小，静压逐渐增高，达到所需的输送气流速度与静压力，使物料沿着管道正常输送。渐扩管中速度能向静压能的转换不超过50%，通常为1/3左右，因此压力上升的数值有限，故输送能力和输送距离均受到限制。

为保证喷射式供料器能正常供料和输料，喷射式供料器渐缩管的倾角为20°左右，渐扩管的倾角以8°左右为宜。喷射式供料器结构简单，尺寸小，不需任何传动机构。但所能达到的混合比小，压缩空气消耗量较大，效率较低。

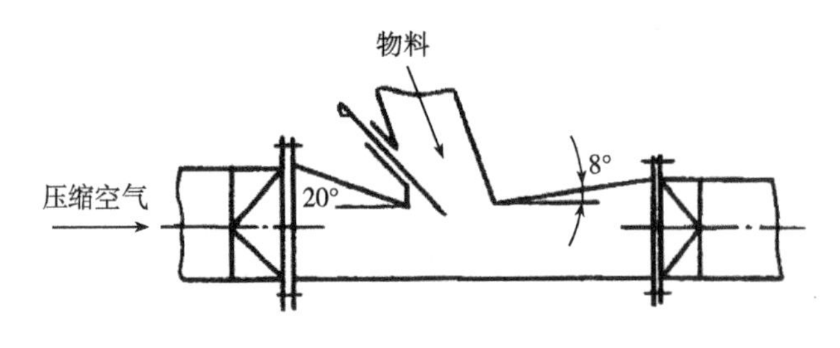

图1-21　喷射式供料器

③螺旋式供料器：螺旋式供料器多用于输送粉状物料、工作压力低于0.25MPa的压送式气力输送装置中，结构如图1-22所示。在带有衬套的铸铁壳体内安置一根变螺距悬臂螺旋，其左端通过弹性联轴器与电动机相连。当螺旋在壳体内快速旋转时，物料从加料斗通过闸门经螺旋而被压入混合室，由于螺旋的螺距从左至右逐渐减小，因此进入螺旋的物料被越压越紧，这样可防止混合室内的压缩空气通过螺旋漏出，而且移动杠杆上的配重还可调节阀门对物料的压紧程度。当供料器空载时，阀门在配重的作用下也能防止输送气体漏出。在混合室的下部设有压缩空气喷嘴，当物料进入混合室时，压缩空气便将其吹散并

使其加速，形成压缩空气与物料的混合物，然后均匀地进入输料管中。

螺旋式供料器的特点是高度方向尺寸小，能够连续供料。但动力消耗较大，工作部件磨损较快。

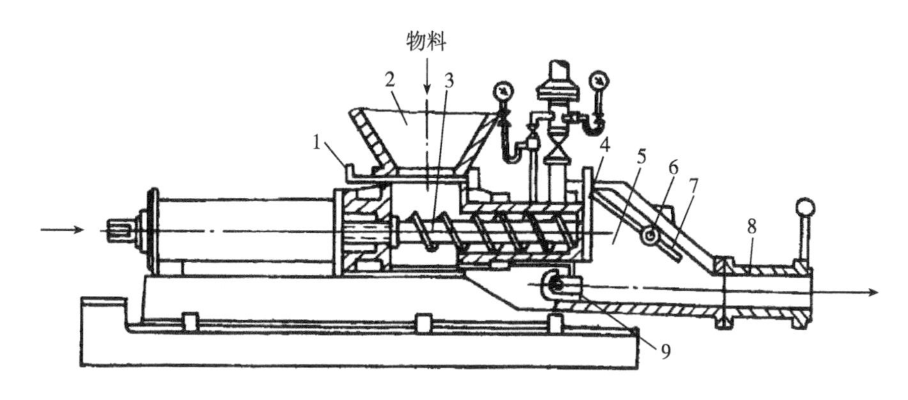

图1-22 螺旋式供料器

1—闸门 2—加料斗 3—螺旋 4—阀门 5—混合室 6—配重 7—杠杆 8—输料管 9—喷嘴

1.4.2.2 输料管系统

合理地布置和选择输料管系统及其结构尺寸，可有效避免管道系统堵塞和减少磨损、降低压力损失，对提高输送装置的生产率、降低能量消耗和提高装置的使用可靠性等都有很大好处。所以，在设计输料管及其元件时，必须满足接头和焊缝的密封性好、运动阻力小、装卸方便、具有一定的灵活性及尽量缩短管道的总长度等要求。输料管系统由主管、弯管、挠性管、增压器、回转接头和管道连接部件等根据工艺要求配置连接而成。

(1)直管及弯管 直管及弯管一般采用无缝钢管或焊接钢管。对高压压送式或高真空吸送式气力输送装置，因混合比大，多采用表面光滑的无缝钢管；对低压压送式或低真空吸送式气力输送装置，可采用焊接钢管；如物料磨琢性很小，也可用白铁皮或薄钢板制作。通常管内径取50～300mm（按空气流量和选取的气流速度进行计算，然后按国家标准选定）。

输料管为易磨损构件，特别是弯管磨损较快，必须采取提高耐磨性的措施。例如，可以采用可锻铸铁、稀土球墨铸铁、陶瓷等耐磨材料制造弯管，同时注意曲率半径的选取。

(2)挠性管 在气力输送装置中，为了使输料管和吸嘴有一定的灵活性，可在吸嘴与垂直管连接处或垂直管与弯管连接处安装一段挠性管（如套筒式软管、金属软管、耐磨橡胶软管和聚氯乙烯管等），但由于挠性管阻力较硬管大（一般为硬管阻力的两倍或更大），故尽可能少用。

(3)增压器 由于气流在输送过程中要受到摩擦和转弯等阻力，还可能有接头漏气等压力损失，因此在阻力大、易堵塞处或弯管的前方以及长距离水平输料管上，可安装增压器来补气增压。

1.4.2.3 分离器

气力输送装置中物料的分离，通常是借助重力、惯性力和离心力使悬浮在气体中的物料沉降分离出来，常用的物料分离器有容积式和离心式两种形式。

（1）容积式分离器 容积式分离器的结构如图1－23所示。其作用原理是空气和物料的混合物由输料管进入面积突然扩大的容器中，使空气流速降低到远低于悬浮速度 v_f[通常仅为(0.03～0.1)v_f]。这样，气流失去了对物料颗粒的携带能力，物料颗粒便在重力的作用下从混合物中分离开来，经容器下部的卸料口卸出。容积式分离器结构简单，易制造，工作可靠，但尺寸较大。

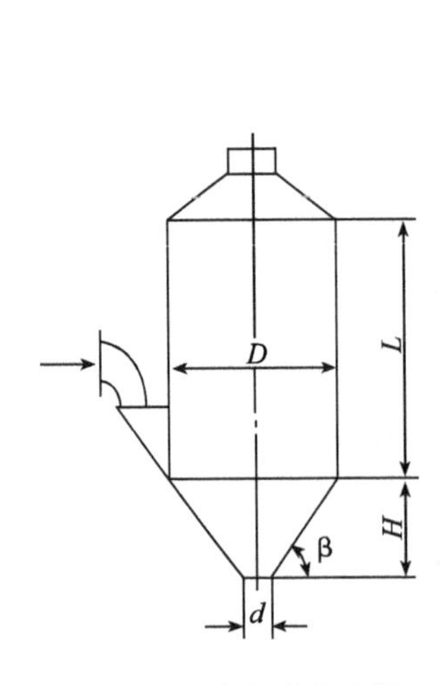

图1－23 容积式分离器

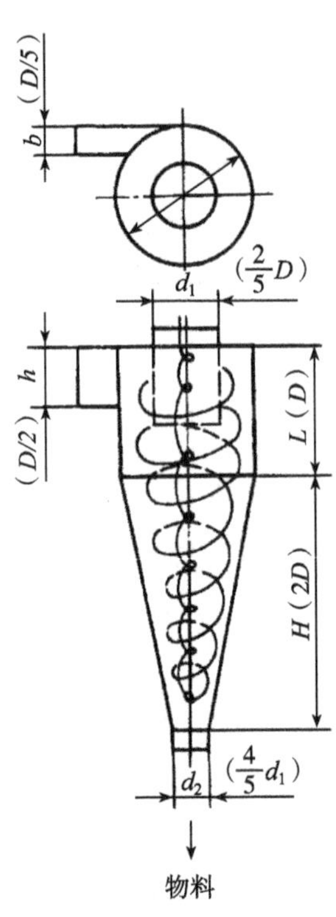

图1－24 离心式分离器

（2）离心式分离器 离心式分离器的结构如图1－24所示，它是由切向进风口、内筒、外筒和锥筒体等几部分组成。气料流由切向进风口进入筒体上部，一面作螺旋形旋转运动，一面下降；由于到达圆锥部时，旋转半径减小，旋转速度逐渐增加，气流中的粒子受到更大的离心力，便从气流中分离出来甩到筒壁上，然后在重力及气流的带动下落入底部卸料口排出；气流（其中尚含有少量粉尘）到达锥体下端附近开始转而向上，在中心部作螺旋上升运动，从分离器的内筒排出。

对离心分离器的分离效率和压力损失影响最大的因素是气流进口流速和分离器的尺寸。同样，这种分离器结构很简单，制作方便。如设计制作得当，可获得很高的分离效率。例如，对小麦、大豆等颗粒物料，分离效率可达100%，对粉状物料也可达到98%～99%。而且压力损失小，没有运动部件，经久耐用，除了磨琢性强的物料对壁面产生磨损和黏附性的细粉会产生黏附外，几乎没有其他缺点，所以获得了广泛的应用。

1.4.2.4　除尘器

从分离器排出的气流中尚含有较多5～40μm粒径的较难分离的粉尘，为防止污染大气和磨损风机，在引入风机前须经各种除尘器进行净化处理，收集粉尘后再引入风机或排至大气。除尘器的形式很多，目前应用较多的是离心式除尘器和袋式过滤器。

(1)离心式除尘器　离心式除尘器又称旋风除尘器，其结构和工作原理与离心式分离器相同(图1－24)，所不同的是离心式除尘器的筒径较小，圆锥部分较长。这样，一方面使得在与分离器同样的气流速度下，物料所受到的离心力增大，另一方面延长了气流在除尘器内的停留时间，有利于除尘效率的提高。

(2)袋式过滤器　袋式过滤器是一种利用有机纤维或无机纤维的过滤布将气体中的粉尘过滤出来的净化设备，因过滤布多做成袋形，故称袋式过滤器。其结构如图1－25所示。

含有粉尘的空气沿进气管进入过滤器中，首先到达下方的锥形体，在这里有一部分颗粒较大的粉尘被沉降分离出来，而含有细小粉尘的空气则旋向上方进入袋子中，粉尘被阻挡和吸附在袋子的内表面，除尘后的空气从布袋内逸出，最后经排气管排出。经过一定的工作时间后，必须将滤袋上的积灰及时清除(一般采用机械振打、气流反向吹洗等方法)，否则将增大压力损失并降低除尘效率。

袋式过滤器的最大优点是除尘效率高。但不适用于过滤含有油雾、凝结水及黏性的粉尘，同时它的体积较大，设备投资、维修费用较高，控制系统较复杂。所以，一般用于除尘要求较高的场合。袋式过滤器的除尘效率与很多因素有关，其中滤布材料、过滤风速、工作条件、清灰方法等影响较大，在设计或选择袋式过滤器时应予考虑。

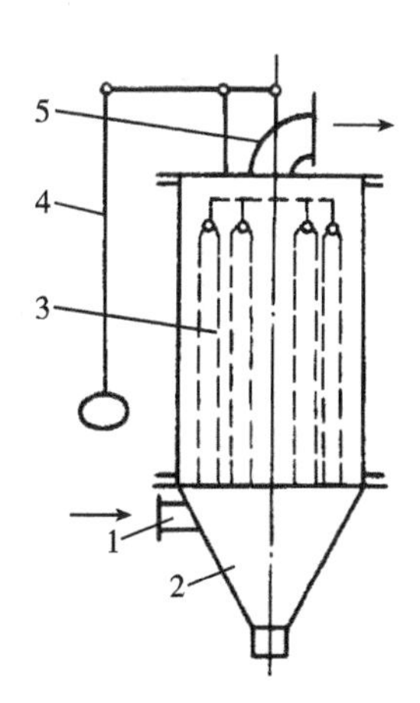

图1－25　袋式过滤器

1—进气管　2—锥形体　3—袋子　4—振打机构　5—排气管

离心式除尘器和袋式过滤器均属干式除尘器。除此之外，还有利用灰尘与水的黏附作用来进行除尘的湿式除尘器，以及利用高压电场将气体电离，使气体中的粉尘带电，然后在电场内静电引力的作用下，使粉尘与气体分离开来而达到除尘目的的电除尘器等。

1.4.2.5 关风器

在气力输送装置中，为了把物料从分离器中卸出以及把灰尘从除尘器中排出，并防止大气中的空气跑入气力输送装置内部而造成输送能力降低，必须在分离器和除尘器的下部分别装设关风器。目前应用最广的是旋转(叶轮)式关风器，有时也采用阀门式关风器。

(1)旋转式关风器 旋转式关风器的结构与旋转式供料器(图1－20)完全相同，所不同的是其上部不是与加料斗相连，而是与分离器相通；其下部不是连着输料管，而是和外界相通；其均压管不再是把格室内的高压气体引出，而是当格室在转到接近分离器卸料口时使格室内的压力与分离器中的压力相等，便于分离器中的物料进入格室中。旋转式关风器的结构和工作原理与此完全相同。

(2)阀门式关风器 图1－26为阀门式关风器的结构，它由上下箱两部分组成。工作时上阀门常开，下阀门紧闭，使物料落入卸料器上箱中；出料时关闭上阀门，打开下阀门，使物料落入卸料器下箱中，从而达到不停车出料的目的。这种卸料器气密性好，结构较简单，但高度尺寸较大。

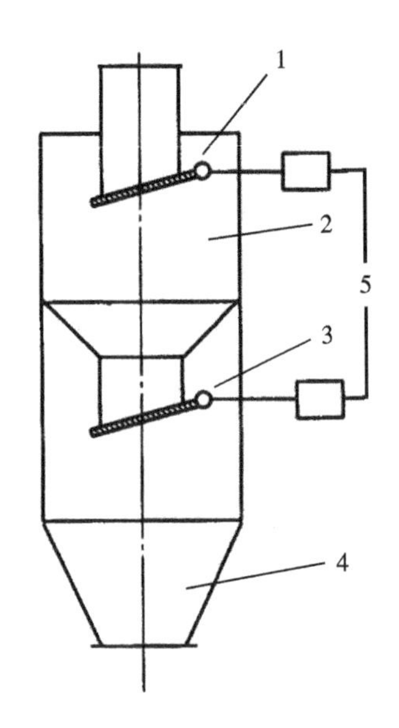

图1－26 阀门式关风器

1—上挡板 2—上箱 3—下挡板 4—下箱 5—平衡锤

1.4.2.6 气源设备

气力输送装置多用风机作气源设备，风机是把机械能传给空气形成压力差而产生气流的机械。风机的风量和风压大小直接影响气力输送装置的工作性能，风机运行所需的动力大小关系着气力输送装置的生产成本。因此，正确地选择风机对设计气力输送装置来说是十分重要的。各种形式的风机各有优缺点，排风量和排气压力有一定范围。所以，必须综合考虑各种形式风机的特性、使用场合和维护检修条件，从经济观点出发选择最合适的形式。

对风机的要求是：效率高；风量、风压满足输送物料要求且风量随风压的变化要小；有一些灰尘通过也不会发生故障；经久耐用便于维修；用于压送式气力输送装置中的风机，其排气中尽可能不含油分和水分。目前，气力输送装置所采用的气源设备主要有离心式通风机、空气压缩机、罗茨鼓风机和水环式真空泵等。

(1) 离心式通风机　低真空吸送式气力输送装置中常采用离心式通风机作为气源设备。其构造如图 1-27 所示，按其风压大小，可分为低压（小于 9.8×10^2 Pa）、中压（9.8×10^2 ~ 2.94×10^3 Pa）和高压（2.94×10^3 ~ 5.47×10^4 Pa）三种。

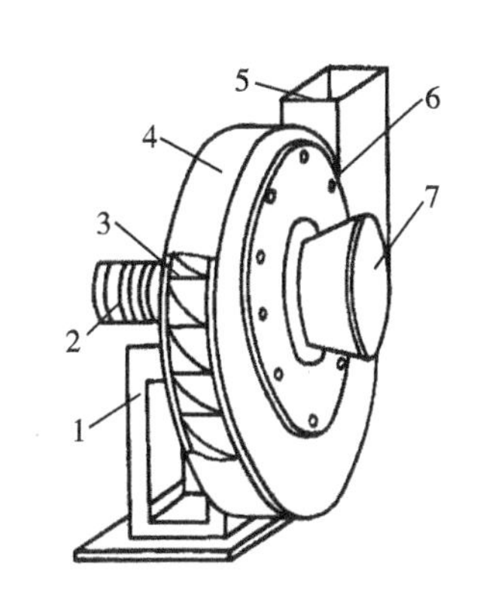

图 1-27　离心式通风机的构造
1—机架　2—轴和轴承　3—叶轮
4—机壳　5—出风口　6—风舌
7—进风口

离心式通风机的工作原理是利用离心力的作用，使空气通过风机时的压力和速度都得以增大再被送出去。当风机工作时，叶轮在蜗壳形机壳内高速旋转，充满在叶片之间的空气便在离心力的作用下沿着叶片之间的流道被推向叶轮的外缘，使空气受到压缩，压力逐渐增加，并集中到蜗壳形机壳中。这是一个将原动机的机械能传递给叶轮内的空气使空气静压力（势能）和动压力（动能）增高的过程。这些高速流动的空气，在经过断面逐渐扩大的蜗壳形机壳时，速度逐渐降低，又有一部分动能转变为静压能，进一步提高了空气的静压力，最后由机壳出口压出。与此同时，叶轮中心部分由于空气变得稀薄而形成了比大气压力小的负压，外界空气在内外压差的作用下被吸入进风口，经叶轮中心而去填补叶片流道内被排出的空气。由于叶轮旋转是连续的，空气也被不断地吸入和压出，这就完成了输送气体的任务。

(2) 空气压缩机　常用空气压缩机有活塞式压缩机和离心式压缩机两种：

①活塞式压缩机：活塞式压缩机的构造如图 1-28 所示，它主要由机身、气缸、活塞、曲柄连杆机构及气阀机构（进、排气阀）等组成。当活塞离开上止点向下移动时，活塞上部气缸的容积增大，产生真空度；在气缸内真空度的作用下（或在气阀机构的作用下），进气阀打开，外界空气经进气管充满气缸的容积；当活塞向上移动时，进气阀关闭，空气被压缩直至排气阀打开；经压缩后的空气从气缸经排气管送入储气罐。进、排气阀一般是由气缸与进、排气管间空气压力差的作用而自动地开闭的。

活塞式压缩机结构较简单，操作容易，压力变化范围大，特别适用于压力高的场合；同时它的效率也高，适应性强，压力变化时风量变化不大，高压性能好；材料要求低，因其为低速机械，普通钢材即可制造。它的缺点是：由于排气量较小，具有脉动流现象，需设缓冲装置（如储气罐）；机身有些过重，尺寸过大，加上储气罐，占地面积就更大；压缩空气由于绝热膨胀要出现冷凝水。因此，在送入输料管之前还需加回水弯管把水分除掉。

②离心式压缩机：离心式压缩机的结构示意图如图 1-29 所示，主要由机壳、叶轮、主

轴和轴承等组成。作用原理与离心式通风机相似，只是出口风压较强，如 3 ~5 级叶轮产生的压力可达 $2.94\times10^4 \sim 4.9\times10^4$ Pa。离心式压缩机可作为大风量低压压送式及吸送式气力输送装置的气源设备。

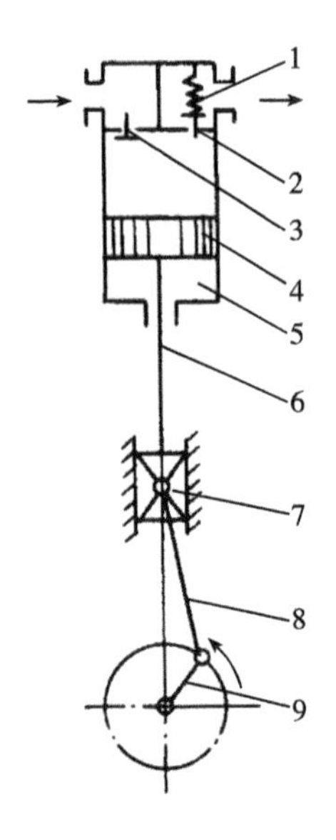

图 1 - 28　活塞式压缩机

1—弹簧　2—排气阀　3—进气阀　4—活塞
5—气缸　6—活塞杆　7—十字头　8—连杆　9—曲柄

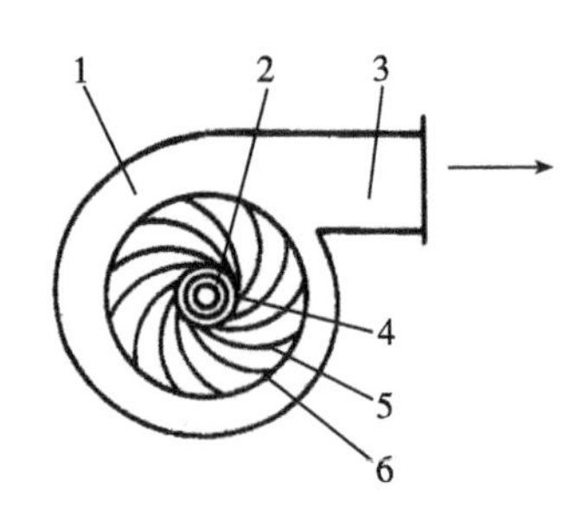

图 1 - 29　离心式压缩机

1—机壳　2—进风口　3—出风口　4—主轴
5—叶轮　6—叶片

离心式压缩机结构简单，尺寸小，重量轻，易损件少，运转率高。气流运动是连续的，输气均匀无脉动，不需储气罐。没有往复运动，无不平衡的惯性力及力矩，故不需要笨重牢固的基础。主机内不必加润滑剂，所以空气中无油分。其缺点是不适用于高压范围，效率较低，适应性差，材料要求高。同时，由于它的圆周线速度高，有灰尘时易产生磨损，并且灰尘附着在叶片或轴承部分时，会引起效率降低和不平衡，所以在前面应尽可能安装高效率的除尘器。

(3) 罗茨鼓风机　罗茨鼓风机的构造如图 1 - 30 所示，在一个椭圆形机壳内有一对铸铁制成的“8”字形转子，它们分别装在两根平行轴上，在机壳外的两根轴端装有相同的一对啮合齿轮，在电动机的带动下，两个“8”字形转子等速相对旋转，使进气侧工作室容积增大形成负压而进行吸气，使出口侧工作室容积减小来压缩并输送气体。罗茨鼓风机出口与入口处之静压差谓之风压。工作状态时，它所产生的压力不取决于它本身，而取决于管道中的阻力。为防止管道堵塞或工作超负荷时管内真空度过大造成电机过载损坏，应在连接鼓风机进口的风管上装设安全阀，当真空度超过正常生产

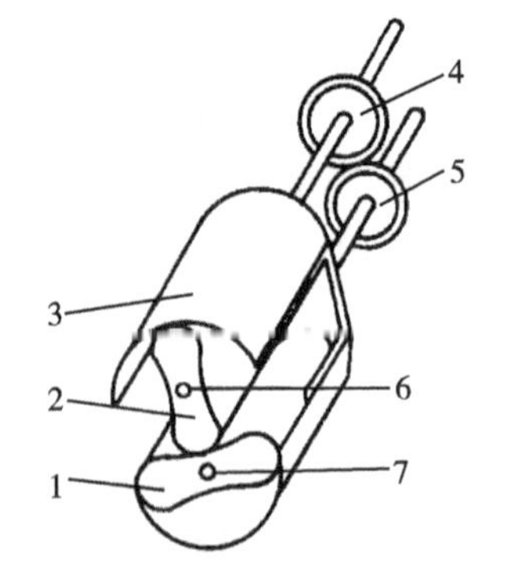

图 1 - 30　罗获鼓风机的构造

1、2—转子　3—机壳
4、5—齿轮　6、7—轴

的允许数值时，安全阀自动打开，放进外界大气。

罗茨鼓风机的风量随压力变化不大，适应气力输送装置工作时压力损失变化很大而风量变化很小的特点。当压力损失增大时，因风量大幅度减少而使风速降低，会造成管道堵塞。因此，一些为了提高输送浓度、增大输料量的气力输送装置，较多地采用罗茨鼓风机。

罗茨鼓风机结构紧凑，管理方便，风压和效率较高。不足之处有：气体易从转子与机壳之间的间隙及两转子之间的间隙泄漏；脉冲输气，使得运转时有强烈的噪声，而且噪声随转速增加而增大；要求进入的空气净化程度高，否则易造成转子与机壳很快磨损而降低使用寿命，影响使用效率。

(4)水环式真空泵 水环式真空泵的构造如图1-31所示，它主要由叶轮（又称转子）和圆柱形泵缸所组成。叶轮偏心安装在泵缸中，启动真空泵前泵缸内应灌满水，当叶轮旋转时，水被甩向四周，形成相对于叶轮为偏心的水环，于是在叶轮和水环表面之间构成一个月牙形空间，叶轮的叶片把月牙形空间分成若干个容积不同的格腔。当叶轮按图中箭头方向旋转时，气体由吸气管进入吸气口，然后被吸入水环与叶轮之间的月牙形空间（图中叶轮的右侧）。由于旋转，月牙形空间的容积由小变大，因而产生真空；当叶轮继续转动，月牙形空间运行到叶轮左侧时，其容积又逐渐缩小，使气体受到压缩，因而气体被压至排气口，经排气管进入水箱（废弃的水与空气一起进入水箱），再由放气管排出。叶轮每转一周，进行一次吸气、一次排气。叶轮不断旋转，泵就可以源源不断地吸气和排气。

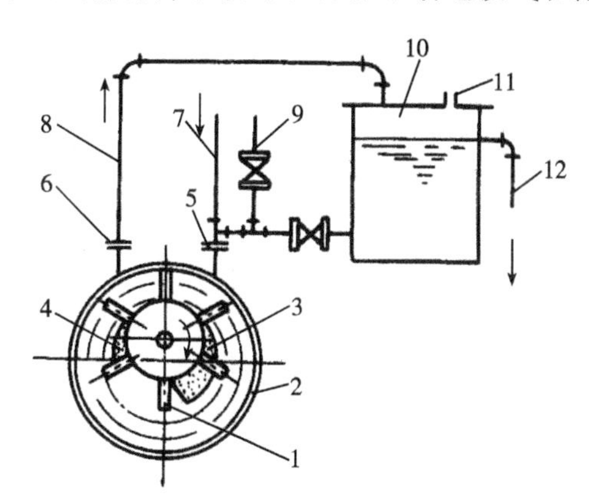

图1-31 水环式真空泵

1—叶轮 2—泵缸 3—吸气口 4—排气口 5、6—接头 7—吸气管
8—排气管 9—注水管 10—水箱 11—放气管 12—溢流管

水环式真空泵可作为高真空吸送式气力输送装置的气源设备，可用来抽吸空气和其他无腐蚀性、不溶于水的气体。水环式真空泵构造简单、结构紧凑、使用方便、操作可靠、内部不需润滑，但高速旋转的叶片及密封填料磨损严重时，会使真空度下降，故需经常检查和更换。轴承需定期加足润滑脂，以延长使用寿命。

水环式真空泵抽气量不大，但排气较均匀，能获得高真空度，且压力变化较大时，风量变化较小，因此使用调节性能较好，能获得较高的输送浓度。

水环式真空泵的抽气量与真空度有关。实践证明,水环式真空泵在真空度60%工作时,效率最高,因此,在设计与使用中应尽量使气力输送装置的压力损失值控制在真空度60%的附近。对已建成的系统,可以通过调整输料量来实现水环式真空泵在高效率下工作。

1.5 液体物料输送机械

液体物料输送在食品工厂各生产过程中起着重要作用,通常用泵完成输送任务。

食品工厂被输送的液体物料的性质千差万别,物料可从低黏度的溶液、油至高黏度的巧克力糖浆等,许多液体食品具有复杂的流变学特性。另外,酱油、醋及果蔬汁液具有不同程度的腐蚀性,含脂物料易于氧化,营养丰富的液体食品容易滋长微生物等。由于食品卫生问题非常重要,按食品卫生要求,输送机械凡与食物接触的部分必须采用无毒、耐腐蚀材料,而且结构上要有完善的密封措施,同时还应易于清洗。输送液体的管道和输送泵接触汁液部分的结构采用无毒、耐腐蚀的材料,而且结构上要有完善的密封措施,同时还应易于清洗。这些都是食品液体的特殊性对输送机械提出的特殊要求。

用以输送液体的机械通称为泵。泵的种类很多,按输送物料的不同可分为清水泵、污水泵、耐腐蚀浓浆泵、油泵和奶泵等;按其结构特征和工作原理的不同可分为叶片式、往复式和旋转式三种类型。

(1)叶片式泵 凡是依靠高速旋转的叶轮对被输送液体做功的机械,均属于此种类型的泵。如各种形式的离心泵、轴流泵、旋涡泵等。

(2)往复式泵 利用泵体内往复运动的活塞或柱塞的推挤对液体做功的机械。属于这种类型的泵有活塞泵、柱塞泵或隔膜泵等。

(3)旋转式泵 依靠作旋转运动的转子的推挤对液体做功的机械。属于这种类型的泵有螺杆泵、齿轮泵、罗茨泵、滑片泵等。

后两类泵又有其原理上的同一性,即均以动件的强制推挤的作用来达到输送液体的目的,又统称为正位移式泵或容积式泵。

1.5.1 离心泵

离心泵是目前使用最广泛的流体输送设备,具有结构简单、性能稳定及维护方便等优点。它既能输送低、中黏度的流体,也能输送含悬浮物的流体。

离心泵的工作原理如图1-32所示。泵轴上装有叶轮,叶轮上有若干弯曲的叶片。泵轴受外力作用,带动叶轮在泵壳内旋转。液体由入口沿轴向垂直进入叶轮中央,并在叶片之间通过而进入泵壳,最后从泵的液体出口沿切向排出。

泵体内叶轮叶片之间的间隙即为液体的流动空间。离心泵在启动前应先向泵体内注满被输送料液。启动泵后,主轴带动叶轮以及叶轮叶片间的料液一同高速旋转,在离心力的作用下,料液从叶片间沿半径方向被甩向叶轮外缘,进入泵体的泵腔内;由于泵腔中料液流道逐渐加宽,使进入其中的料液流速逐渐降低,动能转变为静压能使压强提高后从出料口排出；与此同时，由于料液被甩向叶轮外缘，且主轴转速较高，于是在泵的叶轮中心形成一定的真空，与吸料口处产生压力差，在压力差的作用下，料液就不断地被吸入泵体内；由于叶轮不停的转动，液体会不断地被吸入和排出，保证料液排出的连续性。

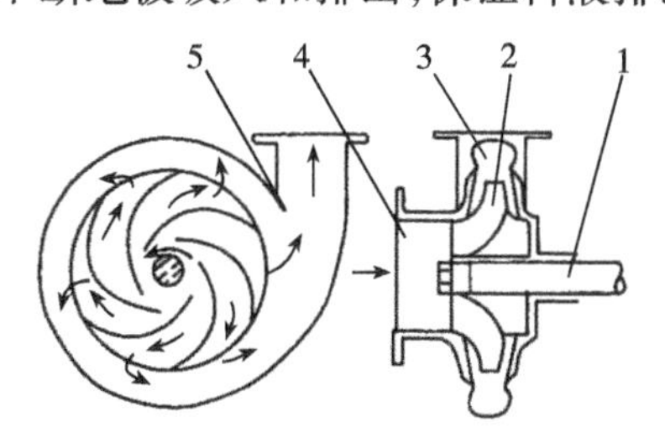

图 1 - 32　离心泵工作原理简图

1—泵轴　2—叶轮　3—泵壳　4—液体入口　5—液体出口

离心泵最主要的部件为叶轮和泵壳。

(1) 叶轮　叶轮是将原动机的机械能传送给液体的部件，同时提高液体的静压能和动能。如图 1 - 33 所示，离心泵叶轮内常装有 6 ~ 12 片叶片。叶轮通常有四种类型，第一种为闭式叶轮，如图 1 - 33a 所示，叶片两侧带有前盖板及后盖板。液体从叶轮中央的入口进入后，经两盖板与叶片之间的流道流向叶轮外缘。这种叶轮效率较高，应用最广，但只适用于输送清洁液体。第二种为半闭式叶轮，如图 1 - 33b 所示，吸入口侧无前盖板。第三种为开式叶轮，如图 1 - 33c 所示，叶轮不装前后盖板。半闭式与开式叶轮适用于输送浆料或含有固体悬浮物的液体，因叶轮不装盖板，液体在叶片间运动时易产生倒流，故效率较低。第四种为双吸叶轮，如图 1 - 33d 所示，适用于大流量泵，其抗汽蚀性能较好。

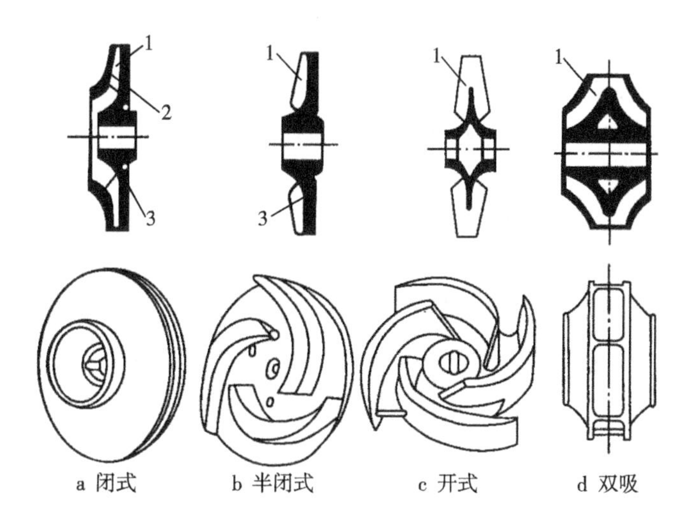

图 1 - 33　离心泵的叶轮

1—叶片　2—前盖板　3—后盖板

(2) 泵壳　离心泵的外壳多做成蜗壳形，其中有一个截面逐渐扩大的蜗牛壳形通道，如图 1 - 34 中 1 所示。

叶轮在泵壳内顺蜗形通道逐渐降低流速，减少了能量损失，并使部分动能有效地转化为静压能。所以，泵壳不仅是一个汇集由叶轮抛出液体的部件，而且本身又是一个能量转换装置。有的离心泵为了减少液体进入蜗壳时的碰撞，在叶轮与泵壳之间安装了固定的导轮，如图 1－34 所示。由于导轮具有很多转向的扩散流道，故使高速流过的液体能均匀而缓和地将动能转换为静压能，从而减小能量损失。

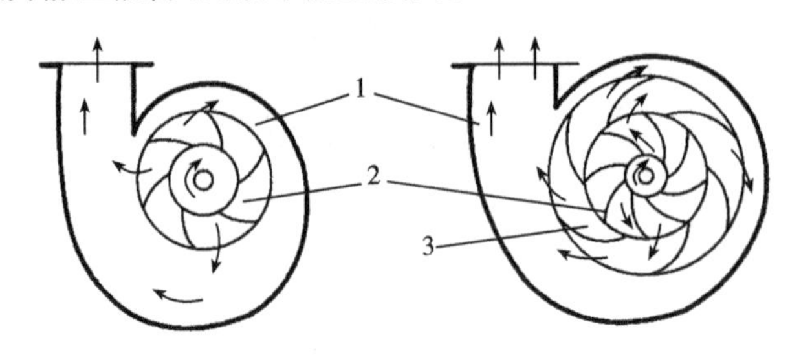

图 1－34　泵壳与导轮

1—泵壳　2—叶轮　3—导轮

1.5.2　螺杆泵

螺杆泵是一种旋转式容积泵，它利用一根或数根螺杆与螺腔的相互啮合使啮合空间容积发生变化来输送液体。螺杆泵有单螺杆、双螺杆和多螺杆之分，按安装位置的不同又可分卧式和立式两种。在食品工厂中多使用单螺杆卧式泵，用于输送高黏度的黏稠液体或带有固体物料的各种浆液，如番茄酱生产线和果汁榨汁线上常采用这种泵。

螺杆泵的构造如图 1－35 所示。工作时电动机将动力传给连杆轴，螺杆在连杆轴的带动下旋转；螺杆与橡胶衬套（又称为定子）相啮合并形成数个互不相通的封闭的啮合空间；当螺杆转动时，封闭啮合空间内的料液便由吸料口向出料口方向运动；当封闭腔运动至出料口末端时，封闭腔自行消失，料液便由出料口排出；与此同时在吸料口又形成新的封闭腔，将料液吸入并向前推进，从而实现连续抽送料液的作用，完成料液的输送。

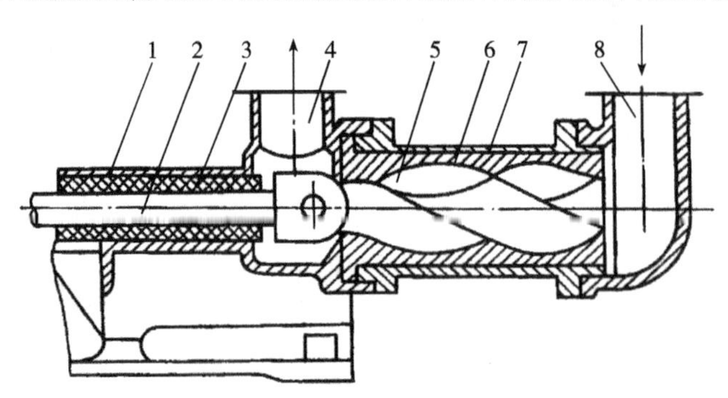

图 1－35　螺杆泵

1—泵体　2—连杆轴　3—填料函　4—出料口　5—螺杆　6—橡胶衬套　7—螺腔体　8—吸料口

根据需要改变螺杆的转速，就能改变流量，通常转速为 750～1500r/min；螺杆泵的排出压力与螺杆长度有关，一般螺杆的每个螺距可产生 2 个大气压的压力，显然料液被推进的螺距愈多，排出压力（或扬程）愈大。

螺杆泵能连续均匀地输送液体，脉动小，效率比叶轮式离心泵高，且运转平稳、无振动和噪声，排出压力高，自吸性能和排出性能好，结构简单；但衬套由橡胶制成，不能断液空转，否则易发热损坏。

1.5.3　齿轮泵

齿轮泵也是一种旋转式容积泵。其分类方法较多，按齿轮的啮合方式可分为外啮合式和内啮合式；按齿轮形状可分为正齿轮泵、斜齿轮泵和人字齿轮泵等。在食品工厂中，多采用外啮合（正）齿轮泵，主要用来输送黏稠的液体，如油类、糖浆等。

齿轮泵结构如图 1－36 所示，主要由泵体、泵盖（图中未画出）、主动齿轮和从动齿轮等部件所组成，主动齿轮和从动齿轮均由两端轴承支承。泵体、泵盖和齿轮或的各个齿槽间形成密闭的工作空间，齿轮的两端面与泵盖以及齿轮的齿顶圆与泵体的内圆表面依靠配合间隙形成密封。

工作时电动机带动主动齿轮旋转；当主动齿轮顺时针高速转动时，带动从动齿轮逆时针旋转；此时，吸入腔端两齿轮的啮合轮齿逐渐分开，吸入腔工作空间的容积逐渐增大，形成一定的真空度；于是被输送料液在大气压作用下经吸入管进入吸入腔，并在两齿轮的齿槽间沿泵体的内壁被连续挤压推向排出腔，并进入排出管。由于主、从动齿轮连续旋转，齿轮泵便不断吸入和排出料液。

齿轮泵结构简单、工作可靠、应用范围较广，虽流量较小，但扬程较高。所输送的料液必须具有润滑性，否则齿面极易磨损，甚至发生咬合现象。

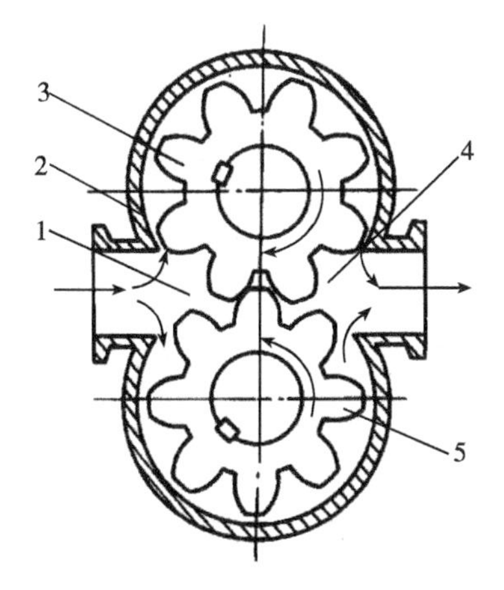

图 1－36　齿轮泵

1—吸入腔　2—泵体　3—主动齿轮
4—排出腔　5—从动齿轮

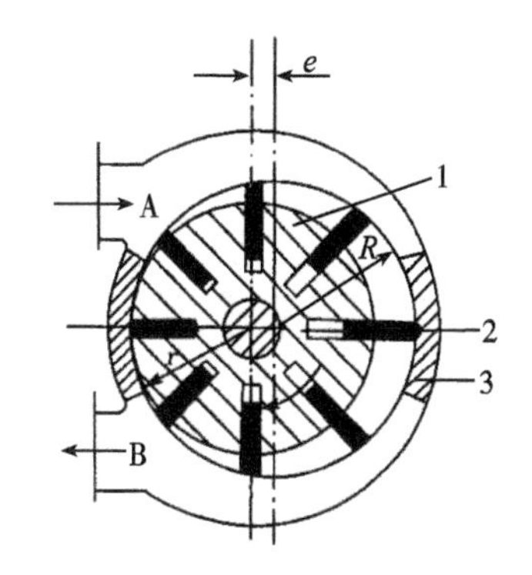

图 1－37　滑片泵

1—转子　2—滑片　3—泵壳　A—吸入口
B—排出口　R—泵壳内壁半径
r—转子半径　e—偏心距

1.5.4　滑片泵

滑片泵的结构如图 1－37 所示。主要工作部件是一个带有径向槽而偏心安装在泵壳中的转子。在转子的径向槽中装有沿槽自由滑动的滑片，滑片靠转动的离心力（也有靠弹簧和导向滚柱的）而伸出，压在泵壳的内壳面上，并在其上滑动。滑片泵吸入侧和排出侧靠两个密封凸座隔开。当转子转动时，两相邻滑片与内壳壁间所围成的空间容积是变化的。当吸液侧空间逐渐由小变大时吸入液体，当转子转到排出侧之后，空间便由大变小而将液体排入排液室。转子连续旋转时便可完成对物料的连续输送任务。滑片泵适宜输送黏稠的物料，如肉制品生产中的肉糜等。

1.5.5 活塞泵

活塞泵属于往复式容积泵，依靠活塞或柱塞（泵腔较小时）在泵缸内做往复运动，将液体定量吸入和排出。活塞泵适用于输送流量较小、压力较高的各种介质，对于流量小、压力大的场合更能显示出较高的效率和良好的运行特性。

活塞泵由液力端和动力端组成，液力端直接输送液体，把机械能转换成液体的压力能，动力端将原动机的能量传给液力端。动力端由曲柄、连杆、十字头、轴承和机架组成。液力端由液缸、活塞（或柱塞）、吸入阀、排出阀、填料涵和缸盖组成。

如图 1－38 所示，当曲柄以角速度 ω 逆时针旋转时，活塞自左极限位置向右移动，液缸的容积逐渐扩大，压力降低，上方的排出阀关闭，下方的流体在外界与液缸内压差的作用下，顶开吸入阀进入液缸填充活塞移动所留出的空间，直至活塞移动到右极限位置为止，此过程为活塞泵的吸入过程。当曲柄转过 180°以后，活塞开始自右向左移动，液体被挤压，接受了发动机通过活塞而传递的机械能，压力急剧增高。在该压力作用下，吸入阀关闭，排出阀打开，液缸内高压液体便排至排出管，形成活塞泵的压出过程。活塞不断往复运动，吸入和排出液体过程不断地交替循环进行，形成了活塞泵的连续工作。

单缸活塞泵的瞬时流量曲线为半叶正弦曲线，脉动较大，当采用多缸结构时，其瞬时流量为所有缸瞬时流量之总和，脉动减小。液缸越多，合成的瞬时流量越均匀。食品工业常用单缸单作用和三缸单作用泵。高压均质机采用的就是三缸单作用柱塞泵。

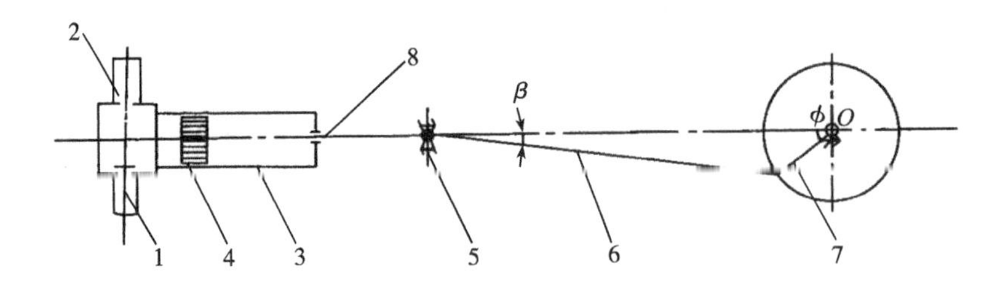

图 1－38 单作用活塞泵示意图

1—吸入阀 2—排出阀 3—液缸 4—活塞 5—十字头 6—连杆 7—曲柄 8—填料涵

复习思考题

1. 简述带式输送机的主要工作机构的组成及形式与特点。

2. 简述带式输送机的张紧装置形式与特点。

3. 简述斗式提升机的主要工作机构的组成及形式与特点。

4. 斗式提升机的装料及卸料方式及特点。

5. 简述螺旋输送机的主要工作机构的组成及形式与特点。

6. 简述气力输送装置的类型及特点。

7. 简述气力输送装置的设备组成及形式与特点。

8. 简述液体输送泵的类型及特点。

第2章　清洗与分级分选机械与设备

本章重点及学习要求：本章主要介绍水果、蔬菜清洗机、容器清洗机、CIP 系统等清洗机械与设备以及典型分级分选设备的工作原理、主要工作机构形式、特点与应用范围。通过本章学习掌握水果、蔬菜清洗机、容器清洗机、CIP 系统等清洗机械与设备的主要工作机构形式、特点与应用范围；掌握典型分级分选设备的工作原理、主要工作机构形式、特点与应用范围。

水果、蔬菜及谷物在生长、收获、储藏和运输过程中免不了在表皮上粘有污物及混入各种杂质，在加工过程中，如果不先将这些杂质清除掉，不仅会混入成品，降低产品的质量，而且还会影响设备的效率，损坏机器，危害人身安全。清洗与分级分选是产品质量安全的重要保证，是提高加工经济效益的可靠措施，也是安全生产的必要基础。清洗主要采用湿法去除有害物质，达到除菌降低有害物质残留的目的；分级分选一般采用干法处理，分选用于分离不符合加工要求的杂质，分级操作则通过分级实现按原料大小加工，从而提高原料利用率及设备工作效果。因此，清洗与分级分选是加工过程中的一项重要任务。

2.1　清洗机械与设备

清洗机械与设备主要用来清除食品原料表面的杂质和污物或者对包装容器、加工设备、管道等进行清洗。将物料放入水、汽中用浸泡、喷洗、刷洗、振动清洗或者利用水、汽以及洗涤液通过物料表面进行清洗。

清洗机械与设备常用的清洗液有冷水、蒸汽及药剂溶液等。冷水不损伤原料的品质；热水温度以不损伤原料的品质为宜，且具有杀菌作用；蒸汽常用于设备清洗与杀菌；药剂溶液用于设备杀菌及原料去除残留农药。清洗机械与设备包括食品加工原料清洗机械，包装容器清洗机械以及设备表面、管道的 CIP 清洗系统等。

2.1.1　鼓风式清洗机械

2.1.1.1　工作原理

鼓风式清洗机的清洗原理，是用鼓风机把空气送进洗槽中，使清洗原料的水产生剧烈的翻动，由于空气对水的剧烈搅动，使湍急的水流冲刷物料表面将污物洗净。利用空气进行搅拌，既可加速清洗掉污物，又能使原料在强烈的翻动下不致损伤，故适合于软质果蔬类原料的清洗。

2.1.1.2　结构组成及工作过程

鼓风式清洗机结构如图 2－1 所示，图 2－2 是其外形图。该设备由网带输送、喷洗装置、集水槽组成。网带式输送机下部浸入洗槽的水面下，鼓风机出口从输送带侧面与输送带中间的吹泡管接通，吹泡管上开有许多小孔，由鼓风机送来的空气经吹泡管中的小孔吹出，穿过网带使水剧烈翻动。

工作时，洗槽中盛有清洗水，电动机带动驱动滚筒使网带运转，同时鼓风机也启动。被清洗的原料放入输送机的下水平段。在洗槽中，由于鼓风机送来的空气对水的剧烈搅拌作用，将物料表面的污物冲洗掉，随后随着输送带的运动，物料被带到输送带的倾斜段，内喷淋管进行最后一次冲洗。此后进入上水平段，最后一次检查后送入下道工序。

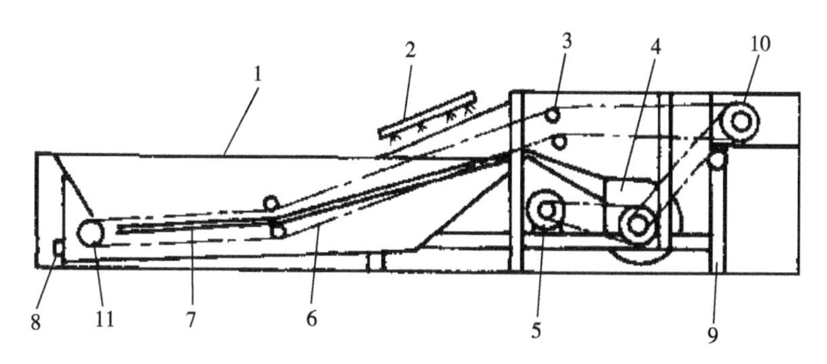

图2－1　鼓风式清洗机

1—洗槽　2—喷淋管　3—改向压轮　4—鼓风机　5—电动机　6—输送机网带
7—吹泡管　8—排污口　9—支架　10—输送机驱动滚轮　11—张紧滚筒

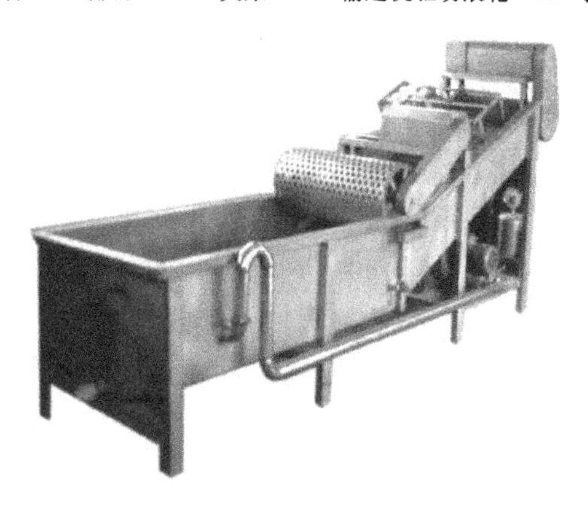

图2－2　鼓风式清洗机设备图

鼓风式清洗机适用于果蔬原料的清洗，尤其适合于软质果蔬类原料的清洗，冲洗水经过过滤后循环使用，清洗耗水少，清洗机物料在网带输送经过水中缓慢地淋洗，出料端设有喷淋、选果，自带提升设备、方便与生产线联线。

2.1.2　滚筒式清洗机械

2.1.2.1　工作原理

滚筒式清洗机的工作原理是借圆形滚筒的转动，使原料在其中不断地翻转，同时用水管喷射高压水来冲洗翻动的原料，以达清洗目的，污水和泥沙由滚筒的网孔经底部集水斗排出。该机适合清洗柑橘、橙子、马铃薯等质地较硬的物料。图 2－3 为该机的工作原理图。

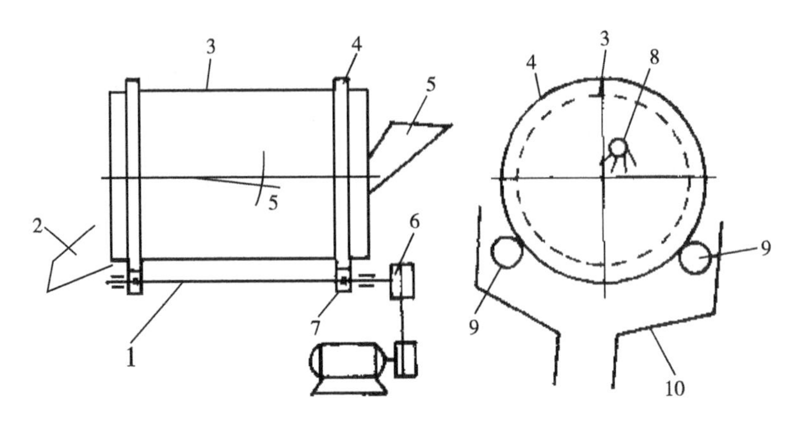

图 2－3　滚筒式清洗机

1—传动轴　2—出料槽　3—清洗滚筒　4—摩擦滚圈　5—进料斗　6—传动系统　7—传动轮　8—喷水管　9—托轮　10—集水斗

2.1.2.2　结构组成及工作过程

滚筒式清洗机主要由进料、清洗滚筒、传动机构、出料和进排水部分组成。清洗滚筒用簿钢板钻上许多小孔卷制而成、或用钢条排列成栅条状焊成得筒形，用于过滤污物；传动轴用轴承支撑在机架上，其上固定有两个传动轮。清洗滚筒两端焊上两个金属圆环（即滚圈），在机架的靠近底部装有与传动轴平行的轴，其上装有两个与传动轮对应的托轮，托轮绕其轴自由转动，滚筒被传动轮和托轮经摩擦滚圈托起在整个机架上。工作时，电动机经传动系统使传动轴和传动轮逆时针回转，由于摩擦力作用，传动轮驱动滚圈使整个滚筒顺时针旋转，由于滚筒有 3°～5°倾角，所以在其旋转时，物料一边翻转一边向出料口移动，并受高压水冲刷而清洗。

生产能力取决于进料量、物料重量及滚筒滚动速度。一船物料从进口到出口需 1～1.5min。喷水压力愈大，冲洗效果愈好，一般喷水压力为 0.15～0.25MPa。喷头间距 150～200mm，滚筒倾角 5°，滚筒转速 8r/min，滚筒直径 1000mm，滚筒长度约 3500mm。

滚筒式清洗机的结构简单，生产率高，清洗彻底，对产品的损伤小，所以应用得很广。

2.1.3　刷淋式清洗机械

2.1.3.1　工作原理

该设备是利用两个刷辊的转动使洗槽中的水形成涡流，首先果蔬在涡流中得到清洗。由于涡流的作用使果蔬从两个刷辊间隙通过得到全面刷洗，刷洗之后再由出料翻斗翻上去，再经高压喷水喷洗，从出料口出来。

2.1.3.2　结构组成及工作过程

该设备主要由清洗槽、刷辊、喷水装置、出料翻斗、机架等构成。如图 2－4 所示，物料从进料口进入清洗槽内，由于装在清洗槽内的两个刷辊旋转使洗槽中的水产生涡流，物料便在涡流中得到清洗。同时由于刷辊之间间隙较窄，故液流速度较高，压力降低，被清洗物料在压力差作用下通过两刷轴间隙时，在刷辊摩擦力作用下又经过一次刷洗。接着，物料在被顺时针旋转的出料翻斗捞起出料过程中又经高压水喷淋得以进一步清洗。

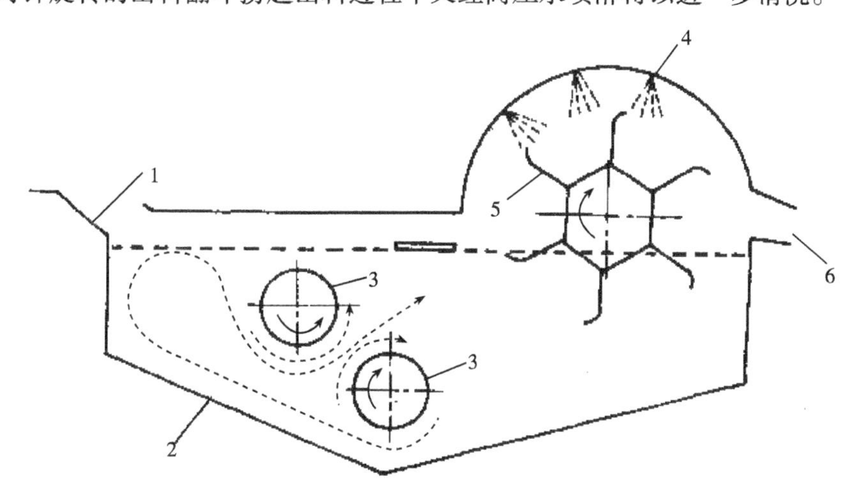

图 2－4　刷淋式清洗机

1—进料口　2—清洗槽　3—刷辊　4—喷水装置　5—出料翻斗　6—出料口

工作时刷辊转速大小必须能使两刷辊前后造成一定的压力差，以迫使被清洗物料通过两刷辊刷洗后能到达出料翻斗处被捞起出料。

该机效率高，生产能力可达 2000kg/h，破损率小于 2%，洗净率达 99%。由于有冲、刷、喷几个强洗过程的组合，所以清洗质量好，造价低，使用方便，是中小型企业较为理想的果品清洗机。

2.1.4　洗瓶机

2.1.4.1　洗瓶机的清洗方法

洗瓶机随企业的产品品种、生产规模不同而各不相同。但瓶罐清洗的方法基本分为浸泡、喷射、刷洗三种。

①浸泡：将待清洗瓶罐浸没于一定浓度、一定温度的洗涤剂或 NaOH 溶液中，利用这些化学物质来软化、乳化或溶解黏附于瓶罐上的污物，并加以消毒杀菌。浸泡时间和溶液浓度对清洗效果影响较大。浸瓶时应注意两点：一是 NaOH 最高浓度为 5%，温度为 65～75℃，超过此温度时，对玻璃瓶有损害（烧剥）；二是当用多个浸泡槽时，各浸泡槽之间温差必须在 30℃以下，如温差过大会破瓶。浸泡后要将瓶内污水倒去，并用清水冲净。

②喷射：洗涤剂或清水在一定的压力（0.2～0.5MPa）下，通过一定形状的喷嘴对瓶内外进行喷射来去除瓶内外污物。但若洗涤流量太大，洗涤剂会发泡，要添加消泡剂。

③刷洗：用旋转的毛刷将瓶内污物刷洗掉。由于是用机械方法直接接触污物，故去污效果好。但刷洗的问题是：较难实现连续式洗瓶；遇到油污瓶会污染刷子；若遇到破瓶，会损坏转刷的刷毛，使毛刷失效并污染其他净瓶；须经常更换毛刷。

2.1.4.2 洗瓶机的类型

洗瓶机按机械化程度可分为手工式、半机械化式和自动化式洗瓶机。

手工和半机械化式是较老的洗瓶机，一般前面提到的三种洗瓶方法都用到，但属于单机操作，且结构简单，生产能力小。如浸泡主要是一个浸泡槽，手工操作进出瓶。最简单的洗瓶机如图2－5所示，是用一台电动机带动一把或多把刷子转动，手工从浸泡槽中将瓶捞出，插入转动的刷子，刷洗瓶子的污物。刷过的空瓶再用有一定压力的清水冲净，瓶口朝下沥干。

自动洗瓶机的形式较多，基本上是利用三种洗瓶方法中的一种、两种或者三种，直至将瓶完全洗净。

自动洗瓶机按照瓶在机器中的流向和进出瓶方式，可分为单端式和双端式。单端式是在洗瓶机同一侧进出瓶，又称来回式。这种型式空间紧凑，输送带在机内无空行程，热能利用率高，仅需一人操作，但易使清洗瓶再次污染。

双端式又称直通式，进出瓶在洗瓶机两端，回程带有空行程，空间利用率不及单端式，但卫生可靠性好。

2.1.4.3 半自动式洗瓶机

这种洗瓶装置在小型饮料厂使用较多，它一般由浸泡槽、刷瓶机、洗液槽、冲瓶机、沥干器等组成清洗线。

(1)浸泡槽 它是用来浸泡脏瓶的。在一定温度(40～50℃)、一定浓度(＜5%)的NaOH溶液中浸泡一定时间后，使瓶子中的绝大多数脏物松散、油脂乳化，并使旧瓶上的标签脱落。

实际生产中所用浸泡槽结构很多，图2－5为浸泡槽结构之一。它主要由转斗、碱液槽和转轴组成，转斗是一个用板材焊成的一端开口的筒形构件，筒内转轴用轴承支承横装在浸瓶槽上，并在轴和筒内壁间焊有几块辐射板将筒内空间分成几个扇形斗室。辐射板和筒壁钻有无数个孔，以便转动时液体排出。

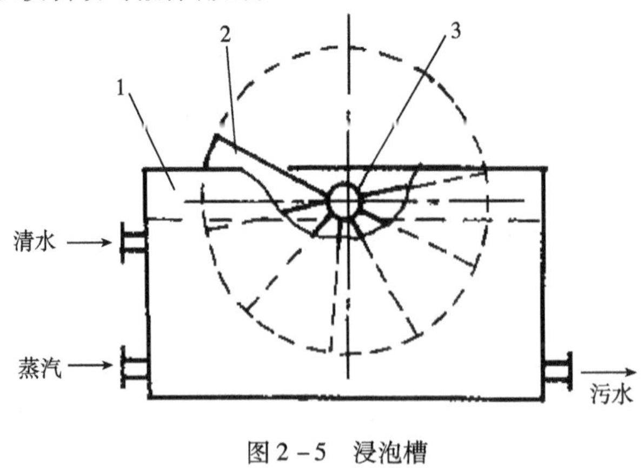

图2－5 浸泡槽

1—碱液槽 2—转斗 3—转轴

工作时待洗瓶从转斗侧面放入转斗斗室，一个斗室装满后将转斗往下压，其中的瓶子也随转斗旋转往下浸入碱液中。左边转斗带着脏瓶进入槽中，已浸泡好的瓶子随转斗在右边露出水面后被取出进入下道工序；蒸汽管用来加热碱液。当碱液随瓶子带走损失一部分，槽中液面下降时，应及时加水并补加 NaOH，保证有效碱液浓度。

(2)刷瓶机 刷瓶机是用来进一步刷去残留在瓶内污物的，根据所洗瓶型不同而机型不同。图2-6为一双端刷瓶机结构简图。转刷机头内有一组传动齿轮，使两端的转刷轴旋转，装有毛刷的套管安装在转刷轨上随轴一起旋转，毛刷管插入套管孔中，然后用套管上径向安装的螺钉将毛刷杆压紧固定，这种结构更换毛刷方便，当电动机驱动齿轮使转刷轴旋转时，毛刷一同旋转，被浸泡好的瓶子送进时，毛刷即将残留污物去除。

此种刷瓶机结构简单，制造方便，但毛刷消耗多，要求操作者注意力集中。

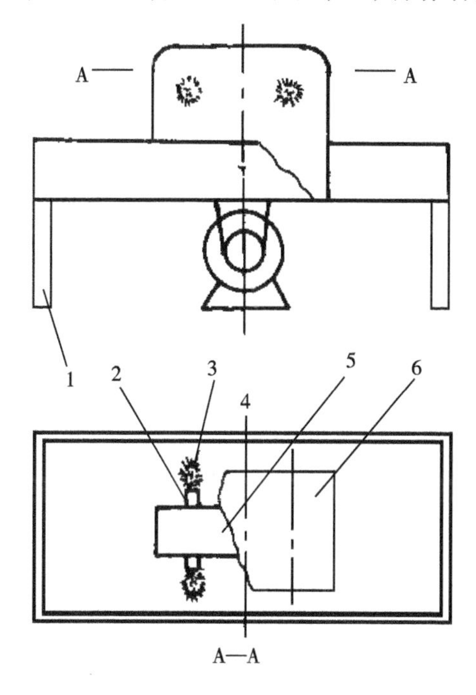

图2-6 刷瓶机

1—机架 2—转刷轴 3—毛刷 4—电动机 5—转刷机头 6—防护罩

(3)洗液槽 洗液槽主要是将经刷洗后的瓶子再进行漂白粉水溶液浸泡，目的是消毒和去除刷下的污物，浸泡时间较短。槽为矩形，其结构简单，可在槽中装设输送带以减轻劳动强度。需定时、定量补充漂白粉。

(4)冲瓶机 经浸泡、刷洗后需再用干净消毒水将瓶内余留的洗液冲洗干净。冲瓶机结构如图2-7所示。在一定厚度的圆盘上辐射状分布有若干个倒锥形孔。圆盘与转轴固连，每个倒锥形孔下有一个喷嘴与水管相接，并与水分配器连通。当转轴旋转时，便带动圆盘、一组水管一同转动。工作时，经刷洗过的瓶子朝下放入圆盘的倒锥形孔里，瓶口正好与喷嘴对正，当圆盘带着瓶子转到护罩下方时，水管与分配器接通，在一定转角范围内，压力水经分配器、水管从喷嘴喷入瓶内进行冲洗，当转到出瓶区时，水管与分配器切断，停止喷水，同时出瓶。

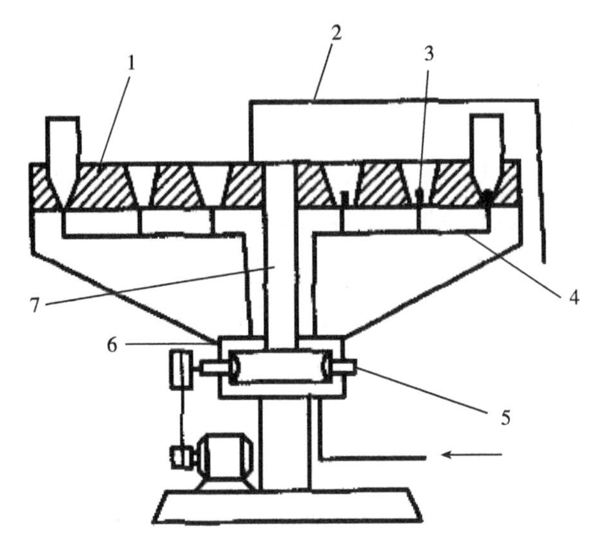

图 2-7　冲瓶机

1—圆盘　2—防水护罩　3—喷嘴　4—水管　5—减速器　6—分配器　7—转轴

(5) 沥干器　经冲净的瓶子转入沥干器，瓶口朝下使瓶内残留水分控制在一定范围内，沥干器比较简单，既可用圆盘式，也可用带式，沥干后直接送入灌装机。

2.1.4.4　全自动式洗瓶机

全自动洗瓶机依进出瓶的方式不同分为双端式（图 2-8）和单端式（图 2-9）；依瓶套的传动方式不同又可分为连续式和间歇式。

自动洗瓶机按洗瓶方式可分为浸泡刷洗式、浸泡喷射式和喷射式。

浸泡刷洗式是将瓶浸泡后，用旋转刷将瓶刷洗干净。一般分为内、外洗均用刷洗的和仅内洗用刷外洗用水喷射两种。此种方式对无油污的瓶子清洗效果好，对有油污的瓶子不适合。

浸泡喷射式是经过几个热水或碱液的浸泡槽连续浸泡和喷射，或间隔地进行浸泡和喷射清洗。这种型式容易维修，目前应用较多。

喷射式则没有浸泡槽，只用喷射清洗，简单而成本低，但用泵较多，动力费用高，一般兼用于变形瓶及不同规格的多种类瓶。

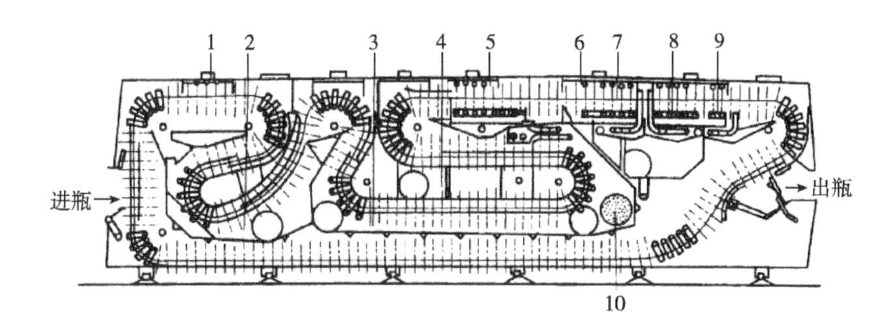

图2-8　双端式浸泡与喷射式洗瓶机

1—预喷洗　2—预泡槽　3—洗涤剂浸泡　4—洗涤剂喷射槽　5—洗涤剂喷射区　6— 热水预喷区　7—热水喷射区　8—温水喷射区　9—冷水喷射区　10—中心加热器

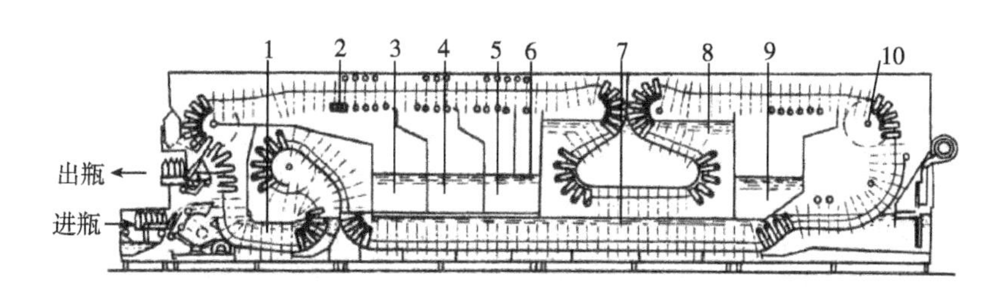

图2-9　单端浸泡与喷射式洗瓶机

1—预泡槽　2—新鲜水喷射区　3—冷水喷射区　4—温水喷射区　5—第二次热水喷射区　6—第一次热水喷射区　7—第一次洗涤剂浸泡槽　8—第二次洗涤剂浸泡槽　9—洗涤剂喷射区　10—改向滚筒

全自动洗瓶机洗瓶方式一般是浸泡刷洗成与喷射式洗瓶。以单端浸泡与喷射式洗瓶机为例，其工作过程为：瓶子先进入预泡槽，在此处瓶子得到充分的预热及进行初步清洗与消毒。为避免瓶子破碎，水温为35~40℃。然后瓶子进入浸泡槽，瓶子清洗的效果主要取决于瓶子在这里停留的时间和清洗液的温度（70~75℃）。通过充分浸泡，瓶内的杂质溶解，油脂乳化。当瓶子运动到改向滚筒的地方，升起并倒过来时，把瓶内洗液倒出，落在下面未倒转的瓶子外表，对其有淋洗作用。瓶子继续前进，进入洗液喷射区，喷射液温度约75℃，喷射压力约245kPa。瓶子经喷射冲洗把污物除去。瓶子经第二次清洗液浸泡后进入热水（55℃左右）喷射区，温水（35℃左右）喷射区，然后进入冷水（15℃左右）喷射区。喷射的冷水应氯化处理，以防再污染已洗净的瓶子。

在单端式洗瓶机中，水的流动是这样的：新鲜水→冷水池→温水池→热水池→预泡槽→排水。

（1）全自动洗瓶机结构　全自动洗瓶机主要由箱体式机壳、传动系统、输瓶链带、数组驱动、张紧和改向链轮、预泡槽、洗涤剂浸泡槽、降温水箱、消毒水箱、水泵喷射装置、进出瓶机构等组成。

（2）工艺结构　不管是单端还是双端洗瓶机，全自动洗瓶机按工艺结构分为六大部分：①预洗预泡：主要作用是去掉瓶子上的大部分松散杂物，使后面浸泡槽中洗涤剂液吸附的杂质尽可能减少，并使瓶子得到充分的预热。为防止瓶子破碎，洗液与瓶子温差不应超过30℃。预洗温度为30～40℃。

②洗涤剂液浸泡：当预洗结束后，即进入洗涤剂浸泡槽。此部分使瓶内外的杂质溶解，脂肪乳化，便于后段冲洗除掉。洗涤效果主要取决于瓶子在浸泡槽里停留时间和溶液温度。通常碱液温度控制在65～70℃，碱液浓度为1%～1.5%。

③洗涤剂液喷射：当输瓶链带将瓶子从浸泡槽送入洗涤剂液喷射区时，瓶子上已经被溶解的污物被大于0.2MPa的洗涤剂液冲刷而除掉。喷液温度为70℃。洗涤剂液喷射清洗时，将大量泡沫附着在瓶子上对清洗是不利的。形成泡沫的原因主要有：水泵密封不良造成空气进入；洗涤液喷射压力过大；脏瓶中残存油污。消除泡沫可采取加强水泵维修，改进洗液系统的喷头等措施。

④热水喷射：其目的是除去瓶子上的洗涤剂液，并对瓶子进行第一次冷却，此段喷水温度为55℃。

⑤温水喷射：喷水温度为35℃。其目的是进行第二次冷却并进一步清除附于瓶子上的残余洗涤液。

⑥冷水喷射：将瓶子冷却到常温。喷射用的冷水必须经氯化处理，以防重新污染已洗好的瓶子。

(3)进出瓶机构 全自动洗瓶机进、出瓶机构如图2－10所示。

凸轮板装在轴上，每个凸轮板两侧各有一个夹持板，以防凸轮顶起瓶子旋转时瓶子向两侧倾斜。工作时瓶子由输瓶机送来，当轴带着凸轮板顺时针旋转时，进入凸轮引瓶部位的瓶子被顶起，当瓶子升起处于水平位置时，推杆绕其回转轴摆动，将瓶推入瓶套中被链带送入清洗机中。在出瓶端，凸轮板安装在输瓶链带的右侧，当瓶子随输送带离开弧形托板时，由于其自重沿滑板落入凸轮板引瓶部位而卸出。

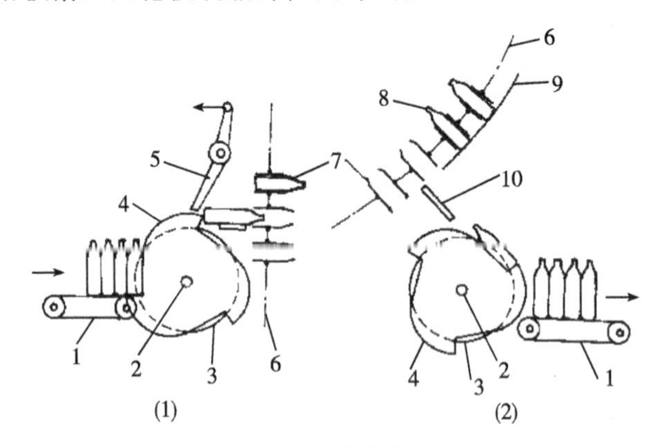

图2－10 进出瓶机构

1—输送带 2—凸轮轴 3—夹持板 4—凸轮板 5—进瓶推杆

6—链带 7—瓶套 8—瓶子 9—弧形托板 10—滑板

2.1.5　镀锡薄钢板空罐清洗机

镀锡薄钢板制成的空罐，在进行装料前必须进行清洗。图 2－11 为旋转圆盘式清洗机。其工作过程：喷洗部件是行星轮 10、4 和喷嘴，空罐从进罐槽落下进入行星轮 10 的凹槽中，行星轮 10 的空心轴与供热水的管道相连，空心轴借 8 个分配管把热水送入喷嘴，喷出的热水对空罐内部进行冲洗，当空罐被行星轮 10 带着转过一定角度后进入行星轮 4。行星轮 4 的空心轴与供热蒸汽的管道相连，所以行星轮 4 的喷嘴喷出蒸汽对空罐进行消毒。消毒后的空罐经行星轮 5 送入出罐坑道。空罐在清洗机中回转时应有一些倾斜，使罐内水易排出。污水由排水管排入下水道。

这类空罐清洗机结构简单，生产效率高，耗水、耗气量较少。其缺点是对多罐型生产的适应性差。

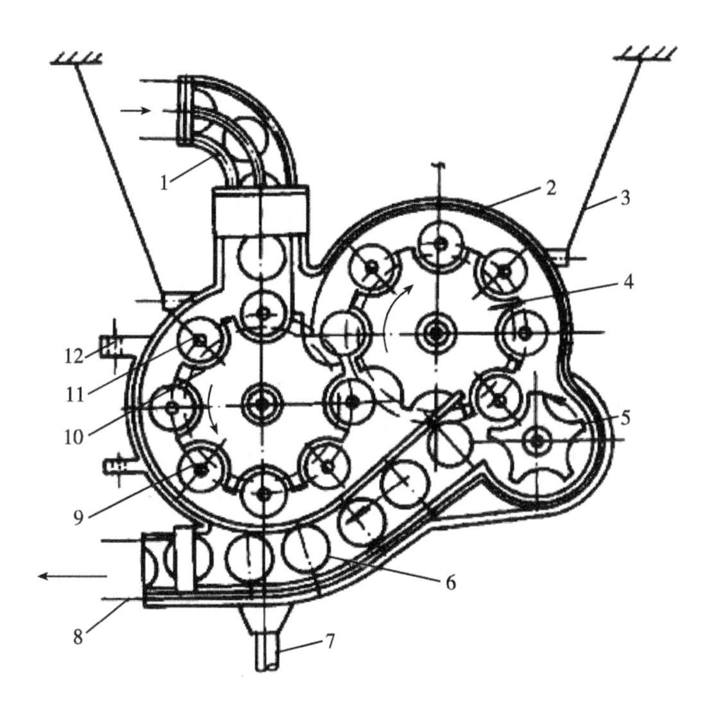

图 2－11　旋转圆盘式清洗机

1—进罐槽　2—机壳　3—连杆　4、5、10—行星轮　6—出罐坑道
7—排水管　8—出罐口　9—喷嘴　11—空罐　12—固定盖的环

2.1.6　CIP 装置

2.1.6.1　CIP 的定义及特点

CIP(Cleaning in Place)简单来说，就是就地清洗，是在设备、管道、阀件都不需要拆卸不需要易地的情况下，设备就在原地进行清洗的一种技术，是一种新型有效的清洗技术，广泛应用于乳品厂，也可用于啤酒、饮料、咖啡、制糖、制药等行业。适用于与流体物料直接接触的槽、罐、管道等的清洗。CIP 装置具有如下特点：

①就地清洗,操作简便,工作安全,劳动强度低,工作效率高。

②清洗彻底,并能同时达到消毒杀菌目的,保证卫生要求 ,有利于制品质量提高。

③清洗采用管道化,可少占车间面积。

④洗涤剂可循环使用,利用率高,蒸汽和水也比较节省。

⑤易损件少,该设备使用寿命长。

⑥适用于大、中、小型各类设备清洗。

⑦清洗工作可实现程序化和自动化。

2.1.6.2 CIP 清洗的作用机理

为了保证设备的清洗效果,CIP 装置应具有合乎要求的洗净能力,洗净能力的大小取决于洗净时的运动能、热能和化学能,此外还与时间有关。在同一条件下,洗涤时间越长则洗涤效果越好。

运动能来自洗液的循环流动,其大小是由雷诺数 Re 来衡量的。Re 的一般标准为:槽类 Re >200,管类 Re >3000,而 Re >30000 效果最好。

热能来自洗液的温度,在一定流量下,温度越高,黏度系数越小,雷诺数(Re)越大。温度的上升通常可以改变污物的物理状态,加速化学反应速度,同时增大污物的溶解度,便于清洗时杂质的脱落,从而提高清洗效果、缩短清洗时间。

化学能来自洗液的化学性质,在洗净能中起主要作用。一般厂家可根据清洗对象污染性质和程度、构成材质、水质、所选清洗方法、成本和安全性等方面来选用洗涤剂。

2.1.6.3 常用洗涤剂

常用的洗涤剂有酸、碱洗涤剂和灭菌洗涤剂。

酸碱洗涤剂中的酸是指 1% ~2% 硝酸溶液,碱指 1% ~3% 氢氧化钠溶液,一般在 65℃ ~80℃ 使用。酸、碱洗涤剂的优点是:能将微生物全部杀死;去除有机物效果较好。缺点是:对皮肤有较强的刺激性;水洗性差。

灭菌洗涤剂为经常使用的氯系杀菌剂,如次亚氯酸钠等。灭菌洗涤剂的优点是:杀菌效果迅速,对所有微生物有效;稀释后一般无毒;不受水硬度影响;在设备表面形成薄膜;浓度易测定;可去除恶臭。缺点是:有特殊味道;需要一定的储存条件;不同浓度杀菌效果区别大;气温低时易冻结;用法不当会产生副作用;混入污物杀菌效果明显下降;洒落时易沾污环境并留有痕迹。

2.1.6.4 CIP 装置主要组成

CIP 装置主要由酸罐、碱罐和热水罐三个储罐组成,其他附属装置由管道、泵、阀和程序控制器等组成,结构如图 2 -12 所示。随着生产条件和加工产品的不同,CIP 程序的设置不同。以饮料行业为例,其清洗程序如表 2 -1 所示。

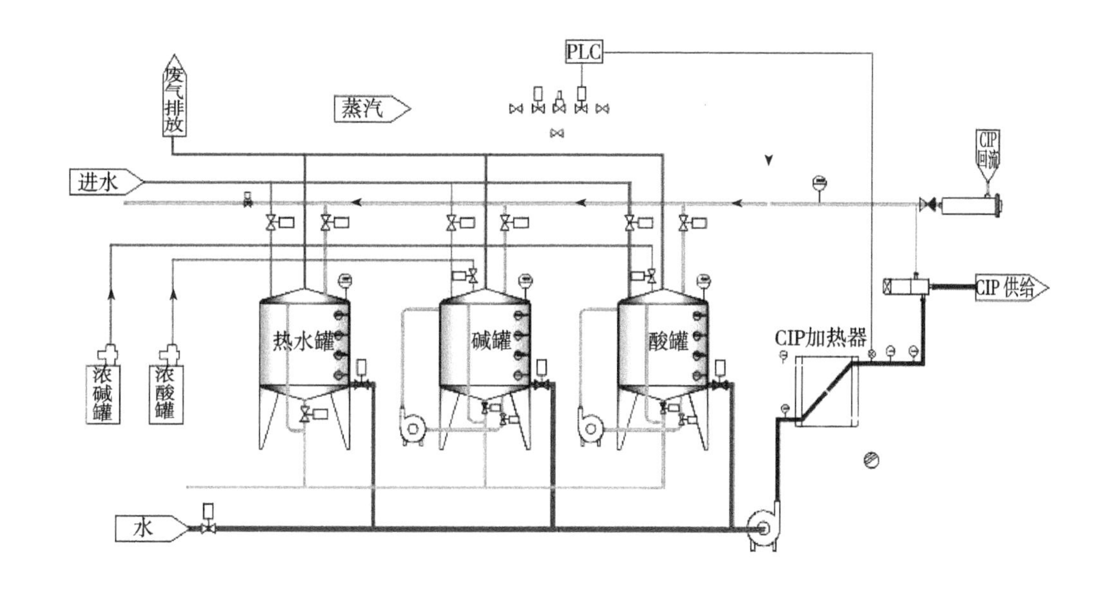

图 2－12　CIP 装置设备组成图

表 2－1　饮料 CIP 程序设置

工序	时间/min	溶液种类与温度	工序	时间/min	溶液种类与温度
洗涤	3～5	常温或 60℃以上温水	中间洗涤	5～10	常温或 60℃以上温水
酸洗	5～10	1%～2%溶液，60～80℃	杀菌	10～20	氯水 1.5×10^{-4}ml/m^3
中间洗涤	5～10	常温或 60℃以上温水	最后洗涤	3～5	清水
碱洗	5～10	1%～2%溶液，60～80℃			

2.1.6.5　CIP 装置的类型

CIP 装置按照洗液的使用方式分为一次性使用系统、循环使用系统和混合系统。

一次性使用系统工作过程中洗液一次性使用，清洗后洗液排放。一次性使用系统主要由洗涤剂储罐、离心泵、喷射器等设备组成。其装置设备组成如图 2－13 所示。

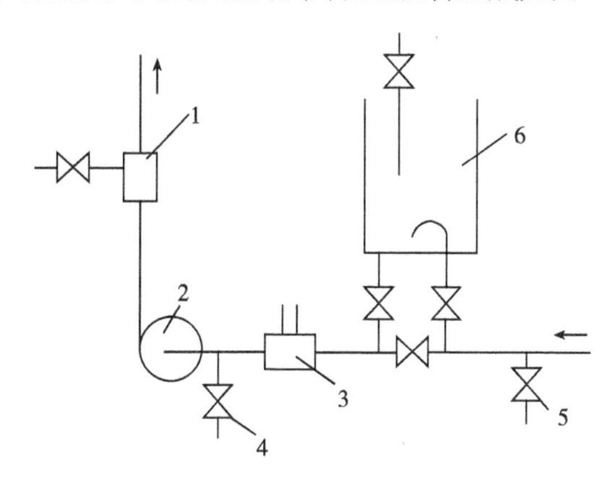

图 2－13　一次性使用系统设备组成图

1—过滤器　2—循环泵　3—喷射器　4—蒸汽进口　5—排污　6—洗涤剂储罐

一次性使用系统适用于那些储存寿命短、易变质的消毒剂，或是设备中有较高水平的残留固形物致使消毒剂不宜重复使用。

循环使用系统工作过程中洗液循环使用，循环使用系统包括过滤器、循环泵、新鲜洗涤剂、热水储罐及回收罐等设备，储罐中设有加热装置。其装置设备组成如图 2－14 所示。

循环使用系统适用于生产设备只用于生产单一产品场合。循环使用系统在保证不发生交叉感染的同时，可以重复利用消毒清洗剂，减少排污对环境的污染，节约生产成本。

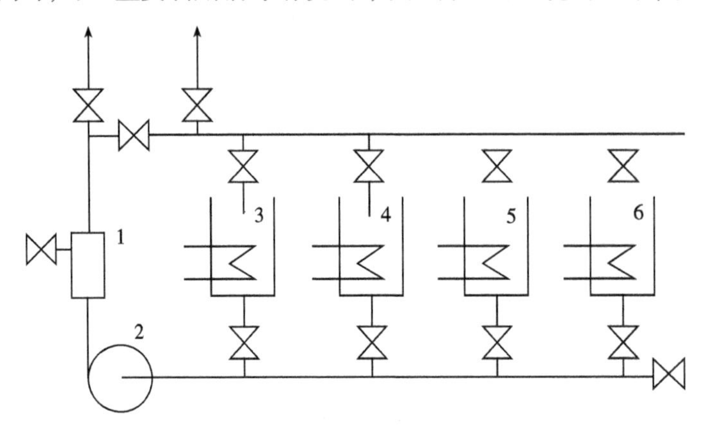

图 2－14　循环使用系统设备组成如图

1—过滤器　2—循环泵　3—新鲜洗涤剂储罐　4—回用洗涤剂储罐　5—热水罐　6—回收水储罐

混合系统工作过程中洗液可循环使用，亦可一次性使用，或洗液部分排放部分循环使用。混合系统包括洗涤剂及水的回收罐、循环泵、过滤器等设备。其装置设备组成如图 2－15 所示。

混合系统集一次性系统和循环使用系统的特点于一体，具有使用灵活的优越性。

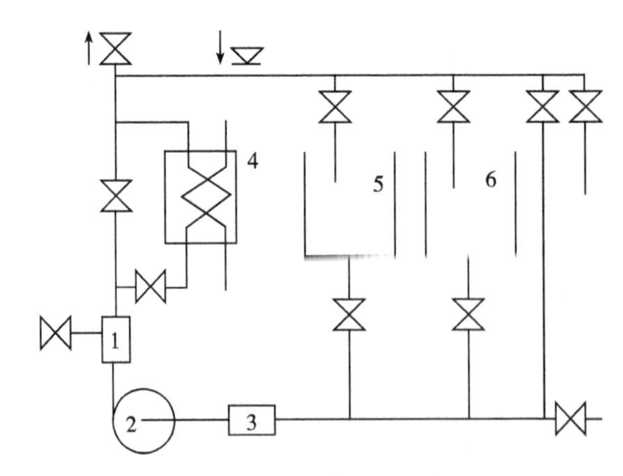

图 2－15　混合系统组成图

1—过滤器　2—循环泵　3—喷射器　4—加热罐　5—洗涤剂罐　6—回收罐

2.2　分级分选机械与设备

为了使农产品的规格和品质指标达到标准,需要对物料进行分级和分选。分级是指对清理后的物料按其尺寸、形状、密度、颜色或品质等特性分成等级;分选是指清除物料中的异物及杂质;分级和分选作业的工作原理和方法有不少共同之处,往往是在同一个设备上完成的。

分级分选机械的主要作用为:保证产品的规格和质量指标;降低加工过程中原料的损耗率,提高原料利用率,降低产品的成本;提高劳动生产率,改善工作环境;有利于生产的连续化和自动化。

2.2.1　分级分选方法及原理

按照物料及杂质物理性质的不同,清理作业一般采用不同原理和方法,达到分级分选的工作目的。常用的分级分选方法、工作原理、典型设备以及分离物质类型见表 2－2。

表 2－2　分级分选方法、工作原理、典型设备表

分级分选方法	工作原理	典型设备	分离物质类型
气流分选法	空气动力学性质	吸式、吹式、循环式	轻杂质、重杂质
筛选法	粒度差异	圆筒筛、振动筛、平面回转筛	大杂质、小杂质
精选法	长度差异	碟片精选机、滚筒精选机	长杂质、短杂质
重力分选法	密度差异	密度去石机、重力分级机	并肩杂质
磁选法	磁性	栏式、栅式、滚筒式磁选机	铁杂质
色选法	光学性质	光电分选机	有色杂质

2.2.1.1　气流分选法

气流分选法是根据不同物料在比重、悬浮速度等空气动力学性质上的差异,利用气流使之分离的方法。由于颗粒的密度、粒度、粒形和表面状况不同,它们在气流中的状态也不同。利用此性质可在垂直、水平、倾斜或者旋转的气流中进行分选,如图 2－16 所示。

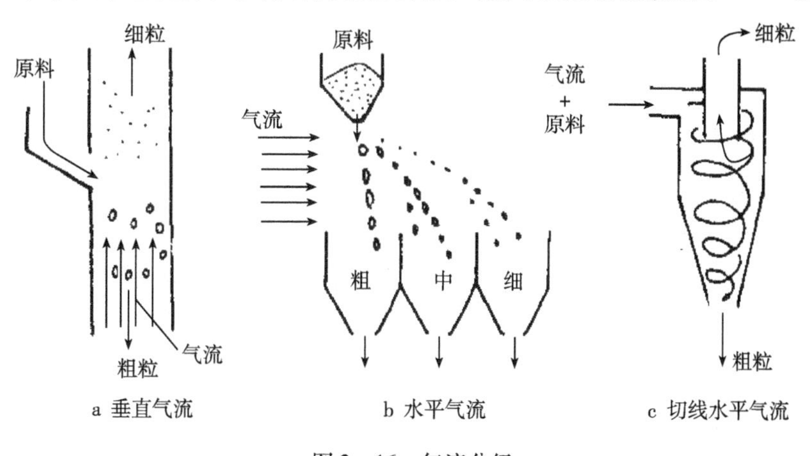

图 2－16　气流分级

2.2.1.2 筛选法

筛选法是根据物料粒度的不同,选择合适的筛孔形状与大小,使物料与筛面产生相对运动,从而达到按颗粒宽度或厚度大小不同而分开的目的。筛选法主要用于分离大、小杂质的分选或进行同类颗粒大、小分离的分级。筛选法是食品工业最广泛使用的分级分选方法。

筛面上筛孔的形状不同,颗粒分离特性不同。经常使用的筛孔有圆形、正方形、正多边形和长方形,其中圆形、正方形、正多边形称为短型筛孔,而长方形、长条形筛孔均称为长型筛孔。设颗粒长度为 L,宽度为 B,厚度为 H,一般 $L>B>H$。颗粒在不同形状筛孔的筛面上过筛的方式不同。颗粒筛面上过筛的方式如图 2-17 所示,长形筛孔是根据厚度的不同进行分离的,颗粒在筛面上侧转过筛。短型筛孔是根据物料宽度不同进行分离的,宽度小于筛孔的当量直径的颗粒在筛面上竖立过筛。当物料长度大于筛孔直径两倍以上时,由于物料重心不在筛孔内,物料不能竖立起来,也不易穿过筛孔。

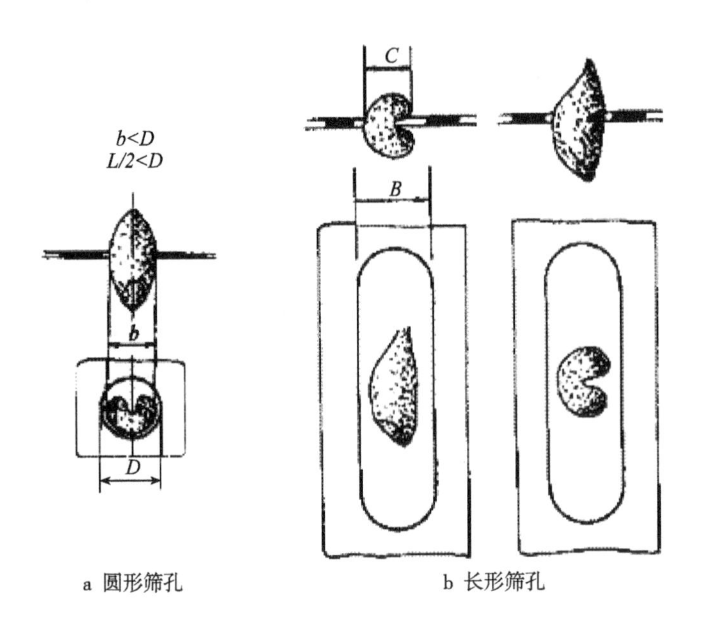

图 2-17 圆形筛孔和长形筛孔的分离原理

2.2.1.3 精选法

精选法是依物料长度的不同进行分选的方法。如图 2-18 所示,在平板表面或圆筒内表面做出许多异形盲孔(亦称袋孔、窝眼),当平板或圆筒旋转时,颗粒均可沿长度方向(以其横截面)进入袋孔。但长颗粒的重心在袋孔承托面之外,因而从袋孔中较早跌出;而短颗粒的重心在袋孔承托面之内,因而被袋孔举高,另行倒出和收集。从而实现对断面尺寸相同而长度不同的物料分级。精选法通常用于短型颗粒中分离长型颗粒亦可用于长型颗粒中分离短型颗粒。如选种时从谷物中选出较长的颗粒作为种子;或从小麦中清理野麦、大麦、野豌豆等杂质。

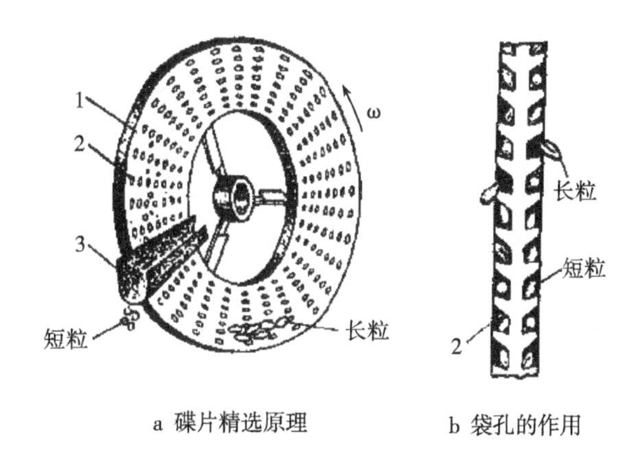

a 碟片精选原理　　b 袋孔的作用

图2－18　按物料长度进行分级

1—碟片　2—袋孔　3—收集槽

2.2.1.4　重力分选法

重力分选法主要用于粒度相同而密度不同的颗粒的分选。在颗粒群相对运动过程中会产生自动分级现象，自动分级的结果是密度大的颗粒下沉，利用此原理并配合风的作用可进行分选。重力分选法主要用于从小麦、大米中剔除并肩石等，其工作原理如图2－19所示。

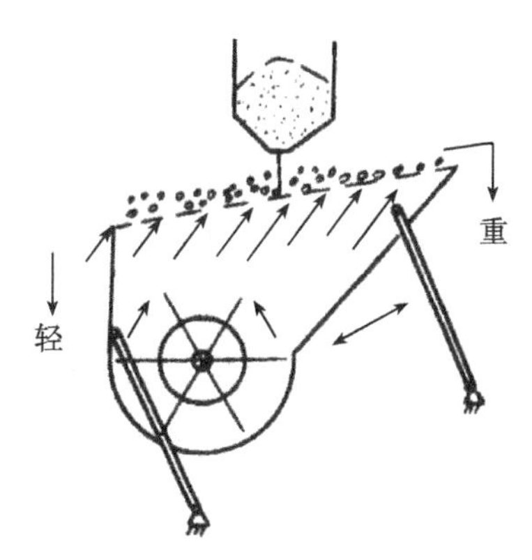

图2－19　重力分选装置原理

2.2.1.5　磁选

磁选是利用物料在磁场中显示磁性的差异，使铁磁性物质保留于磁场，非磁性物质通过磁场，从而使之分离的方法。磁选法利用磁铁从物料中除去铁磁性杂质。

2.2.1.6　色选

色选是根据物料的色泽的不同，利用光比色的机理进行设计而成的分选方法。例如从花生仁中剔除变质变色粒，从大米中剔除颜色发黄的米粒等等，如图2－20所示。

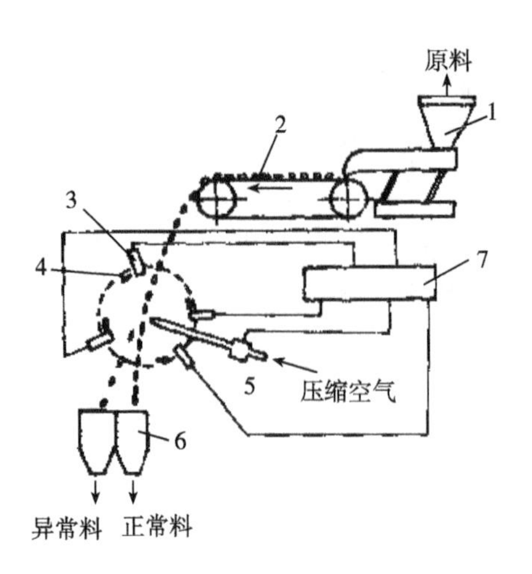

图2-20　色选装置原理

1—料斗　2—输送带　3—比色传感器　4—比色板　5—执行装置　6—分料装置　7—信号放大器

2.2.2　筛理机械与设备基础

筛选是根据颗粒物料粒度的不同，选择合适的筛孔形状与大小，使颗粒物料与筛面产生相对运动，从而达到按颗粒宽度或厚度大小不同而分开的目的的分级分选方法。用于分级分选的设备称之为筛理机械与设备。要使颗粒物料在筛理机械与设备筛面上达到理想分离的效果，必须同时具备三个条件：具有合适的筛孔形状与大小；被筛分物与筛面应产生相对运动；过筛物应与筛面接触。

2.2.2.1　筛面的种类和结构

筛面是筛理机械的主要工作部件，筛理机械对筛面的要求如下：

①具有最大的筛孔面积，开孔率越高筛孔面积越大，开孔率 = 筛孔总面积/筛面面积 × 100%，开孔率也称为筛面利用系数，与筛孔的形状、尺寸、间距和筛孔排列形式有关；

②筛孔不易堵塞，筛孔堵塞造成有效筛孔减少，实际开孔率下降，一般筛理机械具有清筛装置；

③具有足够的强度、刚度、耐磨性，保证工作寿命。筛理机械常用的筛面种类有栅筛、冲孔筛和编织筛（包括金属丝编织筛面和绢筛面）。

（1）栅筛　栅筛采用具有一定截面形状的棒状或条形材料，按一定的间距排列而成。栅筛结构如图2-21所示。栅筛筛面通常为平筛面，物料垂直通过筛面达到分离目的，在淀粉生产中使用的曲筛也可属于栅筛，但曲筛是由极细的矩形截面不锈钢丝组成弧面，用于湿式分离淀粉和皮粕。

栅筛的特点是结构简单，制造容易，处理能力大，但分级粗糙。栅筛通常用于原料接收过程的除杂的粗分离。

（2）冲孔筛　冲孔筛筛面由金属薄板冲压而成，最常用的筛板厚度为0.5～1.5mm。冲孔筛结构如图2-22所示。由于冲孔筛的筛孔直径不可能做得很小，因此仅用处理粒

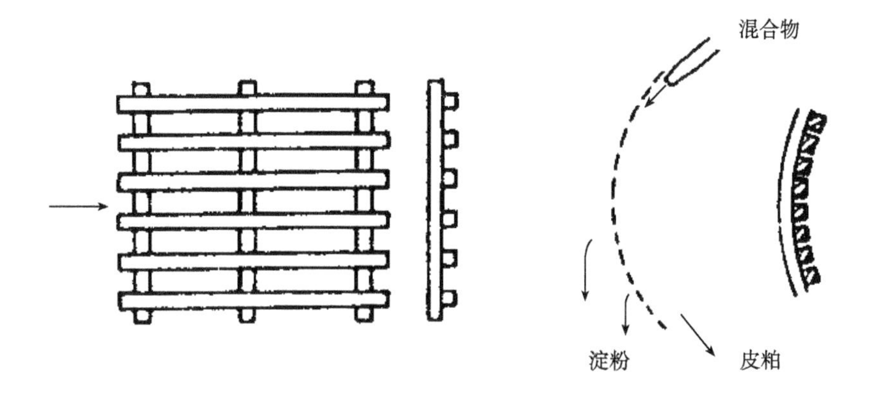

图2-21　栅筛筛面

料,不宜处理粉料。冲孔筛最常用的筛孔形状是圆孔和长孔,也有时采用三角形孔或正多边形孔。由于筛孔是用冲模制出的,孔边存在7°左右的楔角或锥角,安装时应以大端向下,以减少筛孔被颗粒堵塞的情况。近年来国外发展一种厚板筛面,筛孔的密度很大,提高了筛面利用系数,又能保证筛面的刚度和强度。这种厚板筛面的筛孔锥角可以大到40°左右,安装则是大口朝上,更增加了物料穿过筛孔的机会,但是也会出现物料进入孔口上缘而不能通过筛孔下缘的情况,因此这种筛面只适用于某些能够避免堵孔的振动筛。

冲孔筛的特点是筛面刚度及强度高、筛孔不变形、耐磨、工作寿命长;但筛面开孔率低、重量大、工作时噪声高。冲孔筛筛面一般用于颗粒物料的处理、筛面层数较少的筛理设备等场合。

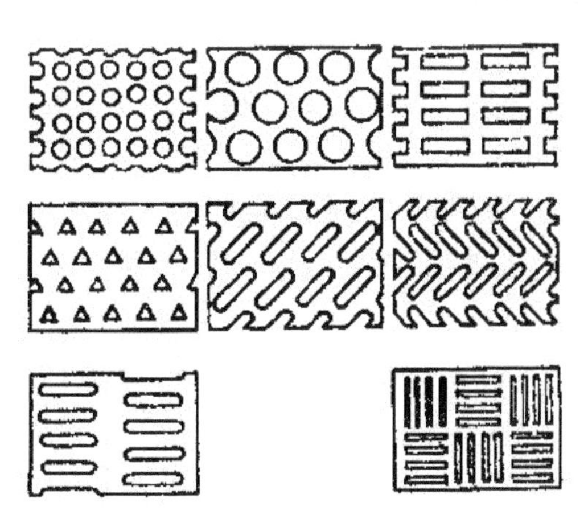

图2-22　冲孔筛面及筛孔的排列形式

(3)编织筛　编织筛由金属丝按一定方式编织而成,编织筛结构如图2-22所示。金属丝的材料有:低碳镀锌钢丝,一般可用于负荷较小、磨损不严重的筛分设备;高碳钢丝和合金弹簧钢丝具有抗拉强度高、延伸率小的特点,一般用于负荷较大的筛分设备;不锈钢丝和有色金属丝一般用于处理高水分物料的筛分设备。编织筛面通常为方孔,或矩形孔,孔尺寸大的可在25mm以上,孔径小的可到300目以上(目是英制中表示孔密度的规格,300目就是每英寸长度有300个孔)。一般120目以下的金属丝编织筛网可以用平纹织法,超过120目就必须用斜纹织法。编织筛结构及编织方法如图2-23所示。编织筛网不仅用于粉粒料筛分,也常用于过滤作业。编织筛面由于金属丝的交叠,表面凹凸不平,有利于物料的自动分级,颗粒通过能力强。编织筛的特点是重量轻、噪声低、开孔率高、筛面利用系数大、分级粒度细微;但筛面刚度、强度差,筛孔易变形。编织筛筛面一般用于粉料处理、筛面层数较多的筛理设备等场合。

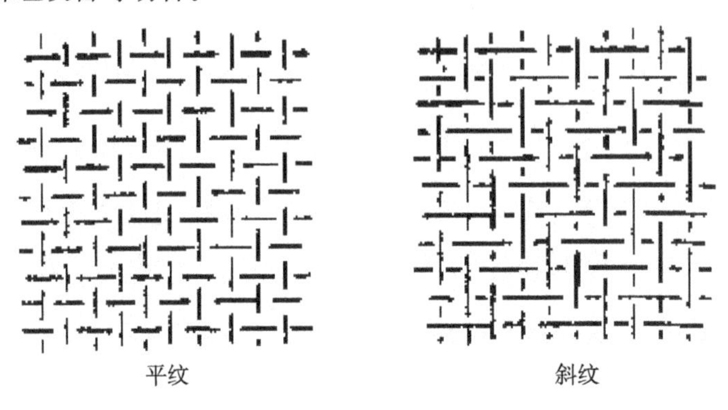

图2-23 编织筛筛面及编织方法

2.2.2.2 筛面组合

生产中为了要将各种粒度的混合物通过筛分分成若干个粒级,或提高总的筛分效率,须将若干层不同的筛孔孔径的筛面组合使用。通常组合方法有筛余物连续筛分法、筛过物连续筛分法、混合连续筛分法。

(1)筛余物连续筛分法 将前道筛面的筛余物送至后道筛面再筛,筛余物连续筛分法如图2-24a所示。筛分产品从Ⅰ到Ⅳ的粒度依次渐粗,这种筛面组合的特点是先提细粒后提粗粒。它的优点是粗粒料的筛分路线长,筛面的检查、清理、维护方便。缺点是所有大粒物料要从每层筛面流过,不但筛面磨损,而且多数粗粒料阻碍细粒料接触筛孔,降低筛分效率。

(2)筛过物连续筛分法 将前道筛面的筛过物送至下道筛面再筛,筛过物连续筛分法如图2-24b所示。筛分产品从Ⅰ到Ⅳ依次渐细,先提粗粒后提细粒。它的优点是使筛面的负荷减轻,有助于提高筛分效率,同时筛面配置空间较紧凑。

(3)混合连续筛分法 将首道筛面的筛余物、筛过物送至后道筛面分别再筛,混合连续筛分法如图2-24c所示。这种方法综合了前两种方法的优点,因此流程可以灵活多变。不同的筛分物料,应根据其物料的具体特点、粗细料的含量以及筛分的要求来确定筛面的组合方式。

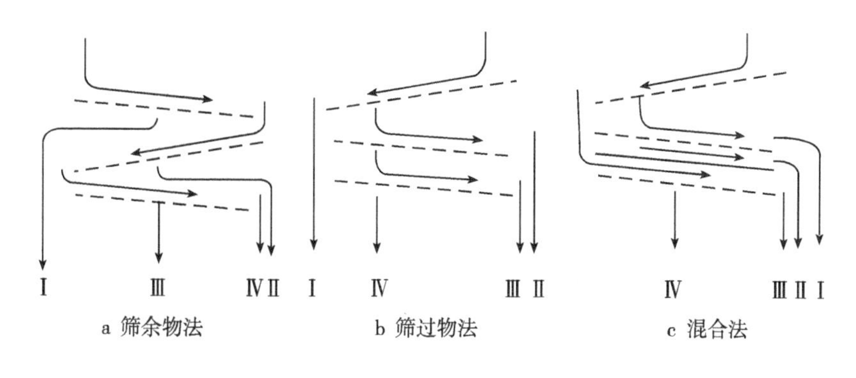

图 2 – 24　筛面的组合

2.2.2.3　筛面的运动形式

(1) 静止筛面　静止筛面通常是倾斜筛面，改变筛面的倾角，可以改变物料下滑的速度和在筛面上运动的时间。静止筛面如图 2 – 25a 所示。当筛面比较粗糙时，物料在运动过程中产生自动分级。由于物料在筛面上的筛程较短，所以筛分效率不高。这是最简单而原始的筛分装置。

(2) 往复直线运动筛面　筛面作往复直线运动，物料沿筛面作正反两个方向的滑动。筛面往复运动能促进物料的自动分组作用，且物料相对于筛面运动的总路程（筛程）较长，因此可以得到较高的筛分效率。当筛面的往复运动具有沿筛面法向的分量且沿筛面法向运动的加速度大于重力加速度在筛面法向的分量时，物料就跳离筛面，作跳跃前进（抛掷运动）；这种情况下，可以减少筛孔堵塞现象，对于某些筛分要求是十分有利的。

(3) 立面圆运动筛面　筛面在垂直面内作频率较高的圆振动或椭圆轨迹振动，又称高频振动筛。立面圆运动筛面如图 2 – 25c 所示。其工作效果与物料有抛掷运动的往复直线运动筛相似。高频振动筛面可以破坏物料颗粒的自动分级，使物料得到翻搅，适宜清除粒度较小但比重也较小的颗粒或处理难筛粒含量多的物料。

(4) 平面回转筛面　筛面在水平面内作圆形轨迹振动。物料在筛面上也作相应的圆运动。平面回转筛面如图 2 – 25d 所示。平面回转筛面能促进物料的自动分级，物料在这种筛面上的相对运动路程最长，而且物料颗粒所受的水平方向惯性力在 360°的范围内周期地变化方向，因而不易堵塞筛孔，筛分效率和生产率均较高。

这种筛面常用于粉料和粒料的分级和除杂，特别是在生产能力要求较大的情况下。

(5) 旋转筛面　筛面成圆筒形或六角筒形绕水平轴或倾斜轴旋转，物料在筛筒内相对于筛面运动。旋转筛面如图 2 – 25e 所示。这种筛面的利用率相对较小，在任何瞬时只有小部分筛面接触物料，因此生产率低，但适用于难筛粒含量高的物料，在粮食加工厂常用来处理下脚物料或用作初清物料。

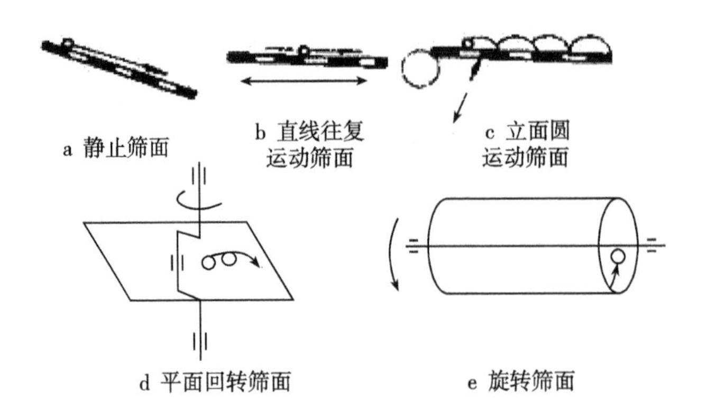

图 2－25　筛面形式

2.2.2.4　筛面的传动与支承

传动方式是每种筛理机械的重要特征，它与支承结构共同决定了筛面的运动方式。同一种筛面的运动方式也可以有不同的传动方式。图 2－26 是常用的筛面传动和运动方式。

在众多传动方式中，最传统的方式是曲柄连杆传动，如图 2－26a 所示。该传动方式平衡和噪声问题较难解决。用自衡振动器传动可以解决平衡与噪声问题，曾经广泛使用，如图 2－26b 所示。但该结构较复杂。目前的趋势是广泛采用振动电机传动，如图 2－26c 所示。振动电机实际上就是在异步电动机轴的一端或两端加偏重旋转件，偏重块以电动机的转频对筛体施加扰力而激发往复直线运动。偏重块扰力的方向应尽可能通过筛体的重心。当在筛体两侧配用两台振动电机时，两者的转向必须相反，同时，它们的转速应能自动调整为同步运转，而不至于由于异步而产生扭转力矩。

筛面的运动方式与支承结构是密切相关的，支承结构起约束筛面运动自由度的作用。用板弹簧支承的筛体只能作近似往复直线运动，用螺旋弹簧支承的筛体自由度较多。假如弹簧刚度不是太大，则运动轨迹近似圆形，例如图 2－26d 和图 2－26e 所示的偏心振动筛和自定中心振动筛。

悬吊平筛的工作特征是多层筛面，每一点的运动都是一个同样的平面圆，如图 2－26f 所示，但是如果左右筛体中物料量不均衡，以致总重心与传动中心不重合，其振动轨迹就不再是圆而成为紊乱状态或是卵形。用曲柄和平形四边形机构传动的平转筛没有上述弊病，如图 2－26g 至图 2－26j 所示。但是当物料量改变时，偏重块不能取得平衡，惯性力将会传到地面。

转摆筛和晃动筛的运动特征是每一点的运动轨迹都不一样。前者基本上是平面运动，但一端圆运动、另一端直线运动，它适应于多种形状颗粒的分级，如谷物的清理除杂。后者是多自由度的空间运动，模仿手工圆筛的动作，情况就更复杂了，在工业上尚未推广使用。

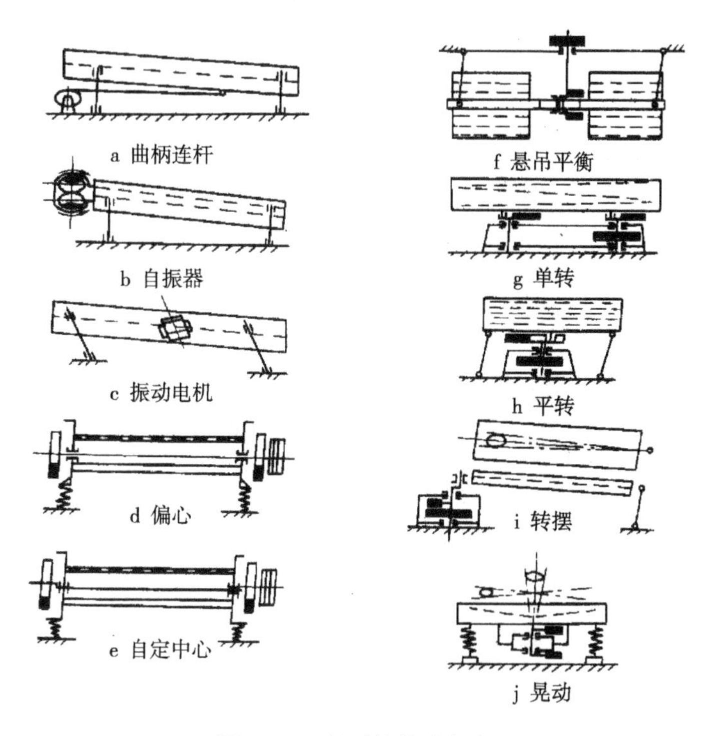

图2-26 筛子的传动方式

2.2.2.5 筛理机械与设备技术指标

筛理设备工作效果的优劣通常采用筛分效率和生产能力作为评价指标。一般情况下，两者成反比，生产能力大时，物料在筛面上停留时间短、过筛机会少、筛分效率低；而筛分效率要求高时，则需物料在筛面上停留时间长、生产能力降低。通常要求筛理设备在保证筛分效率的前提下，尽可能提高设备生产能力。

(1)生产能力 生产能力通常是指筛理设备单位时间内处理物料的能力。对于不同类型的设备具有不同含义，圆筒形筛面设备的生产能力通常是指单位时间内穿过筛孔物料量；而平面形筛面设备的生产能力通常是指单位时间内筛面处理物料量。

(2)筛分效率 筛分是将粉粒料通过一层或数层带孔的筛面，使物料按宽度或厚度分成若干个粒度级别的过程。每一层筛面都可以将物料分成筛过物(筛下物)和筛余物(筛上物)两部分。事实上，筛分过程不可能十分彻底，由于种种实际的原因，理论上可以穿过筛孔的颗粒不可能全部穿过筛孔成为筛过物，总有一部分留在筛余物中。

筛分效率通常是指筛分过程中实际分出某级别的物料量占原料中应分出该级别的物料量的百分率。

2.2.3 振动筛

振动筛是粮食加工中应用最广的一种筛选与风选相结合的清理设备。有自带吸风除尘装置和无除尘装置两类。自带吸风除尘装置的振动筛多用于清理工序，清除大、小及轻杂质，仅有吸风无除尘装置的振动筛，多用于分级工序，进行大小粒度分级作业。

振动筛工作原理：多层平筛面筛体，在传动机构作用下作平面直线运动，物料在进料机构作用下沿筛宽均布，随筛体运动，在筛面时而向上，时而向下作折线运动。由于多层筛面，筛孔大小不同，从而达到大小分离的目的。

振动筛主要由进料装置、筛体、清筛机构、传动装置和机架、吸风除尘装置等部分组成，其整体结构如图 2－27 所示。

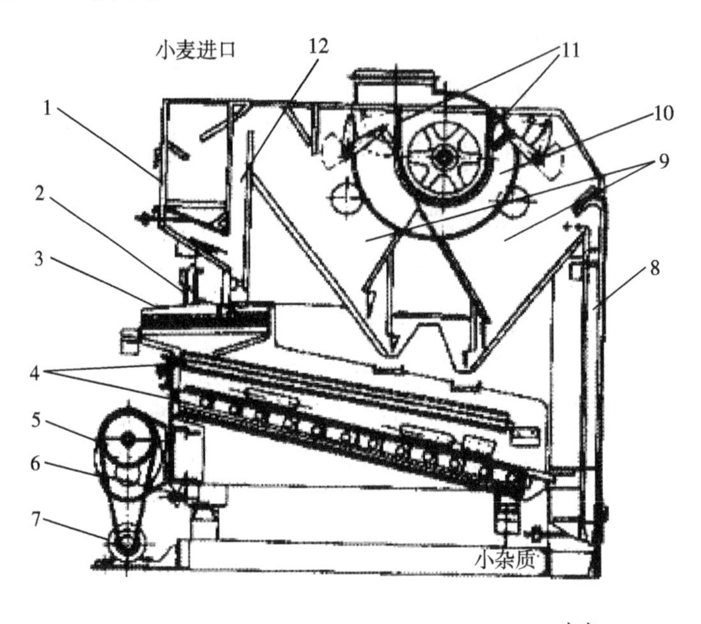

图 2－27 振动筛的结构

1—进料斗 2—吊杆 3—筛体 4—筛格 5—自衡振动器 6—弹簧限振器 7—电动机 8—后吸风道 9—沉降室 10—风机 11—风 门 12—前吸风道

2.2.3.1 进料装置

进料装置的作用是保证进入筛面的物料流量稳定并沿筛面均匀分布，以提高清理效率。进料量可以调节。进料装置由进料斗和流量控制活门构成。按其构造有喂料辊和压力门进料装置两种。喂料辊进料装置需要传动，只有筛面较宽时才采用。压力门进料装置结构简单，操作方便，喂料均匀，特别是重锤压力门进料装置，动作灵活，能随进料变化自动调节流量，故为筛选设备普遍采用。

2.2.3.2 筛体

筛体是振动筛的主要工作部件，筛体又称作为筛箱、筛船。它由筛框、筛面、筛面清理装置等组成。筛框上表面为筛面，下表面为钢丝网，作为清筛橡皮球或橡皮块的支撑。筛面一般采用多层平筛面筛体，一般以冲孔筛为主，筛面层数多时采用编织筛面。典型设备一般装有三层筛框，第一层是接料筛框，筛孔最大，筛上物为大型杂质，筛下物为粮粒及大杂，筛框反向倾斜，以使筛下物集中落到第二层筛面进料端。第二层是大杂筛面，以进一步清理略大于粮粒的大杂。第三层为小杂筛面，筛孔较小，小杂从筛孔漏下。

为保证筛选效率，防止筛孔堵塞，筛体设有清理筛面装置。在筛框内放置有橡皮球或橡皮块作为筛面清理装置，随着筛体运动，橡皮球或橡皮块发生弹跳，撞击筛面将堵塞筛孔的颗粒脱离筛面实现筛面清理作业。

2.2.3.3　传动

传动装置是筛体直线往复运动的动力，传动机构形式有曲柄连杆传动、自衡振动器传动及振动电机传动等。曲柄连杆传动属于传统的传动方式，该传动方式结构简单、使用方便，但平衡和噪声问题较难解决；自衡振动器传动可以解决平衡与噪声问题，曾经被广泛使用，但该结构较复杂，目前广泛采用振动电机传动。筛体在传动装置带动下呈直线往复变速运动，运动过程会产生惯性力，引起振动、产生噪声，造成构件的疲劳损伤，缩短设备工作寿命。传动装置一般具有惯性平衡机构。

吊杆与支撑是筛体与机架的弹性连接杆，一般用板弹簧制造，作为限振装置，避免筛体振动传递给机架。限振装置是降低筛体振动的装置，因为筛体的工作频率一般是在超共振频率内，这种筛子在启动或停车通过共振区时，筛体的振幅会突然增大，容易损坏机件，因此要设法消除在启动或停车时产生的共振现象。

2.2.3.4　颗粒物料在筛面上的运动状态

当振动筛的筛面作周期性往复振动时，可能出现下列不同情况：

①物料相对筛面静止；

②正向运动，物料沿进料端向出料端运动即物料沿筛面向下滑动；

③反向运动，物料沿出料端向进料端运动即物料沿筛面向上滑动；

④跳动：物料在筛面上作轻微的跳动。

物料仅做正向移动时，单位筛面处理物料量大、但物料在筛面上运动路线短、颗粒物料过筛机会少，因此此时生产能力大但分级效率低；物料反向运动时，增加颗粒物料在筛面上的运动路线，颗粒物料过筛机会增加，分级效率高。物料在筛面上做轻微的跳动时，筛面上物料的自动分级现象会被破坏，特别是在处理物料中阻碍粒较多时，可以增加过筛颗粒的过筛机会，提高分级效率。

一般情况下，物料在筛面上自动分级是保证分级效率的前提。因此要求物料在筛面上具有正、反向运动，但避免出现跳动。当处理物料中阻碍粒较多、需要破坏物料在筛面上自动分级时，物料在筛面上产生轻微跳动从而破坏物料在筛面上自动分级。颗粒物料在筛面上运动的关键在于筛体的运动频率，对于一定设备而言，处理物料、筛面结构、筛孔形状均已限定，因此筛体的运动频率取决于传动系统的运动频率，即偏心连杆机构曲柄、自衡振动器、振动电机的转速 n。根据颗粒物料在筛面上运动过程的受力分析：

物料沿进料端向出料端运动即物料沿筛面向下滑动作正向运动时传动机构临界转速为：

$$n_{正向} = 30\sqrt{\frac{\tan(\varphi - \alpha)}{r}}(转/分)$$

物料沿出料端向进料端运动即物料沿筛面向上滑动作反向运动时传动机构临界转速为：

$$n_{反向} = 30\sqrt{\frac{\tan(\varphi + \alpha)}{r}}(转/分)$$

物料在筛面上作轻微的跳动时传动机构临界转速为：

$$n_{跳动} = 30\sqrt{\frac{1}{r\tan\alpha}}(转/分)$$

式中：φ——物料与筛面摩擦角；

α——筛面与水平面之间的夹角；

γ——筛体振动幅度。

若传动机构工作转速为$n_{工作}$，当$n_{反向} > n_{工作} > n_{正向}$时，物料仅做正向移动，此时设备生产能力大，单分级效率低；当$n_{跳动} > n_{工作} > n_{反向}$时，由于$n_{反向} > n_{正向}$，物料既可做反向运动，也可做正向运动但不产生跳动，此时设备处理物料量大，同时分级效率高；当$n_{跳动} \approx n_{工作} > n_{反向}$时，物料在筛面上做轻微的跳动，此时筛面上物料的自动分级现象被破坏。

振动筛具有生产能力大，分级效率高，分级粒度细，但需平衡惯性力等特点。通常用于物料清理除杂及分级，特别是分级要求较精细的场合。

2.2.4 旋转圆筛

旋转圆筛工作原理：圆筒形筛体按一定要求设置筛孔，在传动机构作用下，绕筛体轴心转动，物料进入筛体，受重力、离心力、摩擦力的共同作用滚转、移动，由筛孔形状、大小控制过筛物，从而达到分离的目的。

旋转圆筛主要由进料和机架、筛体、清筛机构、传动装置等部分组成，其整体结构如图2－28所示。

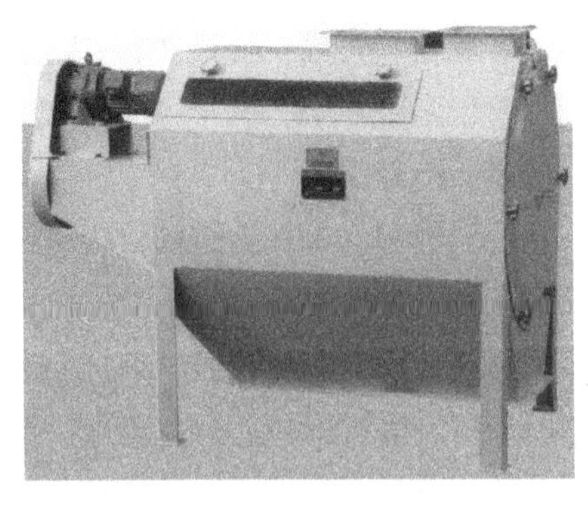

图2－28 旋转圆筛

2.2.4.1 进料和机架

旋转圆筛进料采用进料管，直接将物料导入筛筒内。筛体下方分别设置有接料斗，接料斗固定于机架。

2.2.4.2 筛体

筛体形状为单层圆筒形筛面，亦有圆锥形筛面，筛面一般采用冲孔筛，处理粉状物料时，采用编织筛。旋转圆筛用于分选除杂时，筛面筛孔前后大小一致，亦可分成两段设置筛孔，筛孔孔径前大后小，保证生产能力及分级效率。旋转圆筛用于分级作业时，筛体沿长度方向分成数段，筛孔孔径前小后大，将物料逐步从小到大分离。

2.2.4.3 清筛机构

在紧贴筛体表面设置橡皮条或毛刷，橡皮条或毛刷固定于机架上。旋转圆筛运动过程中，橡皮条或毛刷将堵塞筛孔的物料挤压推出，完成清筛工作。

2.2.4.4 传动机构

旋转圆筛的传动机构有中间轴式、齿轮式、摩擦轮式等。中间轴式传动机构刚度大、运转平稳，但构件对物料损伤大。齿轮式传动机构克服了中间轴式传动机构构件对物料损伤大的缺点，但制造要求及设备成本高。摩擦轮式传动机构是目前旋转圆筛最常见的传动机构形式。

旋转圆筛设备结构简单、工作运动平稳、生产能力大，但分级粗糙。通常用于物料清理除杂及分级要求比较粗略的分级场合。

2.2.5 弧形筛

弧形筛又称为曲筛。在淀粉加工中，曲筛可用来分离、洗涤胚芽和粗、细纤维，回收淀粉。曲筛的筛面呈弧形，由梯形不锈钢条拼制而成，钢条间构成细长的筛缝，筛缝间隙可根据加工原料的类型和组成来确定。常用的曲筛筛面弧形角为60°和120°。曲筛结构图2－29所示。

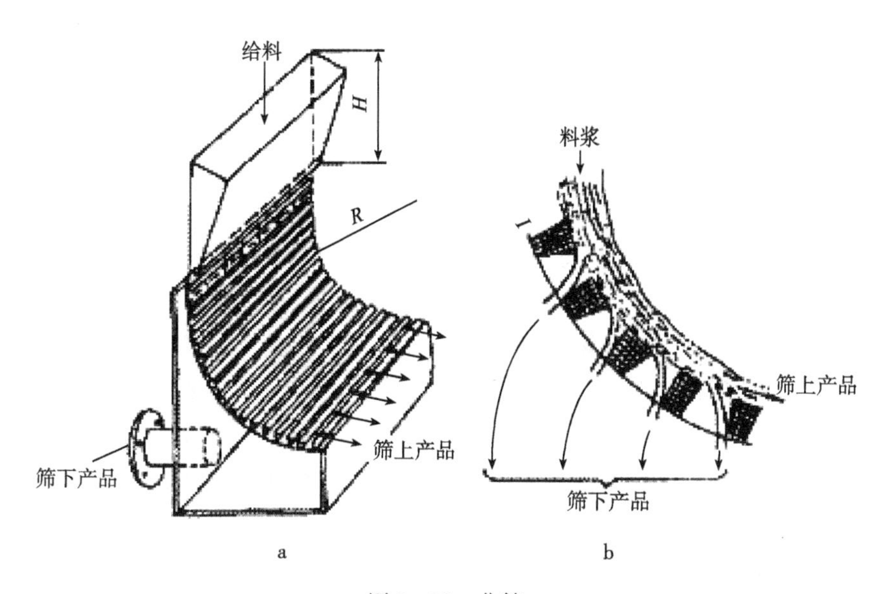

图2－29 曲筛

工作时，糊状物料借助重力或以0.2～0.4MPa的压力沿正切方向喷入筛面，并使其沿整个筛面宽度均匀分布。物料的运动方向与筛面相切,在运动中,淀粉乳和小渣颗粒漏过筛孔,粗、细纤维则由筛面末端排出。

颗粒的筛分情况与筛条的棱是否锋利有直接关系。物料由一根筛条流到另一根筛条的过程中,筛条的棱对料浆产生切割作用,厚度约有1/4筛孔的一层料浆及其中的细粒被棱切割而被筛下。曲筛的分级粒度大致是筛孔尺寸的一半。但随着筛条棱的磨损,通过筛孔的粒度将减小。

2.2.6 精选机械与设备

精选对其他清选方法只是相对而言,一般是在筛选之后进行的较为精确的分选。按颗粒长度不同分选常采用窝眼筒精选机及碟片精选机,按形状不同分选常采用螺旋精选器。

2.2.6.1 窝眼筒精选机

窝眼筒精选机的工作部件是窝眼筒,其结构如图2-30所示。圆筒内壁上有许多均匀分布的圆形窝眼(也称袋孔)。物料从转动的窝眼筒的一端喂入,其中长度小于窝眼的物料容易进入窝眼,并随窝眼筒回转至较高的位置后,落入窝眼筒中部的承种槽内,由槽中螺旋输送器推出;长度大于窝眼的颗粒不易进入窝眼,由筒底的螺旋输送器推出。窝眼筒常用于种子按长度分级或清选上。

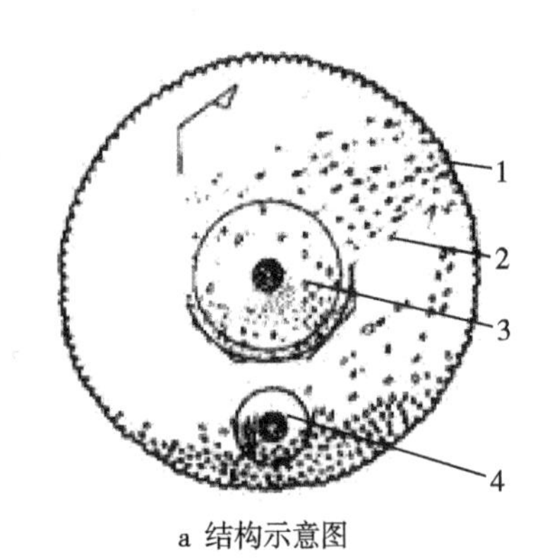

a 结构示意图

b 种子分级

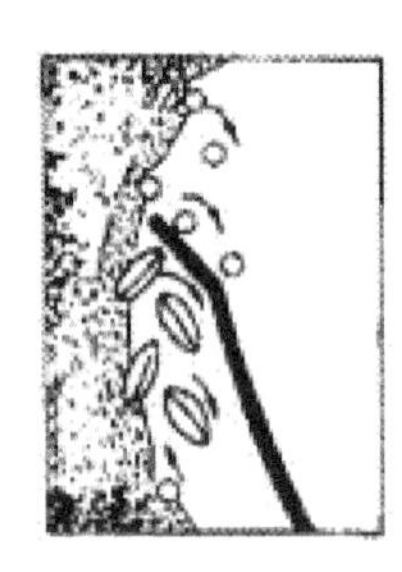
c 种子精选

图2-30 窝眼筒

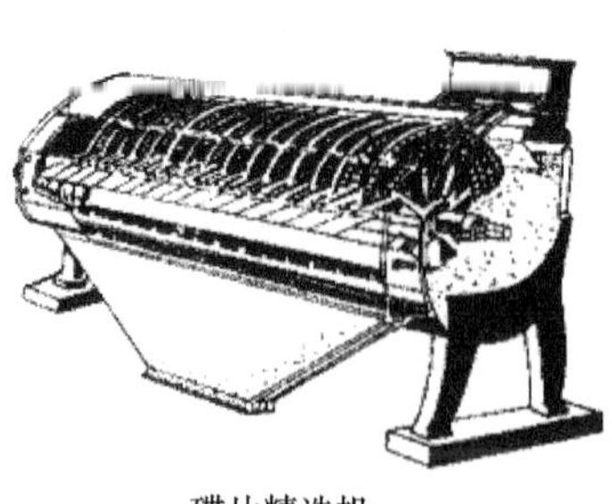
a 碟片精选机

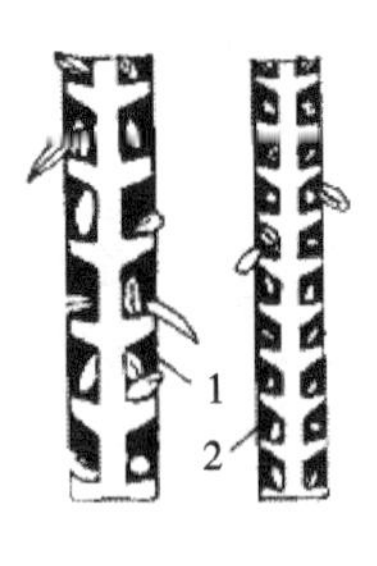

b 碟片的袋孔

图2-31 碟片精选机

1—分离大麦和荞麦的袋孔 2—分离荞子的袋孔

2.2.6.2　碟片精选机

碟片精选机主要由进料装置、碟片组、机壳、输送螺旋和传动部分等组成。碟片系由硬质铸铁精密铸造而成，两面均设有窝眼。选机的工作原理类似窝眼筒精选机。工作时，物料从进料口流入，在机内堆积到一定的深度。物料依靠碟片轮辐上的叶片向前推进，由出料口送出机外；短粒由碟片窝眼带至一定高度后，从窝眼内滑出落至卸料口内排出机外。碟片精选机结构如图2－31所示。

窝眼的形式、大小应根据粮粒与杂质的性状及其粒度分布曲线来选择。

2.2.6.3　螺旋精选器

螺旋精选器也称抛车，其结构如图2－32所示，多用于从长颗粒中分离出球形颗粒，如从小麦中分离出荞子、野豌豆等。螺旋精选器由进料斗、放料闸门及4～5层围绕在同一垂直轴上的斜螺旋面所组成。靠近轴线较窄的并列的几层螺旋面叫内抛道，较宽的一层斜面叫外抛道。外抛道的外缘装有挡板，以防止球状颗粒滚出。内、外抛道下边均设有出口。

小麦由进料斗出口均匀地分配到几层内抛道上，内抛道螺旋斜面倾角要适当，使小麦在沿螺旋面下滑的过程中速度近似不变，其与垂直轴线的距离也近似不变，因此不会离开内抛道；荞子、野豌豆等球形颗粒在沿螺旋斜面向下滚动时越滚越快，因离心力的作用而被抛至外抛道，实现与小麦的分离。

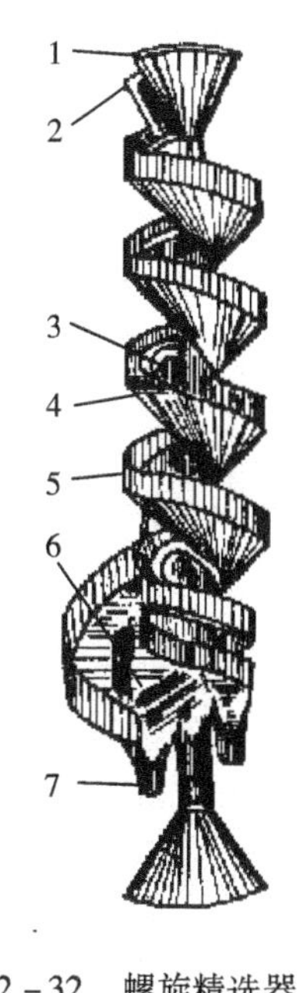

图2－32　螺旋精选器
1—进料斗　2—放料闸门
3—内抛道　4—外抛道
5—挡板　6—隔板
7—出口管道

2.2.7　色选机械与设备

按物料表面颜色的不同进行分选常采用光电效应原理。光电色选可用于大米、大豆、花生、枣子、核桃仁、水果等的分选。下面以花生米色选机为例。

花生米在加工成食品之前，需要先去掉表皮（红衣）。经过去皮机处理过的花生米尚有部分未能去皮，采用花生米色选机可将其分选出来。

花生米色选机由振动下料部分、光箱部分、控制组合部分及执行机构等组成，其结构如图2－33所示。当花生米由电磁振动筛、振动料斗按顺序落入光箱后，恰好处在比色板和镜头之间。比色板又称背景板，采用的是红与白花生米之间的中间色（浅灰色）。当带皮的红色花生米经过时，得到了比背景板深的光信号，硅光电池送出一个正的脉冲信号；反之，当白色花生米通过时，硅光电池送出一个负的脉冲信号。没有花生米通过时得到的是零信号（基准信号）。脉冲信号的幅度和宽度决定于物料颜色的深浅和物料经过比色板区域的时间。脉冲信号经过放大、鉴别整形、功率放大等主控组合装置，使电磁阀动作，将带红衣的花生米吹出去，而不带红衣的白色花生米则自由落下，从而达到了分选的目的。

为了提高硅光电池的灵敏度，在其前面加了一个凸透镜，将硅光电池置于透镜的焦点

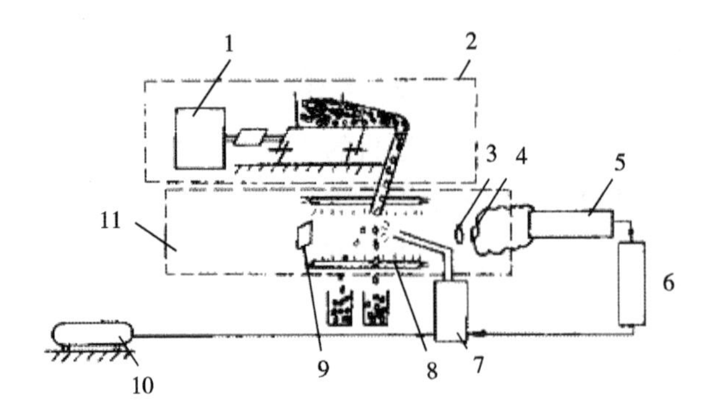

图 2－33 花生米色选机

1—振动筛控制电路 2—下料部分 3—镜头 4—硅光电池 5—前置放大器 6—主控组合装置 7—电磁阀 8—日光灯 9—比色板 10—空压泵 11—光箱

附近。由于花生米的碎屑及灰尘会把背景板、日光灯弄脏,影响分选的效果,采用定时开关控制吹气嘴定时地向背景板及日光灯吹气,除去灰尘,使背景板及日光灯保持干净。图示色选机只是一个通道,为了提高色选机的生产率,往往采用多个通道,即把图示中的通道若干个并列在一台机器之中。

复习思考题

1. 简述鼓风式清洗机的清洗原理。
2. 简述鼓风式清洗机与滚筒式清洗机主要区别。
3. 简述洗瓶机的洗瓶方法及特点。
4. 简述单端式洗瓶机与双端式洗瓶机的主要区别。
5. 简述 CIP 系统组成及作用。
6. 简述 CIP 系统类型及特点与应用场合。
7. 简述分级分选的方法、原理及应用。
8. 简述筛理设备的筛面形式及特点。
9. 简述旋转圆筛与振动筛的主要区别。

第3章　分离机械与设备

本章重点及学习要求：本章主要介绍压榨、打浆、离心分离、萃取与膜分离等各种分离机械与设备工作原理、基本类型及其主要结构与应用特点。通过本章学习掌握各种压榨、打浆机械的构成要素、关键结构、工作原理、性能特点及其应用；掌握离心分离的构成要素、关键结构、工作原理、性能特点及其应用；掌握萃取设备与膜分离设备的系统组成及其应用。

一般来说，在食品的生产中分离过程的投资要占到生产过程总投资的50%～90%，用于产品分离的费用往往要占到生产总成本的70%甚至更高。因此可以看出，分离过程是食品加工中一个非常重要的操作。

在食品加工中，如果按连续相的不同划分混合物，大致可分为两大类混合物，即连续相为液体和连续相为气体的混合物。

在连续相为液体的混合物中，根据分散相的不同，又可分为三种：

①分散相为固体，即固—液系统，称为悬浮液，如果汁、啤酒酵母混合液、淀粉乳等。

②分散相为液体，即液—液系统或液体混合物，称乳浊液或悬浮液，如全脂牛奶、油水混合物等。

③分散相为气体，即气—液系统，称泡沫液。

连续相为气体的混合物，即气溶胶，根据分散相的不同，又可分为两种：

①分散相为固体，即固—气系统，如烟、尘等。

②分散相为液体，即液—气系统，如雾等。

分离过程的分类方法有很多，目前最为普遍的分离方法是将分离过程分为扩散式分离和非扩散式分离或传质分离和机械分离。这种分类方法主要是根据分离过程中物质扩散过程的强弱来分的。传质分离是以物质的扩散传递为主的分离过程，而机械分离过程是不以扩散为主的分离过程。传质分离过程涉及物质从进料流向产品流的扩散传递，而传质分离则主要是完成相的分离。有时机械分离过程中含传质分离，而传质分离如膜分离可看作过滤（一种机械分离）的延伸。此外，一般认为，传质分离过程处理的是均相混合物，机械分离过程处理的是非均相混合物。但是，有时非均相混合物要用传质分离过程来处理，如固体物料的干燥。

传质分离主要有：蒸发、蒸馏、干燥等（根据挥发度或气化点的不同）；结晶（根据凝固点的不同）；吸收、萃取等（根据溶解度的不同）；沉淀（根据化学反应生成沉淀物的选择性）；吸附（根据吸附势的差别）；离子交换（用离子交换树脂）；等电位聚焦（根据等电位 pH

的差别);气体扩散、热扩散、渗析、超滤、反渗透等(根据扩散速率差)。

机械分离方法主要有:过滤、压榨(根据截留性或流动性);沉降(根据密度差或粒度差),包括重力沉降和离心沉降;磁分离(根据磁性差);静电除尘、静电聚积(根据电特性);超声波分离(根据对波的反映特性)。

根据食品工业中的实际应用情况,本书主要介绍压榨、打浆、离心沉降、萃取及膜分离过程及其所涉及的设备。

3.1 压榨机

3.1.1 压榨的概念和在食品工业中的应用

3.1.1.1 压榨的基本概念

通过机械压力将液相从液固两相混合物中分离的操作称为压榨。其操作结果是让液相泄出,而固相则截留在压榨面之间。压榨不同于过滤和沉降,它的压力是由于压榨面的移动而不是由物料泵送到一个固定的空间所施加的。

压榨操作的加工对象是不易流动或不能泵送的固液混合物。压榨的基本原理是将此混合物置于两个表面(平面,圆柱面或螺旋面)之间,对物料加压使液体分离释出。分离出的液体透过物料内部的空隙而流动,并流向自由的边缘或表面。压榨可视为一种特殊形式的滤饼过滤,因此被压榨的固体物料通常被称为榨饼。

3.1.1.2 压榨在食品工业中的主要应用

压榨在食品工业中主要用于从可可豆、椰子、花生、棕榈仁、大豆、菜籽等种籽或果仁中榨取油脂,以及从糟粕、滤饼、污泥中把液体进一步分离出来。这些物料的含油量差异很大,油份榨出的难易取决于细胞结构的强度,而强度与纤维素、蛋白质的含量有关。为了保证油质,压榨时必须一方面使油品不受损害,又要尽量减小固体和其他杂质从粉碎的油料中带出,以利于下一步的加工精制。一般情况下,在榨油之前,原料需先经过预处理,其目的是为了便于压榨机加料,并且因预先破坏了细胞结构而使油份易于释出。预处理包括对油料的破碎和轧片,及在较高的温度下加热蒸煮。有时预处理必须保留固体部分(特别是蛋白质)的物理性质,供下一步使用。

另一方面压榨也应用于榨取果汁、蔬菜汁,如苹果、柑橘、番茄汁等,由于果汁含在细胞中,所以必须先将细胞破碎。压榨果汁的主要问题是由于果胶的存在果汁不易释出,所以也需要进行预处理,其方法是添加果胶分解酶。

此外,压榨在原料脱水方面也得到了应用。

3.1.2 压榨的基本理论和方法

3.1.2.1 压榨的基本理论

由于构成榨饼部分的纤维质和其他物质多种多样,目前还没有成熟的数学模型来详细说明压榨的速率和得率问题。但总的来说,压榨的速率和得率与所用的压力和温度相关,但更重要的是取决于物料的预处理。

压榨是一项复杂的操作，其主要过程为固体颗粒集聚和半集聚的历程，同时也涉及到液体从固体分离的历程。压榨理论中包括大量的半理论假设，用以解释生产和实验的观察结果，因此压榨理论远未完善。但多数有关压榨的经验公式已经使一些特例合理化并得到应用，而这些经验公式对压榨操作提供了非常难得的定量分析，因此显得尤为宝贵和重要。在压榨的理论中经常涉及到的概念主要有平衡条件、压榨速率等。

平衡条件，即在压榨机内经受恒压压榨后不再发生变形和渗流的压榨物的形状和组成的工艺过程。是理解压榨过程和研究平衡速率的基础。研究表明，随着纤维榨饼上压紧压力的增加，饼块中固体部分的平衡堆积密度增加，其增加量与用于进一步压榨的压力增量成正比。

压榨速率，压榨机的尺寸和生产能力取决于压榨达到平衡时的速率，即液体从饼渣中榨出的速率。实验表明，压榨速率基本上取决于压榨压力和榨出油的黏度。

压榨过程主要包括加料、压榨、卸渣等工序。为了提高压榨效率，有必要对原料进行预煮、破碎、打浆等预处理。

得率（出汁率）是压榨机的主要性能指标之一，其定义是：

出汁率＝榨出的汁液量/被压榨的物料量

出汁率除与压榨机有关外，还取决于物料性质和操作工艺等因素。

3.1.2.2　压榨的分离方法

压榨操作中加压和分离的方法有3种。

第一种方法最简单，它利用两个平面，其中一个固定不动，另一个靠所施加的压力而移动。将物料预先成型或以滤布包裹后置于两平面之间。此方法的优点在于，有可能在一次处理中利用一组沿垂直方向的压榨单元，叠合并共用一个排液设备。加压方法采用水力最方便，操作压力可以很高而且有很大的灵活性。

第二种方法是利用一个多孔的圆筒表面和另一个螺旋逐渐减小的旋转螺旋面之间的空间。此时加压是采用原动机的机械力。圆筒表面沿全长钻孔宜适当，允许液体能连续地排出。螺距逐渐减小的作用在于压缩物料使其进入容积逐渐缩小的空间。此种操作可以是连续的。

第三种方法是利用旋转辊子之间的空间，并备有液体、固体分别排出的装置。辊子表面需要适当地刻出沟槽。

实际上，压榨操作在所采用的温度和对物料施加压力的方法上是大不相同的。其操作方法不仅要考虑有最大的产量和最低的榨饼残液量，而且要充分考虑固液分离的效率。升高物料的温度可使液体的黏度降低，使液体的流动性趋好，对压榨操作有利。但一般这种加热是在物料的预处理过程中进行。至于对物料的加压，主要是根据液体排出的难易程度及液体中混有固体物质的的情况而定。当物料中液体仅靠压力难以排出时，就有必要采用预处理方法。由于食品工业中遇到的物料多为有机物，液体多蓄于细胞之中。虽然细胞被破坏，如果不改变其组织结构，增加多孔性，液体在内部的移动还是困难的。为此可采用加热或酶处理方法,并控制所加压力的大小。

3.1.2.3 压榨机的分类

根据不同压榨方法,可采用不同的压榨机。压榨机的种类较多,其分类方法主要根据结构型式和操作方式的不同来划分。

按结构型式:通常分为水压式,辊式和螺旋式三类。

按操作方式:通常分为分批式压榨机和连续式压榨机两类。

经过几个世纪的使用,分批式水力压榨机基本上没有实质性的改进,由于是间歇式操作,效率低且要有附属加压系统,目前正逐步被取代,但是在小规模或传统的生产中,由于其结构简单,安装费用较低以及易于掌握,因此仍在广泛使用。

连续压榨,为提高压榨效率,可采用连续螺旋压榨机加以压榨,其内部具有抗剪切力的物料易于脱水,而其他物质则可能不受影响地滑过螺旋。为使这类物料在螺旋压榨机内脱水,将其转速限制在一极限值下是必要的。

3.1.3 分批式压榨机

3.1.3.1 箱式压榨机

该种压榨机一般立式安装,待榨物料用帆布袋包装后放进一个串联的钢箱中,这些钢箱置于压榨机的固定端板和活动端板之间。每一压榨箱有排液栅板,其上均铺有多孔滤垫,布袋即置于这些滤垫上并由其上钢箱封死,在液压力作用下,这串钢箱作为整体受到挤压作用。实际生产中一台具有15个压榨箱的压榨机在24小时内可压榨约7000kg预处理过的棉籽肉,使其含油量由30%减至约6%。每一操作循环费时20~30min不等。压榨箱先在低压下迅速合拢,直至饼渣上压力升至1.4MPa左右有油滴流出为止,然后接通高压流体缓慢压紧,压榨箱使饼渣上压力达到最大值11MPa,此时工作流体压力约27.6MPa。在最大压力下,持续压榨若干分钟以便最后少量榨出液沥出。

3.1.3.2 板式压榨机

板式压榨机与箱式压榨机相似,但压榨过程中布袋四周并不围死。压榨板上通常开有沟槽以便收集榨液,有时为给物体加热也将中心挖空。为使榨液能够较快排放,可使整台压榨机略向后倾斜。利用蒸汽加热的板式压榨机,在先榨得优质的冷榨油后,还可进一步榨质量稍差的热榨油。

典型的水压式压榨机属板式压榨机。它是以四根直立钢柱做成坚固的压榨支架,上有顶板,下有底板,中间夹有10~16块压榨板,距离为75~125mm。当水压活塞加压时,压榨板间的物料受到压缩。压榨初期压力较低,通常为30大气压左右。当被压榨物体体积逐渐缩小,压力就很快增加,可达初期压力的5~10倍。压榨后的残渣形成了组织致密而坚实的榨饼。水压机的工作主要是将被压液体通过压榨机的缸体将活塞顶起,使物料受压而达到压榨的目的。

被压液体的压力由压力系统产生,该系统可由水压泵、蓄能器和配压器组成。由于回流线路并不需要高压,故可采用普通钢管。液体的必要压力依靠水压泵达到。高压液体经蓄能器和配压器送入压榨机,然后再从压榨机沿回流线路回到泵的储液槽中,构成了封闭循环系统。回路中安放蓄能器的目的在于防止压力冲击的作用。由于活塞式水压泵送液的不均匀性,如果直接将其送入压榨机中,可能使压榨机的压力突然上升,物料所承受的压力呈波动状态。严重时甚至造成设备的损坏。配压器可以成组装配或单个装配,成组的配压器配合4~6台压榨机,配压器主要靠阀门来调节压力,人工方法需有经验的工人来操作,近年来多采用自动控制的方法。

3.1.3.3 缸式压榨机

待榨物料封装于一圆筒缸中,筒的底部和顶部均铺有滤垫或滤网,压实器从圆筒上部伸入筒体对物料进行压榨,由于过滤介质平展并仅仅覆盖着物料的顶部和底部,故在缸式压榨机中过滤介质不会像在箱式和板式压榨机中那样受到拉伸和撕裂。又由于物料是完全密闭的,所以其流动性较在其他压榨机中大些,在实际生产中,每台压榨机由一串缸体组成,每个缸的底相对下一个缸来说起着压实器的作用。

缸式压榨机在巧克力工业中应用最广,另外在橄揽、棕榈等一类果实的压榨,浆状物料的脱水操作中亦有应用。

卡佛压榨机是一种新型的缸式压榨机,其特点是将过滤和液压压榨结合起来。在压榨室充满以前,它作为传统的压滤机使用;待压榨室充满后,在液压力作用下合拢以取得更多榨液和干滤饼,该压榨机在可可和可可油的生产,从其他液相中回收结晶以及分离化学沉淀等方面均有应用。

3.1.3.4 栏式压榨机

栏式压榨机中,待榨物料置于由木条或锥形钢棒甚至多孔钢板围成的圆筒内,压实器的压榨使液体通过筒壁流向压榨机底部的集液槽。由于在压榨过程中不用滤布,因此该类压榨机最适合于非油性纤维的压榨,但榨出液中将含有一些固体成分。主要用于苹果汁和其他果汁、菜汁的生产,也有用于鲸脂、鱼脂及其他不需高压的油脂压榨。

3.1.3.5 笼式压榨机

笼式压榨机与栏式压榨机相似,其区别仅在于前者圆筒内壁开有贯穿筒壁的纵向小槽,使榨液通向大的排液槽。它更适于处理油性较高而纤维较少的物料,在饼渣内部有时设有中间漏液板和滤布,主要用于压榨海狸香豆和干椰子仁。

3.1.4 连续式压榨机

连续式压榨机的压榨过程如进料、压榨、卸渣等工序都是连续进行的,类型有螺旋压榨机,辊式压榨机,带式压榨机和离心压榨机等。

3.1.4.1 螺旋压榨机

螺旋压榨机结构与工作过程

连续式螺旋压榨机以安德森压榨机为代表,由开孔或切槽的压榨筒及贴近筒内壁的转动螺旋构成,即主要由榨笼、螺旋轴和出饼口等部分组成。其关键部分是榨膛,它是由榨笼和在榨笼内旋转的榨轴(螺旋轴)组成。榨笼是由数十根长方形扁铁做成一个圆筒形的骨架，骨架由螺栓固定，圆筒形骨架用垫片充填，垫片间有缝隙供榨后液体的流出。

为了增加作用于物料上的压力，沿出料方向将压榨筒与螺旋做成锥形的，还可以通过在直径不变的压榨筒内改变螺旋螺距或螺旋轴的直径来实现。

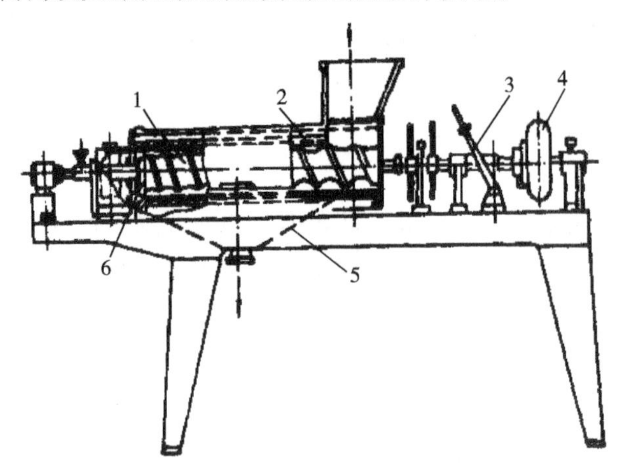

图 3－1　螺旋压榨机

1—螺旋　2—筛筒　3—手柄　4—带轮　5—漏斗　6—出渣门

如图 3－1 所示，螺旋轴类似螺旋输送器。物料经大端进入，螺旋的旋转使得物料向前移动，但在沿物料流动的方向上，螺旋轴与榨笼壁之间的间隙尺寸逐渐变窄，使榨膛工作空间也随之变小，压力随之增加，液体通过压榨筒上的缝隙挤出从而达到挤压物料的目的，残渣经出料口排出。榨饼出口为压榨机的最后一部分，一般用可调锥或其他构件使其部分被挡，这样可以改变出料口的大小从而调节作用于物料上的出口压力，使榨膛内操作正常。

螺纹是螺旋压榨机的重要组成部分之一，由于绞丝螺旋轴的转动，才能使物料在榨膛中产生摩擦作用，从而将液体成分挤出，因此其规格尺寸将影响到是否满足最优压榨条件。螺旋与筛筒之间的容积变化率决定压榨机的压缩比，压缩比是螺纹轴前截和后截在榨膛中构成的空余体积之比例，处理不同的物料，其压缩比是不同的，如以榨油为例，一般先作出螺纹轴不同位置的空余体积曲线，而后看此曲线是否成为有规律的斜度，如曲线的变化无规律，则从生产上看出效果不佳。一般来说，压缩比大，则物料的出汁率高，但出汁率过高，将使汁液的质量降低。

一般情况下，对于含油量高的物料，应采用大的压缩比，不然则产生出油不净的现象；反之，含油量低的物料如采用大的压缩比，则物料过早成饼，从而将油封于饼内，导致残油率过高。若曲线发生不规则的时高时低的现象，则必导致压油不尽，残油率过高的结果。

螺旋压榨机操作连续进行，因而劳动力及其他操作费用均较液压压榨机低，但它具有结构简单，体型小，出汁率高，操作方便等特点，广泛应用于植物油和动物油制造工业中。

3.1.4.2　辊式压榨机

辊式压榨机分竖立式和横卧式两种，目前多采用横卧式，而横卧式压榨机有双辊，三辊、四辊和六辊等多种，以三辊压榨机最为普遍。

图 3－2 为三辊压榨机简图，它将机械碎解作用与压力压榨结合在一起进行工作。它由三个辊子组成，其特点是不需承渣板，三辊位置成倾斜，两辊间互相排成 30°角，也有将三辊排成品字形，上方一顶辊，下方两辊子，称为品字形三辊压榨机。

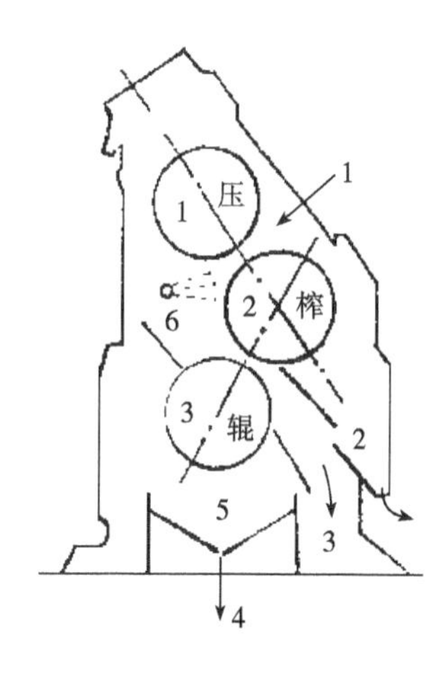

图 3－2　三辊压榨机简图

例如将此机用于蔗糖加工业中，1、2 两辊间榨出的原蔗汁由辊 2 下方的原汁收集槽运出，由 2、3 两辊榨出的稀蔗汁则由辊 3 下方的稀汁收集槽送出。蔗渣则由压榨机下方之蔗渣刮板分离后除去。压榨辊由铸铁制成，表面常刻有各种形状的沟纹，沟纹的形状不同，其作用也不同，有的沟纹能产生撕裂作用，对提高压榨机的出汁率有利；有的沟纹具有抓住物料的能力，因而可以增加压榨的处理量；有的则能促进蔗汁排出，加速压榨的进行。故沟纹形式的选择和配置对压榨操作影响很大。有时也用一进料辊迫使物料进入第一对压榨辊，以便有可能使用较小的辊隙提高进料速度。有的压榨辊做成空心的，表面开有许多小孔，并覆以滤布，辊内抽成真空，这样使压榨出来的汁液透过滤布吸入辊内，由导管引出机器。

在蔗糖工业中，常将四到七个辊榨机排成一列，辊榨机之间由裙式传送带传送压榨过的糖渣层，甘蔗先被榨干，在后面几台榨机选定的位置上喷入水或稀糖液以提高糖的回收率，这一过程叫做浸解，相当于甘蔗沥滤与辊榨的结合。

3.1.4.3　带式压榨机

带式压榨机是将悬浮液或渣浆封装于两条无端的运动带之间，借助榨辊的压力挤压出其中的液体。

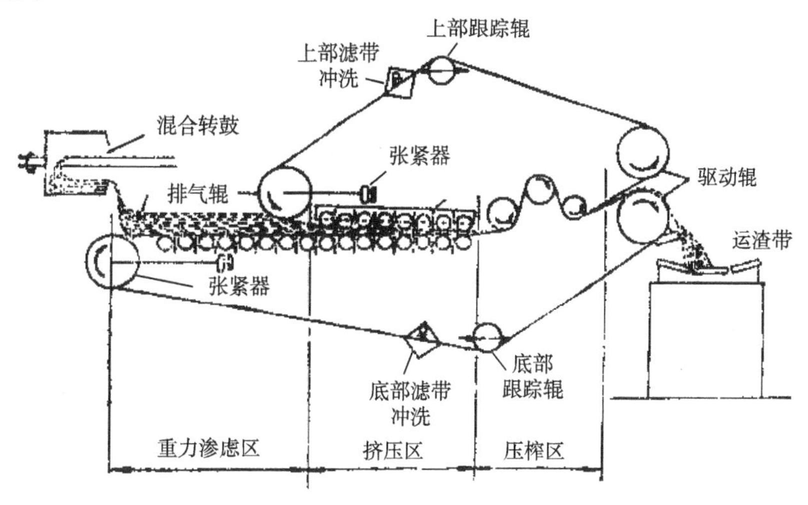

图 3－3　带式压榨机简图

带式压榨机可分为三个区域:重力渗滤或粗滤区,用于除去自由水分;低压榨区,用于压榨固体颗粒表面和颗粒之间孔隙水分;高压榨区,除保持低压区的作用,还能引起多孔体内部水或结合水的分离。如图3-3所示为带式压榨机简图。

实践证明,含固量2%~8%的进料经脱水后含固量可达12%~40%,对那些进料中只含很少量多孔体内部水的颗粒,脱水效果更佳。流入榨出液中的固体一般可控制在2%以内。用聚电解质对物料进行预处理有利于压榨脱水。

3.1.4.4 离心压榨机

离心压榨机是利用离心力对物料进行连续高效压榨的机器。主要适用于榨取优质水果汁和蔬菜汁,如图3-4所示。

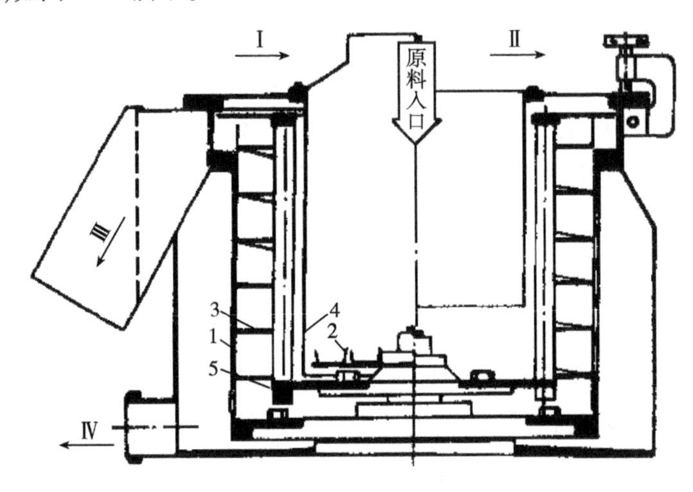

图3-4　离心压榨机

Ⅰ—离心压榨机　Ⅱ—连续脱水机　Ⅲ—固体物出口　Ⅳ—出液口

1、4—过滤网　2—破碎用刀具　3—螺旋　5—筐

离心压榨机主要由高速旋转筐、推料螺旋和机壳等组成。旋转筐内部装有刀具和过滤网等。水果或蔬菜通过料斗连续加入旋转筐内,被刀具破碎或切成薄片,物料在高速旋转的筐内受离心力作用而被甩向筐的周壁而受到挤压,汁液则通过滤网孔隙甩离旋转筐,由下部的出液口引出机器;被截留在转筐内的果皮、籽粒、果浆等固体物,进一步受离心力压榨而继续榨汁,残渣则被推料螺旋缓慢向上推送至转筐上口而甩离转筐,经排渣管卸出机器。推料螺旋与转筐之间,通过差速器使之保持一定的微小转速差,使推料螺旋对转筐作缓慢的相对运动,从而把榨渣卸出转筐。

3.2 打浆机

打浆机是生产果酱罐头的主要设备之一,广泛应用于苹果、梨子、番茄等果蔬类原料的切碎打浆操作中。

3.2.1 打浆机的结构与工作过程

如图3-5所示,转轴由两个轴承支承在机架上。固定在转轴上的螺旋推进器与安装在机架上的桨叶配合对原料破碎。筛筒是用不锈钢板钻孔后卷成圆筒而成。一对打浆刮板由两个夹持器通过螺栓安装在转轴两侧,转轴在传动系统带动下回转时,带动刮板在筛筒内旋转对物料打浆。两个夹持器绕轴相对偏转,可使刮板与轴的轴线保持一定夹角。这个夹角叫导程角,用 α 表示。

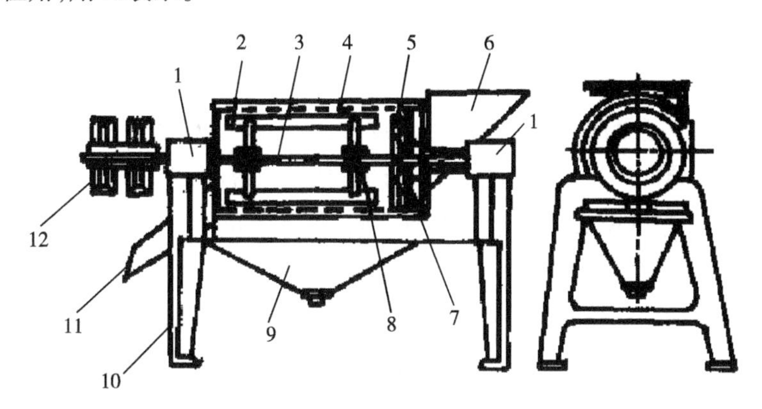

图3-5　打浆机

1—轴承　2—刮板　3—转轴　4—筛筒　5—破碎桨叶　6—进料斗　7—螺旋推进器
8—夹持器　9—收集料斗　10—机架　11—出渣口　12—传动系统

工作时,启动打浆机,刮板和推进器在轴带动下在筛筒内旋转。物料经料斗加入,推进器将其推向破碎桨叶,破碎后推入筛筒的最右端。随后由于刮板的旋转和导程角的作用,使物料既受到离心力的作用,又受到轴向推力的作用,沿筛筒从右向左朝出渣口端移动,这个复合运动的结果,使物料移动的轨迹是一条螺旋线。刮板旋转时使物料获得离心力而抛向筛筒内壁,物料在刮板与筛筒产生相对运动的过程中因受到离心力以及揉搓作用而被擦碎。汁液和已成浆状的肉汁经筛孔流入收集料斗进入下一工序,皮和籽从出渣口排出,达到分离的目的。

3.2.2　打浆机的工作调整和使用注意事项

3.2.2.1　打浆机的工作调整

影响物料打浆效果的因素有:物料本身的性质,轴的转速,筛孔直径,筛孔总面积与筛筒总面积的百分比,导程角 α 和刮板与筛筒的距离 h 等。

物料在筛筒中的转移速度(即打浆时间)与刮板转速和导程角有关。转速快,移动速度快,打浆时间就短;导程角大,移动速度快,打浆时间也短。可见转速与导程角的影响相同。因此,在影响打浆的5个因素中,用户需调整的只有转速和导程角。但转速不能实现任意调整,导程角可在适当范围内任意调整角度,调整也比较方便。而且导程角的变动对物料移动速度比改变转速的影响大得多。所以,通常是采用调整导程角的方法来达到理想的打浆条件。一般地,含汁率较高的物料,导程角 α 和间距 h 应小些。导程角和间距是否合理,可以从排出渣中的含汁率的高低来判断,渣中含汁率高说明导程角和间距过大,则需要重新调整。

3.2.2.2 打浆机的使用注意事项

打浆机的结构简单、紧凑,占地面积小,生产能力大、效率高。打浆机可以单机操作,也可以把2~3台串联起来,安装在同一个机架上,由一台电动机带动,这叫打浆机的联动。打浆机联动时,各台打浆机的筛筒孔眼大小不同,后面的比前面的小一些,从而使生产效率大为提高。

开机前应检查传动部件是否运转灵活,紧固件应无松动,特别是切碎刀、刮板等回转机件应牢靠紧固,并加注适量润滑油。用手转动皮带,要确保回转部件不能与机件相撞,然后空载运转,注意有无异常声音,当确信正常后方能投料。刮板的导程角、转速以及与筛筒的间隙对生产能力和工作效率影响很大。物料不同,各参数也不一样,应仔细调整后方能投产。物料在打浆前应经筛选处理,严防金属、硬杂物及泥土混入,以免污染物料和损坏机件。物料种类不同,筛筒的孔径大小也不同,应根据物料的特点选用不同的筛筒。定期检查切碎刀、刮板的工作情况,如磨损过多则应及时更换。停机前应先停止进料,待运转至物料卸空时方能停机,然后仔细清洗机器。

3.3 离心机

3.3.1 离心分离的概念与应用

利用离心力来达到液态非均相混合物分离的方法通称为离心分离,实现离心分离操作的机械称为离心机。由于离心机可产生很大的离心力,故用来分离用一般方法难于分离的悬浮液或乳浊液。

离心机与其他分离机械相比,不仅能得到含湿量低的固相和高纯度的液相,而且还能节省劳力、减轻劳动强度、改善劳动条件,并具有连续运转、自动遥控、操作安全可靠和占地面积小等优点。近一百多年来已获得很大的发展,各种类型的离心机品种繁多,各有特色,正在向优化技术参数,系列化、自动化方向发展,且组合转鼓结构增多,专用机种越来越多。

离心机特别适用于食品工业中晶体(或颗粒)悬浮液和乳浊液的分离,如食盐的晶盐脱卤,蔗糖的砂糖分蜜,淀粉与蛋白质分离,鱼肉制品、果汁、牛奶等的分离处理,以及啤酒、食用动物油、米糠油、味精等食品的制造。它与过滤、沉降相比具有生产能力大,分离效果好,制品纯度高的特点。如今,离心机已成为各个生产企业广泛应用的一种通用机械。

离心机基本上属于后处理设备,主要用于脱水、浓缩、分离、澄清、净化及固体颗粒分级等工艺过程,它是随着各工业部门的发展而相应发展起来的。离心机的结构、品种及其应用等方面发展很快,但理论研究落后于实践是个长期存在的问题,随着现代科学技术的发展,固液分离技术越来越受到重视,离心分离理论研究相对落后的局面也逐渐扭转。

3.3.2 离心机的原理及分类

3.3.2.1 分离过程

离心机的构造型式很多,但其主要部件为一快速旋转的转鼓。转鼓垂直或水平地安装于轴上,鼓壁上有的有孔,有的无孔。离心分离按操作原理可分为3类不同的过程——离心过滤、离心沉降和离心分离。而与其对应的机型可分为过滤离心机、沉降离心机和离心分离机。

离心过滤过程从广义上可理解为包括加料,过滤,洗涤,甩干和卸渣等五个步骤。如果就狭义上来看,可分为两个物理阶段:生成滤渣和压紧滤渣。前一个阶段与普通过滤基本相似,但其推动力不同;而后一个阶段与普通过滤的规律则完全不同。具体来说离心过滤即在离心转鼓鼓壁上开孔构成过滤式转鼓,转鼓壁上覆以滤布或其他介质,当转鼓以每分钟1000转以上高速旋转时,鼓内料液被离心力甩向转鼓周壁由滤孔迅速泄出,固体颗粒则留于滤布上形成滤饼,完成固体与液体的分离。

离心沉降过程也可分为两个物理阶段:固体颗粒的沉降和形成密集的沉渣层。前者遵从固体在流体中相对运动的规律,而后者则遵从土壤力学的基本规律。离心沉降即在离心转鼓鼓壁上无孔,形成沉降式转鼓,旋转时悬浮液受离心力作用即按密度大小而分层,密度最大粒度最粗的固体颗粒附于鼓壁,沉降形成沉渣。密度最小最细者集于中央。

所谓离心分离即鼓壁无孔而转速更高,且物料为乳浊液,在离心力作用下液体按轻重不同而分为两层。比重大的液体首先沉降紧贴在转鼓外层,比重小的液体则在里层,在不同部位分别将其引出转鼓,从而达到液液分离的目的。当乳浊液中含有少量固体颗粒时,则能进行液—液—固三相分离。专门称乳浊液的分离为离心分离。

3.3.2.2　分离因数

设质量为 m 的颗粒在半径为 r 处以速度 ω 转动,所受到的离心力为 $mr\omega^2$,而其所受到的重力为 mg。则离心力与重力之比为:

$$a' = \frac{r\omega^2}{g}$$

a'是离心机内半径为 r 处的分离能力,其值越大,其分离能力越强。如果以转鼓半径 R 代替 r,则此比值可作为衡量离心机的分离能力的尺度,称为离心机的分离因数。即:

$$a' = \frac{R\omega^2}{g}$$

增大转鼓半径,增加转速都可以提高离心机的分离因数,改善分离效果,但由于受设备强度的限制,两者的增加量。

3.3.2.3　离心机种类

离心机品种规格繁多,离心机的分类方法很多,可按分离原理,操作目的,操作方法,结构型式,分离因数,卸料方式等分类。

(1)按离心分离因数大小:

①常速离心机:$a<3500$,主要用于分离颗粒不大的悬浮液和物料的脱水。

②高速离心机:$3500<a<5000$,主要用于分离乳状和细粒悬浮液。

③超高速离心机:$a>5000$,主要用于分离极不易分离的超微细粒的悬浮系统和高分子的胶体悬浮液。

(2)按操作原理:

①过滤式离心机:转鼓壁上有孔,借助离心力实现过滤分离的离心机。主要类型有三足式离心机,上悬式离心机,卧式刮刀离心机,活塞推料离心机等,由于转速一般在1000～1500rpm范围内,分离因数不大,只适用于易过滤的晶体悬浮液和较大颗粒悬浮液的分离以及物料的脱水。

②沉降式离心机;鼓壁上有孔,借离心力实现沉降分离的离心机。有螺旋卸料沉降式离心机,机械卸料沉降离心机,水力旋流卸料沉降离心机等,用以分离不易过滤的悬浮液。

③分离式离心机:鼓壁上无孔,具有极大转速,一般4000rpm以上,分离因数在3000以上,主要用于乳浊液的分离和悬浮液的增浓或澄清。

(3)按操作方式:

①间歇式离心机;卸料时,必须停车或减速,然后采用人工或机械方法卸出物料。如三足式、上悬式离心机等。其特点是:可根据需要延长或缩短过滤时间,满足物料终湿度的要求。

②连续式离心机:整个操作工序均连续进行。如螺旋卸料沉降离心机、活塞推料离心机、离心卸料离心机等。

(4)按转鼓主轴位置:

①卧式离心机;

②立式离心机。

(5)按卸料方式:

①人工卸料离心机;

②重力卸料离心机;

③刮刀卸料离心机;

④活塞推料离心机;

⑤螺旋卸料离心机;

⑥离心卸料离心机;

⑦ 振动卸料离心机;

⑧进动卸料离心机。

3.3.3 连续式离心机

连续式离心机有活塞推料离心机、螺旋卸料离心机、离心卸料离心机、振动卸料离心机、进动卸料离心机等。其工作特点是加料、分离、洗涤、脱水、卸料等各道工序都在相同时间内在转鼓的不同位置上完成。与间歇式离心机相比,一般其生产能力大、操作维修简单,但对物料的适应性较差。

3.3.3.1 活塞推料离心机

图3-6为卧式活塞推料离心机,它是一种过滤式离心机。在全速运转的情况下,各道工序中除卸料为脉动外,加料、分离、洗涤等操作都是连续的,滤渣由一个往复运动的活塞

推送器脉动地报送出来。其特点是：操作自动连续进行，固体颗粒破碎较少，功率消耗均匀。

活塞推料离心机主要由转鼓、推料机构、机壳、机座等部分组成。悬浮液不断由加料管送入，沿与转鼓一起转动的锥形布料斗的内壁均匀地撒到转鼓周壁，液体穿过滤饼层、筛网、转鼓周壁上的许多小孔甩离转鼓汇入机壳，经排液管流走。积于筛网上的滤渣形成滤饼后则被往复运动的活塞推送器沿转鼓内壁面推出，落进前机壳，由下口排料。滤饼层厚度可通过更换布料斗大口处直径不同的调节环控制，滤饼被推至出口途中，可用由冲洗管出来的水进行喷洗。洗水则由另一出口排出。

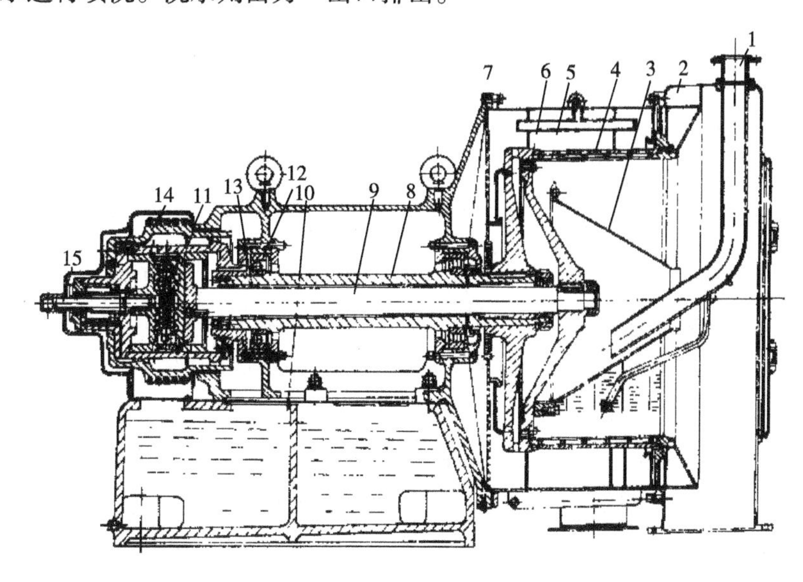

图3－6　卧式活塞推料离心机

1—加料管　2—前机壳（固体出料口）3—布料斗　4—转鼓　5—条状组合筛网　6—推料盘　7—轴承箱　8—主轴　9—推杆　10—油箱　11—油缸活塞　12—转鼓轴轴承　13—推杆支撑钢套　14—三角带轮　15—压力油进口管

此种离心机主要优点是颗粒破碎程度小，控制系统较简单，功率消耗也较均匀。缺点是：

①对悬浮液的固相浓度相当敏感，适应性较差。若料浆含固量太少时，则转鼓内来不及形成均匀的滤饼，料液则直接流出转鼓，并可冲走先已形成的滤饼；若料浆含固量过多，则流动性差，滤渣不能均匀分布，引起转鼓发生不应有的强烈振动。故悬浮液最好事先经过一个预处理装置，调整料液的固相浓度，使离心机能充分发挥性能，提高物料分离的质量和数量；

②条网缝隙较大，固体颗料易被活塞挤出网孔，造成固料漏损和滤液混浊；

③转鼓转速提高受到限制，转速高时物料紧贴筛网，推料的摩擦阻力过大，活塞推不动，或滤饼层拱起不能维持正常的卸料。

此种离心机主要适用于分离中、粗颗粒，需要洗涤的固相浓度适中，并能很快脱水和失去流动性的悬浮液。不宜用于分离胶状物料，无定形物料，以及具有较高摩擦系数的物料。

活塞推料离心机除单级外，还有双级、四级等型式，其目的可改善工作状况、提高转速及分离较难处理的物料。该种离心机的发展趋势是增设如颈处理器等附属设置，以扩大机器使用范围，发展大直径转鼓和双转鼓，提高生产能力和减少物料的单位动力消耗。

3.3.3.2 螺旋卸料离心机

螺旋卸料离心机操作过程自动连续，分离性能好，适应性强，操作维修费用低，劳动强度小，占地面积小，适合现代化大型生产的要求。在食品工业中，这类离心机主要用于回收动植物蛋白，分离可可、咖啡、茶等滤浆及鱼油去杂和鱼肉萃取等。

螺旋卸料离心机有沉降和过滤两种型式，其中以沉降式用得较多。转鼓可以是锥筒形或锥筒、圆筒组合形，根据转鼓轴线的方向又可分为立式和卧式，但绝大部分为卧式结构。

如图3－7所示为卧式螺旋卸料沉降离心机。其主要由转鼓、螺旋、变速器、传动装置和过载保护装置等组成。悬浮液经加料管进入螺旋内筒后，再经内筒的加料孔进入转鼓，沉降到鼓壁的沉渣由螺旋输送至转鼓小端排渣孔排出。螺旋与转鼓同向回转。但必须保证具有一定的转速差，若一旦发生同步旋转，则离心机立即不能卸料，只能停止工作，分离液经大端的送流孔排出。由于螺旋与转鼓之间须推动滤渣，存在大的扭转，又要保持合理的转速差，故必须由专门的变速器来保证。螺旋卸料离心机常用周转轮系变速机构，如摆线针轮行星变速器或渐开线行星齿轮变速器。为保护变速器与螺旋免受滤渣的堵塞，避免金属杂物落入转鼓内，卡住螺旋等可能出现的超载破坏，需在螺旋卸料离心机上设过载保护装置。

它也可以用于处理液—液—固三相混合物，密度不同的两种液体混合物分离成轻、重液体层，经大端的轻、重液溢流口分别排出。其最大分离因数可达6000，转鼓与螺旋的转速差一般为转鼓转速的0.5%～4%。这类沉降离心机的分离性能较好，适应性较强，对进料浓度的变化不敏感，操作温度可以从－100～300℃，操作压力一般为常压，密闭型可以从真空到$10kgf/cm^2$（$1kgf/cm^2 \approx 981.kg$），每小时可处理悬浮液0.4～$60m^3$。适于处理颗粒尺寸$2\mu m$～5mm，固相浓度1%～50%，固相密度差大于0.05g/cm^3的悬浮液。

此类沉降离心机除可用于分离外，还可用于分级。其特点还在于滤渣被螺旋输送离开液面后，在排出转鼓之前，经过一段脱水区域进一步脱水，故滤渣含湿量较其他类型沉降离心机所得到滤渣含湿量低，且滤渣含湿量在进料流量变化的情况下（在一定范围内）可保持不变。说明螺旋沉降离心机性能适应性较强。

螺旋卸料离心机的主要优点是：能自动、连续操作、无滤网和滤布，能长期运转，维修方便；应用范围广，能进行固相脱水，液相澄清，分离固相重度比液相轻的悬浮液、液—液—固分离，粒度分级等；对物料的适应性较强；结构紧凑、易于密封，某些机型能在加压和低温条件下操作，单机生产能力大，分离质量比较高，操作费用低、占地面积小等。

其主要缺点是:滤渣的含湿量一般比过滤离心机稍高,大致与真空过滤机相等;滤渣的洗涤效果不好;结构较复杂,成本较高。

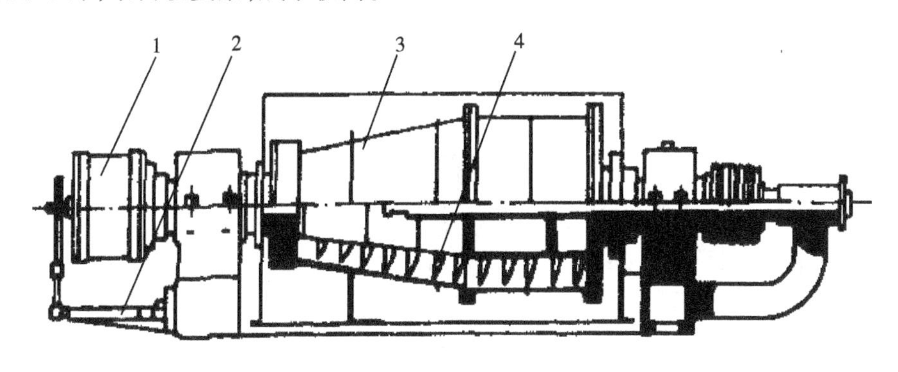

图 3 - 7　卧式螺旋卸料离心机

1—行星变速器　2—过载保护装置　3—转鼓　4—螺旋

3.3.3.3　离心力卸料离心机

离心力卸料离心机又称为惯性卸料离心机或锥篮离心机。它是一种无机械卸料装置的自动连续卸料离心机,滤渣在锥形的转鼓中依靠自身所受的离心力,克服与筛网的摩擦力,沿筛网表面向转鼓大端移动,最后自行排出。

离心力卸料离心机于 1956 年才正式用于制糖工业,关键原因在于此前未能制成其所需要的筛网。离心力卸料离心机按结构形式可分为立式和卧式两种,图 3 - 8 为立式离心力卸料离心机的结构图。转鼓是一个无孔的锥形壳体,里面依次装设花篮、筛网,花篮与转鼓壁之间留有较大的环形间隙,作为滤液的通道。操作过程中物料由进料管加入,经布料器加速后,均匀分布在下端筛管上,在离心力作用下,液体经筛网、花篮进入环行通道,并沿鼓壁向上流动,到达转鼓顶端时,经溢流孔排入内机壳,最终经排液孔排出。滤渣在离心力作用下沿筛网向上移动,随着物料的向上移动,分离因数不断增大,物料将被进一步干燥,最后由转鼓顶端排入外机壳。

锥形转鼓的锥角对该离心机的性能影响很大,锥角增大则生产能力增加,但滤渣含湿量也增高。锥形过大,滤渣太湿,无法满足生产要求;锥形减小,物料在转鼓中的停留时间延长,滤渣干燥程度提高,但生产能力降低。锥形过小,物料停滞在转鼓上,不能自动卸料。故必须根据不同的分离物料和要求,正确选择合适的转鼓锥角。

锥篮离心机是可移动床的自动连续离心机中结构最简单的一种,其厚度很薄的滤渣层,沿筛网表面自行向转鼓大端移动。由于利用薄层过滤原理,锥篮离心机的脱水效率很高,物料能在较短的停留时间内获得含湿量较低的滤饼。其主要优点是:结构简单,效率高,生产量高、制造、运转及维修费用较低等。其缺点是:对物料的性质和溶液浓度的变化非常敏感,适应性差,物料停留时间不易控制,从而限制了它的应用。

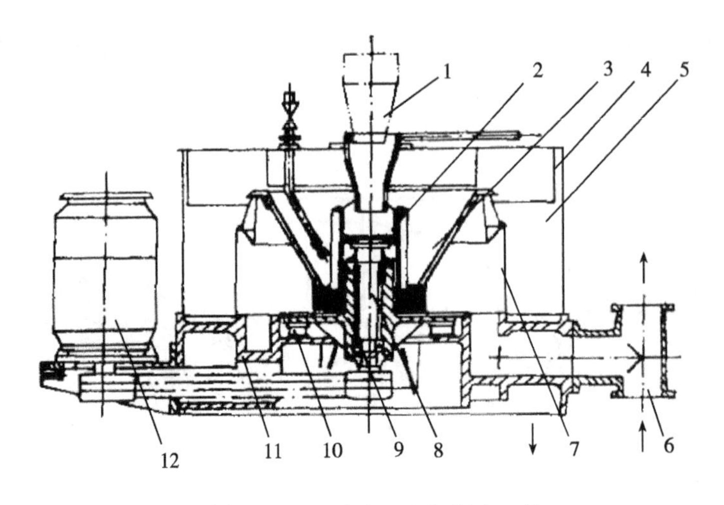

图 3-8 立式离心力卸料离心机

1—加料系统 2—分配器 3—转鼓 4—橡皮群 5—外机壳 6—排液管 7—内机壳 8—主轴 9—轴承座 10—减振垫 11—机座 12—电动机

3.3.3.4 振动卸料离心机

振动卸料离心机是指附加了轴向振动或周向振动的离心力卸料离心机，前者称为轴向振动卸料离心机，后者称为扭转振动卸料离心机。振动卸料离心机是一种过滤式离心机，它具有离心卸料离心机的优点并有所改进。

振动卸料离心机有卧式和立式两种，卧式的更为常用。如图 3-9 为卧式振动卸料离心机，振动是通过机械偏心装置或电磁装置产生，振动频率在 2000 次/分以下，振幅为 4～6mm 左右。调整振动频率与振幅可以改变物料所受到的往复和回转惯性力。操作时，物料由进料管加入，经旋转的布料斗后被抛在转鼓小端的筛网上，在离心力的作用下，液体通过筛网内排液口排出。其固体颗粒在离心力和振动力的联合作用下，当两者之合力产生的沿转鼓指向大端方向的总推力大于物料与滤网的摩擦力时，物料即沿筛网表面向转鼓大端方向移动，最后离开转鼓由出料口排出。

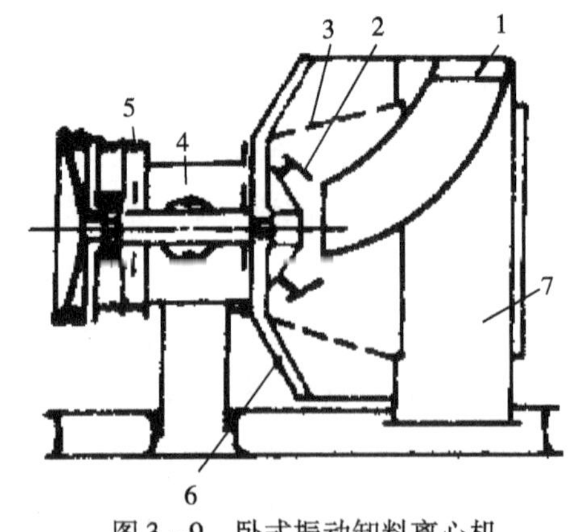

图 3-9 卧式振动卸料离心机

1—加料管 2—布料斗 3—锥形转鼓 4—激振器 5—振动构件 6—左机壳 7—右机壳

振动卸料离心机具有脱水效率高、晶体破坏小等优点，其生产能力介于活塞推料离心机和螺旋卸料离心机之间，主要用于粗盐、钾盐、煤粉、矿砂等离心脱水。其结构简单，自动化程度较高。它一般采用低能高频的电磁激振装置，使转鼓产生周向振动，并利用半导体逻辑线路，可控硅桥路及监听装置等控制系统，自动调节激振频率和振幅，从而控制物料在转鼓中的停留时间和产品含湿量。

3.3.3.5　进动卸料离心机

进动卸料离心机又称颠动离心机或摆动离心机，是利用进动原理设计的一种新型、自动、连续的过滤式离心机。它能在低的分离因数下，利用进动运动原理达到自动惯性卸料和强化固液分离过程。它的生产能力大，结构简单，运动平稳，物料磨损少，操作维修方便，动力消耗少，是一种有发展前途的离心机。

进动离心机与所有其他离心机不同，其离心转鼓作定点运动，而不是作定轴运动，其运动形式似儿童玩具陀螺。如图3－10所示为卧式进动卸料离心机的结构图。其截锥形离心转鼓绕倾斜的转鼓轴线作自转运动，同时又绕水平的机器轴线作进动运动。转鼓在此复合运动中，两轴线之交点O的位置始终不变，故又称定点运动。离心转鼓一边转动一边摇头晃动，利用进动惯性力推动和控制滤饼由锥鼓大端自动卸料，并不断破坏滤饼层的毛细管通道，大大强化了固液分离过程。

转鼓的运动分别由两组三角胶带传动实现，电机动力由三角胶带传到左带轮，经实心轴、万向节、转鼓轴，使转鼓以转速 n_1 自转。另一组三角胶带将动力传至右带轮，经空心轴，进动头使转鼓以转速 n_2 公转(进动)。截锥形转鼓的半锥角 β 必须设计成小于滤饼在筛网上的滑动角。转动轴与水平轴之间的夹角称为方位角 α。由于存在进动运动，锥鼓的每一条母线，在某瞬时与水平轴线之间的倾斜角度，在最大值 $\alpha+\beta$ 和最小值 $\alpha-\beta$ 之间变动，通常滤饼在倾斜角度大的地方沿母线滑向锥鼓的大端卸料，该区间称作卸料区。而在倾斜角度小的地方，滤饼停滞在筛网上而进一步脱水，该区间称作脱水区。滤饼不是在锥鼓大端四周同时卸料，而是在一定角度范围内卸料。由于自转和进动之间存在转速差，这样就使物料轮流地在四周卸料。进动离心机的重要参数 α、β、n_1、n_2 都可改变，用来调节物料在筛网上停留时间和适应分离各种不同物料。

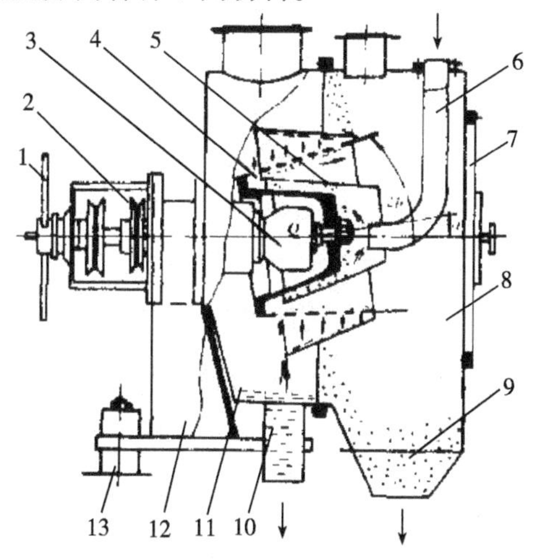

图3－10　卧式进动卸料离心机

1—调角手柄　2—带轮　3—进动头　4—转鼓　5—加速器　6—进料管　7—门盖
8—前机壳　9—卸料斗　10—滤液口　11—后机壳　12—机座　13—减振垫

工作过程是:悬浮液由进料管引入加速器,经加速后均布在转鼓上,滤饼经转鼓内表面上的筛网孔和鼓壁之小孔甩离转鼓,由后机壳汇集经滤液管引出机器。滤饼被截留在筛网表面,由进动惯性推动滑向转鼓大口,进而由大口甩离转鼓,掉入前机壳,经卸料斗出料。

进动卸料离心机适用于分离量大,固相浓度大,固体颗粒在 0.05 ~ 20mm 之间的悬浮液。但不宜用于要求对滤饼需作长时间洗涤的物料。

3.3.4 间歇式离心机

间歇式离心机有三足式离心机、上悬式离心机、刮刀卸料离心机等。其工作特点是加料、分离、洗涤、脱水、卸料、洗网等各道工序都在不同时间内,在转鼓内周期性地间歇进行。与连续式离心机相比,其生产能力小,操作维修量大,但对物料的适应性强。

3.3.4.1 三足式离心机

三足式离心机是世界上最早出现的离心机种,目前仍是国内外应用范围最广、制造数目最多的一种间歇操作、人工卸料的立式离心机。它具有结构简单,适应性强,操作方便,制造容易,运转平稳,滤渣颗粒不易受损伤等特点。三足式离心机有过滤式和沉降式两种,其卸料方式又有上部卸料与下部卸料之分。

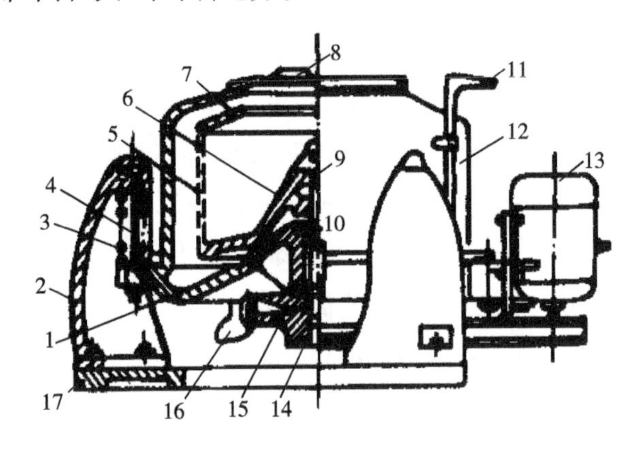

图 3-11 三足式离心机

1—底盘 2—支柱 3—缓冲弹簧 4—摆杆 5—转鼓体 6—转鼓底 7—拦液板 8—机盖 9—主轴 10—轴承座 11—制动器把手 12—外壳 13—电动机 14—三角带轮 15—制动轮 16—滤液出口 17—机座

三足式离心机的结构如图 3-11 所示,转鼓体、主轴、轴承座、外壳、电机、三角带轮等离心机零件几乎全部装在底盘上,然后退过三根摆杆悬吊在三条支柱上,故而因此得到三足式之名。

操作时,料液从机器顶部加入,经布料器在转鼓内均布。滤液受离心力作用穿过过滤介质,从鼓壁外收集。而固体颗粒则积留在滤布上,逐渐形成一定厚度的滤饼层。卸料时需停机,靠人工除去滤饼及更换滤布,机器运转及分离过程均为间歇式。

一个典型的操作循环可以包括以下几个阶段:①起动加速至加料转速;②在加料转速下加料;③停止加料后,继续加速至规定的最高转速进行分离;④加洗液洗涤滤饼;⑤脱液干燥；⑤制动转入低速；⑥在低速下用刮刀机构排除滤饼。

其主要优点：①对物料的适应性强；②人工卸料式的结构简单，制造、安装、维修方便，成本低，操作容易，停机或低速下卸料，易于保持产品的晶粒形状；③弹性悬挂支承结构，能减少振动，机器运转平稳；④整个高速回转机构集中在一个可以封闭的天体中，易于实现密封防爆。

其缺点有：间歇式分离，周期循环操作，进料阶段需启动，增速、卸料则需减速或停机；生产能力低，人工上部卸料机型劳动强度大；操作条件差，故只适用于小型的生产。

3.3.4.2　上悬式离心机

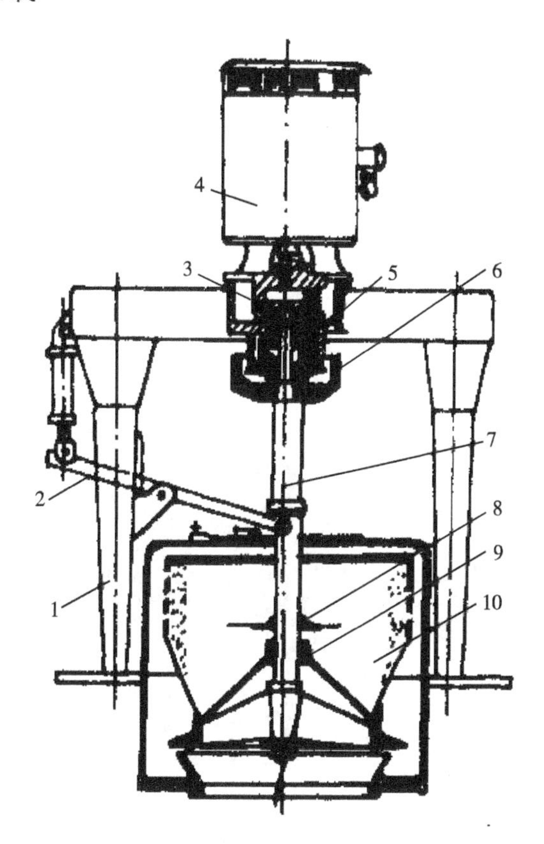

图 3－12　上悬式离心机

1—机架　2—喇叭罩提升装置　3—联轴器　4—电动机　5—轴承室
6—刹车轮　7—主轴　8—布料盘　9—喇叭罩　10—转鼓

上悬式离心机是继三足式离心机以后出现的一种间歇式离心机。有过滤式和沉降式两种，其中过滤式应用较广。图 3－12 为其结构图。上悬式离心机的结构特点是其转鼓固定在较长的柔性轴下端，而轴的上端则借助轴承而悬挂在铰接支承中。铰接支承内装有弹性材料制成的缓冲环，用于限制主轴的径向位移，以减弱转子不平衡时轴承承受的动载荷。这种支承方式使支承点远高于转子的质量中心，从而保证运行时的稳定性，并能使转子自动调心。这样的支承与传动装置也不致被滤液或滤渣所污染。

上悬式离心机每一工作循环包括加料、分离、洗涤、再分离、卸料、滤网再生等工序。根据其结构特点，加料及卸料均在低回转速度下进行。故离心机运行时，转鼓回转速度连续作周期性变化，即低速加料后，加速至全速进行分离；分离结束后利用电力再生制动和机械制动，至低速下进行卸料，如此周期性地循环工作。上悬式离心机采用下部卸料，卸料方式有重力卸料和机械卸料两种。目前多采用机械刮刀卸料。为了减轻劳动强度，提高生产能力，改善生产现场卫生条件，近年来均采用多速电动机或直流电动机驱动和时间自动控制的全自动或半自动上悬式离心机。

3.3.4.3 卧式刮刀卸料离心机

前述间歇式操作的三足式、上悬式离心机，一般都采用低速进料，高速分离，慢速卸料，各种工序分别在不同转速下进行。

卧式刮刀卸料离心机虽也是间歇式操作的离心机，但是在转鼓全速运转的情况下也能够自动地依次进行加料、分离、洗涤、甩干、卸料、洗网等工序的循环操作，且每一工序的操作时间可按预定要求实行自动控制。其特点是操作周期短，生产能力大；但固体颗粒破碎严重，刮刀磨损快，机器震动较大。

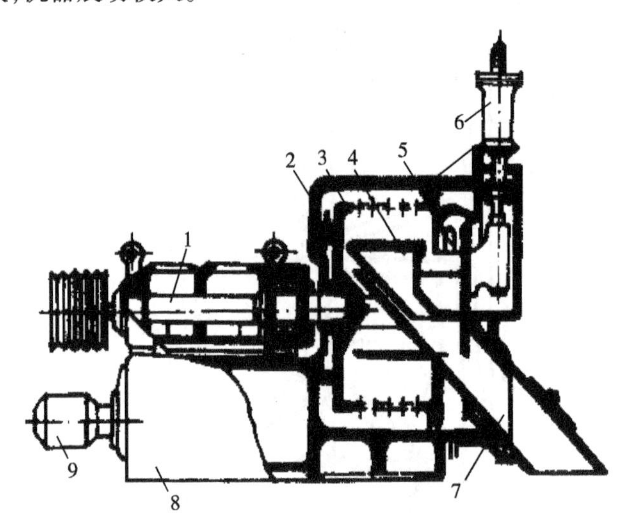

图 3－13　卧式刮刀卸料离心机

1—主轴　2—外壳　3—转鼓　4—刮刀机构　5　加料管　6　提刀油缸

7—卸料斜槽　8—机座　9—油泵电机

图 3－13 为卧式刮刀卸料离心机的结构及操作示意图。操作时，进料阀门自动定时开用，悬浮液进入全速运转的鼓内，液相经滤网及鼓壁小孔被甩到鼓外，再经机壳的排液口流出，停留在鼓内的固相被耙齿均匀分布在滤网上，当滤饼达到指定厚度时，进料阀门自动关闭，停止进料，随后冲洗阀门自动开启，洗水喷洒在滤饼上，再经甩干一定时间后，刮刀自动上升，滤饼被刮下并经倾斜的溜槽排出。刮刀升至极限位置后自动退下，同时冲洗阀门又开启，对滤网进行冲洗，即完成一个操作循环，重新开始进料。

此种离心机可人工操纵，但大部分已实现自动控制。刮刀卸料离心机有过滤式和沉降式，其生产能力大，洗涤功能强，物料适应性好，适宜于大规模连续生产，分离含不怕破碎的中、细固相颗粒的悬浮液，也可用来处理含短纤维的悬浮液。在食品工业中，刮刀卸料机应用较广，如盐化、淀粉和葡萄糖生产等。由于用刮刀卸料，使颗粒破碎严重，对于必须保持晶粒完整的物料不宜采用。

3.3.5　离心分离机

当需要对含有细小颗粒的悬浮液、乳浊液或含有少量固相的乳浊液进行固—液，液—液两相或液—液—固三相离心分离时，由于各相组成相近且粒度小，沉降速度很低，以上所介绍的离心机的分离因数低，达不到分离的要求。为此人们设计制造出了具有高分离因数专门用来分离乳浊液的离心分离机。

提高分离因数最有效的办法是加大转鼓的转速，而考虑到转鼓强度的限制，分离机通常都采用转速高、直径小的转鼓。但由于转鼓直径小影响生产能力以及物料在转鼓内的停留时间，在短时间内排出转鼓仍可能带出大量细粒。

因此，为防止此种情况离心分离机在结构上采取了一些措施：

①大大加长转鼓；

②料液依次经过若干个同心安置的转鼓；

③将料层厚度减至最小，使沉降时间最短，从而依次构成了管式、室式和碟式分离机。管式和碟式分离机用于分离乳浊液和悬浮液，室式分离机仅用于悬浮液的分离。

3.3.5.1　管式离心机

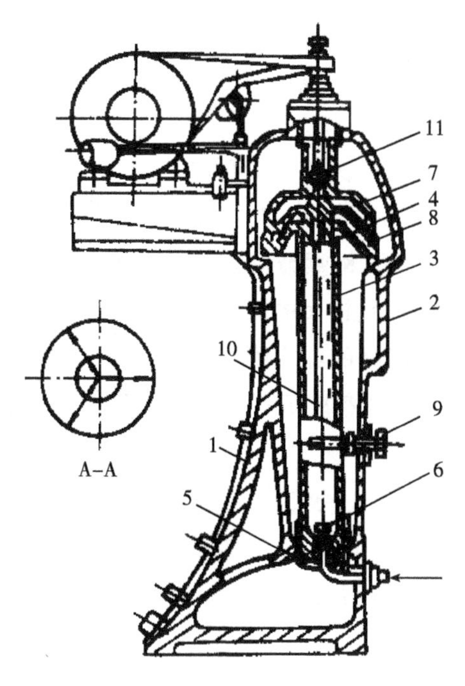

图 3－14　管式分离机

1—机座　2—外壳　3—转鼓　4—上盖　5—底盘　6—进料分布盘

7、8—轻、重液收集器　9—制动器　10—桨叶　11—锁紧螺母

这种分离机的转鼓直径较小而长度较长，形状如管，故称管式分离机，转鼓的转速高，用于处理难于分离的悬浮液，乳浊液或液—液—固三相混合物。图3－14所示为管式分离机的结构图。转鼓上悬支撑、上部转动、是挠性轴结构，转鼓重心远低于轴的支点，运转时能自动定心，工作平稳，乳浊液或悬浮液自转鼓下端加入，被转鼓内纵向筋板带动与转鼓同速旋转，乳浊液被分离为轻、重液层，重液层在外，轻液层在内，分别自转鼓顶端的轻、重液溢流口排出。分离悬浮液或含固体颗粒的乳浊液时，固体颗粒沉降到鼓壁上形成滤渣。运转一段时间后，转鼓内聚集的滤渣增多，减少了转鼓有效容积，液体轴向流速增大，分离液澄清度下降，需停机清除转鼓内的滤渣。转鼓直径一般为40～150mm，长度与直径之比为4～8。管式分离机的分离因数可达15000～65000，是沉降离心机中分离因数最高的，因此其分离效果最好。适于处理固体颗粒直径0.1～100μm，固、液相密度差大于0.01g/cm^3、固相浓度小于1%的难分离的悬浮液和乳浊液，每小时处理能力为0.1～4m^3。常用于动物油、植物油和鱼油的脱水，用于果汁，苹果浆，糖浆的澄清。

其主要优点是：分离强度高，离心力为普通离心机的8～24倍；紧凑和密封性能好。

其缺点是：容量小；分离能力较室式分离机低；处理悬浮液时系间歇动作。

其技术发展趋势是研究和发展自动清理沉渣的转鼓，实现操作自动化，给机器增加密闭、防爆、耐蚀性能和提高转鼓强度；扩大应用范围，提高单机生产能力等。

3.3.5.2 室式分离机

室式分离机是由管式分离机发展而来的，室式分离机可分为单室式和多室式分离机。后者应用较多，其转鼓可视为一个或若干同心圆筒组成的一个或若干个同心环隙状的分离室，以增加沉降面积，延长物料在转鼓内停留的时间。室式分离机的转鼓结构，如图3－15所示。

其工作原理是：被分离的悬浮液从转鼓中心加入，依次流经各小室，最后液相到达外层小室，沿转鼓内壁向上由转鼓顶部引出。而固相颗粒则依次向各同心小室的内壁沉降下来，颗粒较大的固相在内层小室即已沉降下来，而较难沉降的细小颗粒则到外层小室去进一步沉降，沉渣需停机拆开转鼓取出。

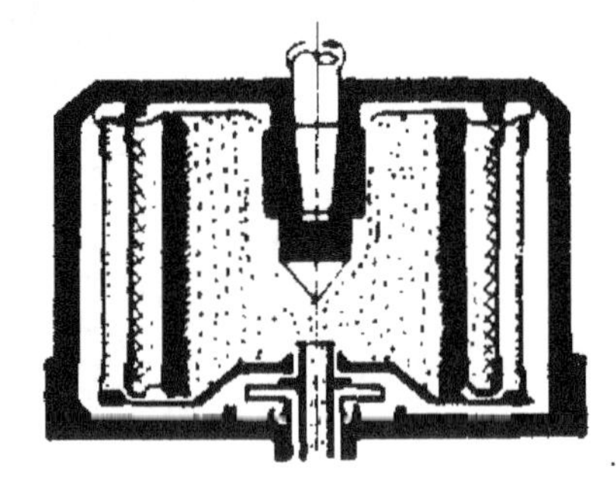

图3－15 室式分离机

室式分离机的特点是：其转鼓直径较管式大，沉降面积较大，沉降距离小，生产能力高，澄清效果尤其好。室式分离机主要用作悬浮液澄清，如酒类、果汁，经过其澄清后可得到澄清度很高的产品。

3.3.5.3 碟式分离机

碟式分离机是由室式分离机进一步发展而来的，其结构特点是在室式分离机的转鼓内装有许多互相保持一定间距的锥形碟片，使液体在碟片间形成薄层流动而进行分离，减少液体扰动,减少沉降距离,增加沉降面积,从而大大增加了分离效率和生产能力。其主要用于乳浊液的分离和含有少量固相的悬浮液的澄清。同样,在分离乳浊液时,往往也包含着液—液—固三相分离。故碟式分离机按工艺操作原理来分,有离心澄清型和离心分离型两大类,前者用于同固体颗粒为0.5~500μm悬浮液的固液分离;后者用于两不相溶液体所组成的乳浊液的分离,无论是澄清还是分离操作,都有排渣要求。

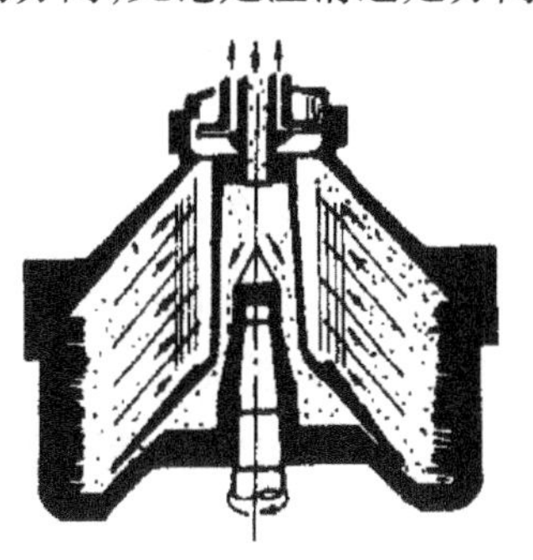

图3-16 澄清用碟式分离机

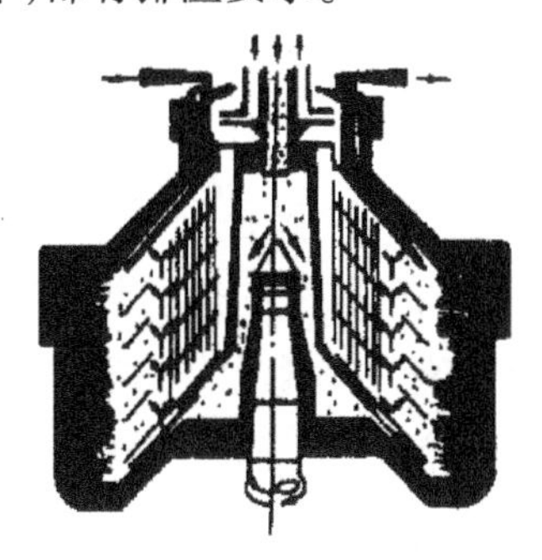

图3-17 分离用碟式分离机

两种用于分离和澄清目的的不同工艺用途的转鼓在结构上的区别在于碟片和出液口。澄清用转鼓如图3-16所示,其碟片不开孔,出液口只有一个,工作时悬浮液从中心管加入,经碟片底架引到转鼓下方位置,密度大的固体颗粒沿着碟片下表面沉积到转鼓内壁,被定期停机取出。而澄清液则沿碟片表面向中间流动,由转鼓上部的出液口排出,分离用转鼓如图3-17所示,工作时物料从中心管加入,由底架分配到碟片层的“中性孔”位置,分别进入各碟片间,由于碟片间隙很小,形成薄层分离。密度小的轻液沿碟片上表面向中间流动,由轻液口排出。重液则沿碟片下表面流向转鼓的外层,经重液口排出。而当乳浊液含有少量固相时,它们则会沉积于转鼓内壁上,需定期排渣。

碟式分离机的分离因数较高,达3000~10000,且碟片数多,碟片间隙小,增大了沉降面积,缩短了沉降时间,故分离效率较高,碟片数一般为50~180片,视机型大小而定;碟片间隙常为0.5~1.5mm,视处理物料性质而定;碟片母线与轴心终的夹角,即锥形碟片的半锥顶角一般为30°~45°,此角度应大于固体颗粒与碟片表面的摩擦角。

碟式分离机的分类;按按进料和排液方式分为敞开式、半密封式和密封式。按排料方式分为人工排渣型、喷嘴排渣型和环阀(活塞)排渣型。

碟式分离机虽然有各种不同型式,其主要区别在于转鼓的具体结构有些差异,但从整体结构和布置来看,基本上都是大同小异。

碟式分离机的优点是:生产能力大,能自动连续操作,并可制成密闭、防爆型式,故其应用较广泛。如牛奶、啤酒、饮料、酵母、桔油、油脂、淀粉分离机。

其发展趋势是进一步改善自动化控制系统,研制转鼓材料,提高转鼓的强度,研究转鼓内的流体动力状态,改善转鼓结构,进一步提高分离效果和生产能力。

3.4 萃取机械

3.4.1 萃取原理

根据不同物质在同一溶剂中溶解度的差别,使混合物中各组分得到部分的或全部分离的分离过程,称为萃取。在混合物中被萃取的物质称为溶质,其余部分则为萃余物,而加入的第三组分称为溶剂或萃取剂(可以是某一种溶剂,也可以由某些溶剂混合而成)。

3.4.1.1 萃取过程

萃取过程中溶质从一相转移到另一相中去,所以萃取也是传质的过程。相间物质的传递是由扩散作用引起的,扩散的速度与温度、被萃取的组分的理化性质以及在两相中的溶解度差有关。一个完整的萃取操作过程如图 3－18 所示。步骤如下:

①原料液 F 与溶剂 S 充分混合接触,使一相扩散于另一相中,以利于两相间传质。

②萃取相 E 和萃余相 R 进行澄清分离。

③从两相分别回收溶剂得到产品,回收的萃取剂可循环使用。萃取相 E 除去溶剂后的产物称为萃取物 E′,萃余相除去溶剂后的产物称为萃余物 R′。萃取比蒸发、蒸馏过程复杂,设备费用及操作费用亦较高,但在某些情况下,采用萃取方法较合理、经济。

混合物料为液体的萃取称为液—液萃取,所用溶剂与被处理的溶液必须不互溶或很少互溶,而对处理溶液中的溶质具有选择性的溶解能力。例如,可以用溶剂从色素和水的混合物中提取色素。

混合物料为固体的萃取称为液—固萃取(也称为浸出、提取或浸沥,当溶剂为水,被分离的溶质为人们不希望要的组分时,则可称为洗涤),为了增加接触面积,一般需将固体粉碎。香料制作中就是利用香草为原料,经过浸取过样分离出有用成分。

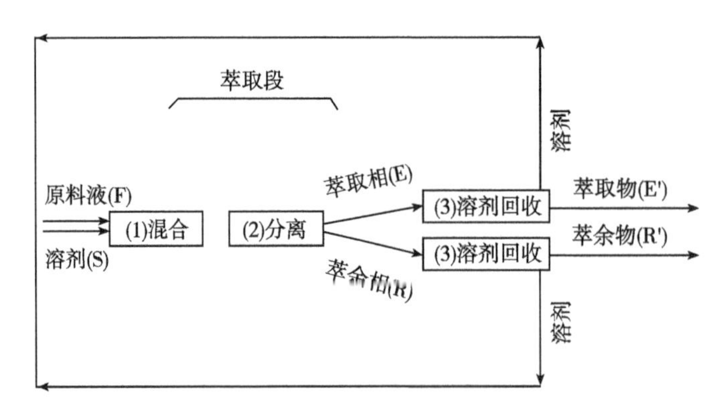

图 3－18　萃取过程

3.4.1.2 萃取工艺分类

工业上采用的萃取工艺有多种,最常用的方法有四种:错流萃取法、逆流萃取法、双溶剂萃取法和回流萃取法。

(1)错流萃取法　把溶剂加入到被萃取的混合液中,然后使被萃取物在萃取相和萃余相之间达到溶解平衡，并且使两相分层澄清后，把形成的萃取相分出。萃余相再次用溶剂处理，重复多次。每次以溶剂处理的一个步骤称为一个萃取级。工业上和实验室均常采用这种方法，该法操作容易、设备简单，但只能从二元混合物中分离一种纯粹的组分，分得的物质的纯度要求愈高，得率愈低，所用的溶剂量愈大。

(2)逆流萃取法　溶剂与被萃取的混合液具有一定的密度差，重相从萃取塔的顶部进入塔内，轻相从萃取塔的底部压入塔内，两相在塔内由于密度的差异，在重力的影响下形成两种流动方向相反的料液流和溶剂流，两相在萃取塔内充分接触，轻液相从塔顶流出，重液相从塔底流出，从而达到两相间传质萃取的目的。该法萃取效率高，溶剂用量少，但设备结构复杂，一次性投资大，不易操作。

(3)双溶剂萃取法　是采用两种互溶度很小的溶剂(在实际生产中常选用极性相差很大的两种溶剂，作为萃取剂，一次性从被萃取液中萃取分离出两种(或两组)物质的一种萃取方法。在萃取过程中，两种溶剂通常分别从塔的顶部和底部进入塔内，以逆流的方式通过整个萃取系统。

(4)回流萃取法　为除去萃取相中的组分 *B*，用另一股含 *A* 较多而含 *B* 较少的萃取相液流与其作逆流萃取。在一般的多级逆流萃取过程中，虽可使最终萃余相中的被分离组分 *A* 的浓度降至很低，但最终萃取相中仍含有一定量的组分 *B*。为了实现 *A*、*B* 两组分的高纯度分离，可采用精馏中所采用的回流技术。

3.4.2　液—液萃取设备

液—液萃取属于分离均相液体混合物的一种单元操作，在食品工业上主要用于提取与大量其他物质混杂在一起的少量挥发性较小的物质。因液—液萃取可在低温下进行，故特别适用于热敏性物料的提取，如维生素、生物碱或色素的提取，油脂的精炼等。

液—液两相间传质是一个界面更新过程，所以萃取设备的形式从原理上包括实现不同相间膜状接触或将一相分散在另一相以及两相分离两部分。

根据接触方法，液—液萃取设备可分为逐级接触式和微分接触式两类，每一类又可分为有外加能量和无外加能量两种。习惯上将截面积是圆形且高径比很大的设备，称为塔式传质设备。常用萃取设备参见表3－1。

表3－1　常用萃取设备

		逐级接触式	微分接触式
无外加能量		筛板塔	喷洒萃取塔、填料萃取塔
具有外加能量	搅拌	混合—澄清槽 搅拌—填料槽	转盘塔 搅拌挡板塔
	脉动		脉冲填料塔 脉冲筛板塔 振动筛板塔
	离心力	逐级搅拌离心机	连续搅拌离心机

3.4.2.1 混合—澄清萃取设备

单级混合—澄清槽:是一种最早使用且目前仍广泛用于工业生产中的分级接触萃取设备,由混合槽和澄清槽两部分组成,如图 3 - 19a 所示。混合槽内装搅拌器,它的作用是使液体湍动,以增大接触面积,使一相形成小液滴分散于另一相中,有利于传质。

澄清槽是将接近平衡的两相通过液滴沉降及液滴凝集而分离成界面清楚的两相。

多级混合—澄清槽:多级混合—澄清槽由许多单级设备串联而成,轻液相与重液相在槽内逆向流动,如图 3 - 19b 所示。各级间在水平方向串联,节省空间高度,级数可增可减,但占地面积较大。此类每一级都需要装置搅拌器,级间液体输送需要动力设备。此类设备还可以处理有悬浮固体的物料。

3.4.2.2 塔式萃取设备

塔式萃取设备有转盘塔和筛板塔等形式。本部分以转盘塔为例介绍。

转盘塔内壁按一定距离装置许多称为固定环的环形挡板,将塔内空间分成相应区间;同时在可旋转的中心轴上按同样间距、不同高度在每一区间的中间装圆形转盘,如图 3 - 20 所示。此盘能转动,从而增大了相际间接触表面及其湍动程度。固定圆环起到抑制塔内轴向混合的作用。圆形转盘水平安装,旋转不产生轴向力。而两相在垂直方向上的流动仍靠

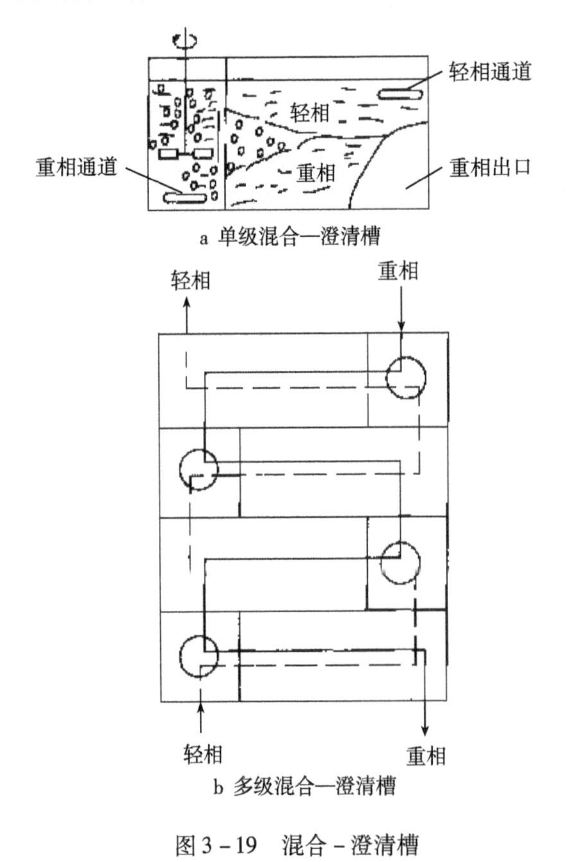

a 单级混合—澄清槽

b 多级混合—澄清槽

图 3 - 19 混合 - 澄清槽

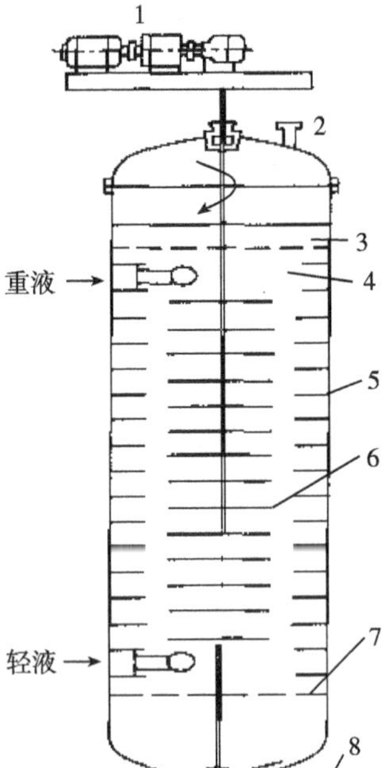

图 3 - 20 转盘塔

1—调速电机 2—轻液出口 3—界面
4、7—栅板 5—固定圆环 6—转盘 8—重液出口

密度差来推动。塔体各部分比例大致可参考如下数据：塔径/塔盘直径 = 1.5 ~ 3，塔径/环形隔板开孔直径 = 1.3 ~ 1.6，塔径/转盘间距 = 2 ~ 8。依据实验，转盘的边缘线速度在 1.8m/s 左右效果较好。

转盘塔结构简单，能量消耗少，生产能力大，适用范围广。

3.4.2.3 离心萃取机

离心萃取机作为一种连续式逆流萃取设备，溶剂和混合料液在转鼓内多次接触和分离，其整体结构与离心分离机相同。图3－21所示为其主要工作部件——室式转鼓的结构示意图。转鼓由多个不同直径的同心圆筒构成，为使得溶剂和混合料液充分接触，各筒仅在一端开设孔道，而且相邻两筒的孔道交错配置，圆筒外壁设置有螺旋导流板，使得流道更长。溶剂和混合液料根据密度的高低，从主轴处分别送入转鼓，其中密度较高的重液直接进入转鼓腔靠近轴线处，而轻液则经专用通道从转鼓远离轴线处进入。由于离心力的作用，两者在转鼓内部形成逆向流动，轻液向靠近轴线的方向流动，而重液向远离轴线的方向流动。两种液体在转鼓内逆向流动的过程中，连续地完成接触、混合和分离过程，最终完成萃取的两液流分别从转鼓顶部排出。

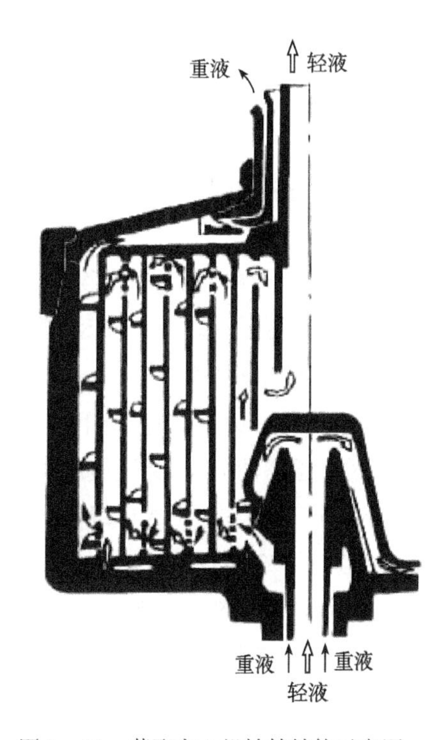

图3－21 萃取离心机转鼓结构示意图

3.4.3 固液萃取设备

固液萃取通常称为浸出。食品工业的原料多为动植物原料，固体物质是其主要组成部分。为了分离出其中的纯物质，或者除去其中不需要的物质，多采用浸提操作。因此，在食品工业上，浸取是常见的单元操作，其应用范围超过液—液萃取。随着近年来食品工业的发展，除油脂工业和制糖工业的油料种子和甜菜的大型浸提工程外，制造速溶咖啡、速溶茶、香料色素、植物蛋白、鱼油、肉汁和玉米淀粉等，都应用到浸提操作。

为了提高浸提速度，常需对原料作预处理，如大豆浸提前经加热、压力处理，甜菜在浸提前先切丝等。预处理的目的主要有减小物料的几何尺寸，以减小扩散距离，增大其表面积；破坏会阻碍组分扩散的细胞壁膜。机械处理和加热是最常用的两种预处理方法。

固体的浸提过程一般包括三个步骤：

①溶剂浸润进入固体内，溶质溶解。

②溶解的溶质从固体内部流体中扩散达到固体表面。

③溶质继续从固体表面通过液膜扩散而到达外部溶剂的主体中。

在通常的浸提条件下，①、③两步骤不是传质的控制因素，可以忽略不计，浸提速率主要决定于步骤②,即浸提操作实际上是内部扩散控制的传质操作。

影响浸提速度的因素包括:

①可浸提物质的含量:物料中可浸提物含量高,浸提的推动力就大,因而浸提速率就快。

②原料的形状和大小:物料形状和大小直接影响传质速率,其值应在一定适宜范围内,太大大小都不适宜。

③温度:在较高的温度下进行浸提操作,可以提高溶质的扩散速率,从而提高浸提速率;但浸提温度的确定还要考虑物料的特性,避免因温度过高而导致浸提液的品质劣变。

④溶剂:溶剂的影响包括溶剂的溶解度、亲和力、强度、分子大小等各种因素,比较复杂。

在食品工业中,固体浸提物料的粒径多大于100目,富含纤维成分。常用的浸提装置置为:单级浸提罐、多级固定床浸提器和连续移动床浸提器三大类。

3.4.3.1 单级浸提罐

单级浸提罐为开口容器,下部安装假底以支持固体物料,溶剂从上面均匀喷淋于物料上,通过床层渗滤而下,穿过假底从下部排出。物料浸提有时需在高温下进行,溶剂多为挥发性的,且卫生要求高,故单级浸提罐常做成密闭式的,如图3-22所示。单级浸提罐也常做成如图3-23所示的带溶剂循环的系统。这种带溶剂循环系统的单级浸提器必须有加热装置,并带有溶剂回收和再循环系统。当物料装填较多时,常会有受压结块的现象发生,致使溶剂流通不畅,故有时在罐内再另加装多孔结构夹层以避免阻塞。

单级浸提罐常用做中试设备或小规模的生产设备,可以从植物种子、大豆和花生等原料中提取油脂,从咖啡、干茶叶或中药材中提取浸出物等。

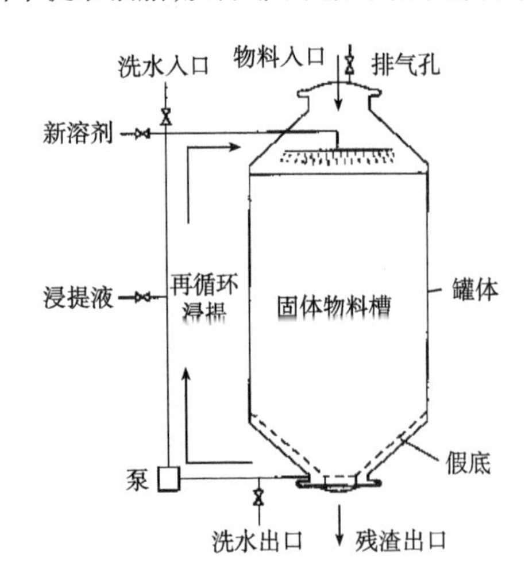

图3-22 单级浸提罐

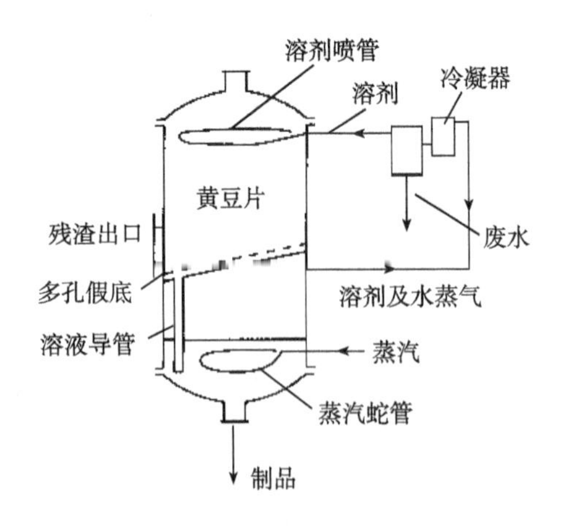

图3-23 附设溶剂回收装置的单级浸提罐

3.4.3.2 多级固定床浸提器

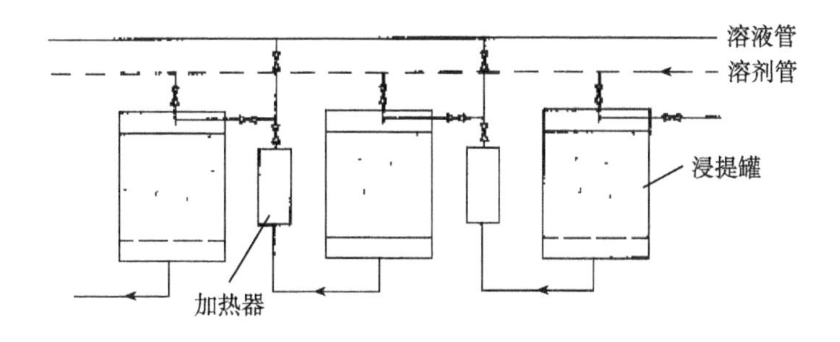

图3－24 多级逆流固定床浸提系统

多级固定床浸提器是将数个浸提罐依序排列的浸提系统，如图3－24所示。新溶剂由罐顶注入进行浸提，所得浸提液再泵入次一级的浸提罐，并依序连续操作。罐与罐间设置热交换器，以确保浸提液的温度，提高浸提效率。这样，所得浸提液的浓度逐罐提高，当第一罐物料内的溶质残存浓度低于经济极限时，停止浸提操作。新溶剂则改成从第2号罐注入。虽然浸提罐内的物料处于静止状态，但这样的操作具有逆流淋滤的效果。

在通常设置14个浸提罐的浸提系统中，有3个分别供做装、卸和清洗设备之用，其他各罐供实施浸提操作。通常每个罐可容纳多达10t的物料。这种类型的浸提系统可用于咖啡、茶精、油脂和甜菜汁的浸提操作。

3.4.3.3 连续移动床浸提器

工业上大多采用连续移动床浸提系统，物料置于连续移动床上，随其移动，溶剂则逆向流动。目前，连续移动床浸提设备主要有浸泡式、渗滤式及浸泡和渗滤混合式三种形式，其中，生产中广泛应用的为浸泡式和渗滤式的连续移动床浸提器。

(1)浸泡式连续移动床浸提器 物料完全浸没于溶剂之中进行连续浸提。最典型的浸泡式连续移动床浸提器主要有两种，即希尔德布朗(Hildebrand)浸提器和鲍诺托(Bonotto)浸提器。

①希尔德布朗(Hildebrand)(图3－25)：是两个垂直圆形塔下端用短的水平圆筒连接而成。每段圆筒内均安装有螺旋输送器，螺旋片上均开有滤孔。螺旋输送器将固体物料从低塔的顶部移向底部，再经短距离水平移动而到达高塔的底部，而后上升而到达塔顶的卸料口。新鲜溶剂在较高的塔顶附近引入，入口位置低于固体的卸料口，以保证固体残渣有一段沥出溶剂的距离。溶剂依靠重力向下流动，与物料进行流向相反的逆流接触。随着流动，溶剂中溶质浓度逐渐增加。溶液出口位于原料入口下方，并低于溶剂入口位置，排出前经过特殊的过滤器过滤。这种浸出器常用于大豆和甜菜的浸提。

②鲍诺托(Bonotto)浸提器(图3－26)：为一垂直单管重力式浸提器。整体结构为一立式塔，内部由水平隔板分成若干个塔段，每一塔段有一个缺口供固体物料自上而下穿流移动，相邻板的开口位置互相错180°。浸提器的中央装有转动轴，其上固定有与塔板数目相

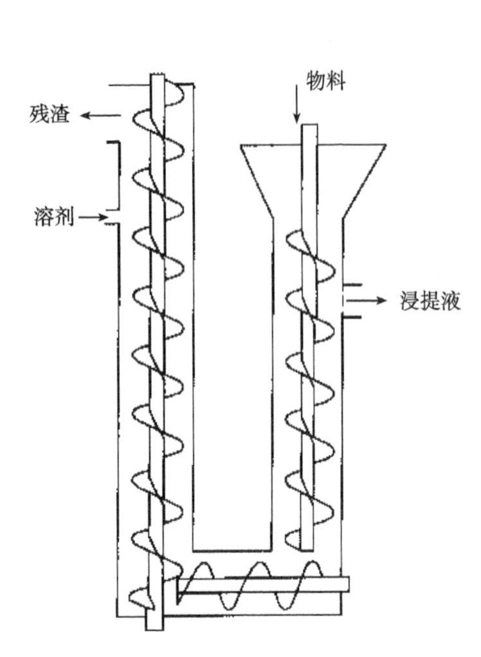

图 3－25　希尔德布朗浸提器

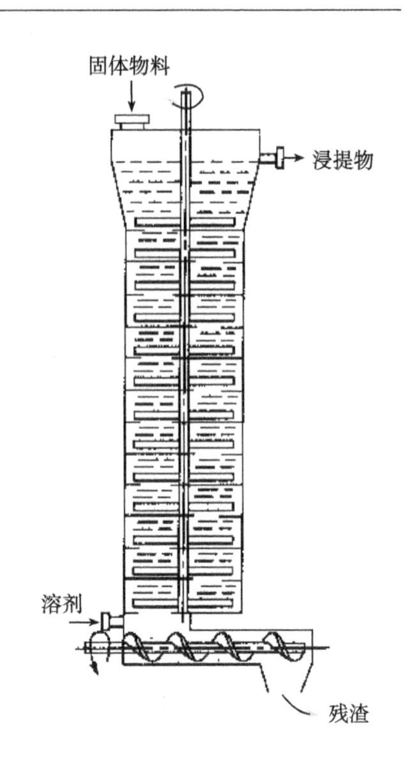

图 3－26　鲍诺托浸提器

等位于塔板之上的桨叶。转轴转动时通过桨叶推动物料移向塔板开口，物料掉入下一塔板上，如此物料在整个塔内做螺旋状向下运动，最后在塔底由螺旋输送器卸出。

新鲜的溶剂由塔底泵入，逐板向上流动，与物料成逆流，浸提液从塔顶排出。这种浸提器主要用于种子和果仁的浸提。

浸泡式的连续移动床浸提器的形式还有多种，如甜菜糖厂广泛使用的 DDS 渗出器、RT 渗出器等。

(2)渗滤式连续浸提器　溶剂喷淋于物料层之上，在通过物料层向下流动的同时进行浸提，物料不浸泡于溶剂中。

①鲍曼（Bollmann）浸提器（图 3－27）：也称篮式（斗式）浸提器。其结构与斗式提升机相似，但置于气密容器中并附加了用于浸取的部件。共设有 24～38 个篮斗，内装萃取物料，篮斗底部为栅网，以便浸提液穿过。篮斗料箱的下部用 12 根小管彼此连接起来，小管上有直径为 1.5mm 向下的小孔，以便溶剂通过小孔喷淋到下面篮斗物料中去。

由四节组成的浸出器外壳的横截面为长方形，顶盖上安装批量供料器，篮斗铰挂在两根垂直平行安装的链条之间，链条由链轮张紧。沿着两根平行的篮斗链条，浸出器的内壁固定着有链条导板，篮斗槽中装有保持篮斗水平状态的叉形装置，二者由一销轴连接。另外，在外壳的上部壁上安装有梳形导向板，当篮斗运转到一定位置时，由于梳形导向板的导向，篮斗翻转 180°倒出斗内物料。随后再一次翻转 180°，即恢复水平状态并来到供料器下装料。配有卸料螺旋输送机的落料斗用于接收浸提后的粕，并将其从浸出器送出。

工作时,经加热器加热的纯溶剂通过左侧喷淋装置喷淋已部分浸提的物料。纯溶剂从物料中穿流而过,浸出剩余的溶质成为淡浸提液。淡浸提液经过滤器过滤后由泵送至上部右侧喷淋装置喷淋新加入物料,淡浸提液从物料中穿流而过,对新物料进行浸提。从左侧喷淋器到篮斗开始翻转这一段为滴干段,浸提液穿过物料通过篮斗底部栅网逆流而下。滴干后的物料通过篮斗的翻转倒人落料斗,最后由螺旋输送机排出机外。

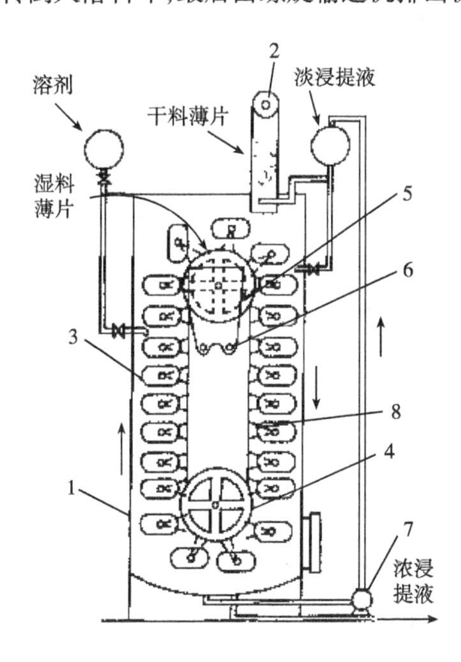

图3－27　鲍曼浸提器

1—外壳　2—批量供料器　3—篮斗　4—链轮　5—落料斗　6—螺旋输送机　7—泵　8—链条

浸出由两个阶段组成:第一阶段淡浸提液顺流进入浸出器右边的篮斗而纯溶剂逆流进入左边的篮斗内。在第二阶段,淡浸提液在通过右边篮斗内物料层时,浓度逐渐提高而变为浓浸提液,收集在浸出器下面的液槽中,并由此送至浓浸提液过滤器中过滤。最后送入浸出液储存罐中。

由于能连续作业,这种设备生产能力较高,在粕中残液为1%左右、混合提取液浓度的13%时,每天可处理原料275～405t。

②旋转槽浸提器(图3－28):也称为平转式或旋转隔室式浸提器,主要由转子、假底(活络筛网)、轨道、混合油收集格(油斗)、喷淋装置、进料和卸粕装置、传动装置等组成,整个设备由外壳密封。

浸出液的转动体被钢板间隔形成若干格子,称为浸出格。每个浸出格的下部均装有假底,假底的一侧通过铰链与隔板底侧连接,另一侧由两个滚轮支撑在底座上的内外轨道上。假底与料格吻合形成一个有底容器。假底由角钢、有孔筛板和丝网等构成,这样既能承托被浸物料,又能透过混合油。转动体外圈中间处装有齿条,通过链条和减速器传动,绕主轴做顺时针或逆时针方向转动。当假底合上时,浸出格开始装料,小滚轮就在圆形轨道上缓

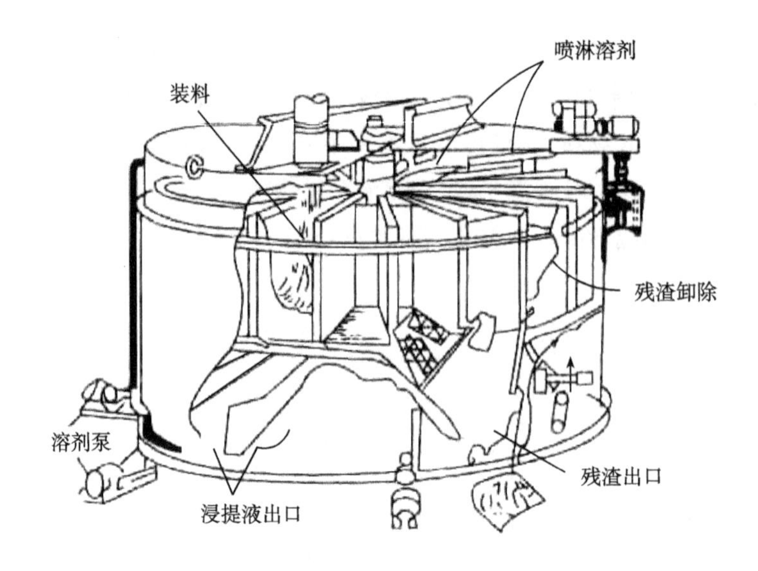

图 3－28　旋转槽浸提器

慢移动,并托住浸出格内的物料。物料经上部喷入的混合油浸泡提取,当其中的油脂被逐渐提取殆尽时,再被新鲜溶剂喷淋浸泡一次。随后即进入粕的最后滴干阶段。粕内低浓度的混合油自行滴干,落入浸出器下部的混合油收集格内。滴干结束后,浸出格即旋转到了出粕处。在出粕处,圆形轨道中断,假底失去依托。由于粕和假底的重量,使假底自动脱开,湿粕随之落入出粕斗中,经绞龙或刮板输送机送去蒸脱以回收湿粕中的溶剂。

浸提液收集格的底部由内向外倾斜,在浸出器外壳处最低。在每格的最低处有浸提液出管口,用泵引出再送到前一浸出格上面的喷管中,以对物料进行浸出。

浸提液的流动采用溢流形式,即在收集格的隔板上开有溢流口,溢流口的高度各不相同,使浓度较低的混合油往浓度较高的方向溢流。浸提液由稀到浓,而物料流动方向与此相反,形成逆流浸出。因此在接近新料处,浸提液浓度最高。浸提结束后,最浓的浸提液抽出送往蒸发工序加工。

在浸出器的外壳顶盖上装有防爆照明灯和视镜,以便观察和操作,此外还有自由气体管、人孔、检修门、温度计、u 形压力计接头等。

3.4.4　超临界萃取设备

3.4.4.1　超临界萃取原理

超临界流体萃取(SCFE)是近 50 多年来出现的一种新型的萃取分离技术,由于它具有低能耗、无污染、无残留和适宜处理易受热分解的热敏性物料等特性,使其在化学工业、能源、食品和医药工业中广泛应用。

任一物质的相态(气、液、固)与其所处的温度、压力有关。所谓某一纯物质的临界温度(T_C)是指在任何高压下均不能使该物质液化的最低温度,与此温度点相对应的压力称为临界压力(P_C),图 3－29 为 CO_2 的压温图。在压温图中,高于临界温度和临界压力的区域称为超临界区,此时的流体称为超临界流体。超临界流体的密度称为超临界密度(ρ_C),其倒数称为超临界比体积(v_c)。

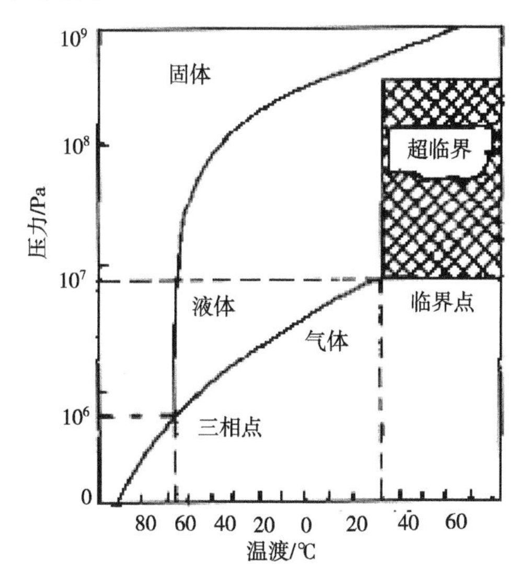

图 3-29 CO_2温压图

超临界流体具有许多不同于一般气体和一般液体的独特的性质。超临界气体的密度接近于液体,这使它具有与液体溶剂相当的萃取能力;超临界流体的黏度和扩散系数又与气体相近似,使它具有非常好的传质性能。表 3-2 对比了气体、超临界流体和液体的三种物理性质。超临界流体作为萃取剂还具有良好的选择性;在超临界区域内,压力稍有变化,即引起超临界流体的密度发生很大的变化,从而它对溶质的溶解能力也会发生很大变化。另外,压力变化即引起超临界流体的相态发生变化,从而有利于溶质和萃取剂的分离。

表 3-2 超临界流体与其他流体的传递性质

流体(状态)	密度/(kg/m^3)	黏度/(MPa·s)	扩散系数/(m^2/s)
气体 ($\rho=1.03\times10^5$Pa, $T=288\sim303$K)	0.6~2	$(1\sim3)\times10^4$	$(0.1\sim0.4)\times10^4$
液体 ($T=288\sim303$K)	600~1600	$(0.2\sim3)\times10^{-2}$	$(0.2\sim2)\times10^{-9}$
超临界流体 ($T=T_c, p=p_c$) ($T=T_c, p=4p_c$)	200~500 400~900	$(1\sim3)\times10^{-4}$ $(3\sim9)\times10^{-4}$	0.7×10^{-7} 0.2×10^{-7}

3.4.4.2 超临界萃取系统组成及流程

通常,超临界流体萃取系统主要由四部分组成:溶剂压缩机(即高压泵),萃取器,温度、压力控制系统,分离器和吸收器。其他辅助设备包括:辅助泵、阀门、调节器、流量计、热量回收器等。

常见有三种超临界萃取流程:

(1)控温萃取流程(图 3-30a) 是控制系统的温度,达到理想萃取和分离的流程。超临界萃取是在溶质溶解度为最大时的温度下进行，然后通过热交换器使萃取液冷却，将温度调节至溶质在超临界相中溶解度最小时的温度。这样，溶质就可以在分离器中加以收集，溶剂经再压缩进入萃取器循环使用。

(2)控压萃取流程(图3-30b) 通过控制系统的压力分离。超临界萃取是在溶质溶解度为最大时的压力下进行，随后经减压阀降压，将压力调节至使溶质在超临界相中的溶解度为最小。溶质可在分离器中分离收集，溶剂也可经再压缩循环使用或者直接排放。

(3)吸附萃取流程(图3-30c) 即通过吸附方式分离，它包括在定压绝热条件下，溶剂在萃取器中萃取溶质，然后借助合适的吸附材料如活性炭等来吸收萃取液中的溶剂。

实际上，这三种方法的选用取决于分离的物质及其相平衡。

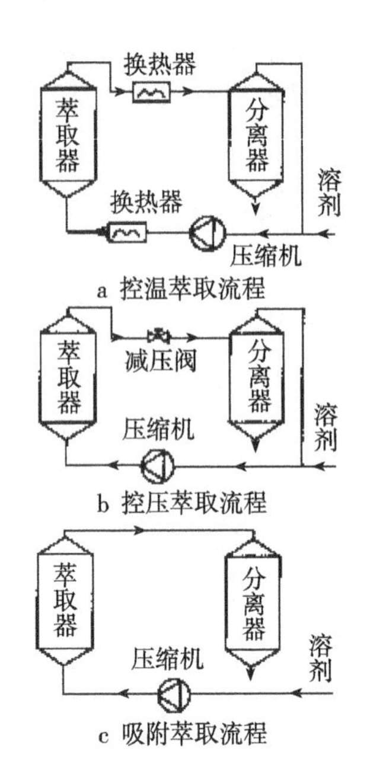

图3-30 超临界流体萃取流程示意图

3.4.4.3 超临界萃取操作特点

超临界萃取是经典萃取工艺的延伸和扩展。超临界萃取工艺具有如下特点：

(1)同时具有精馏和液相萃取的特点，即在萃取过程中由于被分离物质间的挥发度的差异和它们分子间亲和力的不同，这两种因素同时发生作用而产生相互分离效果。如烷烃被超临界乙烯带走的先后是以它们的沸点高低为序，超临界二氧化碳对咖啡因和芳香素具有不同的选择性等。

(2)最突出的优点是它的萃取能力的大小取决于流体的密度，而流体密度很容易通过调节温度和压力来加以控制。

(3)溶剂回收方法简单，并且大大节省能源。被萃取物可通过等温降压或等压升温的办法与萃取剂分离，而萃取剂只需再经压缩便可循环使用。

(4)高沸点物质往往能大量、有选择性地溶解于超临界流体中而形成超临界流体相。由于超临界萃取工艺不一定需要在高温下操作，故特别适合分离易受热分解的物质。

超临界萃取应用受限的原因主要是设备投资大。事实上，由于高昂的设备投资，超临界萃取工艺只有在精馏和液相萃取应用不利的情况下才予以考虑。

3.4.4.4 超临界萃取在食品工业中的应用

近20年来，超临界萃取迅速发展，并被用于食品、医药、香料工业及化学工业中热敏性、高沸点物质。具体应用如下：

(1)动植物油脂的萃取，如大豆、芝麻、花生、向日葵、可可、咖啡等。

(2)从茶、咖啡中脱除咖啡因。

(3)啤酒花和尼古丁的萃取。

(4)从植物中萃取香精油等风味物质。

(5)从动植物中萃取脂肪酸。

(6)从奶油和鸡蛋中去除胆固醇。

(7)从天然产物中萃取功能性有效成分。

(8)植物色素的萃取及各种物质的脱色、脱臭等。

超临界流体萃取是一种具有潜力的新兴分离技术,它能满足许多特殊品质食品的加工要求,尤其适用于生产高价值的食品添加剂等产品。近年来因高压技术的发展逐步降低技术投资费用,将超临界萃取技术与它结合起来使用,会产生更高的经济效益,因此这项技术在食品工业中的应用前景十分乐观。

3.5　膜分离机械

3.5.1　膜分离基本概念

用天然的或人工合成的高分子薄膜或其他具有类似功能的材料,以外界能量或化学位差为推动力,对双组分或多组分的溶质和溶剂进行分离、分级、提纯和富集的方法,统称为膜分离法。膜分离法可用于液体和气体。

膜大体可按来源、材料、化学组成、物理形态以及制备等多种方法来划分。按膜的来源分为天然膜和合成膜;按膜的材料分树脂膜、陶瓷膜及金属膜;按膜的化学组成可分为纤维素酯类膜、非纤维酯类膜;按膜断面的物理形态或结构可分为对称膜、不对称膜(指膜的断面不对称)、复合膜(通常是用两种不同的膜材料,分别制成表面性层和多孔支撑层);拉膜的形状可分为平板膜、管式膜和中空纤维膜等。目前醋酸纤维素膜和聚酰胺膜应用较为广泛。陶瓷膜和金属膜以其特有的性能和强度,在果蔬汁加工方面成为主导部件。但这些产品价格相对高分子聚合物膜贵得多。

膜分离技术研究的方向在于寻找同时具有高渗透率和高选择性的膜的制造工艺及具有坚固性、温度稳定性、耐化学和微生物侵蚀、低成本的膜材料。

膜分离的技术特性可用以下几个参数进行描述:

①透水速率或透过速度:即单位时间内通过单位面积膜的液体体积或质量,$m^3/(m^2 \cdot h)$或$kg/(m^2 \cdot h)$。

②可透度:在单位时间、单位膜面积与单位推动力作用下通过膜的组分数量与膜厚度的乘积。

③选择性:各种组分可透过度的比值。

④截留率:各组分在截留液中浓度与在原液中浓度的比值。

⑤分划相对分子质量:截留率为100%的组分的最低相对分子质量。

与其他分离法相比,膜分离具有以下四个显著特点:

①风味和香味成分不易失散。

②易保持食品某些功效,如蛋白的泡沫稳定性等。

③不存在相变过程，节约能量。

④工艺适应性强，处理规模可大可小，操作维护方便，易于实现自动化控制。

膜分离技术主要包括渗透、反渗透、超滤、透析、电渗析、液膜技术、气体渗透和渗透蒸发等方法，参见表3－3。

表3－3　主要的膜分离方法

膜分离方法	相态	推动力	透过物
渗透	液/液	浓度差	溶剂
反渗透	液/液	压力差	溶剂
超滤	液/液	压力差	溶剂
透析	液/液	浓度差	溶质
电渗析	液/液	电场	溶质/离子
液膜技术	液/液	浓度差和化学反应	溶质/离子
气体渗透	气/气	压力差	气体分子
渗透蒸发	液/气	浓度差	液体组分

3.5.2　膜分离组件

膜分离装置主要包括膜组件与泵。膜组件是以某种形式将膜组装形成的一个单元，它直接完成分离。对膜组件的基本要求为：装填密度高，膜表面的溶液分布均匀、流速快，膜的清洗、更换方便，造价低，截留率高，渗透速率大。在工业膜分离装置中，可根据需要设置数个至数千个膜组件。

目前，工业上常用的膜组件有平板式、管式、螺旋卷式、中空纤维式、毛细管式和槽条式6种类型，表3－4对前四种膜组件的操作性能作比较。

表3－4　4种膜组件的操作性能

操作特性	平板式	螺旋卷式	管式	中空纤维式
堆积密度/(m^2/m^3)	200～400	300～900	150～300	9000～30000
透水速率/[$m^3/(m^3 \cdot d)$]	0.3～1.0	0.3～1.0	0.3～1.0	0.004～0.08
流动密度/[$m^2/(m^2 \cdot d)$]	60～400	90～900	45～300	36～2400
进料管口径/mm	5	1.3	13	0.1
更换方法	更换膜	更换组件	更换膜或组件	更换组件
更换时所需劳动强度	大	中	大	中
产品端压强降	中	中	小	大
进料端压强降	中	中	大	小
浓差极化	大	中	小	小

3.5.2.1　平板式组件

平板式超滤器是使用最早的超滤器。平板式的特点是制造、组装简单，膜的更换、清洗、维护容易，在同一设备中可按要求改变膜面积。当处理量大时，可以增加膜的层数。因原液流道截面积较大,原液虽含一些杂质,也不易堵塞流道,压力损失较小。原液流速可达1～5m/s。适应性较强,预处理要求较低。原液流道可设计为波纹形,使液体成湍流。设计时应减少凝胶层厚度,增大雷诺数。反渗透组件设计要求耐压高,液流流程较短,截面积较大,单程回收率较低,所以循环次数较多,泵的容量就大,能耗随之增加。同时,间隙操作时容易造成温度上升。可通过多段操作以增大回收率。

图3－31是DDS公司的平板式反渗透流程与装置和超滤组件的示意图。图3－32是DDS公司的平板式膜组件结构。

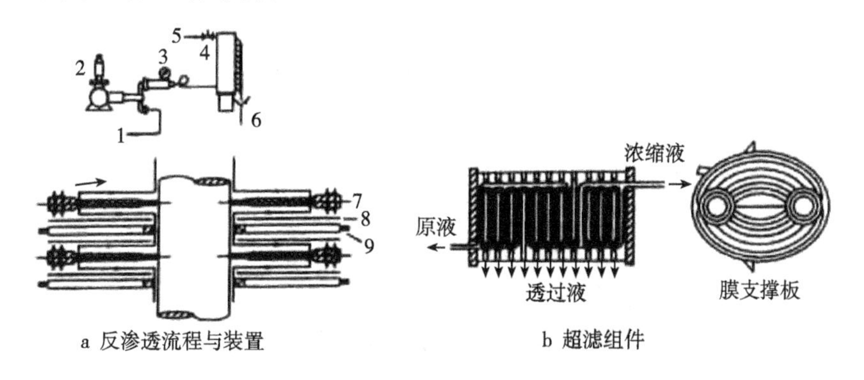

图3－31 DDS公司平板式反渗透流程与装置和超滤组件

1—进料口 2—泵 3—压力计 4—安全阀 5—浓缩液出口

6—透出液出口 7—膜隔板 8—膜 9—膜支撑板

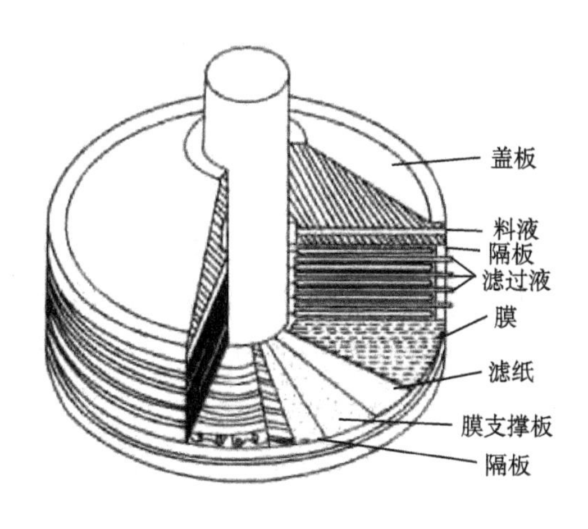

图3－32 DDS平板式膜组件

在图3－31中,椭圆形支撑板的两侧配置有膜,膜与支撑板上有料液进口与出口,透过液由支撑板边缘引出管引出,整个设备由多组这样的组件叠置而成。支撑板上的进、出口用抛物线形导流槽连接,以避免料液在膜表面形成死角,减少膜的浓差极化现象。膜使用GR聚砜膜,工作温度可达80℃,pH在1～13之间,故在乳品工业中广泛应用。

3.5.2.2 螺旋卷式膜组件

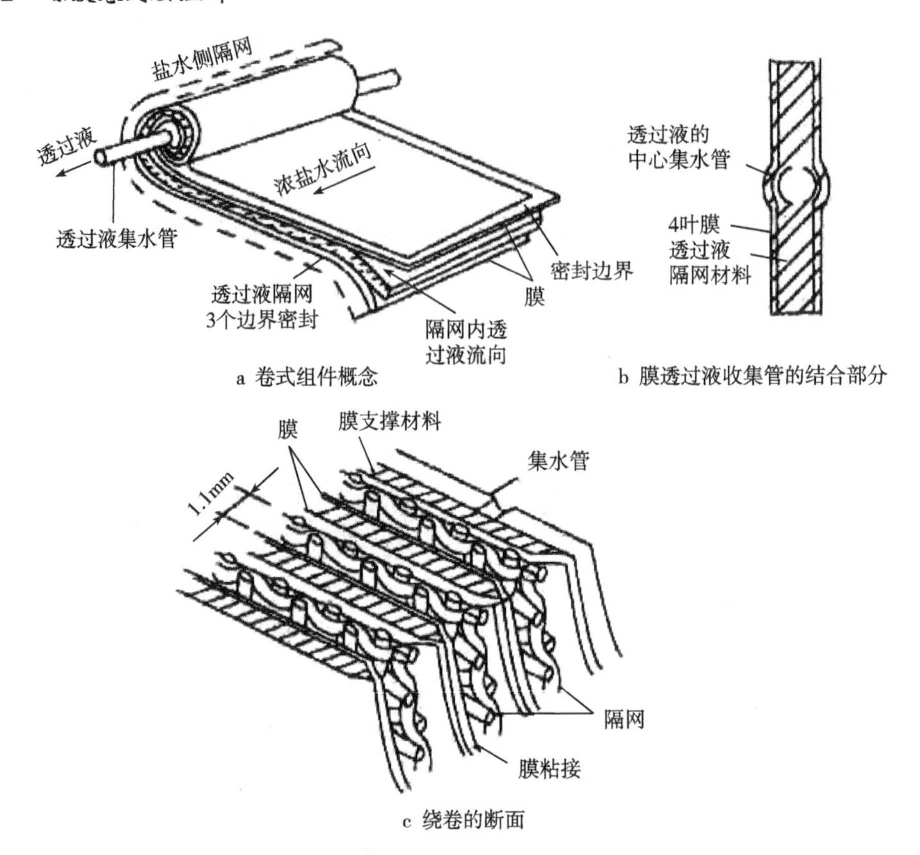

图 3－33　螺旋卷式组件的构造

构造如图 3－33 所示。螺旋卷式组件所有膜为平面膜，粘成密封的长袋形，隔网装在膜袋外，膜袋口与中心集水管密封。膜袋数目称为叶数，叶数越多，密封的要求越高。隔网为聚丙烯格网，厚度在 0.7～1mm 之间，其作用为提供原液流动通道，促进料液形成湍流。膜的支撑材料用聚丙烯酸类树脂或三聚氰胺树脂，其作用是使纤维不外露，衬料定形，方便刮膜，减少淡水流动时的阻力。支撑材料应具有化学稳定性及耐压等特性，厚度一般为 0.3mm。最后将组件装入圆筒形的耐压容器中。将多个卷式膜组件装于一个壳体内，然后将中心管相互连通，便组成螺旋卷式反渗透器，如图 3－34 所示。用于反渗透时，由于压力高，压力损失的影响较小，可多装组件。用于超滤时，连接的组件一般不超过 3 个。壳体材料多为不锈钢或玻璃钢管。卷式组件一般要求膜流速为 5～10cm/s，单个组件的压头损失较小，只有 7～10.5kPa。

它的主要参数有外形尺寸、有效膜面积、处理量、分离率、操作压强或最高操作压强、最高使用温度和进料液水质要求等。近年来，螺旋卷式膜组件向着超大型化发展，组件尺寸达到直径 0.3m，长 0.9m，有效膜面积达 5lm^2，组件用 20 叶卷绕而成。膜材料是醋酸纤维素，每个膜组件的处理量为 34m^3/d，分离率在 96% 以上。除了膜组件容量的增大外，膜材

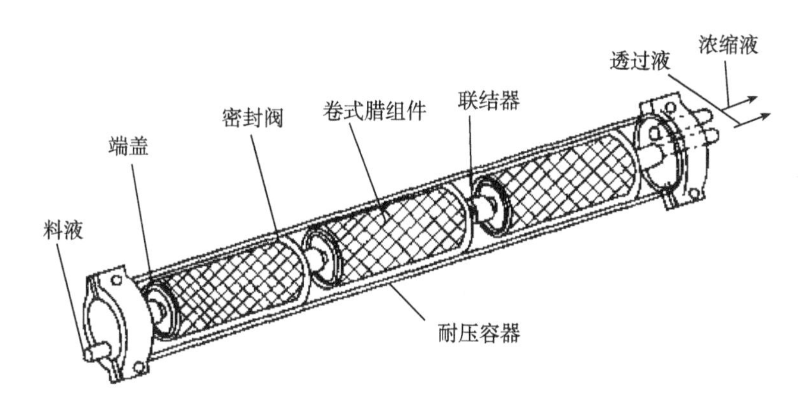

图3－34　螺旋卷式反渗透器

料也出现醋酸纤维素朝着复合膜方向发展。

3.5.2.3　毛细管式膜组件

毛细管式膜组件内许多直径为0.5～1mm的毛细管组成，其结构如图3－35所示。进料液从每根毛细管的中心通过，透过液从毛细管壁渗出。毛细管由纺丝法制得，无支撑部件。

毛细管式膜组件的纤维平行排列，两端均与一块端板黏合。与管式膜组件相比，毛细管式膜组件拥有高填充密度，但由于多数情况下是层流，物质交换性能较差。这种组件由于长度与内径的比值很大，故局部溶剂及溶质的流动速率差别也很大。

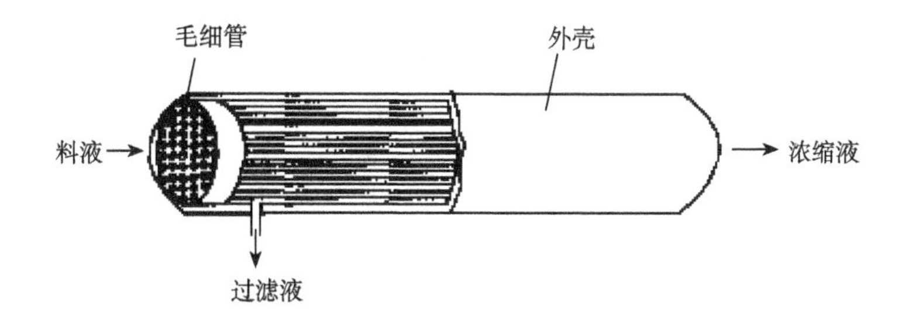

图3－35　毛细管式膜组件

3.5.2.4　中空纤维膜组件

中空纤维膜组件在结构上与毛细管式膜组件相类似，膜管没有支撑材料，靠本身的强度承受工作压力。管子的耐压性决定于外径与内径之比。当半透膜管径变细时，耐压性得到提高。实际上常见的中空纤维管外径一般为50～100μm，内径为15～45μm。也常将几万根中空纤维集束的开口端用环氧树脂粘接，装填在管状壳体内而成，如图3－36所示。尽管中空纤维膜组件存在一些缺点，但由于中空纤维膜的产业化以及技术难点的相继攻克，加上组件膜的高装填密度和高透水速率，因此它与螺旋卷件膜组件都是今后的发展重点。

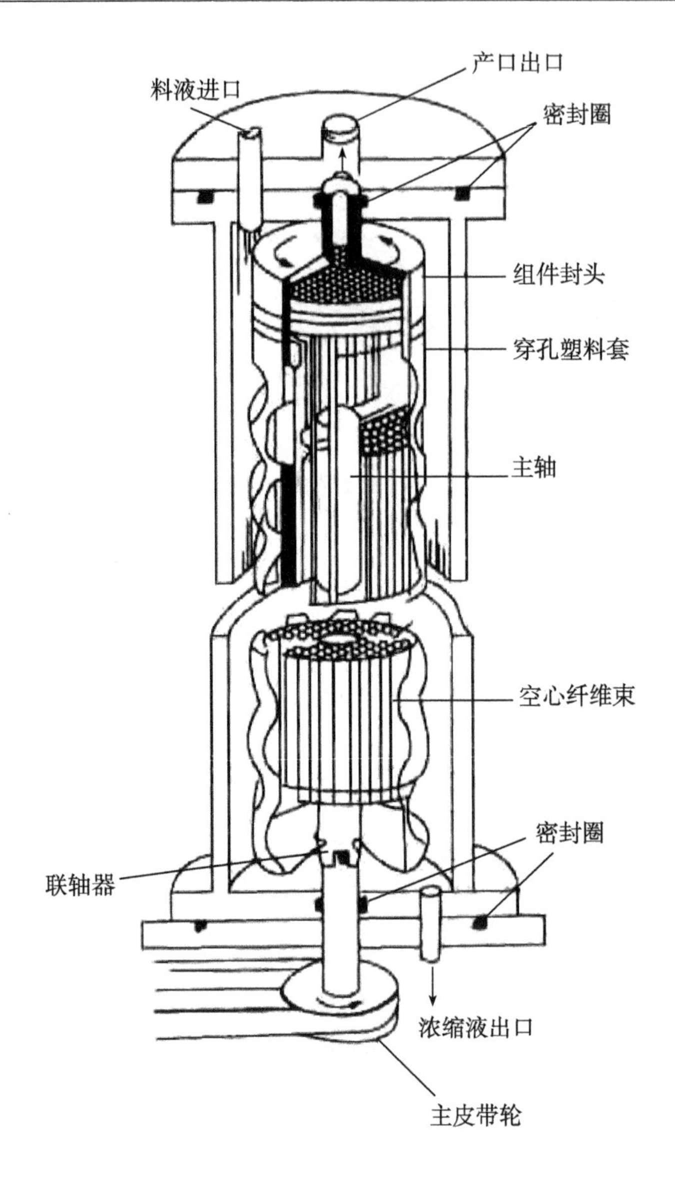

图 3－36　英国 Aere Harwell 公司的反渗透中空纤维膜组件

中空纤维膜组件根据进料液的流动方式可分为 3 种：轴流式、放射流式、纤维卷筒式。轴流式的料液的流动方向与装在筒内的中空纤维方向相平行。放射流式的料液从膜组件中心的多孔配水管流出，沿半径方向从中心向外呈放射状流动，其中中空纤维的排列与轴流式一样。在纤维卷筒式中，中空纤维在中心多孔管上呈绕线团式缠绕。

中空纤维膜组件的主要组成部分是壳体、高压室、渗透室、环氧树脂管板和中空纤维膜等。设备组装的关键是中空纤维膜的装填方式及其开口端的粘接方法，装填方式决定膜面积的装填密度，而粘接方法则保证高压室与渗透室之间的耐高压密封。

中空纤维膜的主要特点：

①小型化，由于不用支撑体，在膜组件内能装几十万到上百万根中空纤维，所以有极高

的膜装填密度，一般为 $1.6\times10^4\sim3\times10^4m^2/m^3$。

②透过水侧的压强损失大，透过膜的水是由极细的中空纤维膜组件的中心部位引出，压强损失达数个大气压。

③膜面污染去除较困难，只能采用化学清洗而不能进行机械清洗，要求进料液经过严格的预处理。

④一旦损坏，无法修复。

3.5.2.5 管式膜组件

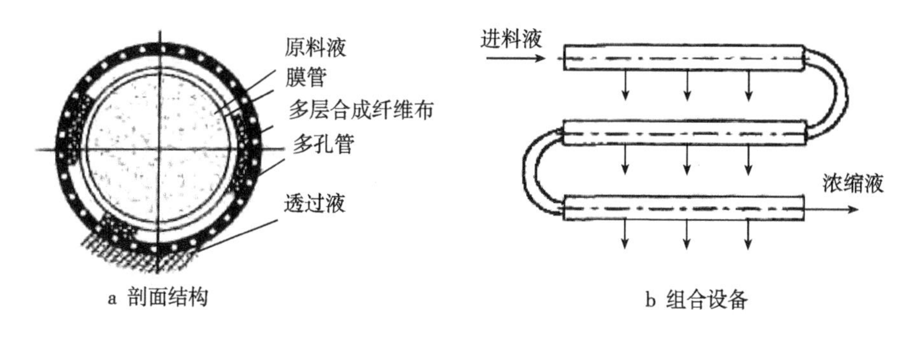

图3－37 管式膜组件示意图

管式膜组件如图3－37所示，其外形类似于管式热交换器。在管式组件中，膜牢固地黏附在支撑管的内壁或外壁，管的直径在12～14mm之间。它由多段过滤管组成。外管为多孔金属管或玻璃纤维增强塑料管，中间为多层合成纤维布过滤层，内层为管状超滤或反渗透膜。原液在压力作用下在管内流动，产品液由管内透过管膜向外迁移。

管式膜组件的形式较多：按连接方式有单管式和管束式两种，按作用方式有内压型管式和外压型管式两种。内压单管式膜组件的结构如图3－38所示，膜管裹以尼龙布、滤纸之类的支撑材料，并镶入耐压管内，耐压管上开有直径为1.6mm的小孔，膜管的末端做成喇叭状，用橡胶垫圈密封。进料液由管式膜组件的一端流入，另一端流出；透过液透过膜后，在支撑体中汇集，再从耐压管上的小孔流出。为提高膜的装填密度，改善水流状态，可装内、外压两种形式组合于同一装置中，即为套管式。

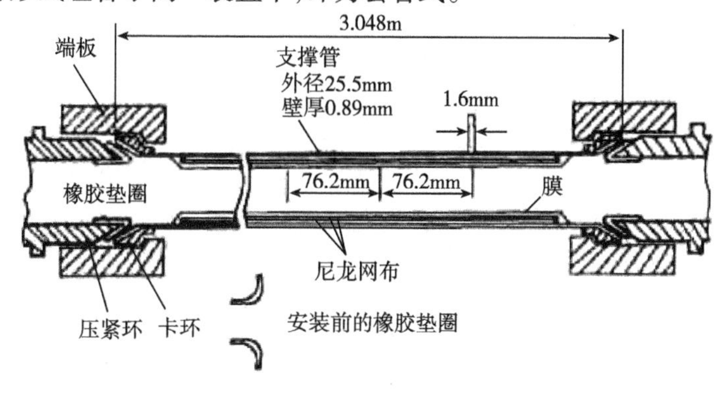

图3－38 内压单管式膜组件

内压管束式结构如图3－39所示。在多孔性耐压管内壁上直接喷注成膜，将许多耐压管膜管装配成管束状，再将管束装在一个大的收集管内而成。进料液由装配端的进口流入，经耐压管内壁上的膜管于另一端流出，透过液透过膜后由收集管汇集。

管式膜组件的基本特征是管子较粗、进料液的流道较大，即使不进行十分严格的预处理也不易造成堵塞。膜面的清洗可用化学方法，也可用泡沫海绵球之类的机械清洗。如果某一根管子坏了，可将其抽掉而不影响整个系统的其他部位，直至生产能力下降很大时再给予更换。与螺旋卷式及小空纤维式相比，管式膜组件的缺点是膜的装填密度较低，一般在33～330m^2/m^3。

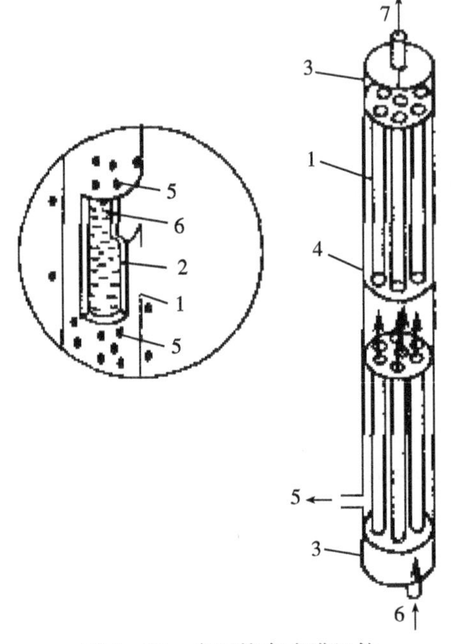

图3－39　内压管束式膜组件

1—玻璃纤维管　2—反渗透膜　3—末端配件　4—PVC淡化水搜集外套　5—淡化水　6—供给水　6—浓缩水

3.5.2.6　槽条式膜组件

槽条式膜组件如图3－40所示。由聚丙烯或其他塑料挤压而成的槽条直径为3mm左

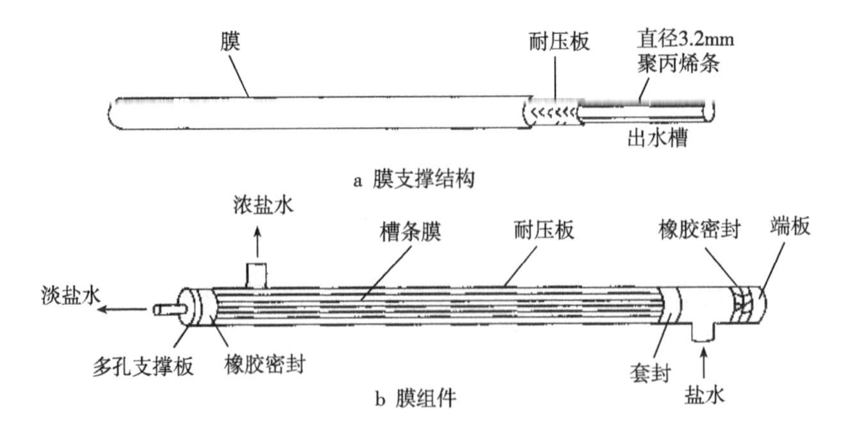

图3－40　槽条式膜组件示意图

右，上有3～4条槽沟，槽条表面编织有涤纶长丝或其他材料，涂刮浇铸液形成膜层。将槽条的一端密封后，再把几十至几百根槽条组装成束装入耐压管中，形成一个槽条式膜组件。

表3－5对六种膜组件的优缺点作了比较。

表3－5 六种膜组件的对比

类型	优点	缺点
平板式	结构紧凑牢固，能承受高压，性能稳定，工艺成熟，换膜方便	液流状态较差，容易造成浓差极化，设备费用较大
管式	料液流速可调范围大，浓差极化较易控制、流道畅通，压力损失小，易安装，易清洗，易拆换，工艺成熟，可适用于处理含悬浮固体、高黏度的体系	单位体积膜面积小，设备体积大，装置成本高
螺旋卷式	结构紧凑，单位体积膜面积很大，组件产水量大，工艺较成熟，设备费用低	浓差极化不易控制，易堵塞，不易清洗，换膜困难
中空纤维式	单位体积膜面积最大，不需外加支撑材料，设备结构紧凑，设备费用低	膜容易堵塞，不易清洗，原料液预处理要求高，换膜费用高
毛细管式	毛细管一般可由纺丝法制得，无支撑，价格低廉，组装方便，料液流动状态易控制，单位体积膜面积较大	操作压力受到一定限制，系统对操作条件的变化比较敏感，毛细管内径太小时易堵塞，料液必须经适当预处理
槽条式	单位体积膜面积较大，设备费用低，易装配，易换膜，放大容易	运行经验较少

3.5.3 电渗析器设备

电渗析器设备由电渗析器本体及辅助设备两部分组成。电渗析器本体有板框式和螺旋卷式两种。图3－41为板框型电渗析器的结构，它主要由离子交换膜、隔板、电极和夹紧装置等组成，整体结构与板式热交换器相类似，主要是使一列阳、阴离子交换膜固定于电极之间，保证被处理的液流能绝对隔开。电渗析器两端为端框，每框固定有电极和用以引入或排出浓液、淡液、电极冲洗液的孔道。一般端框较厚，较紧固，便于加压夹紧。电极内表面呈凹陷状，当与交换膜贴紧时即形成电极冲洗室。隔板的边缘有垫片，当交换膜与隔板夹紧时即形成溶液隔室。通常将隔板、交换膜、垫片及端框上的孔对准装配后即形成不同溶液的供料孔道，每一隔板设有溶液沟道用以连接供液孔道与液室。

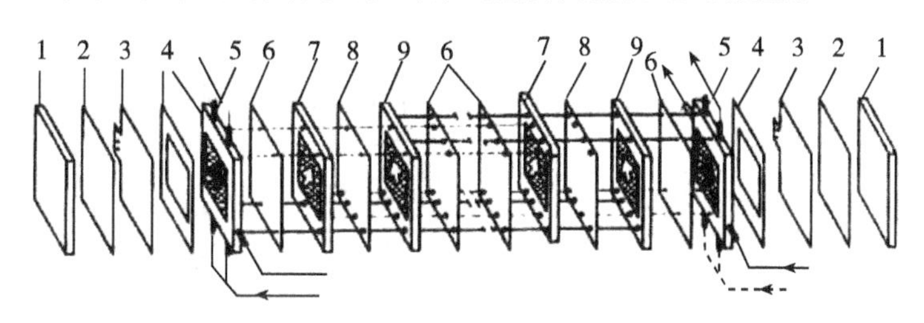

图3－41 板框式电渗析器的结构示意图

1—压紧板 2—垫板 3—电极 4—垫圈 5—导水板 6—阳膜
7—淡水隔板框 8—阴膜 9—浓水隔板框

离子交换膜作为电渗析器的心脏部件，是一种具有离子交换性能的高分子材料制成的薄膜。它对阴阳离子具有选择透过性。离子交换膜使用前需经充分浸泡后剪裁并打孔。

电渗析停止运行时，必须充满溶液以防离子交换膜变质变形。

隔板：为电渗析器的支撑骨架与水流通道形成的构件，是不可缺少的组成部分。隔板材料应具有化学稳定性，价格便宜，目前一般采用硬聚氯乙烯或聚丙烯塑料板；水在隔板中间流动槽内流动时要能形成良好的湍流，即有较大的雷诺数，以提高电渗析效率；隔板设计应有利于提高与溶液直径接触的膜面积，以增加每板单位时间的处理量。隔板的排列总块数根据设计液量决定，设计液流越大排列总块数就越多。因两极间的电压量与隔板总数成正比，所以在输出电压一定的情况下，排列的隔板总数不能无限地增多。隔板内流槽的流程总长度对电渗析的产品质量影响极大，一般来说，流程长度越长，产品质量就越好。

隔板按水流形式可分回流式隔板与直流式隔板两种，如图 3－42 所示。前者又称长流程隔板，液体流速大、湍流程度好、脱盐效率高，但流体阻力大。后者又称短流程隔板，特点是液体流速较小，阻力也小。

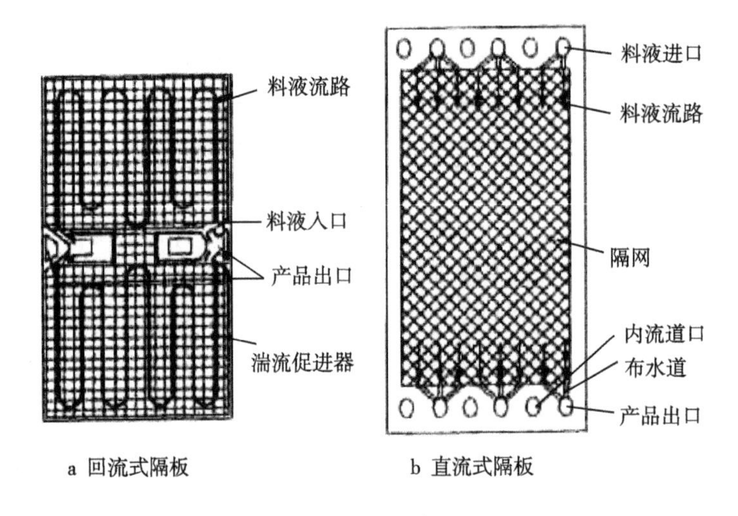

a 回流式隔板　　b 直流式隔板

图 3－42　隔板

根据隔板在膜堆中的使用部位，可分为浓室隔板与淡室隔板。它们的结构相似，但进出水孔位置不同。这样可保证浓水室只与浓水管相通，淡水室只与淡水管相通，并控制浓淡水流的流向。根据需要，两室水流方向可采用并流、逆流或错流等形式，如图 3－43 所示。

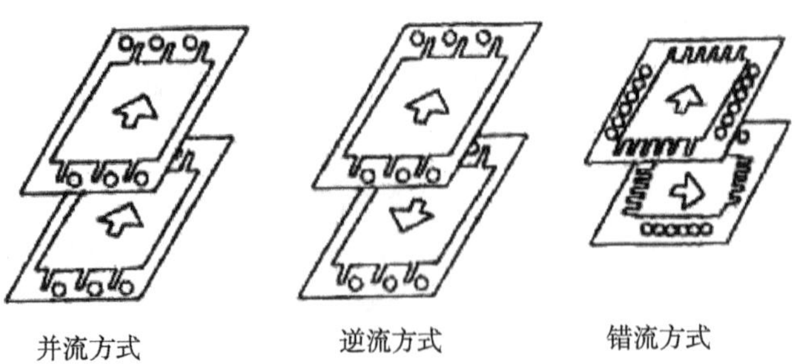

并流方式　　逆流方式　　错流方式

图 3－43　水孔在隔板上的位置与水流方向

当浓淡两室水流方向为并流时,膜两侧压强较平衡,膜不易变形。但随着脱盐过程的进行,浓淡两室的浓度差增大,这对防止浓差极化不利。当水流方向为逆流时,膜两侧压力不平衡,易产生膜变形,不利于水流的均匀分布。但从防止浓差扩散的角度分析,对脱盐有利。错流在避免浓、淡水内部渗漏方面较前两者有利。

电极:电极是渗析器的重要组成部分,其质量好坏直接影响到电渗析效果。电极材料的选用原则是:导电性能好,机械强度高,不易破裂,对所处理的溶液具有化学稳定性,特别要防止电极反应产物对电极的腐蚀。

日前常用的电极材料有:

①经石蜡浸渍或在糠醛树脂中浸泡过的石墨、铅和铅银合金(含银 1% ~2%),可作阴极或阳极。

②不锈钢,只能用做阴极。

③钛、钽、铌、铂、氯化银等。

电极极框的作用是使极水单独成为一个系统,不断将极室内生成的电极反应产物与沉淀物冲出。对板框的要求是水流畅通,支撑性好。

夹紧装置:由型钢、铁夹板、螺杆和螺母等组成,整个电渗析器组装后要求密封不漏水。

辅助设备:辅助设备有直流电源、水泵、流量计、压力表、电流表、电压表、电仪、PH 计及其他分析仪器等。

3.5.4 膜技术设备的系统配置

膜分离过程的工艺包括前处理工艺、分离工艺及后处理工艺。

3.5.4.1 前处理工艺

由于进料液中的悬浮物、肢体和可溶性高分子物质会聚集在膜的表面,造成膜污染;在分离过程中形成浓差极化现象,微生物会在膜面产生黏液,产生膜侵蚀;不同的膜的不同的使用温度、pH、进料液最大允许浓度等均会影响膜的性能,因此溶液必须进行适当的预处理。预处理包括温度的调整、pH 的调整、微生物的去除、悬浮固体和胶体的去除、可溶性有机物的去除、可溶性无机物的去除等。

3.5.4.2 膜分离装置的工艺流程

(1)超滤和反渗透的基本工艺流程:

在实际生产中,应按照溶液分离的质量要求、废液的处理排放标准、浓缩液有无回收价值等综合考虑膜组件的配置。常见的基本流程有两类:一级流程,即指进料液经一次加压反渗透或超滤分离的流程;多级流程,是指进料液经过多次加压反渗透或超滤分离的流程。在同一级中,排列方式相同的组件组成一段。

①一级流程:

一级一段连续式(图 3 -44):料液一次经过膜组件,透过液和浓缩液分别被连续引出系统。此流程操作最为简单,能耗最少,但水的回收率不高或浓缩液的溶质浓度不高。

一级一段循环式(图 3 -45):原液流过组件后,将部分浓缩液返回料槽中,与原有的料液混合后再次通过组件进行分离。这样虽然提高了水的回收率,但由于浓缩液浓度比原料液高,所以透过的水质有所下降。

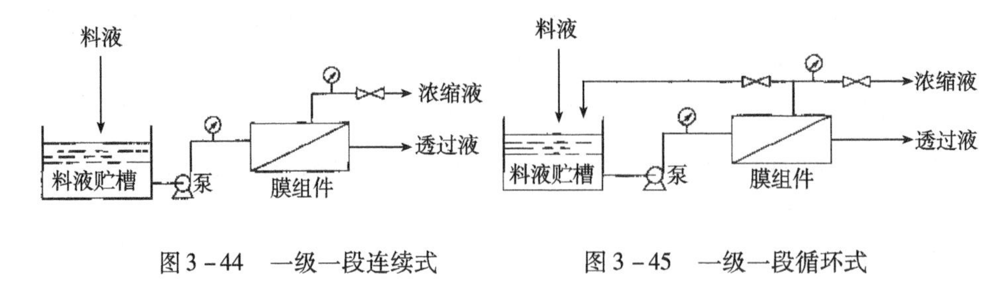

图3-44　一级一段连续式　　图3-45　一级一段循环式

②多级流程:

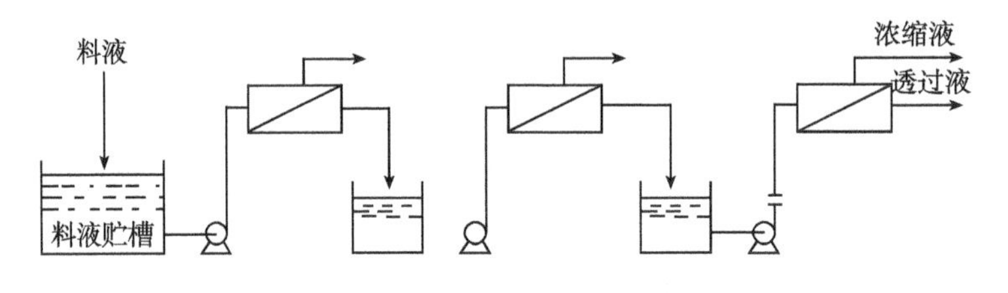

图3-46　多级连续式

多级连续式(图3-46):把上一级的透过水作为下一级的进料液,这种方式使出水水质得以大幅度提高,但水回收率较低。

多级多段循环式(图3-47):将上一级的透过液作为下一级的进料液,直至最后一级透过液引出系统。而浓缩液从后级向前级返回并与前一级的料液混合后,再进行分离。

这种方式既可提高水的回收率,又可提高透过液的水质。但由于泵设备的增加,能耗加大。

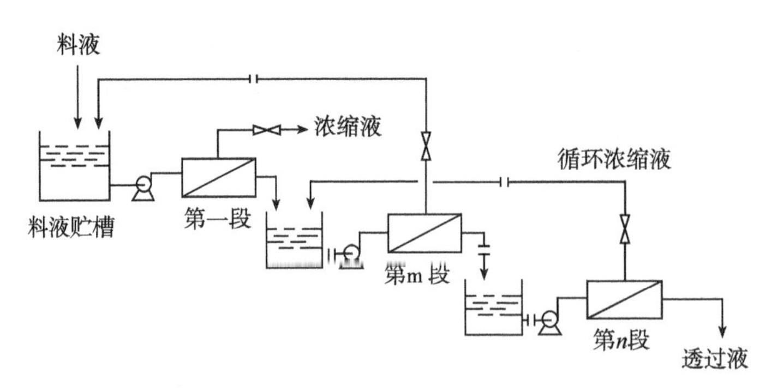

图3-47　多级多段循环式

(2)电渗析的基本工艺流程

电渗析的基本工艺流程可以采用与超滤和反渗透相似的流程。但就电渗析器本体而言,出于结构的特殊性,使它存在一个组装方式问题,且组装方式的不同将影响出水的水质和产量。

①电渗析操作流程的几个基本概念：

(a)膜对与膜堆：

由一张阳膜、一个浓(淡)水室隔板一张阴膜、一个淡(浓)水室隔板而组成的一个淡水室与一个浓水室，是电渗析器的最基本单元，称为一膜对。一系列的这样单元组装在一起即称为膜堆。

(b)级：一对电极之间的膜堆称为一级，一台电渗析器内的电极对数称为级数。

(c)段：一台电渗析器中浓、淡水隔板水流方向一致的膜堆称为一段，水流方向每改变一次则段数就增加 1。

(d)台：用夹紧装置将膜堆、电极等部件锁紧组成一个完整的电渗析器. 称为 1 台。

(e)系列：把多台电渗析器串联起来成为一个整体，称为系列。

(f)串联：有段与段串联、级与级串联、台与台串联三种类型，以提高效率。

②常见的电渗析器组装方式

(a)并联组装：

一级一段并联(图 3 -48)：在一台电渗析器内，它的浓、淡室的水流方向不变。水量较大，但水质不变。

二级一段并联(图 3 -49)：与一级一段不同的是加了一个共电极。总运行电压可降低，且可提高一台电渗析器的装膜对数。

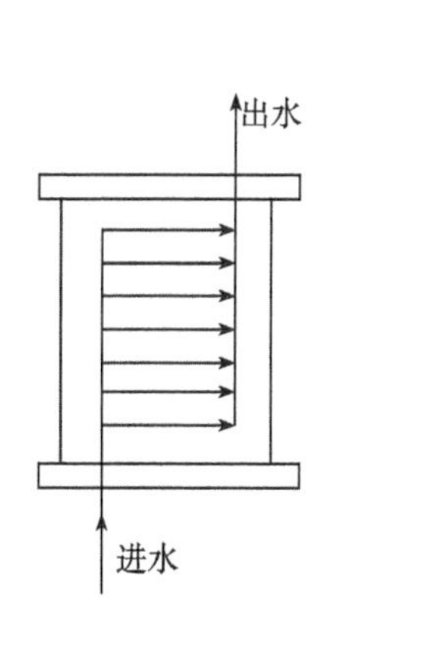

图 3 -48　一级一段并联

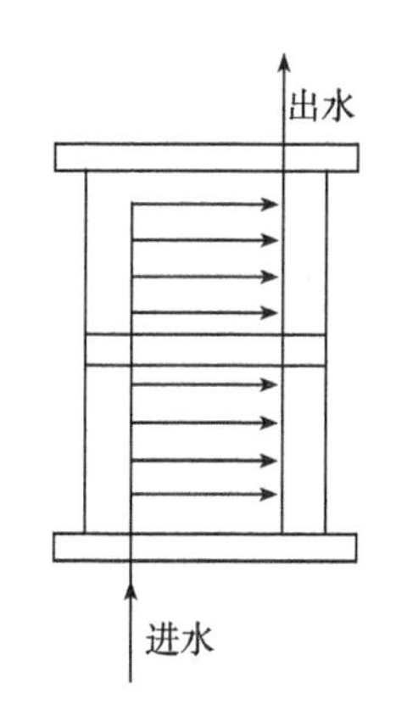

图 3 -49　二级二段串联

(b)串联组装：

一级二段串联(图 3 -50)：在一台电渗析器内，它的浓、淡室的水流方向改变了一次。效率较高，但生产量较小。

二级二段串联(图 3 -51)；与一级二段相比，多了一个共电极。由于电渗析器的运行电压为单段的膜堆电压，所以可在较低的电压下操作，适当提高每级的极限电流。

(c)并联串联混合组装：

图 3 -52 所示为四级二段并联串联混合组装：第一级与第二级并联，第三级与第四级

并联,并联后的两大膜堆再进行串联。其特点是运行电压较低,仅为单级膜堆电压,产水量为两段膜堆之和。

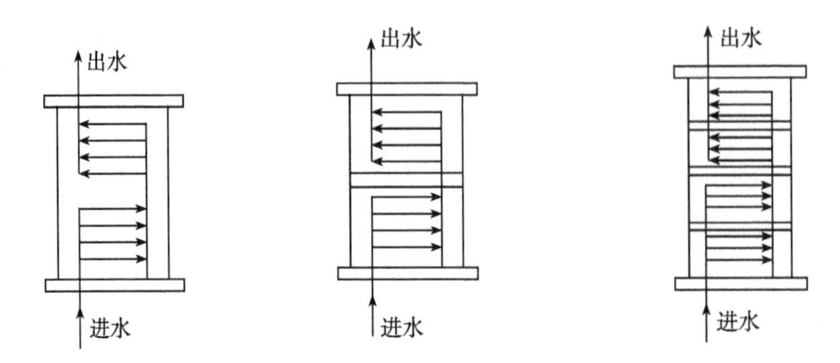

图 3-50　一级二段串联　　图 3-51　二级二段串联　　3-52　四级二段并联串联混合组装

3.5.4.3　后处理工艺

(1)透过水与浓缩液的后处理:

膜对各种溶解离子的分离率不同,对高价离子几乎 100% 去除,而一般离子的去除率仅有 80% ~90% 。水淡化过程常在酸性条件下进行,透过水呈弱酸性并含有 CO_2 气体,所以透过水要进行脱气处理,除去 CO_2 气体,或者加碱调节 pH。

(2)膜污染后的处理:

(a)物理清洗:

物理清洗方法最简单,即用水冲洗膜表面。冲洗水可用膜透过水,也可用进料液。采用低压高流速冲洗膜表面 30min,可使膜的透水性得到一定程度的恢复。采用水和空气混合流体在低压下冲洗膜表面 15min,可有效清洗受有机物污染初期的膜。对内压管采用海绵球清洗内压管膜,可去除软质垢和有机胶体。

(b)化学清洗:

常用的化学清洗剂有:柠檬酸溶液、柠檬酸铵溶液、加酶洗涤剂、过硼酸钠溶液、浓盐酸、水溶性乳化液、H_2O_2 溶液等。

3.5.5　膜分离技术在食品工业中的应用

3.5.5.1　苦咸水淡化

含盐量大于 1000mg/L 的水称为苦咸水,也有人把氯化物含量大于 800mg/L 或硫酸盐含量大于 400mg/L 的水称为苦咸水。苦咸水脱盐流程一般分为三部分:

①前处理系统,用次氯酸钠杀菌,聚合氯化钴(PAC)凝聚沉降分离,双层过滤器或精密过滤器过滤,再用 H_2SO_4溶液调节 pH,最后经过滤池。

②采用一级三段并联反渗透膜组件,水回收率大于 84% ,盐分离率约为 95% 。

③后处理系统,包括在脱气塔内除 CO_2 气体,用活性炭吸附除掉残余氯。

3.5.5.2　纯水制造

采用反渗透、超滤、微滤技术,可以有效地去除水中的胶体、有机物、颗粒及细菌等杂质，而采用电渗析则主要去除离子。采用膜技术后，可减小离子交换柱负荷，延长树脂寿命，延长树脂再生周期，也使终端过滤器寿命延长，人工管理费用减少，污染减少，水质稳定。

3.5.5.3 医疗用水制备

医疗上用的纯水、注射水的制备以及生物碱、维生素、抗生素、激素等相对分子质量低的物质的浓缩可采用反渗透装置。蛋白质、酶、激素、干扰素、疫苗等的分离、精制、脱盐、浓缩以及细菌与病毒的去除可采用超滤装置。孔径小于0.1μm的膜用于超精密过滤，孔径为0.2～0.45μm的膜用于除菌过滤，孔径大于0.65μm的膜用于澄清过滤。

3.5.5.4 乳品工业

反渗透、超滤技术在乳品工业中应用的最主要方面是乳清蛋白的回收、脱盐和脱脂乳的浓缩。该技术应用的发展十分迅速。把原料乳分离得到酪蛋白，剩余的是干酪乳清，含0.7%的蛋白质、5%的乳糖。进行反渗透浓缩时，浓缩极限约为30%，然后进行干燥，可作为牲畜饲料或乳清酪的原料。全干乳清含大量的乳糖和灰分，限制了它在食品中的应用。

当采用超滤分离时，可以在浓缩乳清蛋白的同时，从膜的透过液中分离出乳糖、灰分等，再用反渗透法回收乳糖。多少年来，一直把制造奶酪时产生的副产品乳清作为饲料或排入下水道，造成很大浪费，同时也带来严重的污水净化处理问题。采用超滤法可以提高产品中的蛋白质含量，不仅使制得的乳清粉质量得到根本改善，也减少了污染。

3.5.5.5 饮料加工

以普通蒸发法浓缩果汁，在蒸发过程中，原果汁所含水溶性芳香物质及维生素等几乎全部被破坏、损失。据Morgar等研究，当采用管式反渗透组件在10MPa的操作压力下处理橘子和苹果等果汁时，得到固形物损失率小于1%的浓缩果汁，浓度达40%，其芳香物及维生素等得到了很好的保存。超滤常用于果汁的澄清。采用Abcro 25.4mm单管式超滤组件对固形物含量为25%的果汁，在50℃下可获得$3m^3/d$的膜透水速率。超滤得到的果汁，浊度为0.4～0.6NTU（散色浊度计浊度单位），而常规的澄清过程只得到浊度为1.5～3.0NTU的果汁。由于超滤后果汁中的细菌、霉菌、酵母和果胶被去除，所以其具有较长的货架寿命，可长达2年。

3.5.5.6 豆制品加工

豆制品生产中膜分离的应用主要是从废液中回收蛋白质。废液包括制取大豆蛋白质时的大豆乳清废液，生产豆腐及豆酱等时的大豆预煮液等。如果不合理处置废液，一方面是浪费，另一方面也会造成环境污染。芝加哥的Central Soya公司对大豆乳清采用超滤处理，由于透过液中仍含有相当数量的可溶性固形物，故又进行反渗透处理。

3.5.5.7 淀粉加工

淀粉是一种多糖，是最重要的碳水化合物之一。每年全世界大约生产数千万吨，其中60%用于其他工业中，40%用于食品。淀粉生产过程中会产生大量的废水，其中含有许多可利用的物质，尤其是蛋白质。若直接排放这些废水，不仅蛋白资源损失，还会造成环境污染。对马铃薯汁先采用超滤分离其中的蛋白质等物质，再采用反渗透对超滤后的透过液进行再分离。分离出的浓缩物经再处理后作饲料利用，透过液则再返回磨浆工序。

3.5.5.8 制糖工业废水处理

在糖厂生产中，将产生大量低浓度的含糖液，一般低浓度（1～2°Bx）的含糖液多被作为废水排放掉。这一方面造成糖分的损失，另一方面造成环境污染。用反渗透技术对含糖废液进行处理，糖的分离达99.8%，回收率高且透水率较稳定。

3.5.5.9 动物血液处理

现在人们已经把牛血和猪血作为一种非常有价值的物质加以处理利用。血清常常是利用冷冻升华干燥来处理。由于血清中含水量太高，致使干燥成本过大，故需进行预浓缩，许多国家都在使用超滤达到这一目的。

3.5.5.10 蛋清的浓缩

卵蛋白被大量用于焙烤工业作发泡剂用。采用膜分离和喷雾干燥相结合的工艺，可去除卵蛋白中引起变色的葡萄糖和无机盐小分子，使卵蛋白浓缩，提高干制卵蛋白粉的质量并降低干燥的能耗。

3.5.5.11 酒和含酒精饮料的精制

采用超滤方法能有效地去除酒中的酵母菌、杂菌等，采用反渗透技术可去除酒中的小分子沉淀物，从而改善酒的澄清度，并获得更好的保存性。

在食品工业中，膜过滤应用越来越广泛，还包括超滤提取菠萝蛋白酶、超滤法加工猕猴桃汁及回收蛋白酶、反渗透法浓缩猕猴桃汁、反渗透浓缩番茄浆、饮料脱醇、中草药提取液制备、速溶茶的提取、酱油脱色、柠檬酸分离精制等。

复习思考题

1. 简述压榨原理，分析比较各种典型压榨机械，提高榨汁效率及汁液质量的措施。
2. 比较各种典型离心分离机的结构与性能特点。
3. 用碟片式离心分离机进行离心沉降是否可行？如何调整操作才能够完成？
4. 简述超临界流体萃取技术定义及超临界流体萃取系统的组成。
5. 简述膜分离组件的结构、原理及应用。
6. 设计一种连续果汁超滤澄清系统，并画出设备工艺流程图。

第4章　脱壳与脱皮机械与设备

本章重点及学习要求：本章主要介绍脱壳与脱皮机械与设备的工作原理，设备结构形式、特点与应用。通过本章学习掌握砻谷机、碾米机、脱壳机、果蔬去皮机等典型脱壳与脱皮机械与设备的特点及应用范围。

诸多食品加工原料均为农产品，尤其是植物类原料均带有皮、壳，而皮、壳的化学组成是木质素、纤维素、色素及矿物质等。这类物质基本无食用价值及加工制取价值，常常作为加工副产品处理，同时皮壳的存在直接影响加工过程中具有食用价值的成分的制取，严重影响目标产物的提取效果及提取率。为了制取具有食用价值的成分，提高加工效率，对这类原料常常需要进行脱壳与脱皮处理。脱壳与脱皮处理是谷物、杂粮、油料、坚果、果蔬等带皮壳的物料加工预处理的重要措施；同时亦是保证产品质量、提高加工效率的关键工序之一。由于带有皮壳的加工原料的品种繁多，形状、大小、构造、化学成分、物理特性和结构力学性质各不相同，即使是同一种原料，因生长条件的不同，其加工性质也存在很大差异；加之食品加工的目的不同以及加工的目标产品形态不同，脱壳与脱皮处理要求存在明显差别。因此脱壳与脱皮机械设备的形式多种多样、具有较强的专用性。本章主要介绍砻谷机、碾米机、脱壳机、果蔬去皮机等典型脱壳与脱皮机械与设备。

4.1　脱壳机械与设备

4.1.1　脱壳机理

谷物、油料、坚果等根据其壳的特性、颗粒形状、大小以及壳仁之间结合情况的不同，采用不同的脱壳方法。常用的脱壳方法有碾搓法、撞击法、剪切法及挤压法。

碾搓法是借助粗糙面的碾搓作用破碎皮壳，如用圆盘式脱壳机脱去棉籽外壳，用搓板式去皮机去掉大豆皮，用胶辊砻谷机砻掉稻壳等。撞击法是借助打板或壁面的撞击作用使壳破开，如用离心式剥壳机脱葵花籽壳等。剪切法是借助锐利面的剪切作用使壳破碎，如用核桃剥壳机脱核桃壳、刀板式剥壳机脱棉籽壳等。挤压法是借助轧辊的挤压作用使壳破碎，如用轧辊式剥壳机脱蓖麻籽壳等。

实际上，在任何一种脱壳机的脱壳过程中都是以一种脱壳方法为主兼有其他几种脱壳方法联合作用完成脱壳操作。

脱壳操作的一般要求是脱壳率高、籽仁破碎率低、加工效率高、设备成本低。由于脱壳对象的颗粒大小不同，欲保证脱壳效果，必须采用分级脱壳。在脱壳之前脱壳原料按大小进行分级然后进入脱壳机，如在脱壳过程要求避免损伤籽仁、降低籽仁破损碎率，则需采用回流重脱工艺，即脱壳过程控制降低脱壳率，最大限度避免籽仁脱壳的机械损伤，未脱壳物料回收返回再进行脱壳。

4.1.2 胶辊砻谷机

稻谷的壳含有的大量木质素、粗纤维及二氧化硅不具有食用价值，必须脱除。在稻谷加工的过程中，去除颖壳的过程称为砻谷；进行砻谷作业的设备称之为砻谷机。砻谷操作要求是尽量保持糙米米粒的完整，减少糙米米粒的破碎和爆腰。

目前我国使用的砻谷机械主要是胶辊砻谷机，这种砻谷机的主要工作部件是一对富有弹性的橡胶辊筒，它具有产量大、脱壳率高及产生碎米少等优点，应用很广。

4.1.2.1 胶辊砻谷机的结构组成

胶辊砻谷机由进料机构、砻谷胶辊、轧距调节机构、谷壳分离机构及传动机构等部分组成，结构如图 4－1 所示。砻谷机工作时，稻谷由喂料机构导入两砻谷胶辊之间，在两砻谷胶辊之间的工作区内完成脱壳，然后分离机构将谷壳分离。

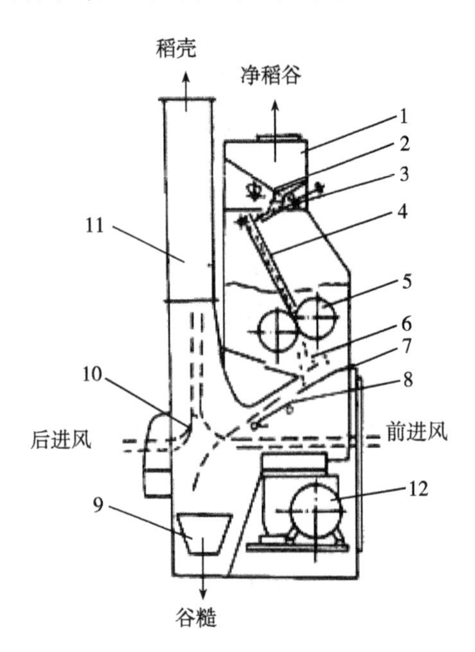

图 4－1 压砣紧辊砻谷机

1—料斗 2—闸门 3—短淌板 4—长淌板 5—胶辊 6—匀料斗
7—匀料板 8—鱼鳞淌板 9—出料斗 10—稻壳分离室 11—风道 12—电机

(1) 进料机构 进料机构的作用是控制流量，并使谷粒按自身长轴方向均匀、快速、准确地进入胶辊间的工作区内，以便脱壳。喂料机构采用两块淌板，按折叠方式装置在流量控制闸门与胶辊之间。两淌板距离为 30～40mm。淌板的主要作用是整流、加速和导向，使稻粒沿轴向均匀排列前进，准确地使谷粒进入两胶辊之间。第一块淌板的倾角小，长度短；第二块淌板的倾角较大(60°～70°)且倾角可调，使淌板的末端始终对准两胶辊的接触线，从而保证了淌板的准确导向作用。

（2）砻谷胶辊 砻谷胶辊是由一个铸铁辊筒上复制一层一定厚度的橡胶制成。砻谷胶辊按使用的橡胶材料不同可分成：黑色、白色和棕色胶辊。用合成橡胶和炭黑的化工原料制成的胶辊称为黑色胶辊；白色和棕色胶辊则是用合成橡胶和白炭黑等化工原料制造的。胶辊按辊筒铸铁芯的不同又可分成三种形式：普通式、套筒式、幅板式，具体形式如图4－2所示。普通式和套筒式多用于辊长3600mm的胶辊，大多采用双支承轴承座，这类形式在我国使用较多；幅板式常用于辊长250mm以下的胶辊，一般采用悬臂式支承轴承座，该形式在国外普遍采用。普通式胶辊安装时要拆卸轴承，轴和胶辊同心度差，安装更换胶辊工作时间长；套筒式胶辊安装时不需要拆卸轴承，可通过锥形圈和锥形压盖保证同心度；幅板式胶辊制造时加工精度和平衡程度容易提高，安装时定位准确，操作方便，运转振动小。

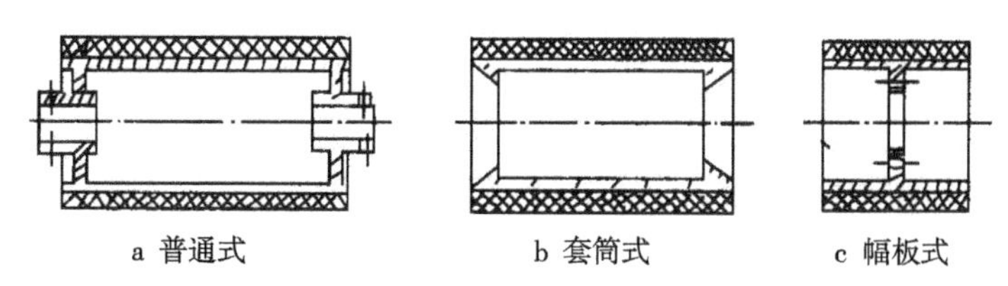

图4－2 胶辊结构形式

（3）轧距调节机构 轧距是指两砻谷胶辊辊筒表面之间的径向距离。砻谷胶辊要求轧距小于脱壳原料谷粒的厚度。轧距调节机构又叫松紧辊机构，其作用是使胶辊对稻谷施加一定的压力，以满足脱壳的需要。常见的松紧辊机构形式有手轮调节机构、机械压砣调节机构和液压或气压自动调节机构三类。机械压砣调节机构的结构如图4－3所示。砻谷机工作时，脱开挂钩，放下杠杆，由于压砣的重力作用，杠杆便绕O_1向下摆动，与其铰接的连杆便带动活动辊轴承臂绕O点转动，使活动辊以一定的压力向固定辊靠拢，与此同时，打开流量调节闸门，稻谷便经淌板进入两辊之间进行脱壳。辊间压力的大小，由压陀重量决定，而压陀的重量，又应根据胶辊的脱壳性能及胶辊磨损情况进行适当调整。停机时，只要在关闭流量调节闸门的同时，抬起杠杆，并将其挂在挂钩上，两辊就分开。该机结构简单、操作方便，其缺点是：当砻谷机突然断料时，为了防止空车运转而磨损胶辊，就需迅速将杠杆抬起，使两辊立即分开。目前定型的压砣松紧辊砻谷机都增设了胶辊自动离合装置，其结构如图4－4所示。胶辊自动离合机构由微型电机、电器元件、摇臂、同步轴和链条等组成。其作用是来料时两胶辊自动合拢，断料时两胶辊自动离开。砻谷机进料时物料冲击进料短淌板，短淌板转动触到行程开关1，此时，电路接通，微型电机即顺向转动，装在电机上的螺母上升，而将链条放松，横杆在重砣的作用下下压使活动辊绕销轴中心转动，向固定辊合拢，实现自动紧辊动作。螺母上升过程中，碰到行程开关2的滚轮，电路中断，微型电机停止转动。在正常工作时，胶辊由重砣控制处于自动紧辊状态。当进料中断时，短淌板借助平衡砣的作用转动复位，离开行程开关1的触头，此时电路接通，微型电机逆向转动，电机轴上的螺母下降，通过链条等将横杆上拉，从而使活动辊离开固定辊，达到自动松辊的目的，螺母下降过程中，碰到行程开关2的下触点时，电路断开，微型电机停止转动。

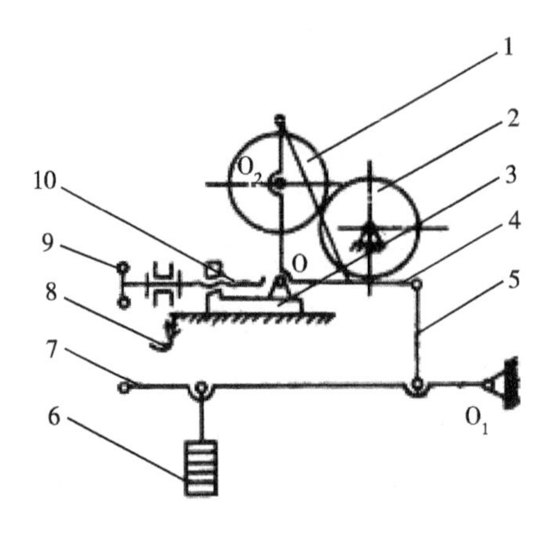

图 4－3　机械压砣轧距调节机构

1—活动辊　2—固定辊　3—滑块　4—活动辊轴承臂

5—连杆　6—压砣　7—杠杆　8—挂钩　9—手轮　10—调节螺杆

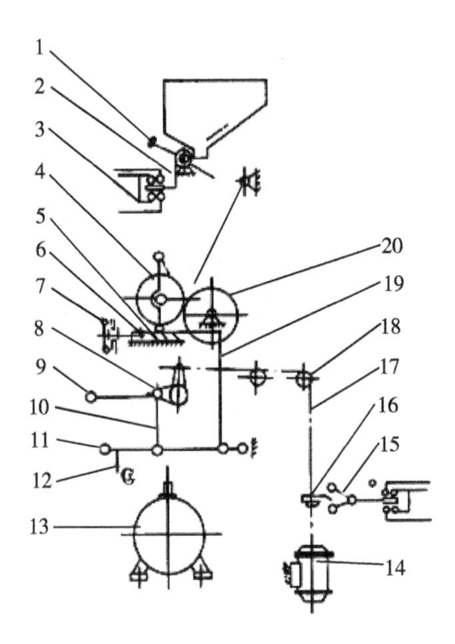

图 4－4　胶辊自动离合装置

1—压砣　2—感应板　3—行程开关 1　4—活动辊

5—滑块　6—调节螺杆　7—手轮　8—摇臂　9—操作杆　10—连杆

11—指示杆　12—压砣　13—电机　14—微型电机　15—行程开关 2

16—滚子链螺母　17—链条　18—滑轮　19—长连杆　20—固定辊

为了防止电机过载发热，在电路设计中设有热继电器；若胶辊自动松辊结构失灵，可通过手动操作杆进行人工操作。

4.1.2.2　工作原理

(1)稻粒进入胶辊的条件(图 4－5)　两胶辊相对旋转、转速相同的条件下，稻粒进入两辊之间被夹住时受到正压力 P_1 与 P_2 及摩擦力 F_1 与 F_2 的作用，接触点 A_1 和 A_2 为起轧点，其与辊中心的连线构成角 α_1 与 α_2，α_1、α_2 称为起轧角，此时 $P_1 = P_2$、$\alpha_1 = \alpha_2$、$F_1 = F_2$。

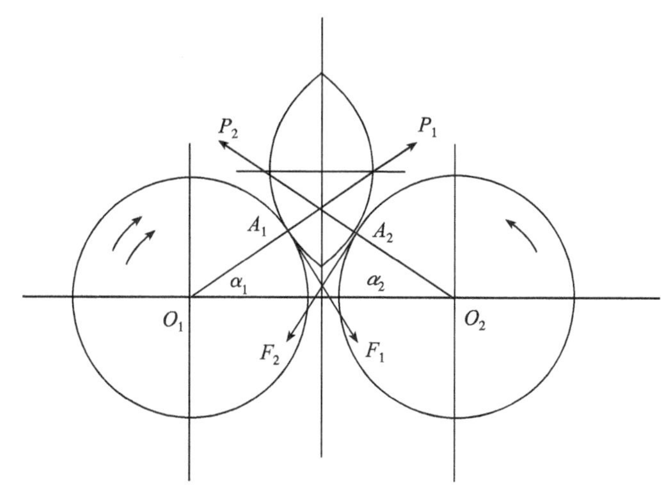

图 4－5　稻谷起轧时受力图

欲使稻粒能被夹入工作区，应满足以下条件：

$$P_1\sin\alpha_1 + P_2\sin\alpha_2 \leqslant F_1\cos\alpha_1 + F_2\cos\alpha_2$$

$$F = fP$$

$$f = \tan\varphi$$

$$\alpha \leqslant \varphi$$

式中：f、φ——胶辊与稻粒的摩擦系数及摩擦角。

　　α——起轧角

要使稻粒进入胶辊工作区内，须满足下列条件：$F_{合} > P_{合}$，即 $\varphi > \alpha$。欲使稻谷进入胶辊并不被胶辊抛出，起轧角不得超过稻谷与胶辊的摩擦角 φ。同时，稻谷入辊的方向必须对准两辊轧距中心并位于两辊中心连接的垂直线上，只有这样稻谷才能迅速被胶辊轧住。

(2)脱壳过程分析　从上述分析可知，若两胶辊的速度相等，$P_1 = P_2$，$F_1 = F_2$，F_1 与 F_2 的合力为 R_1（图 4－6a），P_2 与 F_2 的合力为 R_2。R_1 与 R_2 分别沿 X、Y 轴分解得 R_{1X}、R_{1Y}及 R_{2X}、R_{2Y}。$R_{1X} = R_{2X}$，二力方向相反，作用在同一直线，使稻粒受到挤压，但没有脱壳作用。$R_{1Y} = R_{2Y}$，二力方向相同，只能使稻粒进入胶辊轧区，也无助于脱壳。

若两胶辊的圆周速度不等，其对稻粒的作用力 R_1 及 R_2 也不等，如图 4－6b 所示。若将 R_1 及 R_2 沿 X、Y 轴分解，同样可以得到 R_{1X}、R_{1Y}及 R_{2X}、R_{2Y}。因二胶辊的轧距小于稻粒厚度，因此，稻粒在胶辊工作区内不可能沿 X 轴方向移动，即 $R_{1X} = R_{2X}$，并作用在同一直线上。而 R_{1Y}及 R_{2Y}是一组大小不等、方向相反、作用不在一直线上的变力，其值可按下式计算：

$$R_{1Y} = R_{1X}\tan(\varphi - \alpha_i) \quad R_{2Y} = R_{2X}\tan(\varphi + \alpha_i)$$

式中：α_i——轧角，该角在工作区内是变化的。

当稻粒通过工作区上段时，因轧角小于起轧角而大于零，即 $0 < \alpha_i < \alpha_1$；则：$R_{1Y} < R_{2Y}$。

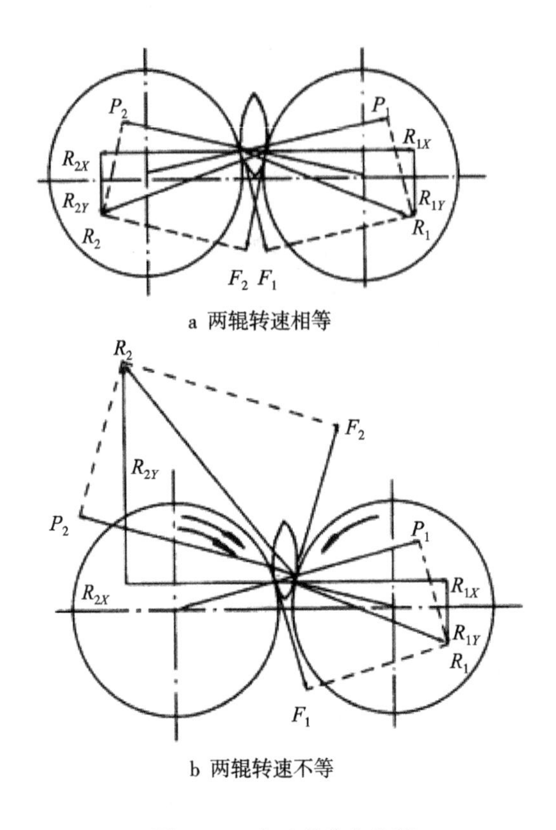

图4－6 壳过程受力分析

当稻粒通过工作区中点时，即 $\alpha_i=0$，则：$R_{1Y}=R_{2Y}$

当稻粒通过工作区下段时，因轧角 α_i 为负，轧角小于零而大于终轧角，即 $0>\alpha_i>\alpha_2$；则 $R_{1Y}>R_{2Y}$。

稻粒的具体脱壳过程如下：假设稻粒是呈单层而无重叠地落入两胶辊之间工作区内，稻粒在起轧一瞬间，由于稻粒处于加速阶段，其速度小于两胶辊的线速度，快、慢辊相对稻粒都有滑动 。当稻粒被轧住后，它在快、慢辊的摩擦力作用下，速度很快加速到慢辊的线速度，但小于快辊的线速度，此时稻粒相对于慢辊静止，而相对于快辊滑动，快辊对稻粒的摩擦力促使稻粒继续加速，而慢辊对稻粒的摩擦力显然阻止稻粒的加速。由于 $R_{1Y}<R_{2Y}$。随着稻粒继续前进，轧距越来越小，稻粒受到的挤压力 R_{1X}、R_{2X} 和摩擦剪切力 R_{1Y}、R_{2Y} 不断增大，当其增大到大于稻壳与糙米的结合力时，稻壳即被撕开，在接触快辊一边的稻壳首先脱壳，如图4－7a所示。

随着稻粒继续前进，接触快辊一侧的稻壳将随着快辊一道向下运动，与糙米逐渐脱离，快辊开始与糙米接触。因糙米与胶辊的摩擦系数大于糙米与稻壳的摩擦系数，而小于稻壳与胶辊的摩擦系数，稻壳相对于二胶辊静止。当通过轧距中点时，糙米的速度介于快、慢辊之间，与快、慢辊都是相对运动，快、慢辊使稻粒两侧的稻壳同时相对于糙米运动，达到最大的脱壳效果，如图4－7b所示。

稻粒通过工作区下段时，快辊继续使糙米加速，直至糙米与快辊一道运动，使糙米离开接触慢辊一侧的稻壳，完成整个脱壳过程(图4－7c)。

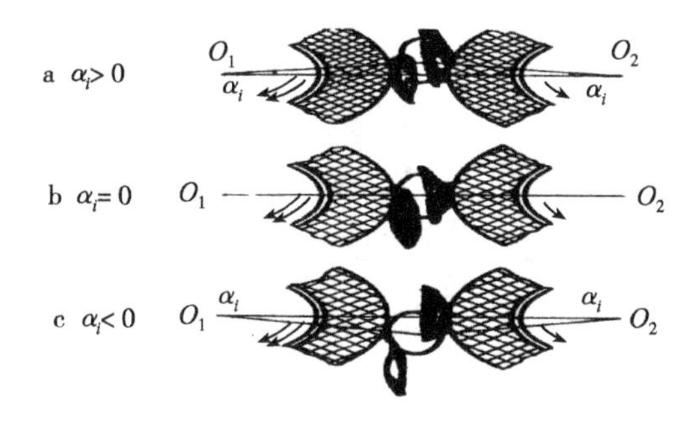

图4－7　脱壳过程

综上所述，稻粒脱壳主要是由 R_{1Y} 及 R_{2Y} 组成的一对摩擦剪切力引起的，它们的产生首先决定于两胶辊的线速度差，因此，要使稻粒脱壳，两胶辊必须保持一定的线速度差。

4.1.2.3　影响稻谷脱壳质量的因素

影响稻谷脱壳质量的因素很多，首先是稻谷的品种、类型、物理结构、水分、籽粒大小、均匀度及饱满程度等因素。稻粒大而均匀、表面粗糙、壳薄而结构松弛、米粒坚实的水稻脱壳容易，碎米少。稻谷水分要适当，水分太高则颖壳韧性大，米粒疏松，易碎，脱壳困难；水分过低也易产生碎米。适宜的稻谷脱壳水分为：粳稻14%～16%；籼稻13%～15%。其次是两胶辊的线速度和线速度差。快辊一般为15～18m/s，适宜的快、慢辊线速度差为2.5 m/s左右。另外，影响脱壳质量的因素还有轧距、压陀重量、稻谷喂入量、胶辊表面硬度等，这些因素可通过查阅有关资料选取。

4.1.3　离心式脱壳机

4.1.3.1　离心式脱壳机的结构组成

离心式脱壳机的结构由进料机构、脱壳机构、卸料斗及传动机构等组成。其结构如图4－8所示。

进料机构由可调料门、料斗组成，其结构如图4－9所示。调节手轮可使料门上下移动，以控制进料量。

脱壳机构由转盘、打板、挡板组成。水平转盘上装有数块打板，挡板固定在圆盘周围的机壳上。转盘上打板的结构具有多种形式，按打板的结构形式可分为直叶片式、弯曲叶片式、扇形甩块式和刮板式转盘，其结构形式如图4－10所示。转盘上打板的结构主要作用是形成籽粒通道并打击(或甩出)籽粒使之脱壳。打板的数量由实验确定，通常为4～36块。对于葵花子脱壳，常采用10～16块打板。挡板采用耐磨材料制作，有圆柱形和圆锥形两种形式。圆锥形挡板(图4－8)因工作面与籽粒的运动方向成一定的角度，能避免籽粒重复撞击转盘，从而减少籽仁的破碎度。而圆柱形挡板的撞击力大，有利于外壳的破碎，适用于具有坚硬外壳的坚果及油料脱壳，如核桃、棕榈子、油桐子等。

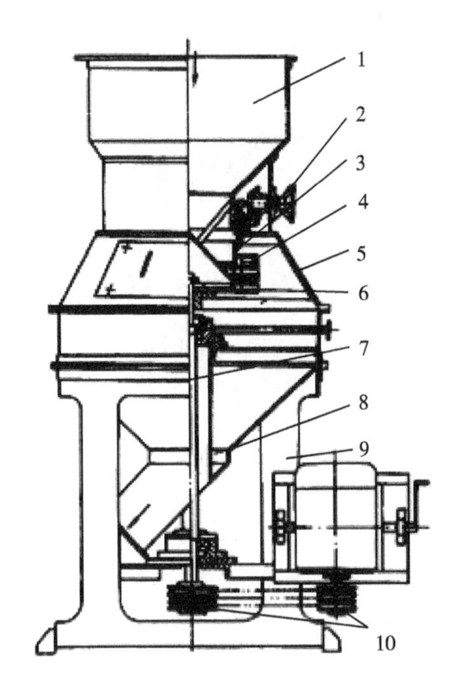

图4-8　离心式脱壳机

1—料斗　2—调节手轮　3—可调节料门　4—打板　5—挡板
6—转盘　7—转动轴　8—卸料斗　9—机架　10—传动带轮

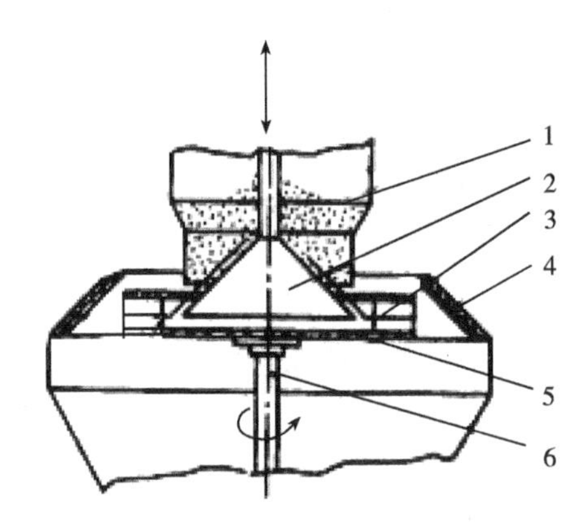

图4-9　进料控制机构

1—料斗　2—可调料门　3—打板　4—挡板　5—转盘　6—转动轴

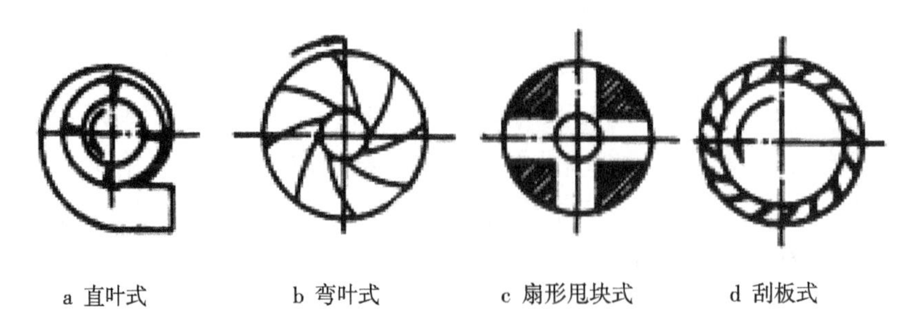

图4-10　转盘形式

4.1.3.2 离心式脱壳机撞击脱壳的工作原理

当油籽以较大的离心力撞击壁面时,壁面对油籽产生一个同样大小的反作用力,使油籽外壳产生变形和裂纹。外壳的弹性变形使油籽离开壁面,而籽仁因惯性力的作用继续朝前运动,并在紧靠外壳变形处产生了弹性变形。当油籽离开壁面时,由于外壳与籽仁具有不同的弹性,其运动速度也不同,籽仁将要阻止外壳迅速向回移动致使外壳在裂纹处拉开破裂,实现壳、仁分离。

4.1.3.3 影响离心式脱壳机脱壳效果的因素

影响离心式脱壳机脱壳效果的因素有物料水分、撞击速度、物料撞击点、挡板角度等。根据试验,转盘外缘的适宜圆周速度为:葵花子 30 ~ 38m/s,棕榈子约 31m/s,油茶子约 11m/s。关于撞击点的确定,必须考虑被撞击物的结构。如葵花子为长条形,籽粒长轴前后的壳、仁之间都有间隙,中间部位没有间隙,因此葵花子经转盘甩出与挡板的撞击点最好在其长轴的前后部位,这样,不但易于脱壳,且籽仁也不易破碎,为此,西安油脂科学研究所研究出 V 形槽甩块式转盘。葵花子由高速旋转的转盘中部进入 V 形槽甩块之间,经 V 形槽导向,使葵花子沿长轴方向飞向挡板,达到了良好的撞击脱壳效果。

4.2 脱皮机械与设备

4.2.1 去皮原理

稻谷制米、果蔬加工通常均需先进行脱皮作业。由于原料的种类不同,皮层与仔仁、果肉结合的牢固程度不同以及生产的产品不同,对原料的去皮要求也不同。稻谷制米要求去皮的同时最大限度减少机械损伤、保证白米的完整性;制造果蔬罐头时常常对果蔬表面及形状有一定的要求,因此果蔬去皮的基本要求是去皮完全、彻底,原料损耗少。目前食品加工中常用的去皮方法有机械法去皮和化学法去皮。

机械法去皮应用较广,既有简易的手工去皮又有特种去皮机。按去皮原理不同可分为机械摩擦去皮和机械切削去皮。苹果、梨、柿等果大,皮薄,肉质较硬,常常使用机械切削去皮,常用旋皮机。旋皮机是将待去皮的水果插在能旋转的插轴上,靠近水果一侧安装(或手持)一把刀口弯曲的刀,使刀口贴在果面上。插轴旋转时,刀就从旋转的水果表面上将皮削去。旋皮机插轴的转动有手摇、脚踏和电动三种形式。此法去皮较快,但不完全,还需用手工加以修整,果肉损失较高。在旋车去皮之前应有选果工序,以保持水果大小基本一致。胡萝卜、马铃薯等块根类蔬菜原料去皮大多采用机械摩擦去皮机。机械摩擦去皮机是依靠工作构件与原料之间的摩擦作用,从而使物料的皮层被擦离。机械摩擦去皮对物料的组织有较大的损伤,而且擦皮后物料表面粗糙,使用范围受到限制。

化学法去皮又称碱液去皮。即将果蔬在一定温度的碱液中处理适当的时间,取出后,立即用清水冲洗或搓擦,外皮即脱落,并洗去碱液。此法适用于桃、李、杏、梨、苹果等去皮及橘瓣脱囊衣。由于桃、李、苹果等的果皮由角质、半纤维素等组成,果肉为薄壁细胞组成,果皮与果肉之间为中胶层,富含原果胶及果胶,将果皮与果肉连接。当果蔬与碱液接触,果皮的角质、半纤维素被碱腐蚀而变薄乃至溶解，果胶被碱水解而失去胶凝性，果肉薄壁细胞膜较能抗碱。因此，用碱液处理后的果实，不仅容易去除果皮，而且对果肉损伤较少，可以提高原料的利用率。但是，化学去皮生产用水量较多，去皮过程产生的废水多。

4.2.2 碾米机

4.2.2.1 碾米机的工作原理及类型

碾米机就是利用机械作用力对糙米进行去皮的机器。糙米皮层虽含有较多的营养素如脂肪、蛋白质等，但粗纤维含量高，吸水性、膨胀性差，食用品质低劣且不耐储藏。糙米去皮是稻谷制米中关系产品质量的重要工序。大米加工精度是按糙米去皮的程度来衡量的，即糙米去皮愈多，成品大米精度愈高。碾米去皮工作要求在保证成品大米符合规定的质量标准的前提下，应尽量保持米粒完整，减少碎米，提高出米率，提高大米纯度，降低动力消耗。

糙米去皮按去皮过程作用力的特性分为摩擦擦离碾白和研削碾白。

碾米过程中由于米粒与碾白室构件之间、米粒与米粒之间的相对运动，糙米在碾白室内产生相互间的摩擦力，当这种摩擦力深入到米粒皮层的内部，米皮沿胚乳表面产生相对滑动，并被拉伸、断裂、直至擦离。这种由于强烈的摩擦作用而使糙米皮层剥落的过程称为擦离作用，利用擦离作用使糙米碾白的方法称为摩擦擦离碾白。摩擦擦离碾白过程如图4－11所示。摩擦擦离碾白去皮压力较大，又有压力碾白之称。碾白时所需摩擦力应大于米粒皮层自身的结构强度和米皮与胚乳的结合力，而小于胚乳自身的结构强度。表面柔软、塑性好、涩性大的米粒，应用摩擦擦离碾白效果较好。而米粒表皮干硬、塑性差则碾白效果差。摩擦擦离碾白制成的大米，表面细腻光洁、精度均匀、色泽较好，但碾白压力大，容易产生碎米。

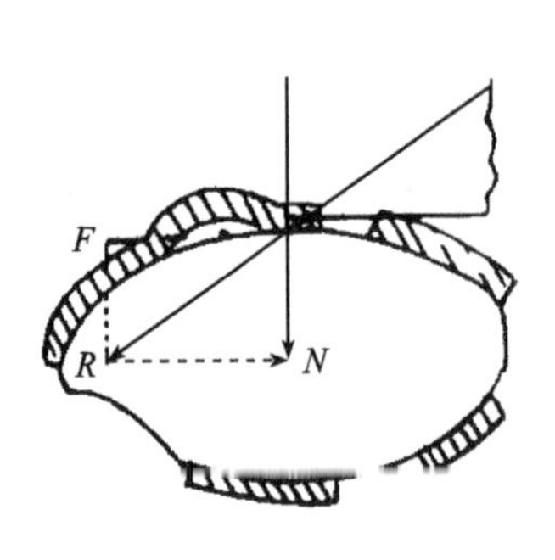

图4－11　摩擦擦离碾白

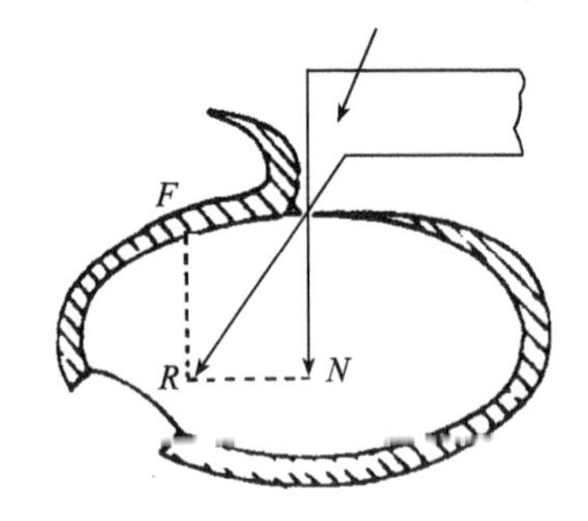

图4－12　研削碾白

研削碾白就是借助高速转动的金刚砂辊筒表面无数锐利的砂刃对糙米皮层进行运动研削，使米皮破裂脱落，达到糙米碾白的目的。研削碾白过程如图4－12所示。研削碾白压力小，产生碎米较少，成品表面光洁度较差，米色暗而无光，易出现精度不均匀现象，米糠含淀粉较多。研削碾白适宜于碾制子粒结构强度较差，表皮干硬的粉质米粒。

碾米机的种类较多。根据碾白去皮作用方式不同，碾米机分成擦离型（压力型）碾米机、研削型（速度型）碾米机和混合型碾米机；根据碾米机的碾辊安置方式不同，分为立式碾米机和卧式碾米机；根据碾米机的碾辊材料不同，分为砂辊碾米机、铁辊碾米机和铁砂辊碾米机。

擦离型碾米机均为铁辊式碾米机，因具有较大的碾白压力又称为压力式碾米机。擦离型碾米机碾辊线速较低，一般在 5m/s 左右，碾制相同数量大米时，其碾白室容积比其他类型的碾米机要小，常用于高精度米加工，多采用多机组合，轻碾多道碾白。

研削型碾米机均为砂辊碾米机，其碾辊线速较大，一般为 15m/s 左右，故又称为速度式碾米机。研削型碾米机碾白压力较小，与生产能力相当的擦离型碾米机相比，机形较大。

混合型碾米机为砂辊或砂铁辊结合的碾米机，其碾白作用以研削为主，擦离为辅，碾辊线速介于擦离型碾米机和研削型碾米机之间，一般为 10m/s 左右。混合型碾米机兼有擦离型和研削型碾米机的优点，工艺效果较好，碾白平均压力和米粒密度比研削型碾米机稍大，机形适中。

4.2.2.2 碾米机的结构

碾米机的主要工作构件由进料机构、碾白室、出料机构、传动机构以及机座等部分组成。其中碾白室是碾米机的心脏，是影响碾米工艺效果的关键因素。组合式碾米机还有擦米室、米糠分离机构等；喷风米机还有喷风机构等。我国碾米定型设备 NS 型砂辊碾米机结构如图 4－13 所示。

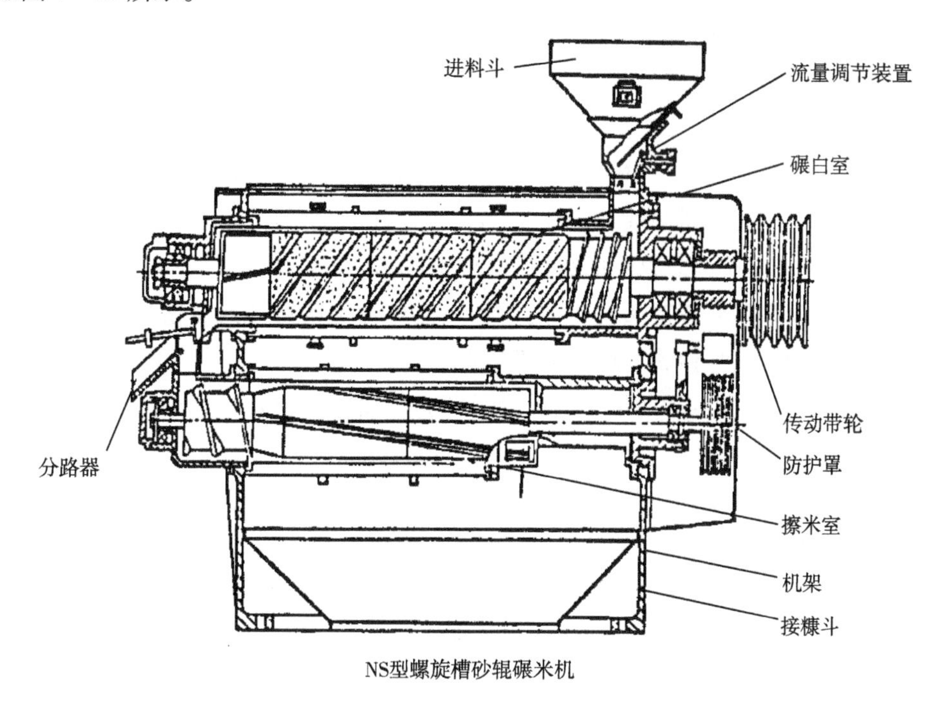

图 4－13 NS 型砂辊碾米机

(1) 进料装置 进料机构主要保证物料连续稳定地进入碾白室。进料机构由进料斗、流量调节机构和螺旋输送器三部分组成。进料斗的主要作用是缓冲、存料，以确保连续正常的生产，其形式有正方形和圆柱形两种，一般存料量为 30 ~ 40kg。流量调节机构有两种形式，一是闸板调节机构，利用闸板开启口的大小，调剂进流量的多少，另一种由全启闭闸板和微量调节两部分组成的调节机构。螺旋输送器主要作用是将物料从进料口推入到碾白室内。

(2) 碾白室　碾白室是碾米机的关键工作构件，主要由碾辊、米筛、米刀或压筛条三部分组成。米筛装在碾辊外围，与碾辊间的空隙即为碾白间隙。碾辊转动时，糙米在碾白室内受机械力作用而得到碾白，碾下的米糠通过米筛筛孔排出碾白室。

(3) 排料装置　排料装置位于碾白室末端，一般由出料口和出口压力调节机构组成。横式碾米机的出料方式有径向出料和轴向出料两种。轴向出料时，碾辊出料端必须有一段带斜筋的拨料辊。出口压力调节机构的作用主要是控制和调节出料口的压力，以改变碾白压力的大小。因此，要求出口压力调节机构必须反应灵敏、调节灵活，并能自动启闭，以便在一定的碾白压力范围内起到机内外压力自动平衡的作用。

(4) 传动装置　碾米机的传动装置基本上都是由窄 V 型带、带轮及电机等部分组成。电机功率由窄 V 型带通过带轮传递给碾辊传动轴，从而带动碾辊转动。由于碾米机类型不同，碾辊传动轴可横放和竖放，因此带轮有在传动轴一侧的，也有在传动轴上方或下方的。V 型带的规格、型号和根数应根据碾米机的功率大小来选择。

糙米由进料斗经流量调节机构进入碾白室后，被螺旋输送器送到碾白室，受碾辊作用，碾白去皮并沿碾辊轴向出口推进，碾白产生糠粉脱离米粒，排出筛孔。

4.2.3　离心擦皮机

离心擦皮机又称为去皮机。离心擦皮机是依靠旋转的工作构件对原料施加离心力，物料在离心力的作用下，在机器内上下翻动并与机器构件产生摩擦，从而使物料的皮层被擦离。用离心擦皮机去皮作业对物料的组织有较大的损伤，而且处理以后物料表面粗糙不光滑，一般不适宜作为整只果蔬罐头的生产原料，只能作为生产切片或制酱的原料。离心擦皮机常用于处理胡萝卜、马铃薯等块根类蔬菜原料。

离心擦皮机工作机构主要由工作圆筒、旋转圆盘、加料口、卸料口、排污口及传动等部分组成。其结构如图 4 - 14 所示。

工作圆筒内表面是粗糙的，圆盘表面为波纹状，二者大多采用金钢砂粘结的表面。当物料从加料斗落到旋转圆盘波纹状表面时，因离心力作用被抛至圆筒壁，与筒壁粗糙表面摩擦而达到去皮的目的。擦皮工作时，水通过喷嘴送入圆筒内部，卸料口的闸门由把手锁紧，擦下的皮用水从排污口排去；已去皮的马铃薯靠离心力的作用从打开闸门的卸料口自动排出。由于在装料和卸料时电动机都在运转，因此卸料前应先关闭水阀门，停止注水，以免舱口打开后水从舱口溅出。

擦皮机适合处理胡萝卜、马铃薯等块根类原料，以及切片或制酱的罐头生产原料的去皮作业。

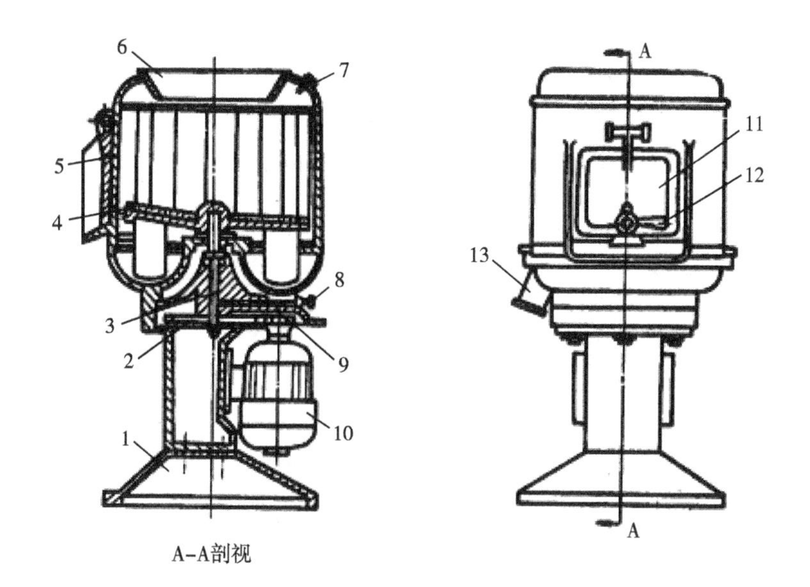

图 4-14　擦皮机结构

1—机座　2—齿轮　3—轴　4—圆盘　5—圆筒　6—加料斗

7—喷嘴　8—加油孔　9—齿轮　10—电机　11—卸料门　12—把手　13—排污口

4.2.4　湿法碱液去皮机

碱液去皮机属于化学去皮设备，根据用水量的大小可分为湿法碱液去皮和干法碱液去皮两类。湿法碱液去皮首先利用热的稀碱液对被处理的果蔬原料表皮进行腐蚀，然后用水冲洗将皮层脱离。而干法碱液去皮是将果蔬原料表皮经热的稀碱液处理以后，采用机械摩擦将皮层脱离。

湿法碱液去皮机的工作结构主要由物料传输链带、碱液喷淋及碱液循环系统组成，其结构如图 4-15 所示。物料传输链带为一条回转的链带，由安装在机架上的传动装置带动。根据去皮工艺，依次通过热稀碱喷淋段、腐蚀段及冲洗段。被处理的果蔬原料放置在传输链带上，随输送链带运动而连续从进料端向出料端运动，在运动过程中受到碱液的喷

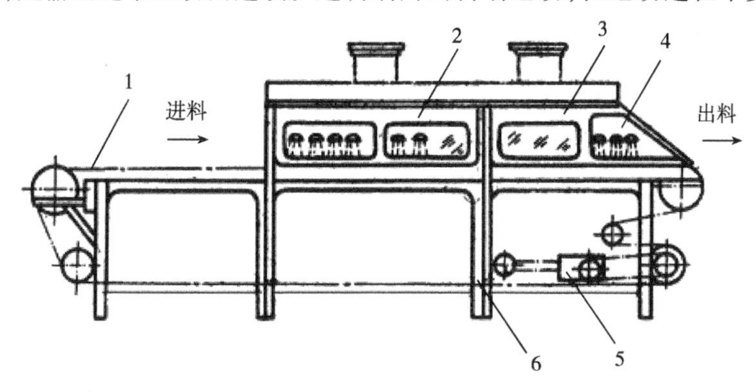

图 4-15　湿法碱液去皮机

1—输送带　2—淋碱段　3—腐蚀段　4—冲洗段　5—传动系统　6—机架

淋腐蚀完成去皮作业。物料传输链带具有调速装置,以适应不同淋碱时间的需要。碱液循环系统如图4-16所示。将调整好浓度的碱液,放入碱液池内,由防腐泵送到加热器中进行加热。具有一定温度的碱液进入隧道箱,自隧道箱进入碱液池,再由泵送进蒸汽加热器加热,如此循环。碱液进行加热和循环使用,可降低生产成本。

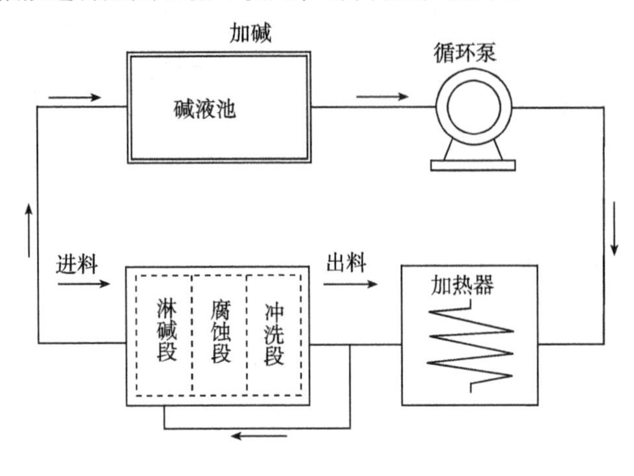

图4-16　碱液循环系统

湿法碱液去皮机适合于桃、梨的去皮。桃子去皮工艺流程:切半去核(切面朝下)→进料→淋碱→腐蚀→冲洗→出料。在淋碱段设有稀碱液喷淋管,物料在该段喷淋稀碱液5~10s,再经过15~20s进行腐蚀,然后用高压冷水喷射冲洗去皮。梨去皮工艺:将梨浸泡在碱液中,然后用水冲洗,将皮除去。该机的技术特性见表4-1。

湿法碱液去皮机进行碱液去皮时,碱液的浓度、温度和处理时间随果蔬种类、品种和成熟度的不同而异,必须控制好,要只去掉果皮而不伤及果肉。对每批原料所用的碱液浓度、温度和处理时间要先作小试,再确定处理条件,以达到良好的处理效果。

表4-1　湿法碱液去皮机技术特性

项目	参数
生产能力	10t/班
输送链带宽(不锈钢网)	580mm
主轴电动机J0416	1kW,940r/min
蜗轮减速器	速比30
碱液循环泵	2BA-6
水泵	2BA-6
外形尺寸(长×宽×高)	5910mm×1240mm×1650mm
设备总重	1200kg

生产过程中在原料进入碱液喷淋前,先用沸水或蒸汽处理片刻,提高温度后,再用碱液处理;或将原料先用碱液冷处理片刻,再用高温处理,这样去皮效果好,无损伤果肉的危险,也节约碱液的用量。经碱液处理的果品,必须立即投入冷水中浸洗,反复搓擦、淘洗、换水,

除去果皮及黏附的碱液。各种果品用碱液去皮条件参见表 4－2。

表 4－2　各种果品用碱液去皮条件

果品种类	NaOH 碱液浓度/%	碱液温度/℃	处理时间/S
桃	1.6～3.0	90 以上	60～120
李	2～3～8	90 以上	60～120
杏	3～6	90 以上	60～120
苹果	8～10～12	90 以上	60～120
梨	8～10～12	90 以上	60～120
橘瓣	0.8～1.0	30～60～90	15～60

湿法碱液去皮机的碱液蒸汽隔离效果较好，去皮效率高，结构简单，操作方便，适用范围较宽，但湿法碱液去皮需消耗大量的水，同时产生大量的废水。湿法碱液去皮机适用于桃、杏、梨、苹果、番茄、马铃薯及红薯等多种果蔬原料的去皮操作。

4.2.5　干法碱液去皮机

干法碱液去皮是指果蔬原料表皮经热的稀碱液处理以后，采用机械摩擦将皮层脱离。

干法碱液去皮机结构如图 4－17 所示。去皮装置用铰支承和支柱安装在底座上，倾角可在 30°～45°间进行调节。去皮装置包括一对侧板，它支撑与摩擦轮键合的轴，轴上安装许多去皮圆盘，电动机通过皮带使轴按图示箭头方向旋转，压轮保证皮带与摩擦轮紧贴。相邻二轴上的圆盘要错开，以提高搓擦效果。圆盘的胶皮要容易弯曲，不宜过厚，一般为 0.8mm。橡胶要求柔软且富有弹性，表面要光滑，以免损伤果肉。装在两侧板上面的是一组桥式构件，每一构件上自由悬挂一挠性挡板，用橡皮或织物制成。这些挡板对物料有阻滞作用，强迫物料在圆盘间通过而不是在圆盘上面通过，以提高擦皮效果。去皮装置技术参数见表 4－3。

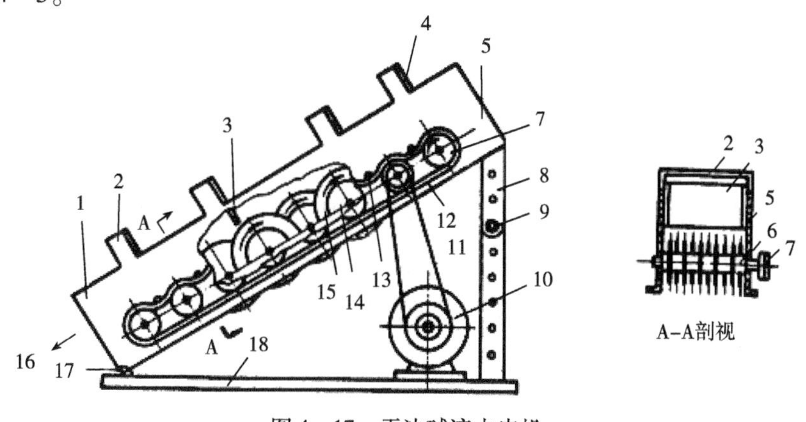

图 4－17　干法碱液去皮机

1—去皮装置　2—桥架装置　3—挠性挡板　4—进料　5—侧板　6—轴
7—摩擦滑轮　8—支柱　9—销轴　10—电机　11—传动皮带　12—滑轮皮带
13—压轮　14—支板　15—圆盘　16—出料　17—铰链　18—底座

干法碱液去皮机工作过程是将用碱液或蒸汽处理过表面松软的果蔬原料从进料口加入倾斜的去皮装置中，果蔬原料由于本身的重力作用而向下移动，在移动过程中受到去皮装置上柔性圆盘的搓擦作用而去皮。去皮过程如图4－18所示，物料把圆盘胶皮压弯，形成接触面，因圆盘转速比物料下移速度快，它们之间产生相对运动和搓擦作用，结果由于旋转圆盘的搓擦作用，可以在不损伤果肉的情况下把皮去掉。物料在下移过程中与圆盘的接触不断变化，最后就将果蔬表皮全部去除，去皮后的果蔬从排料口处排出，皮渣从装置中落下由盘或槽收集。

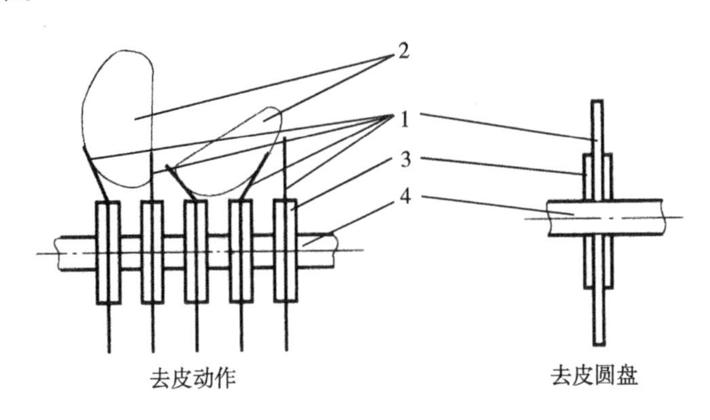

图4－18　去皮过程及去皮圆盘

1—圆盘　2—物料　3—支板　4—主轴

表4－3　去皮装置技术参数

去皮圆盘	技术参数
直径	114.3毫米，共16排，每排5只圆盘
间距	19.05毫米
转速	60转/分
厚度	0.8毫米

原料在进入去皮装置前需进行碱液处理，碱液处理采用碱液温度65～100℃，氢氧化钠浓度因原料不同而异，马铃薯为15%～30%，桃、杏为3%～5%。番茄不用碱液处理，只用蒸汽喷淋。对皮厚实的苹果及梨等，可先用蒸汽处理，后用碱液处理。经去皮装置去皮后的果蔬，可用少量水冲洗将皮完全去除，用水量为原料量10%左右。

与湿法碱液去皮机相比，干法碱液去皮机具有结构简单、去皮效率高、节约用水及减少污染等优点。

复习思考题

1. 简述常用的脱壳方法的类型、原理及特点。

2. 简述砻谷机的主要工作构件的形式、作用及特点。

3. 简述离心式脱壳机的主要工作构件的作用及特点。

4. 简述碾米机类型、原理及特点。

5. 简述碾米机的主要工作构件的作用及特点。

6. 简述离心擦皮机的主要工作构件的作用及特点。

7. 简述离心擦皮机与碱液去皮机的主要区别。

8. 简述湿法碱液去皮机与干法碱液去皮机的主要区别。

第5章　粉碎和切割机械与设备

本章重点及学习要求：本章主要介绍爪式粉碎机、锤片式粉碎机、辊式粉碎机、超微粉碎机、肉类及果蔬切割机械与设备的工作原理与设备结构形式及特点与应用。通过本章学习掌握常见切割和粉碎原理；掌握切割和粉碎机械主要类型及其性能特点；掌握常见切割和粉碎机械典型作业构件的基本结构；了解提高切割质量和粉碎机械效率的途径。

固体物料在机械力的作用下，克服内部的凝聚力，分裂为尺寸更小的颗粒，这一过程称为粉碎操作。粉碎操作在食品加工中占有非常重要的地位，粉碎可以增加固体的表面积，有利于干燥、溶解、浸出等进一步加工，特别是固体组分的物料粉碎后进行混合，可以提高混合的均匀度，满足工艺要求；通过粉碎满足某些产品质量的需要，物料粉碎到足够细小的颗粒，才能保证产品的品质均匀一致。特别是工程化、功能性食品由多种原料配制形成，原料必须粉碎恰当的粒度，才能保证产品品质均一。粉碎是食品加工工艺过程中不可缺少的工序之一。

食品加工中常用的切割和粉碎机械主要有爪式粉碎机、锤片式粉碎机、辊式粉碎机、超微粉碎机、肉类及果蔬切割机械与设备等。

5.1　粉碎概述

颗粒的大小称为粒度，是表示固体粉碎物的代表性尺寸。粉碎后的颗粒，不仅形状不一致，大小也不一致。球形颗粒的粒度以其直径表示。对于粒度不一致的非球形颗粒群体，只能用平均粒度来表示。平均粒度的计算方法因粒度及粒度分布的测定方法不同而不同。

根据粉碎的粒度大小，可以将粉碎分成以下几种级别：粗破碎——物料被破碎到200～100mm；中破碎——物料被破碎到70～20mm；细破碎——物料被破碎到10～5mm；粗粉碎——物料被粉碎到5～0.7mm；微粉碎（细粉碎）——物料被粉碎到100μm以下；超微粉碎——物料被粉碎到25～10μm。

5.1.1　粉碎方式

物料切割和粉碎时受到的机械作用力通常有挤压力、冲击力和剪切力。根据切割和粉碎时施力种类与方式的不同，物料切割和粉碎的基本方法包括挤压、冲击、剪切和研磨等粉碎形式，如图5－1所示。

（1）冲击粉碎　利用物料与工作构件的极高的相对速度，使物料在瞬间受到很大的冲击力而被粉碎。此方法适合于脆性物料的粉碎。

(2)挤压粉碎 利用工作构件对物料的挤压作用，产生很大的压应力，使其大于物料的抗压强度极限，将物料粉碎。挤压粉碎主要适合于脆性物料。

(3)剪切粉碎 利用工作构件对物料的作用，使剪切力大于物料的剪切强度极限，将物料粉碎。此方法主要适合于塑性物料。

(4)研磨粉碎 利用物料与工作构件表面间相对运动的挤压和摩擦，使物料产生压应力和剪应力，将物料粉碎。

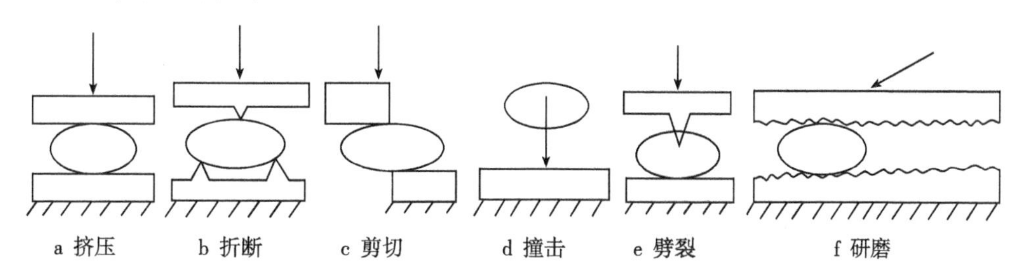

图 5－1 粉碎形式

粉碎是一个极其复杂的过程，切割机械的粉碎方式主要是剪切，而绝大多数的粉碎机械同时具有两种或两种以上的粉碎方式。

5.1.2 粉碎机械与粉碎操作

粉碎操作可分为干法、湿法及低温三种。干法粉碎时，物料的水分含量应有一定限制。水分过高的物料，须经干燥处理。湿法粉碎时，物料悬浮于载体液流中进行研磨。水是常用的载体，可降低物料强度。实践证明，湿法操作一般消耗能量比干法大，同时设备的磨损也比较重。但湿法比干法易获得更细的制品，所以在食品的超微粉碎中应用广泛。低温粉碎操作指物料在常温下有热塑性或非常强韧，使粉碎困难，而冷却到低温，使材料成为脆性后再粉碎。

食品加工各行业的粉碎操作，由于原料物性、被粉碎物料的大小和粉碎比的不同，使用的粉碎机械也各有不同，见表 5－1。

表 5－1 粉碎机的选择

粉碎力	粉碎机	特点	用途
冲击	锤式粉碎机	适用于硬或纤维质物料的中、细碎，要发生粉碎热	玉米、大豆、谷物、甘薯、甘薯瓜干、粕料榨饼、砂糖、干蔬菜、香辛料、可可、干酵母
	盘击式粉碎机	适用于中硬或软质物料的中、细碎	
挤压	滚筒压碎机	适于软质物料的中碎	马铃薯、葡萄糖、干酪
剪切	切割机、斩肉机、绞肉机	软质粉碎	肉类、水果
挤压剪切	辊磨机（光辊或齿辊）	由齿形的不同适于各种不同用途	小麦、玉米、大豆、油饼、咖啡豆、花生、水果
	盘磨	可以在粉碎的同时进行混合，制品粒度分布宽	食盐、调味料、含脂食品
	盘式粉碎机	干法、湿法都可用	谷类、豆类

续表

粉碎力	粉碎机	特点	用途
剪切 冲击	冲击式机械粉碎机	粉碎粒度细小	超微粉碎
	气流粉碎机		

5.2 普通粉碎机

5.2.1 销棒式粉碎机

销棒式粉碎机又称为齿爪粉碎机，主要由进料斗、动齿盘、定齿盘、环形筛网等组成，销棒（齿爪）粉碎机结构简图如图5－2所示。定齿盘上有两圈定齿，齿的断面呈扁矩形，动齿盘上有三圈齿，其横截面是圆形或扁矩形，为了提高粉碎效果，通常定齿盘和动齿盘上的齿要求交错排列。

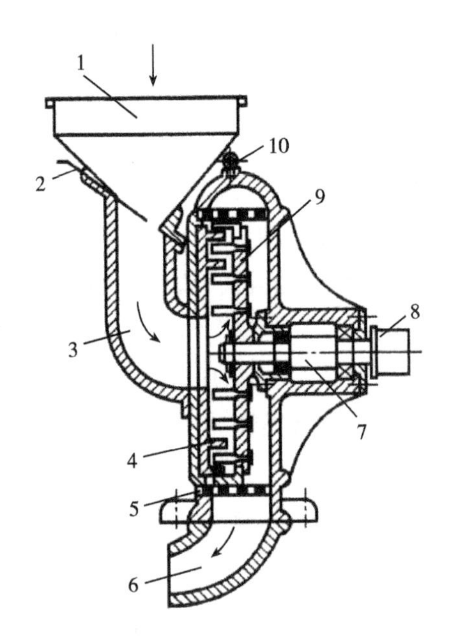

图5－2　销棒（齿爪）粉碎机结构简图

1—进料斗　2—流量调节板　3—入料口　4—定齿盘　5—筛网
6—出粉管　7—主轴　8—带轮　9—动齿盘　10—起吊环

工作时，动齿盘高速旋转，产生强大的离心力场，在粉碎腔中心形成很强的负压区，物料从定齿盘中心吸入，在离心力的作用下，物料由中心向外扩散，物料首先受到内圈转齿及定齿撞击、剪切、摩擦等作用而被初步粉碎，物料在向外圈的运动过程中，线速度逐步增高，受到越来越强烈的冲击、剪切、摩擦、碰撞等作用而被粉碎得越来越细。最后物料在外圈齿与撞击环的冲击与反冲击作用下得到进一步粉碎而达到超细化。

销棒（齿爪）粉碎机具有结构简单、生产能力大、能耗低、成本低等特点，适合于谷物的粉碎，但作业噪声大，物料升温较快，产品中含铁量较大。磨齿与磨盘刚性连接，过载能力低，使用时应避免金属异物进入粉碎机，以免造成设备的损坏。

5.2.2　锤式粉碎机

锤式粉碎机在食品加工中应用十分广泛，该机具有结构简单、适用范围广、生产率高和产品粒度便于控制等特点。目前主要应用于谷物籽粒、咖啡、可可、糖、盐、红薯、果蔬、茎秆、饼粕等物料的粉碎加工。

5.2.2.1　工作原理

锤片式粉碎机的主要工作部件是安装有若干锤片的转子和包围在转子周围的静止的衬板及筛板。工作时，原料从喂料斗进入粉碎室，受到高速回转锤片的打击而破裂，以较高的速度飞向齿板，与齿板撞击，如此反复打击、撞击，使物料粉碎成小碎粒。在打击、撞击的同时还受到锤片端部与筛面的摩擦、搓擦作用而进一步粉碎。此时，较细颗粒由筛片的筛孔漏出，留在筛面上的较大颗粒，再次受到粉碎，直到从筛片的筛孔漏出。

5.2.2.2　锤式粉碎机的分类

按粉碎机的进料方向，可分为切向喂料式、轴向喂料式和径向喂料式3种，如图5-3所示。按某些部件的特性又可分为水滴形粉碎室式和无筛粉碎机两种形式。

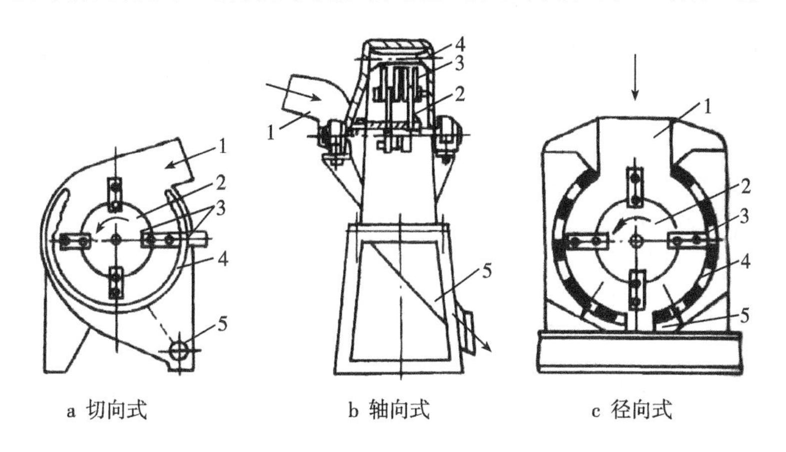

图5-3　锤片粉碎机类型

1—进料斗　2—转子　3—锤片　4—筛片　5—出料口

5.2.2.3　主要结构

锤式粉碎机一般由进料机构、转子、衬板、筛板、出料机构和传动机构等部分组成，如图5-4所示。

(1)进料机构　进料斗内有流量控制和导向装置，进料处装有磁选器，用于清除物料中的铁质杂质。

(2)粉碎室　粉碎室由转子和固定安装在机座上的衬板和筛板组成。衬板由耐磨金属制成，内表面粗糙或为齿型，筛板由钢板冲孔并经表面处理制成。转子由主轴、锤片架、锤片销、锤片和轴承组成。转子上有若干个锤片架，锤片通过锤片销安装在锤片架上。静止

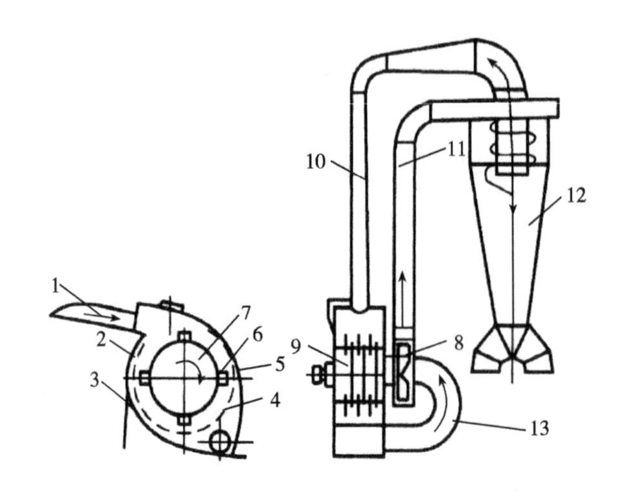

图 5 –4　锤片粉碎机

1—喂料斗　2—上机体　3—下机体　4—筛片　5—齿板　6—锤片
7—转子　8—风机　9—锤架板　10—回料管　11—出料管　12—集料筒　13—吸料管

时，锤片下垂；转子高速旋转时，由于离心力的作用，锤片成放射状排列运动，以高速撞击、切削物料，其线速度一般为 80 ~ 90m/s。

锤片的形状有几十种，常用的有 8 种，如图 5 –5 所示。其中以矩形锤片用得最多，它通用性好，形状简单，易制造。

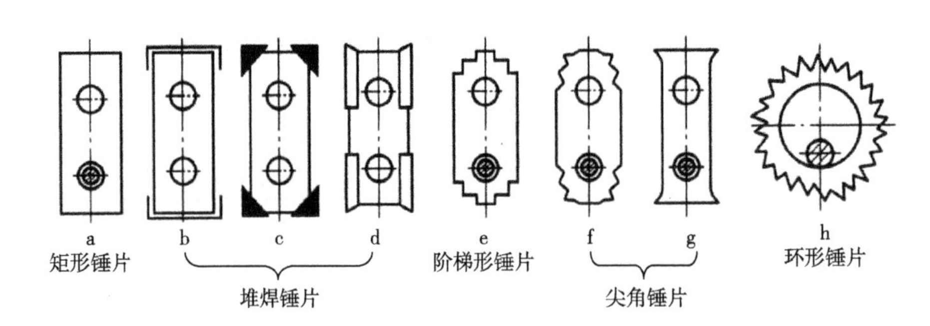

图 5 –5　锤片的种类和形状

图 5 –5a 为板条状矩形锤片，通用性好，形状简单，易制造。它有两个销连孔，其中一个孔销连在销轴上，可轮换使用四个角来工作。

图 5 –5b、c 为在工作边角涂焊、堆焊碳化钨等合金，以延长使用寿命。

图 5 –5d 为工作边焊上一块特殊的耐磨合金，可延长使用寿命 2 ~ 3 倍，但制造成本较高。

图 5 –5e 为阶梯形锤片，工作棱角多，粉碎效果好，但耐磨性差些。

图 5 –5f、g 为尖角锤片，适于粉碎牧草等纤维质饲料，但耐磨性差。

图 5 –5h 为环形锤片，只有一个销孔，工作中自动变换工作角，因此磨损均匀，使用寿

命也较长,但结构比较复杂。

锤片在转子上的排列方式将影响转子的平衡、物料在粉碎室内的分布以及锤片的磨损程度。对锤片排列的要求是:沿粉碎室工作宽度,锤片运动轨迹尽可能不重复且运动轨迹分布均匀,物料不推向一侧,有利于转子的动平衡。

锤片材料对提高锤片的使用寿命具有重大意义。目前常用的材料有 4 种:低碳钢、65Mn 钢、特种铸铁、表面硬化处理。

(3)筛片　筛片属于易损件,其结构对粉碎机的工作性能有重大影响。

锤式粉碎机上所用的筛片有冲孔筛、圆锥孔筛和鱼鳞筛等多种。因圆柱形冲孔筛结构简单、制造方便,应用最广。根据筛孔直径不同,一般分为 4 个等级:小孔 1 ~ 2mm,中孔3 ~ 4mm,粗孔 5 ~ 6mm,大孔 8mm 以上。按配置的形式,又可将筛子分为底筛、环筛和侧筛。底筛和环筛弯成圆弧形和圆圈状,安装于转子的四周。侧筛安装于转子的侧面,侧筛的使用寿命长,适于加工坚硬的物料,但换筛不便。

(4)齿板　齿板的作用是阻碍物料环流层的运动,降低物料在粉碎室内的运动速度,增强对物料的碰撞、搓撕和摩擦作用。它对粉碎效率是有影响的,一般说来,如果粉碎物料易于破碎、含水量少、粉碎机筛片孔径小、成品物料的排出性能好时,齿板的作用不大显著;而对于纤维多、韧性大、湿度高的物料,齿板的作用就比较明显。齿板一般用铸铁制造。齿板的齿形有人字形、直齿形和高齿槽形三种。

5.2.2.4　锤式粉碎机的应用

锤式粉碎机适用于中等硬度和脆性物料的中碎和细碎,一般原料粒径不能大于 10mm,产品粒度可通过更换筛板来调节,通常不得细于 200 目(74 ~ 76μm),否则易堵塞筛孔。

5.2.3　辊式磨粉机

5.2.3.1　工作原理

辊式磨粉机是现代食品工业上广泛使用的一种粉碎设备,也是面粉加工业不可缺少的设备。啤酒麦芽的粉碎、油料的轧胚、巧克力的精磨、麦片和米片的加工等也都采用类似的机械。辊式磨粉机主要由磨辊、传动及定速机构、喂料机构、轧距调节机构、松合闸机构、辊面清理装置、吸风装置和机架等部分组成。它的主要工作部件是一对以不同转速相向旋转的圆柱形磨辊,它们的轴线相互平行,磨辊线速度较高,因而两辊所形成的研磨粉碎区很短。

5.2.3.2　辊式粉碎机械的分类

(1)按成对磨辊的数量分类　单式磨粉机仅有一对磨辊,小型辊式磨粉机常采用这种形式;复式磨粉机具有 2 对磨辊,属于两个独立的单元,大、中型辊式磨粉机常采用这种形式;八辊磨粉机具有 4 对磨辊,先两对并联,再串联,属于两个独立的单元,特大型辊式磨粉机常采用这种形式。

(2)按磨辊松合闸的自动化程度分类

①手动磨粉机。松合闸由人工操作,多用于小型的辊式磨粉机。

②半自动磨粉机。由人工手动合闸,自动松闸。

③全自动磨粉机。根据物料情况,实现自动控制松合闸,用液压系统控制松合闸的称为液压全自动磨粉机,用气动系统控制松合闸的称为气压全自动磨粉机。

(3)根据两辊轴线的相对位置分类

①水平配置磨粉机两磨辊轴线处于同一水平面内。物料经喂料机构直接进入粉碎区,便于操作人员的观察和调整,已粉碎的物料对下磨门无喷粉现象。但操作不够安全,宽度方向尺寸较大,机架受力状况较差。

②倾斜配置磨粉机两磨辊轴线处于同一倾斜面内,操作较安全,宽度尺寸较小,占地面积较小,机架受力状况好。但物料经喂料机构后不易直接进入粉碎区,喂料情况较差,同时已粉碎物料对下磨门有喷粉现象。

目前世界各国研制的辊式磨粉机,基本上向两个方向发展,对于大、中型磨粉机,通过采用各种新技术和新材料,其结构和性能越来越完善,自动化程度更高,如无锡布勒公司的MDDK型、FMFQ(XK2)型、MDDL型磨粉机等;小型磨粉机则向着简单、实用、可靠和价廉的方向发展。

5.2.3.3 辊式磨粉机结构

MY型磨粉机为磨辊倾斜排列的油压式自动磨粉机,其结构如图5-6和图5-7所示,由机身、磨辊及其附属的喂料机构、轧距调节机构、液压自动控制机构、传动机构及清理装置7个主要部分组成。

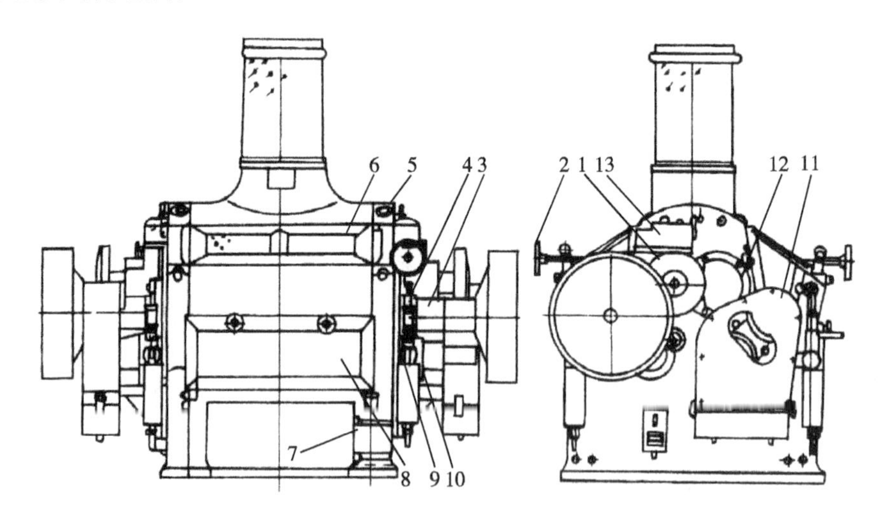

图5-6 MY型辊式磨粉机外形示意图

1—喂料辊传动轮 2—轧距总调手轮 3—快辊轴承座 4—轧距单边调节机构 5—指示灯 6—上磨门 7—机架 8—下磨门 9—慢辊轴承臂 10—慢辊轴承座 11—链轮箱 12—液压缸活塞杆端 13—自动控制装置

它有两对磨辊,每对磨辊的轴心线与水平线夹角呈45°,中间有将整个磨身一分为二的隔板。一对磨辊中,上面一根是快辊,快辊位置固定,下面一根是慢辊,慢辊轴承壳是可移动的，其外侧伸出如臂，并和轧距调节机构相联，通过轧距调节机构将慢辊放低或抬高，即可调整一对磨辊的间距。轧距调节机构可调节两磨辊整个长度间的轧距，也可调节两磨辊任何一端的轧距。

两对磨辊是分别传动的，工作时，可以停止其中的一对磨辊，而不影响另一对磨辊的运转。它的传动方法是先用带传动快辊，然后通过链轮传动慢辊，以保持快辊与慢辊的速比。

喂料机构包括一对喂料辊、可调节闸门等。研磨散落性差的物料时，从料筒下落的物料经喂料绞龙向辊整个长度送下，如图5－7中左半边所示，由喂料辊经闸门定量后喂入磨研磨散落性好的物料时，物料落向喂料辊，沿辊长分布，经喂料门定量，由下喂料辊连续而均匀地喂入磨辊，如图5－7中右半边所示。

MY型磨粉机自动控制磨辊的松合闸、喂料辊的运转、喂料门的启闭等。磨辊工作时，表面会粘有粉料，磨辊为齿辊时，用刷子清理磨辊表面，光辊时则用刮刀清理。磨粉机的吸风系统使机内始终处于负压。空气由磨门的缝隙进入，穿越磨辊后由吸风道吸出机外。

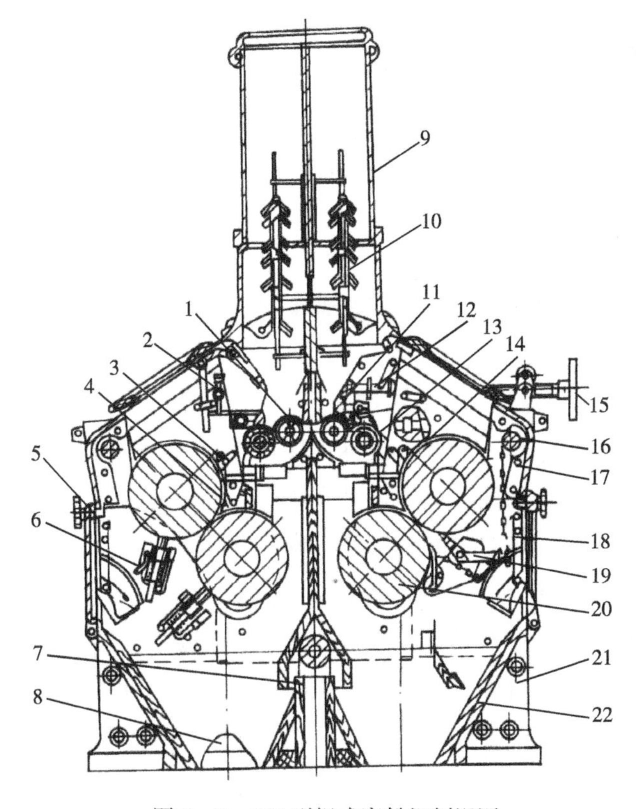

图5－7　MY型辊式磨粉机剖视图

1—喂料绞龙　2—料门限位螺钉　3—栅条护栏　4—阻料板　5—下磨门
6—弹簧毛刷　7—吸风道　8—机架墙板　9—有机玻璃料筒
10—枝形浮子　11—喂料门　12—料门调节螺杆　13—下喂料辊　14—挡板
15—轧距总调手轮　16—偏心轴　17—上横挡　18—活动挡板
19—光辊清理刮刀　20—下磨辊　21—下横挡　22—排料斗

5.2.3.4 辊式粉碎机械的应用

辊式粉碎机械是食品工业中使用最为广泛的粉碎设备，它能适应食品加工和其他工业对物料粉碎操作的不同要求。辊式磨粉机广泛用于小麦制粉工业，也用于酿酒厂的原料破碎等工序。精磨机用于巧克力的研磨。多辊式粉碎机用于啤酒厂各种麦芽的粉碎。油料的轧坯、糖粉的加工、麦片和米片的加工等也采用辊式粉碎机械。

5.3 超微粉碎机

超微粉碎是指利用机械或流体动力的方法克服固体内部凝聚力使之破碎，从而将3毫米以上的物料颗粒粉碎至10～25μm的操作技术。超微粉碎是20世纪70年代以后，为适应现代高新技术的发展而产生的一种物料加工高新技术。

超微细粉末是超微粉碎的最终产品，具有一般颗粒所没有的特殊理化性质，如良好的溶解性、分散性、吸附性、化学反应活性等。因此超微细粉末已广泛应用于食品、化工、医药、化妆品、农药、染料、涂料、电子及航空航天等许多领域上。

超微粉碎通过对物料的冲击、碰撞、剪切、研磨等手段，施于冲击力、剪切力或几种力的复合作用，达到超细粉碎的目的。超微粉碎的形式很多，根据产生粉碎力的形式及粉碎原理不同，有机械冲击式、气流式、磨介式等。各种不同类型的超微粉碎又包括若干种不同形式的具体设备。

5.3.1 机械冲击式粉碎机

机械冲击式粉碎机主要通过机械构件对物料的冲击、碰撞、剪切等手段，施以冲击力、剪切力的复合作用，达到超细粉碎的目的。

5.3.1.1 机械冲击式粉碎机工作原理

粉碎原料经过初清、磁选（小于1mm），从螺旋喂料器进入粉碎室进行粉碎。由于粉碎盘的高速旋转，在离心力的作用下，物料经装在粉碎盘上锤刀的撞击而粉碎，又被极高的速度旋飞到周围的齿圈上，因锤刀与齿圈间的间隙很小，锤刀与齿圈间的气流因齿面的变化发生瞬时变化而交变。物料在此间隙中受到交变应力，在此反复作用下被进一步粉碎。经粉碎的物料被从粉碎盘下进入的气流带到内壁与分流罩之间，进入分级室，通过旋转的分级轮，由受到的空气动力和离心力作用的平衡进行分级，被分离出的粗料从分流罩的内腔再回到粉碎室重新粉碎，细的物料（成品）被吸入分级叶轮内，进入出料室，从出料口进入收集系统。

5.3.1.2 机械冲击式粉碎机主要工作机构

机械冲击式粉碎机主要由喂料系统、粉碎系统、分级系统、传动系统组成。其结构如图5－8所示。机械冲击式粉碎机工作过程如图5－9所示。

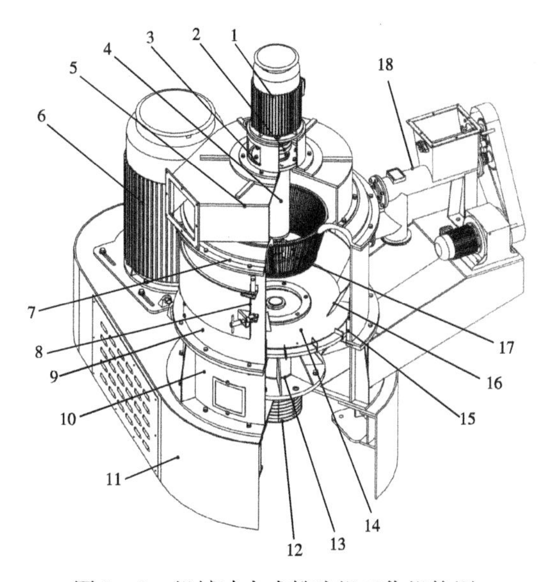

图 5－8 机械冲击式粉碎机工作机构图

1—分级电机 2—联轴器 3—分级电机支撑座 4—分级轮轴座 5—出料室 6—主电机 7—凸形罩 8—操作门 9—粉碎室 10—净化气室 11—机架 12—皮带轮 13—主轴座 14—粉碎盘 15—齿圈 16—分流罩 17—分级叶轮 18—喂料系统

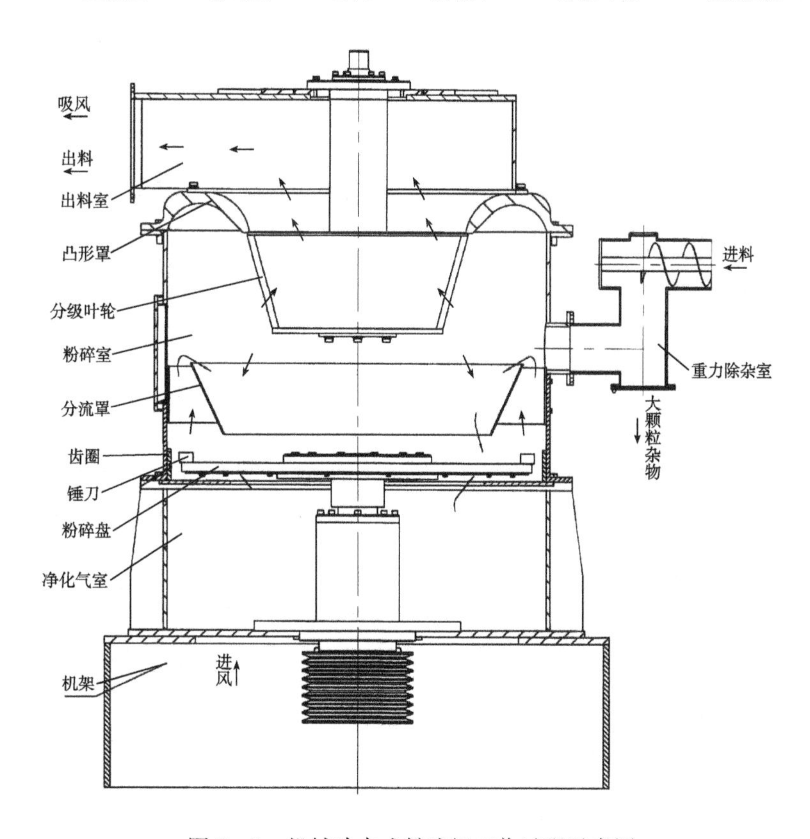

图 5－9 机械冲击式粉碎机工作过程示意图

(1)喂料系统 喂料系统由喂料螺旋、破拱装置、传动系统、支架等组成。物料经过喂料螺旋进入粉碎室。在螺旋上方有破拱装置可以防止物料结拱,在螺旋喂料器下方有重力除杂装置。

(2)粉碎系统 粉碎系统由主轴、粉碎盘、齿圈及粉碎室等组成。物料进入粉碎室后受到高速旋转的粉碎盘上的锤刀撞击而粉碎,再以极高速度旋飞到周围的齿圈上,进一步粉碎。

(3)分级系统 分级系统由分级轮轴、分级轮、凸形罩及出料室等组成。出料室及凸形罩与分级轮等组成一相对封闭的空间,粉碎后物料进入分级系统,物料经过旋转的分级轮进行分级。被分离出的粗料回到粉碎室重新粉碎,细的物料(成品)被吸入分级叶轮内,进入出料室,从出料口进入收集系统。

粉碎产品粒度的控制通过调节分级叶轮的转速和吸风量进行。分级叶轮的转速越高则分级粒度(即成品粒度)越细,反之则越粗,还可以流经风机的风量大,则成品粒度粗,风量小,则成品粒度细。改变成品粒度时,喂料量也应随之改变。提高分级叶轮的转速或减小风量,则成品粒度细,从而导致机内的粉碎物滞流量增加,粉碎电机和分级叶轮电机的电流值增加,反之则减小。所以喂料量也应随之减少或增加。在生产过程中,必须保证在粉碎电机和分级电机电流不超载情况下调节成品粒度和喂料量。

(4)传动系统 传动系统主电机采用立式传动方式;分级电机与喂料电机采用变频电机并配有变频器,可实现无级调速及远距离控制。

机械冲击式粉碎机不仅具有冲击、剪切和研磨粉碎作用,而且还具有气流粉碎作用。机械冲击式粉碎机具有粉碎效率高、粉碎比大、结构简单、运转稳定等特点。但机械冲击式粉碎机高速运转易磨损、粉碎温升高。主要适合于中、软硬度物料的粉碎,对热敏性物质的粉碎采取适宜措施,如加大风量输送物料,提高传热效果,降低粉碎区域温度,可用于某些热敏性物料的粉碎。

5.3.2 气流粉碎机

气流粉碎的基本原理是利用空气、蒸汽或其他气体通过一定压力的喷嘴喷射产生高速的湍流和能量转换流,物料颗粒在这高能气流作用下悬浮输送,相互发生剧烈的冲击碰撞和摩擦,加上高速喷射气流对颗粒的剪切冲击作用,使得物料颗粒间得到充分的研磨而粉碎成细小粒子。粉碎粒子随上升气流进入分级室,由于分级粒子高速旋转,粒子既受到分级转子产生的离心力,又受到气流黏性作用产生的向心力,当粒子受到离心力大于向心力,分级粒径以上的粗粒子返回粉碎室继续冲击粉碎,分级粒径以下的细粒子随气流进入旋风分离器、捕集器收集,气体由引风机排除。

气流粉碎机具有以下特点:对于进料粒度要求不严格,成品粒度小,一般小于5μm;压缩空气喷出后的膨胀可吸收很多热量,使得粉碎在较低的温度环境中进行,有利于热敏物料的粉碎;易实现多元联合操作,如利用热压缩空气可同时进行粉碎和干燥,同时能对配比相差很大的物料进行混合,还能够喷入所需的包囊溶液对粉料进行包囊处理;设备中接触物料的构件结构简单,卫生条件好,易实现无菌操作;其缺点是需要借助高速气流,效率低,能耗高。

气流粉碎机的种类较多,有立式环型喷射式气流粉碎机、叶轮式气流粉碎机、扁平式气流粉碎机、对冲式气流粉碎机、对冲式超细气流粉碎机、超声速气流粉碎机、靶式超声速I型气流粉碎机、流化床逆向喷射气流粉碎机等。

5.3.2.1　立式环型喷射式气流粉碎机

立式环型喷射式气流粉碎机的工作原理和结构如图5-10所示。物品从喂料口进入环形粉碎室底部喷嘴处,压缩空气从管道下方的一系列喷嘴中喷出,高速喷射气流(射流)带着物料颗粒运动。在管道内的射流大致可分为外层、中层和内层3层,各层射流的运动速度不相等,这使得物料颗粒相互冲击、碰撞、摩擦以及受射流的剪切作用而被粉碎。物料自右下方进入管道,沿管道运动,自右上方排出。由于外层射流的运动路程最长,该层的颗粒群受到的碰撞和研磨作用最强。经喷嘴射入的流体,也首先作用于外层的颗粒群。中层射流的颗粒群在旋转过程中产生一定的分级作用,较粗颗粒在离心力作用下进入外层射流与新输入的物料一起重新粉碎,而细颗粒在射流的径向速度作用下向内层射流聚集并经排料口排出。

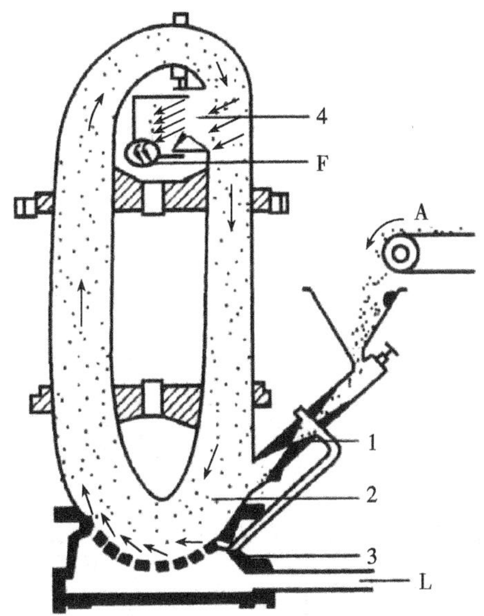

图5-10　立式环型喷射式气流粉碎机的工作原理结构示意图

1—文丘里喷嘴　2—气流喷嘴　3—粉碎室　4—分级器

L—压缩空气　F—细粉　A—粗粉

5.3.2.2　叶轮式气流粉碎机

叶轮式气流粉碎机是由两级粉碎、内分级、鼓风和排渣等机构组成的一个小型机组。

粉碎机的结构和工作原理如图5-11所示。粒度小于10mm的韧料,经加料机构定量连续地输入到第一粉碎室。第一段粉碎叶轮的5个叶片具有30°扭转角,它有助于形成旋转风压，在粉碎室内引起气流循环，随气流旋转的物料颗粒之间发生相互冲击、碰撞、摩擦和剪切，以及受离心力的作用冲向内壁受到撞击、摩擦、剪切等作用从而被粉碎成细粉。第二段分级叶轮的5个叶片不具有扭转角，形成气流阻力。该叶轮具有分级作用，细粉在分级叶轮端部斜面和衬套锥面之间的间隙中也进行有效地粉碎。因为叶轮高速旋转时物料被急剧搅拌，导致颗粒间相互冲击、摩擦和剪切而被粉碎，所以发生在第一、二段叶轮之间的滞流区的粉碎是最有效的。由于上述作用，颗粒被粉碎至数十微米到数百微米，粗颗粒在离心力的作用下沿第一粉碎室内壁旋转与新加入的物料一同继续被粉碎；而细颗粒则随气流趋向中心部分，随鼓风机产生的气流带入第二粉碎室内。分级是由第二段分级叶轮所产生的离心力阻隔环内径之间所产生的气流吸力来决定，若颗粒受的离心力作用大于气流吸力，则被滞留下来继续被粉碎，若颗粒所受的离心力作用小于气流吸力，则被吸向中心随气流进入第二粉碎室。

进入第二粉碎室的细颗粒进行同样的粉碎和分级。由于第二粉碎室的粉碎叶轮和分级叶轮直径比第一粉碎室的大，因此旋转速度更高；又因第三段叶轮的叶片有40°扭转角，所以造成的风压更大，粉碎效果增强，通过该室内的风速因粉碎室直径增大而减缓，分级精度提高，细颗粒被粉碎到几微米到数十微米的超细粒子，并被气流吸出机外。

内排渣机构的结构如图5-12所示。比被粉碎物料硬度大而相对密度也大的杂质或物料粗颗粒在离心力的作用下被甩向衬套内壁，落到粉碎室底部排渣孔，由绞龙不断地排出机外。

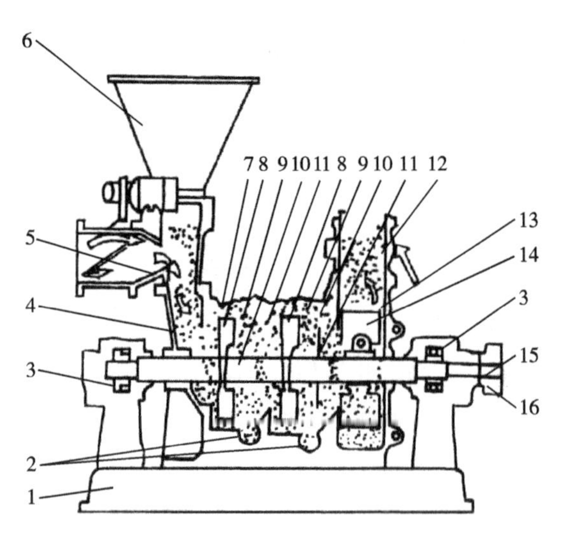

图5-11　叶轮式气流粉碎机示意图

1—机座　2—排渣装置　3—轴承座　4—加料装置　5—加料器
6—加料斗　7—衬套　8—叶轮　9—撞击销　10—内分级叶轮　11—隔环
12—蝶阀　13—机架　14—风机叶轮　15—主轴　16—带轮

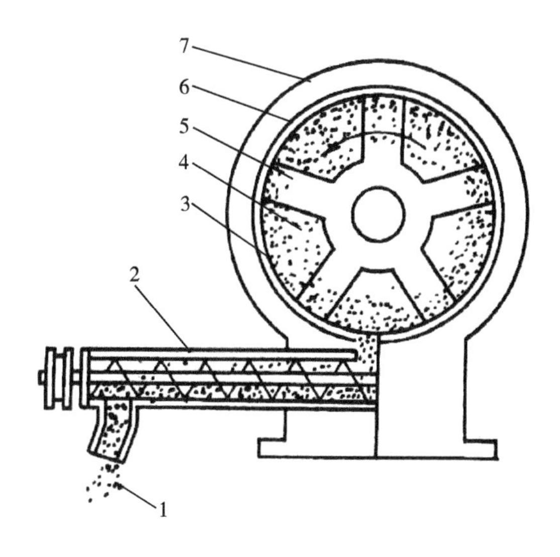

图 5 - 12　内排渣机构的结构图

1—粗渣粒　2—螺旋排料器　3—粗粒子　4—细粉　5—分级叶轮　6—衬套　7—壳体

5.3.2.3　对冲式气流粉碎机

对冲式气流粉碎机的结构及工作原理如图 5 - 13 所示。经加料斗送入的物料被喷嘴 1 喷入的气流吹入喷管，与对面喷嘴 8 喷入的气流相互冲击、碰撞、摩擦、剪切，物料得以粉碎。

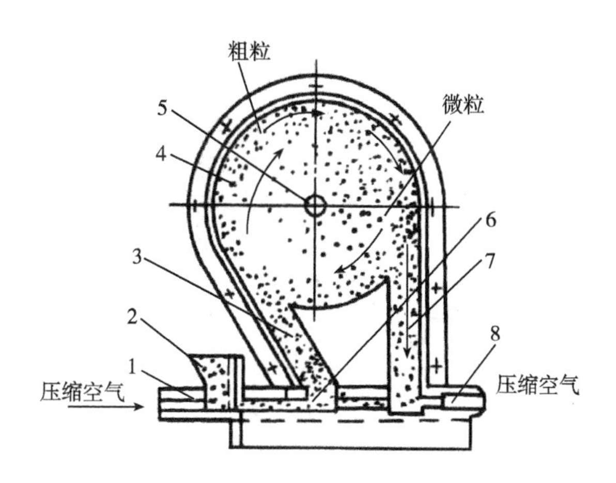

图 5 - 13　对冲式气流粉碎机

1、8—喷嘴　2—加料斗　3—上导管　4—分级室　5—出料口　6—冲击室　7—下导管

5.3.2.4　流化床式气流粉碎机

流化床式气流粉碎机工作原理：压缩空气由流化床四周相对的超音速喷管加速后进入流化床，在流化床粉碎机内相互撞击形成粉碎腔。物料由加料口进入流化床粉碎机内，在气流的带动下，物料于粉碎腔中部相互碰撞、摩擦而粉碎。合格的细粉由上升气流携带进入流化床上部的涡轮分级机，合格的物料经分级机分级后进入旋风收集器（如需要几个粒

径段的产品，则加设多台立式涡轮分级机）。更细的尾料部分则由气流携带进入布袋除尘器，经布袋过滤后，尾料进入除尘器下部的出料口，纯净的空气排空。

流化床式气流粉碎机是最新一代气流粉碎装置，流化床气流超微粉碎机集多喷管技术、流化床技术和卧式分级技术于一体，实现了流场多元化及料层流态化与卧式分级化。此外，采用了气体密封等多项新技术，可保证该类设备安全、高效、稳定地运行。

大型流化床式气流超微粉碎机组由空压机、空气净化器系统、超音速气流粉碎机、分级机、旋风分离器、除尘器、排风机等组成。中、小型流化床式气流超微粉碎机，通常将超音速气流粉碎机、分级机、旋风分离器及除尘器、排风机等组合成一体机，可大大节省占地面积，有利于安装、运输和使用。

流化床式气流超微粉碎机由料仓、螺杆加料器、进料室、粉碎室、旋风分离器、除尘器等组成。

流化床式气流超微粉碎机主要工作结构如图 5 – 14 所示。

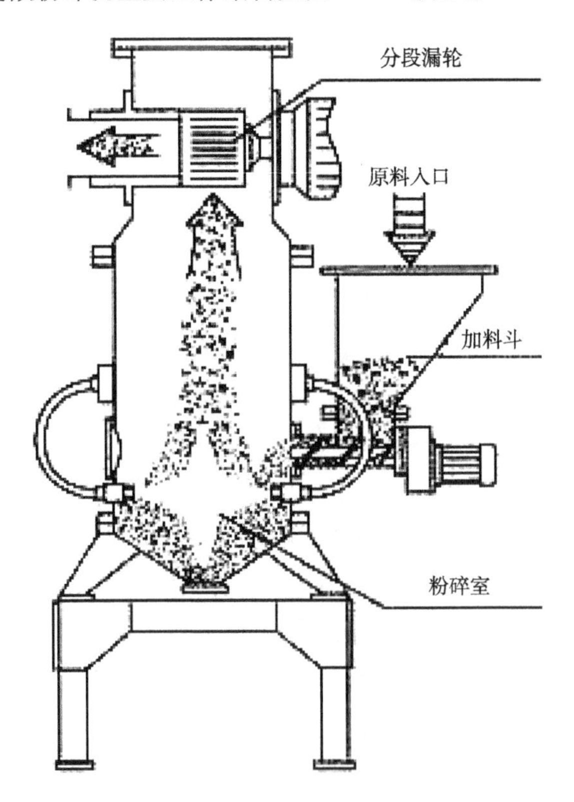

图 5 – 14　流化床式气流超微粉碎机工作结构图

流化床式气流粉碎机是最新一代气流粉碎装置，流化床气流超微粉碎机集多喷管技术、流化床技术和卧式分级技术于一体，实现了流场多元化及料层流态化与卧式分级化。此外，采用了气体密封等多项新技术，可保证该类设备安全、高效、稳定地运行。

气流式粉碎机以压缩空气或过热蒸汽通过喷嘴产生的超音速高湍流气流作为颗粒的

载体,颗粒与颗粒之间或颗粒与固定板之间发生冲击性挤压、摩擦和剪切等作用,从而达到粉碎的目的。气流粉碎与纯机械粉碎方法完全不同。粉碎过程中,气体在喷嘴处膨胀可降温,粉碎过程没有伴生热量,不会产生局部过热现象,可低温粉碎。粉碎过程粉碎速度快,瞬间即可完成,最大限度地保留粉体的生物活性成分,以利于制成高质量产品。气流粉碎采用超音速气流粉碎,其在原料上粉碎作用力的分布相当均匀,粉碎产品粒径细小且粒度均匀,且分级系统的设置,既严格限制了大颗粒,又避免出现过碎现象。气流粉碎产品是近纳米细粒径的超细粉,一般可直接用于制剂生产,而常规粉碎的产物仍需要一些中间环节,才能达到直接用于生产的要求。气流粉碎可以避免原料浪费尤其适合珍贵稀少原料的粉碎。气流粉碎是在封闭系统下进行,既避免了微粉污染周围环境,又可防止空气中的灰尘污染产品。在食品及医疗保健品中运用该技术,控制产品中微生物的含量及工作环境的灰尘污染。但气流式粉碎机设备制造成本高,一次性投资大,粉碎工作过程能耗高,能量利用率只有 2% 左右。

气流式粉碎机在精细化工行业应用较广,适用于药物和保健品的超微粉碎。它常用于低熔点和热敏性物料的粉碎,也用于粉碎和干燥、粉碎和混合等联合操作中。

5.3.3　磨介式粉碎机

磨介式粉碎是借助与运动的研磨介质(磨介)所产生的冲击以及非冲击式的弯折、挤压和剪切等作用力,达到物料颗粒粉碎的过程。磨介式粉碎过程主要为研磨和摩擦,即挤压和剪切。其效果取决于磨介的大小、形状、配比、运动方式、物料的填充率、物料的粉碎力学特性等。

磨介式粉碎的典型设备有球磨机、搅拌磨和振动磨 3 种。

5.3.3.1　球磨机

球磨机是用于超微粉碎的传统设备,主要由磨介、筒体、传动系统等组成。球磨机筒体在传动系统带动下转动,筒体内磨介与颗粒产生相对运动,磨介对颗粒进行冲击、挤压和剪切,实现颗粒粉碎作业。

研磨介质有钢球、钢棒、氧化铝球和不锈钢珠等,可根据物料性质和成品粒度要求选择研磨介质材料与形状。为提高粉碎效率,应尽量先用大直径的研磨介质。如较粗粉碎时可采用棒状,而超微粉碎时使用球状。一般说来,研磨介质尺寸越小,则粉碎成品的粒度也越小。

球磨机是用于超微粉碎的传统设备,产品粒度可达 20 ~ 40μm。其特点是粉碎比大,结构简单,机械可靠性强,磨损零件容易检查和更换,工艺成熟,适应性强,产品粒度小。但当产品粒度要达到 20μm 以下时,效率低,耗能大,加工时间长。例如,将珍珠磨到几百目,要十几个小时。

5.3.3.2　振动磨

振动磨是利用磨介高频振动产生的冲击性剪切、摩擦和挤压等作用将颗粒粉碎。

振动磨由磨介、筒体、振动器、弹簧、支架、电机及联轴器等组成。振动磨结构如

图5－15所示。振动磨是用弹簧支撑筒体，由带有偏心块的主轴使其振动，运转时通过介质和物料一起振动，将物料进行粉碎。

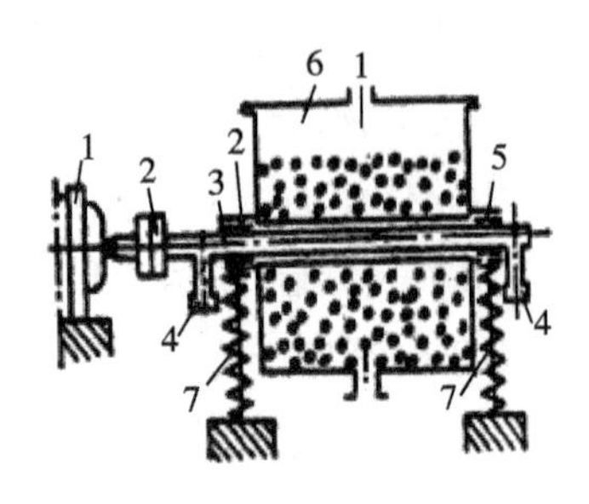

图5－15　振动磨结构示意图

1—电机　2—挠性轴套　3—主轴　4—偏心重锤　5—轴承　6—筒体　7—弹簧

振动磨的特点是介质填充率高，单位时间内的作用次数高（冲击次数为球磨机的4～5倍），因而其效率比普通球磨机高10～20倍，而能耗比其低数倍。通过调节振动的振幅，振动频率，介质类型。振动磨产品的平均粒径可达2～3μm以下，对于脆性较大的物质可比较容易的得到亚微米级产品。近年来通过实践，振动磨日益受到重视，原因就是振动磨对某些物料产品粒度可达到亚微米级，同时有较强的机械化学效应，且结构简单，能耗较低，磨粉效率高，易于工业规模生产。

5.3.3.3　搅拌磨

搅拌磨是在球磨机的基础上发展起来的，主要由研磨容器搅拌器、分散器、分离器和输料泵等组成。搅拌磨工作时在分散器高速旋转产生的离心力作用下，研磨介质和颗粒浆料冲向容器内壁，产生冲击性的剪切、摩擦和挤压等作用，将颗粒粉碎。搅拌磨能达到产品颗粒的超微化和均匀化，成品的平均粒度最小可达到数微米。

同普通球磨机相比，搅拌磨采用高转速和高介质充填率及小介质尺寸，获得了极高的功率密度，使细物料研磨时间大大缩短，是超微粉碎机中能量利用率最高，很有发展前途的设备。特别是搅拌磨在加工小于20μm的物料时效率大大提高，成品的平均粒度最小可达到数微米。高功率密度（高转速）搅拌磨机可用于最大粒度小于微米以下产品的粉碎作业，在颜料、陶瓷、造纸、涂料、化工产品中已获得了成功。但高功率高密度搅拌磨在工业上的大规模应用存在处理量小和设备磨损成本高两大难题。

5.4　切割机械

切割是指通过机械剪切或斩切的方法克服物料的内聚力，将物料切割成片、条、丁、块、泥（糜）等形态。切割在食品加工中的应用十分广泛。

5.4.1　刀具运动原理

5.4.1.1　砍切与滑切、斜切

滑切角的概念：如图5－16所示，动刀片与物料间相对运动时，刃口某点在切割平面上

的分速度 V 与其在加于该点法平面上投影 V_n 间的夹角 τ 称为滑切角，而 $\tan\tau$ 称为滑切系数。滑切系数越大，滑切作用越强，切割就越省力。

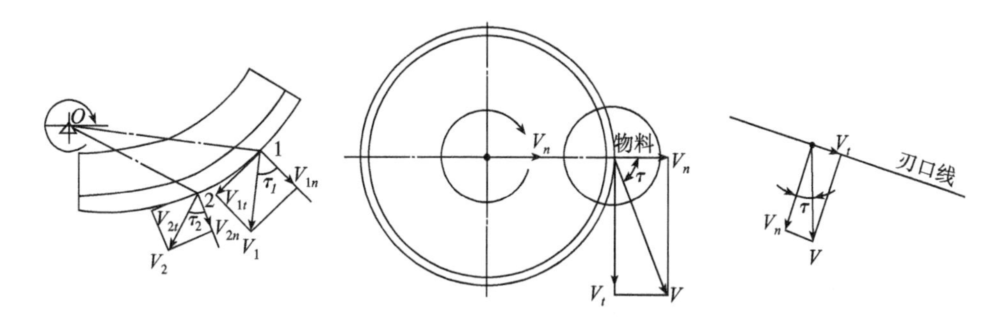

图5－16 滑切角的概念

（1）砍切 当 $\tau = 0$ 时，切割形式称为砍切。切割过程中的切割阻力及物料变形较大。

（2）斜切 当 $0 < \tau < \varphi$ 时（φ 为刀片与物料间的摩擦角），因刀片的实际切割工作刃角 γ 小于刀片结构刃角 γ，因此虽未形成滑切，仍较为省力。

（3）滑切 当 $\tau > \varphi$ 时，形成滑动切割，切割过程中物料变形较小，所得片状物料的厚度较为均匀。

5.4.1.2 钳住条件

钳住角（图5－17），动刀片刃口切割点处刃口线与定刀片（或另一动刀片）刃口线间的夹角 χ，与刀片的形状及其位置配置有关。

钳住角应小于某一值，否则在切割过程中将会形成推料及挤压物料，造成集中切割，阻力大，刀片磨损不均匀，而且所得物料切口质量较差。

实际设计中，为改善钳住性能，所采取措施包括：动刀刃口线形状；动刀刃口结构（如齿刃）；动定刀配置。

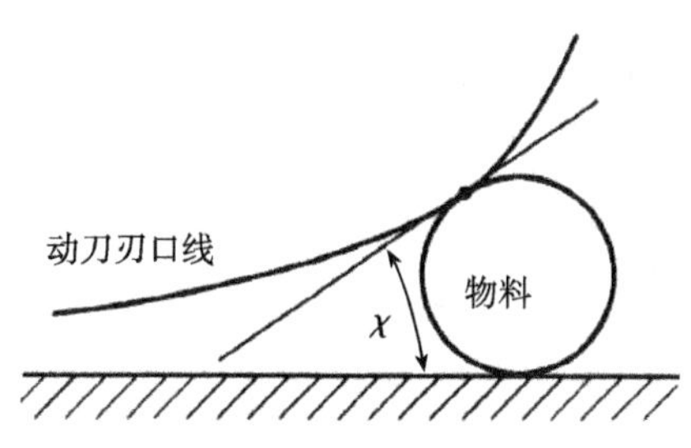

图5－17 切割作业中的钳住角

5.4.1.3 切割器的基本类型

切割器是指直接完成切割作业的部件。切割器的类型及结构直接影响着切割机械的功能及整体性能。

切割器分为有支承切割和无支承切割两种形式。

（1）有支承切割器 在切割点附近有支承面，阻止物料的移动。这种切割器在结构上表现为由动刀和定刀(或另一动刀)构成切割副。为保证整齐稳定的切割断面质量,要求动刀与定刀之间在切割点处的侧向刀片间隙尽可能小且均匀一致。所需刀片切割速度较低,碎段尺寸均匀、稳定,动力消耗少,多用于切片、段、丝等要求形状及尺寸稳定一致的场合。

(2)无支承切割器 物料在被切割时,由物料自身的惯性和变形力阻止其沿切割方向移动。这种切割器仅包含有一个(组)动刀。所需刀片运动速度高,不易获得尺寸均匀一致的碎段,动力消耗多,多用于碎块、浆、糜等形状及尺寸一致性要求不高的场合。

5.4.1.4 常见刀片结构形式

如图5－18所示。切割坚硬和脆性物料时,常采用带锯齿的圆盘刀(图5－18a),其两侧都有磨刃斜面;切割塑性和非纤维性的物料时,一般采用光滑刃口的圆盘刀(图5－18b);锥形切刀(图5－18c)的刚度好,切割面积大,常用来切割脆性物料;梳齿刀(图5－18f)刃口呈梳形,两个缺口间有一定的距离,切下的产品呈长条状,常将前后两个刀片的缺口交错配置,可得到方断面长条产品;波浪形鱼鳞刀(图5－18g)切下的产品断面为半圆形,切割过程无撕碎现象。带状锯齿刀常用来切割塑性和韧性较强的物料,如枕形面包的切片,但会产生碎屑。

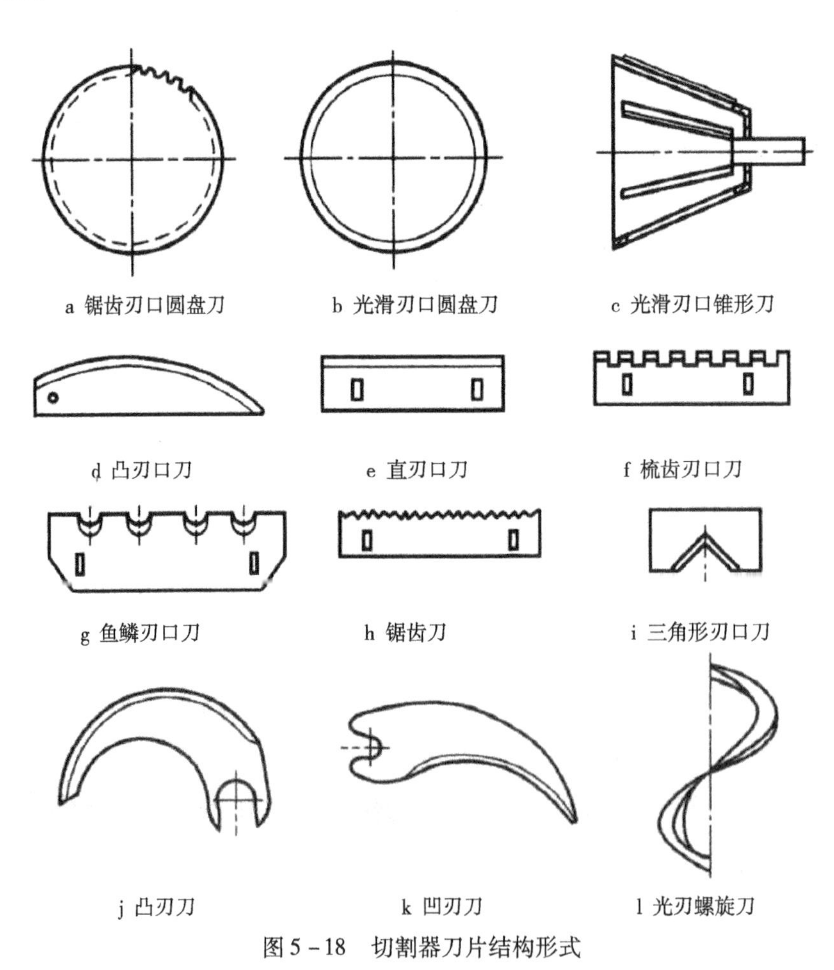

图5－18 切割器刀片结构形式

5.4.2　切肉机

切肉机主要功能是将分割后的肉切成片、条、丁状。切肉机结构如图5－19所示。采用同轴多片圆刀组成刀组，刀组有单刀组和双刀组两种。单刀组物料不易进给，要用刀箅配合使用，而双刀组由于有相对运动，有自动进给的特点，不需用刀箅。两组刀片相互交错排列。

工作时，肉被刀片组带入并切割，如果将切成的肉片旋转90°再进行切割便可切成肉丝。

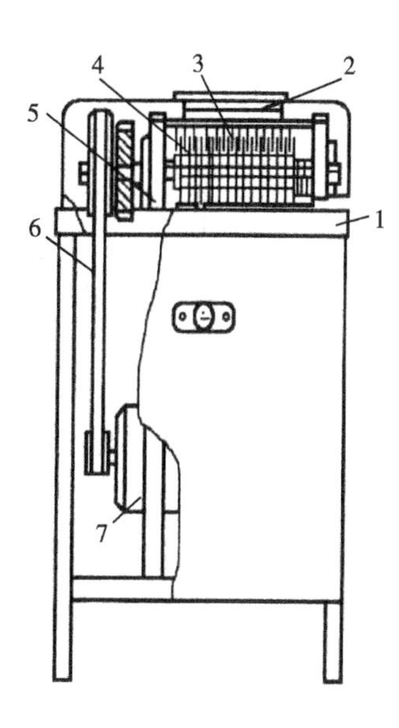

图5－19　切肉机结构示意图

1—机架　2—进料口挡板　3—梳子　4—刀片　5—轴承座　6—带轮

5.4.3　绞肉机

绞肉机的作用是将肉切碎、绞细，用于生产各种肉类食品的馅料。其结构如图5－20所示，主要由进料机构、推料螺杆、切割系统、传动系统等组成。

进料斗断面一般为梯形或U形结构，为防止起拱架空现象，有些机械设置有破拱的搅拌装置。

推料螺杆的工作载荷较大，为保证有足够的强度，螺杆均采用整体铸造。螺旋分为2段，一段是位于进料口处的输料段，螺距较大，输送速度高；另一段是挤压段，螺距比输料段的要小，目的是使该段产生较大挤压力，以克服肉料在挤压区的较大阻力。该段末端与切割系统相连。螺旋前后端均制成方头，一端与传动轴联轴器连接，另一端与切刀连接。

机筒一般与机架整体铸造，加工有防止肉类随螺杆同速转动的螺旋型膛线，与推料螺旋的间隙一般为2mm左右，间隙过小，易使螺旋与机筒产生摩擦；间隙过大，易使物料产生回流且滞留时间增加，不利于物料的正常输送。格板与十字切刀构成了切割系统。格板就是表面开有许多个通孔的圆盘。绞肉机上的格板数量通常为1～3，格板外圆上用切向槽与机筒内壁上的键连接。十字切刀中心为方孔,与推料螺旋连接。切刀位于格板的前面并与格板紧贴,形成剪切副。

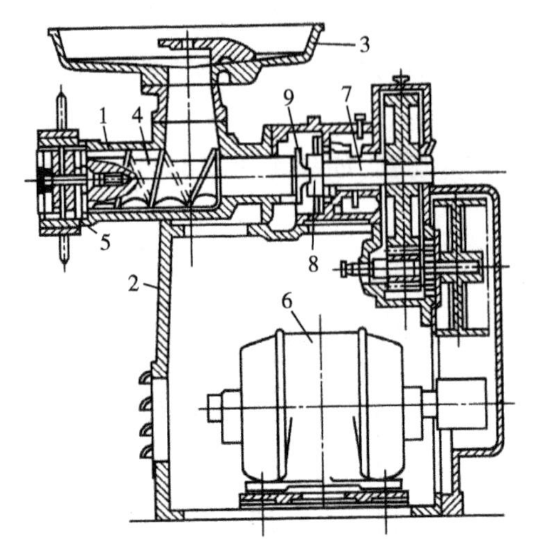

图 5-20　绞肉机结构简图

1—机筒　2—机体　3—料斗　4—推料螺杆

5—切割系统　6—电动机　7—传动轴　8、9—联轴器

孔板(图 5-21a),也称为筛板,厚度一般为 10~12mm,其上面布满一定直径的轴向圆孔,在切割过程中固定不动,起定刀作用。大中型绞肉机一般安装有一把绞刀和两个孔板,其中一个孔板为预切孔板,另一个为细切孔板,刀片两端分别与两孔板结合部进行切割。细切孔板决定肉粒的大小,其规格可根据产品要求进行更换。

孔径为 $\varphi 8 \sim 10$mm 的孔板通常作为脂肪的最终绞碎或瘦肉的粗绞碎工序用;孔径为 $\varphi 3 \sim 5$mm 的孔板用作细绞碎工序。孔板的孔型一般为简单而易于制造的轴向圆柱孔,也有的采用圆锥孔,进口端孔径较小,具有较好的通过性能。

绞刀(图 5-21b)主体呈十字结构,有些采用刚度和强度较高的辐轮结构,随螺杆一同转动,起动刀作用,刃角较大,属于钝型刀,其刃口为光刃,用工具钢制造;为保证切割过程的钳住性能,大中型绞肉机上的绞刀呈前倾直刃口或凹刃口。绞刀的结构形式有整体结构和组合结构两种,其中组合结构的切割刀片安装在十字刀架上,为可拆换刀片,刀片可采用更好的材料制造。切刀与孔板间依靠锁紧螺母压紧完成切割。图 5-22 所示为一 5 件刀具(3 个孔板和 2 把绞刀)的装配关系。

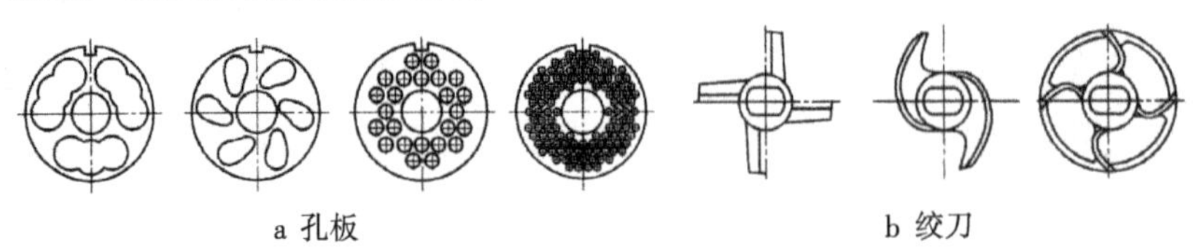

a 孔板　　　　b 绞刀

图 5-21　绞肉机绞刀及孔板常见结构形式

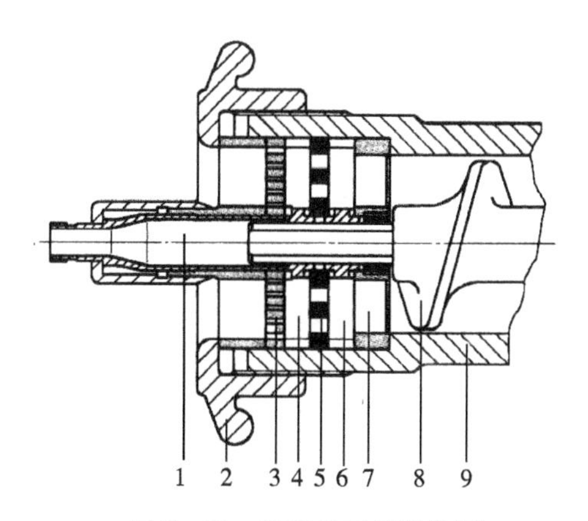

图5-22 绞肉机刀具组装图

1—中央骨粒排出管 2—锁紧螺母 3—细切孔板 4—分离绞刀
5—粗切孔板 6—十字绞刀 7—预切孔板 8—喂料螺杆 9—机筒

在进行绞肉作业时，切出的较小块状肉料放入进料斗，在进料斗底部旋转的螺杆抓取肉料，并向前挤压送进到预切孔板，在通过该孔板而探出后被十字切刀切成较小的肉块，在螺杆推进的后续肉料的挤压下继续前移，在部分挤进细切孔板孔内后被十字切刀切断，而后在后续肉料的挤压下通过孔道后排出机外。

大块肉需要进行预切，以便于喂入，降低喂入及切割阻力；定期刃磨，保证锋利。整个工作过程中，应保证切碎，而非磨碎。

为提高作业质量和产品质量，新型绞肉机在以下几个方面进行了开发：

①孔板孔径更小，达 φ1.2mm，以满足更细配料的要求。如丹麦富金（Wolfking）公司E系列乳化机，主要由多组十字切刀与孔板由粗而细串联而成，采用双切割结构，并具有强烈的挤压通过能力。

②硬质成分（软骨、骨粒）分离装置（图5-23），用于剔除肉中软骨、肌膛，在细切刀端面上开有斜向导槽，其角度能够满足硬质成分可产生滑动而肉块不产生滑移的要求，同时轴心部安装有中央骨粒排出管。在进行切割的同时，肉内的骨粒等硬质成分沿细切刀端面的导槽被导入中央骨粒排出管排出机外。

图5-23 可分离筋骨的绞肉机刀具结构

1—中央骨粒排出管 2—细切孔板 3—分离绞刀 4—粗切孔板 5—十字绞刀 6—预切孔板

③在切割过程中，尤其是细切时，为避免肉在绞碎过程中过度挤压而使之内部组织结构过度破坏，采用斜孔结构（周向倾斜）的孔板（图5-24），可使得肉块在旋转切刀推动下

进入刀孔的阻力最小，同时孔刃的刃角较小，降低了切割阻力。

④内置冷却装置，即在绞肉机的进料斗和机筒外围设置制冷蒸发器，吸收绞肉过程中产生的摩擦热，保持在整个绞肉过程中的肉料始终处于较低的温度，避免因温升过高而引起的肉料变质。

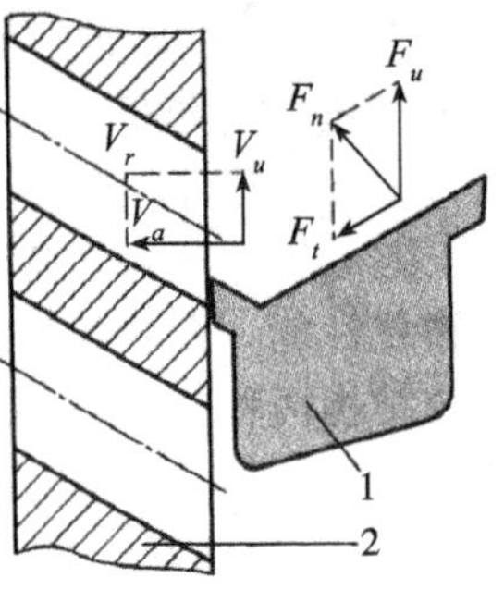

图 5－24　斜孔孔板及绞刀工作原理

1—绞刀　2—孔板

5.4.4　斩拌机

斩拌机主要是将肉块斩切成肉糜，可同时对肉料进行绞、切、混合等多种操作，广泛用于各种肉馅的制作。斩拌机有真空斩拌机和常压斩拌机。真空斩拌机的肉料温升小，故成品质量好。

图 5－25 为真空斩拌机的结构简图。主要由斩拌刀、转盘、上料装置、卸料装置、传动系统、真空系统等组成。

斩拌刀一般由一组刀构成，通常为六把刀，沿周向均布，用垫片沿轴向将各刀片分隔开，刀刃曲线为与其旋转中心有一偏心距的圆弧。工作时，斩拌刀高速旋转运动，斩切肉料，同时斩肉盘低速旋转，不断地将盘中肉料送给斩拌刀斩切。如此多次循环斩切，可使盘中肉料均匀斩成肉糜。卸料时，放下出料转盘，使出料转盘置于斩肉盘槽中，转盘转动，随盘黏附起肉糜，由于出料挡板的阻挡，将转盘上的肉糜刮落至出料斗中。

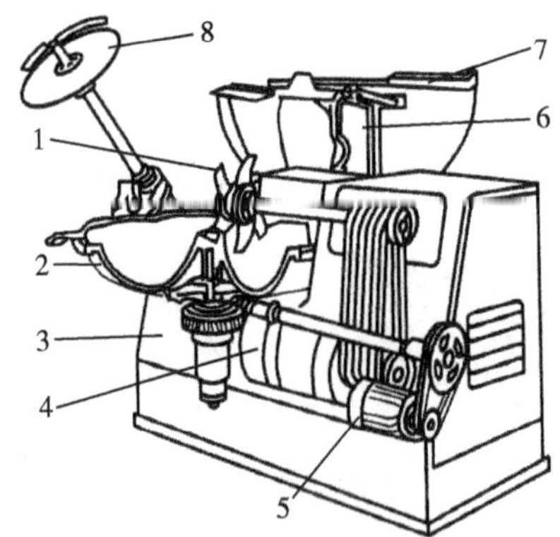

图 5－25　真空斩拌机结构简图

1—斩拌刀　2—料盘　3—机架　4—主驱动电动机　5—料盘驱动电动机

6—防噪盖　7—机盖　8—出料盘

5.4.5 果蔬类切割机械

果蔬类切割机是果蔬加工中按加工要求及产品特征的质量要求对原料进行切割的机械设备，工业化生产采用切割机完成切片、切块、切丝等操作，果蔬类切割机的应用既能通过切割效率、保证产品卫生，同时又能保证产品形态均匀一致。果蔬类切割机种类较多且专用性较强。一般按其应用范围宽窄分为通用型与专用型切割机。通用果蔬切割机适应于切割操作的原料种类较多，应用范围相对较广，根据产品形状通用型果蔬切割机又分为切片机、切块机、切丁机、切丝机；专用型切割机针对原料及产品形态的要求比较单一，具有较强的专用性，常见专用型果蔬切割机有蘑菇定向切片机、青刀豆切端机等。果蔬切割机的主要工作机构有定位机构和切割机构，切割机构是利用刀具完成物料尺寸减小的工作的机构，刀具形式有圆盘刀圆形刀刃及直线形平直刀刃；而定位机构是固定原料、保证产品形状及规格的工作机构。果蔬类切割机工作过程中，物料与刀具产生相对运动，定位机构与切割机构配合实现定位切割。物料与刀具产生相对运动形式有刀具旋转运动而物料相对固定；亦有采用刀具相对固定而物料运动通过刀具完成切割，也有物料直线运动与旋转运动的刀具配合完成切割。

5.4.5.1 蘑菇定向切片机

蘑菇定向切片机是专为蘑菇的切片而设计制作的。图5－26为蘑菇定向切片机的结构简图，主要由料斗、定向滑槽、挡梳、切刀、出料斗等组成。切刀一般安装有10片刀片，刀片的间隙通过垫片调节。定向滑槽底部呈弧形，通过偏摆装置可使弧槽轻微振动。

工作时，蘑菇的重心紧靠菇头，在蘑菇沿定向滑槽向下滑动时，由于弧槽充有水，在水流、弧槽倾角和弧槽轻微振动的作用下，使蘑菇菇头朝下并下滑。蘑菇进入切片区，以下压板辅助喂入，通过挡梳板和边板把正片和边片分开，正片从正片出料斗排出，边片从边片出料斗排出。挡梳板的梳齿插入相邻两圆盘切刀之间，将贴附在切刀上的菇片挡落至出料斗中。挡梳片和刀轴间间隙为2～5mm，刀片与垫辊的间距仅0.5mm，以确保能完全切割。

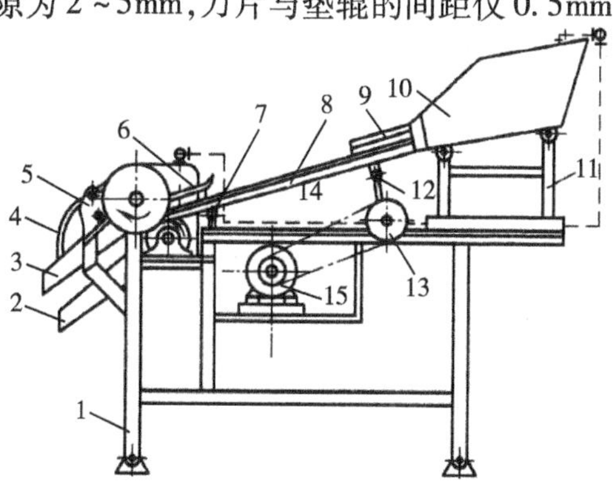

图5－26　蘑菇定向切片机

1—支架　2—边片出料斗　3—正片出料斗　4—护罩　5—挡梳轴座　6—下压板
7—绞杆　8—定向滑槽　9—上压板　10—料斗　11—料斗架　12—绞销
13—偏摆轴　14—供水槽　15—电动机

5.4.5.2 果蔬切片机

切片机按物料与刀具的相对运动形式不同有直线形切片机和旋转形切片机。

(1)直线形切片机 直线形切片机通过物料直线运动与旋转运动的刀具配合完成切割，该设备定位机构采用三个输送带配合定位；切割机构采用直线形刀刃回转运动进行切割。其工作过程如图5－27所示，物料经进料斗落在两个高速传送带上，传送带倾斜形成V字横断面，第三个移动着的皮带在V面上形成完整的产品围封以保证物料正确地送入切轮。直线形刀刃呈回转运动，以29m/s的速度通过产品，将物料切成横切片。该切割机是可均一地、平稳地横切各种长形产品的最快最有效的机器。适应设备切割的典型物料有：芦笋、竹笋、香蕉、甜菜、绿菜花、胡萝卜、芹菜、酸蔓果、黄瓜、酸橙、桃子、意大利熏香肠、辣椒、猪肉、马铃薯、红萝卜、大黄菜、香肠、鲜贝、倭瓜、鱿鱼、红薯、荸荠，小泥肠等。

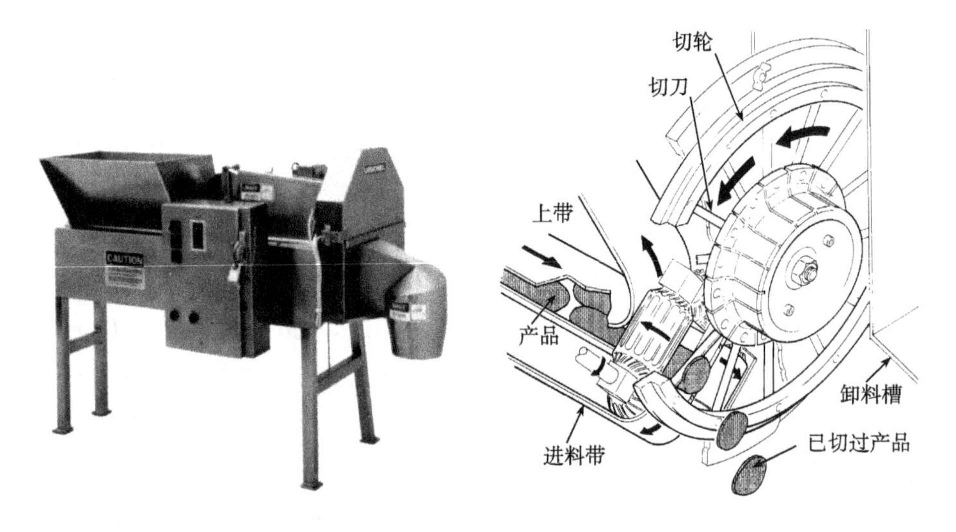

图5－27　直线形切片机工作过程图

(2)旋转形切片机 旋转形切片机通过物料旋转运动与固定的刀具配合完成切割，该设备定位机构由推料板及环形挡板组成；切割机构为固定于环形挡板上的多组刀具，刀具

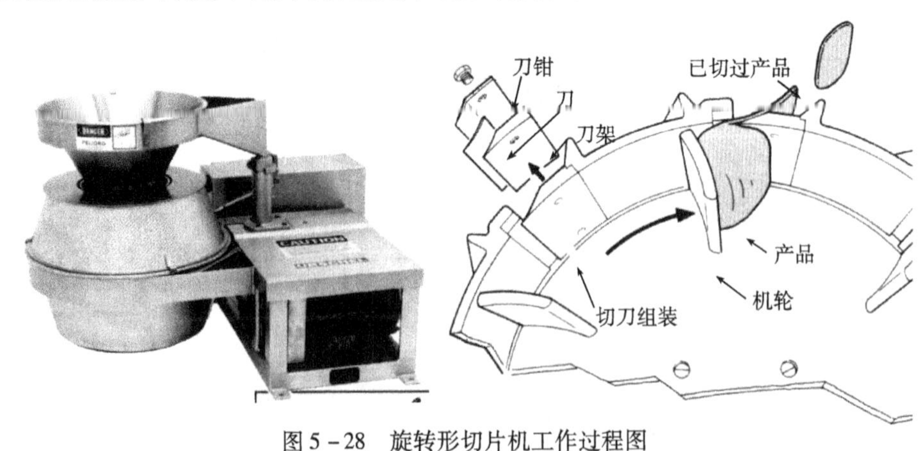

图5－28　旋转形切片机工作过程图

形式有直线形刀刃和波浪形刀刃,产品分别为平薄片和波状片。其工作过程如图 5－28 所示,物料由料斗落入旋转圆盘,推料板固定物料,防止其在旋转圆盘上滑动,物料受旋转圆盘离心力作用,紧紧压到环形挡板的内表面,物料随着旋转圆盘以平缓的连续速度通过固定于环形挡板上的刀具而完成切割,切割形成的切片沿锥形环移动,然后通过出料槽落下排出机筒。

旋转形切片机最初是设计用于马铃薯薄片切割,该设备切割效率高,适应设备切割的典型物料有:杏仁、苹果、竹笋、甜菜、圆白菜、胡萝卜、腰果、干酪、樱桃、椰子、大蒜、生菜、蘑菇、坚果、洋葱、马铃薯、红萝卜、草莓、蕃茄,如使用不同结构的刀具可以均匀地切碎条与切颗粒实现多用途切割。

5.4.5.3　果蔬切块机

切块作业需要先将物料切割成片状,进一步切割成条状,然后切割成块状产品。切块机一般采用多种形式组合完成切割任务。最常见的形式是由旋转形切片机构完成切片,然后由旋转的圆盘刀刃或直线形刀刃切条或切块。切块机按照切割机构装配形式分为卧式切块机和立式切块机。

(1)卧式切块机　卧式切块机由旋转形切片机构、直线形刀刃切条机构、圆盘刀刃切块机构组成,其工作过程如图 5－29 所示,物料进入旋转形切片机构完成切片,旋转形切片机构具有切片厚度调节机构控制切片厚度。当切片移出时,切条机构的交叉式切刀向下切出条状或斜切条状。条状物连续地穿过旋转的切块机构的圆盘刀具,被环形刀横切成小方块或不同尺寸三平面立体块。卧式切块机生产灵活性高, 适用于生产块状、直斜条与各种片状产品;可用于熟软水果与脆根蔬菜的切块操作;适应设备切割的典型物料有:苹果、甜菜、圆白菜、胡萝卜、芹菜、黄瓜、杂拌水果、葡萄柚、生菜、芒果、熟肉、瓜类、瓜皮、蘑菇、洋葱、橘子、木瓜、桃子、梨子、辣椒、菠萝、马铃薯、倭瓜、蕃茄。

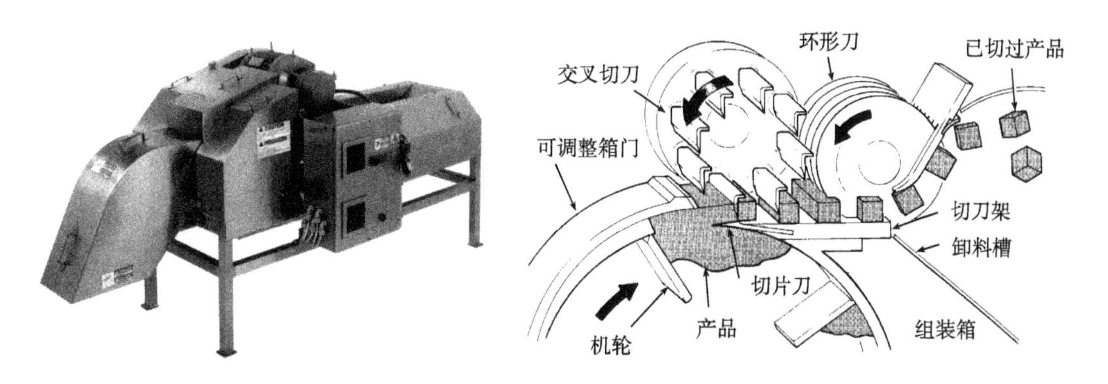

图 5－29　卧式切块机工作过程图

(2)立式切块机　立式切块机由旋转形切片机构、圆盘刀刃切条机构、直线形刀刃切块机构组成,其工作过程如图 5－30 所示,物料进入旋转形切片机构完成切片,旋转形切片机构具有切片厚度调节机构控制切片厚度，当切片移出时，切片不改变方向，由旋转的波纹进料辊筒准确地将切片送入切条机构的圆盘刀具中，由圆盘刀刃切割成单一的条状，然后直接进入切块机构，直线形刀刃将条状物料横切的呈方块或长方块，再将产品送出。立式切块机适用性能强，适用于将各种水果、蔬菜与肉类原料切成整洁均匀的方块或长方块的切割作业。适应设备切割的典型物料有：苹果、甜菜、面包、胡萝卜、菜花、芹菜、干酪、樱桃、巧克力、椰子、黄瓜、鸡蛋、大蒜、腌火腿、熟肉、蘑菇、坚果、洋葱、桃子、梨子、辣椒、菠萝、马铃薯、蕃茄。

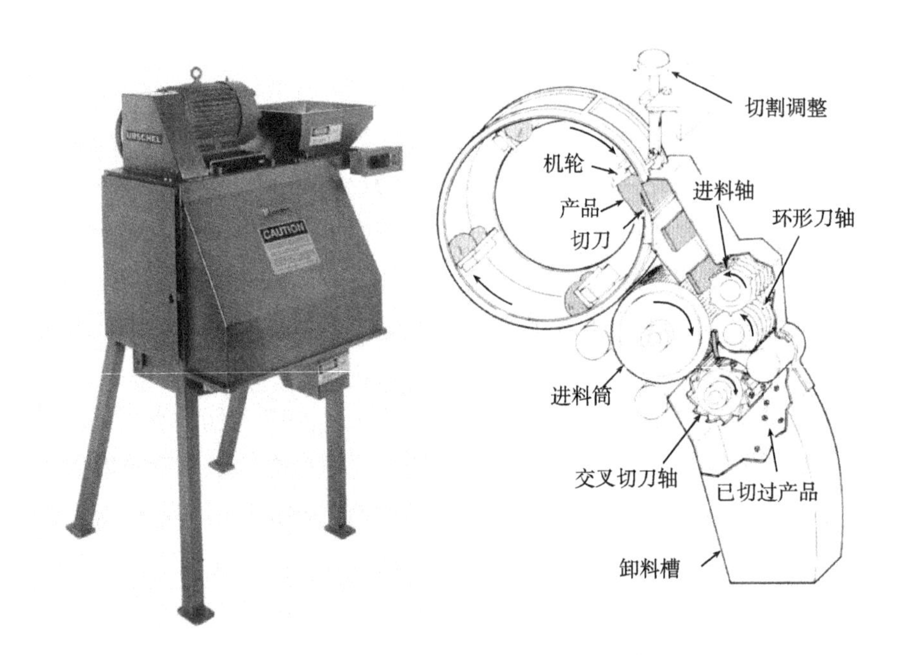

图 5-30　立式切块机工作过程图

复习思考题

1. 简述常见的粉碎形式及特点。
2. 简述爪式粉碎机的工作原理与设备结构形式及特点与应用。
3. 简述锤式粉碎机的工作原理与设备结构形式及特点与应用。
4. 简述辊式磨粉机的工作原理与设备结构形式及特点与应用。
5. 简述锤片式粉碎机与辊式粉碎机有哪些主要区别。
6. 简述超微粉碎的工作原理及类型。
7. 简述机械冲击式、气流式、磨介式粉碎机主要区别。
8. 简述切割机械主要工作构件及结构形式及特点。

第6章　搅拌、混合及均质机械与设备

本章重点及学习要求：本章主要介绍搅拌、混合及均质机械与设备的类型、工作原理、主要工作机构形式、特点与应用范围。通过本章学习掌握搅拌机、混合机及均质机的类型及工作原理；掌握搅拌机、混合机及均质机的典型设备的主要工作机构组成、形式与特点及应用范围。

食品原料的浆、汁、液通常是多相物质的互不相溶的液体体系，在存储过程必然产生分离现象，直接影响到食品的感官质量与最终产品质量均匀性。任何液体中各类物料由于粒度、比重不同，均会产生重而大的粒子下沉、轻而小的粒子上浮的分离现象。体系中粒子的沉降速度符合斯托克斯定律（Stokes），其中粒子粒径是影响粒子沉降速度的主要因素。均质是指采用机械对食品的浆、汁、液原料进行破碎微粒化、混合均匀化的操作，通过均质可以大大提高产品的稳定性，防止或减少液状产品的分层，改善外观、色泽及香味，提高产品质量。均质属于一种特殊的混合操作，兼有粉碎和混合的双重作用。它既可作为最终产品加工手段，也可作为中间处理手段。实现均质操作的机械设备统称为均质机。

"混合"是使两种或两种以上不同组分的物质在外力作用下由不均匀状态达到相对均匀状态的过程。经过混合操作后得到的物料称为混合物。粉体混合是固体—固体之间的混合，在混合过程中，混合纯粹是粉粒体之间发生的物理现象。在食品加工中，粉体混合操作常用于原料的配制及产品的制造，如谷物的混合，面粉的混合，粉状食品中添加辅料和添加剂、固体饮料的制造，汤粉的制造，调味粉的制造等。混合机是主要用于固体—固体之间的混合作业的机械，也可以用于添加少量液体的固体—固体之间的混合作业。食品加工中使用较多是间隙式固定容器混合机。

在食品工业中，许多物料呈流体状态，稀薄的如牛奶、果汁、盐水等，黏稠的有糖浆、蜂蜜、果酱、蛋黄酱等。液体与液体之间的混合常常会伴有溶解、结晶、吸收、浸出、吸附、乳化、生物化学反应的发生。液体与液体之间的混合一般称之为搅拌，搅拌操作主要用于防止悬浮物沉淀以及增加加热和冷却的均匀性等混合的场合。液体与液体之间的混合设备称作搅拌机。

固体—液体的混合过程中，当液相多固相少时，可以形成溶液或悬浮液；当液相少固相多时，混合的结果仍然是粉粒状或是团粒状。当液相和固相的比例在某一特定的范围内，可能形成黏稠状物料或无定形团块（如面团），这时混合的特定名称可称为"捏和"或"调和"，这是一种很特殊的相变状态。以高黏度稠浆料和黏弹性物料为主的混合作业的机械称作捏合机。

6.1 均质机

均质的原理有撞击、剪切、空穴等学说。撞击学说:液滴或胶体颗粒随液流高速运动与均质阀固定构件表面发生高速撞击现象,液滴或胶体颗粒发生碎裂并在连续相中分散。剪切学说:高速运动的液滴或胶体颗粒通过均质阀细小的缝隙时,因液流涡动或机械剪切作用使得液体和颗粒内部形成巨大的速度梯度,液滴和胶体颗粒受到压延、剪切形成更小的微粒,继而在液流涡动的作用下完成分散。空穴学说:液滴或胶体颗粒高速流动通过均质阀时,由于压力变化,在瞬间引起空穴现象,液滴内部的汽化膨胀产生的空穴爆炸力使得液膜破碎并分散。

均质机最早用于乳品生产加工过程液体乳生产,防止脂肪上浮影响产品感官质量。均质不仅可以提高乳状液的稳定性,而且能够改善食品的感官质量。目前均质操作在食品加工工艺中得到广泛应用,在果汁生产中,通过均质处理能使料液中残存的果渣小微粒破碎,制成液相均匀的混合物,防止产品出现沉淀现象。在蛋白质饮料生产中,均质对于防止产品出现沉淀现象具有关键作用。在冰淇淋生产中,则能使料液中的牛乳降低表面张力、增加黏度,获得均匀的胶黏混合物,以提高产品质量。在固体饮料加工中,破碎微粒化、混合均匀化获得组织均匀有利于后期喷雾干燥,以保证产品质量的均一性。

食品工业常用的均质机有高压均质机、胶体磨以及高剪切乳化均质机等。

6.1.1 高压均质机

高压均质机是利用高压泵使得液料高速流过狭窄的缝隙而受到强大的剪切力、对金属部件高速冲击而产生强大的撞击力、因静压力突变而产生的空穴爆炸力等综合力的作用,把原先颗粒比较粗大的乳浊液或悬浮液加工成颗粒非常细微的稳定的乳浊液或悬浮液。通过均质将食品原料的浆、汁、液进行破碎、混合,从而大大提高食品的均匀性,防止或减少液状食品物料的分层,改善外观、色泽及香味,提高产品质量。

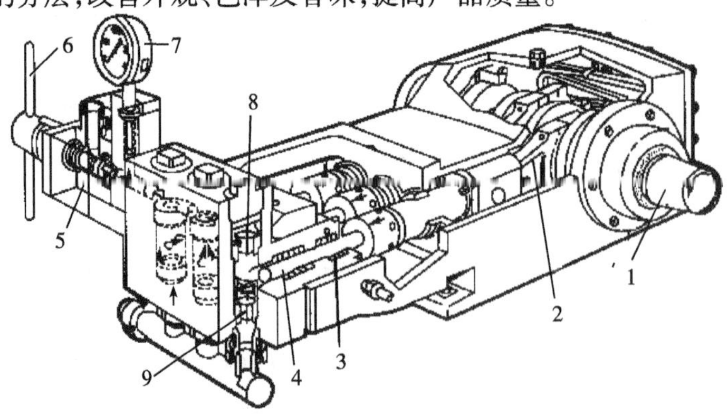

图6-1 高压均质机

1—曲轴 2—连杆 3—活塞环封 4—活塞 5—均质阀 6—调压杆 7—压力表 8—上阀门 9—下阀门

高压均质机主要由柱塞式高压泵和均质阀两部分构成。不同的高压均质机有不同类型的柱塞泵和不同级数的均质阀组成。典型的高压均质机由三柱塞高压泵和两道均质阀组成，其工作结构组成如图 6－1 所示。

6.1.1.1　高压泵

高压泵是高压均质机的重要组成部分，是使料液具有足够静压能的关键。常用的料液均质压力为 25～40MPa，而对于某些特殊需要的场合，如生物细胞超破碎、液—固（粉末）的超细粉碎等，料液均质压力可达 70MPa。

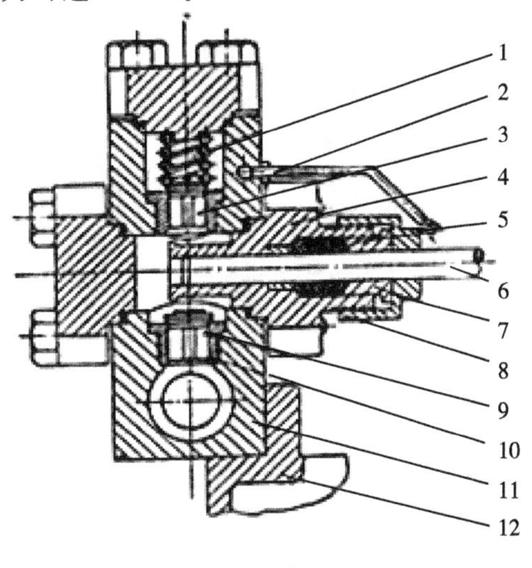

图 6－2　高压泵

1—弹簧　2—冷却水排出口　3—排料阀　4—泵缸　5—密封填料　6—柱塞
7—填料盖　8—压紧螺毋　9—吸料阀　10—阀座　11—泵体　12—机座

高压泵是一个往复式柱塞泵，结构如图 6－2 所示。它是一种恒定转速、恒定转矩的单作用容积泵，泵体为长方体，柱塞在泵腔内往复运动，使物料吸入加压后流向均质阀。柱塞往回运动时，吸料阀打开将料液吸入，同时排料阀关上。在向前运动时，吸料阀关上，排料阀打开。这时柱塞通过排料阀将料排出。

柱塞的运动速度是按正弦规律变化的，单个柱塞往复一次，吸入和排出也各一次，所以单动泵的瞬时排出流量是变化的，如图 6－3a 所示。通常采用三柱塞往复泵，使瞬时排出流量比较均匀，如图 6－3b 所示。

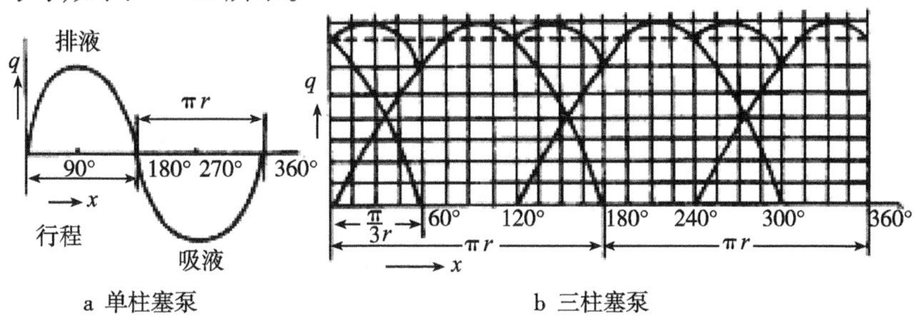

a 单柱塞泵　　b 三柱塞泵

图 6－3　柱塞往复泵排液量图

6.1.1.2 均质阀

均质阀是均质机的关键部件，由高压泵送来的高压液体，在通过均质阀时利用剪切、撞击、空穴爆破等作用产生微粒破碎实现均质目的。均质机工作原理如图6－4双级均质阀工作原理图所示。均质阀工作机构组成有阀座、阀芯、均质环等主要部件。均质阀工作机构见图6－5。

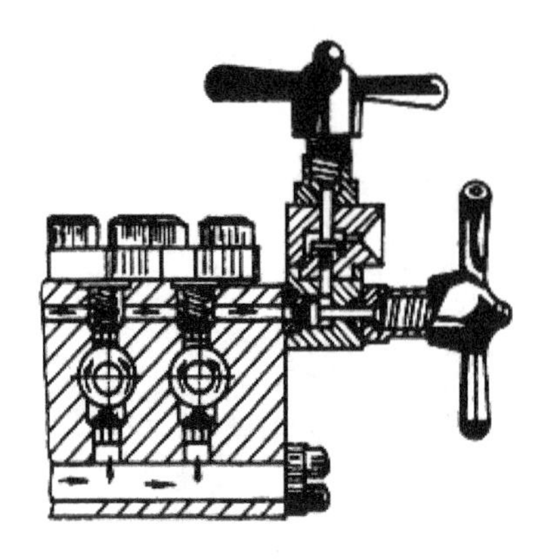

图6－4　双级均质阀工作原理图

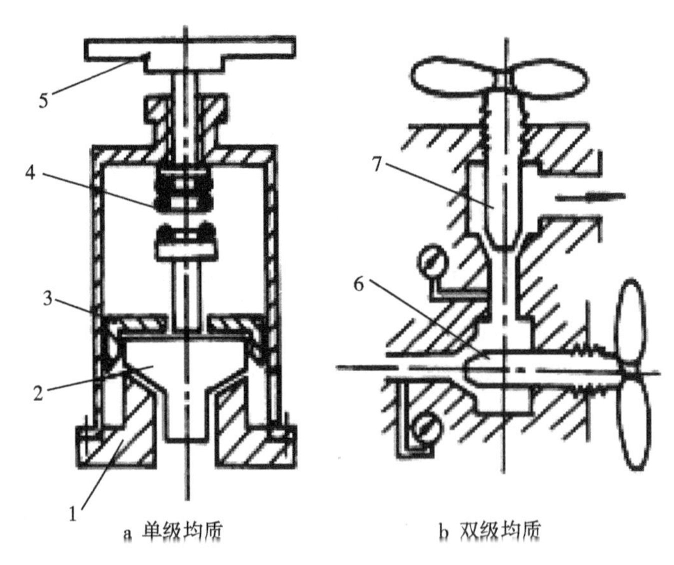

图6－5　均质阀结构图

1—阀座　2—阀芯　3—挡板环　4—弹簧　5—调节手柄

6—第一级均质阀　7—第二级均质阀

高压均质机工作时，食品的浆、汁、液原料或带有细小颗粒的液体物料，经高压泵的排料阀被压入均质阀阀座入口处。在压力作用下，阀芯被顶起，阀芯与阀座之间形成了极小的环形间隙（一般小于0.1mm），当物料在高压下流过此极小的间隙时，受到两侧压力作用，速度增大，在缝隙中心处速度最大，而附在阀座与阀芯表面上的物料速度最小，形成了急剧的速度梯度。由于速度梯度引起的剪切力，物料流过均质阀时的高速（200～300m/s）

撞击，以及高速液料在通过均质阀缝隙时由于压力剧变引起迅速交替的压缩与膨胀作用在瞬间产生的空穴现象，这样物料中脂肪球或软性、半软微粒就在空穴、撞击和剪切力的作用下被粉碎得更小，达到均质目的。

均质阀所选的材料必须十分坚硬，具有极强的耐磨蚀性，而且须有良好的抗锈蚀性，国外一般使用钨钴铬合金，用于牛奶均质时可保持良好的性能无须更换和修复，对于磨蚀性强的液料则使用硬质合金来制造。

高压均质机应用范围广，可以处理流动液态物料，并且在高黏度和低黏度产品之间转换时，无需更换工作部件。主要应用于奶、稀奶油、酸奶及其他乳制品、冰淇淋、果汁、番茄制品、豆浆、调味品、布丁等食品加工中。

6.1.2　胶体磨

胶体磨是一种磨制胶体或近似胶体物料的超微粉碎设备，通过胶体破碎微粒化实现均质作业，胶体磨又称分散磨。

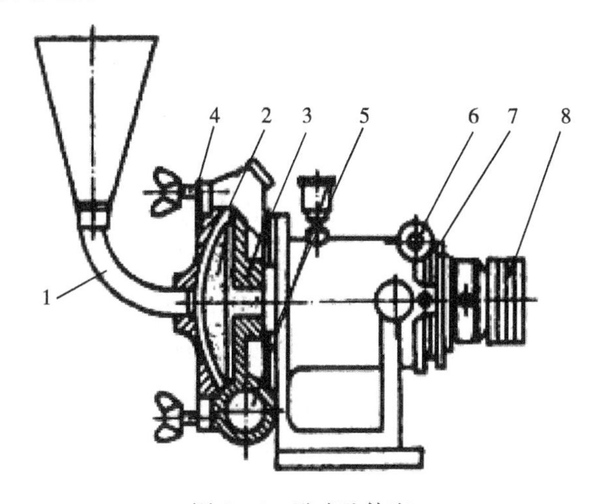

图6-6　卧式胶体磨

1—进料口　2—转动件　3—固定件　4—工作面　5—卸料口
6—销紧装置　7—调整环　8—皮带轮

胶体磨的主要工作构件由一个定子（固定磨体）和一个高速旋转的转子（运动磨体）所组成。两磨体之间有一个可以调节的微小间隙。当物料通过这个间隙时，由于转子的高速旋转，使附着于转子表面的物料速度最大，而附着于定子表面的物料速度为零。这样产生了急剧的速度梯度，从而使物料受到强烈的剪切、摩擦和湍动，而产生了超微粉碎作用，胶体颗粒破碎微粒化。

胶体磨分为卧式和立式两种。卧式胶体磨的结构如图6-6所示，其转子随水平轴旋转，定子3与转子2之间的间隙通常为50～150μm，依靠转动件的水平位移来调节。料液在旋转中心处进入，流过间隙后从四周卸出。转子的转速范围为3000～15000r/min。这种胶体磨适用于黏性相对较低的物料。立式胶体磨的结构如图6-7所示，转子的转速为3000～10000r/min，卸料和清洗都很方便，它适用于黏度相对较高的物料。

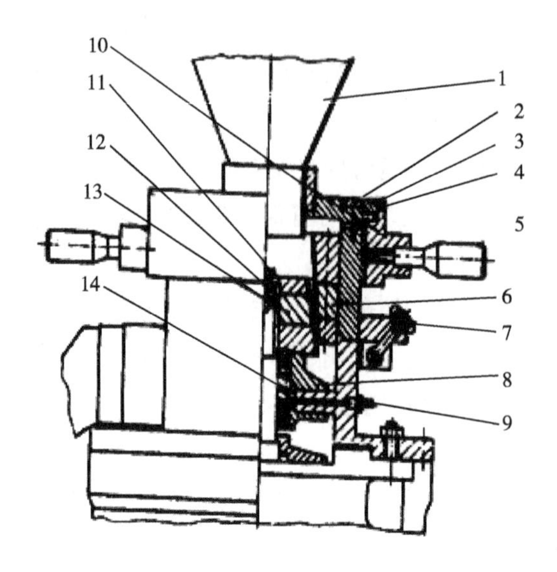

图6-7　立式胶体磨

1—料斗　2—刻度环　3—固定环　4—紧定螺钉　5—调节手柄　6—定盘
7—压紧螺帽　8—离心盘　9—溢水嘴　10—调节环　11—中心螺钉　12—对称键
13—动盘　14—机械密封

胶体磨根据物料的性质、需要细化的程度和出料等因素进行调节。调节时转动调节手柄由调节环带动定盘轴向位移而使空隙改变,若需要大的粒度比,调节定盘往下移;定盘向上移则为粒度比小。一般调节范围在0.005~1.5mm之间。

由于胶体磨转速很高,为达到理想的均质效果,物料一般要磨几次,这就需要回流装置。胶体磨的回流装置是在出料管上安装一碟阀,在碟阀的稍前一段管上另接一条管通向入料口。当需要多次循环研磨时,关闭碟阀,物料则会反复回流。当达到要求时,打开碟阀则可排料。对于热敏性材料或粘稠物料的均质、研磨,往往需要把研磨中产生的热量及时排走,以控制其温升,在定盘外围开设的冷却液孔中通水冷却。

胶体磨具有几方面的特点。

①可在极短时间内实现对悬浮液中的固形物进行超微粉碎作用,同时兼有混合、搅拌、分散和乳化的作用,成品粒径可达1μm。

②效率和产量高,大约是球磨机和辊磨机的效率的2倍以上。

③可通过调节两磨体间隙,最小可达到1μm以下,达到控制成品粒径的目的。

④结构简单,操作方便,占地面积小。但是,由于定子和转子磨体间隙极微小,因此加工精度较高。在食品工业中用胶体磨加工的品种有:红果酱、胡萝卜酱、橘皮酱、果汁、食用油、花生蛋白、巧克力、牛奶、豆奶、山楂糕、调味酱料、乳白鱼肝油等。另外,胶体磨还广泛用于化学工业、制药工业和化妆品工业中。

6.1.3　高剪切均质机

高剪切均质机指线速度达到30~40m/s的剪切式均质机,高剪切均质机的均质乳化方式以剪切作用为特征。高剪切均质机因其独特的剪切分散机理和低成本、超细化、高质量、高效率等优点，在众多的工业领域中得到普遍应用，在某些领域逐渐地替代传统的均质机。

高剪切均质机主要工作部件为一级或多级相互啮合的定转子，每级定转子又有数层齿圈。其工作原理：转子带有叶片高速旋转产生强大的离心力场，在转子中心形成很强的负压区，料液（液液、或液固相混合物）从定转子中心被吸入，在离心力的作用下，物料由中心向四周扩散，在向四周扩散过程中，物料首先受到叶片的搅拌，并在叶片端面与定子齿圈内侧窄小间隙内受到剪切，然后进入内圈转齿与定齿的窄小间隙内，在机械力和流体力学效应的作用下，产生很大的剪切、摩擦、撞击以及物料间的相互碰撞和摩擦作用而使分散相颗粒或液滴破碎。随着转齿的线速度由内圈向外圈逐渐增高，粉碎环境不断改善，物料在向外圈运动过程中受到越来越强烈地剪切、摩擦、冲击和碰撞等作用而被粉碎得越来越细从而达到均质乳化目的。同时，在转子中心负压区，当压力低于液体的饱和蒸汽压（或空气分离压）时，产生大量气泡，气泡随液体流向定转子齿圈中被剪碎或随压力升高而溃灭。溃灭瞬间，在汽泡的中心形成一股微射流，射流速度可达100m/s，甚至300m/s，其产生的冲击力可用水锤压力公式估算，即：

$$P = \rho CaC$$

式中：ρ——液体密度；

Ca——液体中的声速；

C——微射流速度。

设 C 为100m/s，则产生的脉冲压力就接近200MPa，这就是空穴效应。强大的压力波可使软性、半软性颗粒被粉碎，或硬性团聚的细小颗粒被分散。由此可见，高剪切均质机的均质乳化机理较复杂，主要是由定转子之间相对的高速运动产生的高剪切作用，同时伴随着较强的空穴作用对物料颗粒进行分散、细化、均质。强烈的空穴作用对处理软性、半软性的颗粒状物料比较合适；对于纤维的粉碎最有效的力场是剪切力和研磨力，因此高剪切均质机能对物料产生强烈的剪切与研磨作用，比较适合处理含纤维较多或者较硬的颗粒物料。而高压均质机主要是靠高压流体产生的强烈、充分的空穴效应和湍流作用使流体分散相中的颗粒破碎达到均质目的，比较适合处理软性、半软性颗粒。

常见的高剪切均质机根据操作方式分有两种形式。一是将均质乳化机构作为搅拌器安装于搅拌罐中，如在间歇式生产过程中使用的间歇式高剪切均质机；二是将均质乳化机构作为输送泵安装在管线上，如在连续式生产过程中使用的连续式高剪切均质机。

6.1.3.1　间歇式高剪切均质机

间歇式高剪切均质机主要工作机构由搅拌罐和搅拌器两部分组成，其结构如图6－8所示。搅拌器由紧密配合的转子和定子组成，转子上有多把刀片，进行高速旋转，最高转速可达每分钟几千转甚至上万转，定子则固定不动，在它周向开有很多孔，当转子高速旋转时，即从转子下方的容器底部大量吸进物料，并加速物料向着刀片的边缘运动，迫使它穿过固定静止的定子开口喷射出去，返回到罐内混合物中，排出去的物料碰到容器壁转向，再次循环到转子区域,这样不断进行循环。

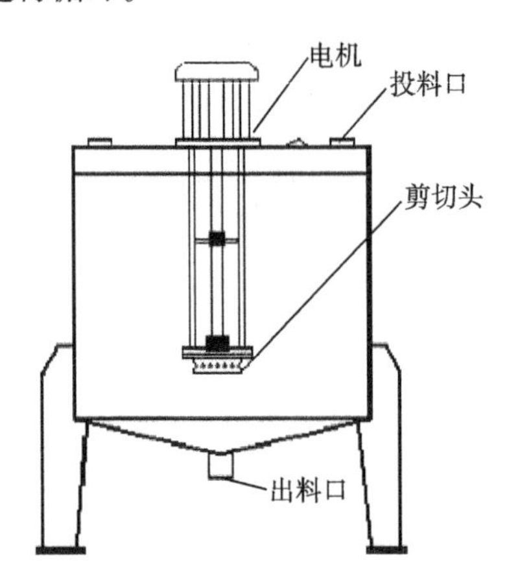

图6-8　间歇式高剪切均质机

间歇式高剪切均质机将转子和定子高精密配合起来,当物料呈高速脉冲喷射出定子开口时,高达1/5000m/s的剪切速率在转子和定子的缝隙中产生,因而每分钟对物料产生成千上万次的机械和水力剪切力,并撕裂物料和对物料中的固体颗粒进行粉碎,使得要混合和乳化的物料很快处于均匀化,工作效率极高。不同形状的定子头具有不同的乳化效果,间歇式高剪切均质机配备了不同型号的定子头,以满足不同工艺的需要。根据不同的物料要求及工艺的需要,选择使用不同类型的定子头及在高速转轴上可安装一个或多个螺旋桨,以使均质、搅拌、混合乳化能达到非常理想的效果。定子头的类型有圆孔定子头、长孔定子头、网孔定子头3种。圆孔定子头适于一般的混合或大颗粒的粉碎,在这种定子头上的圆形开孔提供了所有定子中最好的循环,适用于处理较高黏度的物料。长孔定子头适于中等固体颗粒的迅速粉碎及中等黏度液体的混合,长孔为表面剪切提供了最大面积和良好的循环。网孔定子头适于低黏度液体混合,其剪切速率最大,最适宜于乳液的制备及小颗粒在液体中的粉碎、溶解过程。均质效果好,颗粒范围更大,乳液稳定性最佳。循环桨叶用于增加循环及涡流,帮助漂浮粒子进入液体充分混合。

6.1.3.2 连续式高剪切均质机

连续式高剪切均质机与间歇式高剪切均质机工作原理基本相同,在高速旋转中产生强大的剪切力从而达到混合、分散、乳化、均质搅拌的目的。

图6-9是一种连续式高剪切均质机,定子紧固在电动机的壳体上,转子利用螺母和键紧固在轴套的左端,轴套的右端利用键和螺钉紧固在电动机的转轴上,定子的外面利用螺栓联接外套,带有进口的端盖联接在外套的左端,在定子与转子的壁上有通孔,物料经进口进入转子的内腔后经通孔至位于定子与外套间的外腔内,再经安装在外套上的出口排出。转子与定子间有很小的间隙,转子转动时,液体物料经过该间隙由内腔进入外腔的过程中被剪切而达到均质的目的。

管线式乳化机按照内部结构的不同,可分为单级、单级多层、两级、多(三)级均质乳化机，单级均质乳化机工作腔内只有一对转定子，二级均质乳化机工作腔内有两对转定子，三级均质乳化机工作腔内有三对转定子。转定子按层数又可分为二层、四层、六层。

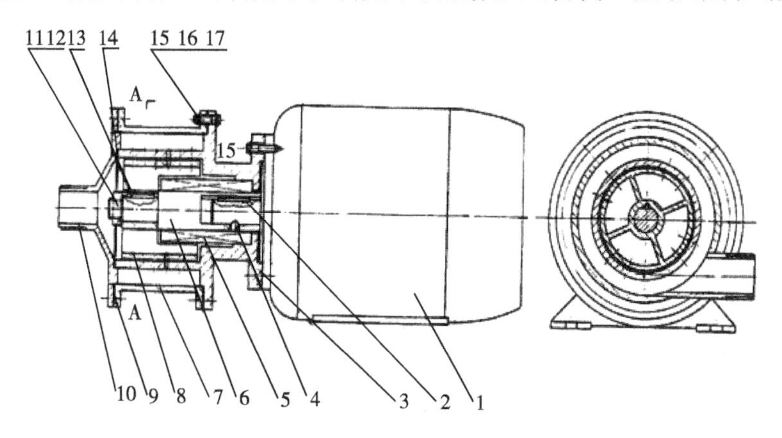

图 6－9　连续式高剪切均质机结构图

1—电机　2—键　3—定子　4—螺钉　5—机械密封　6—轴套　7—外套
8—转子　9—密封圈　10—端盖　11—螺母　12—垫片　13—键
14—密封圈　15—螺栓　16—垫片　17—螺母

连续式高剪切均质机是用于连续性生产或循环生产处理物料的高性能均质乳化设备。连续式高剪切均质机具有良好的输送功能，可实现连续生产，并能自动化控制。连续式高剪切均质机具有处理量大，快速，高效节能，无死角等特性，物料 100% 通过剪切，使用简单方便。目前连续式均质机不仅在食品工业中有所应用，而且更广泛用于其他工业领域中。

6.2　混合机

混合原理：固体物料主要靠机械外力产生流动引起混合。固体颗粒的流动性是有限的，流动性又与颗粒的大小、形状、相对密度和附着力有关。固体混合的形式有对流混合、扩散混合和剪切混合。

对流混合又称为体积混合或移动混合，是指物料在混合容器和搅拌装置的运动作用下，各组分物料以成团的形式从一处移向另一处而产生的混合现象。这种混合作用通常发生在混合的初始阶段，对流混合的混合速度较快，但是混合的均匀程度较差。对流混合在固定容器式混合机中表现得非常明显。

扩散混合又称为点混合，是指物料由于单个粒子以分子扩散形式向四周作无规律运动而产生的混合现象。这种混合作用通常发生在混合操作的中后期，扩散混合的混合速度较慢，但是最终达到的混合的均匀程度较高。扩散混合在旋转容器式混合机中表现得特别明显。

剪切混合又称为面混合或切变混合，是指物料受剪切作用组分内部粒子之间产生相对滑动，物料组分被拉成愈来愈薄的料层，使组分之间接触界面愈来愈大，从而引起的混合现象。剪切混合现象在液体与固体混合的捏和机和高黏度液体的搅拌机中表现得特别明显。

在各种混合设备的工作过程中,对流、扩散和剪切混合3种形式同时存在,只是在不同的机型、物料性质和不同的混合阶段所表现的主导混合形式有所不同。在固体混合时,由于固体粒子具有自动分级的特性,混合的同时常常伴随着产生离析现象。

混合机分类:

混合机是主要用于固体—固体之间的混合作业的机械,也可以用于添加少量液体的固体—固体之间的混合作业。

粉体混合机按混合操作方式不同,可分为间歇操作式和连续操作式。间歇式混合机适应性能强,混合质量较高,但需要停机装卸物料。食品加工中使用较多是间隙式混合机。

按混合容器的运动方式不同,又可分为固定容器式和回转容器式。固定容器式混合机按混合机主轴的位置可分为水平轴和垂直轴式两种;按混合搅拌器的结构型式可分为卧式螺带式混合机、双轴桨叶式混合机、立式搅龙混合机、立式行星搅龙混合机。旋转容器式混合机按容器的运动方式分有一维运动混合机、二维摆动混合机、三维运动混合机。其中一维运动混合机使用较为普遍,一维运动混合机按容器的结构形式可分为圆筒型混合机、双锥型混合机、正方型混合机、V型混合机、正方体型混合机。

固定容器式混合机一般以对流混合为主要工作方式;而回转容器式混合机一般以扩散混合为主要工作方式。固定容器混合机的容器是固定的,物料依靠装于容器内部的旋转搅拌器的机械作用产生流动,在流动过程中发生混合。这类混合机是以对流混合作用为主,适合用于物料物理性质差别及配比差别都比较大的粉料混合操作。旋转容器式混合机的混合容器是运动的,容器内一般没有搅拌工作部件,物料随着容器旋转运动依靠自身的重力形成垂直方向运动,在容器内发生涡流运动。这类混合机是以扩散混合作用为主,适合用于物料流动性良好的、物理性质差别及配比差别都比较小的粉料混合操作。旋转容器式混合机的装料量一般为容器体积的30%～50%,但三维运动混合机最大装料量可达容器体积的90%,并适用于物性差异大的粉状食品的混合。

6.2.1 卧式螺带式混合机

卧式螺带式混合机的结构如图6-10所示,由搅拌器、混合室、传动机构等组成。

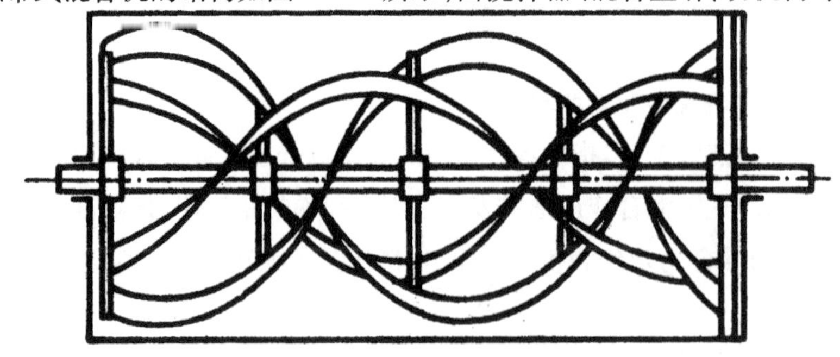

图6-10 卧式螺带式混合机

混合搅拌器为带状螺旋叶片经支杆主轴固定连接安装在混合室内的。在主轴上装有旋向相反的几条带状螺旋叶片，正向带状螺旋叶片使物料往一侧移动，而反向带状螺旋叶片则使物料向相反一侧移动，被混和物料不断地重复分散和集聚，从而达到较好的混合效果。带状螺旋叶片在支杆上有单层布置；也可以双层安装。

混合室按横截面形状有 U 型和 O 型及 W 型。一般大型混合机采用 U 型混合室，小型混合机采用 O 型混合室，双轴混合机采用 W 型混合室。

卧式螺带式混合机的螺带长径比常为 2 ~ 10，搅拌器工作转速在 20 ~ 60r/min 之间。混合机的混合容量为容器体积的 30% ~ 40%，最大不超过 60%。混合机最大容量可达 $30m^3$。混合周期为 5 ~ 20min。

卧式螺带式混合机属于以对流混合作用为主的混合设备。混合速度较快，但最终达到的混合均匀度相对较差。卧式螺带式混合机安装高度低，物料残留少，适用于混合易离析的物料，对稀浆体和流动性较差的粉体也有较好的混合效果。卧式螺带式混合机易造成物料被破碎的现象，所以不适用于易破碎物料的混合。

6.2.2　双轴桨叶式混合机

双轴式桨叶混合机的结构如图 6 – 11 所示，由混合室、转子及传动系统等组成。

双轴式桨叶混合机的混合室为 W 形；转子由主轴、支杆、桨叶构成，两转子采用向外反向转动，桨叶运动的圆周轨迹相互捏合；传动系统由电机通过减速器减速后，采用链带传动使两个转子形成反向转动。

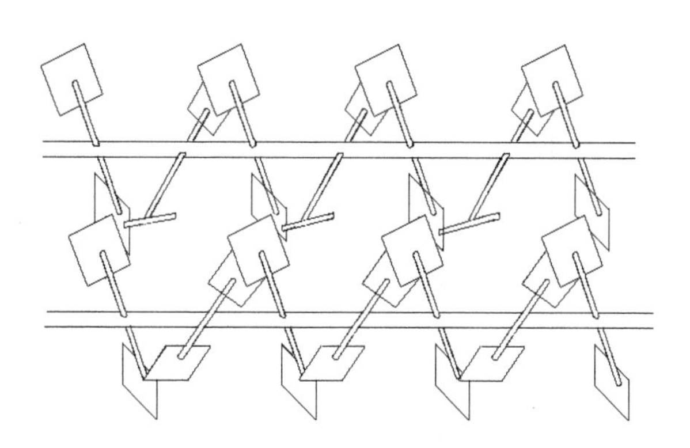

图 6 – 11　双轴桨叶式混合机示意图

双轴桨叶式混合机的转子上焊有多个不同角度的桨叶，两个转子的旋转方向相反，转子转动时，桨叶带动物料沿机槽内壁作逆时针旋转的同时，带动物料沿轴向左右翻动。在两转子的桨叶交叉重叠处，形成了一个失重区，在失重区内，无论物料的形状、大小、密度怎样，在桨叶的作用下物料多会上浮，处于瞬间失重状态，从而使物料在混合室内形成全方位地连续循环翻动，颗粒间相互交错剪切，快速达到良好的混合均匀度。

双轴式桨叶混合机具有混合周期短、混合速度快、混合均匀度高的特点，且混合不受物料性质的影响，排料迅速，机内物料残留少，混合产量弹性大，混合量在额定产量的 40% ~

140%范围内均可获得理想的混合效果。该机结构简单紧凑,占地面积及空间均小于其他类型混合机。

6.2.3 立式搅龙混合机

立式螺旋式混合机结构如图6-12所示。由混合室和螺旋搅龙组成。

混合室上部为圆柱体,下部为圆锥体。在混合室中间垂直安装有螺旋搅龙。螺旋搅龙高速旋转连续地将易流动的物料从混合室底部提升到混合室上部,再向四周泼撒下落,形成循环混合。

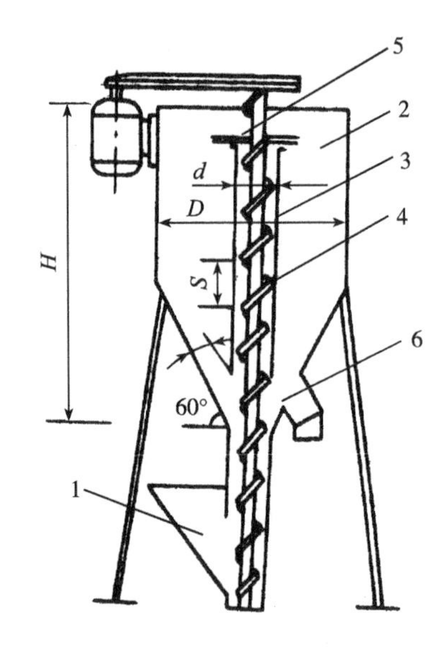

图6-12 立式螺旋式混合机

1—进料斗 2—料筒 3—内套筒 4—螺旋搅龙 5—甩料板 6—出料口

立式螺旋式混合机属于对流混合、扩散混合兼有的混合设备。与卧式螺带式混合机相比,具有投资费用低,功率消耗小,占地面积小等优点。但立式螺旋式混合机混合时间长,产量低,物料混合不很均匀,物料残留多,不适合处理潮湿或泥浆状粉料。

6.2.4 行星搅龙式混合机

行星搅龙式混合机结构如图6-13a所示,由混合室和行星搅龙及传动系统等组成。行星搅龙式混合机的混合室呈圆锥形,有利于物料下滑。混合室内螺旋搅龙的轴线平行于混合室壁面,上端通过转臂与旋转驱动轴连接。当驱动轴转动时,搅龙除自转外,还被转臂带着公转。其自转速度在60~90r/min范围内,公转速度为2~3r/min。

行星搅龙式混合机转臂传动装置的结构如图6-13b所示。电动机通过三角皮带带动皮带轮将动力输入水平传动轴,使轴转动,再由此分成两路传动,一路经一对圆柱齿轮,一对蜗轮蜗杆减速,带动与蜗轮连成一体的转臂旋转,装在转臂上的螺旋搅拌器随着沿容器内壁公转。另一路是经过三对圆锥齿轮变换两次方向及减速,使螺旋搅拌器绕本身的轴自转。这样就实现了螺旋搅拌的行星运动。

行星运动螺旋式混合机工作时，搅龙的行星运动使物料既能产生垂直方向的流动，又能产生水平方向的位移，而且搅龙还能消除靠近容器内壁附近的泄流层。因此这种混合机的混合速度快、混合效果好。它适用于高流动性粉料及黏滞性粉料的混合，但不适用于易破碎物料的混合操作。

行星搅龙式混合机的特点是配用动力小，占地面积少，一次装料量多，调批次数少，每批料混合时间长，机内物料残留量较多。行星搅龙式混合机在食品工业中广泛应用于混合操作中。

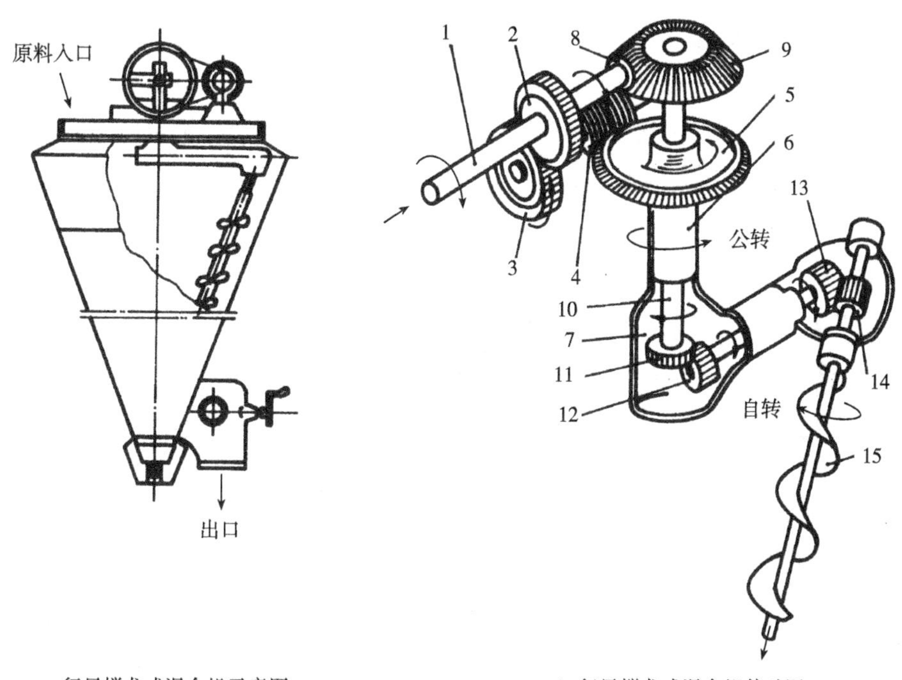

图6－13　行星搅龙式混合机

1—传动轴　2、3—圆柱齿轮　4—蜗杆　5—蜗轮　6—转臂　7—转臂轴空腔
10—传动轴　8、9、11、12、13、14—圆锥齿轮　15—螺旋搅拌器

6.2.5　一维运动混合机

一维运动混合机的混合容器是固定的，容器内没有搅拌工作部件，物料随着容器旋转依靠自身的重力形成垂直方向运动，物料在器壁或容器内的固定抄板上引起折流，造成上下翻滚及侧向运动，不断进行扩散，而达到混合的目的。这类混合机是以扩散混合作用为主的混合设备。一般一维运动混合机的容器回转速度较低，正常工作时，物料在容器内应发生涡流运动。一维运动混合机由旋转容器及驱动转轴、机架、传动机构等组成，其中最重要的构件是旋转容器的形状，它决定了混合操作的效果。容器内表面要求光滑平整，以减少粉料对器壁的黏附、摩擦等影响。有时在旋转容器内安装几个固定抄板，可促进粉料的

翻腾混合,减少混合时间。旋转容器式混合机的驱动轴水平布置。一维运动混合机的装料量一般为容器体积的 30% ~50%。如果投入量大,混合空间减少,物料的离析倾向大于混合倾向,混合效果较差。混合时间与被混合粉料的性质及混合机型有关,多数操作时间为 10min 左右。旋转容器式混合机常用于流动性良好的、物性差异小的粉状食品的混合。

6.2.5.1 圆筒型混合机

圆筒型混合机按其回转轴线位置可分为水平型和倾斜型两种,其结构如图 6-14 所示。

水平型圆筒混合机的圆筒轴线与回转轴线重合。操作时,物料的流型简单。由于粉粒没有沿水平轴线的横向速度,容器内两端位置存在混合死角,并且卸料不方便,因此混合效果不理想,混合时间长,一般采用的较少。

倾斜型圆筒混合机的圆筒轴线与回转轴线之间有一定的角度。混合时,粉料有 3 个方向的运动速度,物料的流型复杂化,避免了混合死角,混合能力增加。其工作转速在 40 ~100r/min 之内。

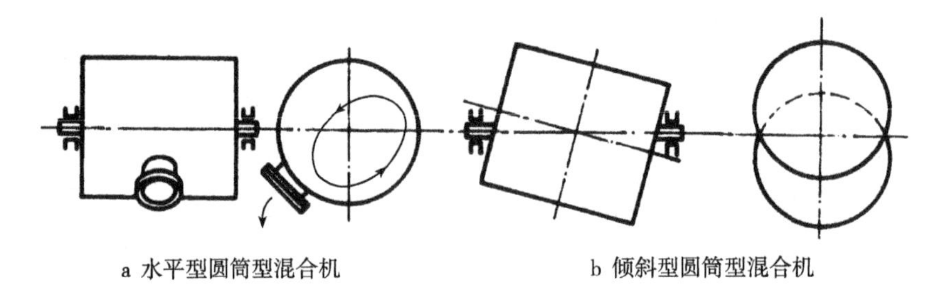

a 水平型圆筒型混合机　　b 倾斜型圆筒型混合机

图 6-14　圆筒型混合机

6.2.5.2 双锥型混合机

双锥型混合机的结构形式如图 6-15a 所示,容器是由两个锥筒和一段短柱筒焊接而成,其锥角有 60°和 90°两种结构。混合过程中,物料在容器内翻滚强烈,流动断面的不断变化,产生良好的横流效应。对流动性好的粉料混合速度较快,功率消耗低。混合机的转速一般为 5 ~20r/min,混合时间为 5 ~20min 次。装料量为容器体积 50% ~60%。

6.2.5.3 V 型混合机

V 型混合机如图 6-15b 所示,回转容器是由两段圆筒以互成一定角度的 V 形连接,两圆筒轴线夹角为 60°或 90°,两筒连接处剖面与回转轴垂直,容器与回转轴非对称布置。由于 V 型容器的不对称性,使得粉料在旋转容器内时聚时散,在短时间内使粉料得到充分混合。与双锥型混合机相比,V 型混合机混合速度快,混合效果好。V 型混合机的工作转速一般在 6 ~25r/min 之间。混合时间约 4min/次,装料量为容器体积的 10% ~30%。

6.2.5.4 正方型混合机

正方体型混合机如图 6-15c 所示,回转容器为正方体,旋转轴与正方体对角线相联。混合机工作时,物料在容器内受到三维以上的重叠混合作用,没有混合死角,因而混合速度快。与 V 型混合机、双锥式混合机相比，正方体型混合机混合性能更好，但生产能力较小。

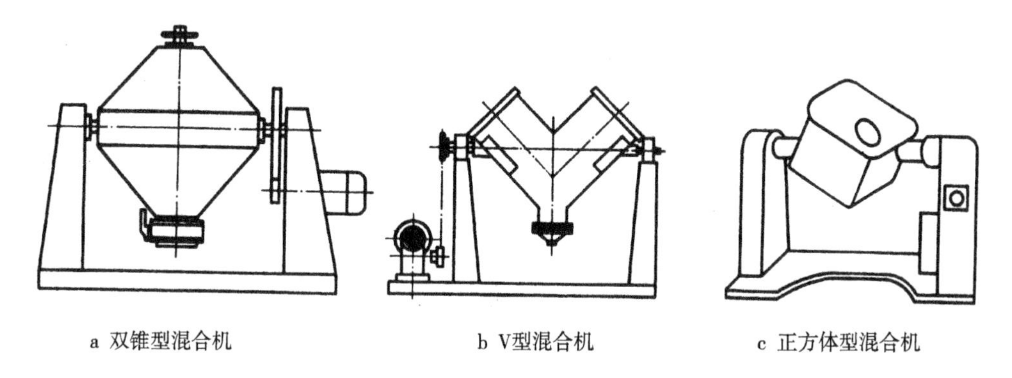

a 双锥型混合机　　b V型混合机　　c 正方体型混合机

图 6 - 15　旋转容器式混合机

6.2.6　二维摆动混合机

工作原理：二维混合机的混合筒体可同时进行 2 个方向运动，混合筒体绕其轴线转动的同时并随摆动架的上下摆动。混合筒体内的混和物料随筒体转动产生翻转的径向混和运动，同时又随筒体的摆动而发生轴向混和运动，在这两个运动的共同作用下，物料在短时间内得到充分的混和。

工作机构：二维混合机主要由混合筒体、摆动架、机架 3 大部分构成。混合筒体装在摆动架上，由 4 个滚轮支撑并由 2 个挡轮对其进行轴向定位，在 4 个支撑滚轮中，其中 2 个传动轮由转动动力系统拖动使转筒产生转动；摆动架由一组曲柄摆杆机构来驱动，曲柄摆杆机构装在机架上，摆动架由轴承组件支撑在机架上。二维混合机结构组成如图 6 - 16 所示。

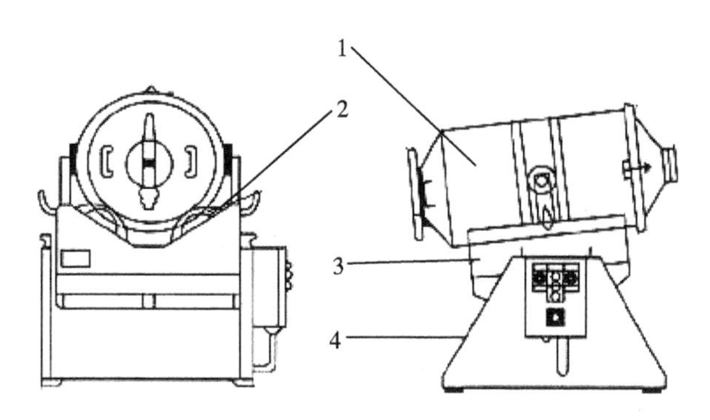

图 6 - 16　二维混合机结构组成示意图

1—混合筒体　2—支撑滚轮　3—摆动架　4—机架

二维运动混合机混合筒体在两个方向运动的共同作用下，物料在短时间内得到充分的混合，提高混合效率。二维运动混合机适合所有粉、粒状物料的混合。

6.2.7　三维运动混合机

三维混合机工作原理：三维运动混合机在立体三维空间上做独特的平移、转动、摇滚运动，使物料在混合筒内处于“旋转流动—平移—颠倒坠落”等复杂的运动状态，既所谓的TURBULA状态；三维空间运动使混合物质一直处于有节奏变化的脉动状态。物料在三维空间的轨迹中运动，不仅有湍动作用，可以加速物料的扩散和运动，而且有翻转运动，克服了离心力的影响，消除比重偏差引起的离析现象，避免产生物料集聚和团块滞流，并无死角，提高了混合质量和精度，保证混合均匀，获得满意的混合效果。

三维混合机由机座、传动系统、三维运动机构，混合筒体等部件组成。具体结构如图6－17所示。

三维运动机构：由主动轴、从动轴及2个万向节组成，Y型万向节分别与主动轴、从动轴轴端联接，两个万向节之间设有混料筒体，混料筒体分别置于2个空间时呈交叉又相互垂直，如图6－18所示。三维运动机构使得混料筒体在立体三维空间做复杂的平动、转动、摇滚运动。

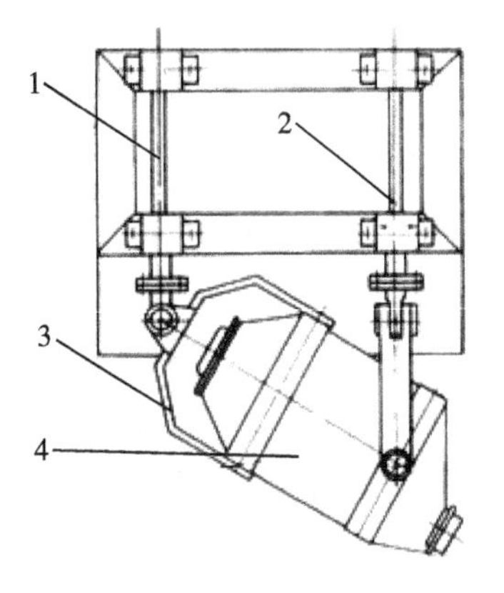

图6－17　三维混合机结构图

1—主动轴　2—从动轴

3—Y型万向节　4—混合筒体

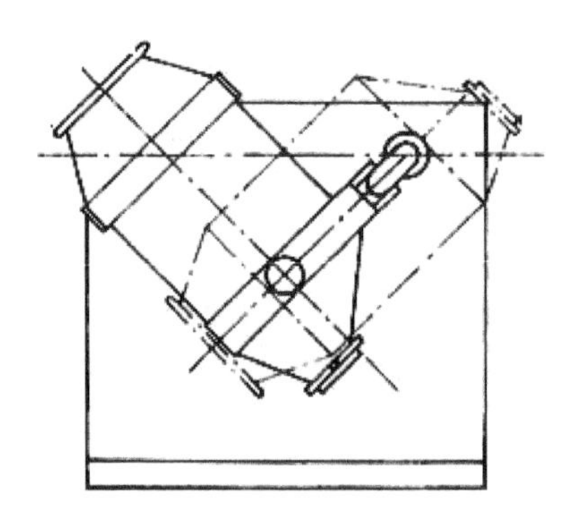

图6－18　三维运动机构示意图

混料筒体：混料筒体联接于主、从动轴端的Y型万向节之上，混料筒由筒身、正锥台进料端、偏心锥台出料端、进料口及出料装置组成。混料筒采用优质不锈钢精制，其内壁及外壁经抛光处理。筒体气密性好，平面光洁无死角、无残留、易清洗。进料口采用卡箍式法兰密封，操作方便，气密性好。出料端采用独特设计的偏心锥台，不对称设计更利于物料均匀混合，放料时，出料口处于混合容器的最低位置，同时将物料放尽。出料阀采用密封性能好的蝶形阀，出料方便，无残留。

传动系统：该机的传动系统由电机、传动减速系统、变频器及控制系统组成，设计简练、传动平稳可靠。变频器能有效地缓冲重载启动的惯性，还能准确的选择停机时料筒的最佳位置，以方便进料或出料。

工作过程：混合筒体在主轴的带动下作平移、翻滚等复合运动，促使物料沿着筒体作环向、径向、轴向的三向复合运动，使物料相互流动扩散，掺杂，当主传动轴旋转时，筒体的几何中心线也是回转中心线在三维空间周期性地改变其在空间的位置，而筒体则在空间的任何位置上始终绕其回转中心线旋转，主轴每转一周，混料筒体两空间交叉轴上下翻转 4 次，物料也随之颠倒 4 次。物料周期性地进行旋转，颠倒和平移摇动的三维运动并连续改变物料间的相互位置，达到高效混合的目的。

三维混合机混合筒体多方向运动，使物料在无离心力作用下进行混合，避免了不同密度的物料产生偏析和积聚现象，大大提高了混合均匀度。混合机筒体装料率大，利用率最高可达 90%，最佳装料率为 80%。三维混合机具有体积小、结构简单、便于操作和维护、混合时间短、效率高等特点。

6.2.8　混合质量影响因素与改善措施

混合操作过程是混合和离析同时存在的过程，因此凡影响混合效果的物性均对混合质量产生影响，影响混合效果的主要因素有粉料的特性、混合机的类型、混合时间以及加料的顺序。

粉料的特性包括粉料颗粒的大小、形状、密度、附着力、表面粗糙程度、流动性、含水量和结块倾向等。根据物料自动分级特性，大小均匀的颗粒混合时，密度大的趋向器底；密度近似的颗粒混合时，最小的和形状近圆球形的趋向器底；颗粒的黏度越大，温度越高，越容易结块或结团，越不易均匀分散。通过粉碎、承载、稀释、加湿、添加油脂等处理可改变物料在混合方面表现出的性质，从而提高和保证产品的混合均匀度。

不同类型的混合机在混合过程中占主导地位的混合作用形式不同，以对流混合作用为主的混合机，混合速度快，但最终达到的混合均匀度相对较差，很难达到很高的混合均匀度。以剪切、扩散混合作用为主的混合机，混合速度相对较慢，但最终达到的混合均匀度相对较高。根据混合要求，选择合适机型的混合设备，达到理想的预期混合效果。

完成混合作业需要足够的混合时间。但是在任何混合操作中，混合与离析同时发生，到达一定的混合时间，混合均匀程度表现为动态平衡状况，当达到动态平衡状况后，继续操作，混合均匀度将在一定的数值范围内波动。

加料操作对微量组分有较大影响，当因加料顺序或位置而将微量成分添加至混合作用薄弱的滞留区域，达到与其他成分充分混合则需要更长的时间，甚至无法充分混合。

6.2.9　混合机的选择

合理选择固体混合机必须考虑混合操作的目的，处理物料的性质和处理量，混合要求的最终混合均匀度和各种附属设备等因素。

通常在选型时从混合操作目的以及混合要求达到的最终混合均匀度的角度考虑。最终混合均匀度要求高的场合，选择以扩散混合作用为主的设备，如选择容器回转式混合机和行星搅龙式混合机。从混合物料的性质的角度考虑，混合物料流动性差、附着性强、凝聚性高、易结块时，选择强制物料流动的固定容器式混合机，如卧式螺带混合机和行星搅龙式混合机。从混合操作的角度考虑，产品品种规格经常变动、批量操作之间需要清洗的场合，选择容器回转式混合机。容器回转式混合机具有简单光滑的外形和良好抛光的表面，没有旋转部件，清洗操作简单方便。大批量、连续化生产时，选择容器固定式混合机，优先选择卧式螺带混合机，该机混合速度快、产量大、进出料方便。在混合过程中需要对物料进行加热或冷却时，选择容器固定式混合机。如卧式螺带混合机和行星搅龙式混合机在混合机筒上安装夹套，即可在操作过程中容易地对物料加热或冷却。要求单机生产能力大、混合速度快时，选择卧式螺带混合机。

混合机选择还必须考虑设备的操作可靠性以及设备使用的经济性。

进行混合机选择时，首先根据混合工艺，确定混合机的操作方式，采用连续式操作还是采用间隙式操作；然后根据混合物料特性，确定混合机的类型，采用容器回转式混合机还是采用容器固定式混合机；最后根据生产处理量，确定混合机的产量及型号。

6.3 搅拌机

在食品工业中，许多物料呈流体状态，稀薄的如牛奶、果汁、盐水等，黏稠的有糖浆、蜂蜜、果酱、蛋黄酱等。搅拌过程是一个复杂的过程，它涉及到流体力学、传热、传质及化学反应等多种原理。从本质上讲，搅拌过程是在流场中进行单一的动量传递，或者是包括动量、热量、质量的传递及化学反应的综合过程。可以认为，整个搅拌过程就是一个克服流体黏度阻力而形成一定流场的过程。在搅拌过程中，搅拌器不仅引起液体的整体运动，而且要使液体产生湍流，才能使液体得到剧烈的搅拌。不同黏度的食品混合过程中具有不同的混合机理，其混合搅拌机械结构亦有所区别。低、中黏度的食品混合主要是以对流混合为主。高黏度的食品混合主要是以剪切混合为主。

不同黏度的食品混合过程中具有不同的混合机理，其混合搅拌机械结构亦有所区别。低、中黏度液体混合设备习惯称为搅拌机；高黏度液体混合典型设备有打蛋机。

6.3.1 搅拌机

搅拌机通常是指低、中黏度液体混合过程采用的混合机。

低、中黏度液体混合的强度取决于流型，即对流的强制程度。低、中黏度液体混合过程中对流的形式有主体对流和涡流对流，主体对流是指在搅拌过程中，搅拌器把动能传给周围的液体，产生一股高速的液流，这股液流推动周围的液体，逐步使全部的液体在容器内流动起来，这种大范围的循环流动引起的全容器范围的混合叫做“主体对流扩散”。涡流对流是指当搅拌产生的高速液流在静止或运动速度较低的液体中通过时，处于高速流体与低速流体的分界面上的流体受到强烈的剪切作用。因此，在此处产生大量的漩涡，这种漩涡迅速向周围扩散，一方面把更多的液体夹带着加入“宏观流动”中；另一方面又形成局部范围内物料快速而紊乱的对流运动，这种运动被称为“涡流对流”。在实际混合过程中，主体对流扩散只能把不同的物料搅成较大“团块”的混合，而通过“团块”界面之间的涡流，使混合均匀程度迅速提高。

低、中黏度的食品混合主要是以对流混合为主。

搅拌机的型式很多，但其基本结构大致相同。典型的搅拌机结构如图 6 - 19 所示，由搅拌装置、搅拌罐、轴封与传动装置等所组成。

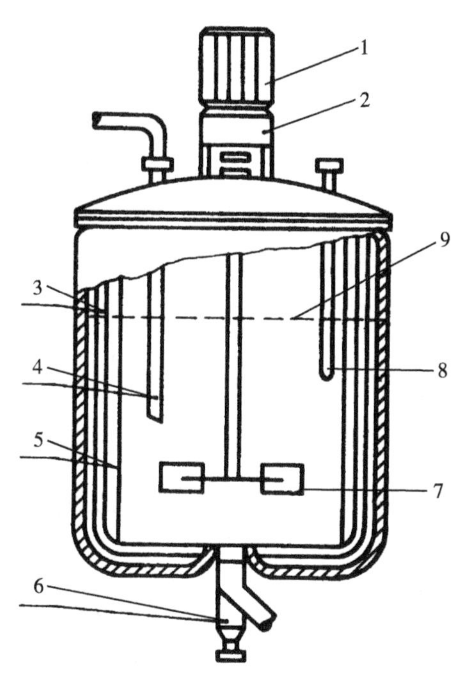

图6－19 搅拌机结构图

1—电动机 2—减速器 3—容器夹套 4—料管
5—挡板 6—出料管 7—搅拌桨叶 8—温度计 9—液体液面

6.3.2 搅拌罐

搅拌罐的作用是容纳搅拌装置与物料在其内进行操作。搅拌罐必须满足无污染、易清洗等专业技术要求。罐体大多数设计成圆柱形，其顶部为开放式或密闭式，底部大多数成碟形或半球形。平底的很少见到，因为平底结构容易造成搅拌时液流死角，影响搅拌效果。罐内盛装的液体深度通常等于容器直径。在罐内装有搅拌轴，轴一般由容器上方支承，并由电动机及传动装置带动旋转。轴的下端装有各种形状桨叶的搅拌器。

搅拌罐包括罐体和装焊在其上的各种附件。

罐体：常用的罐体是立式圆筒形容器，它有顶盖、筒体和罐底，通过支座安装在基础或平台上。罐体在常压或规定的温度及压力下，为物料完成其搅拌过程提供一定的空间。

罐体容积由装料量决定，根据罐体容积选择适宜的高径比，确定筒体的直径和高度。选择罐体的高径比应考虑物料特性对罐体高径比的要求；对搅拌功率的影响；对传热的影响等因素。从夹套传热角度考虑，一般希望高径比取大些。在固定的搅拌轴转速下，搅拌功率与搅拌器桨叶直径约以5次方成正比，所以罐体直径大，搅拌功率增加。需要有足够的液位高度，就希望高径比取大些。根据上述因素及实践经验，当罐内物料为液—固相或液—液相物时，搅拌罐的高径比为1～1.3；当罐内物料为气—液相物料物时，搅拌罐的高径比为1～2。

挡板：低黏度液体搅拌时，叶片造成的液流有3个分速度，即轴向速度、径向速度和切向速度。其中轴向速度和径向速度对液体的搅拌混合起着主要作用。在搅拌过程中,所有叶片都存在切向速度,无论是桨式、涡轮式或是推进式叶轮,只要是安装在容器中心位置上,而叶轮的旋转速度又足够高,那么,叶片所产生的切线速度会促使液体围绕搅拌轴以圆形轨迹回转,形成不同的液流层,同时产生液面下陷的漩涡(如图6-20a所示)。叶片转速愈高,漩涡愈深,这对搅拌多相系物料的结果不是混合而是分层离散。当漩涡深度随转速增加到一定值后,还会在液体表面吸气,引起其密度变化和搅拌机振动等现象。为了减少打旋现象,最常用的方法就是在容器壁内加设挡板。挡板有两个作用,一是改变切向流动,二是增大被搅拌液体的湍动程度,从而改善湍动效果(如图6-20b所示)。

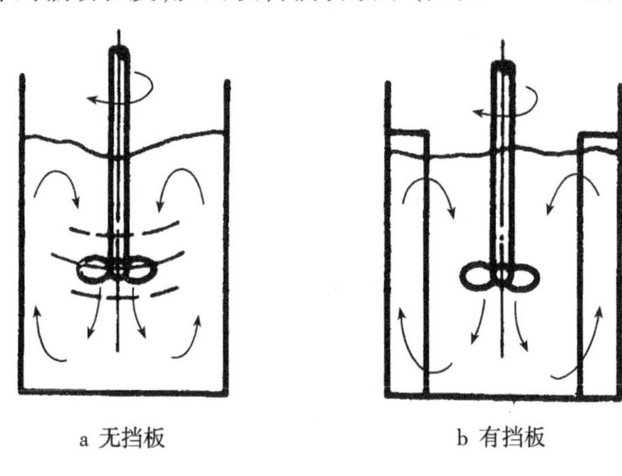

a 无挡板　　　　b 有挡板

图6-20　挡板与流型

对低黏度液体的搅拌,挡板垂直纵向安装在容器内壁上;对中黏度液体的搅拌,挡板离开壁面安装,以阻止在挡板背后形成停滞区,防止固体在挡板后聚积,挡板与容器壁的间距约为挡板宽度的0.1~0.5倍;对黏度大于12Pa·s的物料,流体的黏度足以抑制打漩,无需安装挡板;当一个容器安装挡板到一定数量后,无论怎样增加挡板也不能进一步改善其搅拌效果时,那么,该容器就被称为充分挡板化了的搅拌容器。充分挡板化的条件与挡板的数量、宽度及叶轮直径有关。一般情况下,宽度和容器内径之比为1∶10时,装4块挡板已够用。关于挡板的长度,通常要求其下端伸到容器底部,上端露出液面。但无论是平底形或球底形,挡板必须伸到叶轮所在平面以下。

6.3.3　搅拌器

6.3.3.1　搅拌器的分类

尽管某种合适的流动状态与搅拌容器的结构及其附件有一定关系,但是,搅拌器桨叶的结构形状与运转情况可以说是决定容器内液体流动状态最重要的因素。搅拌器桨叶的形状很多,按搅拌器桨叶的运动方向与桨叶表面的角度,将搅拌器分为3类,即平直叶搅拌器、折叶搅拌器和螺旋面搅拌器。桨式、涡轮式、框式、锚式等的桨叶属于平直叶或折叶;而旋桨式的桨叶属于螺旋面叶。

搅拌器的主要部件为搅拌桨叶。搅拌桨叶根据搅拌产生的流型分成轴向流动的轴流式桨叶和产生径向流动的径流式桨叶。根据桨叶的结构形式不同，可分为桨式、涡轮式、旋桨式搅拌器等。

(1)桨式搅拌器 桨式搅拌器的形式如图6-21所示。这是一种最简单的搅拌器，桨式中以平桨式最简单，在搅拌轴上安装一对到几对桨叶，通常以双桨和四桨最普遍。有时平桨做成倾斜式，大多数场合则为垂直式。桨式搅拌器的转速较慢，一般20~150r/min，所产生的液流主要为径向及切向速度。液流离开桨叶以后，向外趋近器壁，然后向上或向下折流。搅拌黏度稍大的液体，在平桨上加装垂直桨叶，就成为框式搅拌器。若桨叶外缘做成与容器内壁形状相一致而间隙甚小时，就成为锚式搅拌器。为了加强轴向混合，减少因切向速度所产生的表面漩涡，通常在容器中加装挡板。处理低黏度液体时搅拌轴和电动机直接，故桨叶转速高；处理中等黏度时，桨叶转速较低。桨式搅拌器的转速较慢，液流的径向速度较大，轴向速度甚低。

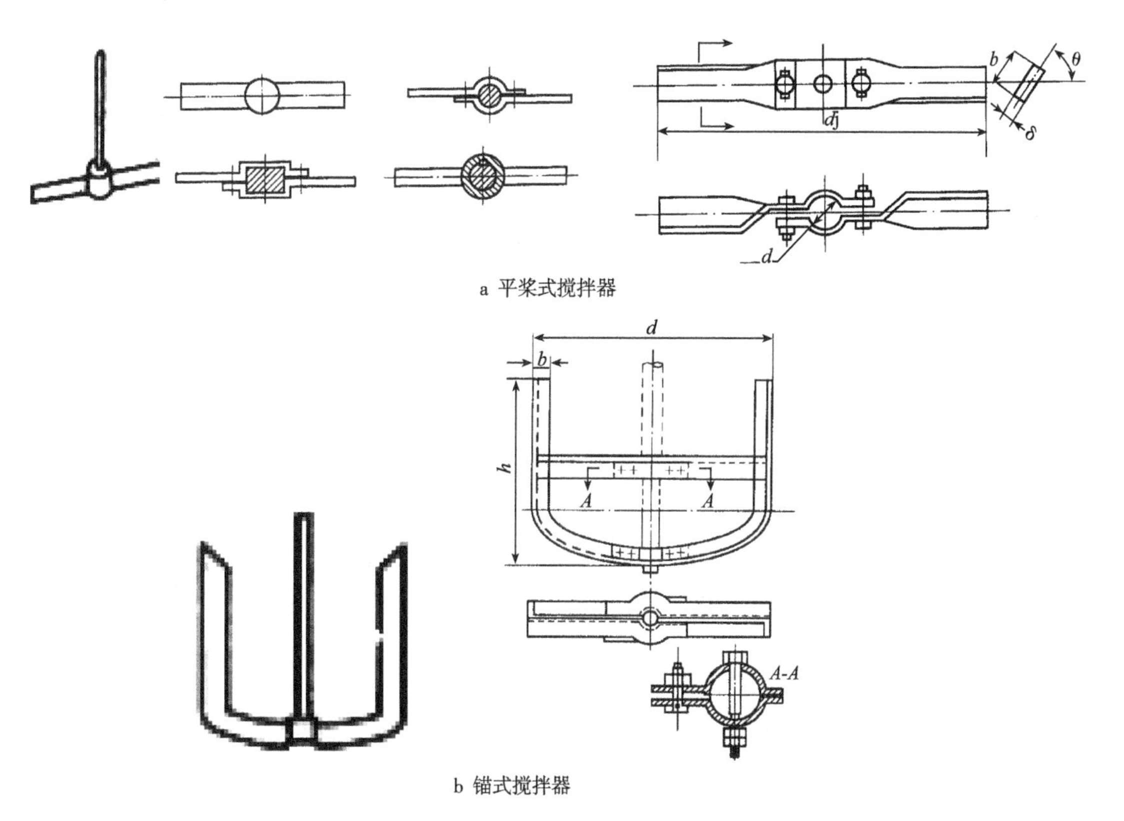

a 平桨式搅拌器

b 锚式搅拌器

图6-21 桨式搅拌器的形式

桨叶形式有整体式桨叶和可拆式桨叶。整体式桨叶一般用不锈钢或扁钢制作，桨叶直接焊于轴上或焊在轮毂上，形成一个整体，然后用键、止动螺钉将轮毂连接在搅拌轴上。这种结构制造简单，但强度小，桨叶不能拆换，常用于小直径容器中。可拆式桨叶一端制出半个轴环套，两片桨叶对开地用螺栓将轴环夹紧在搅拌轴上。为了传递扭矩可靠性，可将桨叶轴制成方形或多边形进行固定。桨式的通用尺寸为桨宽与桨径之比 $b/d=0.10\sim0.25$，加强筋的长度可以是桨叶的全长或1/2桨长，为了提高桨叶的强度，也可采用加筋的桨叶。锚式、框式桨叶的通用尺寸为：桨的高度与桨径之比 $h/d=0.5\sim1.0$，桨的宽度与桨径之比 $b/d=0.07\sim0.1$。

桨式搅拌器的主要特点是：混合效率较差；局部剪切效应有限，不易发生乳化作用；桨叶易制造及更换，适宜于对桨叶材质有特殊要求的液料。桨式搅拌器适用于处理低黏度或中等黏度的物料。

（2）涡轮式搅拌器 涡轮式搅拌器的结构如图6-22所示。涡轮式与桨式相比，桨叶数量多而短，通常为4~6枚，叶片形式多样，有平直的、弯曲的、垂直的和倾斜等几种，可以制成开式、半封闭式或外周套扩散环式等。常用的涡轮式搅拌器的桨叶直接焊于轮毂上，但折叶涡轮的桨叶则先在轮毂上开槽，桨叶嵌入后施焊。

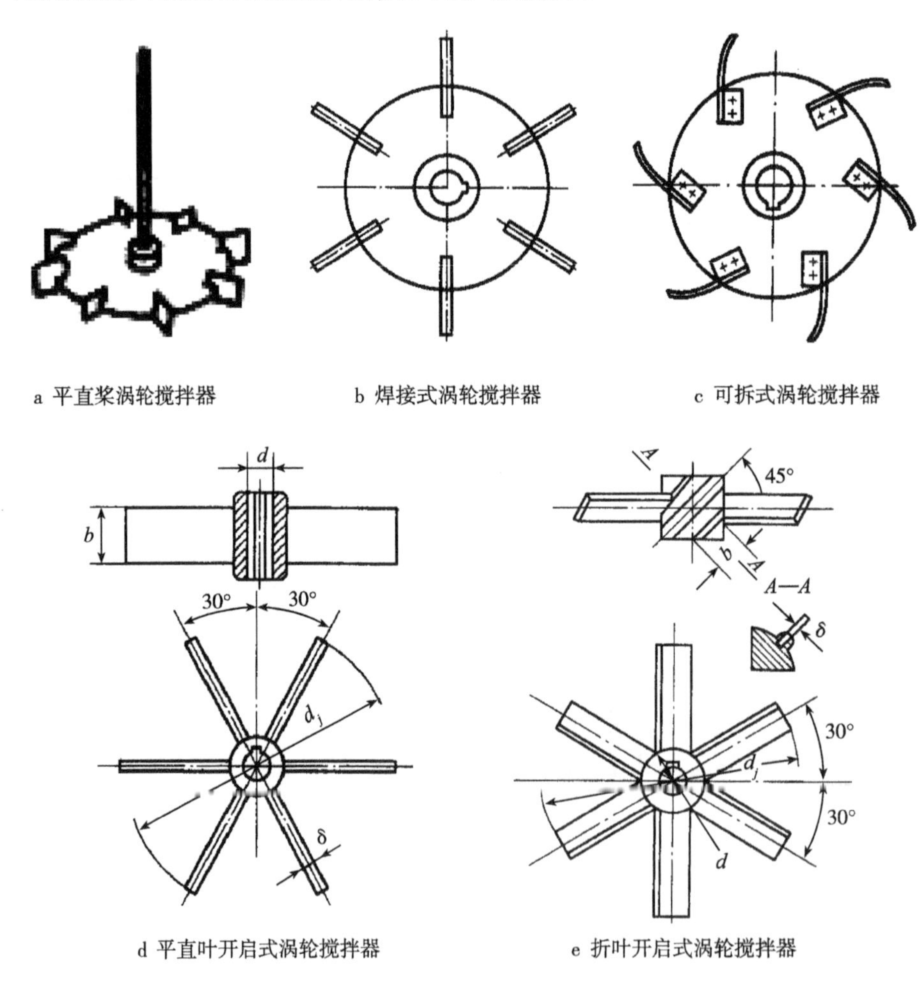

a 平直桨涡轮搅拌器　　b 焊接式涡轮搅拌器　　c 可拆式涡轮搅拌器

d 平直叶开启式涡轮搅拌器　　e 折叶开启式涡轮搅拌器

图6-22 涡轮式搅拌器的结构

涡轮式搅拌器属高速回转径向流动式搅拌机。液体经涡轮叶片沿驱动轴吸入，主要产生径向液流，液体以高速向涡轮四周抛出，使液体撞击容器壁而产生折射时，各个方向的流动充满整个容器内部，在叶片周围能产生高度湍流的剪切效应。涡轮叶片转速为400～2000 r/min，圆周速度在8m/s以内。涡轮的通用尺寸是桨宽与桨径之比 b/d = 0.15～0.3。涡轮式搅拌器的叶轮直径一般为容器直径的0.2～0.5倍。

涡轮式搅拌机的主要特点：适于搅拌多种物料，尤其对中等黏度液体特别有效；混合生产能力较高，能量消耗少，搅拌效率较高；有较高的局部剪切效应；容易清洗但造价较高。涡轮式搅拌机混合效率高，常用于制备低黏度的乳浊液、悬浮液和固体溶液及溶液的热交换等。

(3)旋桨式搅拌器　旋桨式搅拌器结构如图6－23所示，桨叶形状与常用的推进式螺旋桨相似，旋桨安装在转轴末端，可以是一个或两个，每个旋桨用2～3片桨叶组成。由于桨叶的高速转动造成了轴向和切向速度的液体流动，致使液体作螺旋形旋转运动，并使液体受到强烈的切割和剪切作用。同时也会使气泡卷入液体中，为了克服这一缺点旋桨轴多为偏离中心线安置，或斜置成一定角度。桨叶与轮毂铸成一体，有的把模锻后的桨叶焊在轮毂上。搅拌器的轮毂用键和止动螺钉连接于搅拌轴上，再用螺母拧在轴端托住浆叶和轮毂，推进式搅拌器叶轮直径小，通常与容器的比值为0.2～0.5(以0.33居多)，转速高，一般转速为100～500r/min，小型为1000r/min；大型为400～800r/min。叶轮线速度在3～5m/s之间。旋桨叶片直径为容器直径的1/3～1/4。旋桨式搅拌机适用于低黏度液体的高速搅拌。混合效率较高，但是对于不互溶液体的搅拌，其混合效率受到一定的限制。它适合于对低黏度液料的操作，多用于液体黏度于2Pa·s以下的固液混合。对纯液相物料，其黏度限制在3Pa·s以下。

旋桨式搅拌器的主要特点：生产能力较高，但是在混合互不溶液体，如生产细液滴乳化液，而且液滴直径范围不大的情况下，生产能力受限制；结构简单，维护方便；常常会卷入空气形成气泡和离心涡旋；适用于低黏度和中等黏度液体的搅拌，对制备悬浮液和乳浊液等较为理想。

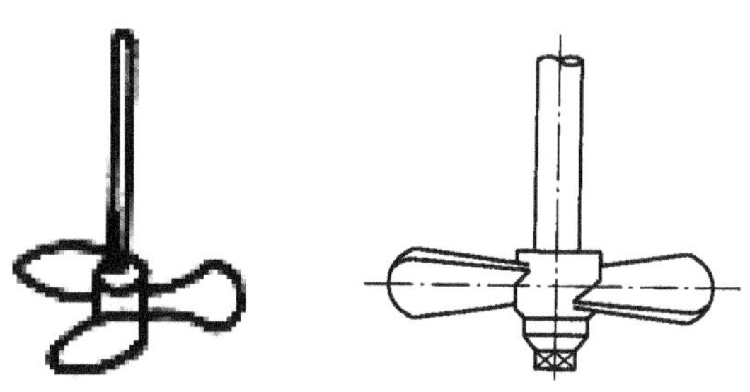

图6－23　旋桨式搅拌器

6.3.3.2　搅拌器与流型

搅拌装置的主要作用是通过自身的运动使液体按某种特定的方式活动，从而达到某种工艺要求。液体的流型是衡量搅拌装置性能最直观的重要指标。

轴向流型：流体从轴向进入叶片，从轴向流出，称为轴向流型(如图6－24a所示)。如旋桨式叶片，当桨叶旋转时，产生的流动状态不但有水平环流、径向流，而且也有轴向流动，其中以轴向流量最大。此类桨叶称为轴流型桨叶。常用轴向流型制备乳浊液和混浊液。

径向流型：流体从轴向进入叶轮，从径向流出，称为径向流型（如图 6 - 24b 所示）。如平直叶的桨叶式、涡轮式叶片，这种高速旋转的小面积桨叶搅拌器所产生的液流方向主要为垂直于罐壁的径向流动，此类桨叶称为径向流型桨叶。由于平直叶的运动与液流相对速度方向垂直，当低速运转时，液体主要流动为环向流，当转速增大时，液体的径向流动就逐渐增大，桨叶转速愈高，由平直叶排出的径向流动愈强烈。常用径向流型制备低黏度乳浊液、悬乳液和固体与液体的混合液体。

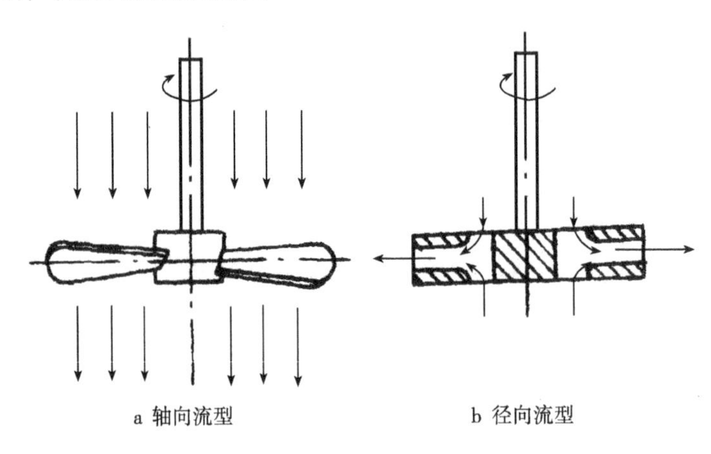

图 6 - 24　液体流型

6.3.3.3　搅拌器的安装形式与流型

搅拌器不同的安装形式会产生不同的流场，使搅拌的效果有明显的差别。通常搅拌器安装的型式分：立式中心搅拌、偏心式搅拌、倾斜式搅拌、底部搅拌、旁入式搅拌等安装型式。

立式中心搅拌安装型式的搅拌设备是将搅拌轴与搅拌器配置在搅拌罐的中心线上，呈对称布局（如图 6 - 25 所示）。这种安装型式的搅拌设备可以将桨叶组合成多种结构形式以适应多种用途。

偏心式搅拌安装型式的搅拌设备是将搅拌器安装在立式容器的偏心位置，这种安装形式能防止液体在搅拌器附近产生涡流回转区域，其效果与安装挡板相近似。其结构示意及搅拌过程产生的流动情况如图 6 - 25a 所示，这种搅拌轴的中心线偏离容器轴线，会使液流在各点处压力分布不同，加强了液层间的相对运动，从而增强了液层间的湍动，使搅拌效果得到明显的改善。但偏心搅拌容易引起设备在工作过程中的振动，一般此类安装型式只用于小型设备上。

倾斜式搅拌安装型式的搅拌设备是将搅拌器直接安装在罐体上部边缘处，搅拌轴斜插入容器内进行搅拌（如图 6 - 25b 所示）。对搅拌容器比较简单的圆筒形结构或方形敞开立式搅拌设备，可用夹板或卡盘与筒体边缘夹持固定。这种安装型式的搅拌设备比较机动灵活，使用维修方便，结构简单、轻便，一般用于小型设备上，可以防止产生涡流。

底部搅拌安装型式的搅拌设备是将搅拌器安装在容器的底部（如图6－25c所示）。它具有轴短而细的特点，无需用中间轴承，可用机械密封结构；有使用维修方便，寿命长等优点。此外，搅拌器安装在下封头处，有利于上部封头处附件的排列与安装，特别是上封头带夹套、冷却构件及接管等附件的情况下，更有利于整体合理布局。由于底部出料口能得到充分的搅动，使输料管路畅通无阻，有利于排出物料。此类搅拌设备的缺点是，浆叶叶轮下部至轴封处常有固体物料粘积，容易变成小团物料混入产品中影响产品质量。

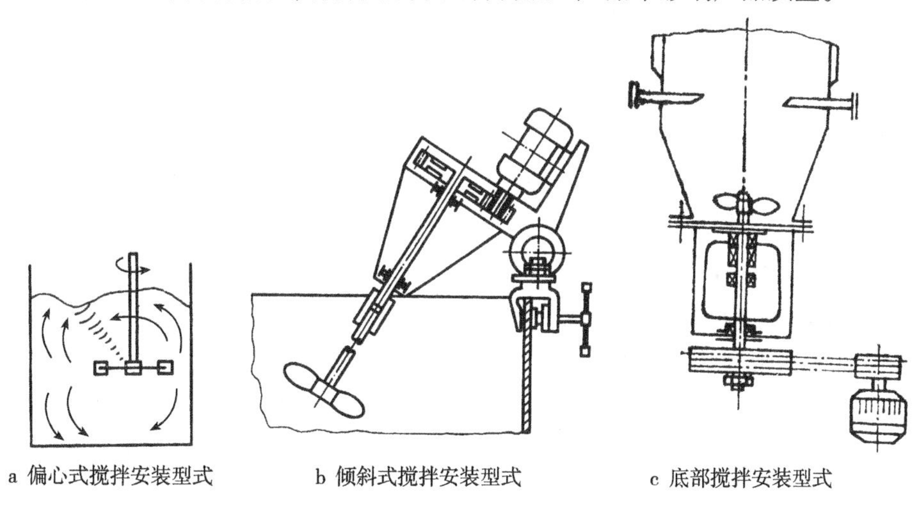

a 偏心式搅拌安装型式　　b 倾斜式搅拌安装型式　　c 底部搅拌安装型式

图6－25　搅拌安装型式

旁入式搅拌设备是将搅拌器安装在容器罐体的侧壁上。在消耗同等功率的情况下，能得到最好的搅拌效果。设备主要缺点是，轴封比较困难。旁入式搅拌装置在不同位置旋桨所产生的不同流动状态如图6－26所示。

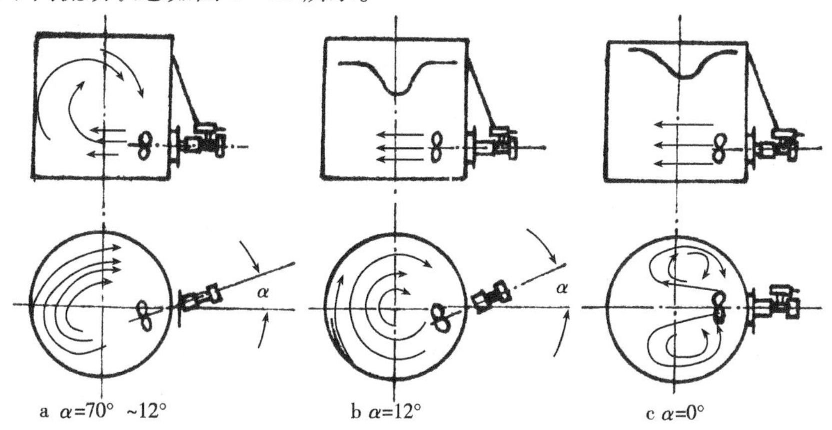

a α=70°～12°　　b α=12°　　c α=0°

图6－26　旁入式搅拌安装型式

6.3.3.4　搅拌器的传动装置

搅拌器传动装置的基本组成有：电机、齿轮传动（有的还设一级皮带轮）、搅拌轴及支架。立式搅拌器分为同轴传动和倾斜安装传动两种。

轴封是指搅拌轴及搅拌容器转轴处的密封装置,用于避免食品污染。传动装置是赋于搅拌装置及其他附件运动的传动件组合体。在满足机器所必须的运动功率及几何参数的前提下,希望传动链短、传动件少、电机功率小,以降低成本。通常,典型搅拌设备还设有进出口管路、夹套、人孔、温度计插套以及挡板等附件。

轴封是搅拌轴与机架间的密封装置,一般有两种形式:填料密封和机械密封。

6.3.3.5 搅拌器的选择

各种搅拌器的通用性较强,同一种搅拌器可用于几种不同的搅拌过程。但是进行搅拌器选择时,要根据物料性质和混合目的,选择恰当的搅拌器形式,以最经济的设备费用和最小的动力消耗达到搅拌的目的。目前搅拌器的选择与设计通常采用经验类比的方法,在相近的工作条件下进行类比选型。一般选择搅拌器时主要应从介质的黏度高低、容器的大小、转速范围、动力消耗以及结构特点等几方面因素综合考虑。尽可能选择结构简单、安全可靠、搅拌效率高的搅拌器。

(1)根据介质黏度的高低选型 根据搅拌介质黏度大小来选型是搅拌器选择的基本方法。物料的黏度对搅拌状态有很大的影响,按照物料黏度由低到高的排列,各种搅拌器选用的顺序依次为旋桨式、涡轮式、桨式、锚式和螺带式等。旋桨式在搅拌大容量液体时用低转速,搅拌小容量液体时用高转速。桨式搅拌器由于其结构简单,用挡板后可以改善流型,所以,在低黏度时也是应用得较普遍的。而涡轮式由于其对流循环能力、湍流扩散和剪切力都较强,应用最广泛。

(2)根据搅拌过程和目的选型 这种方法是通过搅拌过程和目的,对照搅拌器造成流动状态作出判断来进行选择。低黏度均相液—液混合,搅拌难度小,最适合选用循环能力强,动力消耗少的旋桨式搅拌器。平桨式结构简单,成本低,适宜小容量液相混合。涡轮式动力消耗大,会增加费用。

对分散操作过程,最适合选用具有高剪切力和较大循环能力的涡轮式搅拌器。其中平直叶涡轮剪力作用大于折叶或和后弯叶的剪力作用,因此应优先选用。为了加强剪切效果,容器内可设置挡板。

对于固粒悬浮液操作,涡轮式使用范围最大,其中以弯叶开启涡轮式最好。它无中间圆盘,上下液体流动畅通,排出性能好,桨叶不易磨损。而桨式速度低;只用于固体粒度小、固液相对密度差小、固相浓度较高、沉降速度低的悬浮液。旋桨式使用范围窄,只适用于固液相对密度差小或固液比在5%以下的悬浮液。对于有轴向流的搅拌器,可不加挡板。因固体颗粒会沉积在挡板死角内,所以只在固液比很低的情况下才使用挡板。

固体溶解过程要求搅拌器的剪切作用和循环能力,所以优先选择涡轮式搅拌器。旋桨式循环能力大而剪切作用小,只用于小容量溶解过程。平桨式须借助挡板提高循环能力,一般只使用在容易悬浮起来的溶解操作中。

在搅拌过程中有气体吸收的搅拌操作,则用圆盘式涡轮最合适。它剪切力强,圆盘下可存住一些气体,使气体的分散更平衡。开启式涡轮不适用。平桨式及旋桨式只在少量易吸收的气体要求分散度不高的场合中有使用的。

对结晶过程的搅拌操作,小直径的快速搅拌如涡轮式,适用于微粒结晶;而大直径的慢速搅拌如桨式,用于大晶体的结晶。

6.3.3.6 搅拌器功率

搅拌器运转功率及搅拌作业所需功率是不同的,它们包含着两个不同且相互联系的概念:搅拌器的运转功率和搅拌作业所需的功率。

搅拌器的运转功率:在结构形状确定的搅拌设备中搅拌特定的物料,搅拌器以某一转速运转,桨叶对流体作功使流体流动。在此情况下,为使搅拌器连续运转所需要的功率称为搅拌器的运转功率。显然,这个功率的大小是由搅拌设备的几何参数、物性参数及运转参数等确定的。通常这个功率值不包括机械传动轴因摩擦而消耗的动力。

搅拌作业所需的功率:从另一方面看,被搅拌的物料在流动状态下要完成特定的物理或化学反应过程,即要完成某一特定的工艺加工过程,如混合、分散、传热及溶解等。不同种类及不同数量的物料在不同的搅拌过程中所需要的动力是各不相同的,这是由工艺过程的要求所决定的。因此,这个功率值的大小是由物性、物量及最终加工要求所决定的。我们把搅拌器使容器中的物料以最佳方式完成搅拌过程所需要的功率称为搅拌作业所需功率。

在搅拌作业过程中,最好是先知道搅拌作业所需功率,这样可以按搅拌器运转功率的概念提供一套能给作业过程输入足够功率的搅拌装置。最理想的状况是搅拌器运转功率正好等于搅拌作业所需功率。在此情况下,搅拌器所消耗的功率最小,而又能以最佳方式完成搅拌作业过程。如果搅拌器运转功率远大于搅拌作业所需功率,必然导致功率的浪费,如果搅拌器运转功率小于搅拌作业所需功率,则又会造成无法启动工作的结果。目前,对于搅拌器运转功率的研究已有很多的成果,并获得了可供使用的大量实验数据,而对搅拌作业所需功率的研究和试验则较少,这方面的工作有待进一步加强,以满足搅拌器设计计算的需要。

搅拌器运转功率的大小与容器内的物料流动状态有关,因此影响流动状态的因素必然影响搅拌器运转功率。影响搅拌器运转功率的因素有如下几方面:

①搅拌设备的几何参数,包括桨叶直径、桨叶宽度、桨叶倾角、桨叶数目、桨叶离槽底的高度、容器槽内径、挡板宽度、挡板数目以及导流筒尺寸等;

②搅拌器运转参数,主要是桨叶的旋转速度;

③容器内液体物料的深度,它反映容器所装物料的数量;

④搅拌物料的物性参数,包括密度、黏度等。

只要上面诸参数相同,不管搅拌目的如何,也不管进行何种搅拌工艺过程,其搅拌器运转功率都是相同的。

除了功率问题以外,有关搅拌过程的流体力学研究也具有重要的意义。在搅拌过程中，搅拌器的功率不仅引起流体的整体运动，而且在液体中产生湍动，湍动程度与搅拌器使液体作旋转运动而产生的漩涡现象密切有关。漩涡因相互撞击和破裂，使液体受到剧烈的搅拌。因此，对于搅拌过程中的流场特性及其对搅拌效果影响的深入了解，有必要将流体力学理论的深入研究与搅拌技术的有关问题紧密结合起来。

在近代化学及食品工业中，流动的物料不仅局限于低黏度的牛顿型流体，许多高黏度的流体也常常遇到。例如，浆状流体等非牛顿型流体的应用日益广泛，有关这方面的理论研究和试验测试技术越来越引起有关科技设计人员的重视。

6.3.4 打蛋机

打蛋机是最典型和常用的高黏度搅拌机。

高黏度液体一般指黏度高于 2.5Pa·s 液体。高黏度物料（包括高浓度物料）在搅拌过程中黏度往往会变化。根据搅拌过程物料黏度的变化，可将其分为 3 类：一是搅拌物料由低黏度向高黏度过渡，如溶解、乳化及生化反应等操作；二是搅拌物料由高黏度向低黏度过渡；三是搅拌物料保持在高黏度下操作。高黏度液体的混合与低、中黏度液体的混合有所不同。高黏度液体在搅拌的作用下，既无明显的分子扩散现象，又难以造成良好的湍流以分割组分元素。在这种情况下，混合的主要作用力是剪切力。剪切力是由搅拌的机械运动所产生的。剪切力把待混合的物料撕成愈来愈薄的薄层，使得某一组分的区域尺寸减少。图 6－27 所示是平面间的两种黏性流体。开始时主成分以离散的黑色小方块存在，随机分布于混合体中。然后在剪切力的作用下，这些方块被拉长。如果所加的剪切力足够大，对每一薄层的厚度撕到用肉眼难以分辨的程度，到这个程度我们称为“混合”。因此，高黏度流体中，流体的剪切力只能由运动的固体表面造成。而剪切速度取决于固体表面的相对运动及表面之间的距离。所以，在高黏度搅拌机的设计上，一般取搅拌器直径与容器内径的比值几乎等于 1∶1，就是这个道理。

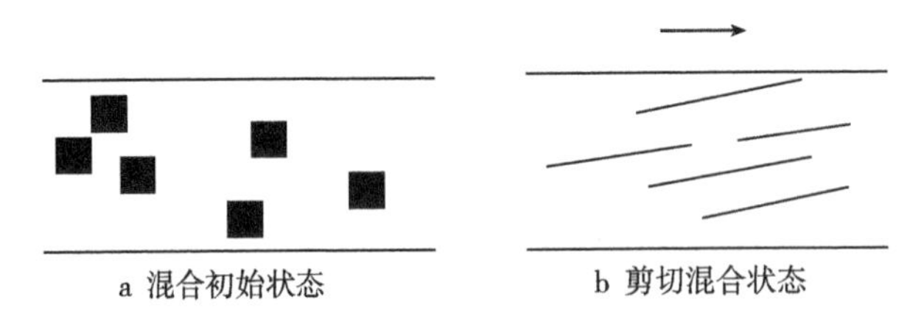

图 6－27 液体剪切混合作用

打蛋机的种类很多。按其工作方式，可分为间歇式搅拌机和连续式搅拌机；按容器是否旋转，可分为固定容器型搅拌机和旋转容器型搅拌机。按搅拌轴安装位置分有立式与卧式打蛋机两种，常用的设备是立式打蛋机。

立式打蛋机的结构如图 6－28 所示。它由搅拌器、容器、传动装置及容器升降机构等组成。其工作过程为：电机把动力传到传动装置，再传到搅拌器，搅拌器与容器间具有一定规律的相对运动，使物料得到搅拌，搅拌效果的好坏由搅拌器运动规律限制。

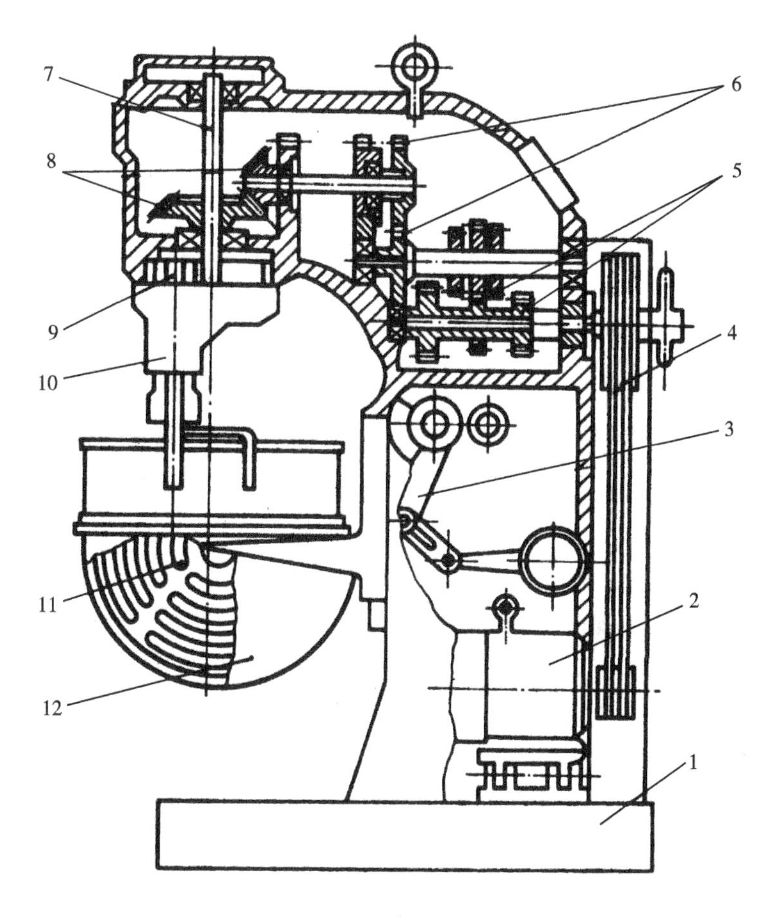

图6-28 立式打蛋机的结构

1—机架 2—电机 3—搅拌容器升降机构 4—皮带轮 5—减速器 6—斜齿轮 7—主轴 8—锥齿轮 9—行星齿轮 10—搅拌头 11—搅拌桨叶 12—搅拌容器

立式打蛋机的搅拌器由搅拌头和搅拌桨两部分组成。

搅拌头的作用是使搅拌桨在容器内形成一定规律的运动轨迹。其作用形式有两种,一种是容器不动,搅拌头带动搅拌桨作行星式运动;另一种类型是容器安装在转盘上转动,搅拌头偏心安装于靠近容器壁处作固定转动。前者为食品工业上较为常用的形式。行星运动式搅拌头的运动轨迹如图6-29所示。在传动系统中,内齿轮固定在机架上,当转臂转动时,行星齿轮受内齿轮和转臂的共同作用,既随转轴外端轴线旋转,形成公转。同时又与内齿啮合,并绕自身轴线旋转,形成自转。这个合成运动实现行星运动,从而满足调和高黏度物料的运动要求。在果酱和砂糖溶解时,常安装在夹层锅上面,主轴转速为20~80r/min。

搅拌桨的作用是直接与被搅拌物料接触,并通过自身的运动达到搅拌的目的。搅拌桨结构根据被调和物料的性质及工艺要求不同有多种形式,其中使用较广的有如图6-30所示的3种形式。

筐形搅拌桨:如图6-30a所示。它由不锈钢丝制成鼓形结构,这类桨叶的强度和刚度

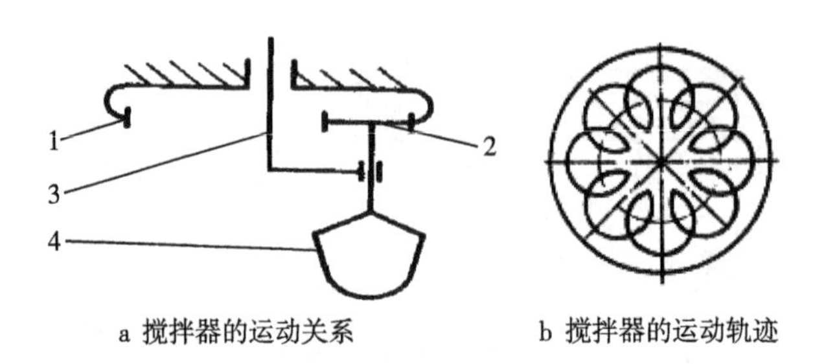

a 搅拌器的运动关系　　b 搅拌器的运动轨迹

图 6-29　打蛋机的搅拌器

1—内齿轮　2—行星齿轮　3—转臂　4—搅拌器

较低,但搅拌时易于造成液体湍动,主要适用于工作阻力小的低黏度物料的搅拌作业。

拍形搅拌桨:如图 6-30b 所示。该桨为整体铸锻结构,形如网拍,桨叶外缘与容器形状一致,它具有一定的强度,作用面积较大,可增加剪切作用。适用于中黏度物料的混合作业。

钩形搅拌桨:如图 6-30c 所示。该桨整体锻造,一侧形状与容器侧壁弧形相同,顶端为钩状。这种桨的强度高,运转时,各点能在容器内形成复杂运动轨迹,主要用于高黏度物料和含有少量液体的高黏度食品的混合作业。

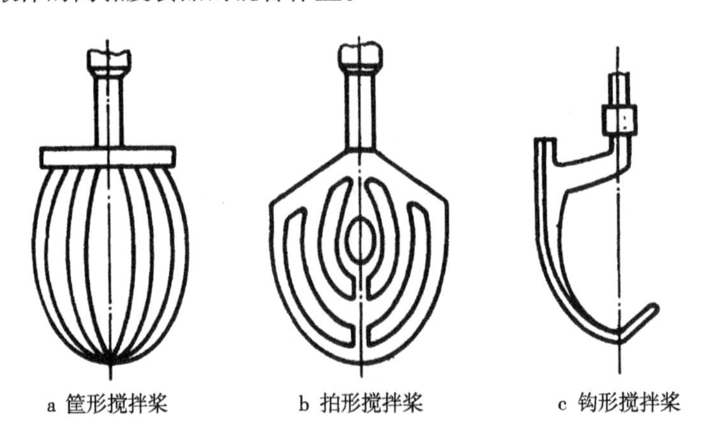

a 筐形搅拌桨　　b 拍形搅拌桨　　c 钩形搅拌桨

图 6-30　搅拌桨的形式

打蛋机在食品生产中常被用来搅打各种蛋白液。主要加工对象是黏稠性浆体,如生产软糖、半软糖的糖浆;生产蛋糕、杏元饼的面浆以及花式糕点上的装饰乳酪等。其搅拌器转速在 70~270r/min 范围之内,故常称为高速调和机。打蛋机操作时,通过自身搅拌器的高速旋转,强制搅打,使得被搅拌物料充分接触与剧烈摩擦,以实现对物料的混合、乳化、充气及排除部分水分的作用,从而满足某些食品加工工艺的特殊要求。如生产砂形奶糖时,通过搅拌可使蔗糖分子形成微小的结晶体,俗称“打砂”操作;在生产充气糖果时,将浸泡的干蛋白、蛋白发泡粉、明胶溶液及浓糖浆等混合搅拌后,可得到洁白、多孔性的充气糖浆。

6.4 捏合机

捏合机是进行固液混合的设备,固液混合是指粉体中加少量液体或在高黏度物质和胶体物质中添加微量细粉末混合后成为均匀的可塑性物质或胶状物质的操作。固液混合过程常常伴有化学反应或热量传递,以及物料的胶体化、分散系团块的碎解。当固体和液体开始混合时是粉体的混合,接着剪切混合占主导地位,在压延、折叠、粉碎、压缩的作用下混合形成黏度极高的浆体或塑性固体。它是对流扩散和剪力同时发生的过程。固体和液体混合物的黏度很高,流动极为困难,要想达到混合均匀,并产生均匀的塑性物质,一般粉体混合机和液体搅拌机无法加工,需要利用特制的混合器——捏和机进行混合。

固液混合在食品加工中应用非常广泛,通常应用于面制品的面团调制、巧克力制品、鱼肉香肠、人造奶油和混合干酪等的制造过程中。例如制造面包时,须先将面粉、酵母、奶粉、少量脂肪和水在一定温度下混合,调成胶状物质,而后利用机械操作,使其成为可拉伸而柔韧的面团。在此面团中,各种成分必须均匀分散,特别是酵母液,如果混合不够,面团就不均匀;混合过度,将影响面团的含气性。此外,还应采取保温的措施以防在混合中面团因搅拌而升温。同样在制造糕饼时,也是先将面粉、脂肪、牛奶、鸡蛋和水等原料混合,混合时,要求利用混合器将空气带入混合物中,直至使混合物具有柔软的塑性,且充分乳化并含有气体。

捏合机的基本原理是依赖混合构件与物料之间的接触,即构件的运动必须遍及混合容器的各部分,或者由工作部件对物料先是局部混合,进而达到整体混合。捏合机具有混合、搅拌的功能,以及对物料造成挤压力、剪切力、折叠力等综合作用。捏合机容器的壳体要具有足够的强度和刚度,混合运动构件因需承受巨大的作用力应格外坚固。捏合机的运动构件大小、转速等随混合物的稠度而异,稠度愈高,桨叶的直径愈大,转速愈慢。

在食品工业上广泛应用的捏合机有双轴卧式和面机和立式和面机等。

6.4.1 双轴卧式和面机

双轴卧式和面机是由两根搅拌臂作回转运动的捏合机。主要由转子、混合室及驱动装置组成(如图6-31所示)。

图6-31 双轴卧式和面机

6.4.1.1 混合室

混合室是一个W形或鞍形底部的钢槽,上部有盖和加料口,下部一般设有排料口。钢槽呈夹套式,可通入加热冷却介质。对于大型捏合机,转子一般设计成空腔形式,以便向转子内通入加热或冷却介质。在真空或加压的条件下进行操作的捏合机的混合室还设有真空装置,可在混合过程中排出水分与挥发物。

6.4.1.2 转子

双轴卧式和面机的转子装在混合室内,与驱动装置相连接。转子在混合室内的安装形式有相切式和相叠式两种(如图6-32所示)。相切式安装时,两转子外缘运动迹线是相切的;相叠式安装时,两转子外缘运动迹线是相重叠的。相切式安装时,转子可以同向旋转,也可异向旋转,转子间速比为1.5:1或2:1或3:1。相叠式安装的转子,只能同向旋转,由于运动迹线相互重叠,避免搅拌臂相碰两臂的转速比只能用1:2和1:1。相叠式安装的转子外缘与混合室壁间隙很小,一般在1mm左右,在这样小的间隙中,物料将受到强烈剪切、挤压作用,不仅可以增加混合(或捏合)效果,同时可以有效地除掉混合室壁上的滞料,有自洁作用。适用于粉状、糊状或黏稠液态物料的混合。相切式安装的捏合机的转子旋转时,物料在两转子相切处受到强烈剪切。同向旋转的转子或速比较大的转子间的剪切力可能达到很大的数值。此外,转子外缘与混合室壁的间隙内,物料也受到强烈剪切。相切式安装的捏合机同时在转子之间的相切区域和转子外缘与混合室壁间的区域产生混合作用。除了混合作用外,转子旋转时对物料的搅动、翻转作用有效地促进了物料各组分间的混合。由于转子相切式安装具有上述特点,故此类捏合机特别适用于初始状态为片状、条状或块状物料的混合。实际上使用较多的也是转子相切式安装的卧式和面机。

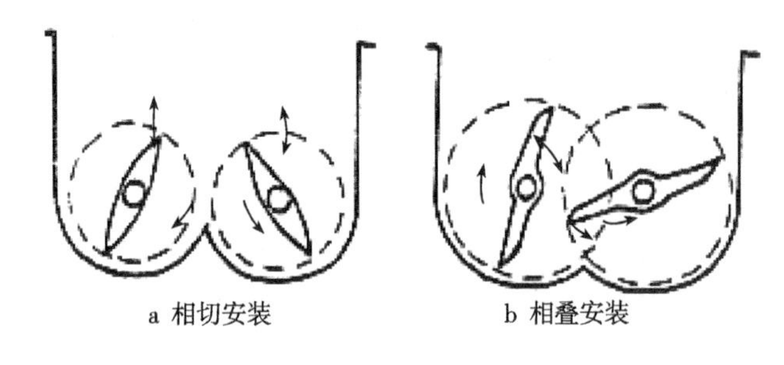

图6-32 转子安装相对位置

双轴卧式和面机的混合性能不仅取决于转子的安装形式,也受转子的结构型式影响。目前在双轴卧式和面机中使用的最基本的转子形状如"Z"形,为了适用于不同混合用途的需要,出现了许多非传统形式的转子,极大地改进了捏合机的混合能力。转子类型很多,常用的转子类型如图6-33所示。这些转子或在转子之间、转子与混合室壁之间产生很强的剪切分散作用、或具有较高的混合作用、或能使团块物料破碎,适合于易结成块状的物料的混合。

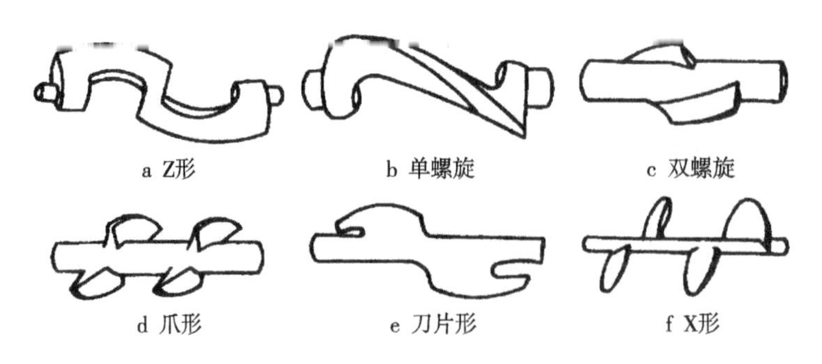

图6-33 和面机转子形状

双轴卧式和面机的排料有直接排料和侧倾混合室排料。直接排料是在混合室底部设有排料口或排料门，打开排料门即可进行排料。侧倾混合室排料是将混合室设计成为可翻转式。排料时，上盖开启，混合室在丝杠带动下翻转一定角度将料排出。

6.4.2　立式和面机

立式和面机通常有两种类型。一种是锅体固定式（如图 6－34a 所示），另一种是锅体转动式（如图 6－34b 所示）。前者是锅体不动，混合构件除本身转动外兼作行星式运动。它是由一段短的圆筒和一个半球形器底制成，锅子可以在与机架连接的支座上升降，并装有手柄以人工方法卸除物料。它的混合构件在运动时，与器壁的间隙很小，搅拌作用可遍及整个物料。后者的锅体是安装在转动盘上转动，其混合构件偏心安装于靠近锅壁处作固定的转动。它是由转盘带动锅子作圆周运动将物料带到混合元件的作用范围之内而起的局部混合作用。混合构件的形式有多种，其中框式最为普遍，叉式应用也广，还有将桨叶作成扭曲状以增加轴向运动或其他的形式。它在食品工业上应用很广，特别是用于处理高黏度的食品的混合。如制造面包时调制面团，生产糕点和糖果时的原料混合等都经常采用这种设备。

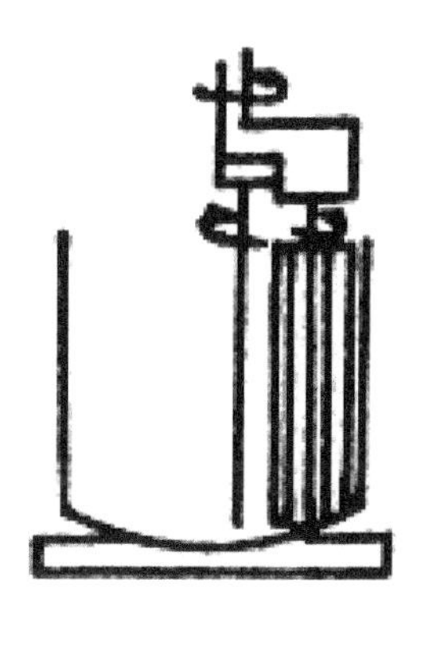

a 容器固定立式和面机

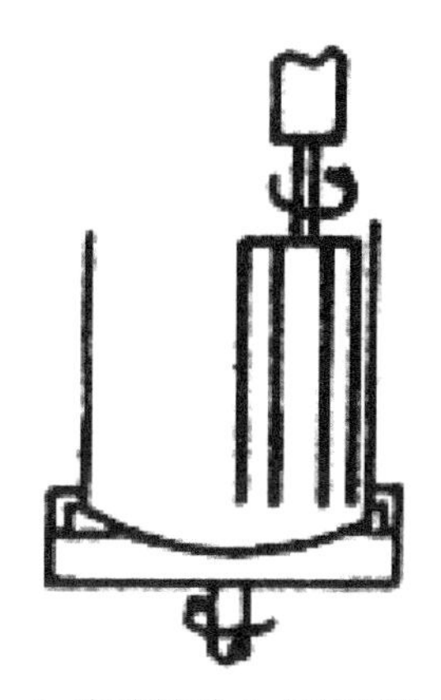

b 容器转动立式和面机

图 6－34　立式和面机

复习思考题

1. 试分析混合机理及其在混合设备中的实现过程。
2. 请说明螺带式粉料混合机的结构及用途。如何提高粉料混合的效果？
3. 容器回转式混合机有哪些主要形式？各具有什么特点？
4. 分析比较容器回转式混合机与固定式混合机的主要区别。
5. 搅拌机的工作原理、主要工作结构形式及作用是什么？
6. 液体搅拌器有哪些形式？如何选用液体搅拌器？
7. 打蛋机主要工作结构与工作过程？常用的桨叶形式有哪些？

8. 均质机有哪些主要类型？各自具有怎样的工作机理？

9. 分析高压均质机的工作机理、主要工作构件、应用范围。

10. 分析胶体磨的工作机理、主要工作构件、应用范围。

11. 分析比较高压均质机与胶体磨的主要区别。

12. 分析高剪切乳化机的工作机理、类型、主要工作构件、应用范围。

第7章　食品成型机械与设备

本章重点及学习要求：本章主要介绍食品工业常用的搓圆成型机、模压成型机、挤压成型机等成型原理及主要工作机构形式与设备特点及应用范围。通过本章学习掌握搓圆成型机的分类、结构及搓圆成型原理；模压成型机的分类、结构及成型原理；挤压成型机工作原理、分类及结构。掌握食品工业常用的搓圆成型机、模压成型机、挤压成型机等的应用场合。

食品成型机械主要是将原料制成具有一定形状和规格的单个成品或生坯。食品成型机械广泛应用于各种面食、糕点和糖果的制作以及颗粒饲料的加工，主要是将原料制成具有一定形状和规格的单个成品或生坯。由于食品种类繁多，形状与规格繁杂，再加上成型机械的专用化特性，故使食品成型机械分类方法较多。目前食品工业使用的成型机械按照成型工作原理分为搓圆成型机、模压成型机、压延机械、挤压成型机等。

7.1　搓圆成型机

搓圆成型是指通过对块状面团等物料的揉搓，使其具有一定的外部形状或组织结构的操作，常见如面包坯料、元宵的揉圆。在面包加工中，面团揉圆是在发酵之后，中间醒发之前进行，搓圆的目的是使切割出的面团形成规定的形状，恢复因切片而破坏的面筋网络结构，均匀分散内部气体，使得产品组织细密，同时，通过高速旋转揉捏，使面团形成均匀的表皮，以免面团在过一段醒发时所产生的气体跑掉，从而使面团内部得到较大的并且很均匀的气孔。

按整体结构的不同，面包搓圆机有伞形、锥形、桶形、水平转盘及网格搓圆机等。

7.1.1　伞形搓圆机

7.1.1.1　主要结构

面块从自动切块机卸下后，落在下面的帆布输送带上，然后进入面包搓圆机进行搓圆。目前我国面包生产中应用最广泛的搓圆机械是伞形搓圆机，其主要结构包括机架、转体、螺旋导板、撒粉装置及传动装置等，结构如图7-1所示，外形如图7-2。

搓圆机的转体和螺旋导板是对面团进行搓圆的执行部件。转体安装在主轴上随主轴转动，螺旋导板通过紧固螺钉与支承板固定安装在机架上，转体表面与螺旋导板弧形凹面配合构成面块成型导槽。

由于面包面团含水多，质地柔软，因此面包搓圆机装有撒粉装置，撒粉机构由连杆、撒粉盒等组成。在转体顶盖上设有偏心孔,该偏心孔与拉杆球面联接,使撒粉盒的轴心作径向摆动。将盒内的面粉均匀地撒在螺旋形导槽内,防止操作时面团与转体,面团与导板及面团与面团之间粘连。机器停止时,应松开翼形螺栓,使控制板封闭出面孔。

伞形搓圆机传动系统较简单,动力由电机经三角皮带及蜗轮蜗杆减速后,传至主轴,在旋转主轴的带动下,转体随之转动。

其传动路线如下:电机→三角皮带→蜗轮蜗杆减速器→主轴→转体。

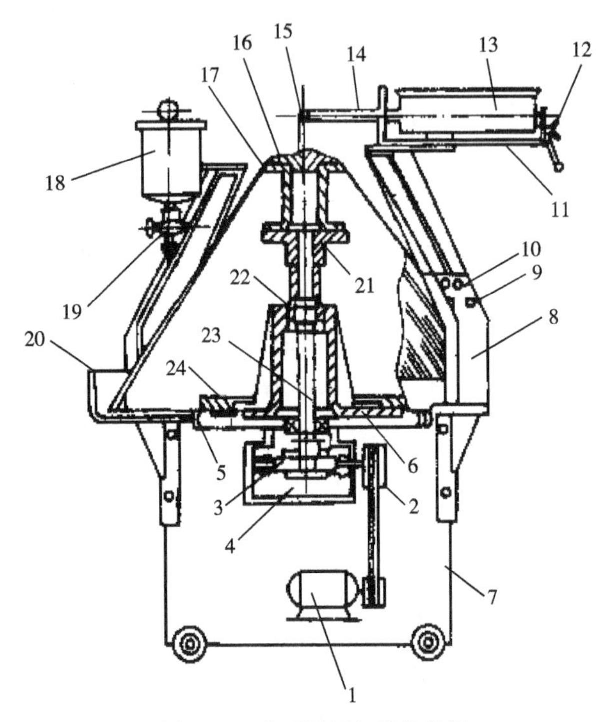

图 7－1　伞形搓圆机结构简图

1—电机　2—带轮　3—蜗轮　4—蜗轮箱　5—主轴支撑架　6—轴承座　7—机架　8—支撑架　9—调节螺杆　10—固定螺钉　11—控制板　12—开放式翼形螺栓　13—撒粉盒　14—轴　15—拉杆　16—顶盖　17—转体　18—贮液桶　19—放液嘴　20—托盘　21—法兰盘　22—轴承　23—主轴　24—连接板

7.1.1.2　工作原理

图 7－3 所示为伞形搓圆机工作原理简图。

工作时,转体由传动系统驱功作旋转运动。来自切块机的面块由转体底部进入螺旋形导槽,由于转体旋转,面块受离心力和摩擦力的作用欲沿转体切向运动,但受螺旋导板的限制,在导板升力的作用下仅能沿导槽螺旋向上滚动,面块受此三力作用揉搓而成球状生坯,如图 7－3a 所示。

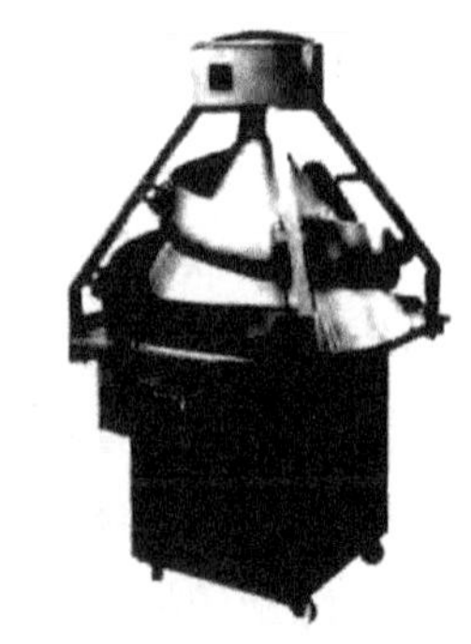

图 7－2　面包搓圆机设备图

面块的入口设在转体的底部,出口在伞体的上部,首先将面块送至转体底部,由于转体底部直径大,到顶部直径逐渐减小,所以面块运动线速度由大到小,如图7-3b所示。这样使得前后面块距离越来越小,容易产生前后两面团粘连现象,即双生面团。为了避免双生面团进入醒发机,在正常出口上部装有一挡板,当双生面团通过时,由于其体积大、出口小不能通过,面团只能继续向前滚动,从大口出来进入回收箱,其原理如图7-3c所示。搓圆完毕的球形面包生坯从伞形转体上部离开机体,由输送带送至醒发工序,如图7-3d所示。

伞形搓圆机由于其具有进口速度快、出口速度慢的特点,所以搓圆成型质量好。

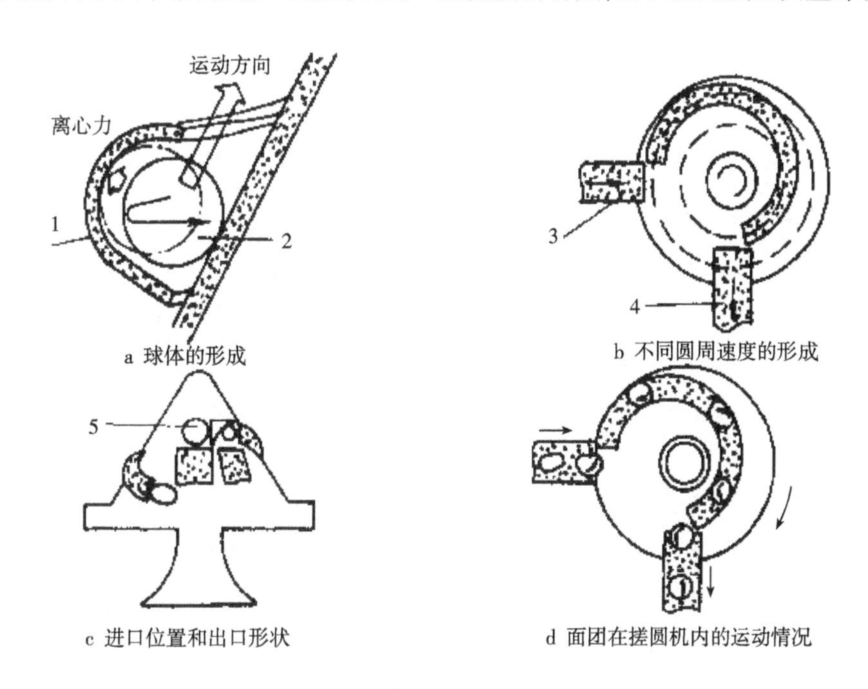

图7-3 伞形搓圆机工作原理示意图

1—导槽 2—面团 3—进口 4—出口 5—双生面团

7.1.2 锥形搓圆机

7.1.2.1 主要结构

与伞形搓圆机大致相同。只是转体倒置,大端在上、小端在下,呈锥形。其内表面与螺旋导槽构成面团的揉制轨道。

7.1.2.2 工作原理

其原理与伞形搓圆机基本相同。来自切块机的面块,由定向输送器送至锥形转体下部。在复合力的作用下,面块沿螺旋形导槽既公转又自转地由下向上运动,在运动过程中被搓成球形,到达锥体的顶部。搓圆完毕后,面团由帆布输送带送至醒发工序,如图7-4所示。

由于转体直径下小上大,所以面块的运动速度由小到大,在离开搓圆机时达到最大,前后面块的距离也由小变大。这一点与伞形搓圆机相反,因此,不易像伞形搓圆机那样出现双生面团。但成型质量较差,一般用于小型面包的生产。

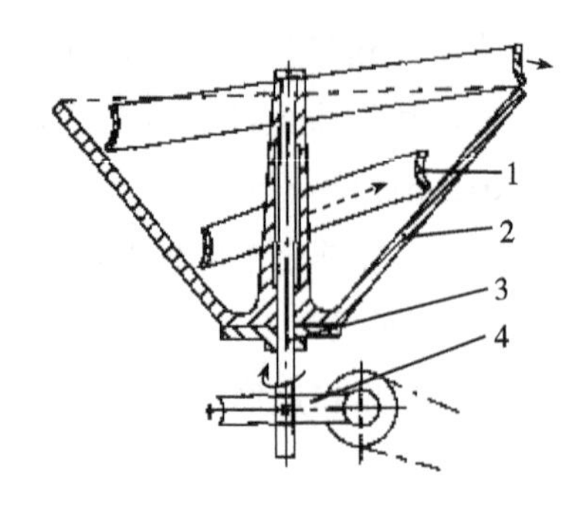

图 7－4　锥形搓圆机结构示意图

1—螺旋导槽　2—转体　3—主轴　4—蜗轮减速箱

7.1.3　输送带式搓圆机

7.1.3.1　主要结构

水平搓圆机与伞形、锥型搓圆机结构不同,它没有转体,也没有螺旋形导槽。其主要搓圆机构是由水平帆布输送带和模板组成,见图 7－5。模板是水平搓圆机的关键元件,模板的长度,安装角度及其曲面的几何尺寸对搓圆质量都有很大影响。

7.1.3.2　工作过程

水平搓圆机的帆布输送带与多台切块机的出面口相联,组成切块搓圆机。模板安装在输送带上方,与输送带纵向成导槽倾角 α,α 大小可调。来自切块机的面团,经输送带进入模板与帆布带形成的三面封闭槽内。由于 α 角的存在及模板凹弧形状,使得面团侧面受压变形,同时由于输送带对面团底面的剪切力与模板对其侧面的反力所组成的力矩作用,使模板内的面团沿斜向滚动,在输送过程中,自身被搓成球形。

7.1.3.3　特点

它可与多台切块机组合使用,因此生产效率很高。但其搓圆效果不如伞形搓圆机好,表面结实程度稍差,适合于大型面包生产线使用。

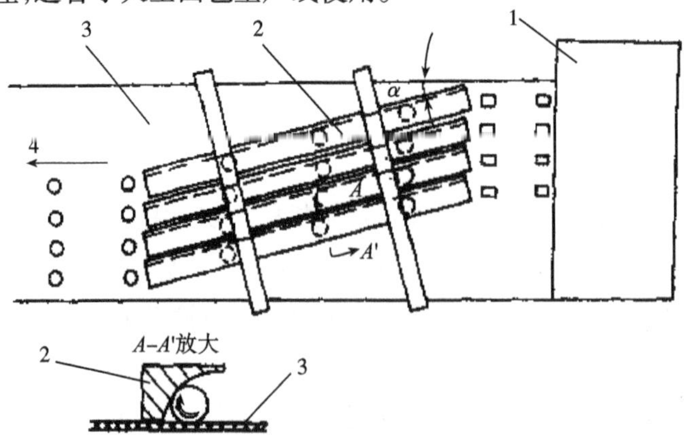

图 7－5　水平搓圆机工作原理图

1—切块机　2—模板　3—输送带　4—至醒发工序

7.1.4　网格式搓圆机

网格式搓圆机属于间歇式成型机,能一次完成切块和搓圆操作。

7.1.4.1　主要结构

图7-6为网格式搓圆机结构示意图。由压头、工作台、模板及传动系统等组成。压头包括压块,切刀,围墙及导柱等4组构件。压块安装在围墙之内,用以实现压制面片的操作,切刀可在压块间滑动,以便完成切割面坯的动作。

工作台主要由工作台板、锁紧架、曲柄组及模板等组成。放置在工作台板上的模板由软质材料制造,通常可选用无毒耐油橡胶或工程塑料。曲柄组主要由安装在工作台中心处的传动偏心轴与设置在边缘处的辅助偏心轴组成。两轴偏心挫相等,其目的在于实现工作台的平面运动。

网格搓圆机的传动装置一般由电机与离合器组成。为减缓工作台平动时因交变载荷作用而引起的振动冲击现象,通常可选用锥盘式摩擦离合器。这是由于该离合器锥盘接触点处的法线与偏心轴动载方向垂直,故可以将振动能量与传动系统隔离,从而使搓圆机的运动趋于平稳。

实现搓圆机压头下降的动作有两种结构。一种是在机架上安装一根杠杆,并使其置于压头之上,压头下压操作可通过手动或机动拉下杠杆来实现;另一种是在机体内部安装一套曲柄滑块机构,压头的动作由手动回转曲柄来完成。

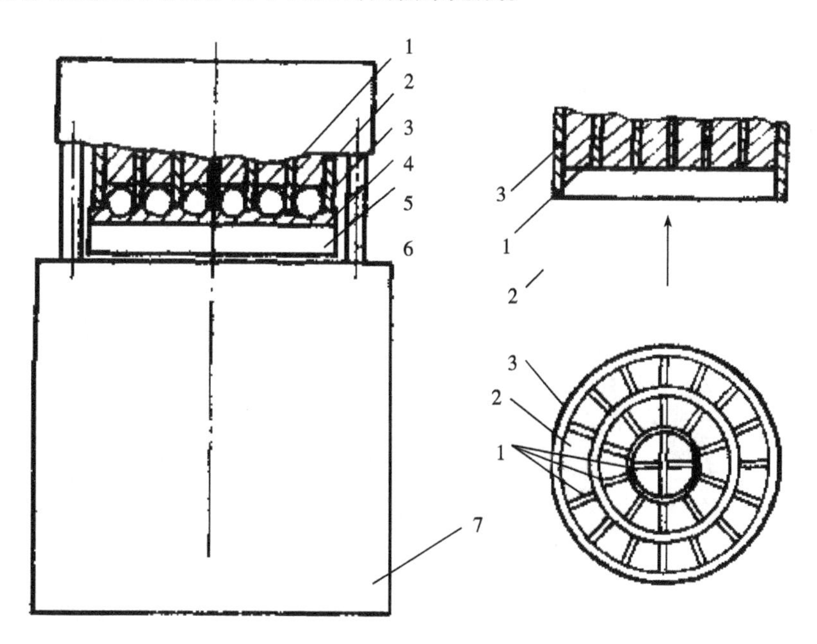

图7-6　网格式搓圆机结构示意图

1—切刀　2—压块　3—围墙　4—模板　5—工作台　6—导柱　7—机体

7.1.4.2　工作原理

网格式搓圆机的工作过程如下:首先将一定量的面团摊放在工作台的模板上,然后围板下降压在模板上，将摊放在其上的面团包围起来，接着压块与切刀同时下降，将摊放在模板上的面团压成厚度均匀一致的面片，切刀继续下降直至与模板接触，此刻即可将整体面片切割成若干等分的面块；同时压块上升约3mm距离，留出切刀切入面片时而产生的膨胀量；压块上升一段距离，围墙与切刀稍微抬起约1mm，留出揉搓面团所需要的空间；摩擦离合器结合，回转曲柄组带动工作台上的模板作平面回转运动；由于压头不动，切刀腔内的面团在模板的推动下产生转动，同时又受切刀腔四壁的限制而被不断地揉搓滚动，从而形成球形面包生坯；摩擦离合器断开，工作台停止转动。围板、压块及切刀复位；最后取出模板，网格式搓圆机的一次工作循环结束。

7.2 模压成型机

模压成型方法广泛用于食品成型加工中，该方法是利用模具对食品进行压印成型的机械。常用的有冲印式饼干成型机、辊印式饼干成型机、辊切式饼干成型等典型的模压成型机械。

7.2.1 冲印成型机械

冲印成型机主要用于各种饼干和桃酥之类的点心加工，通常完成面团的压片、冲印、料头分离以及摆盘等操作。相对于这些工序的机构为压片机构、冲印机构、分拣机构和输送机构(图7－7、图7－8)。其工作过程为首先将已经配料调制好的面团引入饼干机的压片部分，经过三道压辊的连续辊压，使面料形成厚薄均匀致密的面带；然后由帆布输送带送入机器的成型部分，通过模印的冲印，把面带制成带有花纹形状的饼干生坯和余料(俗称头子)，此后面带继续前进，经过拣分部分将生坯与余料分离，饼坯由输送带排列整齐地送到烤盘或烤炉的钢带、网带上进行烘烤，余料则由专设的输送带(也称回头机)送回饼干机前端的料斗内，与新投入面团一起再次进行辊压制片操作，但应使回头料形成面带的底部。

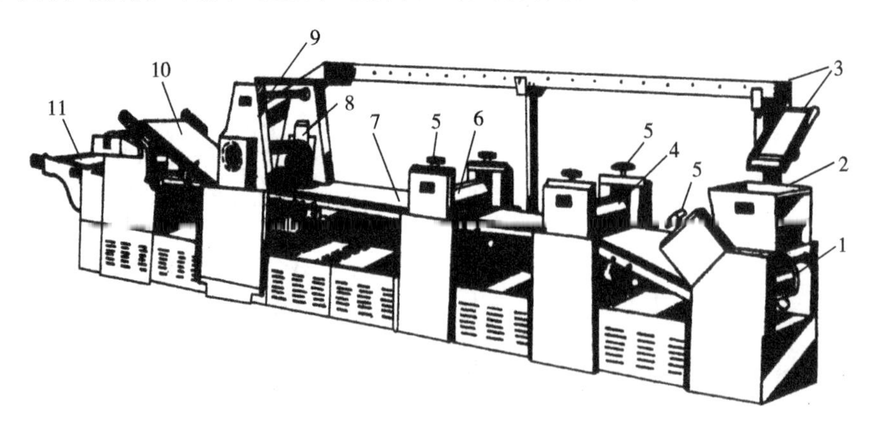

图7－7 冲印饼干机结构简图

1—头道辊 2—面斗 3—回头机 4—二道辊 5—压辊间隙调整手轮 6—三道辊
7—面带输送带 8—冲印成型机构 9—机架 10—分拣输送带 11—饼干生坯输送带

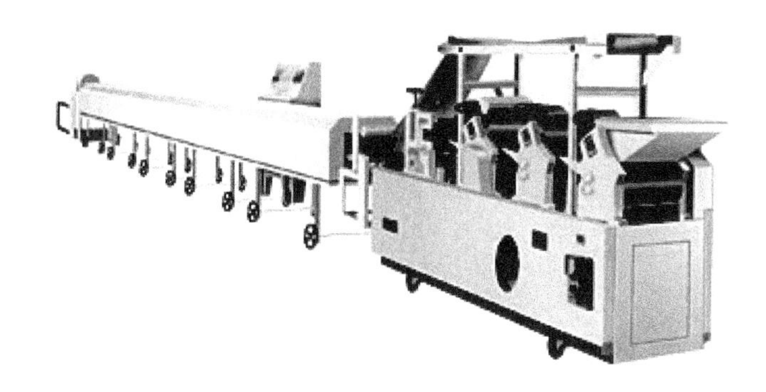

图7-8　冲印饼干机外形图

7.2.1.1　压片机构

压片是饼干冲印成型的准备阶段。工艺上要求压出的面带应保持致密连续、厚度均匀稳定、表面光滑整齐、不得留有多余的内应力。压片机构采用的是辊压成型，通常由三对压辊串联组成（头道辊、二道辊、三道辊），从第一道辊到第二道辊，压辊直径和轧距依次减小，而辊的转速依次增大。

为减缓面带在辊压过程中由于急剧变形而产生的内应力，辊压操作应逐级完成，所以压辊间隙依次减小。为保证面带的均匀稳定，要求面带进入各道辊的流量相等，这就要求各辊压间保证准确传动比，否则会造成面带流量不均衡而使面带拉长或起皱，面带拉长将产生面带内应力，在完成成型并切块后，容易产生饼干生杯的收缩变形；面带起皱易产生压辊前的面带堆积，造成粘辊现象。除此之外，整个系统还应装一台无极变速器或调速电机，以使冲印成型机各工序间运动同步，调节方便。此外在各压辊上还装有刮刀，以清除粘在辊上的面屑。

7.2.1.2　冲印机构

冲印机构是饼干成型的关键工作部件，它主要包括冲印驱动机构和印模组件两部分。

(1)冲印驱动机构　目前冲印式饼干成型机的动作执行机构有间歇式和连续式两种。实际运用较多的是连续式动作执行机构。连续式饼干冲印成型机具有运动平稳，生产能力大，便于与连续式烤炉配合组成饼干生产线等优点。

①间歇式机构：即在冲印饼干生坯时，只有印模通过曲柄滑块机构实现直线冲印动作，而此时，依靠棘轮棘爪完成生坯间歇输送。采用这种机构的饼干冲印速度较低，因而生产能力低，如果加快生产速度势必增加冲印机构的惯性冲击和较大振动。另外该机不宜与连续式烤炉匹配。

②连续式机构：即在冲印饼干时，印模随着面坯输送带连续运动，完成同步摇摆冲印的动作，故也称摇摆冲印式，如图7-9所示。它主要由一组曲柄连杆机构（2、3、4，O_2O_3）、一组双摇杆机构（5、6、7，O_1O_2）及一组五杆机构（1、9、8、7，O_1O_3）组成。工作过程是这样的：曲柄1,2的旋转运动同时驱动曲柄连杆机构和五杆机构，杆件4和5为固连杆，因此双摇杆机构连同滑块顶端的印模随曲柄连杆机构摆动，实现同步水平运动。另一方面印模随

滑块沿滑槽 J 作上下滑动，完成冲印动作。采用这种机构的饼干运动平稳，生产能力高，饼干生坯的成型质量好，便于与连续式烤炉配套组成饼干自动生产线。

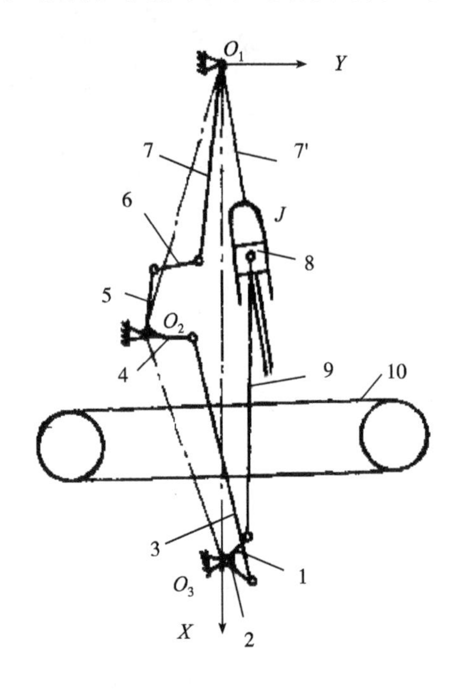

图 7-9　摇摆式饼干冲印成型机构示意图

1—冲印曲柄　2—摇摆曲柄　3、6、9—连杆　4、5、7、7′—摆杆

8—冲头滑块　10—面坯输送带

(2) 印模　根据饼干品种的不同，饼干机配有两种印模，一是生产凹花有针孔韧性饼干的轻型印模；另一种是生产凸花无针孔酥性饼干的重型印模（如图 7-10 所示）。苏打饼干印模属于轻型，不过通常只有针柱而无花纹。这些结构都是由饼干面团的特性所决定的。

韧性饼干面团具有一定的弹性，烘烤时易在表面出现气泡，背面洼底。即使采用网带或镂空铁板也只能减少饼坯洼底，而不能杜绝起泡。通常在印模冲头上设有排气针柱，以减少饼坯气泡的形成。

苏打饼干面团弹性较大，冲印后由于面团的弹性变形恢复较大，导致花纹保持能力差。所以苏打饼干印模冲头仅有针柱及简单的文字图案。

酥性饼干面团可塑性较好，花纹保持能力较强，不易变形。它的印模冲头即使无针柱也不会使成型后的生坯起泡。

轻型印模冲头上的凸起图案较低，弹簧压力较弱，印制饼坯的花纹较浅，冲印阻力也较小，操作时比较平稳。重型印模冲头上的凹下图案较深，弹簧压力较强，印制饼坯的花纹清晰，冲印阻力较大。此外两种印模的结构基本相同，都是由若干组冲头、套筒、切刀、弹簧及推板组成。

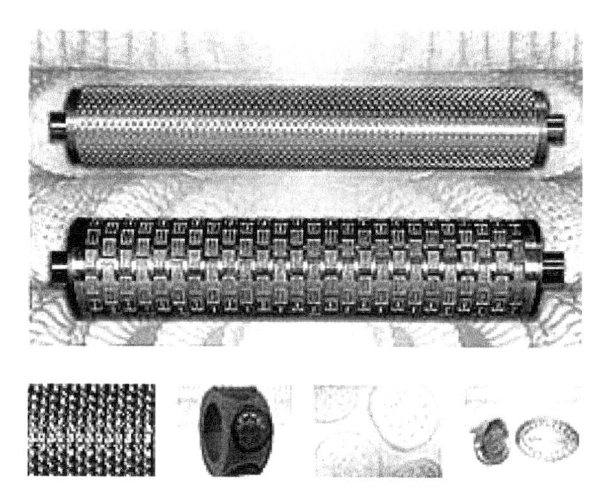

图7-10 印模外形图

7.2.1.3 拣分机构

冲印饼干机的拣分是指将冲印成型后的饼干生坯与余料在面坯输送带尾端分离开来的操作。拣分机构主要是指余料输送带。由于各种冲印饼干机构型式的差异，余料输送带的位置也各不相同，但大都是倾斜设置。韧性与苏打饼干面带结合力强，拣分操作容易完成，其倾角可在40°以内，酥性饼干面带结合力很弱，而且余料较窄极易断裂，输送此类余料时，倾角不能过大，通常20°左右。

此外，面坯输送带末端的张紧，一般由楔形扁铁支撑。这是由于该机构的曲率很大，不会使生坯在脱离成型机时变形损坏。

7.2.2 辊印成型机械

辊印式饼干成型机主要适用于高油脂酥性饼干的加工，同时也可用于桃酥类糕点的加工，所以也被称为饼干桃酥两用机。此类设备将印花、成型、脱坯等操作通过成型脱模机构的辊筒转动而一次完成，并且不产生边角余料，所以这种辊印连续成型机的特点是工作平稳，无冲击，振动及噪声小，整机结构简单、紧凑、操作方便。

7.2.2.1 辊印成型原理

辊印成型是利用表面制有印模的转辊制取成型产品。辊印成型原理如图7-11所示，喂料槽辊与印模辊在齿轮的驱动下等速相向转动。料斗内面料在自重作用下落入两辊表面的凹模之中，并经两辊压紧充满于印模内。位于两辊下面的分离刮刀将凹模外多余的面料沿印模辊切线方向刮除。随印模辊旋转，进入脱模阶段，此时与印模辊同步转动的橡胶脱模辊依靠自身的弹性变形将粗糙的帆布脱模带压紧在饼坯底面上，由于饼坯与帆布表面间的附着力大于凹模光滑内表面与饼坯间的附着力，以及靠印模脱模锥度和饼坯自重的综合作用，饼坯便顺利地从凹模中脱出，并由帆布脱模带转入生坯输送带上。

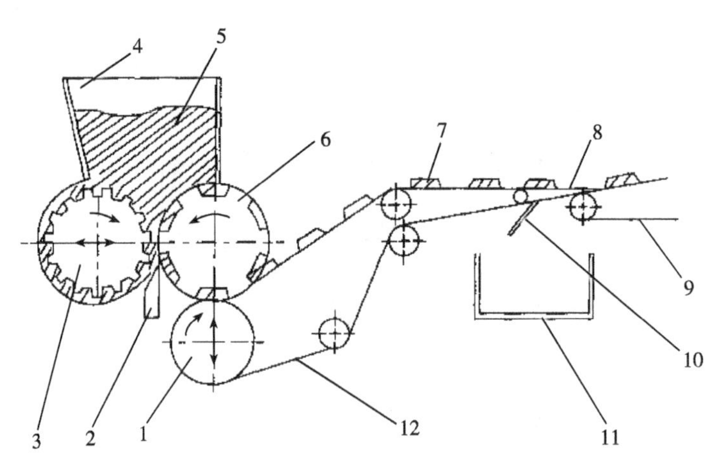

图 7－11 辊印成型原理图

1—橡胶脱模辊 2—分离刮刀 3—喂料槽辊 4—料斗 5—面料 6—印模辊 7—饼干生坯 8—帆布带楔铁 9—生坯输送带 10—帆布带刮刀 11—面屑斗 12—帆布脱模带

7.2.2.2 辊印成型影响因素

(1)**喂料辊与印模辊的间隙** 该间隙影响面料在喂入时的流动状态,因此应根据加工物料的性质而进行调整。加工饼干的间隙为 3～4mm,加工桃酥类糕点时需做适当的放大,否则会出现返料现象。

(2)**分离刮刀的位置** 分离刮刀具有计量功能,直接确定饼坯面高度,因而分离刮刀的位置直接影响着饼干生坯的重量。当刮刀刃口位置较高时,凹模内切除面屑后的饼坯面略高于印模辊表面,从而使得单块饼干重量增加,当刮刀刃口位置较低时,又会出现饼干重量减少的现象。一般来说刮刀刃口合适的位置应在印模中心线以下 3～8mm 处,我国有关标准规定为 2～5mm。

(3)**橡胶脱模辊的压力** 橡胶脱模辊的压力影响饼坯的表面质量。压力过小,易出现坯料粘模现象;压力过大,易形成楔形饼坯,严重时在后侧边缘产生拖尾。因此,在顺利脱模的前提下,应尽量减小脱模辊压力。

7.2.2.3 典型辊印成型设备

辊印式饼干成型机因印模辊规格不同而使其结构体积变化较大,但主要构件及工作原理基本相同。辊印饼干成型机主要由成型脱模机构、生坯输送带、面屑接盘、传动系统及机架等组成,结构如图 7－12 所示。

成型脱模机构是辊印饼干机的关键部件。它由喂料槽辊、印模辊、分离刮刀、帆布脱模带及橡胶脱模辊等组成。喂料槽辊与印模辊分别由齿轮传动而相向转动,橡胶脱模辊则借助于紧夹在两辊之间的帆布脱模带所产生的摩擦,由印模辊带动进行与之同步的回转。喂料槽辊与印模尺寸相同,直径一般为 $\varphi200$～300mm,长度由相匹配的烤炉宽度系列而定。喂料辊所用的材料一般为 HT200 铸铁或 A3 厚壁管制造。近年来印模辊所用材料广泛采用 HT200 铸铁制作筒体,然后在表面嵌入由 H62 或聚碳酸酯制成的饼干凹模。为了清晰印制花纹和方便脱模，印模辊表面要求光滑，表面粗糙度一般为 Ra1.25，调质硬度要求为 HB217～255，轴端倒圆角小于 0.5mm。印模在辊面上应交错排列，这样使分离刮刀与其轴向接触面积均匀，减少辊表面磨损。橡胶脱模辊（又称底辊）表面衬有 45 号无毒耐油橡胶。

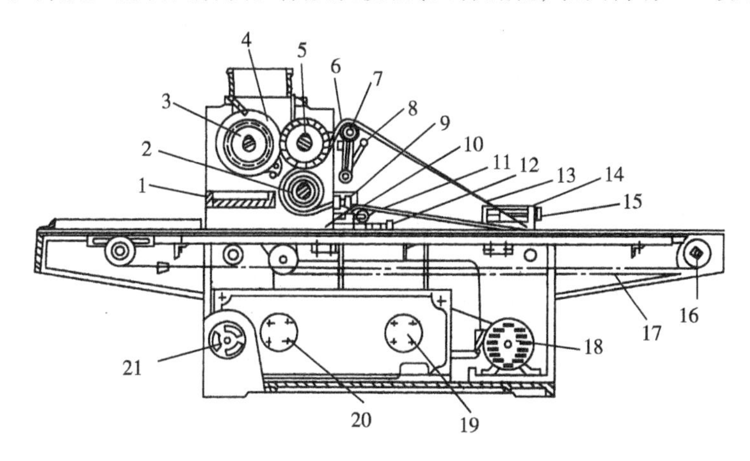

图 7－12　辊印饼干成型机结构示意图

1—接料盘　2—橡胶脱模辊　3—喂料槽辊　4—分离刮刀　5—印模辊　6—间隙调节手轮　7—张紧轮　8—手柄　9—手轮　10—机架　11—刮刀　12—余料接盘　13—帆布脱模带　14—尾座　15—调节手柄　16—输送带支撑轴　17—生坯输送带　18—电机　19—减速器　20—无极变速器　21—调速手轮

7.2.2.4　饼干辊印成型机传动系统

图 7－13 为饼干辊印成型机的传动系统图，由电机、三角带轮、减速器、齿轮、链轮等组成。

为了保持与后续烤炉织成连续生产线时的生产节奏一致，须设无级变速器。

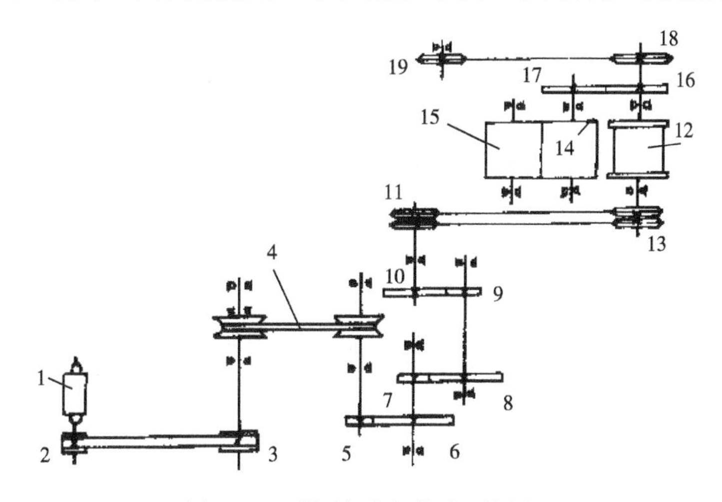

图 7－13　饼干辊印机传动系统图

1—电机　2、3—三角带轮　4—无极变速器　5、6、7、8、9、10—齿轮　11、13—链轮　12—喂料辊　14—印模辊　15—橡胶脱模辊　16、17—齿轮　18、19—链轮

7.2.3 典型辊压切割成型设备

7.2.3.1 面条辊刀

面条辊刀为一对带有周向齿槽且相互啮合的辊子，见图 7－14，其他结构与辊压相同，在辊刀架上也装有调节机构和清理机构，以调节两辊刀齿槽咬合的深度和清理齿槽内的残面，只是这里所用的不是直线刮刀，而是与辊刀齿型相同的笛齿。辊刀的形状常见的有方形和圆形两种，见图 7－15。

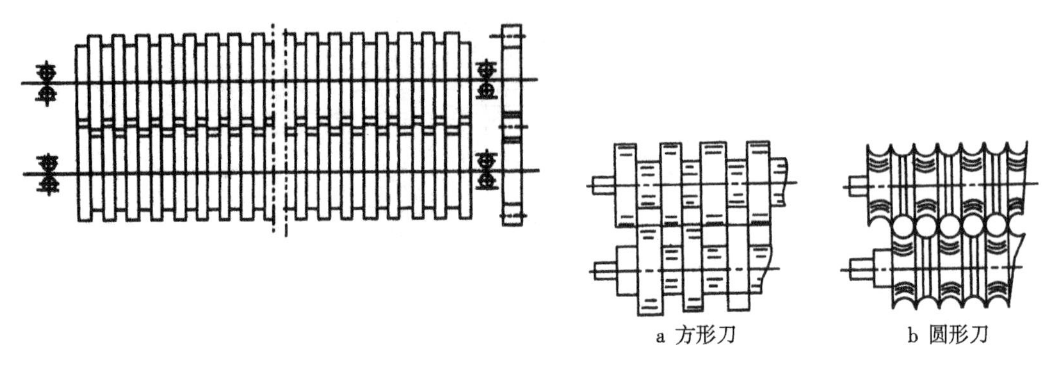

a 方形刀　　b 圆形刀

图 7－14　面条辊刀　　图 7－15　面条辊刀类型

7.2.3.2 饼干辊压切割成型设备

饼干辊压切割成型机广泛用于加工苏打饼干、韧性饼干、酥性饼干等，是一种在大型饼干厂广泛使用的高效饼干生产机器。

（1）**组成部分**　该机主要由内压片机构、辊切成形机构、余料回收机构、传动系统及机架（图 7－16）等组成。

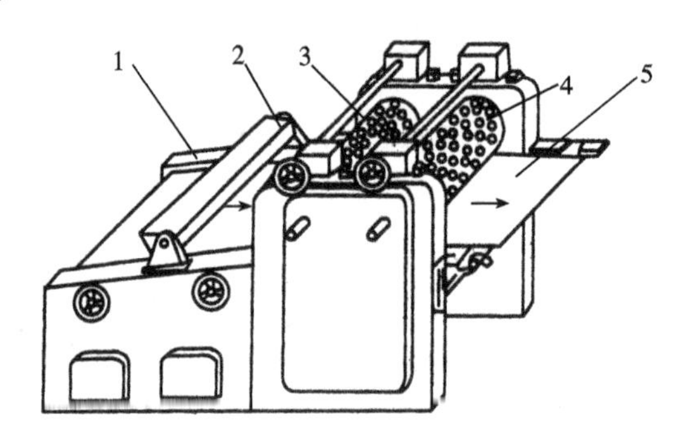

图 7－16　饼干辊切成型机

1—机架　2—撒粉器　3—印花辊　4—切块辊　5—帆布脱模带

（2）**工作原理**　面片经压片机构压延、形成光滑、平整、连续均匀的面带，在缓冲输送带处，使面带内应力达到部分恢复后进入辊切成形机构。双辊切成形的印花和切断分两步完成，即面带先经印花辊压印出花纹，随后再经同步转动的切块辊，切出带花纹的饼干生坯，单辊切成形、印花和切断由一道成形辊完成，成形生坯由水平输送带送至烤炉，余料则经帆布提起，由回收机构送回压片机构的前端。图 7－17 所示为辊切成形原理示意图。

(3)**机构特点**　该机是综合了冲印饼干机与辊印饼干机的优点而发展起来的一种饼干成型机,具有广泛的适应性,速度快,效率高,振动噪声低。

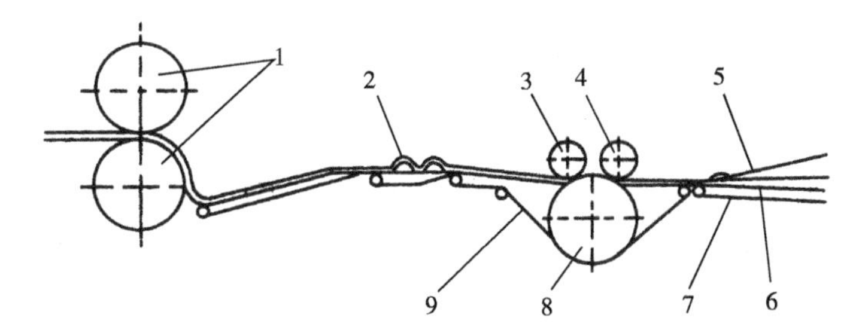

图7－17　辊切成型原理示意图

1—定量辊　2—波纹状面带　3—印花辊　4—切块辊　5—余料　6—饼干生坯
7—水平输送带　8—橡胶脱模辊　9—帆布脱模带

7.3　压延成型机

压延成型机械亦称辊压机械,该机利用成对相对旋转的压辊对面类食品进行辊压,物料在辊压过程中受到挤压、摩擦而变形成为具有一定形状规格的产品操作。辊压操作广泛应用于各种食品成型的前段工序,如饼干、水饺、馄饨的压片,糖果拉条、挂面和方便面生成中的压片等。

辊压的作用主要使面团形成厚度均匀,表面光滑,质地细腻,排除内部气泡,硬度和塑性适中的面带。

7.3.1　预压成型机

根据辊数的多少可以分为:两辊压片机、三辊压片机和四辊压片机。

7.3.1.1　两辊压片机

压片机是将物料压成一定厚度和宽度的坯料,再送至下道压片机或最终辊压机。两辊压片机(图7－18)是一种最为简单的压片机,通常由可拆式进料斗和两个旋转的进料辊构成,每个轧辊配有一个刮料器,用于清洁轧辊的工作表面。有些压片机的进料斗里配置有搅拌器,防止物料在两压辊间"搭桥"现象的发生。该机可与拉延机、接面盘共同组成面坯制备机组。

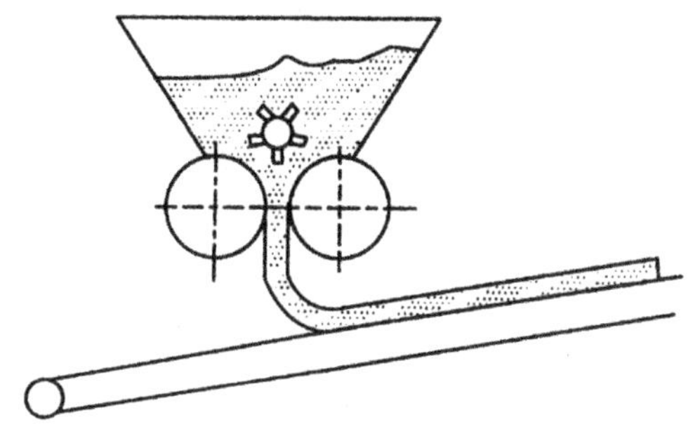

图7－18　两辊压片机示意图

两辊压片机在工作时,进料斗内的物料在重力及旋转的压辊摩擦作用下进入压辊工作区,被压成一条厚面片,随即由下方的传送带输送到下一工位。为与后续工位设备协调,压片机通常使用便于调节面带速度的调速电机。面带的厚度一般在 15 ~ 45mm 之间。可通过调节压辊的转速和两辊之间的轧距来调节面带的厚度。

7.3.1.2 三辊压片机

三辊压片机(图 7 - 19)装有可调节进料量的料斗,保证刮回的物料能落在压片机出来的面片底部,从而避免物料黏附在输送带上。压辊 1、2 形成第一对压辊,作用是将物料预压成型,而压辊 3 外表面是光滑柱面,两端带有凸缘,可防止辊压过程中面带在宽度方向溢出,压辊 2 和 3 则形成第二道辊,即辊压成型。每只辊子均附有弹簧钢制成的刮料器,辊子 2 和 3 的间隙可通过调节辊子 2 而不是 1 的位置来改变。

三辊压片机分为前下料和后下料两种下料方式。图 7 - 19 所示为前下料方式示意图,前下料方式适合加工那些需要支撑的结合力较弱的面带,而后下料适合加工延展性好的物料。

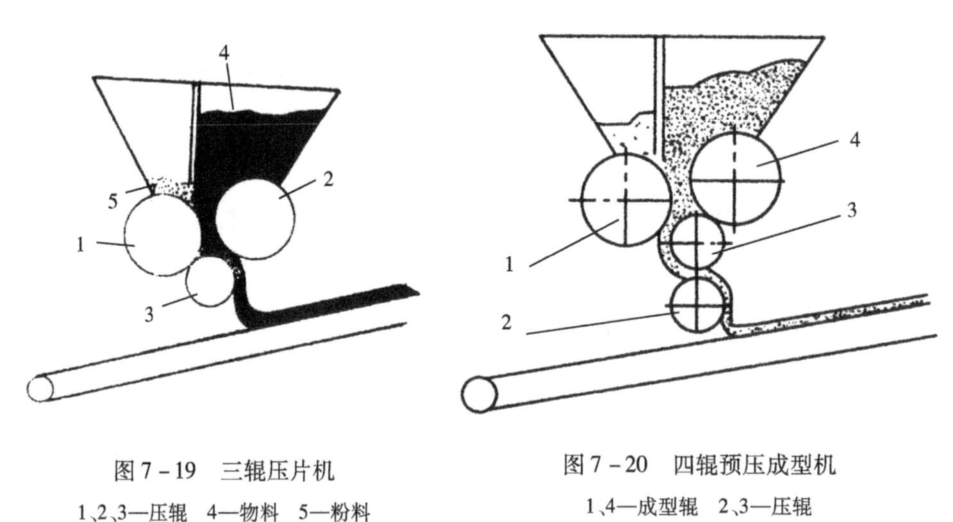

图 7 - 19　三辊压片机

1、2、3—压辊　4—物料　5—粉料

图 7 - 20　四辊预压成型机

1、4—成型辊　2、3—压辊

7.3.1.3 四辊压片机

这种类型的压片机也可充当预压成型机,所以四辊压片机也可称为四辊预压成型机。这种辊压机与前面所讲的压片机相比,它们的产品更光滑、更细致,最终压制出来的面带精度更高。四辊压片机示意图如图 7 - 20 所示。该机中,辊 1、4、3 构成一个三辊后下料式的压片机构,并把物料预压成型送至辊压单元,辊 2 和 3 则将半成品面片压至预先要求的厚度,一般情况下,辊子 1 是要开槽的。压辊 3、4 之间的间隙一般是 5 ~ 20mm,可以通过调节轴承位置或调节螺旋来控制间隙大小,而辊 2、3 的间隙是通过改变辊 2 的位置来实现的。进料斗要求有可调节进料量的分度盘,压辊上也需要刮料器,所有与物料相接触的地方均采用不锈钢或镀镍产品。

7.3.2　卧式压延机

卧式压延机主要由上下压辊、压辊间隙调整装置、撒粉装置、工作台、机架及传动装置等组成。其组成如图 7－21、图 7－22 所示。工作原理是：动力由电机驱动，经一级带轮 2、3 及齿轮 4、5 减速后，传至下压辊，再经齿轮 7、8 带动上压辊回转，从而实现了上下压辊的传动压片操作。面片厚度由人工控制。手轮经一对圆锥齿轮 12、13 啮合传动，使升降螺杆回转，从而带动上压辊轴承座螺母作升降直线运动，以完成压辊间隙的调节操作。因此这种辊压机属于间歇式辊压机，面片的前后移动、折叠、转向均需要人工操作。

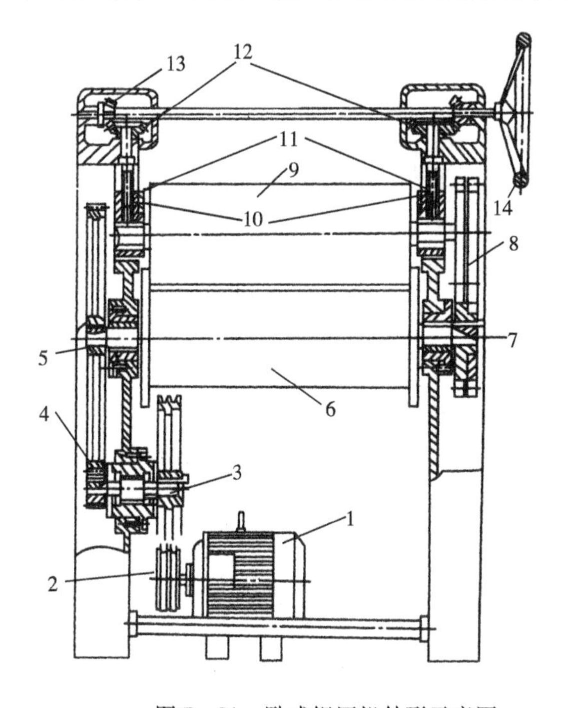

图 7－21　卧式辊压机外形示意图

1—电机　2、3—皮带轮　4、5、7、8—齿轮

6—下压辊　9—上压辊　10—上轧辊轴承座螺母

11—升降螺杆　12、13—锥齿轮　14—轧距调节手轮

图 7－22　卧式辊压机外形图

上述的卧式辊压机属于间歇式的，现有连续式卧式辊压机，是一种新型的高效能辊压设备，是饼干起酥生产线中的关键设备。这种起酥线在生产苏打饼干时，所用的面团不经过发酵，而是经过辊压机的连续辊压后，面层可达 120 层以上，成品层次分明，酥脆可口，外观及口感良好。

起酥线的工作过程主要包括夹酥与辊压两个阶段。

夹酥：如图 7－23，利用共挤成型法制取夹酥。调和好的面团经过水平输面螺杆和垂直输面螺杆输送，由复合挤出嘴外腔挤出成为空心面管。同时奶油酥经叶片泵输送，沿垂直输面螺杆内孔，由复合嘴内腔挤出而黏附在面管内壁上，这种成型方法称为“灌肠成型”，然后面管再经过初级压延，折叠成多层叠起的中间产品。这种方法的优点是面皮与奶油酥的环面结构连续,厚度均匀一致。

辊压:这个过程分两个阶段:一是夹酥中空面管的预压制;二是最终压延成型。最终压延成型是将预压后折叠成的中间产品,在连续卧式辊压机上再一次进行压延操作。这种设备主要是由速度不同的3条输送带及不断运动的上压辊组构成,输送带的速度沿饼干坯运动方向逐渐增大($v_1 < v_2 < v_3$)。工作时中间产品进入由输送带及上压辊组位置构成的楔形通道,因而中间产品逐渐被压缩,并且此时相应输送带的速度不断增大,从而减缓了中间产品与输送件之间的摩擦压力。同时饼坯局部不断受到压辊逆向自转的辊压作用,使得饼坯在变形过程中平稳、均匀。

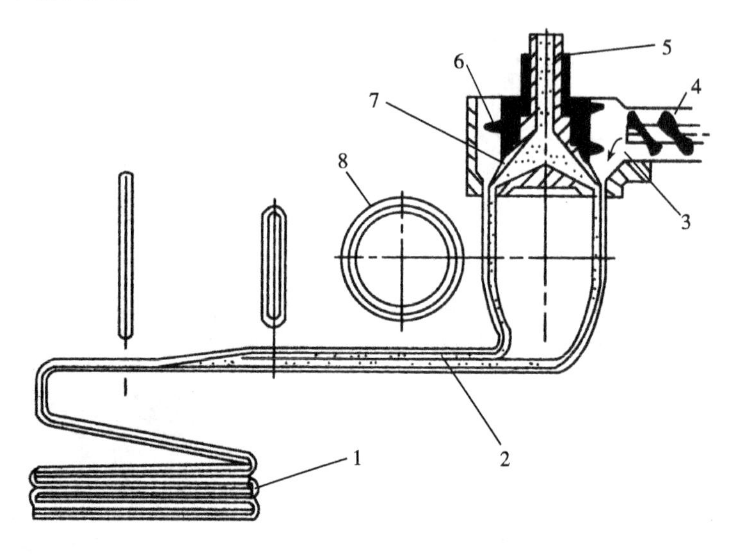

图7-23　起酥线夹酥过程示意图

1—中间产品　2—预压中的夹酥面带　3—面团　4—水平输面螺杆
5—奶油酥　6—垂直输面螺杆　7—复合挤出嘴　8—夹酥中空面管

7.3.3　立式压延机

立式压延机的压辊呈水平配置,可借助于重力进行物料的传送。与卧式辊压机相比,具有占地面积小,压制面带的层次分明,厚度均匀,工艺范围较宽,结构复杂等特点。图7-24为立式辊压机示意图。主要由料斗、压辊、计量辊、折叠器等组成。

在立式辊压操作中面带依靠重力垂直供料(可以免去中间输送带)使机器结构简化。这种机器大都设计有计量辊,一般是由2~3对可以调整间距的压辊组成,它的作用是控制辊压成型后的面带的厚度。

在生产苏打饼干时,立式辊压机需要设油酥料斗,以便将油酥夹入面带中间。折叠器的作用是将经过辊压、计量后的面带折叠,以使成型后的制品具有多层结构。

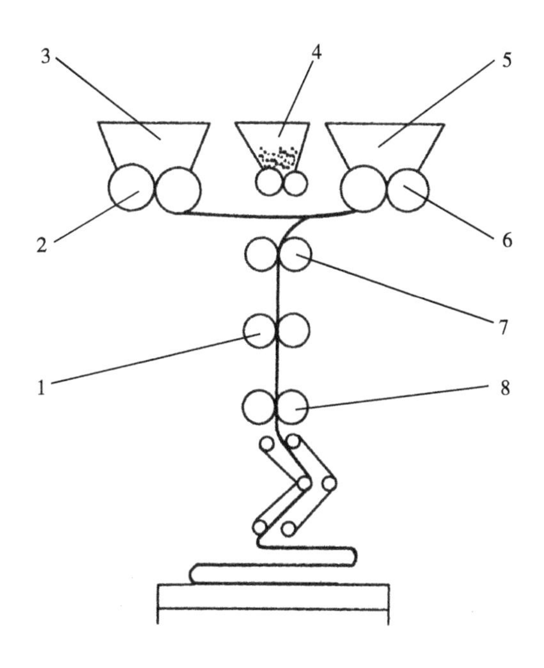

图7-24 立式辊压机操作示意图

1、7、8—计量辊 2—压辊 3、5—面斗 4—油酥料斗 6—喂料辊

7.4 挤压加工设备

挤压加工技术最早应用于塑料制品加工。随着食品工业的发展,挤压加工技术所特有的优越性愈来愈被人们所认识,并应用于食品加工。20世纪30年代,第一台成功地应用于谷物加工的单螺杆挤压机问世。

传统的谷物食品加工工艺一般需经粉碎、混合、成型、焙烤或油炸、杀菌、干燥等生产工序,每道工序都需配备相应的设备,生产流程长,占地面积大,设备种类多。采用挤压技术加工谷物食品,可将原料经初步粉碎和混合后,用一台挤压机一次完成诸多工序,所制成的产品可直接或再经油炸(或不经油炸)、烘干、调味后上市销售。只需简单地更换挤压模具,就可以方便地改变产品的造型。与传统生产工艺相比,简化了膨化、组织化食品的加工工艺过程,丰富了食品的花色品种,同时还改善了产品的组织状态和口感,提高了产品质量。目前,挤压技术在食品工业中的应用得到了较快的拓展,种类繁多的方便食品、即席食品、小吃食品、断奶食品、儿童营养米粉等挤压熟化产品相继问世,其应用领域由单纯生产谷物食品,已发展到生产畜禽饲料、水产饲料、植物组织蛋白等。

我国的挤压加工技术的研究和应用始于20世纪80年代,先后在膨化小吃食品、营养米粉、糖果、动物饲料的生产,传统食品龙虾片生产,工艺的改善,大豆组织蛋白的加工,变性淀粉、淀粉核浆、膳食纤维等生产应用领域和挤压技术的理论领域进行了大量的研究。与此同时,国内的许多生产厂家也先后从世界各大公司引进了先进的挤压设备进行挤压食品生产。在引进国外设备的同时，国内的许多厂家也先后生产了不同类型的挤压熟化设备，但目前仍处于相对落后的状态，设备性能有待改善，生产领域有待扩大，产品花色品种需进一步丰富，产品质量需进一步提高。

7.4.1　挤压加工技术的概念和特点

7.4.1.1　挤压加工技术的概念

食品挤压加工技术属于高温高压食品加工技术，特指利用螺杆挤压方式，通过压力、剪切力、摩擦力、加温等作用所形成的对于固体食品原料的破碎、捏和、混炼、熟化、杀菌、预干燥、成型等加工处理，完成高温高压的物理变化及生化反应，最后食品物料在机械作用下强制通过一个专门设计的孔口（模具），便制得一定形状和组织状态的产品。这种技术可以生产膨化、组织化或不膨化的产品。

7.4.1.2　挤压加工技术的特点

食品挤压加工技术归结起来有以下特点：

（1）连续化生产　原料经预处理后，即可连续地通过挤压设备成品。

（2）生产工艺简单　生产流水线短，集粉碎、混合、加热、熟化、成型于一体，一机多能，便于操作和管理。

（3）物耗少、能耗低　生产能力在较大范围内调整。能耗仅是传统生产方法的60%～80%。

（4）应用范围广　食品挤压加工适合于小吃食品、即席谷物食品、方便食品、乳制品、肉类制品、水产制品、调味品、糖制品、巧克力制品等的加工。经过简单地更换模具，即可改变产品形状，生产出不同外形和花样的产品，有利于产销灵活性。

（5）投资少　挤压加工技术与传统生产加工方法相比，生产流程短，减少许多单机，避免了单机之间串联所需的传送设备。

（6）生产费用低　有资料报道，使用挤压设备生产费用仅为传统生产方法的40%左右。

7.4.1.3　挤压加工食品的特点

根据不同的生产目的和产品需要，利用挤压机可生产出膨化或不膨化的组织化的成品或半成品。所谓膨化食品是指原料（主要是谷物原料）进行高温高压处理后，被迅速释放到低压环境，体积大幅度膨胀而内部组织呈多孔海绵状态的食品。

挤压熟化食品具有以下特点：

（1）不易产生“回生”现象　传统的蒸煮方法制得的谷物制品易“回生”的主要原因是α－淀粉β化。挤压加工中物料受高强度挤压、剪切、摩擦等作用，淀粉颗粒在含水量较低的情况下，充分溶胀、糊化和部分降解，再加上挤出模具后的“闪蒸”，使糊化之后的α－淀粉不易恢复其β结构，故不易产生“回生”现象。

（2）营养成分损失少、食物易消化吸收　挤压膨化过程是高温短时的加工过程，由于原料受热时间短,食品中的营养成分几乎未被破坏。在外形发生变化的同时,也改变了内部分子结构和性质,其中一部分淀粉转化为糊精和麦芽糖,便于人体吸收。又因挤压膨化后食品的质构呈多孔状,分子之间出现间隙,有利于人体消化酶的进入。如未经膨化的粗大米,其蛋白质的消化率为75%,经膨化处理后可提高到83%。

(3)口感好,食用方便　谷物中含有较多的纤维素、维生素以及钙、磷等,这些成分对人体极为有益,但口感较差。谷物经挤压膨化后,因在挤压机中受到高温、高压和剪切、摩擦作用和挤压机挤出模具口的瞬间膨化作用,使得这些成分彻底微粒化,并且产生了部分分子的降解和结构变化,使水溶性增强,改善了口感,产生了一系列的质构变化而使其体轻、松酥,并具有独特的焦香味。例如大豆制品的豆腥味是由于大豆内部的脂肪氧化酶催化产生氧化反应的结果,在挤压过程中的瞬间高温能将该酶破坏,从而避免异味的产生。膨化后的制品是多孔的海绵状结构,吸水力强,容易复水,因此不管是直接食用还是冲调食用均较方便。

(4)原料利用率高,无污染　挤压加工是在密闭容器内进行的,在生产过程中,除了开机和停机时需要投少许原料作头料和尾料,使设备操作过渡到稳定生产状态和顺利停机外,一般不产生原料浪费现象,也不会因排放废气和废水而造成环境污染。

(5)生产效率高　挤压加工集供料、输送、加热、成型为一体,又是连续生产,因此生产效率高。小型挤压机生产能力为每小时几十千克,大型挤压机生产能力可达每小时十几吨以上,而且节约能源,能耗仅是传统生产方法的60%~80%。

7.4.2　挤压加工设备分类

7.4.2.1　按挤压过程的剪切力分类

(1)**高剪切力挤压机**　是挤压过程中能够产生较高剪切力的挤压机。这类设备的螺杆上往往带有反向螺杆段,以便提高挤压过程中的压力和剪切力。这类设备的工作性能较好,在控制好所需要的工艺参数(如温度、物料含水量、螺杆转速等)的条件下,可方便地生产出多种挤压熟化产品。设备往往具有较高的转速和较高的挤压温度,但由于剪切力较高,形状复杂的产品成型较困难,适合于简单形状的产品生产。

(2)**低剪切力挤压机**　生产过程中产生的剪切力较低,它的主要作用在于混合、蒸煮、成型。该类设备较适合于湿软的动物、水产饲料或高水分食品的生产。形状复杂的产品用该设备进行生产较为理想,产品成型率较高。适用物料的含水量一般较高,挤压过程物料黏度较低,操作中机械能黏滞耗散较少。

7.4.2.2　按挤压机的受热方式分类

(1)**自热式挤压机**　挤压过程所需的热量来自物料与螺杆之间、物料与机筒之间、物料与物料之间的摩擦,挤压温度受生产能力、含水量、物料黏度、环境温度、螺杆转速、螺杆结构等多方面因素的影响,故温度不易控制,偏差较大。该类设备具有较高的转速,达500~800r/min,产生的剪切力较大。自热式挤压机可用于小吃食品的生产,但产品质量不稳定,操作灵活性差,控制较困难。

(2)**外热式挤压机** 是依靠外部热源加热提高挤压机机筒和物料的湿度。加热方式很多,如采用蒸汽加热、电磁加热、电热丝加热、油加热等方式。根据挤压过程各阶段对温度参数要求的不同,可设计成等温式挤压机和变温式挤压机。等温式挤压机的筒体温度全部一致,变温式挤压机的筒体分为几段,分别进行温度控制。

自热式挤压机一般是高剪切挤压机,外热式挤压机可以为高剪切力,也可以为低剪切力。外热式挤压机的原料和产品很多,设备灵活性大,操作控制容易,产品质量稳定。

7.4.2.3 按螺杆数量分类

这是一种最为常用的分类方法,可将挤压机分为单螺杆挤压机、双螺杆挤压机和多螺杆挤压机。其中以单螺杆和双螺杆最为常见。

(1)**单螺杆挤压机** 挤压机配置一根挤压螺杆,是一种最为普通的螺杆挤压机,结构简单、设计制造容易、工作可靠、价廉、易于操作、维修方便,但混合能力差、作用强度低。

(2)**双螺杆挤压机** 挤压机配置有两根螺杆,挤压作业由两者配合完成,是由单螺杆挤压机发展而来。根据两螺杆的相对位置又分为啮合型(包括全啮合型和部分啮合型)。主流机型为同向旋转、完全啮合、梯形螺槽。

7.4.2.4 按挤压功能分类

(1)**挤出成型机** 螺杆结构具有较大的加压能力,利用夹层机筒和空心螺杆内通入冷却水抑制物料的过热,制取结构致密、均匀的未膨化成型产品,一般为中间产品,需要经后续加工或利用。所使用的原料一般为塑性材料。

(2)**挤压熟化机** 又称为挤压蒸煮机,主要利用挤压机的加热蒸煮功能制取未膨化糊化产品。

(3)**挤压膨化机** 可在挤压过程中迅速把物料加热到175℃以上,使淀粉流态化,当物料被挤出模孔时极度膨胀成松脆质地的产品。用于生产膨化产品。

7.4.3 单螺杆挤压机

7.4.3.1 单螺杆挤压机的构成

图7-25所示为一典型的单螺杆挤压机系统示意图,该机即由喂料、预调质、传动、挤压、加热和冷却、成型、切割、控制等几部分组成。

(1)**喂料装置** 用于将储存于料斗的原料定量、均匀、连续地喂入机器,确保挤压机稳定地操作。常用的喂料装置有振动喂料器、螺旋喂料器和液体计量泵,喂料量连续可调。

(2)**预调质装置** 预调质装置用于将原料与水、蒸汽或其他液体连续混合,提高其含水量和温度及其均匀程度,然后输送到挤压装置的进口处。预调质装置为半封闭容腔,内部安装有配螺旋带或搅拌桨的搅拌轴。

(3)**传动装置** 传动装置用于驱动挤压螺杆,保证其在工作过程中所需要的扭矩和转速。可选用可控硅整流的直流电机、变频调速器控制的交流电机、液压马达、机械式变速器等来控制螺杆转速。

(4)**挤压装置** 挤压装置由螺杆和机筒组成,是直接进行挤压加工的部件,为整个挤压

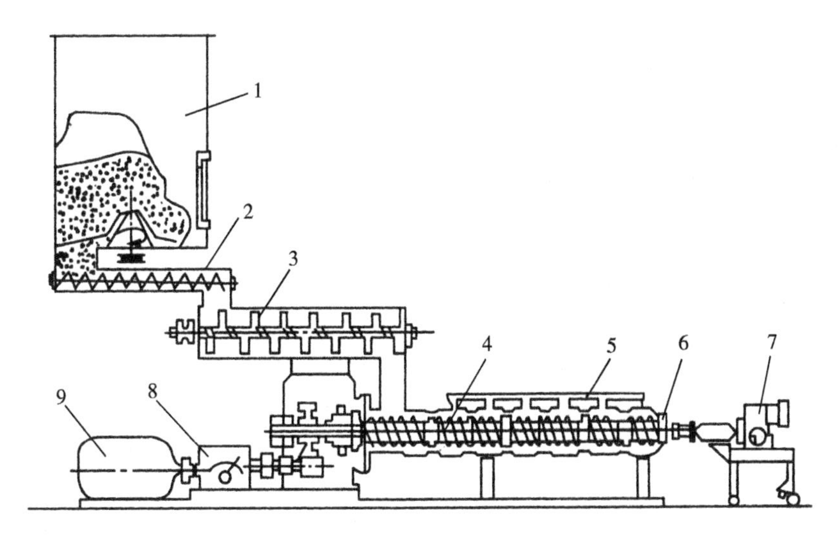

图 7－25　典型单螺杆挤压加工系统示意图

1—料箱　2—螺旋式喂料器　3—预调质器　4—螺杆挤压装置　5—蒸汽注入口

6—挤出模具　7—切割装置　8—减速器　9—电机

熟化机的核心部分,其结构形式多种多样,一般情况下可按总体结构分为普通螺杆和特种螺杆。

①普通螺杆:普通螺杆的整个长度布满螺纹,因螺纹旋向、螺距、螺槽深度等又具体分为:等距变深螺杆(图 7－26a):所有的螺槽的螺距不变,而螺槽深度则逐渐变深。等深变距螺杆(图 7－26b):所有的螺槽的深度不变,而螺距则逐渐变小。变深变距螺杆(图 7－26c):在螺槽深度逐渐变浅的同时,螺距逐渐变小,具有前两者的优点,可得到较大的压缩比,但制造困难。另有带反向螺纹的螺杆:压缩熔融段或计量均化段加设反向螺纹。

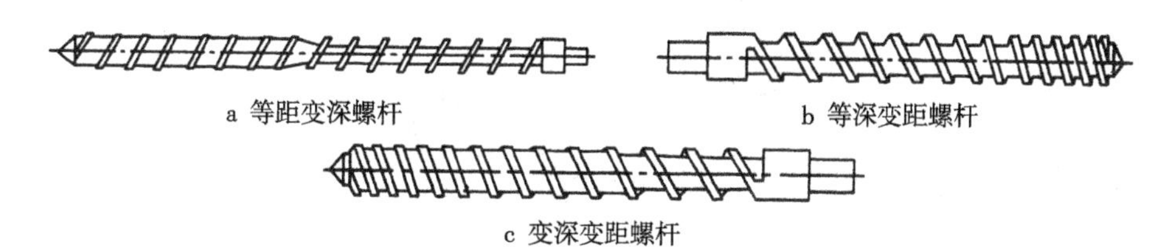

a 等距变深螺杆　　b 等深变距螺杆

c 变深变距螺杆

图 7－26　普通螺杆

②特种螺杆:为弥补单螺杆性能的不足,提高输送的稳定性和混合效果,人们不断开发新型特种螺杆。常见的特种螺杆有:分离型螺杆、屏障型螺杆、分流型螺杆、波状螺杆等。

(5)加热与冷却装置　挤压加工设备的加热与冷却系统是为了保证挤压室内适当的温度,保证挤压过程顺利进行的必要条件,依工艺要求用于控制挤压室内物料的温度。

物料在挤压过程中的热虽来源于料筒外部加热器供给的热量和物料与机筒内壁、物料与螺杆以及物料之间相对运动所产生的摩擦热。这两部分热量大小与螺杆、机筒的结构形式、工艺条件、物料性质有关,也与挤压熟化的阶段有关。不同区段热量所占比例也不同,在加料输送段，螺槽较深，物料尚未压实，摩擦热很少，热量多来源加热器；在计量均化段，物料已熔融，温度较高，螺槽较浅，摩擦剪切产生的热量较多，有时非但不需要加热器供热，还需冷却器进行冷却；在压缩熔融段则介于上述两段之间，内摩擦剪切产生的热量比加料输送段多，比计量均化段少。摩擦剪切产生热量的速度会随着物料的向前移动而渐渐增快，因此挤压机的加热与冷却系统多是分段设置的。通常采用电阻或电感应加热和水冷却装置来不断调节机筒或螺杆的温度。

常用的加热器有：

①电阻加热器：电阻加热是用得最广泛的加热方式，其装置具有外形尺寸小、质量轻、装拆方便等优点。由于电阻加热器是采用电阻丝加热机筒外表面然后再以传导的方式将热量传递到物料，而机筒本身很厚，会沿机筒径向形成较大的温度梯度，因而所需加热时间较长。

②电感应加热器：电感应加热是通过电磁感应在机筒内产生涡流电而直接使机筒发热的一种加热方法。电感应加热器的原理结构如图 7－27 所示。机筒的外壁隔一定间距配置有若干组外面包有线圈的硅钢片组成加热器。当将交流电源通入线圈时，在硅钢片和机筒之间形成一个封闭的磁环。硅钢片具有很高的导磁率，磁力线通过硅钢片所受磁阻很小。而作为封闭回路一部分的机筒其磁阻大得多。磁力线在封闭回路中具有与交流电源相同的频率，当磁通发生变化时，在封闭回路中产生感应电动势，从而引起二次感应电压及感应电流，即图中所示的环形电流，机筒因通过涡流电而被加热。

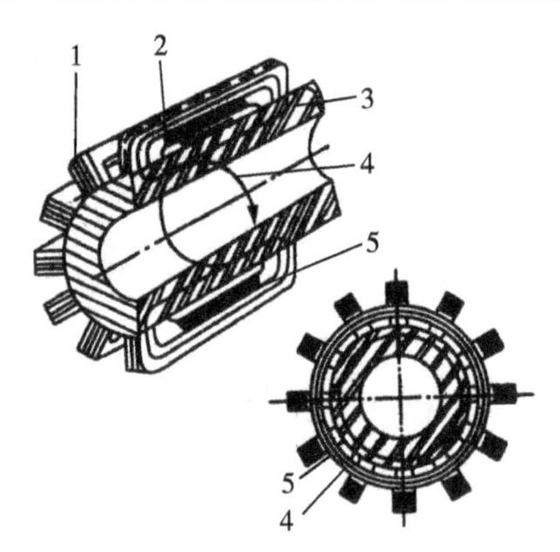

图 7－27　电感应加热器的原理结构示意图

1—硅钢片　2—冷却液　3—机筒　4—感应环流电　5—线圈

电感应加热与电阻丝加热相比具有如下几个特点：

①由机筒直接对物料加热，预热升温的时间较短。在机筒的径向方向上温度梯度较小。

②加热器对温度调节的反应比电阻加热更灵敏，温度稳定性好。

③感应线圈的温度不会超过机筒的温度，比电阻加热器节省电能 30% 左右。

④在正确冷却和使用的情况下，感应加热器的寿命比较长。

电感应加热器的不足之处是加热温度会受感应线包绝缘性能的限制，不适于挤压成型加工温度要求较高的物料；径向尺寸大，需要大量的硅钢片等材料；在形状复杂的机头上安装不方便。

常用的冷却方法和装置：

①机筒冷却：挤压机的冷却往往是采用自来水进行，其附属装置较为简单。水冷却速度较快，但易造成急冷，因一般未经软化处理的水，使水管易出现结垢和锈蚀现象而降低冷却效果或造成水管被堵塞、损坏等。通常采用的水冷却装置的结构有3种：一是缠绕冷却盘管，在机筒的表面加工有螺旋沟槽，沿沟槽缠绕冷却水管（一般是紫铜管），为目前常用结构。主要缺点是水管易被水垢堵塞；盘管拆卸不方便；水管与机筒的接触状态不佳，冷却效率低。二是将加热棒和冷却水管同时铸入同一块铸铝加热器中。这种结构的特点是冷却水管也制成剖分式结构，拆卸方便，冷冲击相对于第一种结构来说较小。但制造较为复杂，一旦冷却水管被堵死或出现损坏时，则整个加热器就得更换。三是在感应加热器内侧设有水冷却套，这种装置装拆很不方便，冷冲击也较严重。

②螺杆冷却：螺杆冷却的目的是改善加料输送段物料的输送，防止物料过热，利于物料中所含的气体从加料输送段的冷混料中返回并从料斗中排出。当螺杆的计量均化段受到冷却时，在螺槽的底部会沉积一层温度较低的料，会减小均化段的螺槽深度。

通入螺杆中的冷却介质通常是水，也可以是空气。一些先进挤压熟化机可根据不同物料和不同加工要求调整螺杆的冷却长度，提高了机器的适应性，一般通过调整伸进螺杆的冷却水管的插入长度等来实现。

(6)成型装置　成型装置又称挤压成型模具，模具上设有一些使物料从挤压机挤出时成型的模孔。模具横断面有圆、圆环、十字、窄槽等各种形状，决定着产品的横断面形状。为了改进所挤压产品的均匀性，模孔进料端通常加工成流线形开口。

模具是物料从挤压室排出的通道，通道的横截面积远小于螺杆与机筒空隙的横截面积。物料经过模孔时便由原来的螺旋运动变为直线运动，有利于物料的组织化作用。常见的模孔内部结构（如图7－28所示）有：

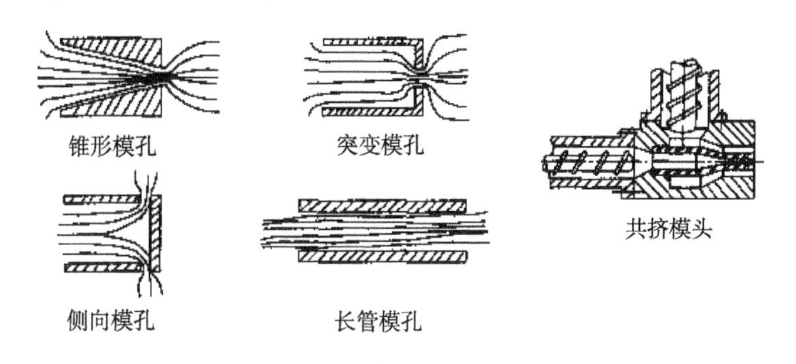

图7－28　常见的模孔结构

①锥形模孔：无死角，不易产生堵塞现象，模孔内压力无突变，产品表面光滑。

②突变模孔:利于进一步提高混炼、混合效果,产品质地更加均匀、微细,但易产生堵塞现象。

③侧向模孔:可提高产品外形层次感和纤维化结构。

④长管模孔:可减少产品的膨化程度,提高组织化程度。

⑤共挤模头:用于生产夹心产品。

(7)**切割装置** 挤压熟化机中常用的切割装置为盘刀式切割器,刀具刃口旋转平面与模板端面平行。通过调整切割刀具的旋转速度和产品挤出速度间的关系来获得所需挤压产品的长度。根据切割器驱动电机位置和割刀长度的不同又分为偏心和中心两种结构形式。飞速切割器的电机装在模板中心轴线外面,割刀臂较长,以很高的线速度旋转。中心切割器的刀片较短,并绕模板装置的中心轴线旋转。

(8)**控制装置** 主要由微电脑、电器、传感器、显示器、仪表和执行机构等组成,其主要作用是控制各电机转速并保证各部分运行协调,控制操作温度与压力以保证产品质量。

7.4.3.2 单螺杆挤压原理

单螺杆挤压机主要工作构件如图7-29所示,机筒及机筒中旋转的螺杆构成挤压室。在单螺杆挤压室内,物料的移动依靠物料与机筒、物料与螺杆及物料自身间的摩擦力完成。螺杆上螺旋的作用是推动可塑性物料向前运动,由于螺杆或机筒结构的变化以及由于出料模孔截面比机筒和螺杆之间空隙横截面小得多,物料在出口模具的背后受阻形成压力,加上螺杆的旋转和摩擦生热及外部加热,使物料在机筒内受到了高温高压和剪切力的作用,最后通过模孔挤出,并在切割刀具的作用下,形成一定形状的产品。

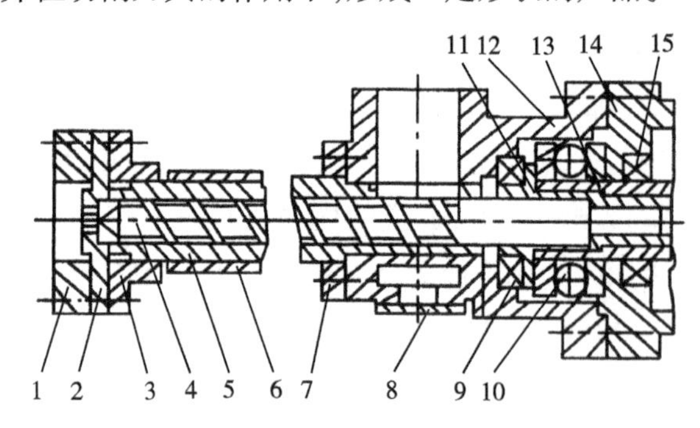

图7-29 单螺杆挤压机构件图

1—模板固定套 2—挤出模板 3、6—机筒座 4—螺钉 5—机筒 7—连接法兰 8—盖板 9—向心轴承 10—推力轴承 11—止口 12—机座 13—驱动轴 14—减速器箱体 15—向心轴承

挤压熟化机是应用最广的挤压加工设备,其中螺杆是关键构件。螺杆沿长度方向按作用不同分成加料输送段、压缩熔融段和计量均化段,如图7-30所示。当疏松的食品原料从加料斗进入机筒内后,随着螺杆的旋转,沿着螺槽方向被向前输送,这段螺杆称为加料输送段。再向前输送,物料就会受到模头的阻力作用,螺杆与机筒间形成的强烈挤压及剪切

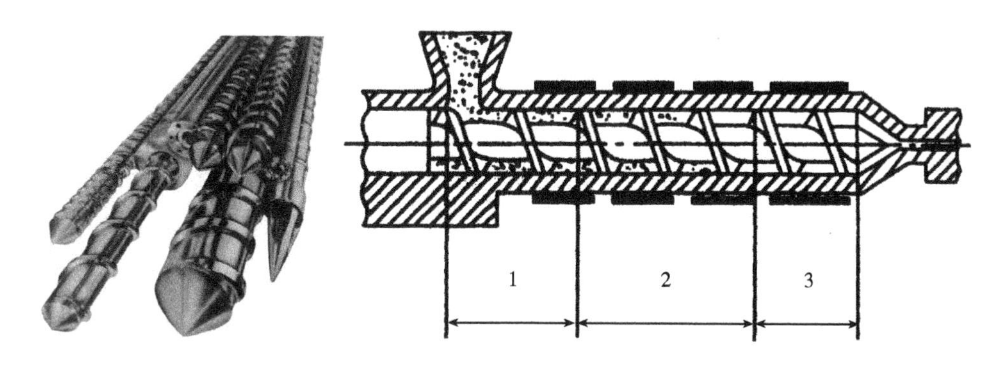

图7－30　挤压加工过程示意图
1—加料输送段　2—压缩熔融段　3—计量均化段

作用，产生压缩变形、剪切变形、搅拌效应和升温，并被来自机筒外部热源进一步加热，物料温度升高直至全部熔融，这段螺杆称为压缩熔融段。物料接着往前输送，由于螺槽逐渐变浅，挤压及剪切作用增强，物料继续升温而被蒸煮，出现淀粉糊化，脂肪、蛋白质变性等一系列复杂的生化反应，组织进一步均匀化，最后定量、定压地由模孔均匀挤出，这段螺杆称为计量均化段。

食品物料熔融体受螺旋作用前进至成型模头前的高温高压区内，物料已完全流态化，当被挤出模孔后，物料因所受到的压力骤然降至常压而迅速膨化。对于不需要膨化或过高膨化的产品，可通过冷却控制机筒内物料的温度不予于过热（一般不超过100℃）来实现。

7.4.3.3　单螺杆挤压成型机的操作

食品挤压成型设备是一种连续、高速处理物料的装置，不同型号的挤压成型机有不同的操作特点，需要操作人员了解和掌握操作规程。

（1）**开机前的准备工作**　开机前，检查挤压机，螺杆、机筒和其他零部件之间不得有摩擦或卡死现象。有些挤压成型机的螺杆相对于推力轴承要求能够移动，出料处锥形螺杆部分和机筒的配合间隙可调，通常用塞规测量进行调整。在启动前切割装置需安装到位，切刀相对于模头的调整要精确，通常切刀和模板表面之间保持有很小的间隙（0.05～0.2mm）。

启动前要对喂料器和调节装置进行检查以确定其是否正常，有时喂料器需要校准到正常运行的状态。所有的蒸汽管道都要打开阀门，放掉冷凝水。所有报警器和安全设施也应处于完好状态。

（2）**启动操作与稳定运行操作**　因预调质器和挤压成型机电动机启动后才允许喂入原料，而在物料未充满挤压室的情况下运行会加快挤压螺杆的磨损，因此要求尽量缩短启动时间，最大限度地减少生产损失、废品的数量和避免设备损坏。启动应在低产量、高水分条件下开始。

挤压机的传动功率、模板温度、模板处的挤出压力等关键参数以及被挤压物料状态，这些参数可作为操作人员在启动期间进行操作的依据。

(3)**停机操作** 挤压机停机时首先应将通入预调质器和机筒的蒸汽关闭,向原料中加入过量水分,直到出料温度降低到100℃以下后终止喂料,挤压机则需继续运转到模孔出现湿冷物料为止。

停机后常常需要拆下模板,拆模板时需要仔细,当拧松连接螺栓时,机内压力突然急剧释放会对操作者有潜在危险。如果在拆模时挤压室内还有压力,应在机头装上链条或其他制动机具以保持机头在拆模时相对位置不变,直到压力完全消失。模板拆下后,开动螺杆把机内剩余物料旋出。

7.4.4 双螺杆挤压机

近年来,新开发的双螺杆挤压机由于物料输送能力强、操作更稳定越来越受到重视。

图7-31为一双螺杆食品挤压成型机结构示意图,它由料斗、机筒、两根螺杆、预热器、模板、传动装置等构成。

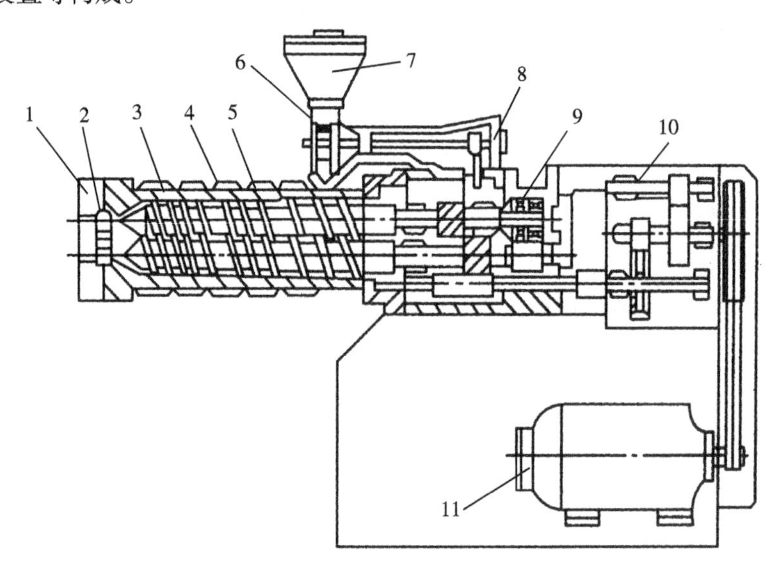

图7-31 双螺杆挤压机结构示意图

1—机头连接器 2—模板 3—机筒 4—预热器 5—螺杆 6—下料管

7—料斗 8—进料传动装置 9—止推轴承 10—减速箱 11—电动机

7.4.4.1 双螺杆挤压成型机分类及特性

根据两螺杆间的配合关系又可将双螺杆挤压机分为全啮合型、部分啮合型和非啮合型(图7-32);根据螺杆转动方向,双螺杆挤压机可分为同向旋转型和异向旋转型两大类(图7-33)。

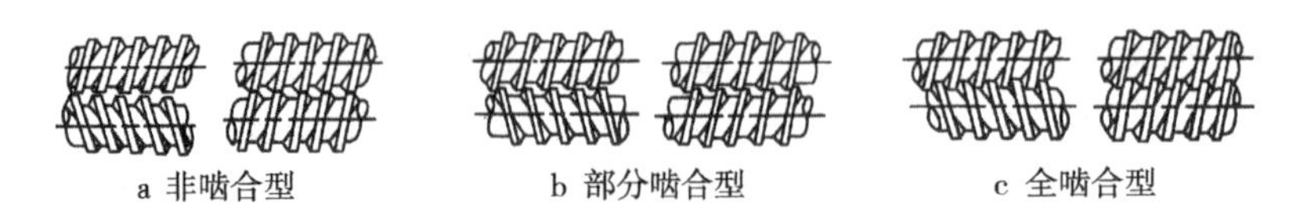

a 非啮合型　　b 部分啮合型　　c 全啮合型

图7-32 双螺杆啮合形式

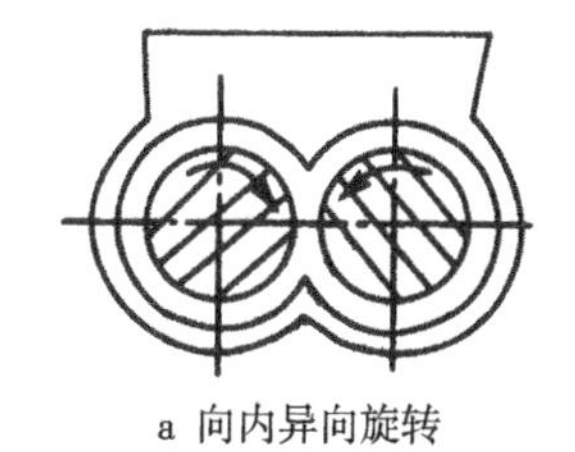
a 向内异向旋转

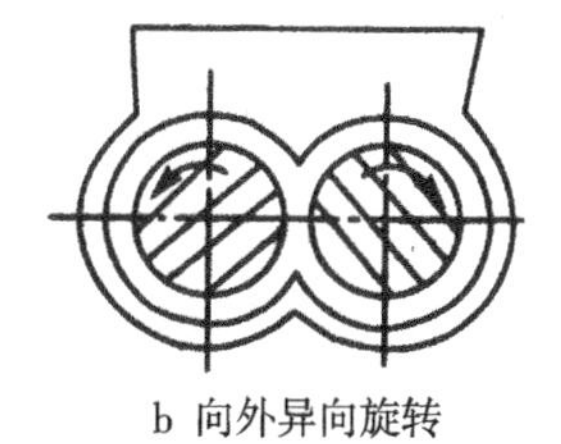
b 向外异向旋转

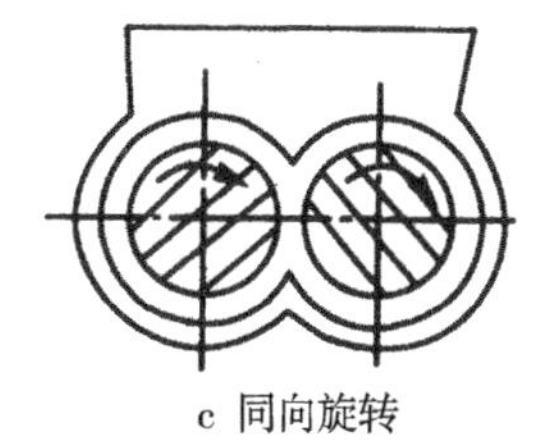
c 同向旋转

图7－33　双螺杆的旋转方向

(1)非啮合型与啮合型双螺杆挤压机

①非啮合型双螺杆挤压机:又称为外径接触式或相切式双螺杆挤压机,两螺杆轴距至少等于两螺杆外半径之和。在一定程度上可视为相互影响的两台单螺杆挤压机,其工作原理与单螺杆挤压机基本相同,物料的摩擦特性是控制输送的主要因素,这类挤压机在食品加工中应用较少。

②啮合型双螺杆挤压机:两根螺杆的轴距小于两螺杆外半径之和,一根螺杆的螺棱伸入另一根螺杆的螺槽。根据啮合程度不同,又分为全啮合型和部分啮合型。全啮合型是指在一根螺杆的螺棱顶部与另一根螺杆的螺槽根部不设计任何间隙。部分啮合型是指在一根螺杆的螺棱顶部与另一根螺杆的螺槽根部设计留有间隙,作为物料的流动通道。

(2)开放型与封闭型双螺杆挤压机　对于啮合型,根据啮合区螺槽是否设计留有沿着螺槽或横过螺槽的可能通道,划分为纵向开放或封闭,横向开放或封闭。

①纵向开放或封闭:如果物料可由一根螺杆的螺槽流到另一根螺杆的螺槽,则称之为纵向开放;反之称为纵向封闭。

②横向开放或封闭:在两根螺杆的啮合区,若物料可通过螺棱进入同一根螺杆的相邻螺槽,或一根螺杆螺槽中的物料可以流进另一根螺杆的相邻两螺槽,则称之为横向开放。横向开放必然也纵向开放。

(3)同向旋转与异向旋转双螺杆挤压机

①同向旋转:两根螺杆旋转方向相向。

②异向旋转:两根螺杆的旋转方向相反,包括向内旋转和向外旋转两种情况。向内异向旋转时,进料口处物料易在啮合区上方形成堆积,加料性能差,影响输送效率,甚至出现起拱架空现象。向外异向旋转时,物料可在两根螺杆的带动下,很快向两边分开,充满螺槽,迅速与机筒接触吸收热量,有利于物料的加热、熔融。

7.4.4.2　双螺杆挤压机挤压过程

双螺杆挤压机与单螺杆挤压机的功能相似,但在工作原理上存在着较大的差异,主要体现在:强制输送、强烈混合。双螺杆挤压机内的挤压过程因螺杆结构、配置关系、运动参数等差异而大不相同。

(1)同向旋转型双螺杆挤压过程　当物料进入螺杆的输送段后,在两根螺杆的啮合区所形成的压力分布如图7－34所示。在挤压过程中,螺杆和机筒共同将物料分割成若干个

C 形扭曲单元(图 7 – 35)。

在同向旋转型双螺杆挤压室内,无法形成封闭腔,连续的螺纹通道允许物料从一个螺杆的螺槽进入到另一个螺杆的螺槽,形成漏流,切向压力建立不起来。物料本身使螺杆处于料筒中央,螺杆与料筒之间和螺杆与螺杆之间允许间隙存在,仍具有自洁作用。在啮合区没有局部高剪切作用,从而减小机械磨损。螺杆的自洁作用防止了物料黏附于螺杆之上,避免了热敏性物料烧焦,加速了物料的扩散分布,进而缩短了停留时间分布。双螺杆螺槽内物料的流动见图 7 – 36。

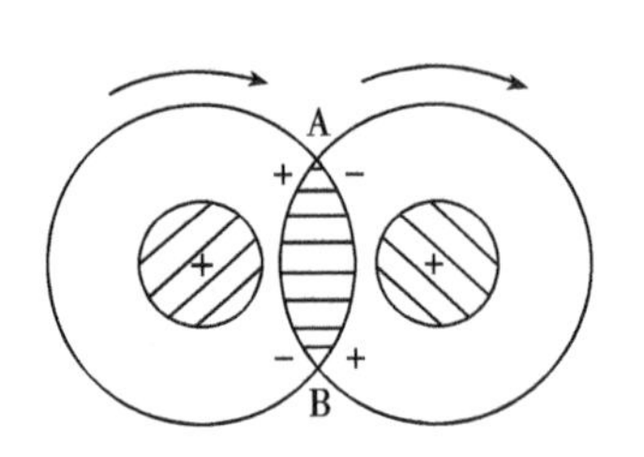

图 7 – 34　同向旋转型啮合区压力分布

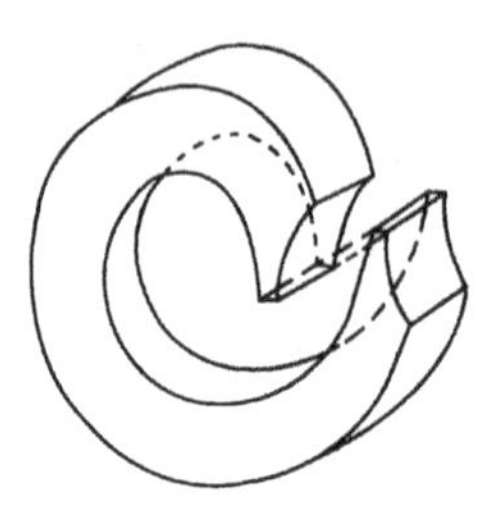

图 7 – 35　C 形扭曲料柱

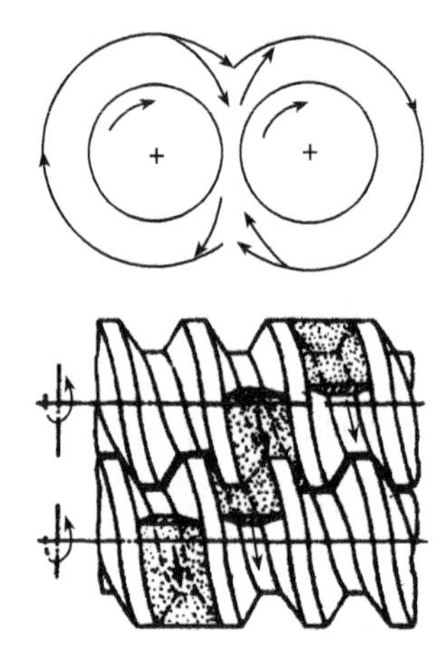

图 7 – 36　双螺杆螺槽内物料的流动

增大产量和降低螺杆转速能缩小扩散速度分布,使剪切更加一致,物料更均匀。这类挤压机输送作用不如反向旋转型,但混合效果好,同时漏流使螺杆与料筒间摩擦减小,所以挤压机转速可高达 500r/min。可通过提高转速来弥补产量的不足。

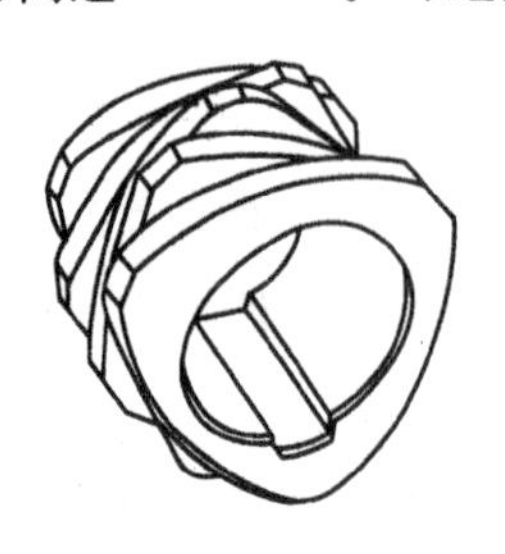

图 7 – 37　捏合元件

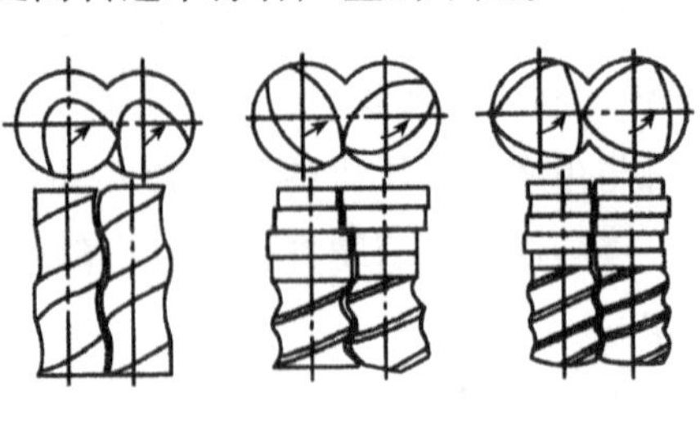

图 7 – 38　安装有捏合元件的双螺杆

为了加强对物料的剪切作用，在压缩段的螺杆上通常安装有1～3段反向螺杆和混捏元件。混捏元件一般为薄片状椭圆或三角形捏和块（图7－37、图7－38），可对物料进行混合和搅动。

由于同向旋转型挤压机的混合特性好、磨损小、剪切率高、产量大以及更灵活，所以食品挤压熟化普遍采用这类挤压机。

（2）异向旋转型双螺杆挤压过程　在半封闭设计中，螺槽间存在很小的漏流，而在螺杆啮合处的螺棱顶部与螺槽根部之间形成较高的压力。这种压力迫使螺杆压向机筒壁而产生摩擦，摩擦将随着螺杆转速增加而增大。反向旋转双螺杆一般仅适于低速作业，产量相对较低，螺槽内的物料不能受到完全相同的剪切作用和实现较好的扩散。这种结构的优点是挤压作用强、输出效率高、停留时间分布窄，但混合不足、产量低、产品的一致性差以及螺杆和料筒的使用寿命短。为了提高混合效果，减小局部高压，可选择较小螺棱宽度和较大螺杆间隙，但回流的可能性增加，使得挤压机对照杆头部的压力变化更敏感，故仅限于混合段使用，挤出段必须保持较小的间隙。

异向旋转型双螺杆挤压机适用于要求输送作用强、剪切率较低、停留时间分布较窄的热敏性物料，特别适合于输送低黏性物料如速溶糖和口香糖等。

复习思考题

1. 简述冲印成型机械的工作过程。
2. 简述辊印成型的工作原理。
3. 简述辊切成型机与辊印成型机的主要区别。
4. 简述螺杆挤压成型机的类型及特点。
5. 简述单螺杆挤压成型机的主要工作构件的形式与作用。
6. 简述单螺杆挤压机与双螺杆挤压成型机的主要区别。

第8章　杀菌机械与设备

本章重点及学习要求:本章主要介绍食品杀菌机械与设备、包装食品杀菌机械与设备以及食品非热杀菌装置的类型、工作原理及主要工作构件的结构特点。通过本章学习掌握食品杀菌机械与设备,包装食品杀菌机械与设备中典型设备的基本结构形式、特点及应用;掌握辐射杀菌、高压脉冲电场杀菌装置、超高静压杀菌装置的工作原理及主要结构组成、特点及应用范围。

食品杀菌是食品加工中延长产品保质期的主要手段,食品杀菌要求主要杀灭食品中所污染的产毒菌、致病菌、腐败菌;最大限度地保留食品营养与风味;达到“商业无菌”要求,在一定的时间内保证食品品质。食品杀菌是食品加工过程中的一个非常重要的环节。

食品杀菌的方法有物理杀菌和化学杀菌两大类。其中化学杀菌是指通过使用过氧化氢、次氯酸钠等杀菌剂杀死食品加工过程中可能感染或食品中本身存在的菌,但是由于化学杀菌存在化学残留物等因素的影响,因此在当代食品杀菌方法中主要使用的是物理杀菌法。

物理杀菌方法分为热杀菌和非热效应杀菌。热杀菌设备根据使用的热源不同可分为蒸汽直接加热杀菌、蒸汽间接加热杀菌、热水加热杀菌、火焰杀菌以及微波加热杀菌等;非热效应杀菌根据杀菌原理不同分为辐射杀菌、高压脉冲电场杀菌、超高静压杀菌等。目前食品工业化生产过程以热杀菌为主。按食品的包装工序上的安排可分为先杀菌后包装和先包装后杀菌;按杀菌的温度或压力不同,分为常压杀菌和高压杀菌;按操作方式可分为间歇式和连续式杀菌;按设备结构形态的不同,可分为板式杀菌、管式杀菌、刮板式杀菌、釜式杀菌和塔式杀菌。先包装后杀菌均以间歇式杀菌设备为主,先杀菌后包装适用于流态化食品,以连续式杀菌设备为主。

8.1　食品杀菌机械与设备

食品杀菌机械与设备是指食品直接受热达到杀菌温度进行杀菌的,一般食品杀菌以后,直接进入包装系统进行无菌包装。食品杀菌相对于包装食品杀菌具有加热时间短、接触面积大、传热效率高、能够最大限度地保留食品营养与风味。目前主要应用于流态化食品的杀菌操作。

食品杀菌均以饱和蒸汽作为热源,根据饱和蒸汽与食品的接触方式不同分为直接加热杀菌和间接加热杀菌。直接加热杀菌采用蒸汽直接与物料接触混合,将物料直接加热至杀菌温度;间接加热杀菌采用蒸汽通过传导换热的方式将热量传递给物料,使物料温度达到杀菌温度。直接加热杀菌法的优点为:加热时间短,接触面积大,高温处理在瞬时进行,对热敏性制品影响甚少。缺点为:蒸汽必须经过脱氧和过滤,以除去蒸汽中的凝结水和不纯物。间接加热杀菌克服了直接加热杀菌法的缺点,但设备结构复杂。

蒸汽直接加热杀菌设备主要有喷射式和注入式两种型式。喷射式是把蒸汽喷射到被杀菌的料液中,使料液达到杀菌温度进行杀菌;注入式则是把液料注入到充满热蒸汽的容器中与蒸汽接触,使料液达到杀菌温度进行杀菌的。蒸汽间接加热杀菌设备按使用的换热器结构不同有管式、板式等食品杀菌设备。

8.1.1　管式杀菌机

管式杀菌机属于蒸汽间接加热杀菌设备。管式杀菌机是由加热管、前后盖、器体、旋塞、高压泵、压力表和安全阀等部件组成的。设备结构如图8-1所示。壳体内的不锈钢加热管形成加热管束,再将壳体与加热管通过管板连接。

管式杀菌机的工作原理为:将物料用高压泵送入不锈钢加热管内,蒸汽通入壳体空间时可将管内流动的物料加热,通过控制物料在管内的往返次数使其达到杀菌所需要的温度,将物料在管内保持一定时间后作为产品排除。如果加热温度达不到要求,则由回流管回流对物料重新进行杀菌操作。

管式杀菌机具有以下结构特点:

①加热器是由无缝不锈钢环形管制造而成的,因此没有密封圈和“死角”,所以该装置可以承受较高的压力;

②管内的物料在较高的压力下可以产生强烈的湍流,从而保证了产品的均匀性并且使其具有较长的运行周期;

③在密封的操作条件下可以减少杀菌产品受到污染的可能性。

但是由于换热器管内管外的温度差异,致使管束与壳体的膨胀程度有差别,由此产生的应力容易使管子弯曲变形。

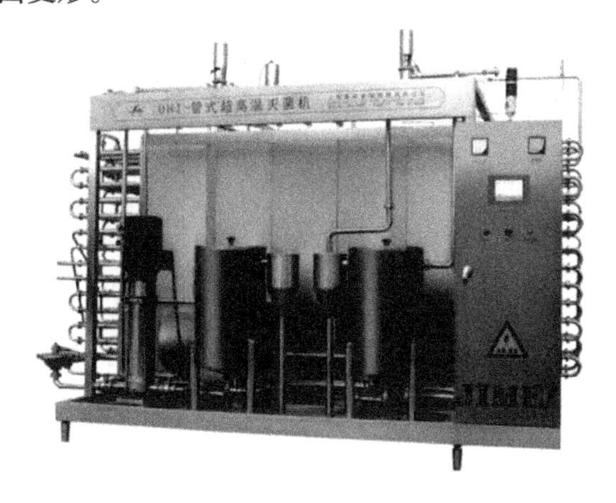

图8-1　管式杀菌机

管式杀菌机的主要部件有:

①循环消毒器:循环消毒器是一盘用不锈钢管弯成的环形套管,用于加热装置的清洗和消毒用水。在加热时,饱和蒸汽在外管逆向流过。但在产品杀菌时,它只作为管道使用。

②预热换热器:换热器是从循环消毒器引出的套管,并与循环消毒器一样弯成环形。管内冷原料与管外的热产品在此进行热交换,在它们中间装有均质阀。

③清洗装置:清洗装置是由加热器、清洗缸、储缸、排水管和排汽管等组成。

④超高温加热:超高温加热器是一个安装有环形管的蒸汽罐。制品在内管流动,而蒸汽则在外管逆向通过。整个加热段分成几段,每一分段都装有一个自动冷凝水排出阀。当操作限度达到极大时,蒸汽将会通过整个加热环形管,冷凝水在最后一个阀门被排出。而当加工能力一旦减小,则只需要使用部分加热环形管,此时自动阀流出的冷凝水与减少的加热表面相一致,其余的加热环管则被冷凝水充满而不起加热作用;一旦加工能力再次增加时,超高温段的加热面就会自动进行调整。由此可以避免物料流过加热段全长时可能引起的过热现象。并且这一设计使得加热面能够适应多种不同黏度的产品,使其具有较大的适应性。

⑤均质阀:整个系统有两套均质阀,一套是在加热器之前,压力约为20MPa;另一套位于加热器之后,压力为0.5~5MPa。两套均质阀共有5只阀,主要是用较低的平均压力来减少压力的波动和机件振动。

管式杀菌机适用于高黏度液体如番茄酱、果汁、咖啡饮料、人造奶油和冰淇淋等食品的杀菌。

这种管式杀菌机可由多种管状组件构成,这些组件以串联或并联的方式组成一个能够完成换热功能的完整系统。根据组件的管型又可将其分为单管式、列管式和套管式。

8.1.1.1 单管式

单管式换热器是由一根被一个加热/冷却夹套包围的内管组成,结构如图8-2所示。这一完全焊接的结构不需要装有O型密封圈。它可以耐高压,具有广泛的操作温度范围;入口与产品管道内径一致保证了均一的产品通道,使得产品易于在其中流动且颗粒分布均匀。这种设计使其很好的适用于处理含有大颗粒的液态产品。

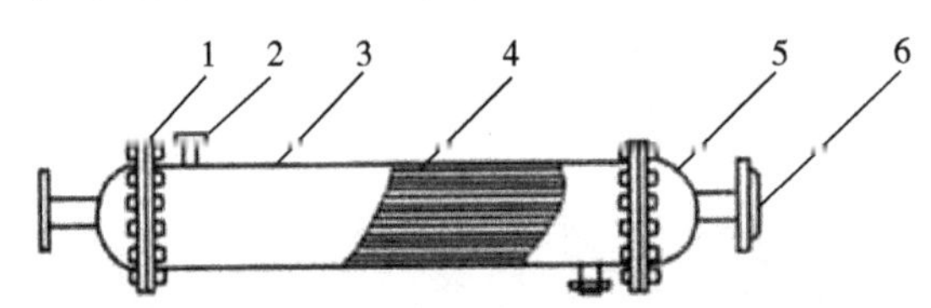

图8-2 单管式换热器

1—法兰 2—进出口节管 3—壳体 4—列管 5—封头 6—进出

8.1.1.2 列管式

列管式换热器是在外壳管内部设置数根加热管以构成加热管束,结构如图8-3所示。每一管组的加热管数量以及直径可以根据流体特性和热量的要求做相应变化。为了避免热应力,这些管组独立地“浮”在外壳内,并且使用双密封结构消除食品加工过程中可能存在的污染,便于打开管道进行拆卸维修。这种设计使此加热器可以承受较高的产品压力。

8.1.1.3 套管式

套管式加热器是由数根直径不等的同心管组成,结构如图8-4所示。这些同心管形成相应数量的环形管状通道,产品及介质被包围在具有高热量的紧凑空间内,两者均呈现出薄层流动,所具有的传热系数大。从其整体上看,可分为直管和螺旋管两种结构。由于其采用无缝不锈钢管制造,因此可以承受较高的压力;同时,由于其有较宽的流道,因此可用于黏度较大的料液。

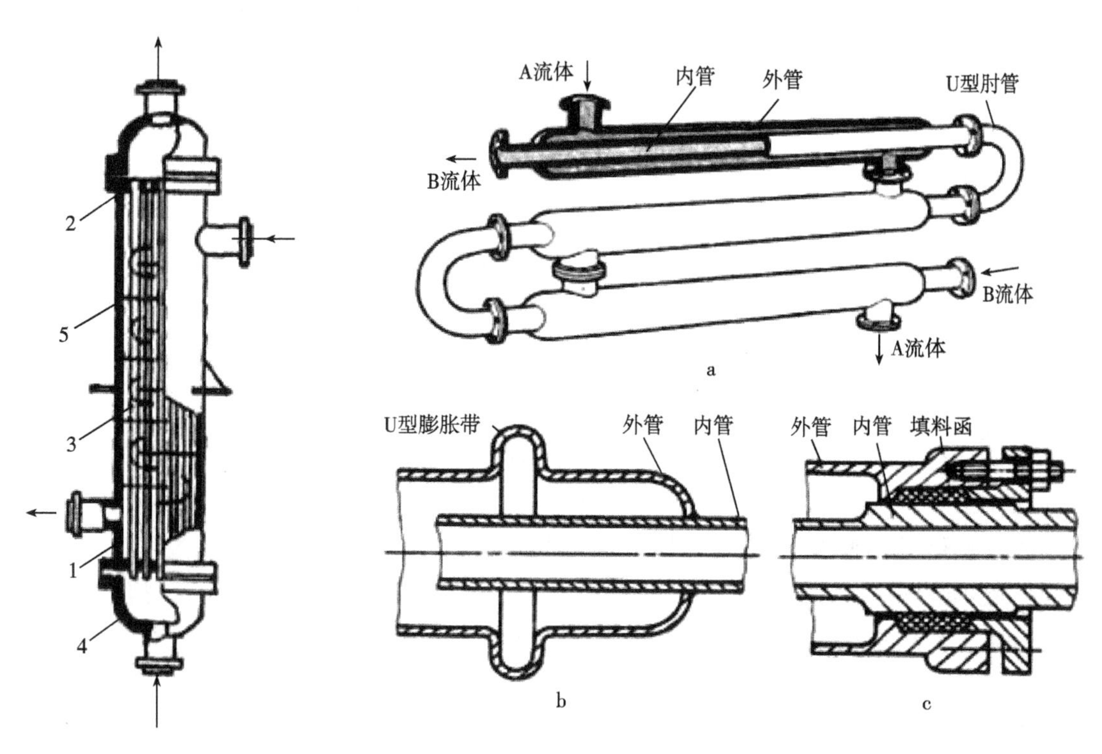

图8-3 列管式换热器

1—壳体 2—管板 3—管束 4—封头 5—挡板

图8-4 套管式加热器

8.1.2 板式杀菌机

板式杀菌机属于蒸汽间接加热杀菌设备。板式杀菌器的工作原理是由1mm厚的不锈钢板通过水压机冲压成的传热片,完全悬挂于导杆上,前端有固定板,旋紧在后支架上。压紧螺杆可以使压紧板与各传热片叠合在一起,片与片之间有一定的间隙。杀菌过程中,可通过调节垫圈厚度改变两片之间的流体通道大小。在每片的四角上各开一孔口,利用圆环垫圈的紧封作用,使四个角孔中的两个与金属板两侧的流体相通,而另两个孔口与金属板另一侧的流体相通,使冷热两种流体在金属板两侧可以通过薄金属板片进行热交换,提高了传热速率和传热系数,从而可以达到瞬时杀菌的目的。

板式热交换器具有以下结构特点：

①热效率较高，由于片间的空隙小，因此冷热两种流体都可以具有很高的流速，同时，传热片上又有冲压成凹凸的沟纹，使流体的速度大小和方向不断的改变，从而形成湍流状态，有效地破坏边界层，减少了边界层的传热阻力，提高了传热系数（一般板式热交换器的传热系数可达12560～14560kJ/mol，而其他换热器的传热系数则为5020～12560 kJ/mol）；

②结构紧凑，占地面积小，在较小的工作体积内，可以容纳较多的传热面积；

③适应性强，只需要增减传热片的片数，改变片之间的组合，就能够满足不同的生产要求；

④特别适宜处理热敏感物料，由于两片间空隙较小，物料又可以以薄层的形式快速通过，因此不会产生过热现象。特别适用于牛奶、水果汁等食品的加热、杀菌；

⑤便于清洗，因为设备部件拆卸装配简单，因此便于清洗，能够保持良好的卫生条件；

⑥操作安全，整个操作是密闭的条件下，物料不与空气接触，工作可靠、工作质量好，可以防止污染，从结构上能够保证冷热两种液体不混合。在热交换段，原料乳处于负压下，保证不会混入正压下的杀菌乳内。如果发生了泄漏事故，可以从设备的外面及时发现；

⑦热量的利用率高，多种流体可以在同一套设备中进行热交换，这种在同一套设备内进行加热和冷却的方式，有利于热量的回收，既节约了设备的投资，又可以节约蒸汽和冷却水（75%～85%）；

⑧能够自动调节，连续生产。装置中有自动调节系统，从而可以保证安全连续的生产，提高劳动生产率。但是由于胶垫圈的耐用性较差，因此该设备的使用寿命较短。

板式换热器的主要部件是传热板，一般使用不锈钢板冲压制成。在杀菌过程中，高压容易导致不锈钢板片的变形和弯曲，因此不同的制造商设计出了不同的板片及波纹形状，从而加强了物流的湍动性。在实际制造过程中每片传热面上被增加了许多个突起的接触点，以达到板片中间相互机械支撑的作用，同时形成了流体的通道，增加了流体的湍动性和整个片组的强度。

板式换热器在乳品果汁业、茶饮料业、制酒业等液态食品（饮品）生产上可用于高温短时杀菌、超高温瞬时灭菌以及巴氏杀菌等。

8.1.3 刮板式杀菌机

刮板式杀菌机属于蒸汽间接加热杀菌设备。刮板式杀菌机有立式和卧式两种结构组成。其中立式旋转刮板杀菌机主要由圆筒形传热筒、转子、刮板、减速电机等组成，刮板浮动安装在转子上。

在工作时，加热或冷却介质在传热筒外侧夹套内流过，被处理的料液在筒内侧流过。减速电机通过转子驱动刮板，使其在离心力和料液阻力的共同作用下，不断刮除掉与传热面接触的料液膜，露出清洁的传热面，刮除下的液膜沿刮板流向转子内部，后续料液在刮板后侧重新覆盖液膜。随着前移，所有料液不断完成“在传热面覆盖成膜→短时间被传热→被刮板刮除→流向转子内部→流向转子外侧→再回到传热面覆盖成膜”的整个循环过程。

在立式刮板换热器中,料液重力是料液流过动力的一部分,而在卧式中需要依靠刮板和转子的结构来实现,其生产能力及温度受产品的物理特性的影响。

刮板式换热器的工作原理为:料液由泵从储液罐送至第一刮板式换热器,然后由第二换热器加热至所需要的温度。料液温度可由各换热器处的温度检测仪监测。料液在保温管保持所需要的时间后,经第三换热器进行水冷,并经下一级换热器进一步冷却至包装所需要的温度,然后送至无菌储罐内,最后进行无菌灌装。

刮板式杀菌设备可以通过机械方法强制更新换热表面的液膜,从而可以有效防止因料液黏度较大或流动速度较慢,或料液在换热表面形成焦化膜而造成的传热效率低及产品质量下降甚至无法完成传热的现象。

8.1.4 注入式杀菌装置

注入式杀菌装置属于蒸汽直接加热杀菌设备,超高温瞬时是超高温瞬时杀菌装置。注入式加热器是由一种不锈钢制造而成的圆筒形蒸汽直接加热容器。蒸汽在容器中部进入,料液从容器上方经一管道从上而下进入加热器,最后到达分配器,形成自由下落的薄雾状细颗粒,加热器装有一只空气调节阀。随着液面的升高,空气调节阀可以让少量已经过滤的加压空气进入圆筒形加热器中,通过调节蒸汽压力和空气压力准确的控制料液的加热过程。

在系统运行时,可以利用供料泵将原料乳从平衡槽输送到板式预热/冷却器(系统的热回收段)加热至一定温度后,由定时泵抽出送至预热器中预热,然后,在该温度下被注入充满过热蒸汽的注入式加热器中,在呈雾滴下降的过程中与蒸汽接触传热,被加热到所需的杀菌温度,并保持所需要的时间。接着,料液被压入处于真空状态的闪蒸罐内,压力的骤降促使水分急剧蒸发,使料液温度急剧下降,此时,料液中蒸发出的水分恰好等于注入式加热器中加入的蒸汽量。二次蒸汽从闪蒸罐顶部排出,经冷凝器由真空冷凝泵抽出,注入的蒸汽水分被泵抽走,不凝性气体被真空泵排出。已杀菌物料由无菌泵抽出泵入无菌均质机均质,接着经预热/冷却器冷却至所需的灌装温度,合格产品经转向阀送至无菌储罐或无菌灌装机。

流程的控制装置包括:在注入式加热器的底部附近和中部安装的温度传感器,它们用来检测加热温度,对注入的蒸汽进行控制,保持加热器内的温度;排料转向阀控制用的温度传感器安装于闪蒸罐进口前的保温管内,当此管路内的料液低于杀菌温度时,控制转向阀将制品返回到平衡槽。当不使用无菌储罐时,过量的制品也将通过转向阀返回平衡槽。

用于牛乳杀菌的自由降膜式超高温瞬时杀菌装置属于注入式杀菌装置的典型代表设备,该装置处理的牛乳品质较其他超高温瞬时装置生产的质量更好。当该设备运行时,原料从平衡槽经泵送至预热器内预热,随即经流量调节阀进入杀菌罐内,在杀菌罐内充满的高温高压蒸汽对物料进行杀菌,物料在杀菌罐中沿着长约10cm的不锈钢网以大约5mm厚的薄膜形式从蒸汽中自由降落至底部,整个降落加热过程约1/3s。此时,物料已吸收了一部分水分,在经过一定长度的保温管保持杀菌所需要的时间后,进入闪蒸罐。物料中水分迅速蒸发,从而使蒸汽中吸收的水分全部汽化,这时物料温度由杀菌温度降回到预热温度,其中的水分也恢复到了正常数值。已杀菌物料由无菌泵抽出经无菌均质机均质后,进入冷却器,最后排到灌装机。闪蒸罐中的二次蒸汽经冷凝器冷凝,不凝性气体被真空泵排出以保持闪蒸罐中一定的真空度。全部运行过程均有微机自动控制。

这种杀菌装置因为采用了直接加热方式,因此换热效率高,但杀菌过程需要洁净蒸汽;加热杀菌过程中原料呈薄膜液流,加热均匀且迅速,加温冷却瞬间完成,产品品质好;因料液进入时,罐内已充满高压蒸汽,故不会对料液产生高温冲击现象;不会与超过处理温度的金属表面接触,因而无过热引起的焦煮、结构问题,但蒸汽混入料液中,后期需要蒸发去水;投资大,成本高,操作较难控制。

8.1.5 蒸汽喷射式杀菌装置

蒸汽喷射式杀菌装置属于蒸汽直接加热杀菌设备,是超高温瞬时杀菌装置。该装置可利用蒸汽直接喷射到物料中进行超高温瞬时灭菌。直接蒸汽喷射杀菌装置流程图如图 8 – 5 所示。

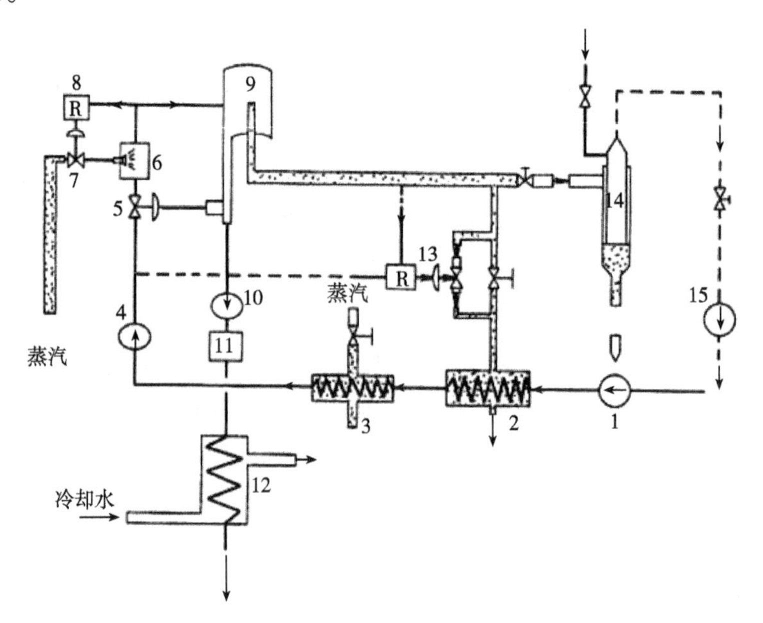

图 8 – 5 蒸汽喷射杀菌装置流程图

1、3—供液泵 2—第一预热器 3—第二预热器 5—自动料液流量调节阀 6—蒸汽喷射加热器 7—自动蒸汽流量调节阀 8—记录仪 9—闪蒸罐 10—无菌泵 11—无菌均质机 12—冷却器 13—自动二次蒸汽流量调节阀 14—冷凝器 15—真空泵

蒸汽喷射式杀菌装置主要是由管式预热器、蒸汽喷射加热器、闪蒸罐、无菌泵、无菌均质机、冷凝器和真空泵等零部件组成。

蒸汽喷射加热器的外形是由一个不对称 T 形三通组成,在其内管壁四周加工出了许多直径小于 1mm 的细孔,且垂直于物料的流动方向。蒸汽强制喷射到喷射器的物料中。工作时,物料与蒸汽均处于一定的压力下,不会在喷射器内发生沸腾。

系统运行时，物料由泵从平衡槽中抽出，经二次蒸汽加热的管式换热器和生蒸汽加热的管式换热器被预热到一定温度，然后由供料泵抽出并加压，然后通过蒸汽喷射加热器。同时，将加压的蒸汽喷射到料液中，将料液瞬间加热到所要求的灭菌温度，并在保温管中保温一定时间。然后料液进入处于真空状态的闪蒸罐，因压力突然降低，其中的水分也将急剧蒸发，蒸发量基本等于在喷射其中喷进的蒸汽量。此时料液被迅速降温。闪蒸罐中蒸发出的二次蒸汽分别流进管式换热器和冷凝器，流进换热器中的二次蒸汽通过与冷料液进行热交换而被冷凝为冷凝水排出。进入冷凝器中的二次蒸汽则被冷凝器中的冷却水冷凝成冷凝水排出，其中的不凝性气体则由真空泵排走，使闪蒸罐中保持一定的真空度。已经杀菌的料液收集在闪蒸罐的底部并保持一定的液位。无菌泵将已杀菌料液抽走并送至无菌均质机均质，均质后的物料进入冷却器中进一步冷却之后，被送入无菌罐或无菌灌装机中灌装。在杀菌过程中，由于有些料液中的蛋白质和脂肪在高温冲击下容易形成大颗粒凝块，因此将均质机置于杀菌之后。同时因为系统运行是需要注入与冷却时蒸发量相等的加热蒸汽，因此必须采用自动控制装置来完成。有些仪器是采用比重调节器对阀门进行控制来达到自动控制的目的。另外，为了保证产品的高度无菌，可以采用高灵敏度和响应速度的温度调节器，其中温度传感器安装于保温管内，通过气动控制阀改变蒸汽喷射速度，自动保持所需要的杀菌温度。在杀菌过程中，如果因为供电或供气不足，而无法满足杀菌温度时，原料乳的进料阀将会自动关闭，同时开启软水阀以防止料液在装置内被烧焦。此时，通向无菌储罐的阀门也将自动关闭，从而防止未杀菌的料液进入。利用连锁控制设计保证在装置没有彻底消毒前无法重新启动系统。由于这种设计的启动周期很长，新型系统采用的设计将不合格产品直接通过转向阀导向另一支路，经冷却至进料温度后返回进料罐，再重新进行处理。

8.2　包装食品杀菌机械与设备

包装食品杀菌机械与设备是用于包装密封以后的食品杀菌。包装食品杀菌机械与设备是食品工业传统的经典杀菌装置。包装食品杀菌机械与设备种类较多，按照杀菌温度不同分为常压、高压、超高压杀菌设备，常压杀菌设备杀菌温度≤100℃；高压杀菌设备杀菌温度在125℃左右；超高压杀菌设备杀菌温度≥130℃。按杀菌使用热源分为热水、直接蒸汽、火焰杀菌，常压一般使用热水；高压杀菌使用直接蒸汽或过热水；超高压杀菌使用直接蒸汽或火焰。按包装食品在杀菌过程中的状态分为静置式和旋转式。按杀菌设备操作方式分为间歇式和连续式。目前食品工业使用最广泛的包装食品杀菌设备多为以饱和蒸汽为热源的间歇操作的静置式杀菌装置。

8.2.1　立式杀菌锅

立式杀菌锅是加压间歇杀菌设备，同时也可用于常压间歇杀菌。其主要部件如图8-6所示，包括锅体、锅盖及密封装置，附件含有电动葫芦、杀菌吊篮等。

立式杀菌锅的锅体是由一定厚度的钢板辊压成圆后焊接而成的，底部呈圆球形，锅体呈竖直圆筒状。在锅体内壁装有垂直导轨，将杀菌篮定位于锅体的中心，并且使杀菌篮与锅壁保持一定的距离，以利于水的循环。锅口周边铰接有与锅盖槽孔相对称的蝶形螺栓，可以紧密封闭锅盖和锅体，使整个装置位于密闭的操作环境中。锅体口的边缘凹槽内嵌有密封填料，从而保证了锅盖与锅体良好的密封条件。为了减少热量损失，可在锅体的外表面包裹上一定厚度的石棉层。立式杀菌锅内径约为1m，深度则由杀菌所需的装篮数量而定，整个操作过程必须使锅内热量分布均匀，因此最上面的一个吊篮与锅盖的距离约为250mm，冷却水管应装在放入实罐后离罐盖100mm处的位置，溢流水管则要高于冷却水管约50mm，并且应保证在杀菌操作时锅体上方要留有一定的顶隙。杀菌锅的锅盖呈椭圆形，铰接于锅体后部的边缘。盖的圆周边缘均匀的分布着槽孔，数量与锅体上的蝶形螺栓相对应，从而紧闭盖和锅体。拧开蝶形螺栓，锅盖可借助平衡锤开启。在杀菌操作过程中，还需要配备电动葫芦、杀菌吊篮和空气压缩机等附属设备以及测试温度、压力的仪表和排蒸汽、冷却水等的管路。其中杀菌吊篮是用于集装罐头的，为了不妨碍蒸汽或水的流通，吊篮应当用平条铁、钢丝或者带孔的金属板等材料焊接而成，坚固的构造使其能够承受所装罐头的重量，其外形应与锅体相适应。吊篮装在锅体内壁垂直的导轨上，篮与锅壁的距离约为40mm。杀菌吊篮的装卸工作是通过使用电动葫芦完成的，杀菌时将装满罐头的吊篮吊进杀菌锅，杀菌完后再将装满罐头的吊篮吊出。一般工厂使用多个杀菌锅并用，使其直线排成一行，在其上方的屋梁上安装架空轨道，将电动葫芦安装在架空钢轨上，从而达到自动化操作的目的。空气压缩机是为了在升温杀菌和冷却时，能够向锅内送入压缩空气，以平衡罐头内外的压力，防止跳盖等事故的发生，因此在加压杀菌时是必须配置的附属设备。

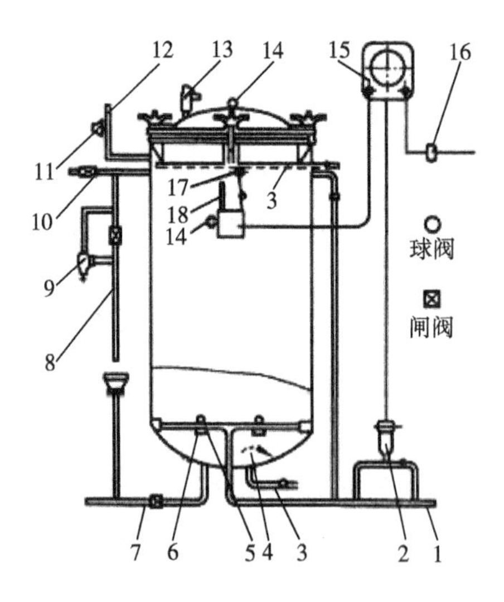

图8-6 立式杀菌锅

1—蒸汽阀 2—薄膜阀 3—进水阀 4—进水缓冲板 5—蒸汽喷管 6—杀菌篮支架
7—排水管 8—溢水管 9—保险阀 10—排气管 11—减压阀 12—空气压缩管
13—安全阀 14—卸气阀 15—调节阀 16—空气减压过滤器 17—压力表 18—温度计

立式杀菌锅常常既可用于常压也可用于高压杀菌;立式杀菌锅适合于生产产品批量小、品种多的场合,生产灵活、但装卸不方便、需要吊装设备。目前该设备在小型工厂、中试车间及实验室使用较多。

8.2.2 卧式杀菌锅

卧式杀菌锅的锅体是由一定厚度的钢板制成的圆柱形筒体,在筒体的一端焊有椭圆形的封头,另一端铰接锅盖。杀菌锅内底部装有可以允许小车进出的轨道,该轨道与车间地面具有一定高度,以方便小车的推进卸出。蒸汽扩散管装在轨道之间,且比轨道低。杀菌锅体装有坚固的支架,以固定杀菌锅的位置。锅体装置于地坑内,以利于水的排放。锅体上装有各种管道与仪表,以利于杀菌过程的控制。如下图 8 -7 所示。

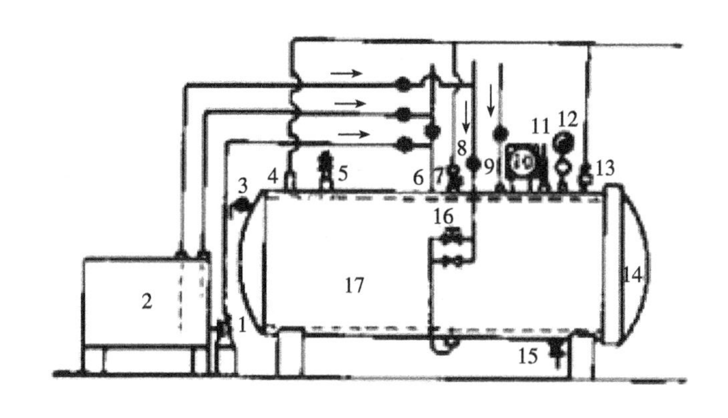

图 8 -7 卧式杀菌锅

1—水泵 2—水箱 3—溢流管 4、7、13—鼓空气管 5—安全阀 6—进水阀
8—进气阀 9—进压缩空气管 10—温度记录 11—温度计 12—压力表
14—阀门 15—排水管 16—薄膜阀门 17—锅体

卧式杀菌锅的锅门为椭圆形,铰接于锅体上,可向一侧转动开闭,地坑的设置应与其处于相应的位置。门的外径应比锅体口稍大,锅体口端面有一圆圈凹槽,槽内嵌有弹性且耐高温的橡皮圈,门和锅体的铰接采用自锁楔合块锁紧装置,即在转环和门盖的边缘有若干组楔形块,转环上配有几组活动滚轮,从而使转环可沿锅体转动自如。门关闭之后,转动转环,楔合块就能够互相咬紧而压紧橡胶圈,从而达到锁紧和密封的目的。将转环反向转动时,楔合块分开,门便可开启。卧式杀菌锅的附件包括杀菌过程中所需安装有各种管道,包括溢水管、排气管、压缩空气管、热水管、蒸汽管等。其中溢水管位于锅体上部,有的设备则将其设计成与排气管共用。罐头加水冷却时,热水从上部溢出,从而使锅内的水温迅速冷下来。溢水管的位置应当高于杀菌锅内所装罐头的最上层,以便使所有的罐头都能够浸没在水面以下得到冷却。溢水管口截面应当大于进水管口的截面,从而可以有效控制锅内液面。此外卧式杀菌锅还应当配备一些仪表,以利于杀菌操作的控制。其中压力表是用于测量杀菌锅内压力的。在杀菌时,通过测定压力,可以控制蒸汽和压缩空气的进入量。冷却时,也可以知道排气的程度以及反压冷却时压缩空气的进入量。其附属设备有杀菌小车和

空气压缩机。其中杀菌小车多采用鼓形或者方形，其下的轮子间距离与锅内轨道距离相适应。

卧式杀菌锅一般用于高压杀菌；适合于少品种、大批量生产场合；装卸方便、产量大，但产品变换频繁时适应能力差。目前该设备是食品工厂主流杀菌设备。

8.2.3 回转式杀菌机

回转式杀菌机能够使罐头在杀菌过程中处于回转状态，杀菌的全过程由程序控制系统自动控制，杀菌过程的主要参数，如压力、温度和回转速度等均可以自动调节与记录。

回转式杀菌机主要是由储水锅、杀菌锅、定位器以及相应的管道组成的。其中储水锅为圆筒形的密闭容器，在其上部适当位置装有液位控制器，该装置可用于制备杀菌锅所需的过热水。在杀菌锅中也安装有液位控制器，锅内有一转体，当杀菌篮进入锅体后，压紧装置便可将杀菌篮固定。在杀菌锅后端装有传动系统，该传动系统是由电动机、可分锥轮式无极变速器和齿轮等组成。通过大齿轮轴（即转体回转轴）驱动固定在轴上的转体回转，而转体则带着杀菌篮回转，其转速可在 5～45r/min 内无级变速，同时可朝一个方向一直回转或正反交替回转。在选择使用交替回转时，回转、停止和反转的起始时间都可由时间继电器设定，一般是在回转 6min，停止 1min 的范围内进行设定的。定位器位于传动装置的旋转部件上，它可以保证回转体停止转动时停留在某一特定位置，便于从杀菌锅取出杀菌篮。回转轴是空心轴，其中包裹有测量罐头中心温度的导线。储水锅与杀菌锅之间使用带有连接阀的管道连通，蒸汽管、进水管、排水管和空压管等分别连接在两锅的适当位置，在这些管道上按照不同的使用目的安装了不同规格的气动、手动或电动阀门。循环泵可以使杀菌锅中的水强烈循环，从而提高了杀菌效率，并且使杀菌锅里的水温度保持均匀一致。冷水泵的作用是向储水锅注入冷水和向杀菌锅注入冷却水。

回转式杀菌锅的工作原理为：

①过热水的制备：进冷水、加热、停止加热，一般比要求的杀菌温度高 5～20℃。在储水锅升温的同时可向杀菌锅灌入杀菌篮；

②向杀菌锅送热水：进入这个程序时，连接储水锅和杀菌锅的连接阀会自动打开储水锅的过热水由于压差和落差而流入位于其下部的杀菌锅，为了使罐头受热均匀，连接阀应具有较大的流通能力，并且在 50～90s 内必须完成整个送水过程。当杀菌锅的水位达到要求时，液位控制器将会指导连接阀自动关闭。连接阀关闭后，根据生产需要，经过一定时间的延时，又重新打开；

③加热升温：杀菌锅里的过热水与罐头接触后，由于热交换，水温开始下降而罐头温度升高，为了达到所需的杀菌温度，杀菌锅的加热阀将打开，蒸汽经汽液混合器送入锅内从而使水温迅速升高。这一过程所需要的时间是由储水锅与杀菌锅的水温差、罐型以及品种等决定。一般应在 5～20min 内结束。在进行加热过程的同时，可以开启回转体和循环泵，以强制水循环，从而提高传热效率；

④杀菌：将温度维持在所需的杀菌工艺条件下一定时间，此过程杀菌锅的加热阀必须

打开,经常通入蒸汽,循环泵继续运行,当完成所设定杀菌时间后,杀菌定时时钟会发出信号随即进入冷却过程。在升温杀菌过程中,杀菌锅的压力是通过储水锅的压力来保持的,而储水锅的压力则是由压力变送器通过增压阀和减压阀的开关随时调整的;

⑤回收热水:启动冷水泵,在向杀菌锅灌注冷却水的同时,杀菌锅内的高温水被压注到储水锅内,当储水锅水满时,关闭连接阀,同时打开储水锅的加热阀,对储水锅进行加热,重新制备过热水。整个过程需要 3 ~5min;

⑥冷却:根据不同的产品可采用加压冷却—降压冷却或只降压冷却两种方法。加压冷却是在保持杀菌锅杀菌时的压力下对罐头进行冷却,即为反压冷却。加压冷却时,运行冷水泵,节流阀处于节流状态,冷却水通过放水阀节流而保证了杀菌锅内的一定压力。当控制加压冷却的时间一到,便开始转入降压冷却阶段;

⑦排水汽:冷却过程结束后,循环泵和冷水泵停止运转,进水阀关闭,杀菌锅溢流阀打开以排汽,杀菌锅内的冷却水从排泄阀迅速排出;

⑧启锅出料:待杀菌锅内的冷却水排完后,发出亮灯或鸣笛等信号,示意允许启锅,取出杀菌篮。

回转式杀菌器具有以下优点:

①杀菌篮的回转可以起到搅拌的作用;

②热水是使用泵强制循环的,因此水的温度均匀一致,产品杀菌效果均匀;

③杀菌过程中压力、温度、时间可自动控制;

④热水回收可节约耗能;

⑤罐头回转可提高产品质量(对罐内物料有类似搅拌作用,缩短杀菌时间、避免脂肪析出或混汤现象)。但其主要缺点是:设备较为复杂,设备所需投资较大,杀菌过程中热冲击较大。

8.2.4 常压连续杀菌机

常压连续杀菌机的种类有很多,根据加热介质的种类可分为浸水式、淋水式;根据加工时罐头状态分为直立式和回转式;根据设备的结构可分为单层常压连续杀菌设备、三层常压连续杀菌设备和五层常压连续杀菌设备。其中以三层用得最多,虽然层数不同,但原理一样。其层数的多少是由生产能力的大小、杀菌时间的长短和车间面积情况等决定。

常压连续杀菌设备主要是由传动系统、进罐机构、送罐体、槽体、出罐机构以及报警系统、温度控制系统等组成。在三层常压连续杀菌设备中,第一层为预热杀菌槽;第二层可根据罐头中的成分、罐型和杀菌条件采用杀菌槽或冷却两用槽;第三层为冷却槽。将封罐机封好的罐头,送至进罐输送带后,由拨罐器把罐头定量拨进槽体内,并由刮板输送链将罐头由下至上经过一、二、三层,完成杀菌的全过程,在第一层(或第一层和第二层)杀菌,在第二、三层(或第三层)冷却,最后由出罐系统将罐头卸出完成杀菌的全过程。杀菌过程中的传动系统可分为三个部分,即主传动系统、拨罐系统和进罐输送带系统,分别用电动机、链带、链轮和减速机构构成并拖动。进罐系统是由进罐输送带和拨罐装置构成,它起到将罐头定时定量送入杀菌槽中的作用。进罐输送带系统安装在进罐架上，由光电继电器和时间继电器共同控制六角形控制轮，启动拨罐板进行进罐，该设计可以有效防止空转。送罐链的内外链均由 6mm 钢板冲压而成。在两条链（套筒销轴链）之间装有可自拆的刮板，为了防止罐头在两刮板之间转向（横罐）而发生卡罐现象，在设计时应当使两刮板的间距小于罐头的对角线长度。在整个杀菌操作过程中，虽然槽体中的水位会因送罐链及罐头的运行带走一定量的水而降低，但是杀菌槽下面蒸汽管喷出的蒸汽则会因为加热冷凝、并且冷却槽内会因为冷却罐头的不断加入使冷却槽内的水位仍旧保持在很高的水平。不同罐型杀菌所需的液位高度不同，一般液位高度应比罐径高出 5mm。为了防止罐头在罐链运送过程中因液位过高而产生浮竖罐以至于在转弯处出现卡罐现象，要求控制槽体中的液位高度，并将转弯处槽体做成铰链结构，同时设置了浮罐报警系统，一旦出现浮罐，罐头与触板接触，发出报警信号，送罐链将自动停止运转。

8.2.5 水封式连续杀菌机

水封式连续加压杀菌机是一种卧式连续杀菌设备。它不仅可以用于铁罐装食品的杀菌，也能够用于瓶装和袋装食品的杀菌。该设备采用了一种水封式转动阀，既能使罐头连续不断地进出杀菌室，又能够保证杀菌室的密封，从而稳定杀菌室内的压力与水位。根据生产需要，水封式杀菌设备中的罐头可以是处于滚动状态下的，因此该装置具有较高的热效率，在同样杀菌温度的条件下，该设备具有更短的杀菌时间。

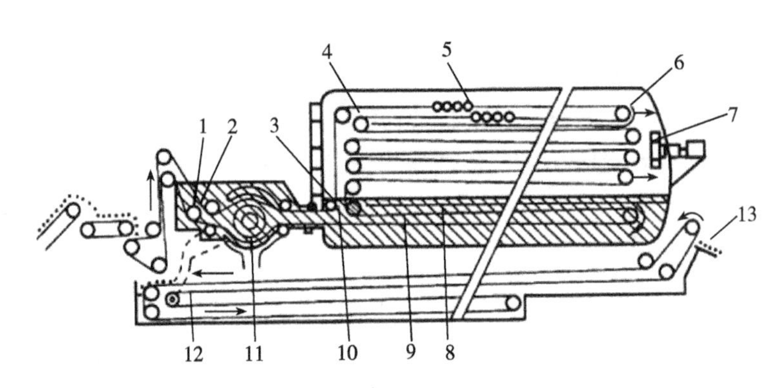

图 8-8 水封式连续杀菌机

1—水封 2—输送链 3—杀菌锅内液面 4—加热杀菌室 5—罐头 6—导轨
7—风扇 8—隔板 9—冷却室 10—转移孔 11—水封阀 12—空气或冷却水区 13—出罐处

如图 8-8 所示，水封式连续杀菌设备可看成将一个常压连续杀菌机置于一个卧式圆形压力杀菌锅内，并用隔板将锅体分成加热杀菌室与冷却室。成排的罐头通过链式输送带经水封阀进入杀菌锅内，在保持一定压力的条件下，在充满蒸汽的加热杀菌室内往返数次进行加热杀菌，杀菌的时间可以根据要求通过调整输送链的速度加以控制。同时还可以根据生产的需要在链式传送带下面安装导轨板，从而使罐头在传送过程中可以绕自身的轴线进行回转。杀菌后的罐头经分隔板上的转移孔进入冷却室，进行加压冷却，然后由同一水封阀从锅内排出，在链式传送带的携带下，通过喷淋冷却（或空气冷却）区进行常压冷却。

当冷却到工艺所要求的温度时，由出罐系统卸出。

当使用这种杀菌机对薄金属罐食品、玻璃瓶装和塑料袋装食品进行杀菌时，应当采用空气加压，并在蒸汽加热杀菌室内设有风扇，使蒸汽与空气得到充分的混合，从而保证加热的均匀性。

8.2.6　静压连续杀菌机

该杀菌机是通过深水柱形成的静压与杀菌室蒸汽压力相平衡，从而使杀菌室得以密封。因无需机械密封，其结构简单，且性能可靠。根据所需要杀菌温度不同，所要达到的水柱高度不同。如 115.6°C 杀菌时水柱高 6.9m，121.1°C 杀菌时水柱高 10.4m，126.7°C 杀菌时水柱高 14.8m。通过调节的水柱高度可以控制杀菌室内饱和蒸汽的压力，从而调节杀菌温度。

该装置的工作原理为将完成封口的罐头底盖相接，卧置成行，按一定数量自行送至同步移动环式输送链的载运架内，并按顺序依次通过进罐柱、升温柱、杀菌柱（蒸汽室）、预冷柱，最后通过喷淋冷却柱降温后出罐。杀菌时间可通过控制输送链的运行速度进行调节。输送装置可设置成多条独立运行的输送链，分别挂接适于不同罐型的载运架，使其可以在同一杀菌温度环境中分别处理不同规格以及对杀菌时间要求不同的产品，从而可以大幅度提高设备的通用性和灵活性。罐头从升温柱顶部入口处进去后，沿着升温柱下降，水温逐渐升高，压力增加，而后进入蒸汽室。水柱顶部的温度近似罐的初温，水柱底部温度及压力与蒸汽室近似，促使罐头在进蒸汽室前被逐渐加热加压。杀菌结束后，罐头离开蒸汽室，从与蒸汽室压力相同、温度接近的预冷柱底部逐渐上行直至与外界压力相同、温度近似的预冷柱顶部。因预冷柱内存在稳定的温度和压力梯度，罐头在其间移动时可形成一种理想的减压冷却过程。在整个杀菌过程中，经加药处理的蒸汽分三路进入杀菌机，一路进入蒸汽室，一路进入底箱对水进行加热，第三路进入蒸汽喷射泵，将预冷柱底部的水抽出并加压送至升温柱底部，强制热水循环。同时，升温柱顶部溢流口溢出的水进入水箱，经水泵送至预冷柱上口作为冷却水。通过这两处水的泵送，使得水在连通器内形成逆于罐头运行方向的水流循环，既有利于罐头的加热与冷却，又可将杀菌后罐头所释放的热量回收，减少蒸汽消耗。

静水压连续杀菌机具有以下优点：

①运行费用低，与一般杀菌锅相比，可节省蒸汽量 70% 以上，节省冷却水 80% 以上；

②占地面积小，约为同等处理能力间歇式杀菌机的 1/30；

③生产能力强大，最高可达 1000 罐/h；

④自动化强度高，通用性好，可大幅度调节杀菌条件；

⑤无压力、温度突变，避免罐变形，产品质量好。但同时由于设备较为庞大，因此所需的购置费用也较大并且检修维护较为困难。

8.3 其他杀菌机械与设备

8.3.1 高压脉冲电场杀菌装置

高压脉冲电场杀菌(High Intensity Pulsed Electric Fields,简称 HIPEF 或 PEF),是一种新型的食品非热杀菌技术。它是在特殊的处理室里对液态食品施加瞬时高强度的脉冲电场,将其中的微生物杀死的一种技术。PEF 技术是目前液态食品杀菌工艺中最为活跃的技术之一,几乎适用于所有具有流动性能的流体和半流体的非热杀菌,包括酒类、果汁、蔬菜汁、蛋液、果酱以及其他酱类食品、乳制品、功能性食品和医药制品等。

PEF 的处理系统是由以下五个主要部分组成的:高压电源,能量储存电容,处理室,输送食品使其通过处理室的泵,冷却装置和计算机控制系统(图 8-9)。其中电源和食品处理室是该处理系统的关键部分,电源用于电容器的充电,食品可以放在处于静止状态的处理室中进行间歇式杀菌或连续地由泵送入处理室进行连续杀菌,处理室内有脉冲容器、加压装置及其辅助装置,物料经过脉冲处理后进入冷却系统,最后回到容器。由于脉冲处理过程可能会产生热量,因此需要配备有冷却处理设备。电压和电流以及温度控制仪用来测量进出处理室物料的温度和脉冲电压、电流及其波形。经过脉冲处理后的食品,便可采用无菌包装技术进行包装。

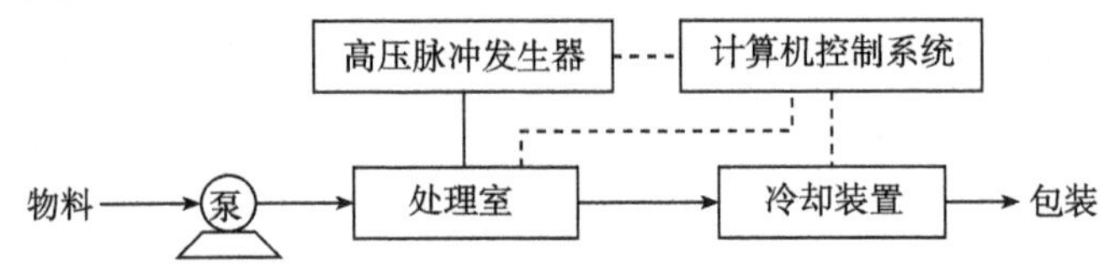

图 8-9 脉冲电场处理系统的组成和工作流程示意图

食品的高压脉冲电场杀菌是在食品处理室中进行的,在处理室中,处理装置将高压脉冲电场传递给流经此室的液态食品,对液体食品进行杀菌。处理装置分为间歇式处理装置和连续式处理装置两种,其中连续式处理时可应用于大规模的工业化生产。

8.3.1.1 间歇式处理装置

下图 8-10 是一个间歇式处理装置,其组成包括两个不锈钢的电极和一个圆柱形的定位器。

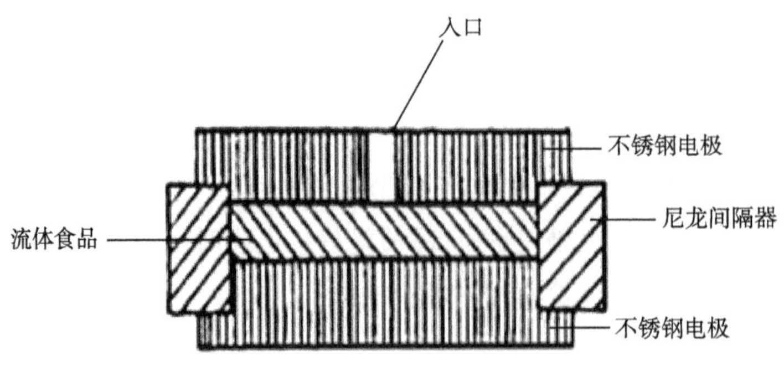

图 8-10 间歇式处理装置示意图

液态食品从一个电极上的小孔引入，进入两电极之间，装置与高压脉冲电源相连，用所期望的频率、电压峰值，以产生高压脉冲，并将其传递给液态食品，从而达到杀菌目的。间歇式处理室采用分批式的处理方式，因此所需考虑的影响因素少，产品的处理规模小，不适于大规模的工业化生产。

8.3.1.2　连续式处理装置

连续式处理装置主要有平行盘式、线圈绕柱式、柱—柱式、柱—盘式、同心轴式等，其中，平行盘式和同心轴式结构已被广泛研究和应用。图8－11是一种平行盘式处理装置，该装置由两个平行的盘式电极和一个双性电位器组成，电极和食品之间用离子传导膜隔开，通过电解质在电极和离子膜之间形成电传导，当电解质溶液循环流动时，可随时排除电解产物。当电解质溶液浓度产生变化时需要更换新的电解质溶液；同时在处理区内可装挡板，增加食品处理时间。

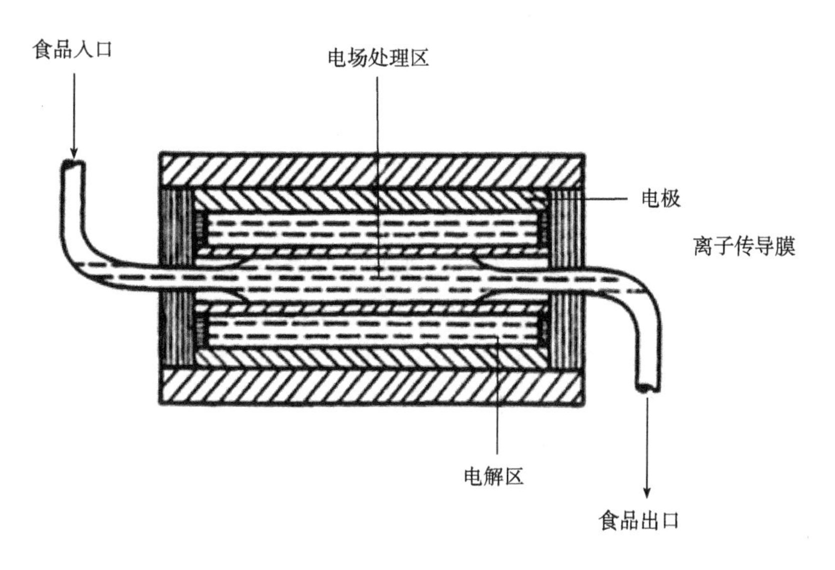

图8－11 平行盘式处理装置

关于脉冲电场杀菌的机理，有多种假说，如跨膜电位效应、细胞膜穿孔效应、电介质效应等，这些假说都有独到之处，但都不十分完善。归纳起来，脉冲电场杀菌作用主要表现在以下两个方面：

（1）**场的作用**　脉冲电场产生磁场，这种脉冲电场和磁场的交替作用，使细胞膜的通透性增加，振荡加剧，降低了膜的强度，从而破坏膜，使膜内物质流出，膜外物质渗入，导致细胞膜的保护作用减弱甚至消失。

（2）**电离作用**　电极附近的物质经电离产生的阴、阳离子与膜内生命物质作用，因而阻断了膜内正常生化反应和新陈代谢；同时，液体介质电离产生 O_3 的强烈氧化作用，能与细胞内物质发生一系列反应。

上述两种因素联合作用，使细胞膜发生不可逆的破坏，致使微生物死亡。

8.3.2 辐射杀菌

食品的辐照杀菌是利用辐射源产生的射线或加速器产生的高能电子束辐照食品及农产品，抑制发芽、推迟成熟、杀虫灭菌，达到延长保藏时间和稳定、提高食品质量的操作过程。食品的辐照杀菌是非热杀菌，并可达到商业无菌的要求。近年来，世界各国食品辐照研究和发展的总趋势是向实用化和商业化发展。

辐照杀菌可分为辐照完全杀菌、辐照针对性杀菌和辐照选择性杀菌。辐照完全杀菌是指杀死食品中所有的微生物（病毒除外），以完全防止由微生物引起的腐败和毒素的生成，加工出无菌食品。这种处理方式所采用的辐照剂量一般在10～50kGy范围内，可以杀死除芽孢杆菌以外所有微生物，若处理后没有污染，在室温下可储藏几年。而辐照针对性杀菌则是指完全杀灭食品中沙门氏菌等特定的病原微生物，为人们提供卫生、安全食品的一种辐照杀菌方法。这种处理方式所使用的辐照剂量足以降低某些有生命活力的特定非芽孢致病菌（如沙门氏苗）的数量，剂量范围在5～10kGy，主要用于畜禽的零售鲜肉及其制品。辐照选择性杀菌是杀灭食品中的腐败微生物，以延长其保质期的一种辐照杀菌方法。这种处理方式利用电离辐照抑制微生物的生长和繁殖，提高食品的保藏品质，延长储存期，采用的剂量多在0.1～1kGy之间，主要用在肉类和水产品的储运上。

辐射杀菌的主要设备包括：

①放射性同位素辐射源：在食品辐照处理上用得最多的是^{60}Coγ射线源，也有的采用^{137}Csγ射线辐射源。因^{60}Co有许多优点，因此目前多采用它作辐射源。由于γ射线穿透性强，所以这种装置几乎适用于所有的食品辐射处理。但对只要求进行表面处理的食品，这种装置效率不高，有时还可能影响食品的品质；

②电子加速器辐照器：电子加速器（简称加速器）是用电磁场使电子获得较高能量，将电能转变成射线（高能电子射线，X射线）的装置。用于食品辐照处理的加速器主要有静电加速器（范德格拉夫电子加速器）、高频高压加速器（地那米加速器）、绝缘磁芯变压器、微波电子直线加速器、高压倍加器、脉冲电子加速器等。电子加速器可以作为电子射线和X射线的两用辐射源。当其作为食品辐照杀菌时，为保证其安全性，加速器的能量多数使用5MeV，个别为10MeV。如果将电子射线转换成X射线使用时，X射线的能量也应当控制在不低于5MeV的范围内。

辐照杀菌的原理为：通过辐照破坏微生物的生命活动，如抑制微生物核酸的代谢环节，使微生物的蛋白质发生变性，从而导致微生物死亡。辐照杀菌的作用可分为直接作用和间接作用。直接作用指射线直接破坏微生物的核糖核酸、蛋白质和酶等与生命有关的物质，使微生物死亡。间接作用是指射线在微生物体内先作用于生命重要分子的周围物质（主要是水分子），使其产生自由基，自由基再作用于核酸、蛋白质和酶等使微生物死亡，达到保藏食品和灭茵消毒的目的。

辐射剂量是辐照杀菌中影响杀菌效果的重要指标，它是指物质被辐射时所吸收的辐射能量。国际辐照单位和测定委员会将辐照剂量定义为：电离辐照某一体积元物质的平均能

量与该体积元物质的质量之比,即:

$$D = \frac{d\bar{\varepsilon}}{dm}$$

辐照吸收剂量是指任意介质吸收电离辐射的物理量,它与辐射效应相关,而与电离辐射的种类及能量无关。其国际单位为戈瑞(Gy:1Gy = 1J/kg = 100Rad)。

在食品辐照处理中,一般以食品对辐照线的吸收剂量作为衡量辐照效果的标准。表8-1是γ射线辐射杀死各种微生物所用的最低剂量。

表8-1 γ射线辐射杀死各种微生物所用的最低剂量

微生物	培养基	杀菌程度	剂量/kGy
肉毒梭状芽孢杆菌A型	罐头肉	10^{12}	45.0
肉毒梭状芽孢杆菌E型(产毒菌株)	肉汁、碎瘦牛肉	10^{6}	15.0
肉毒梭状芽孢杆菌E型(无毒菌株)	肉汁、碎瘦牛肉	10^{6}	18.0
葡萄球菌(噬噬菌体型)	肉汁、碎瘦牛肉	10^{6}	3.5
沙门氏菌	肉汁	10^{6}	3.2~3.5
需氧细菌	肉汁	10^{6}	1.6
大肠杆菌	肉汁、碎瘦牛肉	10^{6}	1.8
大肠杆菌(适应菌株)	肉汁、碎瘦牛肉	10^{6}	3.5~712.0
结核杆菌	肉汁	10^{6}	1.4
粪链球菌	肉汁、碎瘦牛肉	10^{6}	3.8

辐照杀菌具有以下优点:

①采用高能和穿透力强的射线,能够穿透食品的包装材料和食品深层,具有很强的杀灭害虫和微生物的效果,对包装无严格要求;

②产生的热量极少,是一种"冷处理"的物理方法,可保持食品原有的色、香、味等特性及食用品质。在冷冻状态下也能进行;

③能耗低。食品冷藏每吨耗能90kw/h,热处理消毒300kw/h,辐照灭菌6.3kw/h;

④无污染、无残留,卫生安全、运行成本低;

⑤放射线辐射均匀、瞬间即逝,而且对其辐照过程和剂量可以进行准确控制。

该装置的主要缺点为:

①经辐射处理后,食品所发生的化学变化从量上来讲虽然是微乎其微的,但敏感性强的食品和经高剂量照射的食品可能会发生不愉快的感官性质变化,因此不适用于所有的食品,要有选择性地应用;

②能够致死微生物的剂量对人体来说是相当高的,所以必须非常谨慎,对辐照装置的运行和辐射防护有严格的要求;

③初期建设投入较高。

8.3.3 超高静压杀菌装置

超高静压杀菌技术(Ultra High Pressure,UHP)是20世纪80年代末开发的,由于其独特而新颖的杀菌方法，简单易行的操作，引起食品界的普遍关注。目前，在全球范围内，食品的安全性问题日益突出，消费者要求营养、原汁原味的食品的呼声也很高，超高压杀菌技术顺应了这一趋势，它不仅能保证食品在微生物方面的安全，而且能较好的地保持食品固有的营养品质、质构、风味、色泽、新鲜程度。在一些发达国家，该技术已用于食品的低温消毒，而且作为杀菌技术也日益成熟。

超高静压杀菌装置按加压方式可分为直接加压式和间接加压式两类。如图 8－12 所示，左图为直接加压方式，其高压容器与加压装置相分离，用增压机产生高压水，然后通过高压配管将高压水送至高压容器中，使物料受到高压处理。右图为间接加压式高压处理装置，高压容器与加压气缸呈上下配置，在加压气缸向上的冲程运动中，活塞将容器内的压力介质压缩产生高压，使物料受到高压处理。

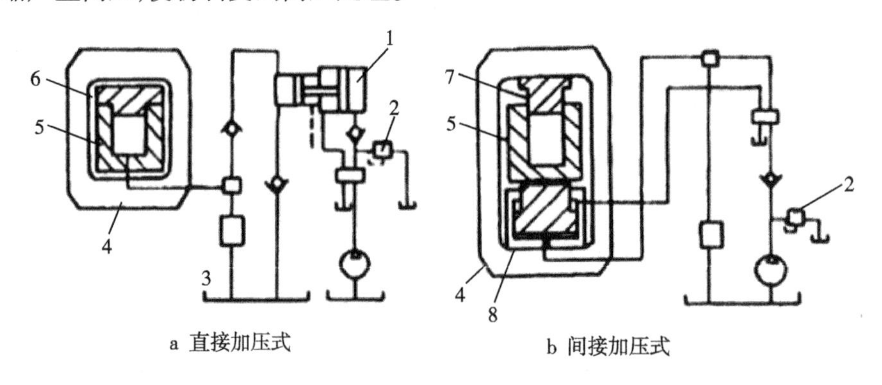

图 8－12　超高静压杀菌装置示意图

1—增压机　2—液压装置　3—压媒槽　4—框架　5—高压容器　6—上盖　7—活塞　8—加压气缸

按高压容器的放置位置分为立式和卧式两种。图 8－13 所示为立式高压处理设备，占地面积小，物料的装卸需专门装置。图 8－14 所示为卧式高压处理设备，物料的进出较为方便，但占地面积较大。

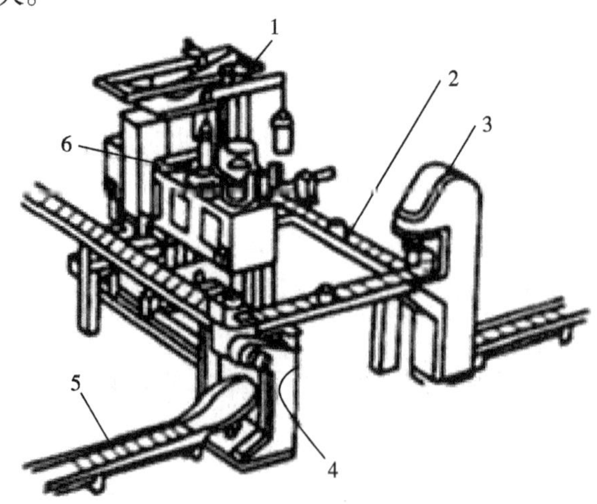

图 8－13　立式超高静压处理装置

1—装卸搬运装置　2—滚轮输送带　3—投入装置　4—排出装置　5—带式输送带　6—高压容器

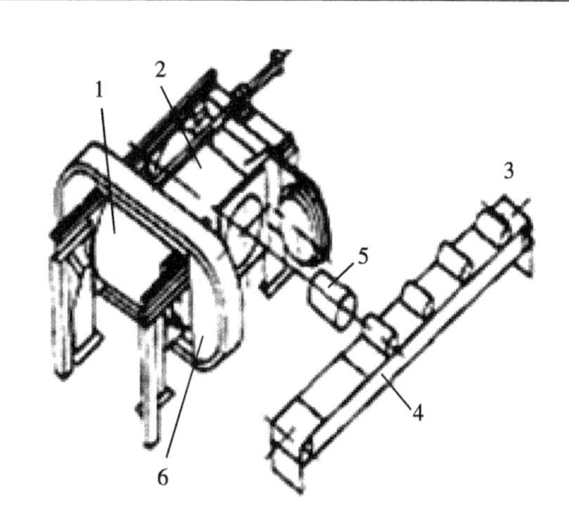

图8－14　卧式超高静压处理装置

1、2—容器　3—处理品　4—输送带　5—密封舱　6—框架

超高压处理装置系统中还有许多其他辅助装置，主要包括恒温装置、测量仪器、物料输入输出装置等。为了提高加压杀菌的作用，恒温装置可采用温度与压力共同作用的方式。为了保持一定的温度，在高压容器外做了夹套结构，并通入一定温度的循环水。另外，压力介质也需要维持在一定温度，这是因为在高压处理时，压力介质的温度会随升压或减压而发生变化，而对温度的控制直接关系到食品的品质；测量仪器包括热电偶测温计、压力传感器及记录仪，压力和温度等数据可输入计算机进行自动控制，还可设置电视摄像系统，以便直接观察加工过程中食品物料的组织形态及颜色变化情况；物料输入输出装置由输送带、机械手、提升机等构成。

食品的超高静压杀菌的原理是将食品物料用柔性材料包装好后，放入液体介质（通常是食用油、甘油、油与水的乳液）中，在100～1000MPa压力下作用一段时间，使之达到灭菌要求。超高静压杀菌的基本原理是压力对微生物的致死作用。高压可导致微生物的形态结构、生物化学反应、基因机制以及细胞壁发生多方面的变化，从而影响微生物原有的生理活动机能，甚至使原有的功能被破坏或发生不可逆变化，最终导致微生物死亡。

超高静压灭菌技术的特点有：

①使用超高静压技术处理食品，可达到高效杀菌的目的，且对食品中的维生素、色素和风味物质等低分子化合物的共价键无明显影响，从而使食品能较好地保持原有的色、香、味、营养和保健功能；

②由于传压速度快、均匀，不存在压力梯度，超高压处理不受食品的大小和形状的影响，使得超高压处理过程较为简单；

③耗能较少，处理过程中只需要在升压阶段以液压式高压泵加压，而恒压和降压阶段则不需要输入能量；

④蛋白质和淀粉类物质在处理时，其物性方面的变化与加热处理后的状态有很大的不同。

8.3.4 脉冲强光杀菌装置

脉冲强光杀菌技术是近年来才开发的新型冷杀菌技术，它是利用瞬时的、高强度的脉冲光能量，有效杀灭暴露在食品和包装材料表面的包括细菌、霉菌、孢子、病毒、原生质、休眠孢子等在内的各类微生物以及食品中的内源酶。脉冲光杀菌新技术在食品、医药及包装材料上的应用已获得 FDA 的批准。目前，脉冲光杀菌技术已经应用于包装材料、加工设备表面、食品加工和医疗设备的表面杀菌。在无菌加工中，应用脉冲强光代替化学消毒剂或防腐剂，可以减少或避免食品中不安全因素。

脉冲光的产生需要两部分装置完成，一是具有功率放大作用的能量储存器，它能够在相对较长的时间内（几分之一秒）积蓄电能，而后在短时间内（微秒或毫秒级）将该能量释放出来做功，这样在每一个工作周期内都可以产生相当高的功率（而实际消耗平均功率并不高），从而起到功率放大的作用；二是光电转换系统，它将产生的脉冲能量储存在惰性气体灯管中，由电离作用即可产生高强度的瞬时脉冲光。处理食品的灯具单元是由一个或多个惰性气体灯组合起来，照射要处理的区域。灯具单元和电能设备单元用一根电缆连接，形成一种高压脉冲电流“点亮”灯组。穿过灯内气体的高压电流，释放出脉冲强光。对于特定的处理或包装，可以选择不同的闪光频率。还可以使用多个灯，它们同时或依次闪光。闪光灯释放脉冲的频率，可通过目标遥感区域的产品数量控制。

脉冲强光杀菌设备的原理是将脉冲强光作用于微生物，能改变微生物中蛋白质和核酸的结构，从而杀死微生物。脉冲强光对霉菌有较强的致死作用，并且随闪照次数增加，霉菌的残余菌数也明显下降（图 8 - 15）。当闪照次数超过 36 次后，可使霉菌全部致死。脉冲光对革兰氏阳性致病菌、革兰氏阴性致病菌、需氧细菌芽孢和真菌分生孢子都有一定的杀死效应，0.5J/cm^2 的脉冲闪光一次可将 105cfu/cm^2 的微生物全部杀死；0.75J/cm^2 的脉冲光闪照两次，能将浓度超过 107cfu/cm^2 的金黄色葡萄球菌全部杀死；脉冲光对枯草芽孢杆菌、酵母菌等也同样具有明显的杀菌效果。同时脉冲光还能降低或钝化溶液状态淀粉酶和

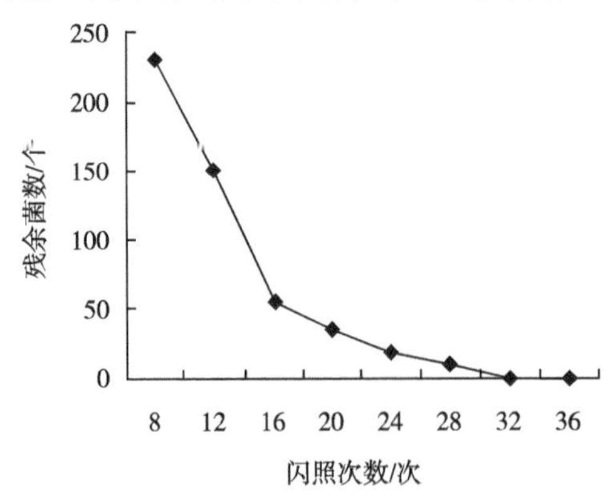

图 8 - 15 脉冲强光对霉菌致死效果的影响

蛋白酶的活力,但对固态淀粉酶和蛋白酶的活力影响很小。其原因可能是固态淀粉酶、蛋白酶是以细小颗粒存在,光对其穿透力弱,只能作用到其表面,故对其活力及结构都无大的影响。当酶以溶液状态被闪照时,其分子伸张在水中,脉冲光直接可以作用。淀粉酶被闪照 40 次后,活力下降了 70.5%,蛋白酶活力下降了 90.9%,而固态的酶活力几乎没有变化。通过以上这些生物学效应,脉冲光可有效杀灭暴露在食品和包装材料表面的包括细菌、霉菌、孢子、病毒、原生质等在内的各类微生物以及食品中的内源酶。

脉冲强光是一种高强度、宽光谱的白色闪光,是利用广谱"白"光的密集、短周期脉冲进行处理产生的。主要用于包装材料表面、包装和加工设备、食品、医疗器械以及其他物质表面杀菌或用来减少微生物数目,可显著延长产品货架期,是一种有效、经济和安全的杀菌新技术。它在杀菌过程中产生的热量很少,在光化学和光热力学机制共同作用下,钝化微生物。脉冲强光对食品中的营养成分几乎没有影响,其工作中所需的能量,与热力和其他非热力加工法所需能量相比也是较少的。利用短周期脉冲强光技术对包装材料和透明膜包装的食品灭菌,是一种极具吸引力的处理方法。过去包装材料灭菌处理的常用方法是使用过氧化氢杀菌。这种方法会在包装材料或食品内留下不受人们欢迎的过氧化氢残留物。而脉冲强光的使用,可以减少甚至不再需要化学灭菌剂和保鲜剂。并且脉冲强光处理是利用广谱白光的短周期闪光,钝化包括细菌和真菌孢子在内的广泛微生物,处理过程非常迅速,成本费用低,可适用于大批量生产。

复习思考题

1. 简述食品杀菌设备的特点及类型。
2. 简述食品直接蒸汽加热杀菌设备的类型及特点。
3. 简述食品间接蒸汽加热杀菌设备的类型及特点。
4. 简述管式与板式杀菌装置主要区别。
5. 简述喷射式杀菌装置流程的设备组成及作用。
6. 简述注入式杀菌装置流程的设备组成及作用。
7. 简述辐射杀菌的原理、特点及应用。
8. 简述超高静压杀菌装置的工作原理及设备组成与特点。

第9章　干燥机械与设备

本章重点及学习要求：本章主要介绍食品干燥机械设备的类型和工作原理与特点和应用。通过本章学习掌握食品干燥机械设备的类型、特点和应用；掌握喷雾干燥、沸腾干燥、冷冻升华干燥等典型设备的类型及主要工作机构组成与特点和应用。

干燥在食品工业中有着很重要的地位。干燥的目的是脱去水分同时保证物料成分及产品的生理活性，减少食品的体积和重量，便于成品的储存和长途运输，且可以防止微生物在成品中繁殖。

食品干燥过程是传热传质同时进行的过程，通常为热干燥过程，水分从食品中脱去时往往会发生物理状态变化，水分由液或固态变成气态而发生相变，以气态形式脱除。食品干燥方法有对流干燥、传导干燥、辐射干燥以及冷冻升华干燥等。

对流干燥又称为热风干燥，是利用热介质与物料之间相对运动过程的传热传质实现干燥目的。对流干燥一般以干热空气为干燥介质，干热空气是干燥过程的载热载湿体，在相对流动过程中进行湿热传递，进行干燥。对流干燥设备形式有固定床干燥设备，如箱式、隧道式、回转式；流化床干燥设备；气流干燥设备以及喷雾干燥装置等。

传导干燥又称为接触干燥，采用导热体介质与物料直接接触进行传热实现干燥目的，传导干燥依靠导热体壁面将热量传给与壁面接触的物件，使物料靠传导吸热，蒸发水分，水分由气体带起。传导干燥设备主要有滚筒式。一般情况下传导干燥中食品的导热系数低、食品与导热体壁面接触不可能十分紧密，造成传导干燥效率低、能耗高，因此传导干燥在食品工业应用不广泛。

辐射干燥又称为内部干燥，采用加热器向干燥表面发射电磁波，物料吸收电磁波能量转化为干燥热能，使物料水分获热量而蒸发实现干燥目的。辐射干燥设备主要有远红外装置和微波干燥装置。

食品干燥方法及设备选择原则是在满足干燥目的、符合工艺条件的前提之下，尽可能采用能耗低、操作方便、经济效果好的设备。

9.1　喷雾干燥设备

喷雾干燥属于对流干燥，所谓喷雾干燥是指液态物料经喷雾成细微液滴呈分散状态进入热的干燥介质中转化为干粉料的过程。喷雾干燥适应的原料是液态物料，包括真溶液、胶体溶液、悬浮液、乳浊液、浆状物、可流动膏体等，食品工业喷雾干燥一般选用干热空气作为介质，喷雾干燥产品的形式有粉状、粒状、聚结成团块状等干粉料。

喷雾干燥设备在食品工业广泛用于生产乳粉、蛋粉、豆奶粉、低聚糖粉、蛋白质水解物粉、微生物发酵物、固体饮料等粉状制品的干燥作业以及微胶囊造粒工艺中。

9.1.1 喷雾干燥的工作原理

喷雾干燥设备经过喷雾机械作用,将液态的物料分散成很细的像雾一样的微粒,微细液滴与热介质接触,在一瞬间将大部分水分除去,从而使物料中固体物质干燥成粉末。体积为 $1m^3$ 溶液经雾化分散成直径为 10μm 的球型小液滴,表面积可增加 1290 倍,雾化大大增加水分蒸发面积、加速了干燥过程,物料受热时间短、受热强度低,产品品质得到可靠保证。

喷雾干燥的主要优点是:

①干燥速度快。

②产品质量好。所得产品是松脆的空心颗粒,具有良好的流动性、分散性和溶解性,并能很好地保持食品原有的色、香、味。

③营养损失少。由于干燥速度快,大大减少了营养物质的损失,如牛乳粉加工中热敏性维生素 C 只损失 5% 左右。因此,特别适合于易分解、变性的热敏性食品加工。

④产品纯度高。由于喷雾干燥是在封闭的干燥室中进行,干燥室具有一定负压,既保证了卫生条件,又避免了粉尘飞扬,从而提高了产品纯度。

⑤工艺较简单。料液经喷雾干燥后,可直接获得粉末状或微细的颗粒状产品。

⑥生产率高。便于实现机械化、自动化生产,操作控制方便,适于连续化大规模生产,且操作人员少,劳动强度低。

喷雾干燥的主要缺点是:

①投资大。由于一般干燥室的水分蒸发强度仅能达到 2.5 ~ 4kg/(m^3.h),故设备体积庞大,且雾化器、粉尘回收以及清洗装置等较复杂。

②能耗大,热效率不高。一般情况下,热效率为 30% ~ 40%。另外,因废气中湿含量较高,为降低产品中的水分含量,需耗用较多的空气量,从而增加了鼓风机的电消耗与粉尘回收装置的负担。

9.1.2 喷雾干燥的类型

根据喷雾干燥的定义,喷雾干燥过程分为雾化、接触、干燥、分离四个过程。喷雾干燥的类型按不同分类角度有多种形式。根据雾化方法不同分为压力式喷雾干燥、离心式喷雾干燥、气流式喷雾干燥;根据物料与干燥介质接触方法不同分为并流式喷雾干燥、逆流式喷雾干燥、混流式喷雾干燥;根据干燥室结构形式不同分为箱式(又称卧式)喷雾干燥和塔式(又称立式)喷雾干燥。高黏度物料可用气流喷雾法,气流喷雾法在化工生产中使用较多,干燥介质大多为惰性气体。

9.1.2.1 压力式喷雾干燥

(1)压力式喷雾干燥原理 具有高压的液体进入喷嘴旋转室中,获得旋转运动,根据旋转动量守恒定律旋度与旋涡半径成反比,愈靠近轴心,旋转速度愈大,其静压力愈小,在喷嘴中央形成空气旋流,液体形成绕空气旋转的环形薄膜。液体静压液膜与介质产生摩擦,打破原有表面张力的抑制,分裂成小液滴。

压力式喷雾干燥要求喷嘴结构具有使流体产生湍流的结构,单体喷嘴小孔不能形成空心锥状膜状雾化;喷雾压力一般在2~20MPa。

(2)压力式喷雾干燥特点 压力式喷雾干燥设备要求进料具有足够的压力,需要采用高压泵;雾化器结构简单但易磨损;干燥室可为立式或卧式,立式塔径小、塔高度高;物料与干燥介质接触方法既可顺流亦可逆流。

压力式喷雾干燥设备操作要求进料中干物质浓度不大于40%,否则易堵塞喷孔;进料流量要求稳定,进料量波动影响雾化效果;干燥过程需要注意进出口温度,同时还需注意喷嘴的磨损情况和高压泵工作压力;干燥结束以后管道中有物料残留、清洗工作量大。

压力式喷雾干燥产品颗粒较细分布范围小、难调节;产品颗粒密度大、含空气少、易储藏但溶解度小、冲调性差。

压力式喷雾干燥设备制造容易但干燥能耗较大。国内喷雾干燥设备中压力式喷雾干燥设备占76%,美国、日本、丹麦等国家喷雾干燥设备中以压力式喷雾干燥设备居多。

9.1.2.2 离心式喷雾干燥

(1)离心式喷雾干燥原理 水平方向旋转圆盘给予料液以离心力,高速甩出圆盘形成薄膜细丝或液滴,受介质摩擦作用而雾化。

离心式喷雾干燥喷雾离心盘边缘线速度为90~160m/s,液滴脱离喷雾离心盘时具有足够的线速度才能形成良好的膜状雾化。雾化效果受转速、进料速率、物料特性(黏度、表面张力)等因素影响。

(2)离心式喷雾干燥特点 离心式喷雾干燥设备进料无压力要求,采用结构简单、造价低的离心泵供料;雾化器雾化效果好但制造精度高、结构复杂、造价高;干燥室均为立式且塔径大、塔高低;物料与干燥介质接触方法均为顺流,不可逆流。

离心式喷雾干燥设备进料浓度干物质可高达50%,无堵塞之忧;进料流量在±25%范围内波动均可获得良好雾化效果,干燥过程中控制进口温度,进料浓度,即可控制产品粒度;干燥结束以后无残留,清洗工作量小。

离心式喷雾干燥产品颗粒较粗,分布范围大,且易调节;产品颗粒密度小、含空气多、难储藏但溶解度大、冲调性好。

离心式喷雾干燥设备能耗低而制造精度要求高。喷雾干燥中欧洲普遍采用离心式喷雾干燥设备。

9.1.2.3 物料与干燥介质接触方法

物料与干燥介质接触过程的相对运动有并流运动、逆流运动和混流运动。喷雾干燥设备中一般采用并流运动较多。物料与干燥介质接触方法如图9-1所示

(1)并流运动 并流运动是指介质与物料在干燥塔内按相同方向运动。其特点是可采用较高进风温度,不影响产品质量、无焦粉;干燥至最后产品温度取决于排风温度;适用于

热敏性物料。并流运动形式有水平并流、垂直上升并流及垂直下降并流运动等。水平并流一般适用于箱式、卧式、压力式喷雾干燥设备；垂直上升并流运动在压力式喷雾干燥设备中使用较多；垂直下降并流运动应用最为广泛，普遍适用于压力式和离心式喷雾干燥设备中。

(2)逆流运动　逆流运动是指介质与物料在干燥塔内按相反方向运动。其特点是热效率高；传热传质的推动力大；物料在干燥室内停留时间长；逆流运动适用于非热敏性物料的喷雾干燥。逆流运动的形式为物料由上向下而气流由下向上形成垂直逆流运动，逆流运动形式在压力式和离心式喷雾干燥设备中均有运用。

(3)混流运动　混流运动是指物料与介质先逆流后再经并流运动。其特点是先逆流加快水分去除，后顺流保证产品温度不至于过高，影响产品质量。混流运动形式按照逆流路线长短有两种

①底部进料向上喷雾，顶部进介质，底部排产品、废气。该形式逆流路线长、干燥强度大、适用于耐热性物料。

②中上部进料向上喷雾，顶部进介质底部排产品、废气。该形式逆流路线短，前期干燥强度大，后期干燥物料受热强度低，适用于热敏性物料。

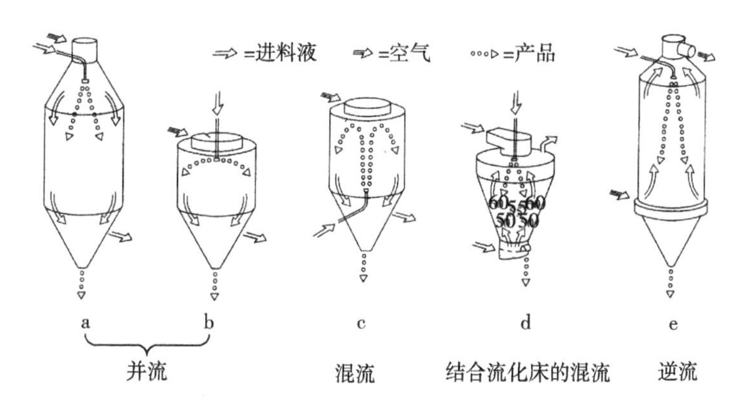

图9－1　物料与干燥介质接触方法

9.1.2.4　干燥室形式

干燥室是喷雾干燥的工作空间，雾化后的液滴在干燥室内与干燥介质相互接触进行传热传质而达到干制品的水分要求。其内部装有雾化器、热风分配器及出料装置等，并开有进、排气口，出料口及人孔，视孔，灯孔等。为了节能和防止(带有雾滴和粉末的)热湿空气在器壁结露，喷雾干燥室壁均由双层结构夹保温层构成，并且内层一般为不锈钢板制成。另外，为了尽量避免粉末黏附于器壁，一般干燥室的壳体上还安装有使黏粉抖落的振动装置或扫粉装置。

喷雾干燥室分为箱式和塔式两大类，干燥室由于处理物料、受热温度、热风进入和出料方式等的不同，结构形式又有多种。

(1)箱式干燥室　箱式干燥室又称卧式干燥室，用于水平方向的压力喷雾干燥。这种干燥室有平底和斜底两种形式。前者在处理量不大时，可在干燥结束后由人工打开干燥室

侧门对器底进行清扫排粉,规模较大的也可安装扫粉器。后者底部安装有一个供出粉用的螺旋输送器。

箱式干燥室用于食品干燥时应内衬不锈钢板,室底一般采用瓷砖或不锈钢板。干燥室的室底应有良好的保温层,以免干粉积露回潮。干燥室壳壁也必须用绝热材料来保温。通常厢式干燥室的后段有净化尾气用的布袋过滤器,并将引风机安装在袋滤器的上方。

由于气流方向与重力方向垂直,雾滴在干燥室内行程较短,接触时间也短,且不均一,所以产品的水分含量不均匀;此外,从卧式干燥室底部卸料也较困难,所以新型喷雾干燥设备几乎都采用塔式结构。

(2)塔式干燥室 塔式干燥室常称为干燥塔,新型喷雾干燥设备几乎都用塔式结构。干燥塔的底部有锥形底、平底和斜底三种,食品工业中常采用锥形底。对于吸湿性较强且有热塑性的物料,往往会造成干粉黏壁成团的现象,且不易回收,必须具有塔壁冷却措施。常用塔壁冷却方法有3种:

①由塔的圆柱体下部切线方向进入冷空气扫过塔壁。

②设冷却用夹套。冷空气由圆柱体上部夹套进入,并由锥底夹套排出。

③沿塔内壁安装旋转空气清扫器,通冷空气进行冷却。

食品工业最常用的喷雾干燥设备为压力式喷雾干燥装置和离心式喷雾干燥装置并以并流式喷雾干燥塔居多。气流喷雾干燥设备适用于高黏度物料的喷雾干燥,气流喷雾法在食品工业中应用较少而在化工生产中使用较多,干燥介质大多采用惰性气体。低湿常温空气应用于喷雾干燥。

9.1.3 喷雾干燥装置的基本构成

喷雾干燥装置由喷雾干燥塔及辅助设备组成,即包括供料设备、雾化器、介质处理设备、产品收集方式及废气处理装置等。喷雾干燥系统设备组成如图9-2所示。

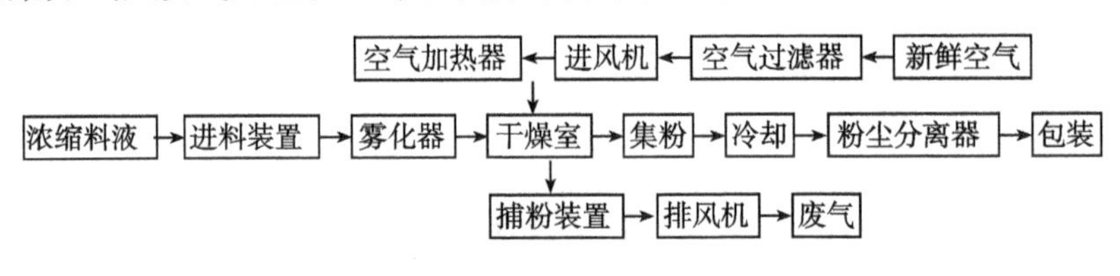

图9-2 喷雾干燥系统

9.1.3.1 供料设备

供料设备的作用是为雾化器提供连续稳定的料液,保证雾化工作效果。供料系统设备包括输送泵及管道、过滤器、杀菌器等。不同雾化方法对供料设备具有不同要求。

9.1.3.2 雾化器

雾化器也称喷雾器是喷雾干燥的关键设备,直接影响到产品的质量。其作用是将料液雾化分散成微细液滴。常见的雾化器形式有3种,即压力式、离心式和气流式雾化器。

(1)压力式雾化器 压力式雾化器实际是一种喷嘴头装在一段直管上构成的所谓喷

枪。喷雾头(喷枪)需要与高压泵配合才能工作。一般使用的高压泵为三柱塞泵。高压泵使料液获得高压(7～20MPa),从喷雾头出来时,由于压力大,喷孔小(0.5～1.5mm),很快雾化成雾滴。料液的雾化分散度取决于喷嘴的结构,料液的流出速度和压力,料液的物理性质(表面张力、黏度、密度等)。压力式雾化器必须具有使流体产生湍流的结构,压力式雾化器结构不同有多种形式,常见的有 M 型、S 型等,其结构如图 9－3 所示。喷嘴是易磨件,它的材料可由不锈钢也可用耐磨性的材料(如红宝石)制成,两者的使用期分别为 1 周和 1 年左右。

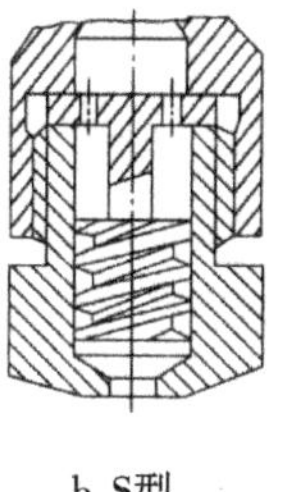

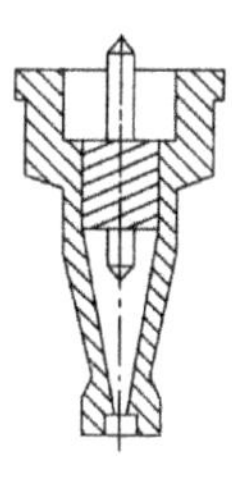

a M型　　b S型　　c 凯尔津型

图 9－3　常见压力式雾化器结构

由于单个压力式喷雾头的流量(生产能力)有限,因此,大型压力式喷雾干燥机通常由多支喷枪一起并联工作。

(2)离心式雾化器　离心式雾化器由机械驱动或气流驱动装置与喷雾转盘结合而成。机械式离心式雾化器的外形及结构如图 9－4 所示。离心式雾化的机理是借助高速转盘产生离心力,将料液高速甩出。离心雾化效果与料液甩离高速转盘时的速度有关。离心式雾化转盘有光滑盘和叶片盘两种形式。光滑盘表面无如何限制料液滑动的构件,转盘运动时料液与盘面有严重的滑动,液滴离开圆盘时切向速度远远小于圆盘线速、雾化均匀性差。光滑盘结构及形式如图 9－5 所示。叶片盘是在光滑盘表面加上许多叶片形式,把液体限制在叶片间通道内,料液基本无滑动,液滴离开转盘边缘时可获得最大甩出速度,雾化较均匀。叶片盘结构及形式如图 9－6 所示。

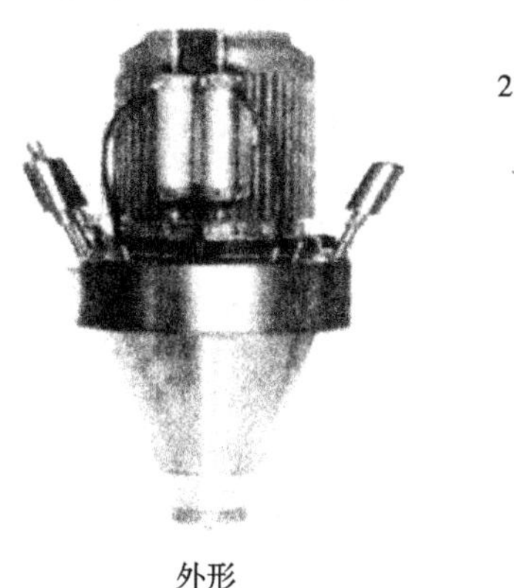

外形　　结构

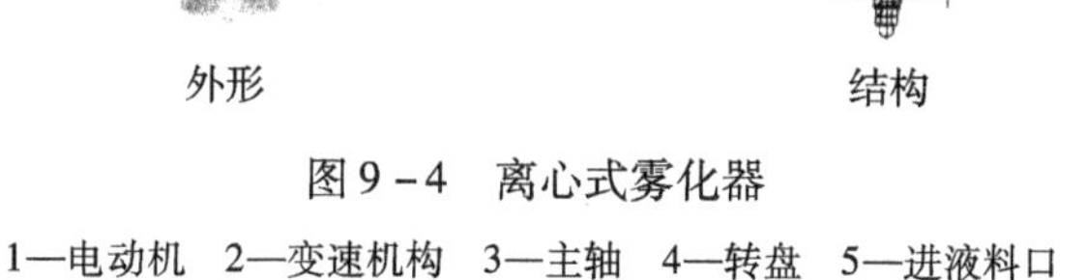

图 9－4　离心式雾化器

1—电动机　2—变速机构　3—主轴　4—转盘　5—进液料口

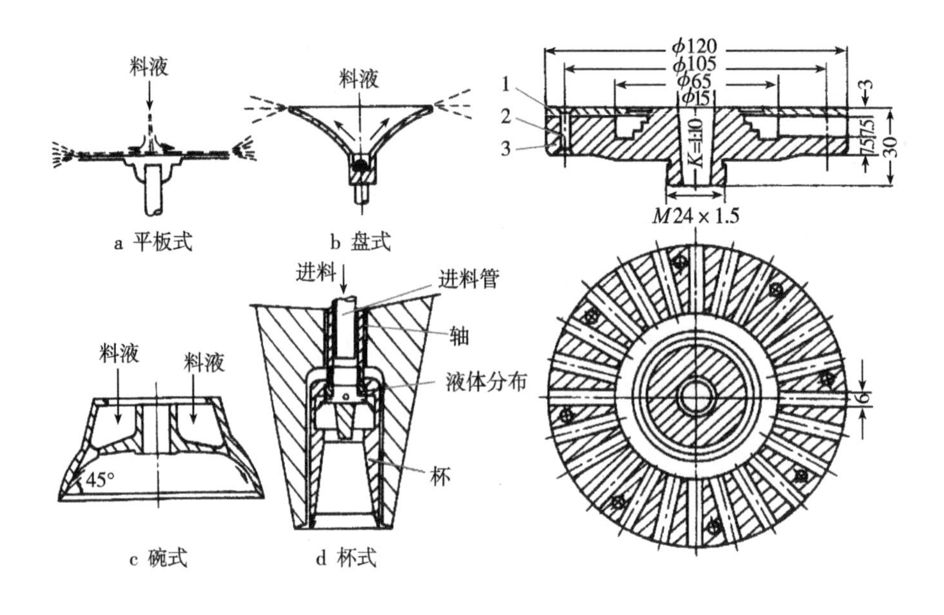

图9－5 光滑盘结构及形式　　　　图9－6 叶片盘结构

(3)气流式雾化器 气流式雾化器是依靠高速气流工作的雾化器。雾化原理是利用料液在喷嘴出口处与高速运动(一般为200～300m/s)的空气相遇,由于料液速度小,而气流速度大,两者存在相当大的速度差,从而液膜被拉成丝状,然后分裂成细小的雾滴。雾滴大小取决于两相速度差和料液黏度,相对速度差越大,料液黏度越小,则雾滴越细。料液的分散度取决于气体的喷射速度、料液和气体的物理性质、雾化器的几何尺寸以及气料流量之比。

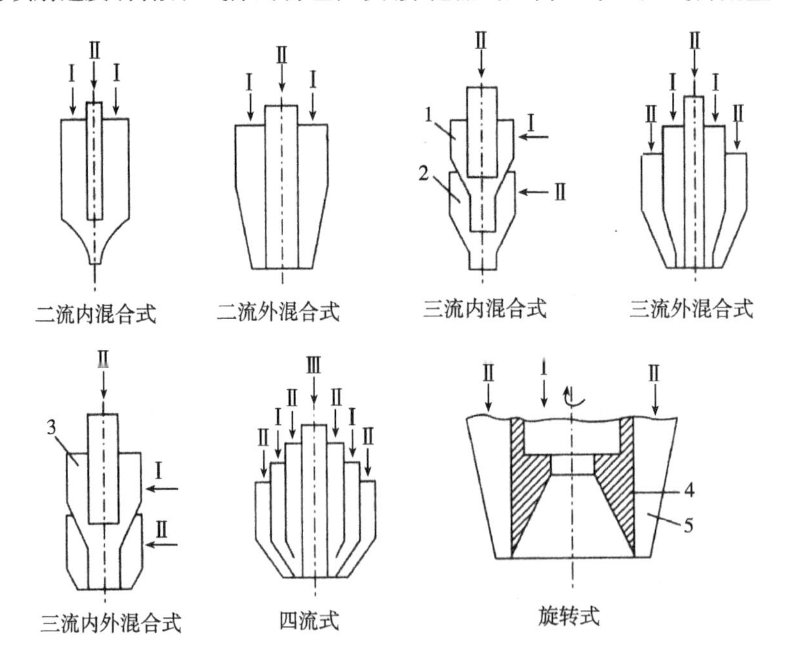

图9－7 各种气流式雾化器形式

1—第一混合室 2—第二混合室 3—内混合室 4—旋转杯 5—气体通道

Ⅰ—压缩空气 Ⅱ—料液 Ⅲ—加热空气

气流式雾化器的结构有多种,常见的有二流式、三流式、四流式和旋转式,其结构与形式如图 9 -7 所示。

(4)三类雾化器比较　三类雾化器各有特点,见表 9 - 1。在选型时,需考虑生产要求、待处理物料的性质及工厂等诸方面具体情况。国内外食品工业大规模生产时都采用压力喷雾和离心喷雾。目前国内以压力喷雾占多数,如在乳粉和蛋粉生产中,压力喷雾占76% ,离心喷雾占 24% 。国外在欧洲以离心喷雾为主,而在美国、新西兰、澳大利亚、日本等国则以压力喷雾为主。气流式由于动力消耗大,适用于小型设备,而在食品工业中,很少在大规模生产中应用。

表 9 - 1　三种雾化器的比较

参数	压力式	离心式	气流式
处理量的调节	范围小,可用多喷嘴	范围大	范围小
供料速率 $<3m^3/h$	适合	适合	适合
供料速率 $>3m^3/h$	要有条件	适合	要有条件
干燥室形式	立式、卧式	立式	立式
干燥塔高度	高	低	较低
干燥塔直径	小	大	小
产品粒度	粗粒	微粒	微粒
产品均匀性	较均匀	均匀	不均匀
黏壁现象	可防止	易黏附	小直径时易黏附
功力消耗	最小	小	最大
保养	喷嘴易磨损,高压泵需维护保养	动平衡要求高,相应的保养要求高	容易
价格	便宜	高	便宜

9.1.3.3　介质处理设备

介质处理设备的作用是保证介质符合工艺要求,满足干燥塔内气流分布要求。介质处理设备包括空气过滤器、空气加热器、空气分配器等。

空气过滤器的作用是通过除尘实现除菌目的,保证介质卫生。空气过滤器的形式一般为油浸式板框过滤器,安装于介质系统进口处。

空气加热器的作用是通过加热使介质符合工艺要求。加热方式一般采用间接式加热。常见的加热器有蒸汽间接加热器(SRL 散热器),最高工作温度 120 ~ 160℃,加热空气比蒸汽低 10℃左右;电加热介质最高工作温度可达 900℃;油间接加热最高工作温度可达 200℃;热管加热最高工作温度达 550℃。烟道气直接加热,最高工作温度 800 ~ 1000℃。

空气分配器的作用是引导介质在干燥塔内均匀分布,常见形式有直线气流空气分配器和旋转气流空气分配器,直线气流空气分配器不易粘壁焦粉,一般适用于压力式喷雾干燥系统中,典型形式有筛板式和垂直导向叶片;旋转气流空气分配器易发生粘壁焦粉,一般适用于压力式喷雾干燥系统中,典型形式有均风板、导向叶片等。

9.1.3.4 产品收集方式

产品收集的作用是及时进行介质与产品颗粒的气固分离。其方式一般有塔内分离和塔外分离两类，塔内分离利用干燥塔自身结构依靠重力沉降实现气固分离；塔外分离一般采用气力输送方式将介质与物理颗粒一并送出塔外再行分离。

9.1.3.5 废气处理设备与回收利用

废气处理设备作用有回收产品及保证排放于大气的废气符合环保要求。其形式与气力输送系统中废气处理设备相同。

喷雾干燥系统排放的废气的温度往往远远高于环境温度，其热量浪费严重，从节能的角度希望利用其余热；但废气中湿度较高，很难完全循环使用，喷雾干燥常见的废气处理方式有开放式、封闭式和半封闭式3种情形，其设备组成如图9－8所示。开放式是指从干燥机分离器出来的废气直接排向环境的干燥系统，食品工业干燥系统一般采用这种形式，为了利用废气余热，节省能耗，常常将废气作为新鲜空气进入加热器之前的预热换热器的热源，通过间接换热进行废气余热回收利用；封闭式是指从分离器出来的废气经去湿处理后循环使用的干燥系统，用于湿料中含有不可排向环境的溶剂成分的物料的干燥，或者热风采用惰性气体的情况。半封闭式是指部分利用湿热空气进行循环的干燥系统。这种系统可以提高热能效率，但同时增加了设备投资和操作的复杂性。此外还有对干燥介质进行灭菌处理的无菌喷雾干燥系统。

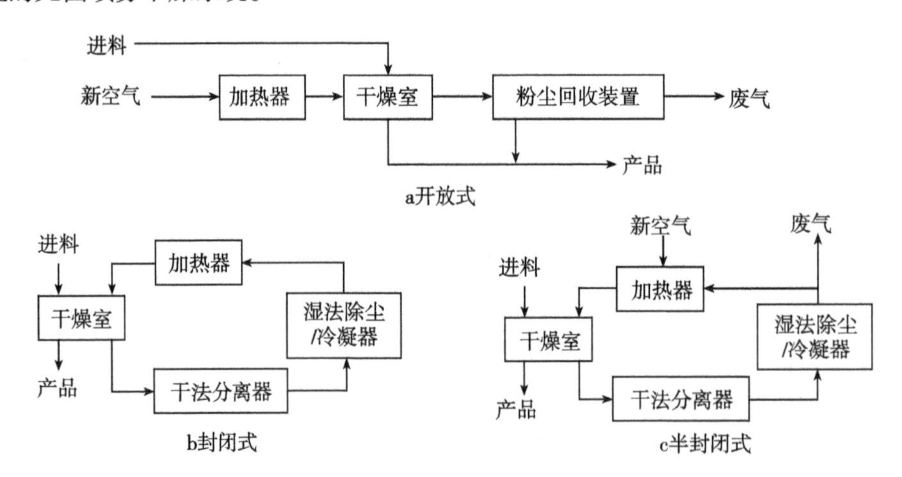

图9－8 喷雾干燥机干燥介质的利用形式

9.2 沸腾干燥装置

9.2.1 沸腾干燥的基本原理

固体颗粒在对流干燥过程中，随着气流速度变化其运动状态不同，在气流速度低于颗粒悬浮速度时，固体颗粒不发生相对位置的变动。物料在干燥过程中基本处于静止状态，热空气流过物料层实现湿热交换，完成干燥。颗粒静止不动，床层高度不变，压力降则随流速的增加而增加。这类干燥形式称之为固定床干燥；当气流速度达到颗粒悬浮速度时，在一定流速范围内，颗粒悬浮于流体中作自由运动，颗粒间互相碰撞、混合，床层高度上升，整个床层呈现出类似于流化的沸腾状态。颗粒上下翻滚、床层高度随流速而增加变大，压力降不变。在此过程中完成的干燥称之为流化床干燥或沸腾干燥；当气流速度大于颗粒沉降速度，达到一定流速时颗粒随流体运动而呈气力输送状态，在此过程中完成的干燥称之为气流干燥。

固定床干燥设备有箱式、塔式、隧道式等类型，介质与物料颗粒接触方式有平流式和穿流式。固定床干燥设备具有结构简单，容易制造，投资小，通用性强特点；但设备安装不当易漏气，装卸物料不便，生产率低。气流干燥设备有管式气流干燥器和旋风气流干燥器，一般常用管式气流干燥，管式气流干燥设备又分为长管气流干燥器和短管气流干燥器，长管气流干燥器长度在 10 ~ 20m，短管气流干燥器长度为 4m 左右。

气流干燥具有干燥强度大，干燥时间短，设备结构简单，产品质量高等特点；但热能利用程度比较低，动力消耗较大。气流干燥对原料有一定要求，不适用于对产品的水分要求在 3% 以下或要求保持结晶形状、光泽及易黏附于干燥管的物料。适合于被干燥物料的颗粒粒径在 0.5 ~ 0.7mm 以下的物料干燥。对块、膏糊状湿物料，需先进行粉碎再气流干燥。

流化床具有以下特征：整个床层有一个不太稳定的界面，上下波动。床层气体一部分以鼓泡形式高速流过床层；一部分以渗流形式流过颗粒较为密集的乳化相。床层中颗粒互相之间作剧烈运动，发生强烈的混合搅拌作用。整个床层具有流体一样的特性，即：流平特性、黏度特性、静压特性。

流化床干燥又称沸腾干燥，是 20 世纪 60 年代发展起来的一种新型干燥方法。流化干燥过程中热空气既为流化介质也是干燥介质，具有双重作用。而被干燥物料则在热空气流中一方面被吹起、翻滚、互相混合和摩擦碰撞，另一方面又在进行传热和传质，从而达到干燥的目的。

沸腾干燥生产能力大、热效率高，颗粒与介质接触面积大，剧烈搅拌减少了汽膜阻力，热效率可达 60% ~ 80%，热容量系数达 8000 ~ 25000kJ/（h · ℃ · m^2）。床内温度分布均匀，可用较高温度介质干燥。干燥停留时间易于控制，设备结构简单易制造。沸腾干燥局限于不易结团结块的颗粒物料且对被干燥物料的颗粒粒径有一定的限制，一般要求颗粒粒径范围为 0.03 ~ 6mm，颗粒粒径小于 30μm 易产生沟流；大于 6mm 工作过程磨损设备严重、动耗大。

沸腾干燥设备的常见形式有卧式和立式流化床；卧式流化床分为单室和多室流化床；立式流化床分为单层和多层流化床。其基本结构有进料机构、气流分布板、床体、介质处理系统、废气处理系统等。

进料机构作用是保证物料流量连续稳定且在气流分布板上均匀分布。对于膏状物采用螺旋挤压式、振动式供料；保证膏状物分散均匀；对于液体应加晶种以喷雾形式造粒。

气流分布板是干燥器床体的重要组成部分，其作用是支撑物料，均匀分配气流，创造良好的流化条件。气流分布板形式最常用的是多孔板,孔眼直径 5 ~ 20mm,开孔率 20%,钢丝网、填料层和泡罩式气流分布板亦有使用。介质处理系统与喷雾干燥系统相似,仅在空气分布器方面有所不同。空气由过滤器→风机→加热器→空气流分布板→床层→废气处理。废气处理系统与喷雾干燥系统相同。沸腾干燥设备干燥过程中应该保持密封,进出料采用机械密封或料封防止相同漏气。

9.2.2 单层圆筒型流化床干燥机

单层圆筒型流化床干燥机如图 9 - 9 所示。湿物料由胶带输送机送到加料斗,再经抛料机送入干燥机内。空气经过滤器由鼓风机送入空气加热器加热,热空气进入流化床底后由分布板控制流向,对湿物料进行干燥。物料在分布板上方形成流化床。干燥后的物料经溢流口由卸料管排出,夹带细粉的空气经旋风分离器分离后由抽风机排出。

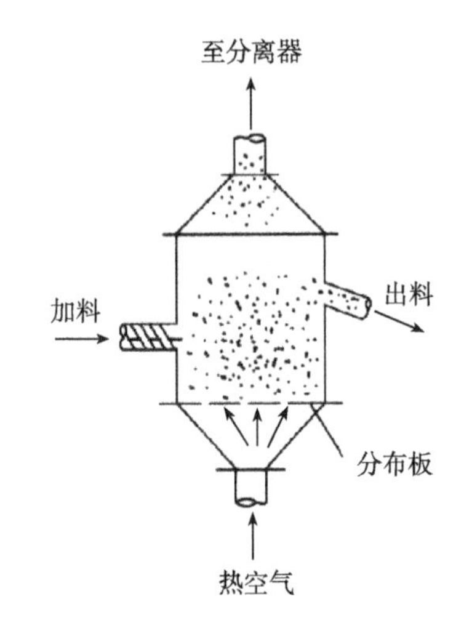

图 9 - 9　单层圆筒形流化床干燥机

气体分布板是流化床干燥机的主要部件之一,它的作用是支持物料,均匀分配气体,以创造良好的流化条件。由于分布板在操作时处于受热受力的状态,所以要求其能耐热,且受热后不能变形。实用上多采用金属或陶瓷材料制作。各种型式的气体分布板如图 9 - 10 所示。

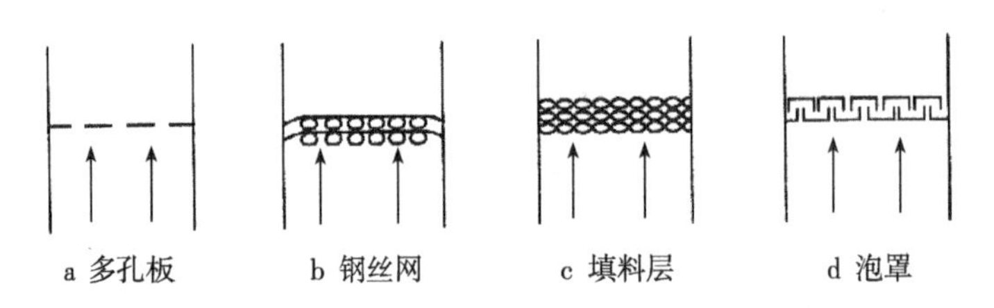

图 9 - 10　气体分布板

为使气流能够较为均匀地到达分布板,并使其可在较低阻力下达到均匀布气的目的,流化床干燥机的下方可设置气流预分布器。图 9 - 11 为两种结构形式的气流预分布器。有些设备为使气流分布均匀,还直接将整个床体分隔成若干个室。

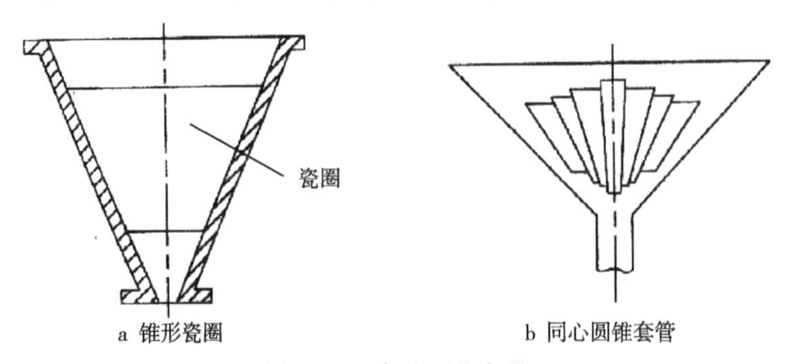

图 9 - 11　气流预分布器

这种干燥机的特点是结构简单。但它有两大不足之处，首先由于颗粒在床中与气流高度混合，自由度很大，为限制颗粒过早从出料口出去，保证物料干燥均匀，必须有较高的流化床层才能使颗粒在床内停留足够的时间，从而造成气流压降增大。其次由于湿物料与已干物料处于同一干燥室内，因此，从排料口出来的物料较难保证水分含量均一。

单层流化床干燥机操作方便，在食品工业上应用广泛，适用于床层颗粒静止高度低(300～400mm)、容易干燥、处理量较大且对最终含水量要求不高的产品。

9.2.3　多层流化床干燥机

对于要求干燥较均匀或干燥时间较长的产品，一般采用多层流化床干燥机。多层式沸腾干燥机整体为塔形结构，内设多层孔板，通常物料由干燥塔上部的一层加入，物料通过适当方式自上而下转移，干燥物料最后从底层或塔底排出。因此，湿物料与加热空气在流化床干燥机内总体呈逆流向。多层流化床干燥机中物料从上一层进入下一层的方法有多种，如图9－12所示。总体上，根据物料在层间转移方式，多层流化床干燥机可分为溢流式和直流式两种形式。

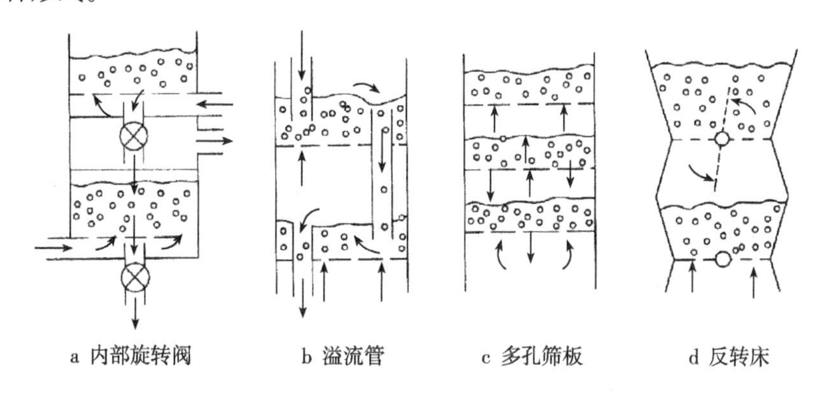

图9－12　多层流化床物料层间转移机构示意图

图9－13a所示为溢流式多层流化床干燥机。湿物料颗粒由第一层加入，经初步干燥后由溢流管进入下一层，最后从最底层出料。由于颗粒在层与层之间没有混合，仅在每一层内流化时互相混合，且停留时间较长，所以产品能达到很低的含水量且较为均匀，热量利用率也显著提高。

穿流板式流化床干燥机如图9－13b所示。干燥时，物料直接从筛板孔自上而下分散流动，气体则通过筛孔自下而上流动，在每块板上形成流化床，故结构简单，生产能力强，但控制操作要求较高。适用物料颗粒的直径一般在0.8～5mm。为使物料能通过筛板孔流下，筛板孔径应为物料粒径的5～30倍，筛板开孔率30%～40%。物料的流动主要依靠自重作用，气流还能阻止其下落速度过快，故所需气流速度较低。大多数情况下，气体的空塔气速与流化速度之比为1.2～2。

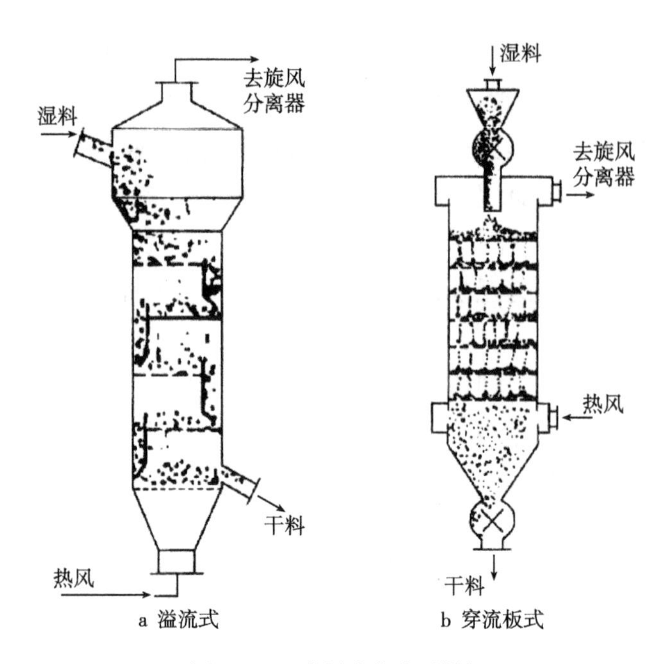

a 溢流式　　b 穿流板式

图9-13　多层流化床干燥机

9.2.4　卧式多室流化床干燥机

为了降低压强降,保证让产品均匀干燥,降低床层高度,还可采用卧式多室流化床干燥机,如图9 -14所示。这种干燥机的横截面为长方形,用垂直挡板分隔成多室,挡板下端与多孔板之间留有间隙,使物料能从一室进入另一室。物料由第一室进入,从最后一室排出,在每一室与热空气接触,气、固两相总体上呈错流流动。不同小室中的热空气流量可以分别控制,其中前段物料湿度大,可以通入较多热空气,而最后一室,必要时可通入冷空气对产品进行冷却。

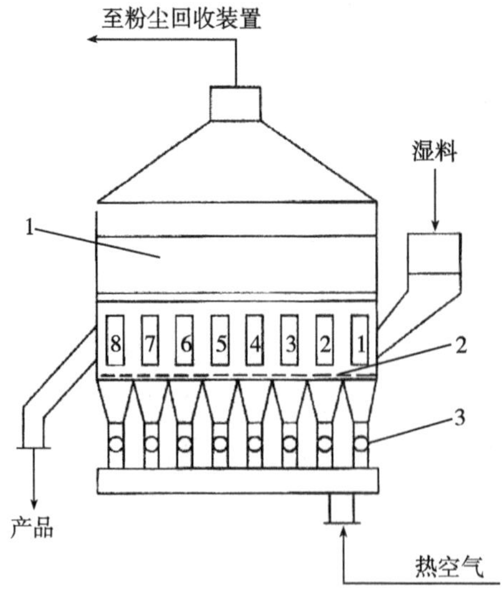

图9-14　卧式多室流化床干燥机

1—干燥室　2—多孔板　3—进气支管(带风阀)

这种形式的流化床干燥机结构简单、制造方便、容易操作、干燥速度快。适用于各种难以干燥的颗粒状、片状和热敏性物料。但热效率较低，对于多品种小产量物料的适应性较差。食品工业中，这种形式的干燥机被用于干燥砂糖、干酪素（酪蛋白）、葡萄糖酸钙及固体饮料等。

9.3　滚筒干燥机

9.3.1　滚筒干燥机类型与特点

滚筒干燥机（又称转鼓干燥器、回转干燥机等）是一种接触式内加热传导型的干燥机械。在干燥过程中，热量由滚筒的内壁传到其外壁，穿过附在滚筒外壁面上被干燥的食品物料，把物料上的水分蒸发，是一种连续式干燥的生产机械。典型滚筒干燥机如图 9 – 15 所示。

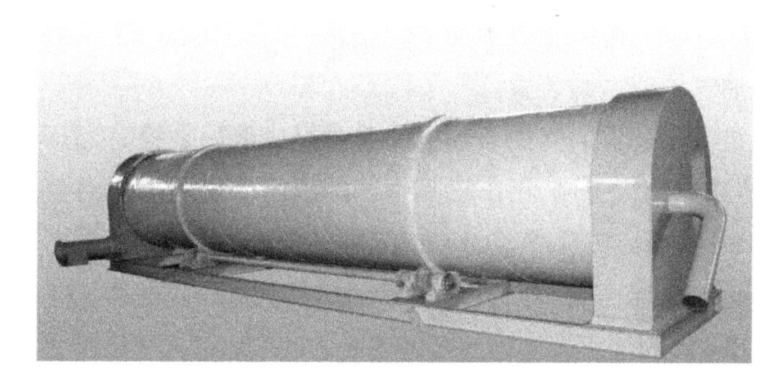

图 9 – 15　典型滚筒干燥机

9.3.1.1　滚筒干燥机的类型

滚筒干燥机的类型较多，按滚筒的数量分为单滚筒、双滚筒和多滚筒干燥机；按操作压力分为常压式和真空式两种；按布膜形式分为顶部进料式、浸液式、喷溅式滚筒干燥机等。

滚筒干燥机的工作过程为：需要干燥处理的料液由高位槽流入滚筒干燥器的受料槽内，由布膜装置使物料薄薄地（膜状）附在滚筒表面，滚筒内通有供热介质，食品工业多采用蒸汽，压力一般在 0.2 ~ 6MPa，温度在 120 ~ 150℃，物料在滚筒转动中由筒壁传热使其湿分汽化，滚筒在一个转动周期中完成布膜、汽化、脱水等过程，干燥后的物料由刮刀刮下，经螺旋输送至成品储存槽，最后进行粉碎或直接包装。在传热中蒸发出的水分，视其性质可通过密闭罩，引入到相应的处理装置内进行捕集粉尘或排放。

9.3.1.2　滚筒干燥机的特点与应用

滚筒干燥机具有以下优点：

①热效率高：由于干燥机为热传导，传热方向在整个传热周期中基本保持一致，所以，滚筒内供给的热量，大部分用于物料的湿分汽化，热效率达 80% ~ 90%。

②干燥速率大：筒壁上湿料膜的传热和传质过程，由里至外，方向一致，温度梯度较大，

使料膜表面保持较高的蒸发强度，一般可达 30 ~ 70 kg/(m^2·h)。

③产品的干燥质量稳定：由于供热方式便于控制，筒内温度和间壁的传热速率能保持相对稳定，使料膜处于传热状态下干燥，产品的质量可保证。

但是，滚筒干燥机也存在某些缺点，如由于滚筒的表面湿度较高，因而对一些制品会因过热而有损风味或呈不正常的颜色。另外，若使用真空干燥器，成本较高，仅适用于热敏性非常高的物料的处理。

9.3.2 单滚筒干燥机

单滚筒干燥机是指干燥机由一只滚筒完成干燥操作的机械，其组成结构包括下列部分：

①滚筒：含筒体、端盖、端轴及轴承。

②布膜装置：含料槽、喷淋器、搅拌器、膜厚控制器。

③刮料装置：含刮刀支承架、压力调节器。

④传动装置：含电机、减速装置及传动件。

⑤设备支架及抽气罩或密封装置。

⑥产品输送及最后干燥器。其中干燥机的重要组成部分是滚筒，滚筒为一中空的金属圆筒，滚筒筒体用铸铁或钢板焊制，用于食品生产的滚筒一般用不锈钢钢板焊制。

滚筒直径在 0.6 ~ 1.6m 范围，长径比(L/D) = 0.8 ~ 2。

布料形式可视物料的物性而使用顶部入料或用浸液式、喷溅式上料等方法，附在滚筒上的料膜厚度为 0.5 ~ 1.5mm。

加热的介质大部分采用蒸汽，蒸汽的压力为 200 ~ 600kPa，滚筒外壁的温度为120 ~ 150℃。

驱动滚筒运转的传动机构为无级调速机构，滚筒的转速一般在 4 ~ 10r/min。

物料被干燥后，由刮料装置将其从滚筒刮下，刮刀的位置视物料的进口位置而定，一般在滚筒断面的Ⅲ、Ⅳ象限，与水平轴线交角 30° ~ 45°范围内。滚筒内供热介质的进出口采用聚四氟乙烯密封圈密封，滚筒内的冷凝水采取虹吸管并利用滚筒蒸汽的压力与疏水阀之间的压差，使之连续地排出筒外。

9.3.3 双滚筒干燥机

双滚筒干燥机是指干燥机由两只滚筒同时完成干燥操作的机械，干燥机的两个滚筒由同一套减速传动装置，经相同模数和齿数的一对齿轮啮合，使两组相同直径的滚筒相对转动而操作的。双滚筒干燥机按布料位置的不同，可以分为对滚式和同槽式两类。

对滚式双滚筒干燥机，料液存在两滚筒中部的凹槽区域内，四周设有堰板挡料。两筒的间隙，由一对节圆直径与筒体外径一致或相近的啮合轮控制，一般在 0.5 ~ 1mm 范围，不允许料液泄漏。对滚的转动方向可根据料液的实际和装置布置的要求确定。滚筒转动时咬入角位于料液端时，料膜的厚度由两筒之间的空隙控制。咬入角若处于反向时，两筒之间的料膜厚度，由设置在筒体长度方向上的堰板与筒体之间的间隙控制。该形式的干燥器，适用于有沉淀的浆状物料或黏度大物料的干燥。

同槽式双滚筒干燥机。它的两组滚筒之间的间隙较大，相对啮合的齿轮的节圆直径大于筒体外径。上料时，两筒在同一料槽中浸液布膜，相对转动，互不干扰。适用于溶液、乳浊液等物料干燥。

双滚筒式干燥机的滚筒直径一般为 0.5 ~ 2m；长径比（L/D）= 1.5 ~ 2。转速、滚筒内蒸汽压力等操作条件与单滚筒干燥机的设计相同，但传动功率为单滚筒的 2 倍左右。双滚筒式干燥机的进料方式与单滚筒干燥机有所不同，若为上部进料，由料堰控制料膜的厚度的两滚筒干燥器，可在干燥器底部的中间位置，设置一台螺旋输送器机，集中出料。下部进料的对滚式双滚筒干燥机，则分别在两组滚筒的侧面单独设置出料装置。

9.4 冷冻干燥机

冷冻干燥又称升华干燥，是将含水物料冷冻到冰点以下，使水冻结为冰，然后在较高真空下将冰升华为蒸气而除去的干燥方法。物料可先在冷冻装置内冷冻，再进行升华干燥；也可直接在干燥室内经迅速抽成真空而冷冻。升华生成的水蒸气借冷凝器除去。升华过程中所需的汽化热量，一般用传导加热或辐射加热供给而无法采用对流加热。其中辐射加热的优点在于干燥后的物料保持原来的化学组成和物理性质，同时热量消耗比其他干燥方法少。

冷冻干燥设备按操作方式可分为间歇式、半连续式和连续式设备；按物料是否在干燥室内进行冻结分为预冻式冷冻干燥和直接冷冻干燥设备等。

9.4.1 冷冻干燥系统

冷冻干燥系统一般由预冻系统、制冷系统、供热系统及真空系统组成，其设备构成如图 9 -16 所示。这些系统一般以冷冻干燥室为核心联系在一起，一般情况下，冷冻干燥室既是制冷系统蒸发器亦是真空系统的真空室也是供热系统的加热器。预冻过程独立于冷冻干燥机，冷冻干燥箱内不设冷冻板。

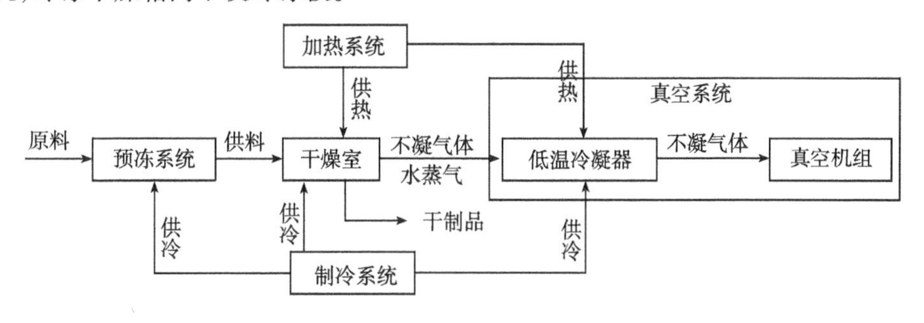

图 9 - 16 冷冻干燥设备组成示意图

9.4.1.1 预冷冻系统

一般来说，冻结方法都可以成为冷冻干燥的预冻手段，但应用最多的为鼓风式和接触式冻结法。鼓风式冻结一般在冷冻干燥主机外的速冻装置中完成，以提高主机的工作效率，而接触式冻结常在冷冻干燥室的物料搁板上进行。

对于液态物料，可用真空喷雾冻结法进行预冻。该方法是将液体物料从喷嘴中呈雾状喷到冻结室内，当室内为真空时，由于大部分水的蒸发使得其余部分的物料降温而得到冻结。这种预冻方法可使料液在真空室内连续预冻，因此，可以使喷雾预冻室与升华干燥室相连，构成完全连续式的冷冻干燥机。

9.4.1.2 制冷系统

制冷系统是为物料水分冻结、真空系统水蒸气冷凝器提供制冷的设备，一般采用压缩式制冷系统。其系统设备包括制冷压缩机、冷凝器、节流降压装置及蒸发器，详细情况如本书制冷机械与设备中一章所述。干燥室和真空系统水蒸气冷凝器实际上就是制冷系统的蒸发器。

9.4.1.3 供热系统

在冷冻干燥过程中，为了使冻结物料中的水分不断地从冰晶中升华出来，就必须由供热系统提供升华所需的热量。供给升华热时，要保证传热速率既能使冻结层表面达到尽可能高的蒸汽压，又不致使冻结层融化。所以应根据传热速率决定热源温度。此外，供热系统还间歇性地提供低温凝结器（冷阱）融化积霜所需的熔解热。一般对流加热方式难以实现冷冻干燥系统的加热目的，供热系统的加热方式主要有传导和辐射加热。传导加热是将物料放在料盘或输送带上接受传导的热量。按热能的提供方式不同，传导加热可分直接加热和间接加热两种。一般采用的热源有电、煤气、石油气、天然气和煤等，所用载热体有水、蒸汽、矿物油、乙二醇、三氯乙烯等。图 9－17 所示为利用压缩机的排气作为搁板加热热源的冻干系统，压缩机在热泵运行方式和制冷运行方式间切换，可节省能耗。

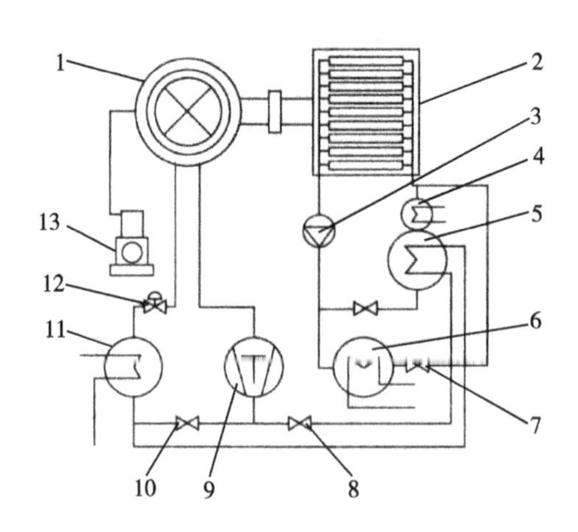

图 9－17 冻干机流程示意图

1— 水蒸气凝结器 2—干燥箱 3—循环泵 4—辅助加热器 5—排气加热器 6—加热器 7、8、10—电磁阀 9—制冷压缩机 11—冷凝器 12—膨胀阀 13—真空泵

在干燥箱内利用传送钢带进行物料输送的冷冻干燥装置的辐射加热的供热系统，一般

采用不与输送带接触的辐射加热器，先对钢带进行加热，再通过受热的钢带对物料进行接触传导加热。另外，理论上，只要两物体有温差，就会发生热量从高温物体向低温物体转移的辐射传热。因此，在多层搁架板式冷冻干燥箱内，作用于一层物料盘底的接触加热器，对下层物料而言，实际上就是一个辐射加热器。

9.4.1.4　真空系统

真空系统的作用是保证干燥室的工作压力、及时排除水蒸气及不凝性气体。真空系统的设备标准配置形式为真空泵加。干燥过程中升华的水分必须连续快速地排除。在 13.3Pa 的压力下，1g 冰升华可产生 $100m^3$ 的蒸汽，需要极大容量的抽气机才能维持所需的真空度，采用水汽凝结器在低温条件下将凝结水蒸气为水分除去，去除水蒸气后不凝气体由真空泵抽出，从而减轻真空泵负荷。常用的真空泵加水蒸气冷凝器的真空系统有 3 种形式，如图 9－18 所示。其中图 9－18a 为标准配置真空系统；图 9－18b 冷凝器前设增压泵，提高水蒸气及空气混合物的压力和温度，使水蒸气冷凝器可在较高温度下工作，降低对冷却系统的要求；图 9－18c 采用冷凝器后接增压泵。先行冷凝去除水蒸气，降低增压泵的抽气量，提高系统真空度。

真空系统的水蒸气冷凝器（冷阱）还可以直接安装在干燥箱内，这种冷阱称为内置式冷阱。内置式冷阱可避免用管道连接所带来的流导损失。内置式冷阱与传统外置式冷阱相比其区别如表 9－2 所示。

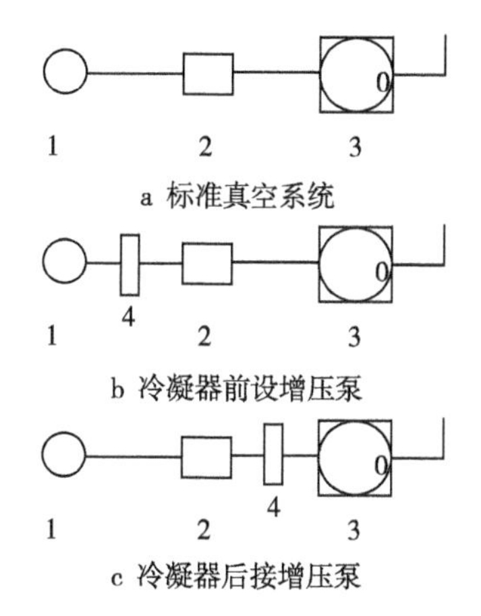

图 9－18　真空系统组成

1—干燥室　2—水蒸气冷凝器　3—真空泵　4—增压泵

表 9－2　水蒸气冷凝器不同安装方式的特点

特点	内置式	外置式
除霜与冰层厚度	只能在干燥周期末进行除霜	干燥箱可与多个冷阱连接，可轮换除霜
物料与冷阱温差	后期变小	如能适当除霜，可保持一定水平
蒸汽流动	阻力小	有一定阻力

续表

特点	内置式	外置式
设备结构	复杂	简单
生产效率	一般	如及时除霜,可有较大效率

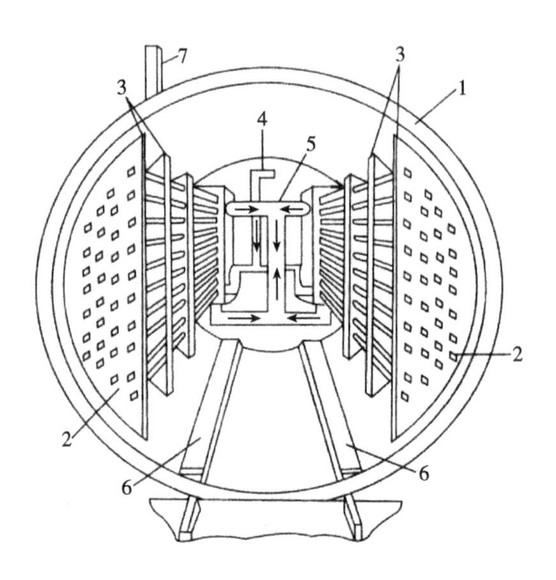

图9－19　内置列管式低温冷凝器

1—干燥箱体　2—冷凝列管　3—支撑板　4—制冷剂进口端　5—制冷剂出口端　6—产品盘架导轨　7—出口管

水蒸气冷凝器(冷阱)本质上属于间壁式热交换器,因此,其结构有列管式、螺旋管式、盘管式板式等。除了如图9－19所示的内置式冷凝器以外,低温冷凝器的外形一般呈圆筒状,具有一大一小两个管口,串联在干燥箱和真空泵之间,图9－20所示为几种低温冷凝器的结构示意图。

水蒸气冷凝器(冷阱)在运行过程中,积聚的霜应及时除去。除霜方式有间歇式和连续式两种。对于较小的冷冻干燥系统,通常在冷冻干燥周期结束后,用一定温度(常温亦可)的水来冲霜,并将其排除,然后进入下一个周期的操作。这种冲水式除霜装置投资成本低,除霜操作简便。在较大的冷冻干燥系统内安装有两组低温冷凝器,一组正常运行时,另一组则在除霜。利用切换装置,实现工作状态的转换。这种连续式除冰装置是全自动控制的,可以将冷凝器的霜层厚度控制在不超过2～3mm,从而使霜层表面的温差损失减少,降低了制冷的能耗,同时使冷凝器的能力维持恒定,使单位面积冷冻干燥能力维持最大值。

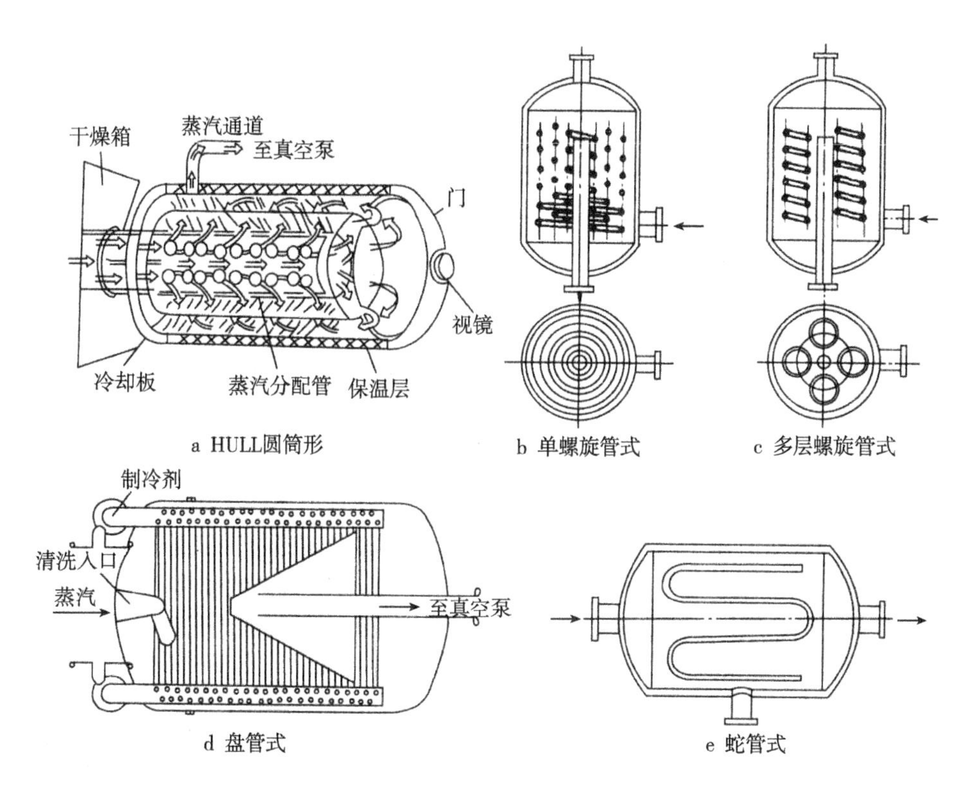

图9-20 各种低温凝结器结构示意图

9.4.2 常见冷冻干燥装置

冷冻干燥装置按操作的连续性可分为间歇式、连续式和半连续式3类，在食品工业中应用最多的是间歇式和半连续式装置。

9.4.2.1 间歇式冷冻干燥机

间歇式冷冻干燥装置有许多适合食品生产的特点，因此绝大多数的食品冷冻干燥装置均采用这类装置。

间歇式冷冻干燥装置中的干燥箱与一般的真空干燥箱相似，属盘架式。干燥箱有各种形状，多数为圆筒形。盘架可以是固定式，也可做成小车出入干燥箱，料盘置于各层加热板上。如采用辐射加热方式，则料盘置于辐射加热板之间，物料可于箱外预冻后装入箱内，或在箱内直接进行预冻。若为直接预冻，干燥箱必须与制冷系统相连接，见图9-21。

间歇式装置的优点在于：适应多品种小批量的生产，特别是季节性强的食品生产；单机操作，一台设备发生故障，不会影响其他设备的正常运行；便于设备的加工制造和维修保养；便于在不同的阶段按照冷冻干燥的工艺要求控制加热温度和真空度。

其缺点是：由于装料、卸料、启动等预备操作占用的时间长，设备利用率低；若要满足一定的产量要求，往往需要多台单机，并要配备相应的附属系统，导致设备的投资费用增加。

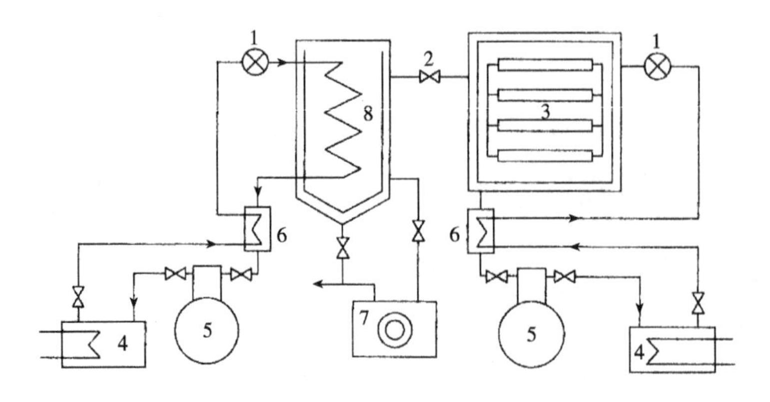

图 9-21 间歇式冷冻干燥装置

1—膨胀阀 2—水蒸气冷凝器进口阀 3—干燥箱 4—冷凝器 5—制冷压缩机
6—热交换器 7—真空泵 8—水蒸气冷凝器

9.4.2.2 半连续式冷冻干燥系统

针对间歇式设备生产能力低,设备利用率不高等缺点,在向连续化过渡的过程中,出现了多箱式及隧道式等半连续式设备。多箱间歇式设备由一组干燥箱构成,每两箱的操作周期互相交错。这样,在同一系统中,各箱的加热板加热、低温冷凝器制冷以及真空抽气均利用同一个集中系统,但每箱可单独控制。另外,这种装置也可用于同时生产不同的品种,提高了设备操作的灵活性。半连续隧道式冷冻干燥机如图 9-22 所示。升华干燥过程是在大型隧道式真空箱内进行的,料盘以间歇方式通过隧道一端的大型真空密封门进入箱内,以同样的方式从另一端卸出。这样,隧道式干燥机就具有设备利用率高的优点,但不能同时生产不同的品种,且转换生产另一品种的灵活性小。

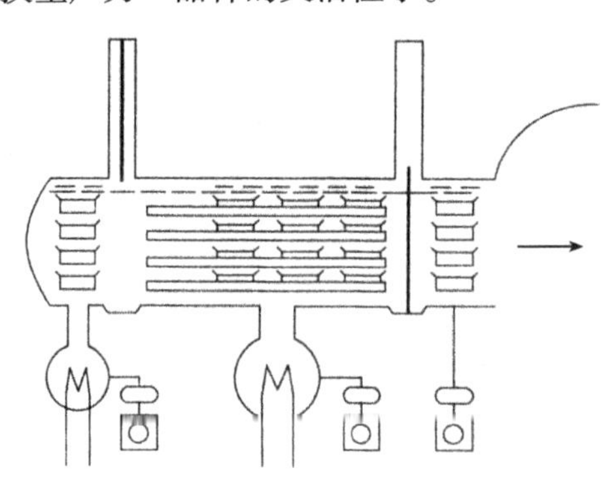

图 9-22 隧道式半连续冷冻干燥装置

9.4.2.3 连续式冷冻干燥系统

连续式冷冻干燥装置的关键是在不影响干燥室工作环境条件下连续地进出物料。根据物料状态不同可有多种实现冻干箱连续进出物料的方式。除了前面所提到的用于液体物料的喷雾冷冻连续冻干方式以外,连续式冷冻干燥装置一般均采用室外预冷冻。

在室外单体冻结的小颗粒状物料,可以利用闭风阀,送入冻干室。物料进入冻干室后在输送器传送过程中得到升华干燥,最后干燥产品也通过闭风阀出料。连续式冻干室内的物料输送装置可以是水平向输送的钢带输送机,也可以是上下输送的转盘式输送装置。加热板元件应根据具体的输送装置而设置,以使物料得到均匀的加热

图9-23所示为一使用浅盘输送装置的连续冻干系统。预冻好的原料装在浅盘上,通过空气锁连续地送入冻干室内,冻干好的物料也通过空气锁连续地将料盘送出。干燥过程大致为:装有适当厚度预冻制品的料盘从预冻间被送至干燥机入口,通过空气锁进入干燥室内的料盘升降器,每进入一盘,料盘就向上提升一层。等进入的料盘填满升降器盘架后,由水平向推送机构将新装入料盘一次性向前移动一个盘位。这些料盘同时又推动加热板间的其他料盘向前移动,干燥室内另一端的料盘就被推出到出口端升降器。出口端升降器以类似方式逐一将料盘下降,再通过出口空气锁送出室外。室外的料盘也是连续输送的。装有干燥产品的料盘由输送链送至卸料机,卸料后的空盘再通过水平和垂直输送装置送到装料工位。如此周而复始,实现连续生产。

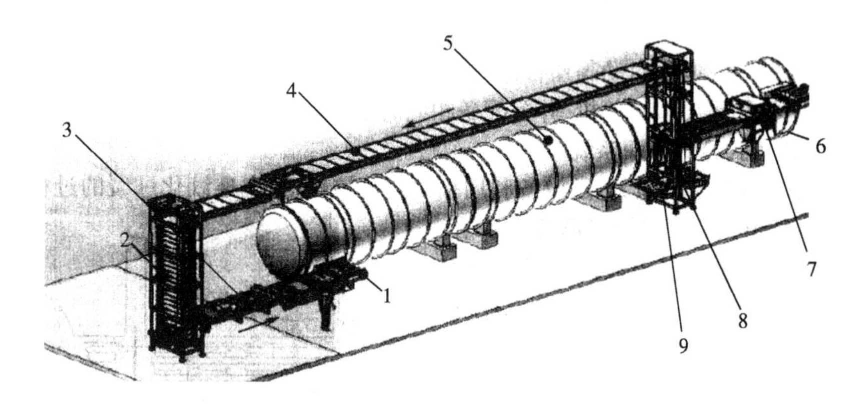

图9-23　连续式冷冻干燥装置

1—进料空气锁　2—冷室料盘升降机　3—装料点　4—空盘　5—干燥隧道　6—出料空气锁　7—料盘卸料点　8—出料端料盘升降机　9—更换料盘

连续冻干装置的优点:处理能力大,适合单品种生产;设备利用率高;便于实现生产的自动化;劳动强度低。

它的缺点是:不适合多品种小批量的生产;在干燥的不同阶段,虽可控制不同的温度,但不能控制不同真空度;设备复杂、庞大,制造精度要求高,投资费用大。

复习思考题

1. 简述喷雾干燥机理及干燥过程。
2. 简述压力喷雾干燥与离心喷雾干燥的区别。
3. 简述喷雾干燥装置主要组成设备的作用、类型与特点。
4. 简述固定床干燥、沸腾干燥、气流干燥的机理、设备类型及特点。

5. 简述冷冻干燥机理及特点。

6. 简述冷冻干燥装置的组成系统设备及作用。

7. 简述真空系统形式与特点。

第10章　浓缩设备

本章重点及学习要求：本章主要介绍单效浓缩设备和多效蒸发设备的工作原理及设备类型。通过本章学习掌握各种类型的单效浓缩设备和多效蒸发设备的设备结构特点及应用范围。

浓缩是从溶液中除去部分溶剂的单元操作，是溶质和溶剂均匀混合液的部分分离过程，旨在提高溶液的浓度。在食品工业中，常用于浓缩果汁、果酱、浓缩乳、功能食品等的生产。浓缩是一个比较复杂的过程，对其工艺流程的设计、设备的选型、制造和具体单元操作等均有较高的要求。蒸发浓缩是食品工业中使用最广泛的浓缩方法。浓缩设备随着生产发展的需要，不断改进和更新，推动了食品浓缩工艺和设备的发展，同时，其他浓缩方法如冷冻浓缩、离心浓缩、超滤浓缩等也逐步在食品工业中使用和推广。

10.1　食品浓缩的基本原理及设备分类

在食品工业中，一些液态原料或半成品，如果蔬汁液及牛奶等，一般都含有大量的水分（75%～90%），而有营养价值的物质如果糖、蛋白质、有机酸、维生素、盐类、果胶等只占5%～10%，这些物质对热敏感性很强。食品浓缩的目的是去除溶液中部分溶剂，最终获得浓度更高的目标溶液。在生产中，浓缩处理可以使储藏运输更加方便或作为其他工序的预处理步骤。浓缩过程中既要提高其浓度，又要使食品溶液的色、香、味尽可能地保存下来。

食品浓缩的主要目的有以下几个方面：

①作为干燥或完全脱水等操作的预处理，以降低产品的加工热耗、减少加工费用；

②提高产品质量，如鲜乳经浓缩再喷雾干燥，所得乳粉颗粒大，密度大，复原性、冲调性和分散性均有改善；

③提高产品的保藏性，减少了保藏费用；

④减少产品的体积和重量，便于包装和运输；

⑤用作某些结晶操作的预处理，增加结晶；

⑥用于提取果汁中芳香物质，或改变味感形成新产品。

10.1.1　食品浓缩的原理与特点

浓缩方法从原理上说分为：平衡浓缩和非平衡浓缩两种物理方法。

10.1.1.1　平衡浓缩

利用两相在分配上的某种差异而获得溶质和溶剂分离的方法，如蒸发浓缩和冷冻浓缩即属此法。

(1)蒸发浓缩 蒸发浓缩是采用浓缩设备把物料加热,使物料中易挥发部分在其沸点温度时不断地由液态变为气态,并将气化时所产生的二次蒸汽不断排除,从而使制品的浓度不断提高,直至达到浓度要求。蒸发浓缩时,当物料在一定温度、压力条件下汽—液平衡时,水分(溶剂)和固形物(溶质)由于挥发性能不同,而在汽—液两相中分配不同,从而使液相中固形物含量增高,进而达到浓缩的目的。

(2)真空蒸发浓缩 真空蒸发浓缩设备是食品工厂生产过程中最主要设备之一。它利用真空蒸发或机械分离等方法来达到物料浓缩。目前,为了提高浓缩产品的质量,广泛采用的真空蒸发浓缩一般是在18.8KPa低压状态下,以蒸汽间接对料液加热,使其在低温下沸腾蒸发。这样物料温度低,且加热所用蒸汽与沸腾料液的温差增大。在相同条件下,真空蒸发浓缩比常压蒸发速率高,可减少料液营养成分的损失,并且可利用低压蒸发作为蒸发热源。

在预热蒸发压力相同情况下,真空蒸发时,其溶液沸点低,传热温差增大可相应减少蒸发器的传热面积;可以蒸发不耐高温的溶液,特别适用于食品生产中的热敏性料液的蒸发;可以利用低压蒸汽或废蒸汽做加热剂;操作温度低,热损失较少;对料液起加热杀菌作用,有利于食品保藏。但也存在一些不足之处,由于真空浓缩,必须有抽真空系统,从而增加附属机械设备及动力;由于蒸发潜热随沸点降低而增大,所以热量消耗较大。

(3)冷冻浓缩 冷冻浓缩是将溶液中一部分水以冰的形式析出,并将其从液相中分离出来,从而使溶液浓缩的方法。利用水溶液之间的固—液相平衡原理,使低于共熔点浓度的溶液冷却,其结果使得溶剂(水)呈晶体(冰晶)析出,再将冰晶与母液分离后,即得到增浓的溶液。

冷冻浓缩特别适用于浓缩热敏性液态食品的浓缩,具有操作温度低、气液界面小、微生物增值少、溶质劣化及挥发性芳香成分损失可控制在极低水平等优点。冷冻浓缩的制品或直接作为成品,或作为冷冻干燥过程的半成品使用。

蒸发和冷冻浓缩,两相都是直接接触的,故称平衡浓缩。

10.1.1.2 非平衡浓缩

利用半透膜来分离溶质和溶剂的过程,两相用膜隔开,因此分离不是两相的直接接触,故称非平衡浓缩。利用半透膜的方法不仅可以分离溶质和溶剂,而且还可以分离各种不同大小的溶质,因此,统称为膜分离。膜浓缩设备本质上是膜分离技术。

食品浓缩可以采取真空蒸发浓缩设备、冷冻浓缩设备和膜浓缩设备等。目前,食品工业使用最广泛的浓缩设备是真空蒸发浓缩设备。

10.1.2 浓缩设备的分类及特点

蒸发浓缩设备一般由蒸发器(具有加热界面和蒸发表面)、冷凝器和抽气泵等部分组成。由于各种溶液的性质不同,蒸发要求的条件差别也很大,因而蒸发浓缩设备的形式有很多,按不同的分类依据可分成不同类型。

10.1.2.1　根据蒸发面上的压力分为

(1)常压蒸发浓缩设备　溶剂汽化后直接排入大气,蒸发面上为常压,如夹层锅、麦芽汁煮沸锅、常压熬糖锅等。其设备结构简单、投资少、维修方便,但是蒸发速率较低。

(2)真空蒸发浓缩设备　溶剂从蒸发面上气化后进入负压状态,其优点如原理部分所述,且速度较快。

10.1.2.2　真空蒸发浓缩设备的分类

真空浓缩设备的类型有很多,一般可根据下列方法分类。

(1)根据加热蒸汽被利用的次数分为　单效浓缩设备、多效浓缩设备、带有热泵的浓缩设备。

食品工厂的多效浓缩设备,一般采用双效、三效,有时还带有热泵装置,效数增多有利于节约热能,但设备投资费用增加,所以对效数的确定,必须全面的分析、综合考虑。

(2)根据料液蒸发时的分布状态分为　薄膜式和非膜式。

薄膜式:料液在蒸发时被分散成薄膜状,具有蒸发面积大、热能利用率高、水分蒸发速度快等特点,但结构比较复杂。其主要有升膜式、降膜式、片式、刮板式和离心式薄膜蒸发器等。

非膜式:在蒸发时,料液在蒸发器内聚集在一起,只是翻滚或在管中流动形成大蒸发面。非膜式蒸发器可分为,盘管式浓缩器和中央循环管式浓缩器等

(3)根据料液的流程分为　循环式(又有自然循环与强制循环两种)和单程式。一般循环式比单程式热利用率更高。

10.2　单效浓缩设备

这类设备是使料液在管壁上分散成液膜的形式流动,从而大大增加了蒸发的面积,提高蒸发浓缩效率。此类设备按照液膜形成的方式可以分为自然循环液膜式和强制循环模式;按照液膜的运动方向可分为升膜式、降膜式和升降膜式蒸发器。

10.2.1　单效膜式蒸发浓缩设备

10.2.1.1　单效升膜式蒸发器

(1)设备结构　单效升膜式浓缩设备,属于加热式自然循环式液膜浓缩器,该设备主要由加热器、分离器、雾沫捕集器、水力喷射器、循环管5部分组成。

加热器为一垂直竖立的长圆形容器,内有许多竖直长管,加热管直径一般为30~50mm,其长径比100~300,长管加热器的壳体应考虑热应力对结构的影响,需采用浮头管板或在加热器壳体上加膨胀节,有时也可采用套管办法来缩短管长。

(2)工作原理　如图10-1所示,料液由加热管底部进入,加热蒸汽在管间传热及冷凝,将热量传给管内料液。管内料液的加热和蒸发分3个部分。

① 最底部:管内完全充满料液,热量主要靠对流传递。

② 中间部:料液加热沸腾迅速汽化,所产生二次蒸汽及料液高速上升。

③ 最高部:由于膨胀的二次蒸发而产生强的上升力,料液沿管内壁成膜状上升不断被加热蒸发,并以较高的速度进入蒸发分离器,在离心力作用下与二次蒸汽分离。二次蒸汽从分离器顶部排出。

操作时,要很好的控制进料量,使之能形成液膜又不会发生管壁结焦现象。一般经过一次浓缩的蒸发水汽量不能大于进料量的 80%。如果进液量过多,加热蒸汽不足,则管的下部积液过多,会形成液柱上升而不能形成液膜,失去液膜蒸发的特点,使传热效果大大降低;如果进液过少,则发生管壁结焦现象。

另外,料液最好预热到接近沸点状态进入加热器体,这样可增加液膜在管内的比例,从而提高沸腾和传热系数。

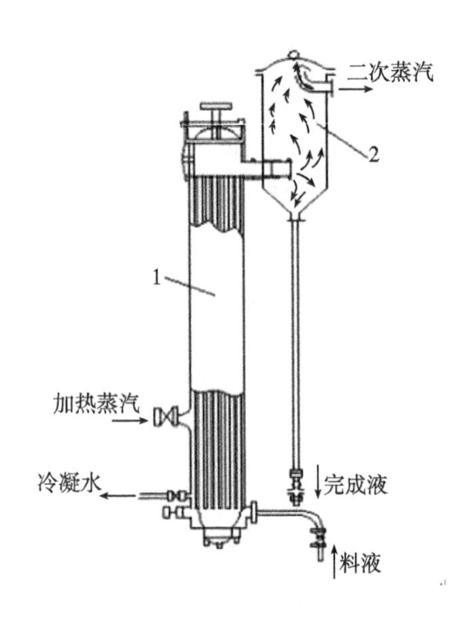

图 10-1　升膜式蒸发器

1—蒸发器　2—分离室

(3)特点　这种蒸发器的优点是占地面积小,传热效率高,蒸发速度快,料液受热时间短,适于热敏性料液的蒸发浓缩,由于高速的二次蒸汽具有良好的破沫作用,故适于易起泡料液,料液薄膜在管内上升时要克服重力和管壁摩擦力,故不适用于黏度较大的溶液。

缺点是一次浓缩比不大,操作时进料量需要很好的控制,进料过多不易成膜,过少则易断膜干壁,影响产品质量。在食品工业中用于果汁及乳制品的浓缩,一般组成双效或多效流程使用。

10.2.1.2　单效降膜式蒸发器

(1)设备结构　与升膜式蒸发器一样,都属于自然循环的液膜式蒸发设备,具有传热效率高,受热时间短的特点,其结构形式有锯齿式、导流棒式、旋液导流式等多种,适合于果汁及乳制品的生产。

结构上与升膜式相似,主要由分配室、料液分布器、加热室和分离室构成。降膜式蒸发器一般加热管的直径采用 φ30 ~ 50mm,管壁厚为 1.5 ~ 2mm。加热管的长度,根据设备的型式而定,因经蒸发后,流下的液体基本达到需要的浓度,所以管子要有足够的长度,才能保证传热效果,一般管长取6 ~ 8m。

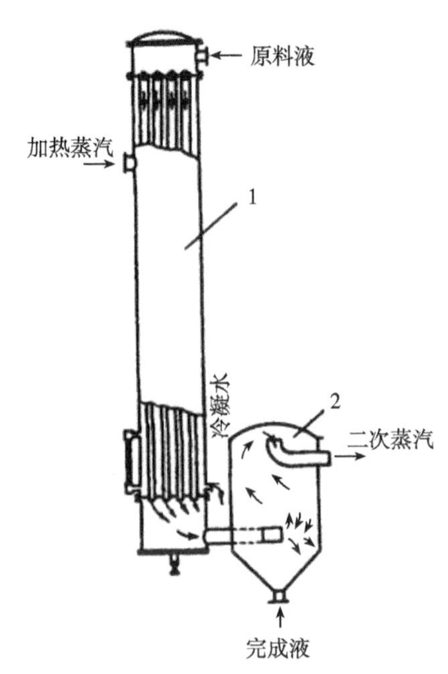

图 10-2　降膜式蒸发器

1—加热室　2—分离室

(2)工作原理　图 10-2 所示,其料液从加热器顶部加入,在重力作用下,通过料液分布器均匀分布在每根加热管中，沿管内壁成液膜状向下流动。二次蒸汽与浓缩液一般并流而下，液膜被加热蒸汽加热蒸发，汽体迅速脱离加热面（液膜），由于加热蒸汽与料液的温差较大，所以传热效果好，汽液进入蒸发室后进行分离，二次蒸汽由顶部排出，浓缩液由底部抽出。

要使降膜蒸发器高效的操作，最关键的就是使料液均匀分布于各加热管中，而不产生偏流。料液分布器型式有很多种，按其作用原理可分为三类：一是利用导流管（板）；二是利用筛板或喷嘴；三是利用旋液喷头。

图 10－3 是几种常用的液体分布器。图 10－3a 的导流管是有螺旋形沟槽的圆柱体；图 10－3b 的导流管下端椎体端面向内凹入，以免液体再向中央聚集；图 10－3c 具有锯齿形缘口的导流管，利用加热管上端管口的齿缝来分流液体；图 10－3d 是喷雾型分布器，料液经泵加压后再经喷嘴喷成均匀液滴。

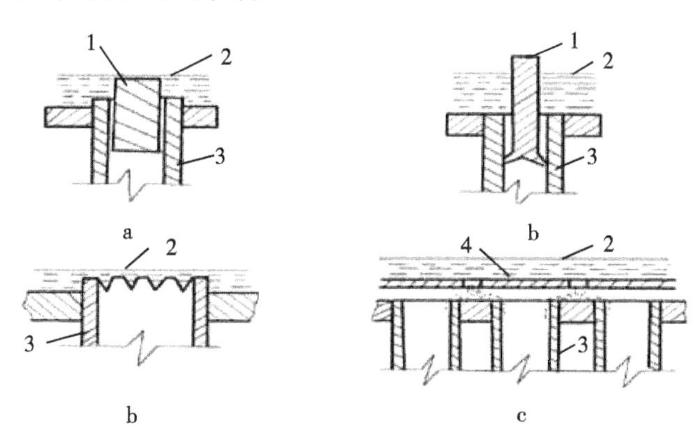

图 10－3　降膜式蒸发器液体分布装置

1—导流管　2—液面　3—传热管　4—分配板

（3）特点

①优点：物料受热时间仅 2min 左右，故适于热敏性物料的浓缩；物料停留时间短（4～5s），更能保证产品质量，更适宜黏度较大的料液浓缩；管壁生成的气泡易脱离加热面，故传热效果好，受热均匀，且垢层生成慢；采用热泵，热能经济，冷却水消耗减少，但蒸汽稳定压力需要较高。

②缺点：每根加热管上端虽有分配器，但由于液面变化，影响薄膜形成及厚度变化，甚至会使加热管内表面暴露而结焦；液量必须控制足够大且均匀，否则易蒸干，降低传热效果；加热管较长，若结焦则清洗困难，不适于高浓度或黏稠性物料的浓缩；生产过程中不可随意中断，否则易结垢或结焦。

10.2.2　单效真空蒸发浓缩设备

循环管式浓缩机主要由蒸发浓缩锅、冷凝器以及抽真空装置组成，料液进入浓缩锅后加热蒸汽对溶液进行加热浓缩，二次蒸汽进入冷凝器冷凝，不凝气体由抽真空装置抽出，使整个装置处于真空状态。目前果汁、果酱及炼乳等生产中大量使用。

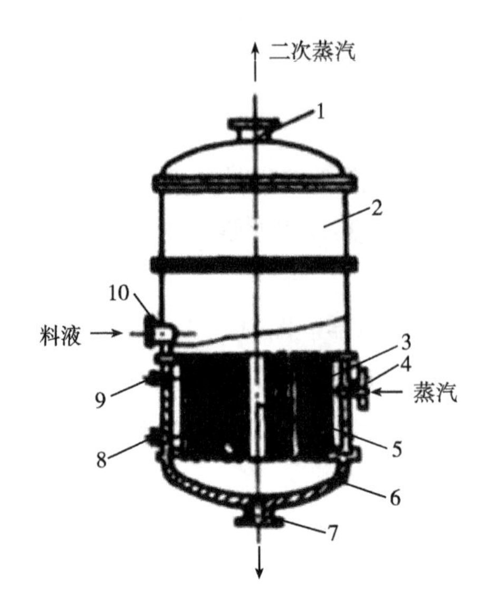

图 10－4　中央循环管式蒸发器

1—二次蒸汽出口　2—蒸发室　3—加热室　4—加热蒸汽进口　5—中央循环管　6—锅底
7—料液出口　8—冷凝水出口　9—不凝气出口　10—料液进口

10.2.2.1　中央循环管式蒸发器

中央循环管式浓缩机，又称标准式蒸发器，如图 10－4 所示，主要由加热器体和蒸发分离室两部分组成，料液经过竖式的加热管面进行加热，由于传热产生重度差，形成了自然循环，液面上的水汽向上部负压空间迅速蒸发，从而达到浓缩的目的。

加热器体的主要部分是加热室，它由沸腾加热板和上下管板组成，在管束中央有一根直径较大的管子，称为中央循环管，其截面积一般为总加热管束截面积的40%～100%。以保证蒸发浓缩时料液很好的循环；沸腾加热管多采用直径 25～75mm 的管子，长度一般为 0.6～2m，材料为不锈钢或其他耐腐蚀材料。

蒸发室是加热室上部的圆筒体，它的作用是保证汽液能很好的分离。料液经加热后汽化，必须具有一定高度和空间，二次蒸汽上升，溶液经中央循环管下降，如此保证料液不断循环和浓缩。蒸发室必须具有一定高度，否则二次蒸汽会夹带少量料液微粒而造成损失，在多效浓缩时还会将下效加热室弄脏，降低次效的传热效果。一般为加热管长的 1.1～1.5 倍。

在蒸发室外侧有视镜、人孔、洗水、照明、仪表等装置。在顶部有捕集器，以分离二次蒸汽可能夹带的汁液，有利于提高次效浓缩锅的传热效果，减少料液损失。捕集器顶部与二次蒸汽排出管相连。

这种浓缩锅优点是：结够简单、操作方便、传热效果好、锅内液面易于控制、投资费用较少；缺点是：清洗检修较麻烦、黏度大时循环效果很差、循环速度低、且因料液循环使蒸发器中溶液浓度总是接近于完成液浓度，黏度较大，影响传热效果。

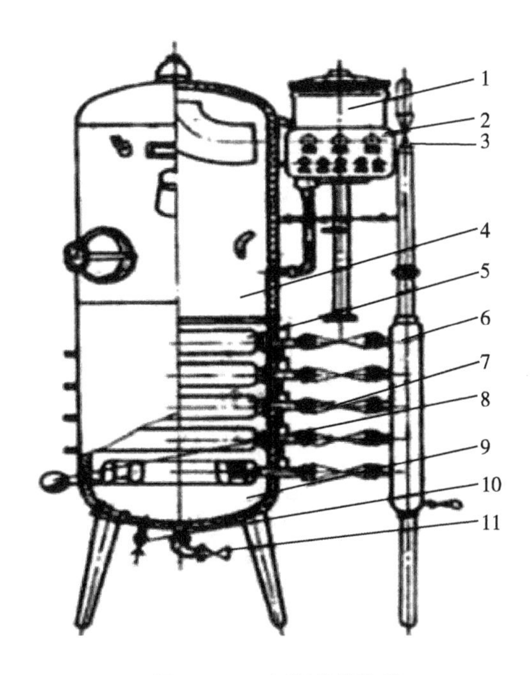

图10－5　盘管式蒸发器

1—气液分离器　2—仪表箱　3—总气阀　4—上锅体　5—加热管盘　6—汽包　7—分气阀
8—疏水器　9—下锅体　10—取样旋塞　11—放料旋塞

10.2.2.2　盘管式蒸发器

它是生产炼乳和果汁食品厂使用的一种单效浓缩设备。该设备主要由加热盘管、蒸发室、冷凝器、雾沫分离器、抽真空装置、进出料阀和各种控制仪表组成，其结果如图10－5所示。

该设备锅体为立式圆柱体，两端为半圆形封头，锅体上部空间为蒸发室，下部空间为加热室，加热室底部装有3～5组加热盘管，分层排列，每层1～3圈，各组盘管分别有蒸汽进口及冷凝水出口，盘管的进出口排列有两种，如图10－6所示。该设备的雾沫分离器采用离心式，装在浓缩锅的上部外旁，分离器中心装有立管和水力喷射泵（抽真空装置），工作时，借泵的动力将水压入喷嘴，由于喷水断面积缩小，在喷嘴处形成真空，吸入二次蒸汽与冷水一起排出。

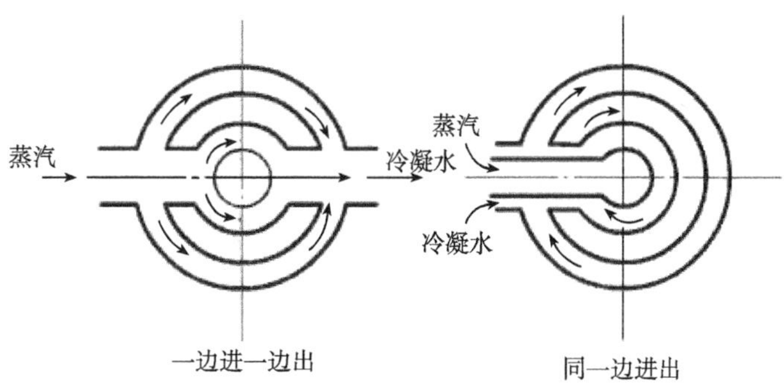

图10－6　盘管的进出口布置

由于管段较短，盘管中温度也均匀，冷凝水能及时排出，这样传热面利用率较高。过去管盘的截面多为圆形的，影响罐内料液自然对流，目前多采用扁平椭圆形截面，如图 10 -7 所示，这种截面使料液的自然对流阻力较小且易于清洗。

这种浓缩锅在开始操作时，应待料液浸没盘管后，才能开蒸汽阀门，当液面降低盘管露出时，应立即关闭蒸汽阀。在正常操作时应控制进料量，使其蒸发速度与进料量相等，保持罐内一定液位。

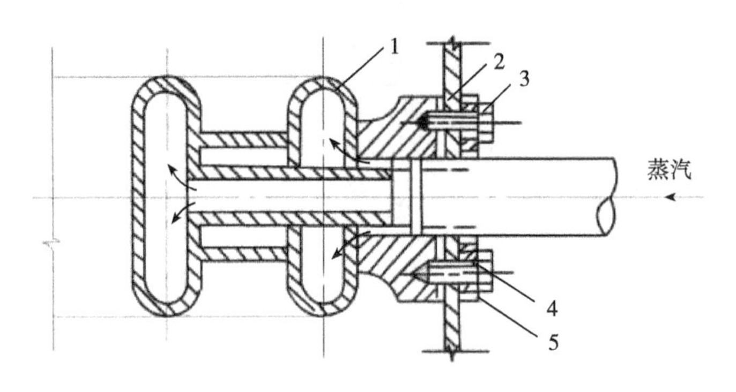

图 10 -7　盘管剖视图

1—盘管　2—浓缩锅避　3—螺栓　4—填料　5—法兰

设备工作时，物料由进料管进入锅内，加热蒸汽在盘管内对管外物料进行加热，物料受热盘管壁面处的物料达到沸点时即使水分汽化，此时二次蒸汽高速上升，并带着受热后体积膨胀、密度减少的物料一起上升，而冷却物充补原位置，这样在加热盘管和锅内壁间的物料反复循环达到浓缩的目的。当浓缩锅内物料浓度经检测达到要求时，即可停止加热，打开锅底出料阀出料。该设备是连续进料，间接出料。

该设备优点是结构简单，操作方便，传热系数较高、蒸发速度快，适合黏度较大的料液浓缩；缺点是传热面积小，料液循环差，盘管表面易结垢，间歇出料不能连续操作。

10.2.2.3　夹套加热带搅拌蒸发器

带搅拌的夹套式蒸发器如图 10 -8 所示，由上锅体、下锅体、分离器、水力喷射器等组成。下锅体底部有夹套，内通蒸汽加热，下锅体内装有横轴式搅拌器。上锅体内设有料孔、视镜、照明、仪表及气液分离器等装置。

操作开始时，先通入加热蒸汽赶出锅内空气，然后再启动抽真空装置，造成锅内真空，然后打开进料阀门使料液进入锅内，达到容量要求后，开启蒸汽阀门和搅拌器，在搅拌器作用下锅内壁表面被加热的物料层不断更换，使水分蒸发。蒸发产生的二次蒸汽由水力喷射泵抽走，以保证真空状态。经过检验，达到所需浓度时即可解除真空状态出料。

它的优点是结构简单，操作控制容易，缺点是传热面积有限，受热时间较长，生产能力低，不能连续使用。它适用于浓料液和黏度大的料液增浓，如果酱、牛奶等。

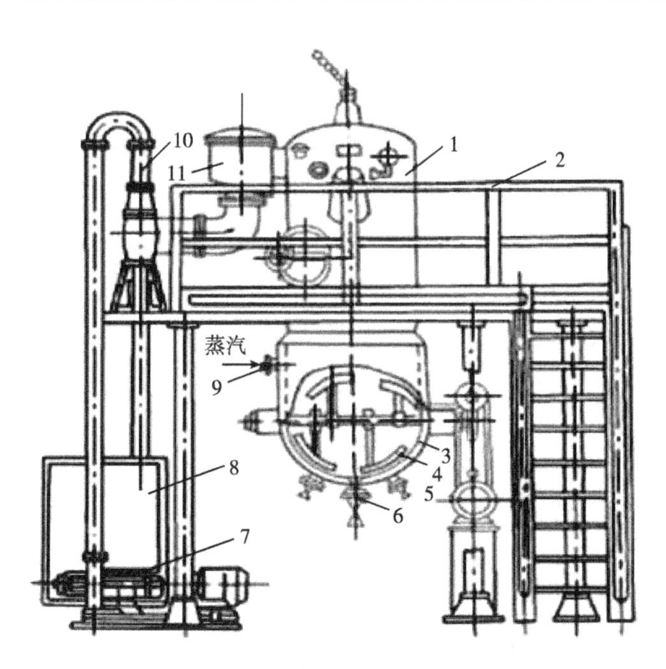

图 10－8 夹套加热带搅拌蒸发器

1—上锅体 2—支架 3—下锅体 4—搅拌器 5—减速箱 6—进出料口 7—多级离心泵 8—水箱 9—蒸汽入口 10—水力喷射器 11—气液分离器

10.3 多效浓缩设备

在食品生产中往往为了降低蒸汽的消耗量,充分利用二次蒸汽的热量来完成单效蒸发达不到的浓缩目的,而采用多效蒸发。由几个蒸发器相连接,以生蒸汽加热的蒸发器为第一效,利用第一效产生的二次蒸汽加热的蒸发器为第二效,依此类推,这种装有多个蒸发器及附属装置的浓缩设备,称为多效蒸发浓缩设备。

10.3.1 多效浓缩的原理与流程

10.3.1.1 多效浓缩的原理

多效蒸发浓缩,是指将前一个蒸发器产生的二次蒸汽当做加热蒸汽引入后一个蒸发器。实施多效蒸发浓缩的条件是各效蒸发器中的加热蒸汽的温度或压强要高于该蒸发器中二次蒸汽的温度和压力,即前后两者之间存在温差,才能使引入的加热蒸汽起加热作用,后一蒸发器实际上成为前一蒸发器的冷凝器。

在多效蒸发操作中,蒸发温度是逐级降低的。其多效的操作压力是自动分配的,且逐效降低。因此对真空蒸发浓缩来说,整个系统中压力的递减分配取决于末效真空度的保持。在多效操作中,第一效的压力高于大气压。但在多数食品蒸发中,第一效加热蒸汽的压力为大气压或略高于大气压。

10.3.1.2 多效浓缩的流程

根据原料的加入方式的不同,多效真空浓缩设备的流程大致可以分为以下几种,即顺流、逆流、平流、混流和有额外蒸运用的操作流程。

(1)顺流(图10-9) 顺流又称并流,这种流程为工业上常用的一种多效流程,其是指蒸汽和料液的流动方向相同,均从第一效到末效。顺流流程的优点是,在蒸发室内,由于压力依次递减,因此料液在各效间流动不需用泵,利用压差供料,料液的沸点也依次递减,因此当前效料液进入后效时,在降温的同时可放出其显热,供一小部分水分汽化,增加蒸发器的蒸发量。这种流程的缺点是,料液浓度依效次序递增,而加热蒸汽的温度依效次序递减,故当溶液黏度增加较大时,使传热总系数减少,而影响蒸发器的传热速率,给末效蒸发增加了困难,需增加末效传热面积。但它对于浓缩热敏性食品是有利的。

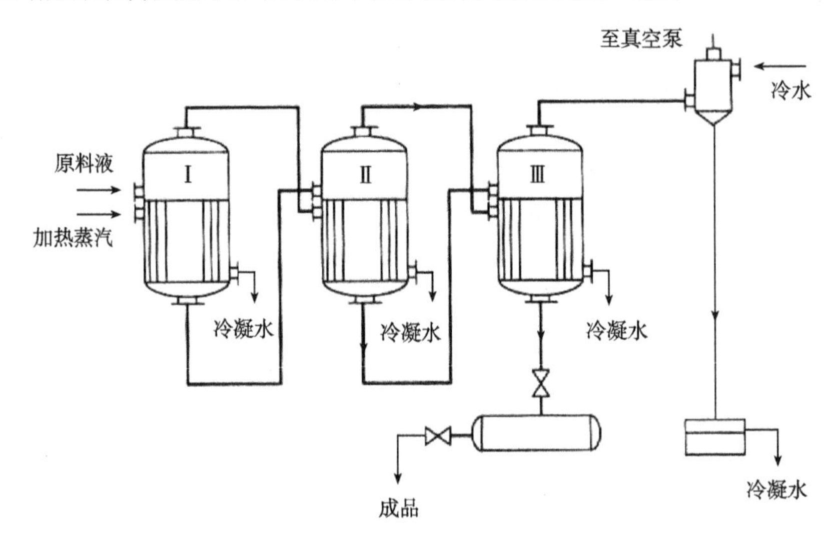

图10-9 顺流多效浓缩设备流程简图

(2)逆流(图**10-10**) 逆流是指料液与蒸汽流动方向相反。原料液由最后一效进入,依次用泵送入前效,最后浓缩制品从第一效排除,而蒸汽仍为由第一效依次至末效。这种流程的优点是,随着料液向前效流动,料温和蒸发温度越来越高,温差较稳定,有利于提高传热效率,浓度温度的提高使料液黏度较稳定,有利于其循环。但需要注意高温加热面上浓溶液的局部过热有引起结焦和营养物质破坏的危险。其缺点是各效间料液流动要用泵输送,使能量消耗增大。与顺流相比,水分蒸发量稍减,热量消耗多。另外,料液在高温操作的蒸发器内的停留时间较顺流为长,对热敏性食品不利。该法适于溶液黏度随着浓度的增高而剧烈增加的溶液,但不适于增高温度而易分解的溶液。

(3)平流(图**10-11**) 平流是指原料液分别加入各效加热器进行浓缩,浓缩后的浓缩液分别从各效放出。加热蒸汽仍是从第一效通入,二次蒸汽则顺序通入各效以至末效。因此从各效蒸发器得到的浓缩液浓度相同,并且二次蒸汽的热量能得到充分利用。此法只用于在蒸发浓缩操作进行的同时有晶体析出的场合,比如食盐溶液的浓缩。该法对结晶操作较易控制,并省掉了黏稠晶体悬浮液的效间泵送。

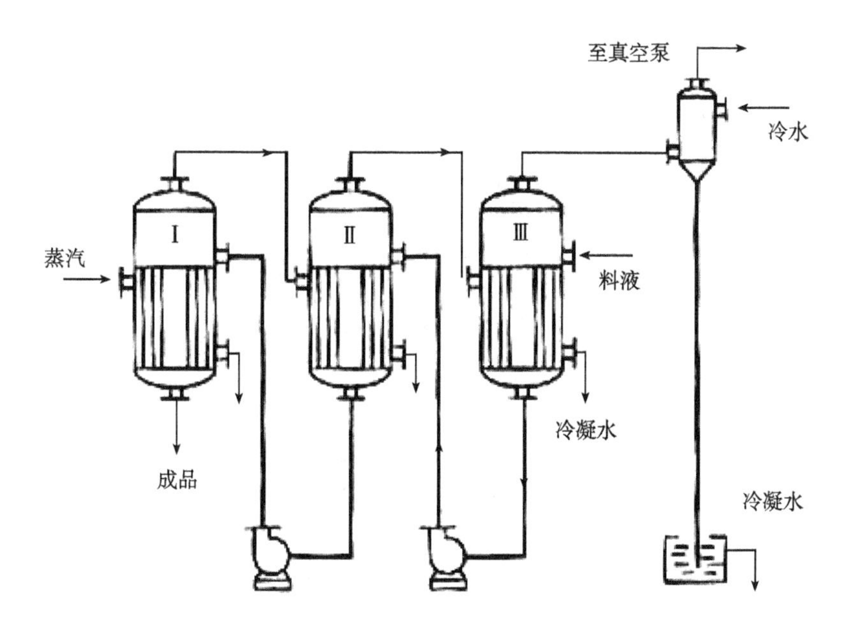

图10-10 逆流多效浓缩设备流程简图

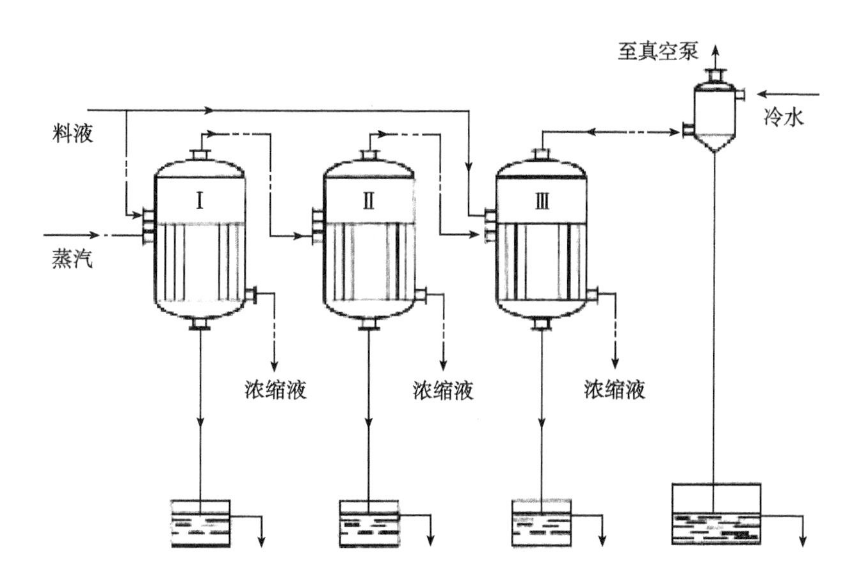

图10-11 平流多效浓缩设备流程简图

(4)混流(图10-12) 对于效数多的蒸发浓缩设备操作也有顺流和逆流并用的,有些效间用顺流,有些用逆流。而混流可起协调顺流和逆流优缺点的作用,对于黏度极高的料液很有用处,特别是在料液黏度随浓度增大而显著增加的场合下。

(5)额外蒸气运用(图10-13) 根据生产情况,有时在多效蒸汽流程中,将某一效的二次蒸汽引出一部分用作预热蒸发器的进料,或其他与蒸发无关的加热过程,其余部分仍进入第一效作为加热蒸汽。这种中间抽出的二次蒸汽,称为额外蒸汽,这种方法能够提高热能的利用率。

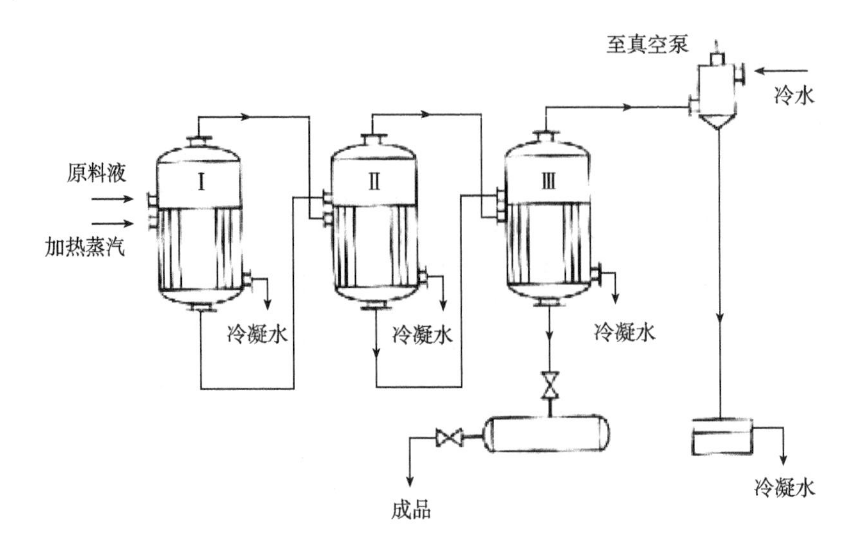

图 10－12　混流多效浓缩设备流程简图

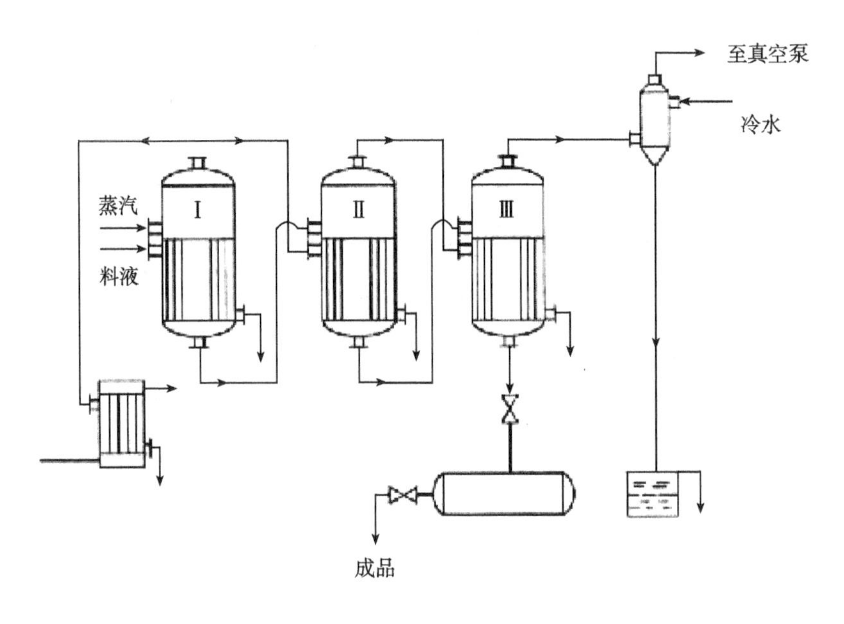

图 10－13　有额外蒸汽的多效设备流程简图

10.3.1.3　多效浓缩的效数

多效浓缩中所采用的效数是受到限制的,因原因大致如下:

①实际耗气量大于理论值。由于汽化潜热随着温度降低而增大,并且效间存在热损失,因此,总热损随着效数的增加而增加;

②设备费用增加。多效浓缩虽可节约蒸汽,但蒸发设备及其附属设备的费用却随着效数的增加而成倍的增加,当增加至不能弥补所节约的燃料费用时,效数就达到了极限;

③蒸发器有效传热温差的极限。随着效数不断增加,每效分配到的有效温差逐渐减小。

10.3.2 多效真空浓缩设备

10.3.2.1 双效升膜式浓缩设备

(1)工作原理 该设备工作时,物料自第一效加热器的下部进入蒸发管中,由于管外蒸汽的加热及真空的诱导作用,使物料沿加热管上升,并在上部空间加热汽化、蒸发,被二次蒸汽夹带的料液滴经分离器分离后,由回流管回入第一效加热器的底部,当第一效的物料到达预定的浓度时,可部分进入第二效加热器的底部再进行循环蒸发,当到达出料浓度时,即可连续地将其抽出。正常操作后,进料量必须等于各效蒸发量及出料量之和。

第一效的二次蒸汽部分作为第二效的热源外,其余将通过2台热泵升温后作第一效的热源,第二效的二次蒸汽则由混合式冷凝器冷凝。抽真空系统采用双级蒸汽喷射装置,也可以改用常用的抽真空装置。

(2)设备结构及特点 双效升膜式浓缩设备又分为单程式和循环式两种。单程式结构基本上与单效升膜式浓缩设备相类似,仅多配置了一台热泵,加热管长度较单效长。料液自第一效加热器底部进入,受热蒸发,经第一效分离器分离后,便自行进入第二效,经蒸发达到预定浓度时便可出料。一效的二次蒸汽,一部分经热泵升温后作第一效的热源,另一部分直接进入二效作为热源。在该设备中,料液经加热管表面只一次,不进行循环。

循环双效升膜式浓缩设备与此不同,系属内循环式,其结构如图10-14所示。

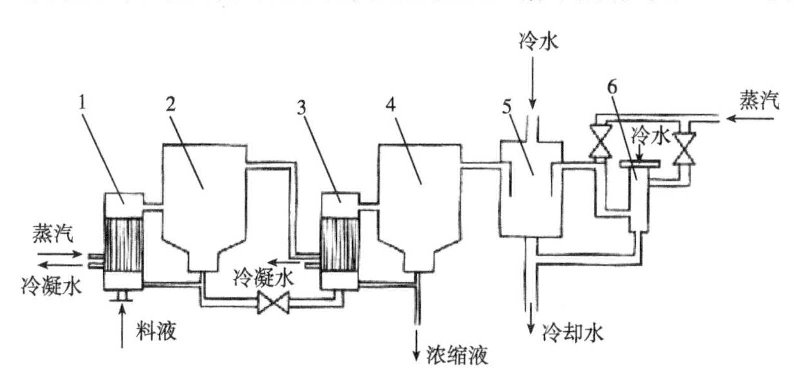

图10-14 双效升膜式浓缩设备

1—第一效加热器 2—第一效分离器 3—第二效加热器 4—第二效分离器
5—混合式冷凝器 6—中间冷凝器

该设备主要由一效和二效的加热器、一效和二效的分离器、混合式冷凝器、中间冷凝器、热泵、蒸汽喷射泵及各种液体输送泵组成。其加热器分别由一定数量直径较小的加热管及直径较大的循环管所组成。

特点:

①由于二次蒸汽能够加以利用,故而能降低能量的消耗量,还能降低冷却水的消耗量;

②物料的受热时间比单程式设备长,但适宜于浓度较高的物料浓缩;

③可以连续生产,生产能力较大,而且清洗也比较方便;

④热泵及各级蒸汽喷射嘴易磨损,且均需784KPa以上的生蒸汽,在实际生产中难以做

到稳压供气。

(3)典型设备流程 设备流程见图 10-15。

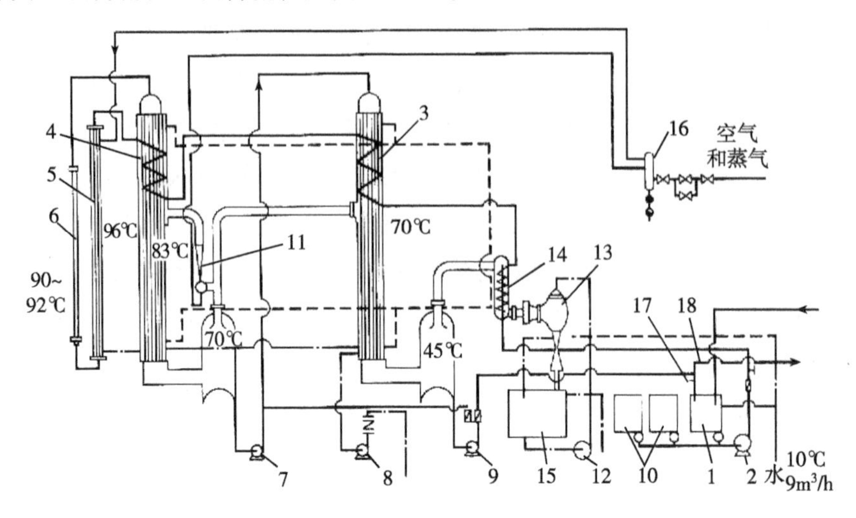

图 10-15 RP_6K_7型顺流式双真空降膜浓缩设备流程

1—平衡槽 2—进料泵 3—二效蒸发器 4—一效蒸发器 5—预热器 6—保温管 7—料液泵 8—冷凝水泵 9—出料泵 10—酸碱洗涤液储槽 11—热压泵 12—冷却水泵 13—水力喷射器 14—料液预热器 15—水箱 16—分汽包 17—回流阀 18—出料阀

10.3.2.2 双效降膜式浓缩设备

(1)工作原理 该设备工作时,料液自平衡槽经进料泵送至位于混合式冷凝器内的螺旋管预热,再经置于一效及二效加热器蒸汽夹层内的螺旋管再次预热,然后进入列管式杀菌器杀菌和保温管达到预定浓度后,由强制循环的物料泵送至二效加热器的顶部连续不断地抽出,若浓度不符合要求,则由出料泵送回至二效加热器顶部继续蒸发。

操作时,只要进料量与蒸发量、浓缩液的抽出量保持一致,则其浓度不难控制。至于加热、冷凝、抽真空系统等与双效升膜式浓缩设备相同。

(2)设备结构及特点 双效降膜式浓缩设备属单程式设备,其结构如图 10-16 所示,该设备主要由一效及二效的加热器和分离器、料液预热器、料液杀菌器、混合式冷凝器、中间冷凝器、热泵、各级蒸汽喷射泵及料泵、水泵等部分组成,全为不锈钢材料制成,在一效和二效加热器的顶部进料处,分别装有喷头、分配器,以使料液均布于各加热器。

特点:

①物料受热时间短,从进料至出料仅需 3 分钟左右,故适用于热敏性物料的浓缩;

②设备布局合理,外形美观,热能利用经济,且冷却水的消耗量也较少;

③设备体积庞大,占地面积大,设备投资费用较大;

④料液所经管路较长,特别是料液经过的置于冷凝器和加热器夹层内的螺旋状预热管内易产生污垢,一旦结焦则无法进行彻底清洗;

⑤置于冷凝器内的预热管可回收一部分热量,且相应可减少冷却水的消耗量,但置于加热器夹层内的预热管使结构趋于复杂;

⑥该设备易结焦,若结焦后靠一般常用浓度的酸碱液循环清洗,也难以清洗干净;

⑦每班实际有效时间短,生产效率低,且加热管较长,清洗比较麻烦。

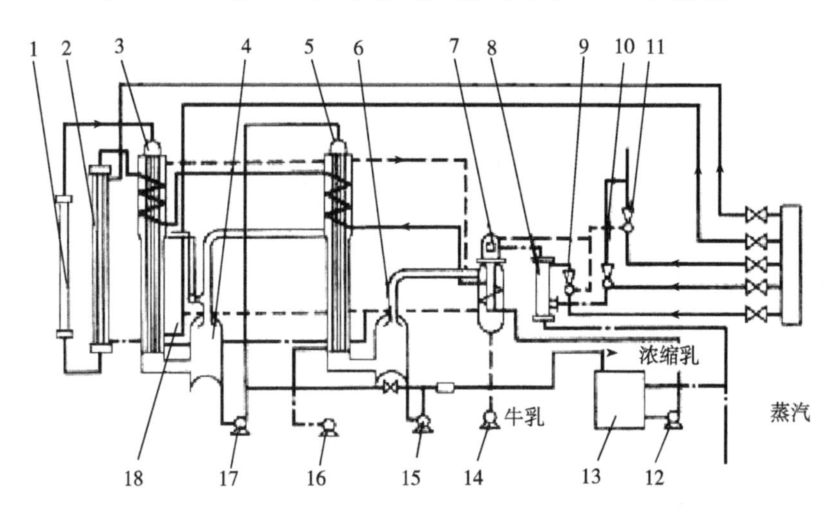

图10-16　双效降膜式浓缩设备

1—保温管　2—杀菌器　3—第一效加热器　4—第一效分离器　5—第二效加热器　6—第二效分离器　7—冷凝器　8—中间冷凝器　9——级气泵　10—二级气泵　11—蒸汽泵　12—进料泵　13—平衡泵　14—冷却水泵　15—出料泵　16—冷凝水泵　17—物料泵　18—热压泵

10.3.2.3　三效降膜式浓缩设备

(1)组成和流程　全套设备包括第一、二、三效蒸发器、第一、二、三效分离器、直接式冷凝器、料液平衡槽、热压泵、液料泵、水泵和双级水环式真空泵等部分,如图10-17所示。

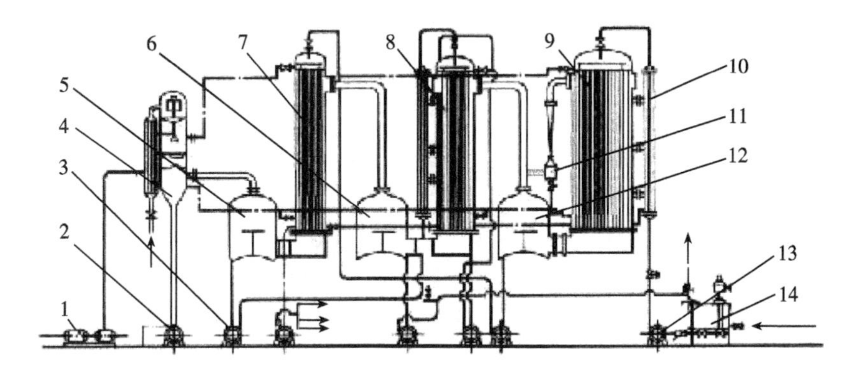

图10-17　三效真空降膜浓缩设备

1—水环式真空泵　2—水泵　3—料液泵　4—冷凝器　5—第三级分离器　6—第二效分离器　7—第三效蒸发器　8—第二效蒸发器　9—第一效蒸发器　10—预热器　11—热压泵　12—第一效分离器　13—进料泵　14—平衡槽

工作流程是料液自料液平衡槽,靠料液进料泵、经预热器先进入第一效蒸发器,通过受热降膜蒸发,引入第一效分离器,被初步浓缩的料液,有第一效分离器地部排出,经料液循环泵送入第三效蒸发器,再被浓缩并经第三效分离器分离后,通过料液出料泵送入第二效蒸发器,最后经第二效分离器和料液出料泵排出浓缩成品。生蒸汽先进入第一效蒸发器,对管内料液加热后,经预热器再对未进蒸发器的料液进行预热,然后成为冷凝水由水泵排出;第一效分离器所产生的二次蒸汽除部分引入第二效蒸发器作为第二效蒸发水分的热源外,其余部分利用热压泵增压后,再做为第一效蒸发器的热源;第二效分离器所产生的二次蒸汽,引入第三效蒸发器作为蒸发水分的热源;第三效分离器产生的二次蒸汽则导入冷凝器,冷凝后由水泵排出。各效蒸发器中所产生的不凝结气均进入冷凝器,由水环式真空泵排出。

(2)用途与特点 这种设备适用于牛乳等热敏性料液的浓缩操作,其特点如下:

①采用真空降膜蒸发,料液受热时间短,蒸发温度低、产品质量好;

②三效蒸发,并配有热压泵和预热器,节省蒸汽和冷却水用量,每蒸发 1kg 水仅需蒸汽约 0.267kg,冷却水 7kg,比单效蒸发器节约蒸汽 76%,比双效蒸发器节约蒸汽 46%;

③操作稳定,清洗方便,符合食品卫生要求;

④连续生产,处理量较大;

⑤主要技术参数 处理鲜乳量为 3600 ~ 4000kg/h;蒸发温度:第一效 70℃,第二效 57℃,第三效 44℃;进料浓度为 12%(总乳固体含量);出料浓度为 48%(总乳固体含量);蒸汽消耗量为 800kg/h;冷却水消耗量 21t/h(以进水温度 16℃,排水温度 38℃计);电动机总功率为 25kW。

10.3.2.4 四效降膜式浓缩设备

如图 10-18 所示为一混流式四效降膜真空浓缩设备流程,用于牛乳的杀菌预浓缩。牛乳首先经预热后进行杀菌,然后顺序经由第四效、第一效、第二效和第三效蒸发器进行浓缩。其中采用了多个蒸发器夹套内的预热器,并增设有内蒸冷却器用于牛乳杀菌后的降温。二次蒸汽的冷凝采用效率较高的混合式冷凝器。

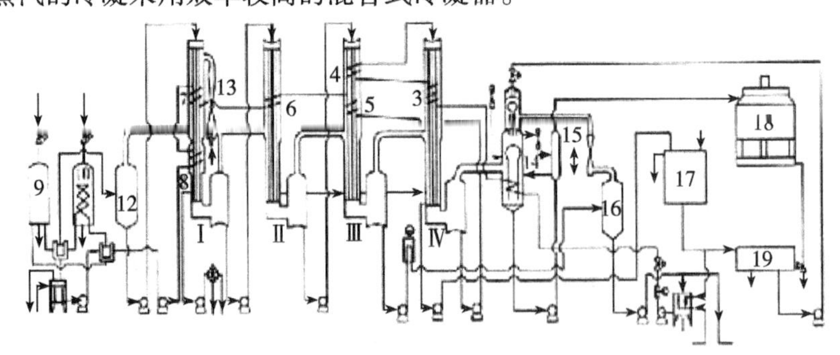

图 10-18 四效降膜式真空浓缩设备流程

1—平衡槽 2~7—预热泵 8—直接加热式预热泵 9、10—高效加热器 11—高效冷却器 12—闪蒸罐 13—热泵 14—两段式混合换热冷凝器 15—蒸空罐 16—浓缩液闪蒸冷却罐 17—冷却罐 18—冷却塔 19—冷却池

10.3.2.5 食品工业中其他典型的真空蒸发浓缩设备流程

(1)双效板式真空浓缩设备流程(如图10-19)

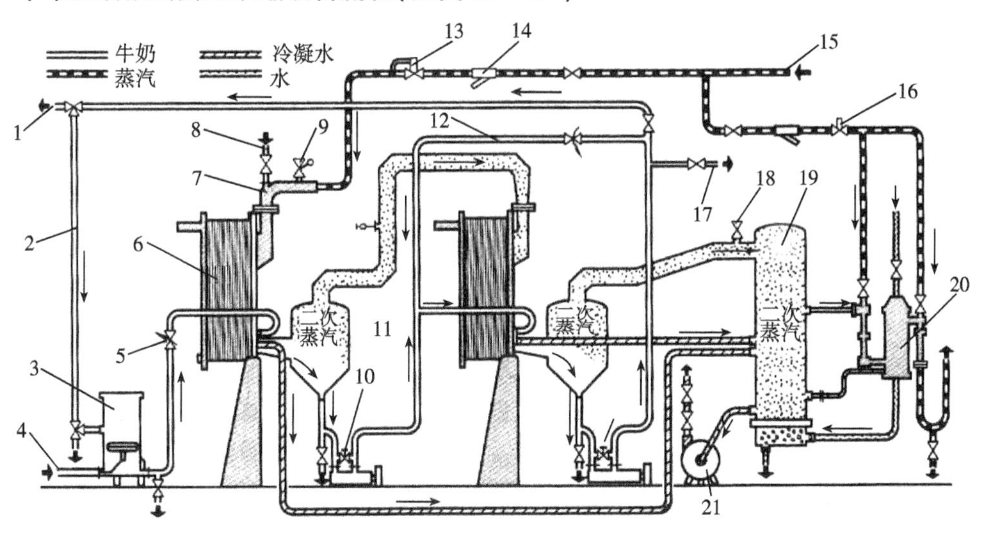

图10-19 双效板式真空浓缩设备流程

1—浓缩奶出口 2—循环管 3—平衡槽 4—原料奶进口 5—控制阀 6—板式蒸发器 7—喷射泵 8—过热水进口 9—安全阀 10—回流阀 11—分离器 12—循环管 13—减压阀 14—过滤器 15—蒸汽进口 16—减压阀 17—取样水进口 18—真空调节阀 19—分离器 20—冷凝器 21—水泵

(2)离心式薄膜蒸发浓缩系统(如图10-20)

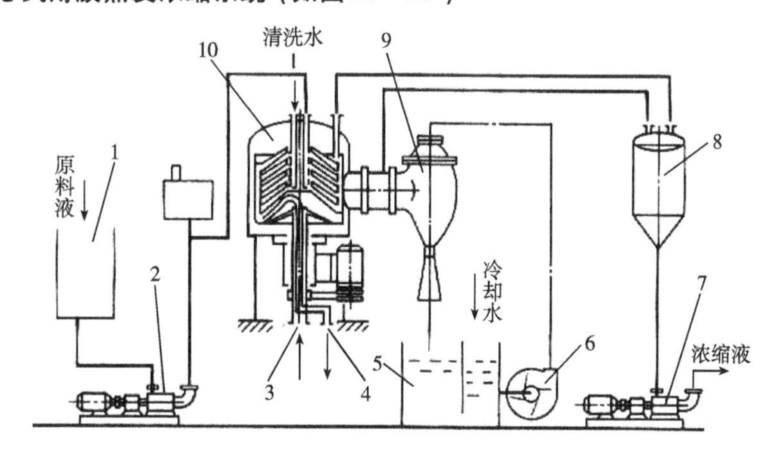

图10-20 离心式薄膜蒸发浓缩系统

1—平衡泵 2—进料螺旋泵 3—加热蒸汽进口 4—冷凝水进口 5—水箱 6—离心水泵 7—出料螺旋杆 8—浓浓缩液贮罐 9—水力喷射泵 10—离心薄膜蒸发器

10.4 冷冻浓缩设备

冷冻浓缩是利用冰与水溶液之间的固—液相平衡原理的一种浓缩方法,是使溶液中一部分水以冰的形式析出，并将其从液相中分离出去从而使溶剂减少使溶液浓度增加。冷冻浓缩特别有利于热敏性食品的浓缩。

10.4.1 冷冻浓缩的原理与特点

由于溶液中水分的去除不是利用加热蒸发的方法，而是靠从溶液到冰晶的相际传递，所以避免挥发性芳香成分的损失。为了更好的使操作时形成的冰晶不含有溶质，分离时又不夹带溶质，结晶操作要尽量避免局部过冷，在这种情况下冷冻浓缩就发挥它独特的优越性。

水溶液均有如图 10－21 所示平衡关系，利用冰与水之间固液相平衡原理，使低于低共熔点浓度的溶液冷却，其结果表现为溶剂（水）呈晶体（冰晶）析出；将冰晶与母液分离后，即得到增浓的溶液。这就是冷冻浓缩的基本原理。

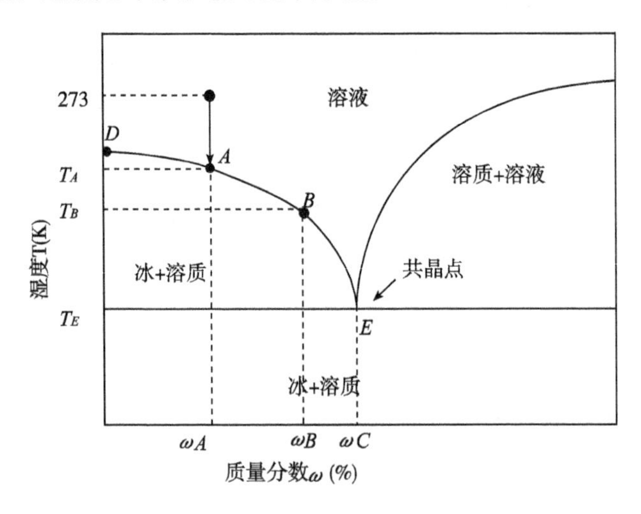

图 10－21 冷冻浓缩原理

冷冻浓缩主要有两大优点：

① 由于是低温下对溶液的浓缩，因此对热敏性物料，尤其是食品物料的浓缩非常有利；

② 冷冻浓缩中溶剂水的排除靠从溶液到冰晶的相际传递，可避免低沸点芳香物质成分因挥发造成损失。因而含挥发性芳香物质的食品采用冷冻浓缩，其品质优于蒸发法和膜浓缩法。

冷冻浓缩主要缺点：

① 加工后还需冷冻或加热等方法处理，以便保藏；

② 晶液的分离技术要求高，且溶液的黏度越大，分离越困难，冰晶夹带损失也越大；

③ 浓缩过程中不可避免的损失，且成本较高。

10.4.2 冷冻浓缩设备

冷冻浓缩主要包括料液冷却结晶与浓缩液分离两部分，其装置系统也主要由结晶设备和分离设备两部分组成。

结晶设备主要包括管式、板式、搅拌夹套式、刮板式等热交换器，以及真空结晶器、内冷转鼓式结晶器、带式冷却结晶器等设备；冷却结晶设备实现两个功能：冷却除去结晶热和进行结晶。冷却用的结晶器有直接冷却式和间接冷却式两种。直接冷却式可利用部分蒸发的水分，也可利用辅助冷媒蒸发的方法。间接冷却式是利用间壁将冷媒与被加工料液隔开的方法。

分离设备有压滤机、过滤式离心机、洗涤塔以及由这些设备组成的分离装置等。通常采用的压榨机有水力活塞压榨机和螺旋压榨机。压榨机只适用于浓缩比 *Bp/Bf* 接近于 1 的场合。

10.4.3　冷冻浓缩设备的装置系统

将冷冻结晶装置与冰晶悬浮液分离装置有机地结合在一起，便可构成冷冻浓缩装置系统。对于不同的原料，冷冻浓缩的装置系统及操作条件也不相同，但大致可分为两类：单级冷冻浓缩和多级冷冻浓缩。后者在制品品质及回收率方面优于前者。

10.4.3.1　单级冷冻浓缩装置系统

单级冷冻浓缩装置系统一次性使料液中部分水分结成冰晶，然后对冰晶悬浮液分离，得到冷冻浓缩液。图 10－22 是一种单级冷冻浓缩系统示意图。原料罐中稀溶液首先通过循环泵输入到刮板式热交换器，在冷媒作用下冷却生成冰晶，然后进入再结晶罐。溶液主体温度介于该冰晶体系的大小晶体平衡温度之间，小冰晶融化大冰晶开始成长。结晶罐下部有个过滤网，将浓缩液一部分过滤为浓缩产物排出系统，另一部分与进料液再循环冷却结晶。未通过滤网的大冰晶进入活塞式洗涤塔洗涤后再循环冷却结晶，融化的冰水由系统排出。

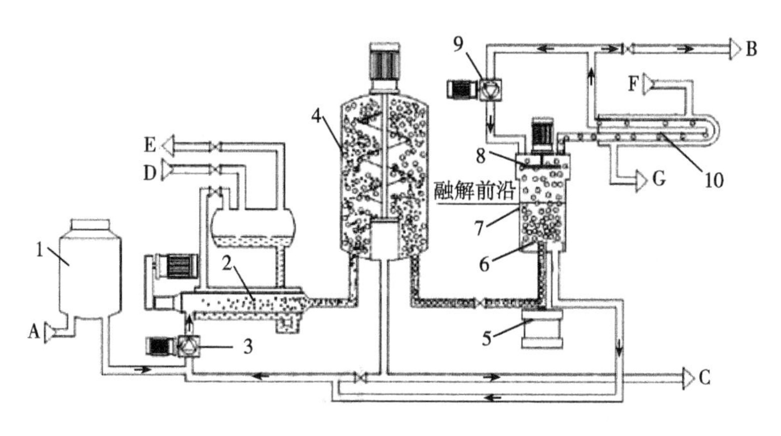

图 10－22　单级冷冻浓缩系统示意图

1—原料罐　2—利板式热交换器　3、9—循环泵　4—再结晶罐

5—液压装置　6—多孔板活塞　7—冰洗涤柱　8—刮冰搅拌器　10—融冰加热器

A—原料液　B—冰水　C—浓缩液　D—制冷剂液　E—制冷剂蒸汽　F—制冷剂蒸汽　G—制冷剂液

10.4.3.2 多级冷冻浓缩系统

多级冷冻浓缩系统是指将上一级浓缩液作为下级原料进行再浓缩的一种冷冻浓缩装置。图 10-23 所示为一个三级逆流冷冻浓缩系统。原料液进罐后与从洗涤塔排出的稀溶液混合后由泵抽出，与第三极结晶罐中抽出的一部分溶液混合后，通过三级旋转刮板冻结器冷却成过冷液，进入三级成熟管，再次形成大冰晶悬浮液，分离后沉于下层。浓缩液一部分与进料液混合后在本层进行冻结，另一部分由泵送至第二层结晶。第二层、第三层与第一层工作原理基本类似，但二级成熟罐上层冰晶料浆由螺旋输送器送至下级成熟罐，第一级浓缩液有部分作为终浓缩物形式输出系统。

如图 10-23 所示，三台刮板式冻结器使用的制冷剂蒸发温度是相同的，但通过对系统中泵循环流量的调节，可以保证此三个冻结器出来有不同的过冷度的液体，且第一级最低，依次递增。而三级浓缩液浓度则与温度刚好相反，第一级浓度最高，依次递减。

当溶液中所含溶质浓度低于低共溶浓度时，温度再降低时溶剂（水）就会成晶体，溶液的浓度就会增加，从而达到浓缩的目的。冷冻浓缩的方法特别适用于浓缩热敏性液态食物、生物制药、要求保留天然色香味的高档饮料及中药汤剂等。随社会发展的需要，制冷设备价格的大幅下降和可靠性的大幅度提高，大大促进了冷冻浓缩工艺的应用。

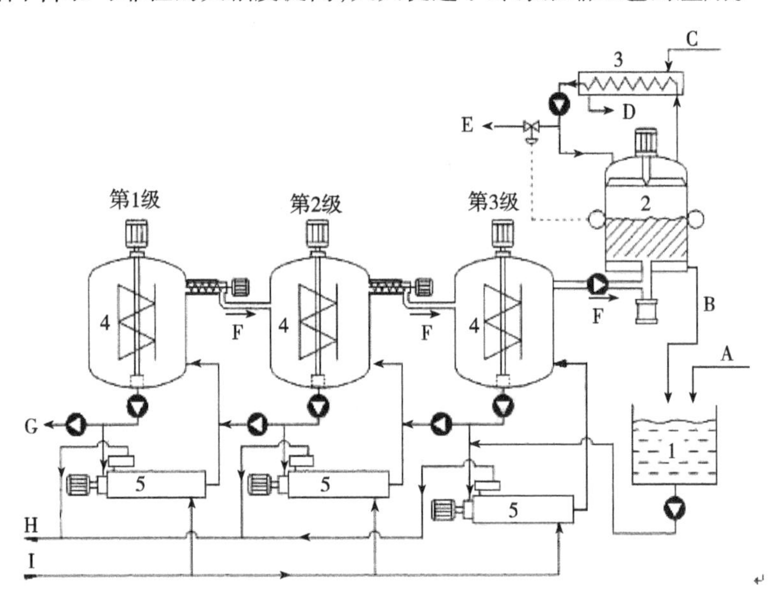

图 10-23　三级逆流冷冻浓缩系统

1—进料罐　2—洗泽塔　3—融冰加热器　4—成熟罐　5—旋转刮板式冻结器

A—进料　B—体代液体　C—高压制冷剂蒸汽　D—制冷剂冷凝液

E—溶化冰水　F—水晶悬浮液　G—浓缩液　H—低压制冷剂气体　I—低压制冷剂液低

10.5 浓缩设备的选择

食品料液的性质对浓缩过程影响较大,必须根据物料的特性,按不同需要具体选择,在选用浓缩设备时必须予以考虑的物料特性有以下几个方面。

(1)结垢性 有些溶液在受热后,会在加热面上形成积垢,从而增加热阻,降低传热系数,严重影响蒸发效能,甚至因此而停产。所以,对于容易形成积垢的物料应采用有效地防垢措施,比如采用流速较大的蒸发设备或其他强制循环的蒸发设备,用高流速来防止积垢生成或采用电磁防垢、化学防垢等措施,也可采用方便清洗加热室的蒸发设备。

(2)热敏性 对热过程很敏感,受热后会引起产物发生化学变化或物理变化而影响产品质量的性质称为热敏性。如发酵工业中的酶是生物大分子的蛋白质,加热到一定温度,持续一定时间即会变性而丧失其活力,因此酶液只能在低温短时受热的情况下进行浓缩,才能保留活性。又如番茄酱在温度过高时,会改变色泽和风味,使产品质量降低。这些热敏性物料的变化与温度和时间均有关系,若温度较低,变化很缓慢;温度虽然很高,但受热时间很短,变化也有可能会很小。因此,食品工业中常用低温蒸发或在较高温度下的瞬时受热蒸发来解决热敏性物料蒸发过程的特殊要求。一般选用各种薄膜式或真空度较高的蒸发浓缩器。

(3)发泡性 有些溶液在浓缩过程中,会产生大量气泡。这些气泡易被二次蒸汽带走,进入冷凝器,一方面造成溶液的损失,增加产品的损耗,另一方面污染其他设备,严重时会造成无法操作。所以,起泡性溶液蒸发时,要降低蒸发器内二次蒸汽的流速,以防止发泡的现象,或在蒸发器的结构上考虑消除发泡的可能性。同时要设法分离回收泡沫,一般采用管内流速很大的升膜式蒸发器或强制循环式蒸发器,用高流速的气体来冲破泡沫。

(4)结晶性 有些溶液在浓度增加时,会有晶粒析出,大量结晶沉积则会妨碍加热面的热传导,严重时会堵塞加热管。若使含有结晶的溶液正常蒸发,则需要选择带有搅拌装置的或强制循环蒸发器,利用外力使结晶保持悬浮状态。

(5)黏滞性 有些溶液浓度增大时,黏度也随之升高,使流速降低,传热系数也随之减小,生产能力下降,故对黏度较高或经加热后黏度会增大的料液,不宜选用自然循环型,而应选用强制循环型、刮板式或降膜式浓缩器。

(6)腐蚀性 蒸发腐蚀性较强的料液时,应选用防腐蚀材料制成或更换方便的设备,使腐蚀部分易于定期更换。如柠檬酸液的浓缩采用石墨加热管或耐酸搪瓷夹层蒸发器等。

以上是根据溶液的特性作为选择和设计蒸发浓缩设备的依据,具体选择时还要全面衡量,使满足如下几点要求:

(1)满足工艺要求,如溶液的浓缩比,浓缩后的收得率,保持溶液的特性。

(2)传热效果好,传热系数高,热利用率高。

(3)动力消耗要小,如搅拌动力或真空动力消耗等。

(4)易于加工制造,维修方便,既要节省材料、耐腐蚀,又要保证足够的机械强度。

复习思考题

1. 简述食品浓缩的目的有哪些?
2. 在选用食品浓缩设备时应考虑哪些因素?
3. 简述标准式蒸发器的工作过程
4. 试比较升降膜式蒸发器得优缺点
5. 简述多效浓缩的原理及多效真空浓缩设备的流程?
6. 试说明双效升膜式浓缩设备各主要部件的名称及作用。
7. 冷冻浓缩设备系统一般有哪些部分构成? 各部分起什么作用?

第11章　冷冻机械与设备

本章重点及学习要求：本章主要介绍机械压缩制冷基本原理及制冷剂；机械压缩制冷系统的基本设备及设备的主要类型、特点及作用；食品冻结方法及食品速结装置的主要类型、结构与适用场合；常见食品解冻方法、设备及特点。通过本章学习掌握机械压缩制冷系统的设备特点及应用；食品速冻装置的特点及应用。

冷冻技术是研究低温的产生和应用，以及在低温条件下生物化学等机理变化的科学技术，包括制冷设备及保温围护结构等内容。通常温度高于－100℃时为一般冷冻，低于－100℃为深度冷冻。在食品厂速冻加工、冷藏、冷冻；啤酒厂的发酵；加工生产车间空气调节等等都需要冷冻。食品工业采用的冷冻温度一般分为：冷藏温度－18℃、速冻温度－25℃，多采用压缩式单级制冷系统。

随着制冷工业的发展，制冷技术已渗透到人们生活及生产中，像空调工程、食品工程、医疗卫生事业以及核工业中都离不开制冷设备，尤其食品行业，对于易腐食品从采购、加工、储藏、运输到销售的全部流通过程中，需要保持稳定的低温环境，达到延长和提高食品的质量的目的。这就需有各种制冷设施形成加工冷链，如冷加工设备、冷冻冷藏库、冷藏运输车或船、冷藏售货柜台等。

11.1　制冷原理

低温是相对于环境温度而言的，通常热量从高温物体传向低温物体，会对外界作功，称为卡诺循环。而热从低温物体传向高温物体，则需要消耗能量，称为逆向卡诺循环。制冷是逆向卡诺循环过程，制冷是利用机械方法将被冷却物体中的热量移向周围介质（水或空气），使物体温度降低，且低于周围介质的温度，并能保持一定的温度。制冷机械是以消耗机械功或其他能量来维持某一物料的温度低于周围自然环境温度的设备。

制冷方法一般是利用液体汽化吸热实现制冷目的，在利用液体汽化制冷的方法中，为了使液体汽化的过程连续进行，必须不断地从容器中抽走蒸汽，再不断地将液体补充进去，通过一定的方法把蒸汽抽走，并使它凝结成液体后再回到容器中，就能满足这一要求。从容器中抽出的蒸汽，如果直接凝结成液体，所需冷却介质的温度比液体的蒸发温度还要低，而我们希望蒸汽的冷凝过程在常温下实现，因此需要将蒸气的压力提高到常温下的饱和压力。这样，制冷工质将在低温、低压下蒸发，制取冷量后再在常温、高压下，向环境或冷却介质放出热量。制冷工质在制冷机中循环，周期地从被冷却物体中取得热量，并传递给周围介质，同时制冷工质也完成了状态变化的循环，实现这个循环必须消耗能量。

利用液体汽化方法的制冷循环由制冷工质汽化(蒸发)、蒸汽升压、高压蒸汽的液化(冷凝)和高压液体降压(节流)四个基本过程组成。蒸汽压缩式制冷、吸收式制冷、喷射式制冷都是根据上述原理工作的。唯一不同的是蒸汽升压的方式不同。

11.1.1 压缩式制冷

压缩式制冷系统如图 11-1 所示。蒸汽压缩制冷系统由压缩机、冷凝器、节流阀和蒸发器四大部分构成密闭系统,制冷剂在其中循环,实现制冷。制冷循环过程中低压制冷剂在蒸发器中等压蒸发,在压缩机中通过消耗机械功使制冷剂蒸汽被绝热压缩到冷凝压力,然后压缩后的蒸汽在过饱和状态下进入冷凝器中,因受到冷却介质(水或空气)的冷却而等压凝结成饱和液体,并放出热量,由冷凝器出来的制冷剂液体,经膨胀阀进行绝热膨胀到蒸发压力,温度降到与之相应的饱和温度。此时已成为汽液混合物;然后再次进入蒸发器等压蒸发。制冷剂气体被压缩机吸入压缩、冷凝为液体、节流降压、蒸发形成一个循环过程,使蒸发器内介质的温度降低,这就是压缩式制冷的过程。

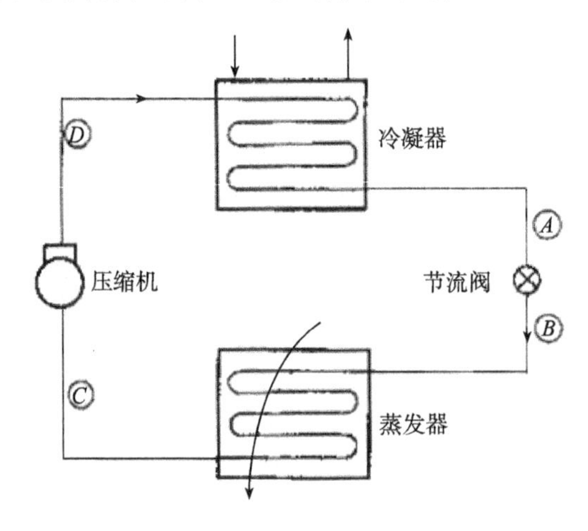

图 11-1 蒸汽压缩机工作原理图

压缩式制冷具有制冷系数大、单位制冷量大等特点,广泛使用于冷冻、冷藏、冰箱、空气调节器。压缩式制冷机机型众多、制冷温度 -150 ~ 5℃、单机制冷量 100W 至数千余瓦。但机械压缩,存在运动噪声、磨损等缺点。

11.1.2 吸收式制冷

吸收式制冷循环是由消耗热能(蒸汽,热水等)来工作的。吸收式制冷系统如图 11-2 所示。吸收式制冷系统组成与压缩式制冷循环系统相似,具有冷凝器、节流装置、蒸发器,而高压蒸汽的生成是由发生器代替压缩机。发生器由加热器和吸收装置组成。在吸收式制冷机中,使用两种循环工质即制冷剂与吸收剂。如制冷剂采用氨则吸收剂为水;制冷剂采用水则吸收剂为溴化锂。

吸收式制冷循环工作过程:浓度高的制冷剂送入发生器内,在发生器中用蒸汽加热,吸收热量后使浓度高的制冷剂蒸发。发生器中出来的蒸汽进入冷凝器,由冷却水带走热量,使蒸汽冷凝。冷凝后的制冷剂经过节流阀进入蒸发器,并向被冷却物质吸取热量。制冷剂的蒸汽从蒸发器出来后,进入吸收器,被经过节流阀而来的稀制冷剂吸收,吸收时放出的热量传给冷却水。稀的制冷剂又变为浓的制冷剂,经过溶液泵送入发生器,形成了制冷循环。

氨吸收制冷应用于工业已很久,但都是以蒸汽为热源,利用太阳能度热为热源是发展方向。用空气度热制冷时,溴化锂制冷机比氨水制冷机更适合,因为前者结构简单,占地面积小,热力性能好,但它的制冷温度必须大于0℃。

吸收式制冷循环是由消耗热能(蒸汽,热水等等)来工作的,加热器可使用多种热源,无机械传动部分。但制冷效率低、设备结构复杂。吸收式制冷制冷温度在0℃以上,常用于空气调节及冷水制备设备

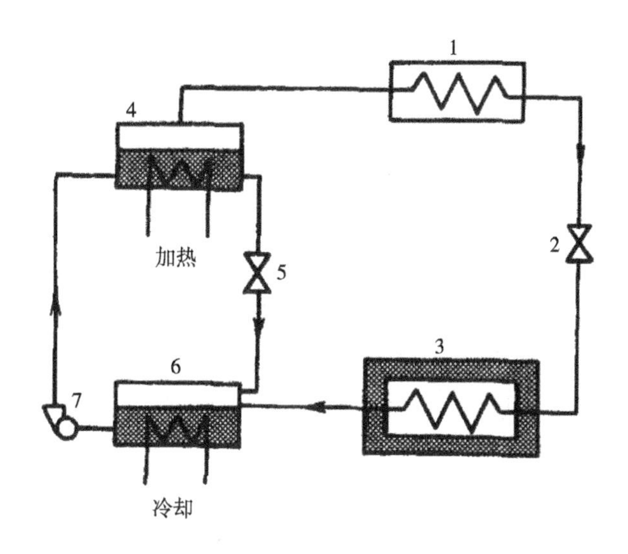

图 11－2　吸收式制冷工作原理图

1—冷凝器　2—节流阀　3—蒸发器　4—发生器　5—溶液节流阀　6—吸收器　7—溶液泵

11. 2　制冷剂

11.2.1　制冷剂要求

制冷剂是制冷机中的工作流体,是制冷系统中实现制冷循环的工作介质。它在蒸发器中对外输出冷量(即在低温下吸收热量),在冷凝器中放出热量,起着热量传递的媒介作用,常用的制冷剂有氨、氟利昂等。

制冷剂在循环中,各种制冷剂的一个共同特征是它们的临界温度较高,在常温及普通低温下能够液化。在食品加工中,由于制冷机的大小、构造、材料和工作状况与制冷剂的性质有密切关系,所以在进行压缩制冷时,必须慎重选用适合于操作条件的制冷剂。

(1)热力学上的要求:

①在工作温度范围内有合适的压力和压力比,即在要求的蒸发温度下其蒸发压力不低于大气压力,避免制冷系统的低压部分出现负压,使外界空气窜入制冷机系统中,影响制冷

剂的性质或加剧对设备材料的腐蚀或引起其他一些不良后果(如燃烧、爆炸等);冷凝压力不要过高,以免设备过分笨重;冷凝压力与蒸发压力之比也不宜过大,以免压缩终了的温度过高或使往复活塞式压缩机的输气系数过低。

②制冷剂的临界温度要高,至少要高于一般冷却水的温度,即可以在冷凝器内液化。

③压缩机压缩的终了温度不要太高,以免润滑油黏性下降,造成润滑条件恶化,甚至润滑油结焦、碳化或制冷剂自身在高温下分解。

④制冷剂的汽化潜热应尽可能地大,蒸气容积小,循环量减少,即单位制冷能力大。

⑤导热系数和散热系数大,以提高热交换器的传热效率。

(2)物理化学上的要求:

①制冷剂对金属不应有腐蚀作用。

②其比重和黏度要小,使制冷剂循环流动阻力小。

③化学稳定性和热稳定性好,制冷剂要经得起汽化和冷凝的循环变化,使用中不变质,不与润滑油反应,不腐蚀制冷机部件,不分解,例如不可出现"镀铜"和"膨润"现象,不爆炸。

④对大气环境无破坏作用,即不破坏大气臭氧层,无温室效应。

⑤抗电性。制冷剂的抗电性是全封闭或半封闭压缩机的一个重要性能。在这些压缩机中,制冷剂与电机线圈直接接触,要求有良好的电绝缘性能。通常制冷剂和润滑油的电绝缘性都能满足要求,但要注意,微量杂质和水分的存在均会造成制冷剂的电绝缘性降低。

(3)生理学上的要求:对人无毒、无害,使用安全。

(4)经济上的要求上,易于购得,价格低廉。

当然,完全满足上述要求的制冷剂是不存在的。各种制冷剂总是在某些方面有长处,另一些方面又有不足。使用要求、机器容量和使用条件不同,对制冷剂性质要求的侧重点就会不同,应按主要要求选择相应的制冷剂。一旦选定制冷剂后,由于它本身性质上的特点,反过来又要求制冷系统在管路设计、机器结构、材料选择及运行操作等方面与之相适应。这些都必须在充分掌握制冷剂性质的基础上恰当地加以处理。

11.2.2 制冷剂的分类和命名

11.2.2.1 制冷剂的分类

在直接蒸发式制冷系统中循环,通过其自身的状态变化,来传递热量的工质称为制冷剂。目前用得较多的制冷剂,按其化学组成主要有六类。

(1)无机物制冷剂,如 NH_3、CO_2 和 H_2O 等。

(2)卤代烃制冷剂(氟利昂),如四氟乙烷(R134a)、一氟三氯甲烷(R11)、三氟二氯乙烷(R123)等。

(3)碳氢化合物制冷剂,如甲烷、乙烷、丙烷、异丁烷、乙烯、丙烯等。

(4)环烷烃的卤代物、链烯烃的卤代物也可作制冷剂使用,如八氟环丁烷,二氟二氯乙烯等,但使用范围较上述的要小得多。

（5）共沸制冷剂，如 R500、R502、R507 等。

（6）非共沸制冷剂，如 R400、R402、R407 等。

上述六类制冷剂中，卤代烃及其属共沸、非共沸制冷剂属于人工合成制冷剂，其余为自然制冷剂。

11.2.2.2　制冷剂的命名

为了书写方便，国际上统一规定用字母 R 和它后面的一组数字或字母作为制冷剂的简写符号。字母“R”表示制冷剂（Refrigerant），后面的数字或字母则根据制冷剂的分子组成按一定的规则编写。编写规则为：

（1）无机化合物。无机化合物的简写符号规定为 R7（　）。括号代表一组数字，这组数字是该无机物分子量的整数部分。例如：NH_3、CO_2 和 H_2O 的分子量的整数部分分别为 17、44、18，符号依此表示 R717、R744、R718。

（2）卤代烃和烷烃类。烷烃类化合物的分子通式为 C_mH_{2m+2}；卤代烃的分子通式为 $C_mH_nF_xCl_yBr_z(2m+2 = n+x+y+z)$，它们的简写符号规定为 $R(m-1)(n+1)(x)B(z)$，每个括号是一个数字，若该数字值为零时省去不写，同分异构体则在其最后加小写英文字母以示区别。表 11－1 为一些制冷剂的符号举例。需要指出的是，正丁烷和异丁烷的代号编写方式例外，分别用 R600 和 R600a 表示。

表 11－1　卤代烃和烷烃类制冷剂的符号举例

化合物名称	分子式	m、n、x、z 的值	简写符号
二氟二氯甲烷	CF_2Cl_2	$m=1, n=0, x=2$	R12
三氟一溴甲烷	CF_3Br	$m=1, n=0, x=3, z=1$	R13B1
二氟一氯甲烷	CHF_2Cl	$m=1, n=1, x=2$	R22
二氟甲烷	CH_2F_2	$m=1, n=2, x=2$	R32
甲烷	CH_4	$m=1, n=4, x=0$	R50
异四氟乙烷	$C_2H_2F_4$	$m=2, n=2, x=4$	R134a
乙烷	C_2H_6	$m=2, n=6, x=0$	R170

（3）非共沸混合制冷剂。非共沸混合制冷剂的简写符号为 R4（　）。括号代表一组数字，这组数字为该制冷剂命名的先后顺序号，从 00 开始。构成非共沸混合制冷剂的纯物质种类相同，但成分不同，则分别在最后加上大写英文字母以示区别。例如，最早命名的非共沸混合制冷剂写作 R400，以后命名的按先后次序分别用 R401、R402、…、R407A，R407B，R407C 等表示。

（4）共沸混合制冷剂。共沸混合制冷剂的简写符号为 R5（　）。括号代表一组数字，这组数字为该制冷剂命名的先后顺序号，从 00 开始。例如最早命名的共沸制冷剂写作 R500，以后命名的按先后次序分别用 R501、R502、…、R507 表示。

（5）环烷烃、链烯烃以及它们的卤代物。其简写符号规定：环烷烃及环烷烃的卤代物用字母“RC”开头，链烯烃及链烯烃的卤代物用字母“R1”开头，其后的数字排写规则与卤代烃及烷烃类符号表示中的数字编写规则相同。

在大气臭氧层问题提出来以后，为了能较简单地定性判别不同种类制冷剂对大气臭氧层的破坏能力，氯氟烃类物质代号中的R可表示为CFC，氢氯氟烃类物质代号中的R可表示为HCFC，氢氟烃类物质代号中的R可表示为HFC，碳氢化合物代号中的R可表示为HC，而数字编号不变。例如，R12可表示为CFCl2，R22可表示为HCFC22，R134a可表示为HFCl34a。

11.2.3 常用的制冷剂

工业上已采用的制冷剂很多，目前常用有以下几种：氨、R－134a制冷剂（四氯乙烷）、R410A制冷剂等。

11.2.3.1 氨

氨是目前应用较广的中温、中压的制冷剂，在常温和普通低温范围内压力比较适中。它在蒸发器中的蒸发压力一般为0.098～0.491MPa，在冷凝器内的冷凝压力一般为0.981～1.570 MPa，标准蒸发温度为－33.4℃，凝固温度为－77.9℃。氨具有较好的热力学性质和热物理性质，单位容积制冷量大，黏性小，流动阻力小，传热性能好。此外，氨的价格低廉，又易于获得，所以在工业上被广泛采用。

氨作为制冷剂的特点主要如下。

（1）氨的主要缺点是对人体有较大的毒性，也有一定的可燃性，安全分类为B2。氨液飞溅到皮肤上时会引起肿胀甚至冻伤。氨蒸气无色，具有强烈的刺激性臭味。它可以刺激人的眼睛及呼吸器官。当氨蒸气在空气中容积浓度达到0.5%～0.6%时，人在其中停留半小时即可中毒。氨可以引起燃烧和爆炸，当空气中氨的容积浓度达到11%～14%时即可点燃（燃烧时呈黄色火焰）；空气中氨的容积浓度达到16%～25%时会引起爆炸。因此为了保证安全，规定车间内工作区的氨蒸气浓度不得超过0.02mg/L。另外若制冷系统内部含有空气，高温下氨会分解出游离态的氢，并逐渐在系统中积累到一定浓度，遇空气具有很强的爆炸性，所以氨系统中必须设置空气分离器，及时排除系统内的空气或其他不凝性气体。氨蒸气对食品有污染和使之变味的不良作用，因此在氨冷库中，库房与机房应隔开一定距离。

（2）氨的压缩终温较高，故压缩机气缸要采取冷却措施。

（3）氨在矿物油中的溶解度很小，它的溶解度低于1%。因此氨制冷剂管道及换热器的传热表面上会积有油膜，影响传热效果。氨液的密度比矿物油小，在冷凝器、储液器和蒸发器中，油会沉积在下部，需要定期放出。

（4）纯氨不腐蚀钢铁，但当含有水分时要腐蚀锌、铜、青铜及其他铜合金。只有磷青铜例外。因此在氨制冷机中不用铜和一般的铜合金构件、耐磨件和密封件，如活塞销、轴瓦、连杆衬套、密封环等，不得不用铜材料时限定使用高锡磷青铜材料。

（5）氨能以任意比例与水相互溶解，组成氨水溶液，在低温时水也不会从溶液中析出而冻结成冰。所以氨系统里不必设置干燥器。但氨系统中有水分时不但会加剧对金属的腐蚀,而且使制冷量减小,因为水分的存在会使氨制冷剂变得不纯,在形成氨水溶液的过程中要放出大量的热量,氨水溶液比纯氨的蒸发温度高。所以一般限制氨中的含水量不得超过 0.1% 。

为了防止氨气泄露对人造成危险,可以通过以下方法检测氨的泄漏。

①从刺激性气味很容易发现系统漏氨。

②可以用石蕊试纸或酚酞试纸化学检漏,若有漏氨,石蕊试纸由红变蓝,酚酞试纸变成玫瑰红色。

目前氨用于蒸发温度在 -65℃以上的大型或中型单级、双级往复活塞式及螺杆式制冷机中,也有应用于大容量离心式制冷机中。

11.2.3.2　R -134a 制冷剂(四氟乙烷)

R -134a 制冷剂,别名 HFC -134a、四氟乙烷,化学式 CH_2FCF_3。由于 R -134a 属于 HFC(主要成分有氢,氟和碳三种元素)类物质,因此完全不破坏臭氧层,是当前世界绝大多数国家认可并推荐使用的环保制冷剂,也是目前主流的环保制冷剂。R -134a 作为使用最广泛的中低温环保制冷剂,由于 R -134a 良好的综合性能,使其成为一种非常有效和安全的 R12(二氟二氯甲烷)的替代品广泛用于新制冷空调设备上的初装和维修过程中的再添加。

R -134a 制冷剂具有以下特点。

(1)R134a 在低于 25℃以下时的饱和压力比 R12 要小,特别是在 -25℃以下时,R134a 的饱和压力比大气压还要小。

(2)渗漏性强,由于 R134a 比 R12 的分子更小,其渗透性比 R12 渗透性更强。

(3)水的溶解性高,达 0.15/100g。R134a 从空气中吸水性很强,比 R12 高近 6 倍。

(4)腐蚀性强。R134a 对一般橡胶制品如密封垫,连接用胶管的材料有腐蚀作用。

(5)润滑特点。R134a 与矿物油不相溶,所以系统中不允许含有矿物油。

11.2.3.3　R410A

R410A 制冷剂是由两种制冷剂混合而成,主要成分有氢、氟、碳三种元素(表示为 HFC),具有稳定,无毒,性能优越等特点。同时由于不含氯元素,因此不会破坏臭氧层。另外,R -410A 作为当今广泛使用的中高温制冷剂,主要应用于家用空调、中小型商用空调(中小型单元式空调、户式中央空调、多联机)、移动空调、除湿机、冷冻式干燥器、船用制冷设备、工业制冷等制冷设备。R410A 是目前为止国际公认的用来替代 R22(二氟一氯甲烷)最合适的冷媒,并在欧美,日本等国家得到普及。

R410A 制冷剂特点

(1)毒性极低,容许浓度和 R22 同样,都是 1000ppm。

(2)不可燃,空气中的可燃极性为 0。

(3)化学和热稳定性高。

(4)水分溶解性与R22几乎相同,不溶于水,溶于醇、醚。

(5)是混合制冷剂,由R32制冷剂(二氟甲烷)和R125制冷剂(五氟乙烷)混合而成。

(6)不与矿物油或烷基苯油相溶,与POE(酯润滑油)、PVE(醚润滑油)相溶。

(7)不破坏臭氧层,其分子式中不含氯元素,故其臭氧层破坏潜能值(ODP)为0,全球变暖潜能值(GWP)小于0.2。

11.2.4 主要载冷剂

在间接蒸发式制冷系统中起传递冷效应的介质称为载冷剂。在冷藏库的设计中,在不增加整个系统费用的前提下,常使用载冷剂进行间接制冷,使制冷剂的使用量可以大大降低。主要载冷剂有空气、水、盐类水溶液等。

空气和水是最廉价和最便宜的载冷剂,空气的缺点是热容量太小;水的热容量虽大,但水的凝固点高,只能在0℃以上使用。在0℃以下常使用盐水。

工业上常用的盐水载冷剂有氯化钠、氯化钙、氯化镁等调制盐水。它们浓度不同,其冻结温度也不同,因此在选用冷冻盐水及其浓度时,应先考虑所需冷却达到的温度。氯化钙溶液是传统的低温载冷剂,但在低于-35℃的情况下黏度很高,传热系数非常小,所需泵送能量非常高,所以实际应用时不宜低于228K,氯化钠盐水的最低冻结温度为252K,而实际应用的温度不宜低于255K。此外在应用盐水作载冷剂时,还要考虑它们具有很强的腐蚀性,造成盐水系统的设备需要经常更换。应用时在盐水中加入抗腐剂或减少盐水与空气的接触,可以减弱盐水的腐蚀作用。同时盐水的吸水性非常强,如果不经常检测其浓度,则会由于吸水稀释而结冰。

11.3 压缩式制冷系统

压缩式制冷系统也称制冷机,制冷机是由制冷压缩机、冷凝器、膨胀阀和蒸发器四大主要设备以及保证四大主机工作效率的辅助设备组成。

11.3.1 制冷压缩机

压缩机是制冷机的主要设备,它的主要功用是吸取蒸发器中的低压低温制冷剂蒸汽,将其压缩成高压高温的过热蒸汽。这样便可推动制冷剂在制冷系统内循环流动,并能在冷凝器内把蒸发器中吸收的热量传递给环境介质以达到制冷的目的。

11.3.1.1 制冷压缩机的分类

根据蒸汽压缩的原理,压缩机可分为容积型和速度型两种基本类型。容积型压缩机是通过对运动机构作功,减少压缩空间容积来提高蒸汽压力,以完成压缩功能。速度型压缩机则由旋转部件连续将角动量转换给蒸汽,再将该动量转为压力,提高蒸汽压力,达到压缩气体的目的。表11-2表示各类压缩机在制冷和空调工程中的应用范围。

从表11-2可以看出,用于工业生产的压缩机主要是活塞式制冷压缩机。活塞式压缩机按活塞的运动方式分为两种:往复式压缩机和回转式压缩机。往复式压缩机是指其活塞在气缸里作来回的直线运动；回转式压缩机是一个与气缸中心线成不同轴心的偏心活塞，活塞在气缸里作旋转运动。食品工厂和冷库多采用前者，电冰箱采用后者。也可按气缸布置方向将压缩机分为卧式压缩机（气缸中心线为水平的）和立式压缩机（气缸中心线与轴中线相垂直）。制冷压缩机通常用一定的数字和符号表示，以便于用户选用（见表 11－3）。

表 11－2　各类压缩机在制冷和空调工程中的应用范围

用途 压缩机型式	家用冷藏箱、冻结箱	房间空调器	汽车空调设备	住宅用空调器和热泵	商用制冷和空调设备	大型空调设备
活塞式	100 W				200 kW	
滚动活塞式	100 W			10 kW		
涡旋式		5 kW			70 kW	
螺杆式					150 kW	1400 kW
离心式						350 kW及以上

表 11－3　活塞式制冷压缩机型号表示法

压缩机型号	气缸数	制冷剂	气缸排列方式	气缸直径（cm）	结构形式
8AS17	8	氨（A）	S 型（扇形）	17	开启式
6FW7B	6	氟利昂（F）	W 型	7	半封闭式（B）
3FY5Q	3	氟利昂（F）	Y 型（星型）	5	全封闭式（Q）

11.3.1.2　*活塞式制冷压缩机*

活塞式制冷压缩机有卧式压缩机和立式压缩机之分。卧式压缩机的工作原理如图 11－3 所示，立式压缩机的工作原理如图 11－4 所示。卧式压缩机的特点是产冷量大、操作稳定，机身笨重、占地面积大、转速慢、气缸（因受活塞重量作用）单面摩擦大。而立式压缩机的特点是机器灵活、轻便、转速快、占地面积小、磨损小、气缸受热情况良好，生产能力 12～35kW，适合一般工厂制冷应用。

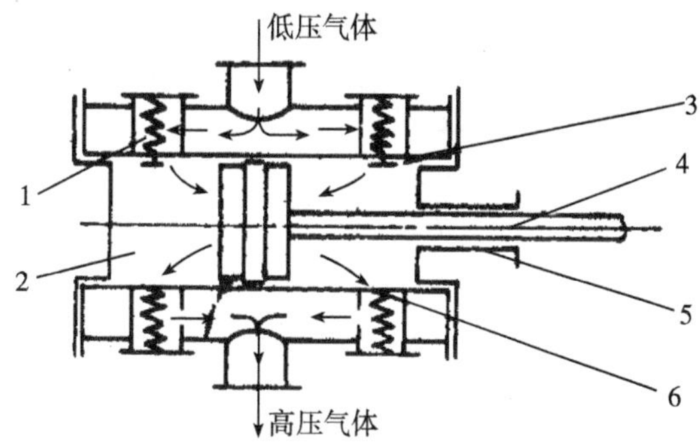

图 11－3　卧式压缩机工作原理图

1—弹簧　2—汽缸　3—进气阀　4—活塞杆　5—填料　6—排气阀

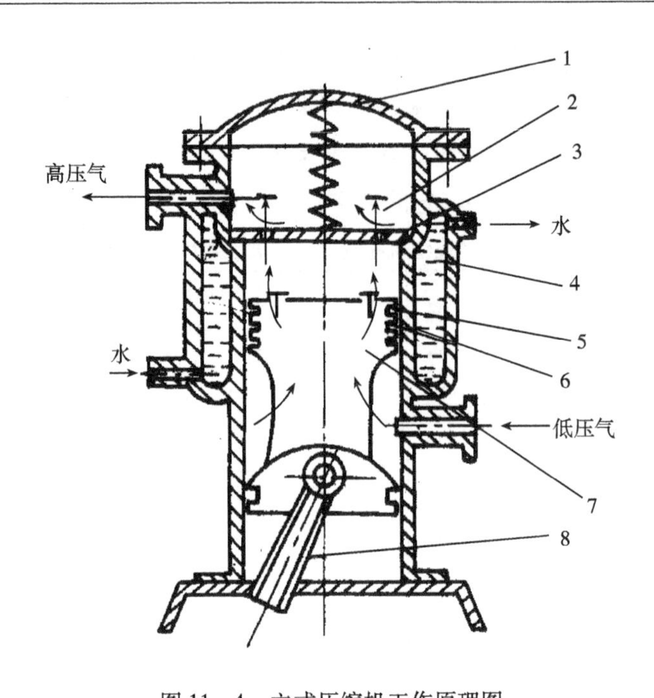

图 11 -4　立式压缩机工作原理图

1—上盖　2—排气阀门　3—样盖　4—水套　5—吸气阀门　6—活塞环　7—活塞　8—连杆

活塞式制冷压缩机主要构件有:曲轴箱、气缸、活塞、气阀、活塞环、水套、曲柄连杆机构,润滑装置等。压缩机的整体构件如图 11 -5 所示。

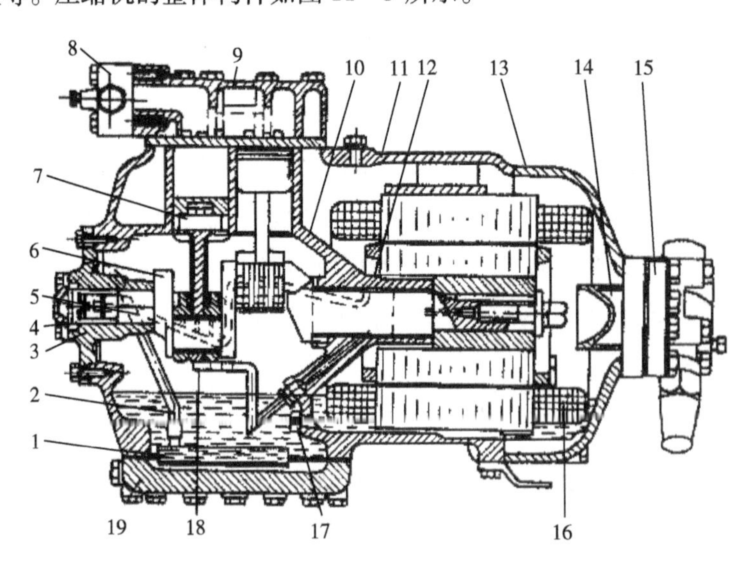

图 11 -5　R22 半封闭式制冷压缩机的总体结构图

1—滤油器　2—吸油管　3—端轴承盖　4—油泵轴承　5—油泵　6—曲轴　7—活塞连杆组　8—排气截止阀　9—气缸盖　10—曲轴箱　11—电动机室　12—主轴承　13—电动机室端盖　14—吸气过滤器　15—吸气截止阀　16—内置电动机　17—油孔　18—油压调节阀　19—底盖

(1)曲轴箱　是立式和 V 式等压缩机的机架，承受机件所产生的力并保证各部件相对位置的精确，曲轴箱还有储存润滑油的作用，用铸铁制成。

(2)气缸　在这里进行制冷剂的吸入、压缩与排出等过程。汽缸两端有低压气体入口和高压气体出口。上部有上盖，下部与曲轴箱连通。里面有样盖（安全板），用缓冲弹簧压紧。

如果气缸内吸入氨液，会产生较大的压力（液体是不可压缩的）将样盖顶起，如果将氨液放入排气腔内，压缩机发出响声，称为敲缸，发现敲缸，应及时纠正。

(3)活塞组　活塞组是由活塞、活塞销和活塞环组成，活塞组与气缸组成一个可变的封闭工作容积，以完成吸气、压缩、排气、膨胀工作过程。活塞是由铸铁或铝合金制成，其中活塞将曲轴连杆机构所传递的机械能变为气体的压力能，即直接压缩气体，并对连杆的运动起导向作用。活塞环又称涨圈，装在活塞表面上的槽内，有上下活塞环之分。上活塞环为封环，使活塞与气缸壁之间形成密封，避免制冷剂蒸气从高压侧窜入低压侧，以保证所需压缩性能。同时能防止活塞与气缸壁的直接磨擦，有保护活塞的作用。活塞磨损后修理困难，活塞环损坏可更换新的；下活塞环为油环（刮油环），用途是刮去气缸上多余的油量。每个活塞上有 3 ~4 个封环，1 个油环。

(4)气阀　气阀是压缩机重要部件之一，包括吸气阀和排气阀，它们根据压缩工作过程的需要进行相应的启闭动作，吸气时吸气阀开启，排气阀关闭；压缩时，吸、排气阀均关闭；排气时，排气阀开启，吸气阀关闭。工作一个周期，吸、排气阀各开启一次。

(5)水套　汽缸上部周围有水套，因汽缸摩擦发热，以及高压高温气体的影响，水套起冷却作用，将气缸上部工作腔的温度降低。

(6)曲轴连杆机构　由曲轴、连杆、活塞组成的传动机构见图 11 -6。曲柄的旋转运动改变为活塞的上下往复直线运动。曲轴在单位时间内旋转的圈数，即为压缩机的转速数，曲轴转动时，带动连杆作上下左右的摆动，使与连杆小头相连接的活塞在气缸中作上下的直线运动。当活塞上移至最高位置（活塞离曲轴中心线最远点时），称活塞上止点。当活塞下移至最低位置，称为活塞下止点。上止点和下止点之间的距离称为活塞行程。

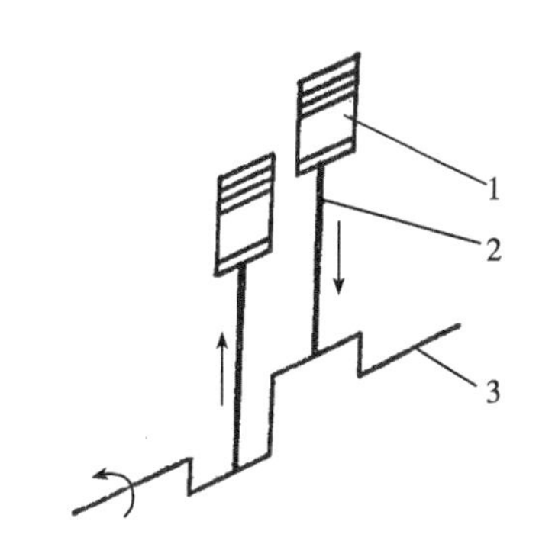

图 11 -6　曲柄连杆结构示意图

1—活塞　2—连杆　3—曲轴

(7)润滑装置　润滑可以保证压缩机安全、长期、有效运转。主要作用就是减少运动部件的磨损，带走摩擦热和磨屑。润滑系统分为压力式和飞溅式两种，最常用的是压力式。

压力式是依靠齿轮油泵进行的，齿轮油泵的作用是将曲轴箱内的润滑油通过油管输送到压缩机的各运动部件。齿轮油泵吸排油压力差，应在 0. 6 ~1. 5atm 范围内。飞溅式是不设油泵的，它依靠曲轴连杆机构的运动把曲轴箱中润滑油甩向需要润滑的部位，这种润滑方式目前主要用于小型制冷压缩机。

活塞式制冷压缩机使用历史悠久、设备类型众多、技术成熟、应用范围广。但容积效率低、运动噪声大、排气稳定性差。

11.3.1.3 螺杆式制冷压缩机

螺杆式制冷压缩机属于容积型回转式压缩机，螺杆式制冷压缩机结构如图 11－7 所示，主要由两个互相啮合的螺杆（也称转子）、壳体、传动齿轮和卸载滑阀等零部件组成。主动螺杆是具有右旋凸形齿的螺杆，称为阳螺杆，从动螺杆是具有左旋凹形齿的螺杆，称为阴螺杆。机体的上部铸有吸气口，与吸气管相连接，下部铸有排气口，与排气管相连接。气缸为“∞”形，内装阴阳螺杆。气缸的内壁与螺杆的齿顶相贴合，使齿槽成为封闭的工作容积。这些容积的大小随着螺杆的旋转而变化，将蒸汽由吸气侧向排气侧压缩。于是制冷剂蒸汽不断地从气缸的一端吸入，从另一端排出。为了防止高压气体倒流，在排气截止阀前装有止逆阀。

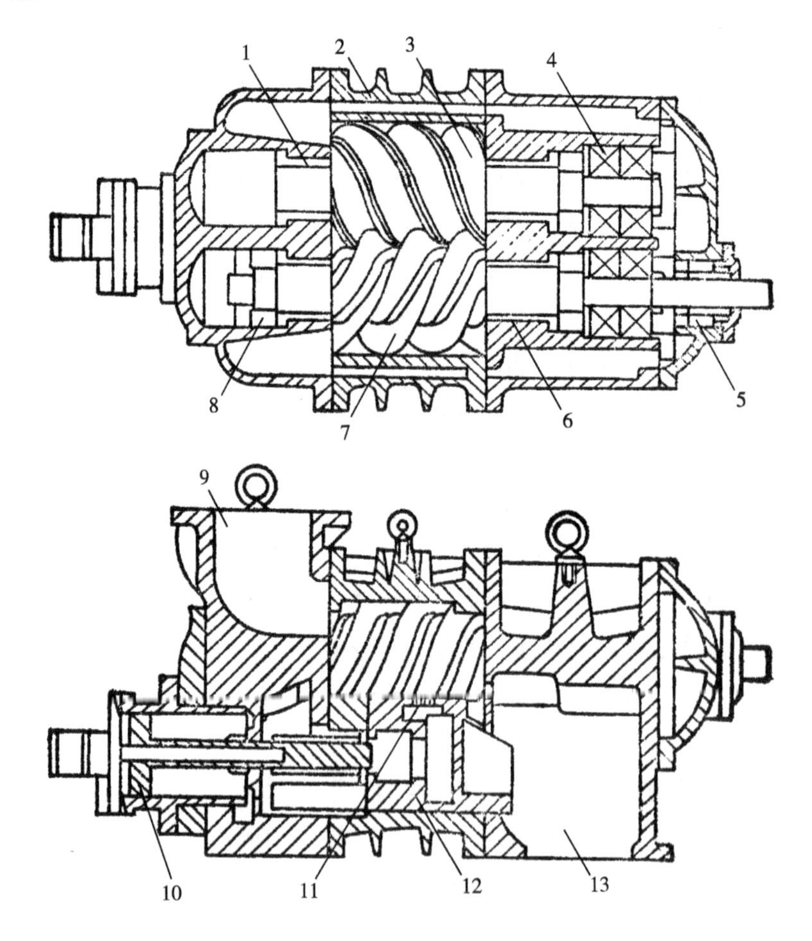

图 11－7 螺杆制冷压缩机结构图

1—滑动轴承 2—机体 3—阴转子 4—推力轴承 5—轴封 6—滑动轴承 7—阳转子 8—平衡活塞 9—吸气孔 10—能量调节用卸载活塞 11—喷油孔 12—卸载滑阀 13—排气口

螺杆式制冷压缩机的工作过程如图 11 - 8 所示。吸气、压缩、排气依次连续继续。

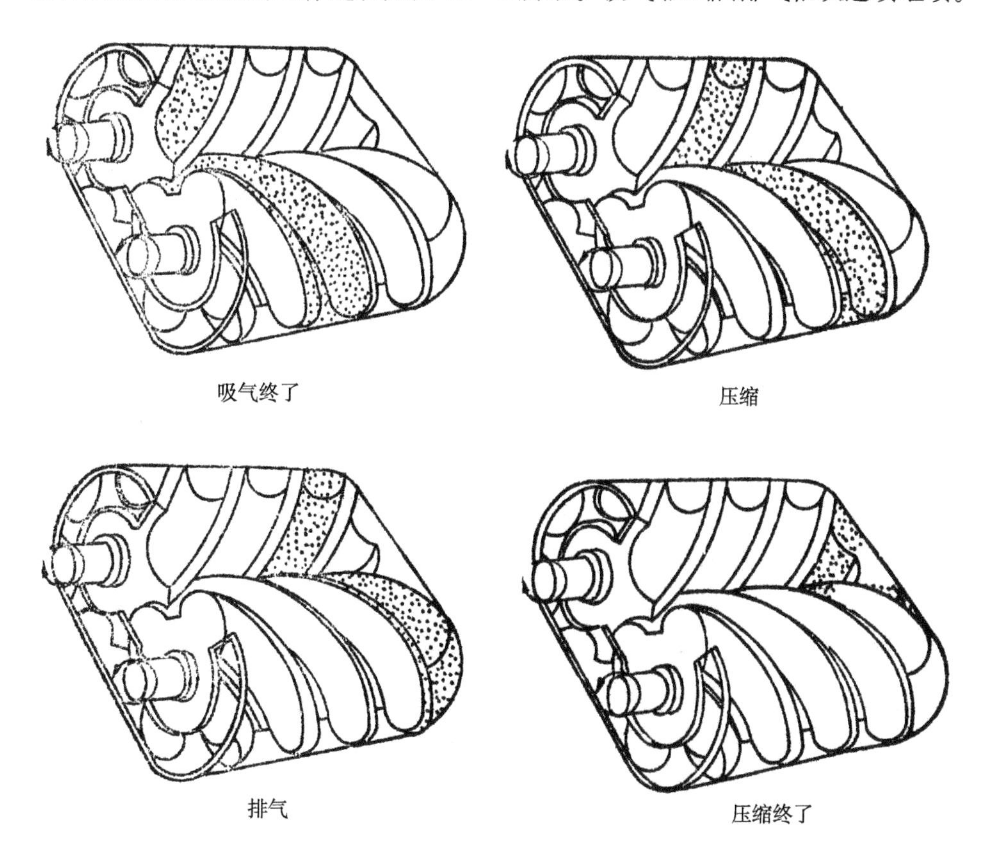

图 11 - 8　螺杆式制冷压缩机工作过程图

螺杆式制冷压缩机具有以下优点。

(1)结构简单、紧凑,体积小,重量轻,无气阀等易损件,对湿行程不敏感,无活塞式压缩机的惯性冲击,运行平稳,工作可靠,使用寿命长,可承受较高的转速和较高的压缩,适用于氨、R12、R22 等多种制冷剂。

(2)无余隙容积和吸排气压力损失,因而在压缩比较大的情况下,仍有较高的输气效率。

(3)滑阀结构简单,可方便地进行无级能量调节和实现卸载启动。

(4)采用喷油润滑,有较明显的冷却作用、密封作用,润滑效果好,排气温度低。

螺杆式制冷压缩机缺点如下。

(1)螺杆的加工制造精度要求高、难度大,尤其是非对称圆弧型螺杆。

(2)噪声较大,一般在 80dB 以上。

(3)需设置结构较复杂、体积较大的高效的油分离器和油冷却器。

(4)由于存在流动损失等因素,其总效率实际上稍低于活塞式制冷压缩机。

近年来,螺杆式制冷压缩机发展很快,其制冷系数、噪声级等指标已接近或达到活塞式压缩机的水平，在中等制冷量范围内的应用广受赞誉。而且机组逐渐更新，品种日益增加，制冷量向更低与更高的范围内延伸，不断地扩大了使用范围，并向不同的领域扩张，成为制冷机的主要型式之一。

11.3.1.4 涡旋式制冷压缩机

涡旋压缩机主要由两个涡旋盘相错180°对置而成，其中一个是固定涡旋盘，而另一个是旋转涡旋盘，它们在几条直线（在横截面上则是几个点）上接触并形成一系列月牙形容积。旋转涡旋盘由一个偏心距很小的曲柄轴驱动，绕固定涡旋盘平动，两者间的接触线在运转中沿涡旋曲面移动。它们之间的相对位置，借安装在旋转涡旋盘与固定部件间的十字滑环来保证。涡旋式制冷压缩机结构如图11－9所示。

涡旋式制冷压缩机工作过程如图11－10所示。吸气口设在固定涡旋盘的外侧面，由于曲柄的转动（顺时针），气体由边缘吸入，并被封闭在月牙形容积内，随着接触线沿涡旋面向中心推进，月牙形容积逐渐缩小并压缩气体。而高压气体则通过固定涡旋盘上的轴向中心孔排出。图a表示正好完全吸入的过程。图b表示涡旋外围为吸入过程，中间为压缩过程，中心处为排气过程。图c、d表示连续而同时进行着吸入和压缩过程。在曲柄轴的每一转中都形成一个新的吸气容积，所以上述过程不断重复，依次完成。

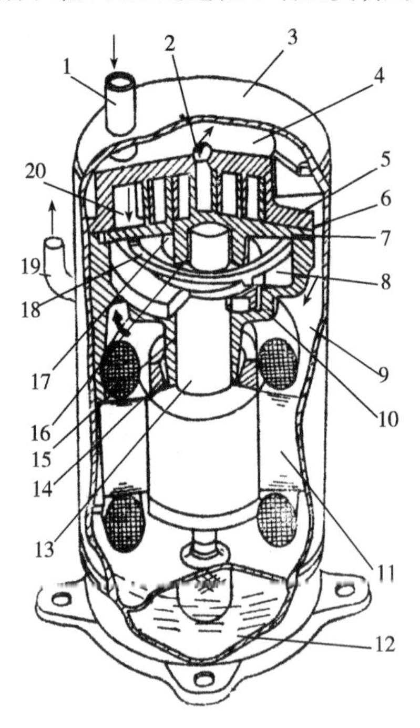

图11－9 涡旋式制冷压缩机结构图

1—吸气管 2、19—排气管 3—密封机壳 4—排气腔 5—固定涡旋盘 6—排气通道 7—旋转涡旋盘 8、17—背压腔 9—电机腔 10—支架 11—电动机 12—油 13—曲轴 14、16—轴承 15—密封 18—十字滑环 20—吸气腔

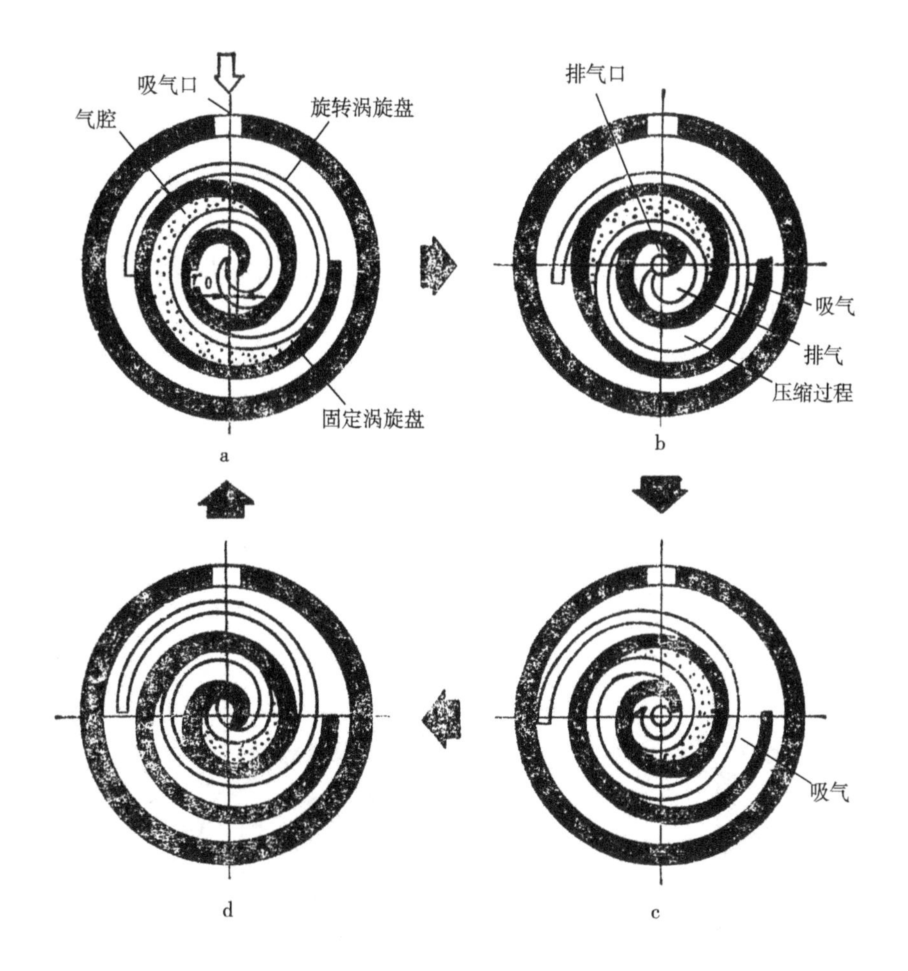

图11-10　涡旋式制冷压缩机工作过程

涡旋式制冷压缩机具有以下特点。

(1)效率高。涡旋压缩机吸气、压缩、排气连续单向进行,直接吸气,因而吸入气体有害过热小,没有余隙容积中气体的膨胀过程,因而输气系数高。同时,两相邻压缩腔中的压差小,气体泄漏量少。另外,旋转涡旋盘上所有接触线转动半径小,摩擦速度低,损失小,加之吸、排气阀流动损失小,因而效率高。

(2)力矩变化小、振动小、噪声低。涡旋压缩机压缩过程较慢,并可同时进行两三个压缩过程,机器运转平稳,而且曲轴转动力矩变化小,其次,气体基本连续流动,吸、排气压力脉动小。

(3)结构简单,体积小多重量轻,运动零部件少。没有吸、排气阀,易损件少,可靠性好。涡旋压缩机同活塞式压缩机相比,体积小40%,重量减轻15%,效率高10%,噪声低5dB(A)。

但涡旋式制冷压缩机制造需高精度的加工设备及精确的调心装配技术,这就限制了它的制造及应用。其发明于1905年,但直到80年代初才在日本首次应用到制冷及空调领域中。因此，目前还是一种较为新型的制冷压缩机。

11.3.1.5 离心式制冷压缩机

离心式制冷压缩机是一种透平机械，它通过高速旋转的叶轮，把机械能传递给连续流动的气体，使气体获得能量而提高压力和速度，再在扩压过程中把气体的速度能转换成压力。

按气体在一个循环过程中的压缩次数，可分为单级离心式压缩机和多级离心式压缩机，目前，离心式压缩机多应用在大型空调系统中。

单级离心式压缩机的结构如图 11－11 所示，主要由机壳、工作叶轮、扩压器、蜗室等组成。在叶轮的进气口，通常设有导叶式能量调节器。来自蒸发器的制冷剂蒸气，经吸气室进入叶轮中心。随着叶轮的高速旋转，在离心力的作用下，其流速和压力升高。气体从轮缘上甩出，进入扩压器，扩压器为环形通道。高速气流在此流速骤减，压力进一步升高。扩压器分有叶片式和无叶片式两种。无叶片式的结构简单，应用广泛，从扩压器出来的高压气体最后进入蜗室。蜗室的作用是汇集扩压器出来的气体，并进一步降低流速，升高压力，并将其导入排气管道。

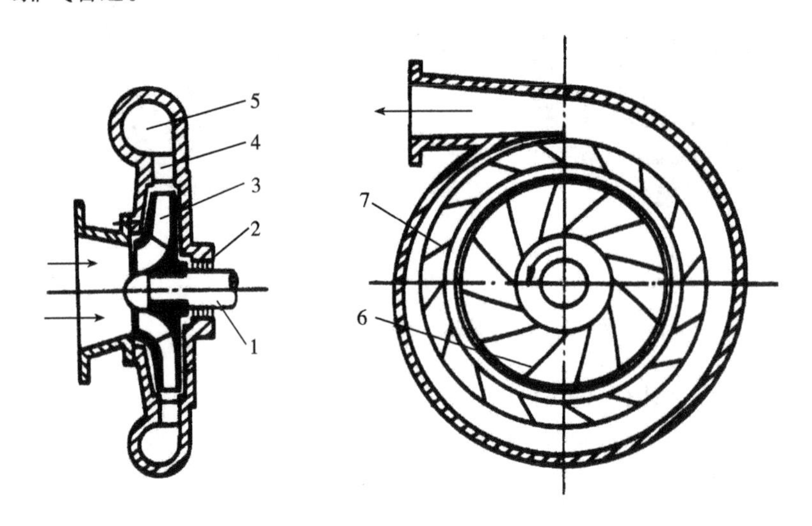

图 11－11　单级离心式压缩机的结构

1—主轴　2—轴封　3—叶轮　4—扩压器　5—蜗室　6—叶轮叶片　7—扩压器叶片

多级离心式制冷机结构如图 11－12 所示。与单级离心式制冷压缩机相比，它的不同之处是有多个工作叶轮及相应的弯道和回流器，而蜗室只设在最后一个工作叶轮的后面，弯道的断面为 U 字形，其作用是改变从轮缘甩出的高速气流的方向，并将气体引入回流器。回流器由叶片及其两侧的隔板构成，叶片的出口为径向。其作用是减少气流的旋绕，使之较均匀地流入下级叶轮。

离心式制冷压缩机的优点如下。

(1)体积小，重量轻，制冷量大。

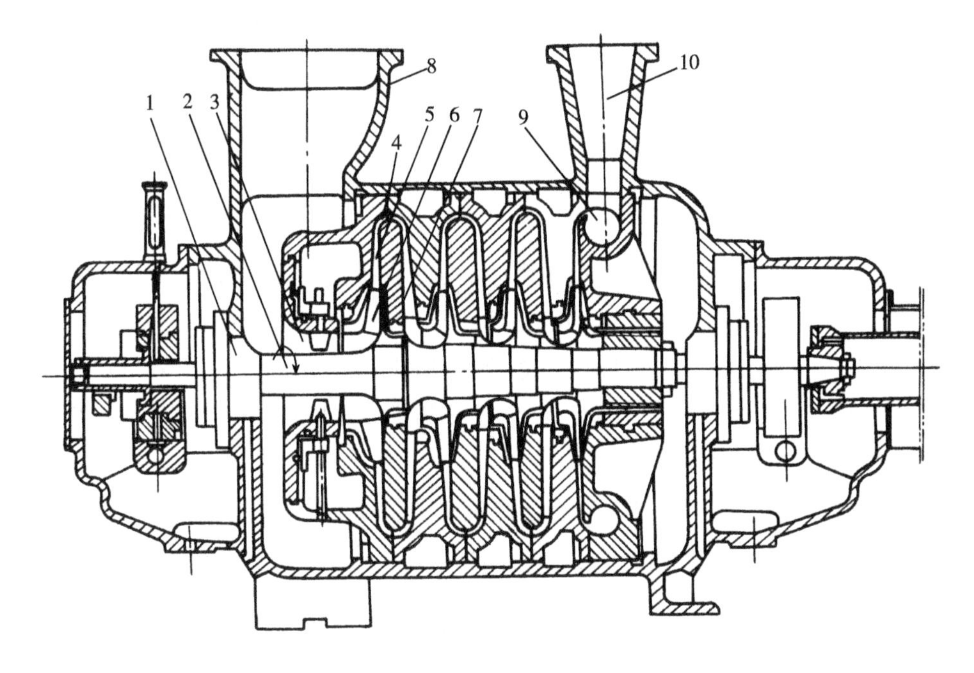

图 11－12　多级离心式制冷压缩机的结构

1—轴封　2—主轴　3—吸气室　4—弯道　5—扩压器　6—叶轮　7—回流器

8—机壳　9—蜗室　10—排气管

(2)结构紧凑,零部件少。

(3)运行安全可靠,检修期可在 1 年以上。

(4)在多级压缩中,可将不同的蒸发压力接至相应的级数内,以满足多种蒸发温度的工作要求。

(5)润滑油与制冷剂几乎不接触,所以润滑油不易进入换热设备。

(6)运行平稳,惯性冲击力小。

离心式制冷压缩机的缺点如下。

(1)离心式压缩机每一级的压缩比较小,一般不大于 4,所以压缩比较高时所需的压缩级数也多,使机器复杂,且容易发生泄漏。

(2)压缩机内气体的流速高,不适用于制冷量小的场合,否则流道过窄,流动阻力过大,难以取得满意的制冷效果。

(3)需增设加速的齿轮变速箱和专用的抽气装置,使机器结构复杂化。

与活塞式制冷压缩机相比,离心式有较高的转速,气体连续流动,因而具有体积小、重量轻、制冷量大等优点,可节省成本,便于集中管理和自动化操作。在运行维护方面,其可靠性高,检修周期可长达一年以上,甚至几年也不需更换主要零部件。离心式制冷压缩机的工作介质基本上不与润滑油接触,制冷剂被油污程度小,不影响蒸发器和冷凝器的正常工作,不需采用油分离设备。由于叶轮经过精细的动平衡,因此运行时振动值一般小于

30μm，运转平稳且噪声一般小于90dB。其广泛采用高效的三元流动理论设计叶轮，并选用最佳的流道形式，因而效率接近于活塞式压缩机水平。同时，离心式压缩机在运行中无任何直接接触的部件，不像活塞式那样随着活塞和气缸的磨损而使效率下降。因此，大容量的冷水机组（空调用）或者是低温机组（化工用），越来越多地采用离心式制冷压缩机。

11.3.2 冷凝器

冷凝器是制冷机的热交换器，它的作用是将压缩机排出的高温、高压制冷剂过热蒸气冷却及冷凝成液体。制冷剂在冷凝器中放出的热量由冷却介质（水或空气）带走。冷凝器按其结构及冷却介质的不同，可分为水冷式、空气冷却式、水和空气联合冷却式，主要有壳管式、淋水式、双管对流式、组合式、蒸发式、空气冷却式等几种结构。其中壳管式和淋水式为食品工业中最常用的两种。

（1）水冷式冷凝器。水冷式冷凝器是指冷凝器中制冷剂放出的热量被冷却水带走。冷却水可以一次流过，也可以循环使用。当循环使用时，需设置冷却塔或冷却水池。水冷式冷凝器分为壳管式、套管式、板式、螺旋板式等几种类型。

（2）空气冷却式冷凝器。通常空气冷却式冷凝器也叫风冷式冷凝器。空气在冷凝器管外流动，冷凝器中制冷剂放出的热量被空气带走，制冷剂在管内冷凝。这类冷凝器中有自然对流空气冷却式冷凝器和强制对流空气冷却式冷凝器。

（3）水和空气联合冷却式冷凝器。冷凝器中制冷剂放出的热量同时由冷却水和空气带走，冷却水在管外喷淋蒸发时，吸收汽化潜热，使管内制冷剂冷却和冷凝。因此耗水量少。这类冷凝器中有淋水式冷凝器和蒸发式冷凝器两种类型。

各种类型冷凝器的特点及使用范围见表11－4。

表11－4 各种类型冷凝器的类型、特点及使用范围

类型	型式	制冷剂	优点	缺点	使用范围
水冷式	立式	氨	1. 可安装于室外 2. 占地面积小 3. 对水质要求低 4. 易于除水垢	1. 冷却水量大 2. 体积较卧式大 3. 需经常维护、清洗	大、中型
	卧式	氨、卤代烃	1. 传热效果较立式好 2. 易于小型化 3. 易于与设备组装	1. 冷却水质要求高 2. 泄漏不易发现 3. 冷却管易腐蚀	大、中、小型
	套管式	氨、卤代烃	1. 传热系数高 2. 结构简单、易制作	1. 水流动阻力大 2. 清洗困难	小型
	板式	氨、卤代烃	1. 传热系数高 2. 结构紧凑、组合灵活	1. 水质要求高 2. 制造复杂	中、小型
	螺旋板式	氨、卤代烃	1. 传热系数高 2. 体积小	1. 水侧阻力大 2. 维修困难	中、小型
水和空气联合冷却式	淋水式	氨	1. 制造方便 2. 清洗、维修方便 3. 冷却水质要求低	1. 占地面积大 2. 金属耗材多 3. 传热效果差	大、中型

续表

类型	型式	制冷剂	优点	缺点	使用范围
水和空气联合冷却式	蒸发式	氨、卤代烃	1. 冷却水耗量小 2. 冷凝温度低	1. 价格较高 2. 冷却水质要求高 3. 清洗、维修困难	大、中型
空气冷却式	自然对流式	卤代烃	1. 不需要冷却水 2. 无噪音 3. 无需动力	1. 体积庞大、传热面积庞大 2. 制冷机功耗大	小型家用电冰箱
	强制对流式	卤代烃	1. 不需要冷却水 2. 可安装于室外，节省机房面积	1. 体积大、传热面积大（相对水冷却式） 2. 制冷机功耗大	中、小型

11.3.2.1　水冷式冷凝器

水冷式冷凝器是利用水来吸收制冷剂放出的热量。其特点是传热效率高，结构紧凑，适用于大中型制冷装置。采用这种冷凝器需要有冷却水系统，所以一般水冷冷凝器需附带冷却塔。水冷式冷凝器有立式壳管式、卧式壳管式、套管式等几种。其中卧式壳管式冷凝器装置应用较广，卧式冷凝器的结构如图 11－13 所示。外壳为钢板焊制的圆柱壳体，两端焊有管板各一块，管板中间穿插 $\varphi25\times2.5$ 无缝钢管作为传热管，与管板焊接或者胀接。端盖内侧有挡板，使冷却水流动时形成几个（一般为偶数，4 或 6 个）流程，从而提高冷却水流速，强化冷凝效果。端盖上和壳体上设有氨气进口、氨液出口、进水管和出水管、放空气旋塞、放空气阀、放水旋塞等。

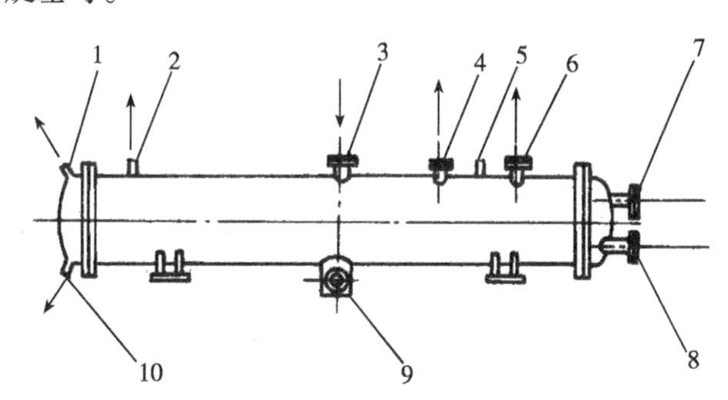

图 11－13　卧式壳管式冷凝器

1—放空气旋塞　2—放空气　3—氨气进口　4—均压管　5—压力表　6—安全阀
7—水出口　8—水进口　9—氨液进口　10—放水旋塞

冷却水流过管内，端盖内设有挡板，使冷却水在管簇内多次往返流动。冷却水的进出口均设在同一端盖上，由下面流进，上面流出，这样可以保证冷凝器的所有管簇始终被冷却水充满。制冷剂蒸气在管壳间通过并将热量传递给水，而被冷凝。端盖上部设有放气旋塞，供开始运动时放掉水管中的空气。端盖下部也有一旋塞，供长期停止运行时放尽冷却水。

壳体上设有 NH_3 气进口（上部），NH_3 液出口（下部）、安全管、压力表等。制冷剂过热蒸气由壳体上部进入冷凝器，与管的冷凝表面接触后即在其上凝结为液膜，在重力作用下，凝液顺着管壁下滑迅速与管壁分离。

卧式壳管式冷凝器的优点是：结构紧凑，传热系数高，一般常用于中型及大型的氟利昂制冷机组中，便于实现制冷自动化，占空间高度小；缺点是不容易清洗，冷却水需要清洁的软水，以免因清除水垢而停工。根据经验当进出口水的温度差$\Delta t \leqslant 3.5$℃，说明水垢有一定厚度，必须清洗。另外选用此种冷凝器必需2台以上，以免因清洗冷凝器而使整个制冷机房停止工作。

11.3.2.2 水和空气联合冷却式冷凝器

水和空气联合冷却式冷凝器主要有两种型式：一种是淋水式，一种水蒸发式。

(1)淋水式冷凝器 淋水式冷凝器又称为淋激式冷凝器。根据传热管排列不同分为两种：一种是用无缝钢管制成蛇形管组，称为横管淋水式冷凝器，一般简称为淋水式冷凝器；另一种用无缝钢管弯制成螺旋形管组装而成，称为螺旋管淋水式冷凝器。图11－14为横管淋水式冷凝器示意图，由储氨器、冷却排管和水箱组成，配件有放油接头、防空接头混合气体出口接头。冷却排管由2～6组$\varphi 57 \times 3.5$无缝钢管的蛇形排管组成。工作时，冷却水由顶部进入配水箱，经配水槽流到蛇形管的顶面，然后顺着每层排管的外表面成膜层流下，部分水蒸发，其余落入水池中，通过冷却后再循环使用。氨气自排管底部进入，沿管上升时遇冷而冷凝，流入储氨器中。因为NH_3与水之间基本上是对流的，所以传热系数较高。不过要及时排出冷凝器中的氨液，使传热面积不会因有氨液的存在而受到影响。淋水式冷凝器一般用于氨制冷装置。

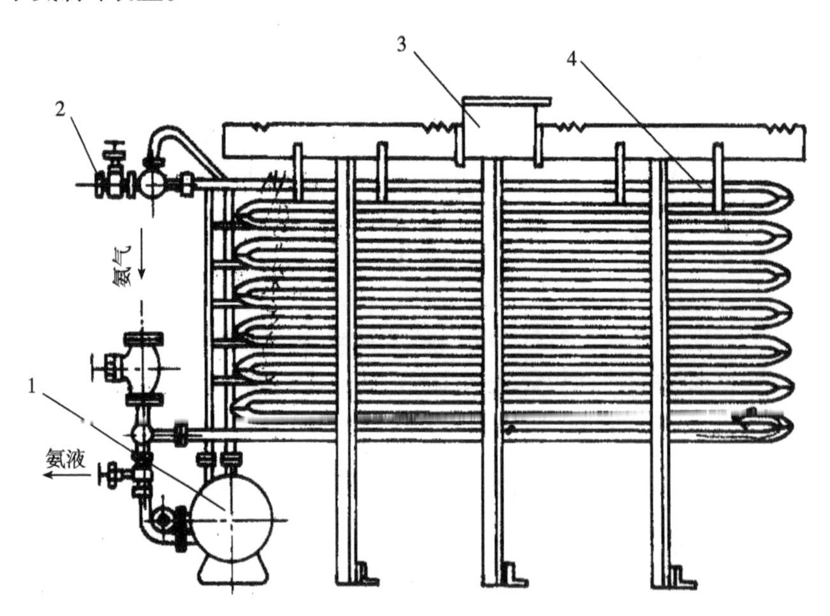

图11－14 淋水式冷凝器

1—储氨器 2—放空气 3—配水箱 4—冷却排管

淋水式冷凝器结构简单，制造容易，清洗方便，但其占地面积大、冷却效果易受气候条件影响,一般多装在屋顶或专门建筑物上。螺旋管淋水式冷凝器可减少焊接工作量,节省加工工时,经测试其传热效果和横管淋水冷凝器相当。

(2)蒸发式冷凝器 蒸发式冷凝器的结构如图 11－15 所示,是利用水蒸发时吸收热量而使管内制冷剂蒸发冷凝。制冷剂蒸汽由上部进入蛇形盘管,冷凝后的液体从盘管的下部流出,冷却水储于箱底部水池中并保持一点的水位,水池中的冷却水用水泵泵送到喷水管,经喷嘴喷淋在传热管的外表面上,形成一层水膜。水膜中部分水吸热后蒸发被空气带走,未蒸发的水仍滴回水池内。为了强化传热效果,冷凝器上装有轴流风机。轴流风机装在侧面的称为送风式,装在箱体顶部的称为吸风式。

蒸发式冷凝器耗水少,适用于缺水地区。

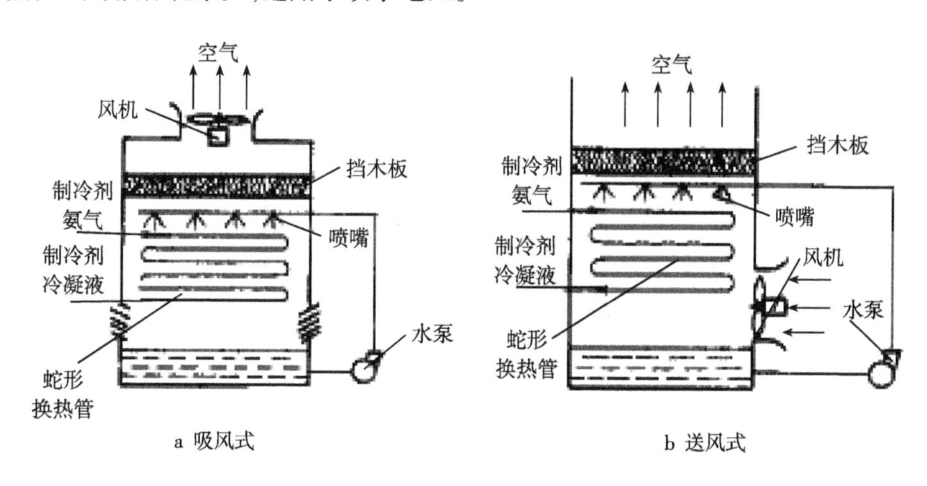

图 11－15 蒸发式冷凝器结构图

11.3.2.3 空气冷却式冷凝器

空气冷却式冷凝器中,制冷剂在管内冷凝,空气在管外流动,带走制冷剂放出的热量。根据管外空气流动方式,可分为自然对流空气冷却式冷凝器和强制对流空气冷却式冷凝器两大类型。

(1)自然对流空气冷却式冷凝器 自然对流空气冷却式冷凝器的结构如图 11－16 所示。在自然对流空气冷却式冷凝器中,空气受热后产生自然对流,将冷凝器中热量带走。由于空气流动速度很小,传热效果很差,这种冷凝器一般用于小型氟装置,如家用冰箱、空调器等。

(2)强制对流空气冷却式冷凝器 强制对流空气冷却式冷凝器也称为风冷式冷凝器。其结构如图 11－17 所示,它一般由一组或多组蛇形管组成。制冷剂蒸气从上部集气管进入每根蛇形管,冷凝后制冷剂液体汇集于底部液体集管排出。空气在风机作用下强制循环,横向流过翅片管,将热量带走。由于使用了风机,噪声较大,一般将冷凝器放置于室外。

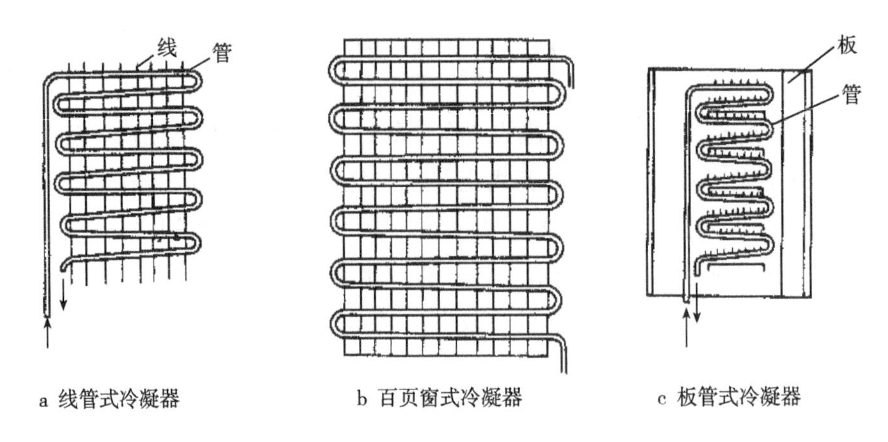

a 线管式冷凝器　　b 百页窗式冷凝器　　c 板管式冷凝器

图 11－16　自然对流空气冷却式冷凝器

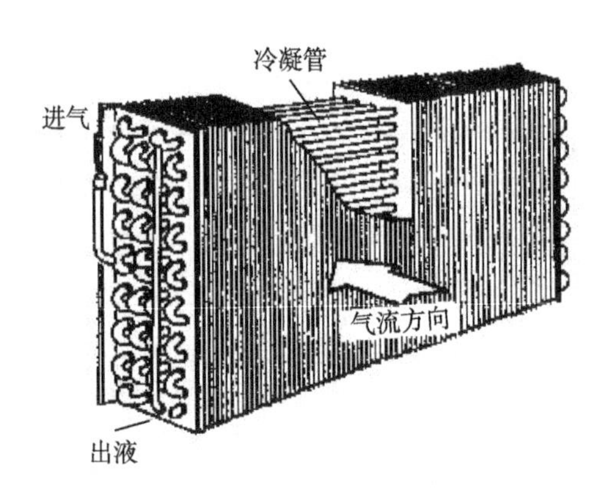

图 11－17　强制对流空气冷却式冷凝器

强制对流空气冷却式冷凝器一般用于氟空调制冷装置。近年来国外也有用于氨的风冷冷凝器产品。采用镀锌钢管外套钢翅片或蜗管外套铝翅片,用于空调装置和冷水机组。

11.3.3　膨胀阀

膨胀阀又称节流阀,它是制冷机的重要机件之一,设置于冷凝器之后,它的作用是降低制冷剂的压力和控制制冷剂流量。由柏努利方程知,对于不可压缩理想流体,当截面积减小,可使流速增加、动能增大,而压力减小。所以高压液体制冷剂通过膨胀阀时,经节流而降压,使氨液的压力由冷凝压力骤降为蒸发压力,同时,液体制冷剂沸腾蒸发吸热,而使其本身的温度降低到需要的低温,然后将低压低温液体制冷剂送入蒸发器;膨胀阀还可以控制送入蒸发器的氨液量,调节蒸发器的工况。

膨胀阀种类很多,按照节流机构的供液量调节方式可分为以下 5 个类型。

(1)手动膨胀阀　是以手动方式调整阀孔的流通面积来改变流向蒸发器的供液量,其结构与一般手动阀门相似,多用于氨制冷装置。

(2)浮球调节阀　是利用浮球位置随液面高度变化而变化的特性控制阀芯开闭,达到稳定蒸发器内制冷剂的液量的目的。它可作为单独的节流机构使用,也可作为感应元件与其他执行元件配合使用,适用中型及大型氨制冷装置。

(3)热力膨胀阀　这种节流机构包括热力膨胀阀和电热膨胀阀,它通过蒸发器中流出的制冷剂温度及压力信号自动控制节流孔的开度大小,调节进入蒸发器中氟利昂流量出口蒸气过热度的大小,以此实现蒸发器供液量随热负荷变化而改变的调节机制,主要用于氟制冷系统。

(4)毛细管　一般用在工况比较稳定的小型制冷装置(如家用电冰箱、空调器等)中。它本身不能进行调节的节流机构,有节流短管和节流孔两种,具有结构简单、维护方便的特点。

(5)电子膨胀阀　用电子脉冲进行调节的节流机构,是制冷技术中机电一体化的产物。电子膨胀阀利用被调节参数产生的电讯号,控制施加于膨胀阀上的电压或电流,进而控制阀针的运动,达到调节的目的。

按照电子膨胀阀的驱动方式分类,有热动式、电磁式和电动式三大类,热动式适用于大型制冷装置的供液控制,其中电动式膨胀阀又可分为直动型和减速型两种。

11.3.3.1　手动膨胀阀

手动膨胀阀用于干式或湿式蒸发器。大多数手动膨胀阀都由喷嘴形阀孔和阀针组成,手动膨胀阀的结构如图 11－18 所示。过去应用很广的手动膨胀阀现已大部分被自动控制阀取代,只有氨制冷系统还在使用,或在氟及氨系统中作为检修主要节流装置时的备用。

11.3.3.2　热力膨胀阀

热力膨胀阀是一种能自动调节液体流量的节流膨胀机构,它是利用蒸发器出口处蒸气的过热度来调节制冷剂的流量,结构如图 11－19 所示。在制冷机组正常运转的条件下,感应元件灌注剂压力等于膜片下气体压力与弹簧压力之和,处于平衡状态。

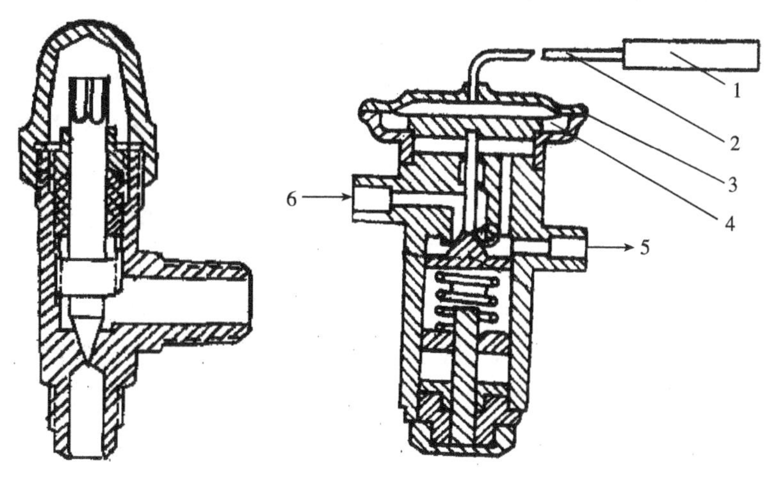

图 11－18　手动膨胀阀　　图 11－19　热力膨胀阀

1—感温包　2—毛细管　3—气箱盖　4—薄膜

5—制冷剂出口　6—制冷剂入口

如果供制冷剂不足，引起蒸发器出口处回汽，过热度增大，感温包温度升高，使膜片下移，阀口的开启度增大，直至供液量与蒸发量相当时，再得到平衡。故热力膨胀阀能自动调节阀的开启度，供液量随负荷大小自动增减，可保证蒸发器的传热面积得到充分利用，使压缩机正常安全地运行。

热力膨胀阀根据其接收信号的不同，可分为内平衡和外平衡两种形式。

(1)内平衡热力膨胀阀工作原理。内平衡式热力膨胀阀与蒸发器的连接如图11－20所示。膨胀阀的感温包与蒸发器出口管表面紧密接触，感温包内的工质（通常与制冷系统相同的物质）温度等于蒸发器出口处的制冷剂温度，包内压力为该工质的饱和压力。

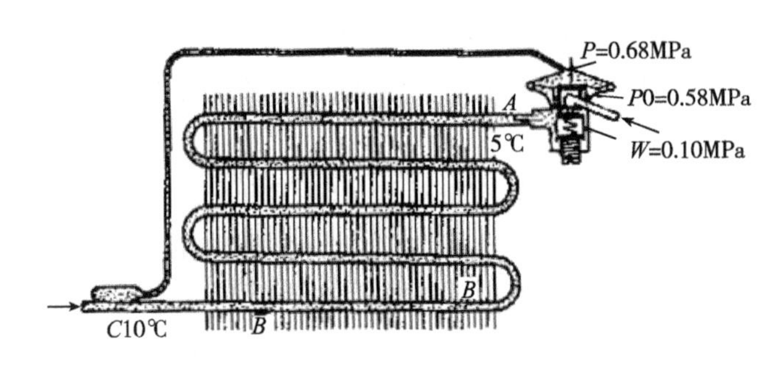

图11－20　内平衡热力膨胀阀与蒸发器的连接

它对制冷剂流量的调节是通过其动力膜片上三个作用力的动态平衡而自动进行的。P为感温包内气体压力，作用在膜片的上部，其方向是指向打开膨胀阀孔。P_0为蒸发压力，它通过内平衡孔作用于膜片的下部，其方向是指向关闭膨胀阀孔。W为弹簧的弹力，作用在膜片的下部，其方向也是指向关闭膨胀阀孔。弹簧力的大小能保证蒸发器出口制冷剂得到所需要的过热度。

当膨胀阀在正常情况下保持一定开度工作时，作用在膜片上、下部的三个力是平衡的，即：$P = P_0 + W$，当制冷剂供应不足时，蒸发器出口处回气过热度增大，引起感温包密封系统内的温度升高，则$P > P_0 + W$，使波纹膜片下移，阀门的开启度增大，直到制冷剂供液量与蒸发量相当时，密封系统再次平衡而停止动作；当制冷剂供应过量时，蒸发器蒸发过热度减少，引起密封系统内的温度过低，则$P < P_0 + W$，使波纹膜片上移，阀门的开启度减少，直到密封系统再次平衡为止。

(2)外平衡热力膨胀阀工作原理。外平衡热力膨胀阀与蒸发器的连接如图11－21所示。它与内平衡热力膨胀阀的主要区别在于增加了一根外接平衡管，接管的一端与阀体上的接头连接，另一端与蒸发器出口连接。这样，膜片下部的制冷剂蒸发压力就不是蒸发器的进口压力P_0，而是蒸发器出口压力P_0'。当蒸发器的阻力较大时，则$P_0' < P_0$，外平衡热力膨胀阀就是根据这一特性进行调节的。外平衡热力膨胀阀适用于蒸发器阻力较大的制冷系统中。

11.3.3.3　毛细管

毛细管又叫节流管，其内径常为0.5～5mm，长度不等，材料为铜或不锈钢。由于它不

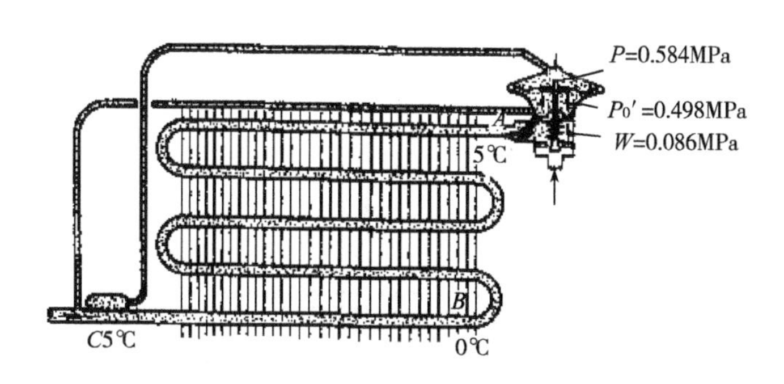

图11－21 外平衡热力膨胀阀与蒸发器的连接

具备自身流量调节能力,被看作为一种流量恒定的节流设备。毛细管节流是根据流体在一定几何尺寸的管道内流动产生摩擦引起压降改变其流量的原理,当管径一定时,流体通过的管道短则压降小,流量大;反之,压降大且流量小。在制冷系统中取代膨胀阀作为节流机构。毛细管常用于家用制冷装置,如冰箱、干燥器、空调器和小型的制冷机组。它是一种价廉、结构简单、无振动、无磨损的节流机构。由于直径小,其通路容易被阻塞,为此,通常在毛细管的前面安装一种性能良好的过滤器,以阻止脏东西进入。

11.3.4 蒸发器

蒸发器是制冷系统中的吸热的换热器,蒸发器的作用是利用液态制冷剂在低压下沸腾,转变为蒸气并吸收被冷却物体或介质的热量,达到制冷目的。因此蒸发器是制冷系统中制取冷量和输出冷量的设备。

常用的蒸发器根据被冷却的流体不同,可分为冷却液体载冷剂的蒸发器和冷却空气的蒸发器两大类型。

11.3.4.1 立管式蒸发器

如图11－22所示,它的特点是蒸发管组沉浸于淡水或盐水箱中。制冷剂在管内蒸发,水或盐水在搅拌器的作用下,在箱内流动,以增强传热。这类蒸发器热稳定性好,但只能用于开式循环系统,载冷剂必须是非挥发性物质。

11.3.4.2 螺旋管式蒸发器

螺旋管式蒸发器工作原理和立管式蒸发器相同。结构上主要区别是蒸发管采用螺旋形盘管代替直立管,因此当传热面积相同时,螺旋管式蒸发器的外形尺寸比直管式小,结构紧凑,减少焊接工作量,制造方便。

11.3.4.3 卧式壳管蒸发器

卧式壳管式蒸发器的结构型式与卧式壳管式冷凝器基本相似,同样具有圆筒形的壳体和固接于两端管板上的直管管束,管束两端加有端盖。根据制冷剂在壳体内或传热管内的流动,分为满液式壳管式蒸发器(一般简称为卧式蒸发器)、干式壳管式蒸发器(一般简称为干式蒸发器)。

(1)满液式壳管式蒸发器 卧式蒸发器运行时,壳体内应充装相当数量的液体制冷剂,

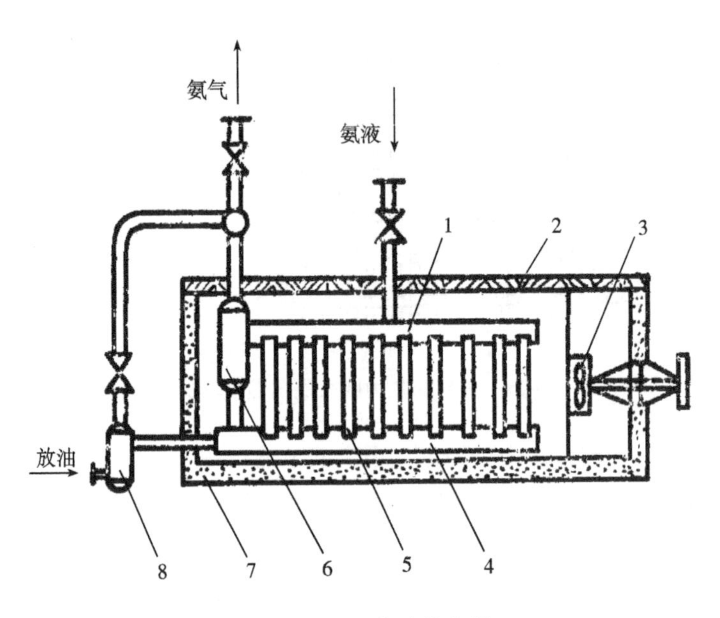

图 11－22　立管式蒸发器

1—上总管　2—木板盖　3—搅拌器　4—下总管　5—直立短管　6—氨液分离器　7—软木　8—集油器

一般其静液面的高度为壳体直径的70% ~80%，所以卧式蒸发器被称为满液式蒸发器。

制冷剂液体由卧式蒸发器顶部或侧面进入，汽化以后的蒸气从上部流出。为了将蒸气中挟带的液滴分离出来，蒸发器上方应留有一定气液分离空间。在氨卧式蒸发器的筒上装有气包，分离出来的气体进入气包，下部装有集油包，以便排放积存的冷冻机油及其他杂物。

氨卧式蒸发器构造如图 11－23 所示。卧式蒸发器结构紧凑，制造工艺简单、造价较低、传热性能好，但是制冷剂充灌量大，液体静柱压力对蒸发温度的影响较大。以卤代烃为制冷剂时，制冷剂中溶解的油较难排出，需采取一定回油措施。在中小型氟制冷装置中，采用干式蒸发器的较多。

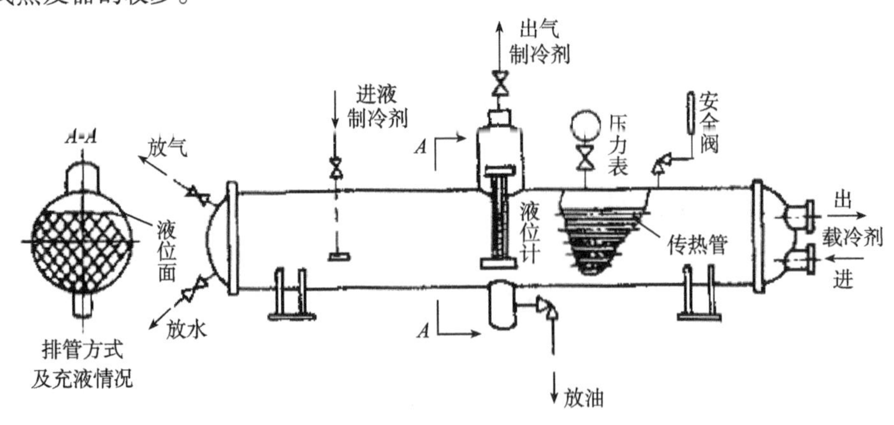

图 11－23　氨卧式蒸发器结构

(2)干式蒸发器　干式蒸发器的外形和结构,与前面所述满液式卧式蒸发器基本相同。主要差别在于在干式蒸发器中,制冷剂在管内蒸发,制冷剂液体的充灌量很少,为管组内容积的 35% ~40%,为满液式卧式壳管式蒸发器的 33% ~50% 或更少,而且制冷剂在蒸发汽化过程中,不存在自由液面,所以称为"干式蒸发器"。

氟干式蒸发器的传热管一般用铜管制造,除了采用光管外,还有内肋管、铝芯内翅管、波纹管等。

11.3.4.4　直接蒸发式空气冷却器

直接蒸发式空气冷却器又称冷风机,冷风机广泛应用于冷藏库和空调设备中。这种蒸发器由数排肋片管加风机组成,如图 11 -24 所示,管内通以液体制冷剂蒸发吸热,管外通以空气。冷风机的优点是不用载冷剂,冷损失少,结构紧凑,缺点是传热系数低。

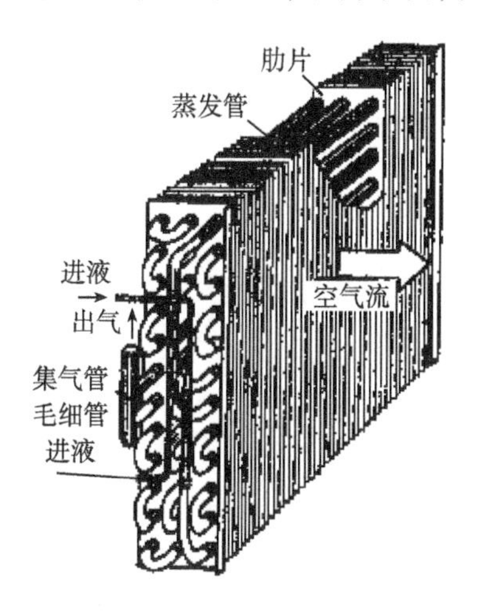

图 11 -24　直接蒸发式空气冷却器

11.3.5　制冷系统的附属设备

制冷机除四大主件外,还必须有其他的装置和设备。如油分离器、储液桶、排液桶、气液分离器、空气分离器、中间冷却器、凉水设备等附属设备,这些附属设备都是为了提高制冷效率,保证制冷机安全和稳定设置的。

11.3.5.1　油分离器

油分离器又称分油器、油氨分离器,装在压缩机的排气管边上,以靠近冷凝器为佳。它的作用是分离压缩后氨气中所带出的润滑油,保证油不进入冷凝器。否则,冷凝器壁面被油污损,降低传热系数。

油分离器常用结构有洗涤式、离心式、填料式及过滤式四种型式。

(1)洗涤式油分离器　洗涤式油分离器用于氨制冷装置中,结构如图 11 -25 所示。洗涤式油分离器的分油效果取决于冷却作用,所以必须保持分离器内氨液的正常液面。一般氨液液面应比进气管底部高出 125 ~150mm。因此安装时,油分离器内正常液面必须比冷凝器的出液水平管段低 150 ~250mm,以保证向油分离器连续供液。氨气在油分离器内流速不大于0.8～1.0m/s，分油效率为80%～85%。

（2）离心式油分离器 离心式油分离器适用于大中型制冷装置，它的结构如图11－26所示。制冷剂气体进入油分离器后，沿着叶片呈螺旋形运动，产生离心力，将挟带的油滴分离出来，沿着油分离器筒体流聚到底部；蒸气经中心管内多孔挡板后，由出气管排出。积储在底部的冷冻机油可定期排出，也可由底部浮球阀自动回油到压缩机曲轴箱。

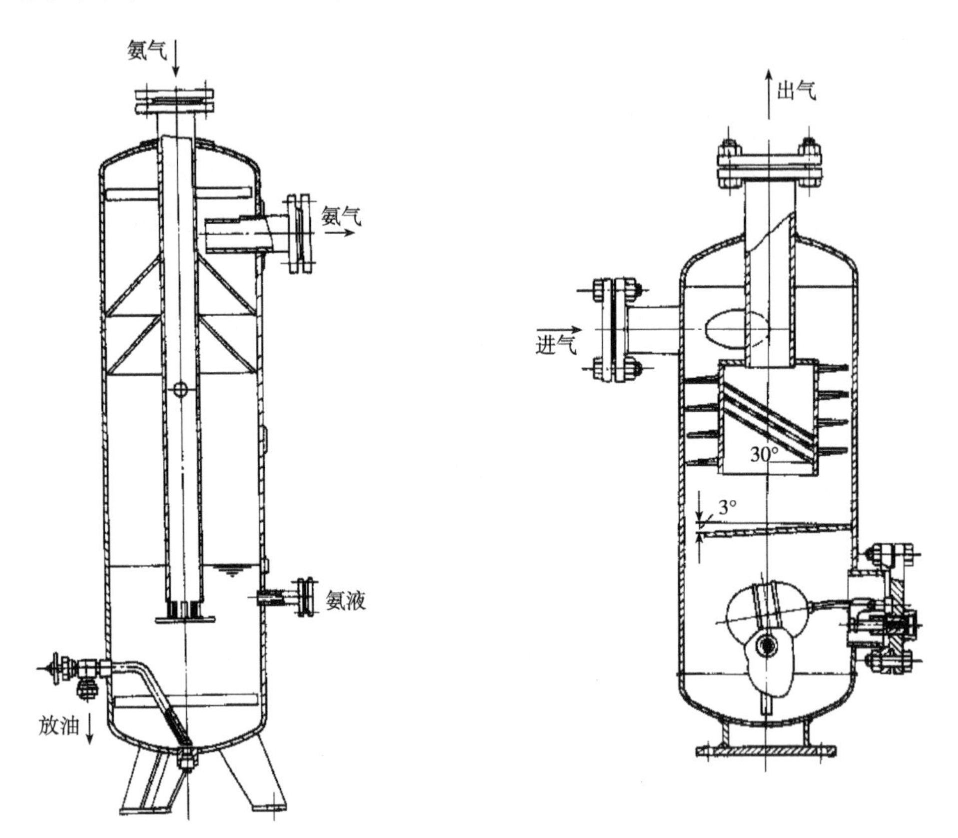

图11－25 氨洗涤式油分离器　　　图11－26 离心式油分离器

有的离心式油分离器外，还加有冷却水套，以期提高分油效果，并减少操作人员烫伤的危险。但实际使用表明加有冷却水套后，对分离效果的提高没有很大影响。

（3）填料式油分离器 填料式油分离器适用于中小型制冷装置。图11－27a、b分别为立式及卧式填料式油分油器。

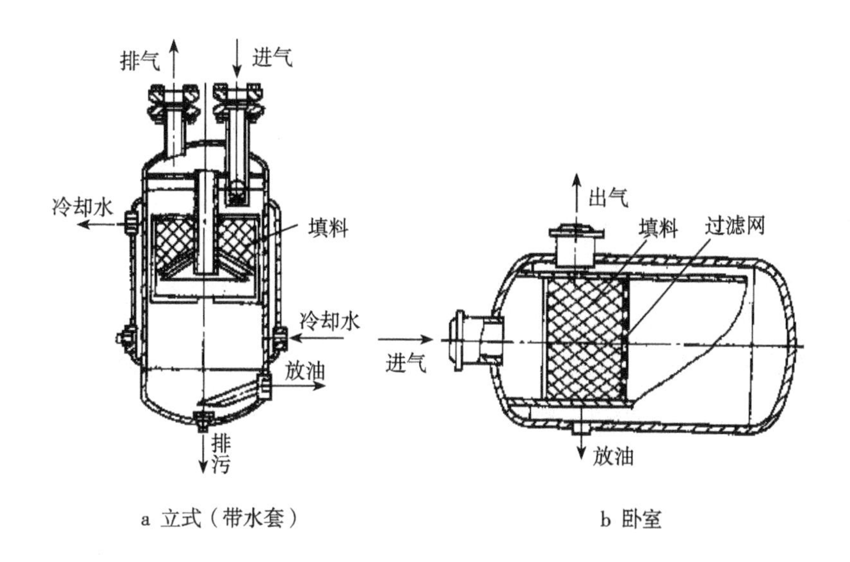

a 立式（带水套）　　b 卧室

图 11－27　氨填料式油分离器

在填料式油分离器内制冷剂气体中挟带的油滴,依靠气流速度的降低,转向及填料层的过滤而分离出来。填料可用金属丝网、陶瓷环或金属屑等,其中金属丝网效果较好。填料层越厚,效果越佳,但是阻力也随之增大,一般应控制在蒸气流速 0.5m/s 以下。有的填料式油分离器内,还装有浮球阀,以便自动回油。填料式油分离器分油效果较好,可高达 96%～98%,因此广泛应用于氨及氟制冷系统。

(4)过滤式油分离器　过滤式油分离器常用于氟制冷装置中,结构如图 11－28 所示。

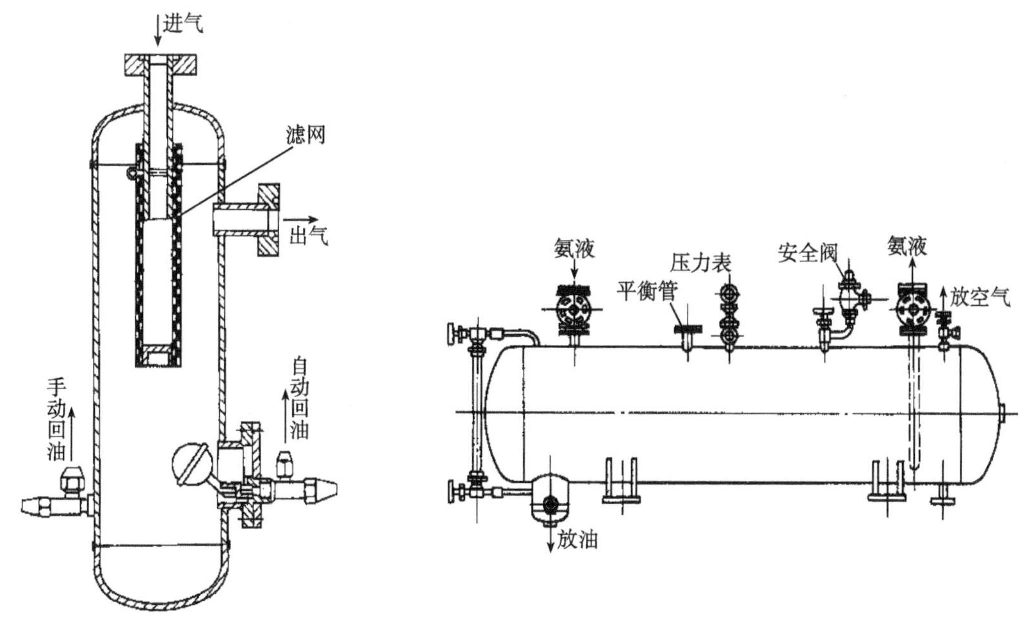

图 11－28　过滤式油分离器　　图 11－29　储液器

过滤式油分离器的分油作用，依靠降低气流速度、改变流向和过滤丝网作用来实现。油分离器内装有浮球阀，当器内冷冻机油积聚到一定位置时，浮球阀开启即可自动回油。这种油分离器结构简单、制造方便，但其分油效果不及填料式油分离器。

11.3.5.2 储液器

储液器用来储存冷凝器中凝结的制冷剂液体，并保持适当的储量，调节和补充制冷系统内各部分设备的液体循环量，以适应工况变动的需要。此外，由于储液器里有一定的液面，因此还起到液封作用，以防止高压系统的气体及混合在其中的空气等不凝性气体窜入低压系统。氨储液器均为卧式结构，如图 11－29 所示。在储液器上装有氨液进、出口、压力表、安全阀、气体平衡管、液面指示器、放油阀等接头。储液器的容量可按整个制冷系统每小时制冷剂循环量的 1/3～1/2 来选取，储存液体制冷剂的容量应不超过其实际容积的 70%，最少储液量不少于容积的 10%。为了便于掌握，一般用最大充注高度不超过筒体直径的 80% 来作为限值。

11.3.5.3 中间冷却器

中间冷却器应用于双级（或多级）压缩制冷系统中，用以冷却低压压缩机压出的中压过热蒸气，以保证高压压缩机的正常工作，结构如图 11－30 所示。工作时来自低压压缩机的中压过热氨气在液面下进入罐，经过氨液的洗涤而迅速被冷却，氨气上升遇伞形挡板，将其夹带的润滑油及氨液分离出来后，进入高压压缩机。用于洗涤的氨液从器顶部输入，底部排出，液面的高低由浮球阀维持。而中冷器盘管内的氨液被等压冷却成过冷液体，从出液管供往蒸发器使用。中冷器内的氨液吸热后汽化，成为中间压力下的干饱和蒸气并随同低压级排出的已被冷却的蒸气一起由高压级吸入。

11.3.5.4 氨液分离器

氨液分离器设置在压缩机与蒸发器之间，其主要作用是分离自蒸发器进入氨压缩机的氨气中的氨液，保证压缩机工作是干冲程；分离自膨胀阀进入蒸发器的氨液中的氨气，使进入蒸发器的氨液中无氨气存在，以提高蒸发器的传热效果。

立式氨液分离器的结构如图 11－31 所示。由钢板壳体及封头焊接而成，其上有氨气进出口、氨液进出口、远距离液面指示器、安全阀和压力表等接头。分离原理是靠降低气体流速和改变运动方向来达到分离的目的。一般安装在库房最高处，最好高出最高的冷封排管 0.5～2m，这样使分离出来的氨液可产生液体压力，克服管路的阻力，而顺利地由分离器注入冷却排管内。

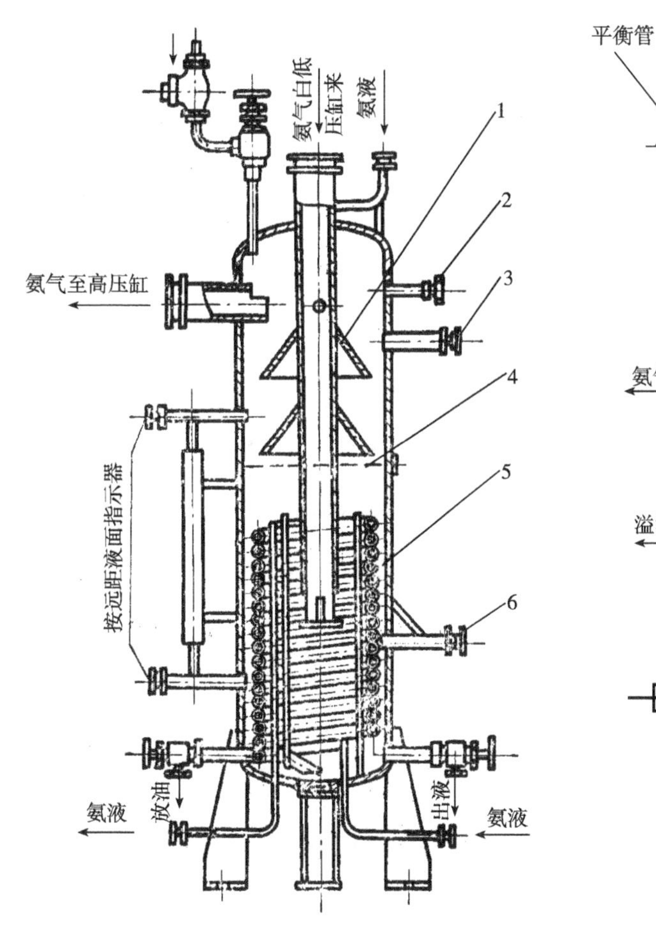

图 11 - 30　氨用中间冷却器

1—伞型挡板　2—压力表接口　3—气体平衡管

4—液面　5—盘管　6—液体平衡管

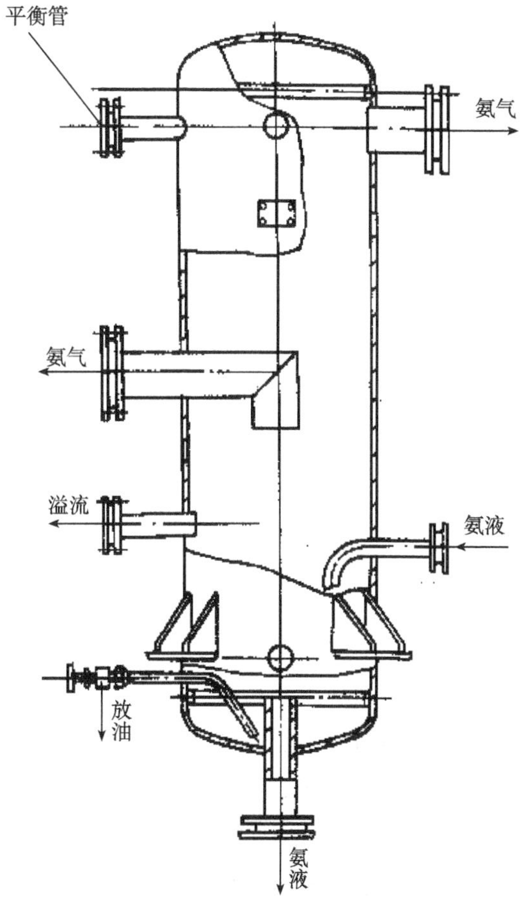

图 11 - 31　立式氨液分离器

11.3.5.5　空气分离器

制冷循环系统虽然是密闭的。但在首次加 NH_3 前，虽经抽空，但不可能将整个系统内部空气完全抽出，因而还有部分空气留在设备中。在正常工作时，若系统不够严密，也可能渗入一部分空气。另外，在压缩机排气温度过高时，常有部分润滑油或者 NH_3 分解成不能在冷凝器中液化的气体等。这些不易液化的气体往往聚集在冷凝器，降低冷凝器的传热系数，引起冷凝器压力升高，增加压缩机工作的耗油量。

空气分离器的作用就是用以分离排除冷凝器中不能汽化的气体，以保证制冷系统的正常运转。空气分离器的类型很多，其中最常用的是四套管式空气分离器。

四套管式空气分离器一般为卧式放置，其结构见图 11 - 32 。它由 4 个同心套管焊接而成。从内向外数，第一管与第三管，第二管与第四管分别接通。第四管与第一管间接口通，其上装有流阀。来自节流阀的 NH_3 液进入第一管到第二管，蒸发吸热而汽化，NH_3 由第三管上的出口被压缩机吸走。来自冷凝器与高压储氨器的混合气体进入第四管到第二管，其中 NH_3 气因受冷凝结为液体，由第四管下部经节流阀再回收到第一管中蒸发；分离出来的不凝结气体由第二管引出，进入存水的容器中，从水中气泡多少和大小可以判断系统中的空气是否已放尽。

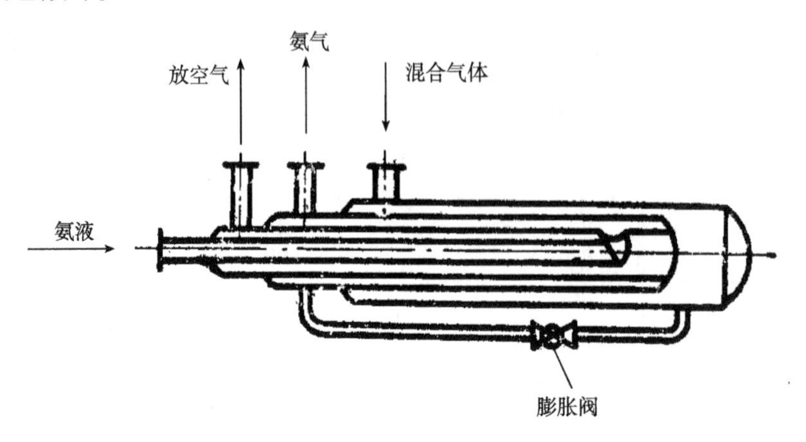

图 11－32　四套管式空气分离器

11.3.5.6　干燥过滤器

制冷系统中的干燥过滤器，用于清除制冷剂液体或气体中的水分、机械杂质等。氨制冷系统一般仅装过滤器，而氟制冷系统必须装干燥过滤器。但有时过滤器与干燥器分装，过滤器装在主系统，干燥器装在过滤器前的旁通管路上，制冷剂液体可以先通过干燥器再通过过滤器，或制冷剂不经干燥器，直接通过过滤器进入供液系统。制冷系统的气体过滤器一般装在压缩机的吸入端，也称吸入滤网。制冷剂液体过滤干燥器通常装在节流阀、热力膨胀阀、浮球调节阀，供液电磁阀或液泵之前的液体管路。

制冷系统用的过滤器或干燥过滤器的大小，通常是根据制冷系统管路的管径和制冷剂流量大小选配。

11.4　食品速冻机

食品冻结的目的是移去食品中的显热和潜热，在规定的时间内将食品的温度降低到冻结点以下，使食品中的可冻水分全部冻结成冰。食品达到冻结终了温度后，被送往冻结物冷藏间储藏。冻结食品中微生物的生命活动及酶的生化作用均受到抑制，水分活度下降，所以冷冻食品可长期储藏。

对于食品材料，因含有许多成分，冻结过程从最高冻结温度（或称初始冻结温度）开始，在较宽的温度范围内不断进行，一般至 －40℃才完全冻结（有的个别食品到 －95℃还没有完全冻结）。目前，国际上推荐的冻结温度一般为 －18℃或 －40℃。

11.4.1　空气冻结法冷冻设备

用空气作冷却介质强制循环对食品进行冻结，是目前应用最广泛的一种冻结方法。由于静止空气的表面传热系数较小,冻结的速度很慢,故工业生产中已不大采用。而增大风速,可使冻品表面传热系数增大,这样冻结速度可加快。下面介绍几种连续式空气冻结法冻结装置。

11.4.1.1 钢带连续式冻结装置

这种冻结装置是在连续式隧道冻结装置的基础上发展起来的。如图11-33所示。它由不锈钢薄钢传送带、空气冷却器(蒸发器)、传动轮(主动轮和从动轮)、调速装置、隔热外壳等部件组成。

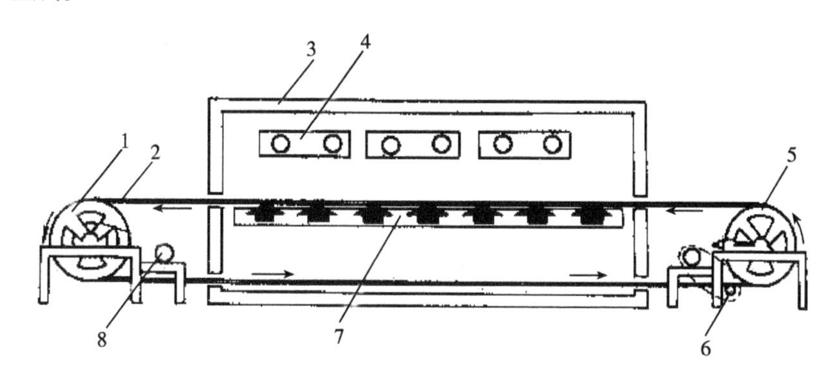

图11-33 钢带连续式冻结装置

1—主动轮 2—不锈钢传送带 3—隔热外壳 4—空气冷却器 5—从动轮
6—钢带清洗器 7—平板蒸发器 8—调速装置

钢带连续式冻结装置换热效果好,被冻食品的下部与钢带直接接触,进行导热换热,上部为强制空气对流换热,故冻结速度快。在空气温度为-30~-35℃时,冻结时间随冻品的种类、厚度不同而异,一般在8~40min。为了提高冻结速度,在钢带的下面加设一块铝合金平板蒸发器(与钢带相紧贴),这样换热效果比单独钢带要好,但安装时必需注意钢带与平板蒸发器的紧密接触。

11.4.1.2 螺旋冻结装置

由于网带或钢带传动的连续冻结装置占地面积大,进一步研究开发出多层传送带的螺旋式冻结装置。这种传送带的运动方向不是水平的,而是沿圆周方向做螺旋式旋转运动,这就避免了水平方向传动因长度太长而造成占地面积大的缺点,如图11-34所示。不锈钢网带的一侧紧靠在转筒1、2上,靠摩擦力和转筒的传送力,使网带随着转筒一起运动。网带需专门设计,它既可直线运行,也可缠绕在转筒的圆周上,在转筒的带动下做圆周运动。当网带脱离转筒后,依靠链轮带动。因此,即使网带很长,网带的张力却很小,动力消耗不大。冻结时间可在20min至2.5h范围内变化,故可适应多种冻品的要求,从食品原料到各种调理食品,都可在螺旋冻结装置中进行冻结,这是一种发展前途很大的连续冻结装置。

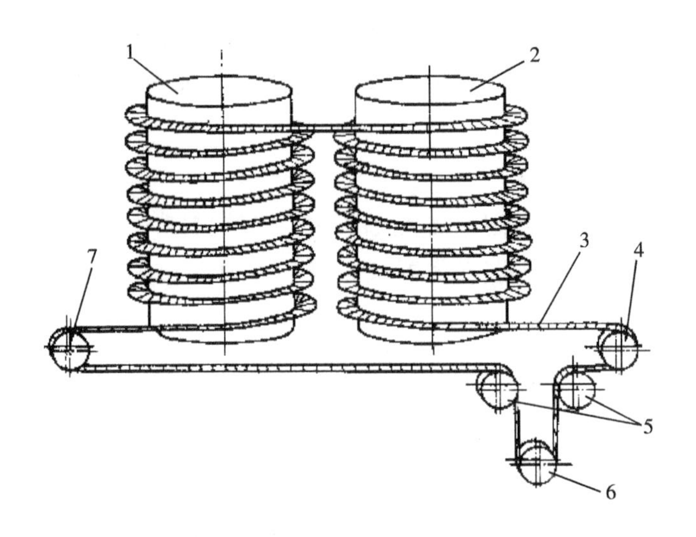

图 11-34 螺旋冻结装置

1—上升转筒 2—下降转筒 3—不锈钢网带 4,7—链轮 5—固定轮 6—张紧轮

11.4.1.3 气流上下冲击式冻结装置

气流上下冲击式冻结装置如图 11-35 所示。它是连续式隧道冻结装置的一种最新型式,因其在气流组织上的特点而得名。在这种冻结装置中,由冷风机吹出的高速冷空气,分别进入上、下两个静压箱。在静压箱内,气流速度降低,由动压转变为静压,并在出口处装有许多喷嘴,气流经喷嘴后,又产生高速气流(流速在 30m/s 左右)。此高速气流垂直吹向不锈钢网带上的被冻食品,使其表层很快冷却。被冻食品的上部和下部都能均匀降温,达到快速冻结。这种冻结装置是 20 世纪 90 年代美国约克公司开发出来的。我国目前也有类似产品,并且将静压箱出口处设计为条形风道,不用喷嘴,风道出口处的风速可达 15m/s。

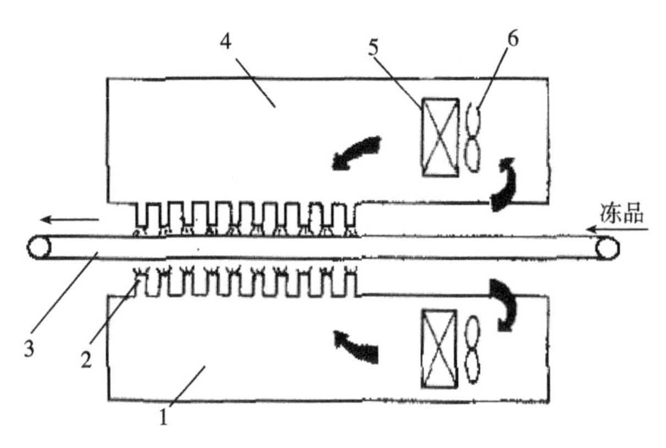

图 11-35 气流上下冲击式冻结装置

1、4—静压箱 2—喷嘴 3—不锈钢网带 5—蒸发器 6—轴流风机

11.4.1.4 流态化冻结装置

流态化冻结的主要特点是将被冻食品放在开孔率较小的网带或多孔槽板上,高速冷空气流自下而上流过网带或槽板,将被冻食品吹起呈悬浮状态,使固态被冻食品具有类似于流体的某些表现特性。在这样的条件下进行冻结,称为流态化冻结。

流态化冻结的主要优点为:换热效果好,冻结速度快、冻结时间短;冻品脱水损失少,冻品质量高;可实现单体快速冻结,冻品相互不黏结;可进行连续化冻结生产。

流态化冻结装置的主要型式按机械传送方式的不同,流态化冻结装置可分为以下 3 种基本型式。

(1)带式流态化冻结装置　该装置工作原理如图11-36所示，它将传送带与流态化作业结合在一起，食品在传送带输送过程中被流态化冻结。被冻食品分成两区段进行冻结，第一区段主要为食品表层冻结，使被冻食品进行快速冷却，将表层温度很快降到冻结点并冻结，使颗粒间或颗粒与转送带间呈离散状态，彼此互不黏结；第二区段为冻结段，将被冻食品冻结至热中心温度-15～-18℃。带式流态化冻结装置具有变频调速装置，对网带的传递速度进行无级调速。蒸发器多数为铝合金管与铝翅片组成的变片距结构，风机为离心式或轴流式(风压较大，一般在490Pa左右)。这种冻结装置还附有振动滤水器、斗式提升机和布料装置、网带清洗器等设备。图11-37为加拿大某公司所生产的带式流态化冻结装置。冻结能力为1～5t/h。

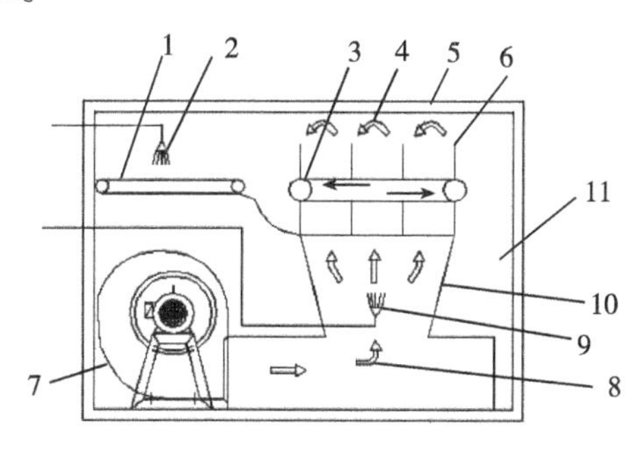

图11-36　带式流态化工作原理图

1—进料预冻段　2—液氮喷淋头　3—流态化冷冻段　4—回风　5—围护装置　6—刮板　7—离心风机　8—送风　9—液氮喷雾头　10—风管　11—出料口

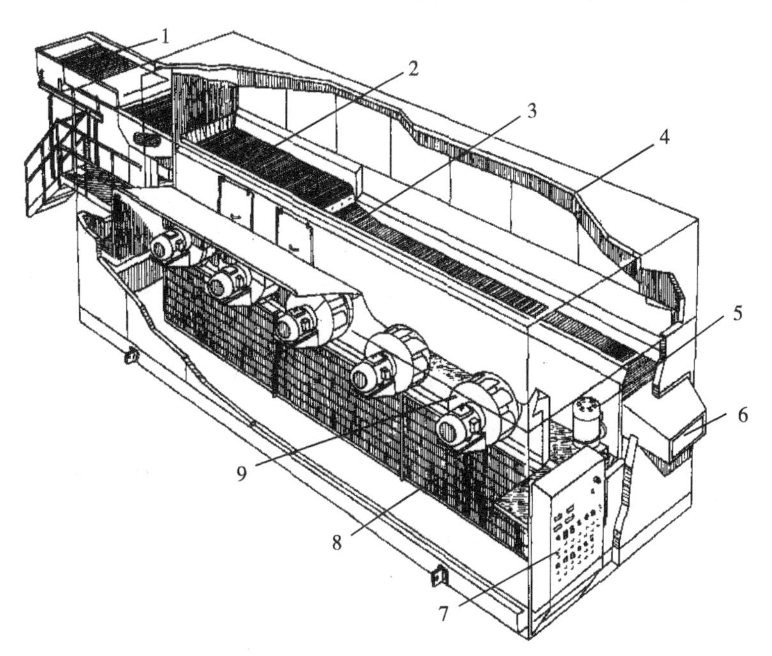

图11-37　带式流态化冻结装置

1—振动布料口　2—表层冻结段　3—冻结段　4—隔热箱体　5—网带传动电机　6—出冻口　7—电控柜及显示器　8—蒸发器　9—离心式风机

(2)振动式流态冻结装置 这种冻结装置的特点,是被冻食品在冻品槽(底部为多孔不锈钢板)内,由连杆机构带动做水平往复式振动,以增加流化效果。图11-38为瑞典某公司生产的MA型往复振动式流态冻结装置。它具有气流脉动机构,即一旋转风门。它可按一定的角速度旋转,使通过流化床和蒸发器的气流流量时增时减,搅动被冻食品层,从而可更有效地冻结各种软嫩和易碎食品。风门的旋转速度是可调的,可调节使各种被冻食品受最佳脉动旁通气流量作用。该装置运行时,首先进入预冷设备,表面水分吹干,表面硬化,避免食品相互粘连,进入流化床后,冻品受钢板振动和气流脉动的双重作用,冷气流与冻品充分混合,实现了完全的流态化。这种冻结方式消除了沟流和物料跑偏现象,使冷量得到充分利用,主要用于颗粒状、片状和块状食品的快速冻结。

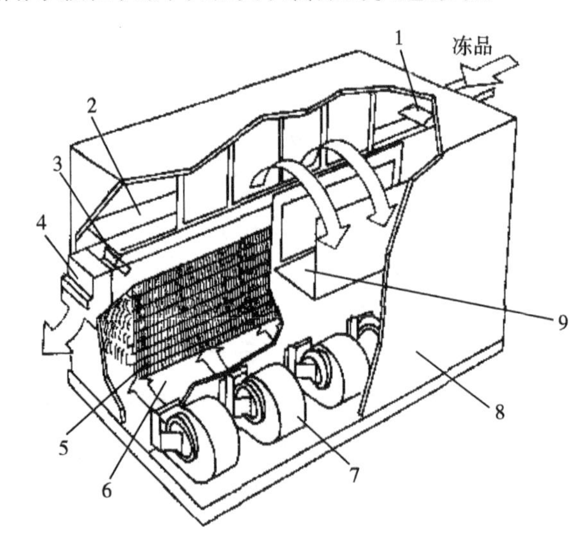

图11-38 振动式流态冻结装置

1—布料振动器 2—冻品槽 3—出料挡板 4—出冻口 5—蒸发器 6—静压箱 7—离心式风机 8—隔热箱体 9—观察台

(3)斜槽式流态冻结装置 这种冻结装置如图11-39所示,其特点是无传送带或振动筛等传动机构,主体部分为一块固定的多孔槽板,槽的进口稍高于出口,被冻食品在槽内依

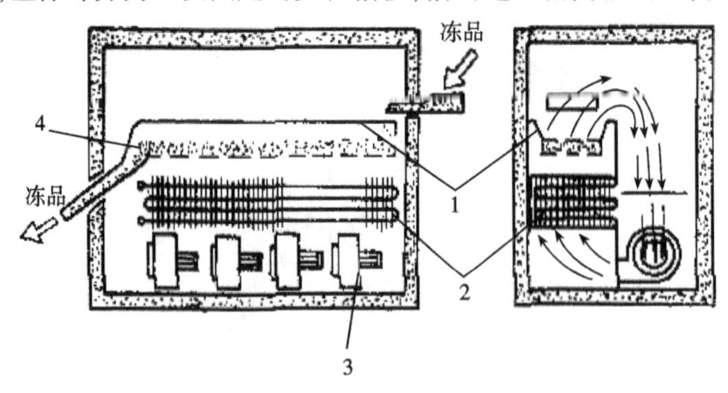

图11-39 斜槽式流态冻结装置

1—斜槽 2—蒸发器 3—离心式风机 4—出料挡板

靠上吹的高速冷气流,使其得到充分流化,并借助于具有一定倾斜角的槽体,向出料口流动。料层高度可由出料口的导流板进行调节,以控制冻结时间和冻结能力,这种冻结装置具有构造简单、成本低、冻结速度快、流化质量好、冻品温度均匀等特点。例如在蒸发温度 -40℃以下、垂直向上风速为 6 ~8m/s、冻品间风速为 1.5 ~5m/s 时,冻结时间为 5 ~10min。这种冻结装置的主要缺点是:风机功率大,风压高(一般在 980 ~1370Pa),冻结能力较小。

11.4.2　间接接触式冻结设备

间接接触冻结法设备主要有平板式冻结装置(有卧式和立式两种)、回转式冻结装置和钢带式冻结装置。

11.4.2.1　卧式平板冻结装置

卧式平板冻结装置如图 11 -40 所示。食品装入货盘并自动盖上盖后,随传送带向前移动,并由压紧机构对货盘进行预压缩,然后货盘被升降机提升到推杆前面,由推杆推入最上层的两平板间;当这两块平板间堆满货盘时,再推入一块,则位于最右面的货盘将由降低货盘装置送到第二层平板的右边,然后被推入第二层平板之间。如此反复,直至全部平板间均装满货盘时,压紧平板进行冻结,冻结完毕,液压系统松开平板,推杆继续推入货盘,此时位于最低层平板间最左侧的货盘则被液压推杆推上卸货传送带,在此盖从货盘上分离,并被送到起始位置,而货盘经翻盘装置翻转后,食品从货盘中分离出来。然后经翻转装置再次翻转后,货盘由升降机送到货盘,重新装货,完成一个工作周期。卧式平板冻结装置主要用于冻结分割肉、鱼片、虾及其他小包装的快速冻结。特点是冻结快、干耗小,冻品质量高,占地面积少。但该装置不适用于冻结厚度较大的食品。

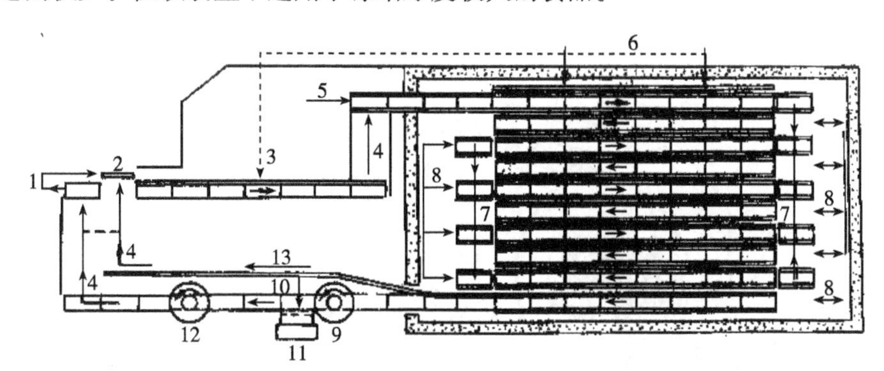

图 11 -40　连续卧式平板冻结装置

1—货盘　2—盖　3—压紧机构　4—升降机　5—推杆　6—液压系统　7—降低货盘装置　8—液压推杆　9—翻盘装置　10—卸料　11—传送带　12—翻转装置　13—盖传送带

11.4.2.2　立式板冻结装置

立式平板冻结装置的结构原理与卧式平板冻结装置相似,冻结平板垂直位置平行排列,如图 11 -41 所示。平板一般有 20 块左右。待冻食品不需要装盘或包装,可直接从上部散装倒入平板间进行冻结,操作方便,适用于小杂鱼和肉类产品的冻结。冻结结束后,冻品脱离平板的方式有多种，分上进下出、上进上出和上进旁出等。平板的移动、冻块的升降和推出等动作，均由压缩空气或液压系统驱动、控制。平板间装有定距螺杆，用于限制两平板间的距离。

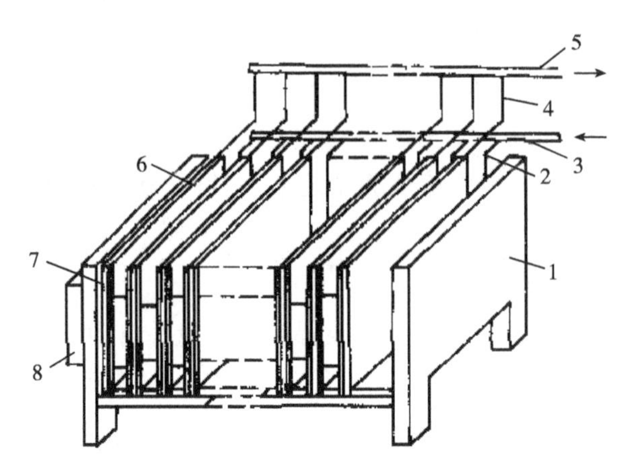

图 11 -41　立式平板冻结装置结构示意图

1—机架　2,4—橡胶软管　3—供液管　5—吸入管　6—冻结平板　7—定距螺杆　8—液压装置

11.4.2.3　回转式冻结装置

图 11 -42 所示为圆筒型回转式冻结装置，同平板式冻结装置一样，利用金属表面直接接触冻结的原理冻结产品。其主要部件为一不锈钢金属回转筒，外壁为冷却面。载冷剂由空心轴输入，待冻品由投入口排列在转筒表面上，转筒回转一周，冻品完成冻结过程，冻品

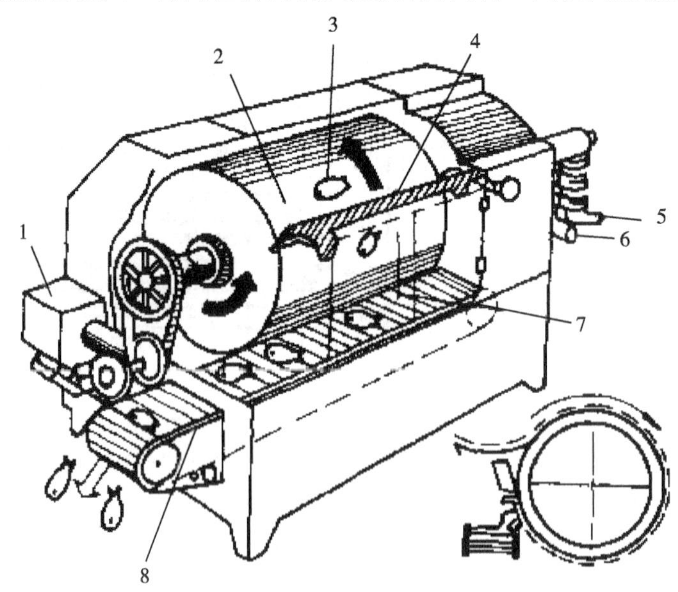

图 11 -42　回转式冻结装置

1—电动机　2—滚筒冷却器　3—进料口　4—刮刀　5—盐水入口　6—盐水出口　7—刮刀　8—出料输送带

转到刮刀处被刮下,刮下的冻品由传送带输送到预定位置。转筒的转速根据冻品所需的冻结时间调节。载冷剂可选用盐水、乙二醇等,最低温度可达 -35 ~ -45℃。据有关资料介绍,用该设备冻结产品所引起的重量损失为 0.2%。该装置适用于冻结鱼片、块肉、虾以及流态食品。

11.4.2.4　带式冻结装置

钢带式冻结装置,其主体部件是钢带连续输送机,如图 11 -43 所示。在钢带上下面喷冷冻盐水,或使钢带滑过固定的冷却面使冻品降温。该装置适于冻结鱼片、调味汁、酱汁和某些糖果产品等。冻品上部可用冷风补充冷量。食品层一般较薄,因而冻结速度快,冻结 20 ~25mm 厚的产品约需 30min。

钢带冻结器的主要优点:同平板式、回转式相比,带式冻结器构造简单,操作方便;改变带长和带速,可大幅度地调节产量。

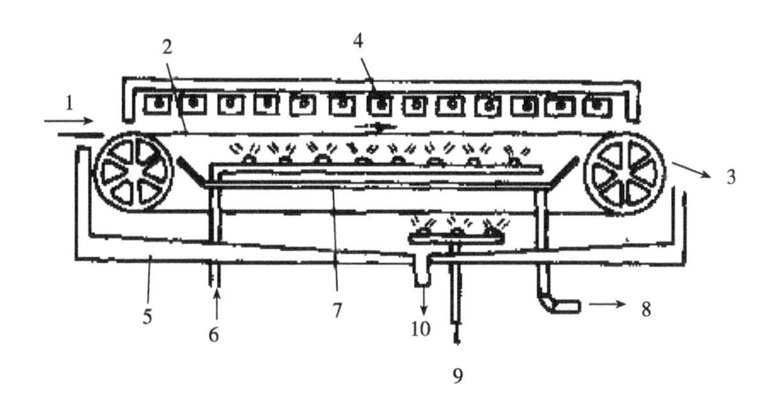

图 11 -43　带式冻结装置

1—进料　2—钢带　3—出口　4—对流空气　5—保温层　6—盐水入口　7—盐水洗涤入口　8—盐水出口　9—钢带洗涤水入口　10—洗涤水出口

11.4.3　直接接触冻结设备

直接接触冻结装置的特点是食品直接与冷媒接触进行冻结。所用的冷媒可以是载冷剂如食盐溶液,也可是低温制冷剂的液化体气体,如盐水、液氮、液态二氧化碳等。按制冷方法可将直接接触冻结装置分为载冷剂接触冻结装置、低温液体冻结装置。按冷媒与食品接触的方式可分为浸渍式和喷淋式;低温液体冻结装置又可分为液氮冻结装置和液态二氧化碳冻结装置。

11.4.3.1　盐水浸渍冻结装置

盐水浸渍冻结装置如图 11 -44 所示。该装置主要用于鱼类的冻结,与盐水接触的容器用玻璃钢制成,有压力的盐水管道用不锈钢,其他盐水管道用塑料,从而解决了盐水的腐蚀问题。鱼由进料口与盐水混合后进入进料管,进料管内盐水涡流下旋,使鱼克服浮力而到达冻结器的底部。冻结后的鱼体密度减小,浮至液面,由出料机构送至滑道,在此鱼和盐水分离由出料口排出。冷盐水被泵送到进料口,经进料管进入冻结器,与鱼体换热后盐水升温密度减小,冻结器中的盐水具有一定的温度梯度,上部温度较高的盐水溢出冻结室后,与鱼体分离进入除鳞器,经除去鳞片等杂物的盐水返回盐水箱,与盐水冷却器换热后降温,完成一次循环。其特点是冷盐水既起冻结作用又起输送鱼的作用,冻结速度快,干耗小。缺点是装置的制造材料要求较特殊。

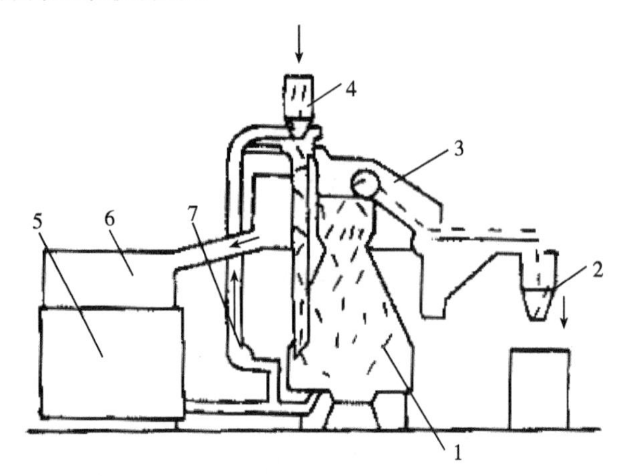

图 11－44　盐水连续浸渍冻结装置示意图

1—冻结器　2—出料口　3—滑道　4—进料口　5—盐水冷却器
6—除鳞器　7—盐水泵

11.4.3.2　液氮喷淋冻结装置

喷淋速冻装置多为隧道式结构,隧道内有传送带、浸渍器和风机等装置。如图 11－45 所示,食品从一端置于传送带上,随带移动,依次通过预冷区、冻结区和均温区,最后由另一端卸出。液氮储于隧道外,以一定压力引入冻结区进行喷淋冻结,液氮吸热后形成的氮气,温度仍很低,为－10～5℃,通过风机,将液氮送入隧道前段进行预冻。在冻结区,食品与液氮接触而迅速冻结。该装置的特点是结构简单,使用寿命长,但成本高。

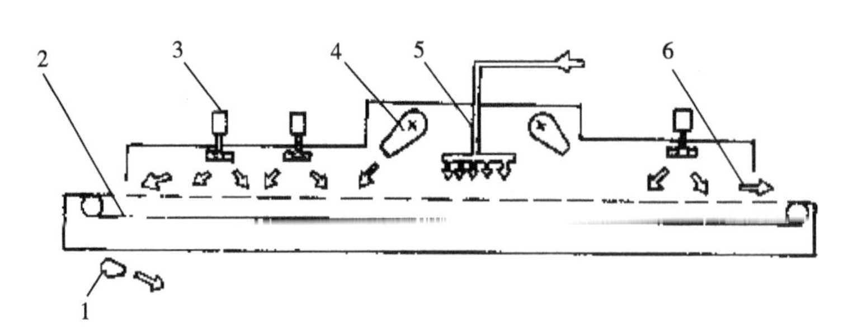

图 11－45　液氮冻结装置

1—排散风机　2—进料口　3—搅拌风机　4—风机　5—液氮喷雾器　6—出料口

11.5　食品解冻

冻结食品在消费或加工前必须解冻,解冻可分为半解冻(－3～5℃)和完全解冻,视解冻后的用途来选择。由于冻结食品自然放置时也会融解,所以解冻易被人们忽视。在食品工业中,需要大量冻结食品作原料,必须重视解冻方法,了解解冻对食品质量的影响。

11.5.1 常见解冻方法与特点

常用的解冻方法有外部加热法,内部加热法以及内、外部同时加热的组合加热法。表 11-5 列出常用的食品解冻方法及特点。

表 11-5 解冻方法的分类

序号	空气解冻法	水解冻法	电解冻法	其他解冻法
1	静止空气解冻(低温微风型空气解冻)	静水浸渍解冻	红外辐射解冻	接触传热解冻
2	流动空气解冻	低温流水浸渍解冻	高频解冻	高压解冻
3	高湿度空气解冻	水喷淋解冻	微波解冻	
4	加压空气解冻	水浸渍和喷淋结合解冻	低频解冻	
5		水蒸气减压解冻	高压静电解冻	
特点	解冻时间长,有干耗损失、易氧化,解冻后品质较低	解冻速度快,无干耗,但易受到微生物的污染	解冻速度快,解冻后品质下降少	解冻速度快,解冻后品质高

11.5.2 典型解冻设备

11.5.2.1 空气解冻法

空气解冻是一种简便的解冻方法,食品受热均匀,缺点是解冻时间长,存在干耗和氧化作用,使解冻质量下降。因此在空气解冻装置中增加调节温度和湿度的设备效果会好些。图 11-46 是能控制温度和湿度空气解冻装置。该方式采用高效率的空气与水接触装置,让循环空气通过多层水膜,水温与室内空气温度相近,充分加湿,空气湿度可达 98% 以上,空气温度可在 -3~20℃ 范围调节,并以 2.5~3.0m/s 的风速在室内循环。这种解冻方法,使解冻过程中的干耗大大减少,而且可以防止解冻后冻品色泽变差。在这种装置中,设有能逆转的气流调节器,可以定时改变冷风方向,以使解冻均匀,而且加湿装置还起一个清洁,净化室内循环空气的作用。解冻过程可以自动完成,只要事先设定解冻过程中温度变化程序(由冻品数量、种类、大小确定)即可。当被解冻品的中心温度达到所要求的温度后,可自动调节到冰温储藏状态。

11.5.2.2 水解冻装置

常用的水解冻装置有水浸渍解冻、水喷淋解冻、水浸渍和喷淋相结合的解冻。图 11-47 就是水浸渍和喷淋相结合的解冻装置图。它是将水喷淋和浸渍两种解冻形式结合在一起,以提高解冻速度,提高解冻品的质量。鱼块由进料口进入传送带上的网篮,经喷淋再浸渍解冻,到出料口时,解冻已完成。

11.5.2.3 水蒸气减压解冻

水蒸气减压解冻又称为真空解冻。在低压下,水在低温即会沸腾,产生的水蒸气遇到更低温度的冻品时,就会在其表面凝结成水珠,这个过程会放出凝结潜热。该热量被解冻品吸收,使其温度升高而解冻。这种解冻方法适用的品种多,解冻快、无解冻过热。

图 11 -48 是该种解冻装置示意图。该装置是圆筒状容器,一端是冻品进出的门,冻品放在小车上推入,容器顶上用水封式真空泵抽真空,底部盛水。当容器内压力为 1.3 ~2.0 kPa 时,水在 10 ~15℃低温下即沸腾,产生的水蒸气在冻品表面凝结时,放出 2450 kJ/kg 热量。当水温较低时产生的水蒸气的量就会减少,这时可以用水中浸没的蒸气管进行加热。

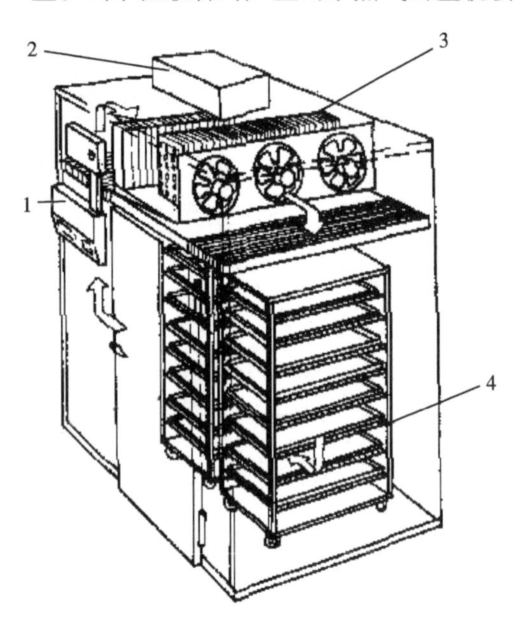

图 11 -46　高湿度空气解冻装置

1—控制箱　2—给水装置　3—室内换热器　4—手推车

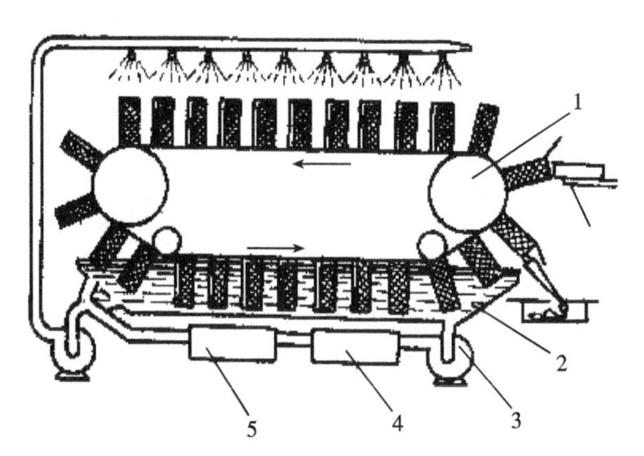

图 11 -47　喷淋和浸渍组合解冻装置

1—传送带　2—水槽　3—泵　4—过滤器　5—加热器

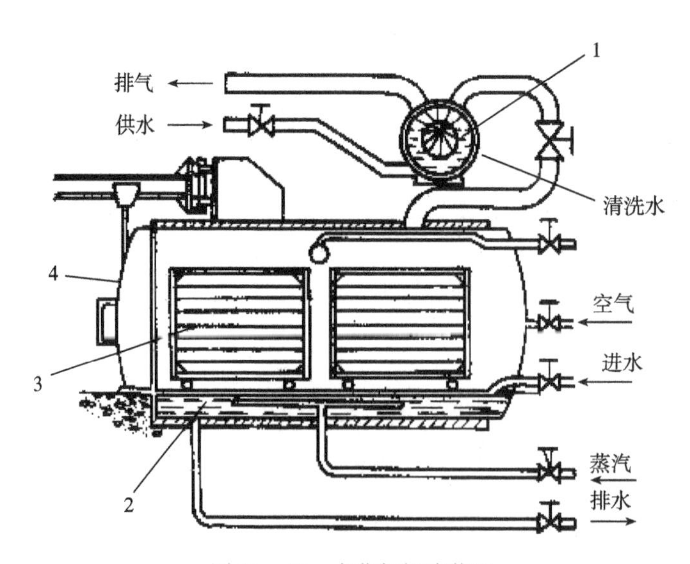

图 11 -48　水蒸气解冻装置

1—水封式真空泵　2—水槽　3—食品车　4—食品入口

11.5.2.4　电解冻

以空气或水为传热介质进行解冻,是将热量通过传导、对流或辐射的方法,使食品升温，热量是从冷冻食品表面导入的，而电解冻属于内部加热。电解冻种类很多，有远红外解冻、高频解冻、微波解冻、低频解冻和高压静电解冻。现介绍两种典型的电解冻装置。

(1)微波解冻装置　这种解冻方法是靠物质本身的电性质来发热，利用电磁波对冻品中的高分子和低分子极性基团起作用，使其发生高速振荡，同时分子间发生剧烈摩擦，由此产生热量。国家标准规定，工业上用2450 MHz 和915 MHz 两个波带。微波加热频率越高，产生的热量就越大，解冻也就越迅速。但是，微波对食品的穿透深度较小。微波发生器在2450 MHz 时，最大的输出功率只有 6 kW，并且其热能转化率较低，为 50% ~55%。在 915 MHz 时，转化率可提高到 85%，可实现 30 ~60 kW 的输出功率。微波加热解冻装置示意图见图 11 -49。

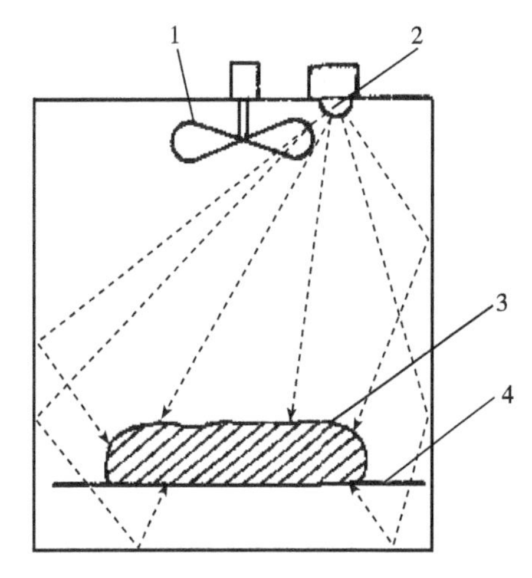

图 11 -49　微波加热解冻装置示意图

1—风机　2—微波发生器　3—被解冻食品　4—载物台

这种解冻方法的优点是解冻时间短，解冻食品的质量保存较好，清洁卫生，并且有杀菌作用，还可实现连续解冻；缺点是解冻不均匀，有的部分出现过热现象。

(2)低频解冻　又称欧姆加热解冻、电阻加热解冻。这种方法将冻品作为电阻，靠冻品的介电性质产生热量，所用电源为 50 ~60Hz 的交流电。示意图见图 11 -50。欧姆加热解冻是将电能转变为热能，通电使电流贯穿冻品容积时，将容积转化为热量。加热穿透深度

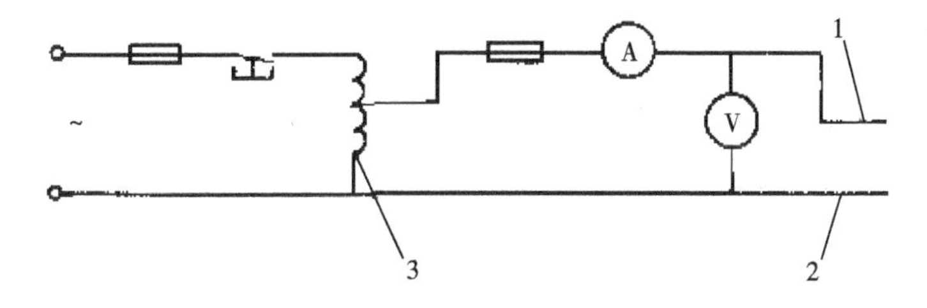

图 11 -50　低频解冻装置示意图

1—活动电极　2—固定电极　3—自耦变压器

不受冻品厚度的影响。这与高频解冻、微波解冻不同,加热量由冻品的电导和解冻时间决定。低频解冻比空气和水解冻速度快 2 ~3 倍,但只能用于表面平滑的块状冻品解冻,冻品表面必须与上下电极紧密接触,否则解冻不均匀,并且易发生局部过热现象。

复习思考题

1. 制冷系统中四大部件的工作原理。
2. 简述常用制冷剂和载冷剂的种类及主要性质。
3. 简述制冷压缩机的类型及主要结构和工作特点。
4. 简述制冷系统辅助设备的作用和类型。
5. 简述食品冻结装置的类型及主要结构和工作特点。
6. 举例说明直接和间接制冷在食品工厂中的应用。

第 12 章　发酵机械与设备

本章重点及学习要求：本章主要介绍机械搅拌通气发酵罐、自吸式发酵罐、气升式发酵罐等通风发酵设备和酒精发酵设备、啤酒发酵等嫌气发酵设备的工作原理、设备结构形式及特点与应用。通过本章学习掌握机械搅拌通气发酵罐、自吸式发酵罐、气升式发酵罐等通风发酵设备的特点及应用范围；掌握酒精发酵设备、新型啤酒发酵设备等嫌气发酵设备的特点及应用范围。

发酵设备的功能是按照发酵过程的要求，保证和控制各种发酵条件，主要是适宜微生物生长和形成产物的条件，促进生物体的新陈代谢，使之在低消耗下（包括原料消耗、能量消耗、人工消耗）获得较高的产量。因此发酵设备必须具备一定的条件，应有良好的传递性能来传递动量、质量、热量；能量消耗低；结构应尽可能简单，操作方便，易于控制；便于灭菌和清洗，能维持不同程度的无菌度；能适应特定要求的各种发酵条件，以保证微生物正常的生长代谢。随着发酵产品产量的不断提高，发酵设备日趋大型化。大型发酵罐能简化管理，节省设备投资，降低成本。自动化控制也已广泛地应用于发酵设备中，发酵过程中的温度、压力、设备的清洗都已实现了自动控制。

12.1　通风发酵设备

大多数的生化反应都是需氧的。故通气发酵设备是需氧生化反应设备的核心和基础。无论是使用微生物、酶或动植物细胞（或组织）作生物催化剂，还是目标产物是抗生素、酵母、氨基酸、有机酸或酶，所需的通气发酵设备均要求具有良好的传质和传热性能、结构严密、防杂菌污染、培养基流动与混合良好、有配套的检测与控制、设备较简单、方便维护检修以及能耗低等特点。目前，常用的通气发酵罐有机械搅拌式、气升环流式、鼓泡式和自吸式等，其中机械搅拌通气发酵罐一直占据着主导地位。

12.1.1　机械搅拌通气发酵罐

机械搅拌通气发酵罐在生物工程工厂中得到广泛使用，据不完全统计，它占了发酵罐总数的 70% ~80%，故又常称之为通用式发酵罐。目前，我国珠海益力味精厂拥有 630m^3 特大型机械搅拌通气发酵罐，是世界上最大型的通用罐之一，用于谷氨酸发酵，显示出高生产效率、高经济效益的优点。这类发酵罐大多用于通气发酵罐，靠通入的压缩空气和搅拌叶轮实现发酵液的混合、溶氧传质，同时强化热量传递。

12.1.1.1　*工作原理*

机械搅拌发酵罐是发酵工业使用最为广泛的通风发酵设备，它利用机械搅拌器，使空气和发酵液充分混合，提高发酵液内的溶氧量。通过机械搅拌使发酵罐中溶解氧增多，体现在3个方面：将空气进入初期的大气泡打碎成小气泡，使气液界面面积增大，提高了体积溶氧系数；同时，气泡经搅拌破碎后，上浮速度下降，在搅拌形成的液流影响下，气泡由直线上浮变成曲线上浮，因运动路径的延长增加气体与液体间接触时间，提高了空气中氧的利用率；在搅拌器作用下产生强烈的液相湍流，使得液膜厚度变薄，传质系数增大，从而获得较大的体积溶氧系数。

12.1.1.2 发酵罐的结构

如图12－1和图12－2所示，机械搅拌发酵罐属于密封受压设备，主要部件有罐体、搅拌器、挡板、轴封、空气分布器、传动装置、冷却管（或夹套）、消泡器、人孔、视镜等。

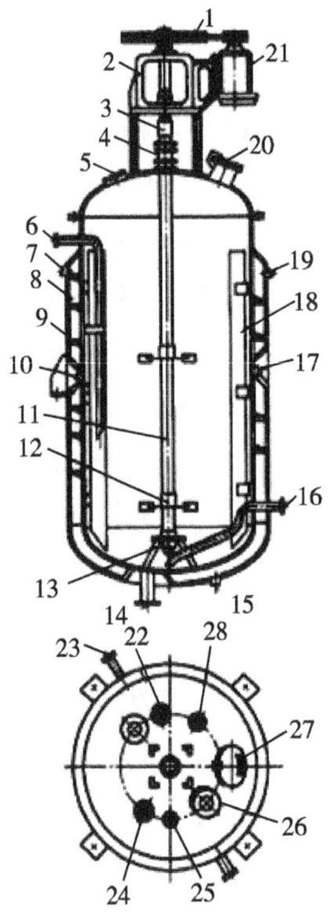

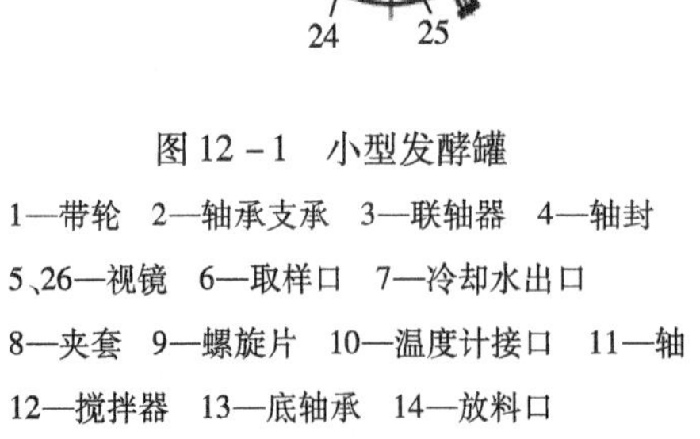

图12－1　小型发酵罐

1—带轮　2—轴承支承　3—联轴器　4—轴封
5、26—视镜　6—取样口　7—冷却水出口
8—夹套　9—螺旋片　10—温度计接口　11—轴
12—搅拌器　13—底轴承　14—放料口
15—冷水进口　16—通风管　17—热电偶接口
18—挡板　19—接压力表　20、27—手孔
21—电动机　22—排气口　23—取样口
24—进料口　25—压力表接口　28—补料口

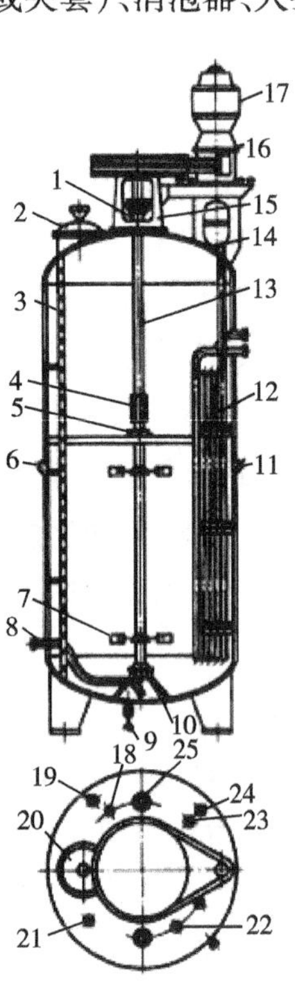

图12－2　大型发酵罐

1—轴封　2、20—人孔　3—梯子　4—联轴器
5—中间轴承　6—热电偶接口　7—搅拌器
8—通风口　9—放料口　10—底轴承
11—温度计　12—冷却管　13—轴
14、19—取样口 15—轴承支座　16—带
17—电动机　18—压力表　21—进料口
22—补料口　23—排气口
24—回流口　25—视镜

(1)**罐体**　发酵罐罐体由圆柱形罐身及椭圆形或碟形封头焊接而成,材料多采用不锈钢,大型发酵罐可用复合不锈钢制成或采用碳钢及内衬不锈钢结构。衬里用不锈钢板,厚度为2~3mm。为了满足压力操作的工艺要求,罐体可承受一定压力,如0.25MPa的常规灭菌操作压力。常见的工业生产用发酵罐容积为20~500m^3。

小型发酵罐的罐顶和罐身用法兰连接。罐顶设有清洗用手孔;大中型发酵罐则设有快开人孔及清洗用的快开手孔。人孔的大小除用于操作人员出入外,还用于罐内部件的装卸。罐顶装有视镜及灯镜,在其内面装有压缩空气或蒸汽的吹管,用以冲洗玻璃。罐顶的接管有进料管、补料管、排气管、接种管和压力表接管。为避免堵塞,排气管靠近封头的中心轴封位置。罐身上有冷却水进出管、进空气管、温度计管和测控仪表接口。取样管位于罐身或罐顶上,操作方便。

(2)**搅拌器和挡板**　罐内的搅拌器一般采用涡轮式结构,其主要作用是加速溶氧。搅拌器多为2组,也有3组或4组,其叶片结构有平叶式、弯叶式、箭叶式等多种。搅拌器一般采用不锈钢板制成。为了拆卸方便,大型搅拌器一般做成两半,通过螺栓联成一体。

挡板的作用是使液流由径向流型变成轴向流型,防止液面中央产生旋涡,促使液体激烈翻动,提高溶氧量。挡板的安装需要满足全挡板条件,即在一定转速下,再增加罐内附件,轴功率仍保持不变。一般安装有4~6块挡板,其宽度通常取(0.1~0.12)D(罐直径),其高度自罐底延伸至液面。由于竖立的冷却蛇管、列管、排管也可以起挡板作用,一般有冷却列管或排管的发酵罐内不另设挡板,但冷却管为盘管结构时则需要设置挡板。挡板与罐壁之间的距离一般为(1/8~1/5)D,避免形成死角,防止物料和菌体堆积。

(3)**消泡器**　消泡器用于打碎泡沫,最常见的有锯齿式、梳状式、孔板式以及旋桨梳式等。孔板式的孔径为10~20mm。消泡器的长度约为罐径的0.65倍。

(4)**空气分布装置**　其作用是引导无菌空气均匀吹入,有单管及环管等结构形式。常用的分布装置是单管式,管口末端在距罐底一定高度处朝下正对罐底中央位置,空气分散效果较好。空气由分布管喷出上浮时,被搅拌器打碎成小气泡,并与醪液充分混合,加快气液传质。管内空气流速一般为20m/s。为防止气流直接冲击罐底,罐底中央安装有分散器,以延长罐底的寿命。环管式因效果不及单管式,且气孔易堵,已很少使用。

(5)**冷却装置**　冷却装置用于排出发酵热,通常有冷却夹套或排管。

(6)**联轴器及轴承**　联轴器用于搅拌轴的连接,小型发酵罐可采用法兰连接,大型发酵罐搅拌轴较长,常分为二三段,需采用联轴器连接。联轴器有鼓形及夹壳形两种。为减少因搅拌轴工作时产生的挠性变形所引起的振动,中型发酵罐一般在罐内装有底轴承,而大型发酵罐还装有中间轴承,其水平位置可调。在轴上增加轴套可防止轴颈磨损。

(7)**轴封**　轴封用于罐顶或罐底与搅拌轴之间的缝隙的密封。为防止泄漏和污染杂菌,发酵罐对于轴封的要求较高,通常采用密封性能良好的填料函和端面轴封。

12.1.1.3　*机械搅拌发酵罐的几何尺寸*

常用的机械搅拌通气发酵罐的结构及几何尺寸已规范化设计,视发酵种类、厂房条件、罐体积规模等在一定范围内变动。其主要几何尺寸比例如图 12－3 所示。

常见的机械搅拌通气发酵罐的几何尺寸比例如下：

$H/D = 2.0 \sim 3.5$

$B/D = 1/8 \sim 1/12$

$S/Di = 2 \sim 5$

$Di/D = 2/5 \sim 3/10$

$C/Di = 0.8 \sim 1.0$

$H_0/D = 2$

各参数的意义见图 12－3。

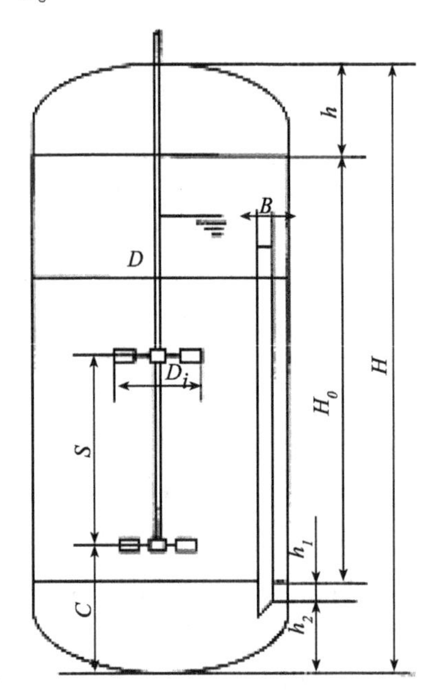

图 12－3　机械搅拌通气发酵罐的几何尺寸

H—罐总高　*h*—液位高　H_0—罐身高　*D*—罐径　*Di*—搅拌叶轮直径

B—挡板宽　*C*—下搅拌叶轮与罐底距　*S*—相邻搅拌叶轮间距

12.1.1.4　机械搅拌发酵罐的特点

（1）机械搅拌作用获得的溶氧系数较高，一般体积溶氧系数为 100～1000L/h，适合于各种发酵的溶氧要求。

（2）罐内液体和空气的混合效果较好，不易产生沉淀，可适应有固形物存在的场合，因此又叫全混式发酵罐。

（3）搅拌作用形成的液体流型使氧气的利用率较高，所需要的通风量较小。

（4）既有通风，又有搅拌，投资成本较大。

（5）单位溶氧功耗较大，操作费用高。

（6）结构复杂，清洗及维修不便。

12.1.2　自吸式发酵罐

自吸式发酵罐是一种不需要空气压缩机提供压缩空气，而依靠特设的机械搅拌吸气装置或液体喷射吸气装置吸入空气并同时实现混合搅拌与溶氧传质的发酵罐。自 20 世纪 60 年代开始，欧洲和美国展开研究开发，然后在国际和国内的酵母及单细胞蛋白生产、醋酸发酵及维生素生产等获得应用。国内，上海医工院朱守一教授、华南理工大学高孔荣教授等进行了深入研究，于 1981 年开始在酵母生产等发酵工厂推广应用，效果很好。

12.1.2.1　自吸式发酵罐的充气原理

自吸式发酵罐的构造如图 12－4 所示。主要构件是自吸搅拌器及导轮，简称为转子及定子。转子由底轴或上主轴带动，当转子转动时，空气由有导气管吸入。转子的形式有多种，如九叶轮、六叶轮、四叶轮、三叶轮等，叶轮均为空心形，如图 12－5、图 12－6 所示。

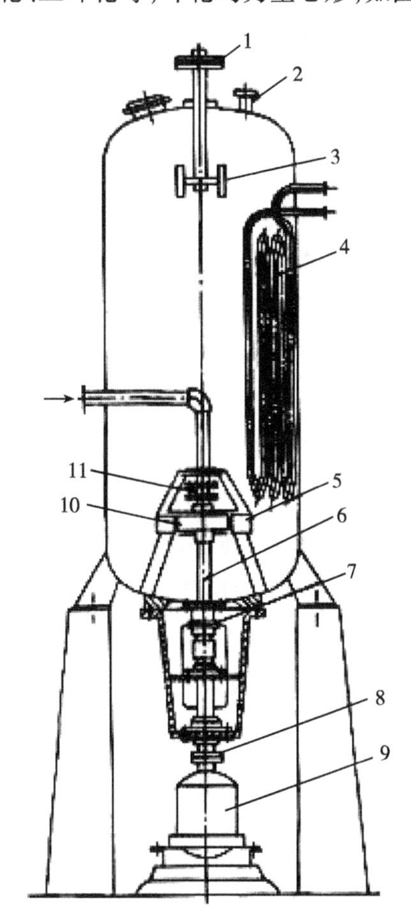

图 12－4　自吸式发酵罐

1—皮带轮　2—排气管　3—消泡器　4—冷却排管　5—定子
6—轴　7—双端面轴封　8—联轴节　9—电机　10—转子　11—端面轴封

在转子启动前，先用液体将转子浸没，然后启动马达使转子转动，由于转子高速旋转，液体、空气在离心力的作用下，被甩向叶轮外缘，在这个过程中，流体便获得能量。转子旋转的线速度越大，流体的动能也越大，流体离开转子时，由动能变为压力能也越大，排出的风量也越大。当流体被甩向外缘时，在转子中心处形成负压，转子转速越大，所造的负压也越大，吸风量也越大，通过导向叶轮而使气液均匀分布甩出，并使空气在循环的发酵液中分裂成细微的气泡，在湍流状态下混合、翻腾、扩散，因此自吸式充气装置在搅拌的同时完成了充气作用。

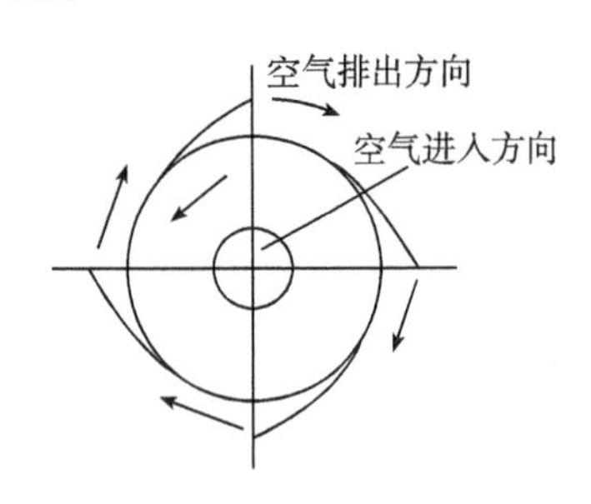

图 12－5　十字形转子

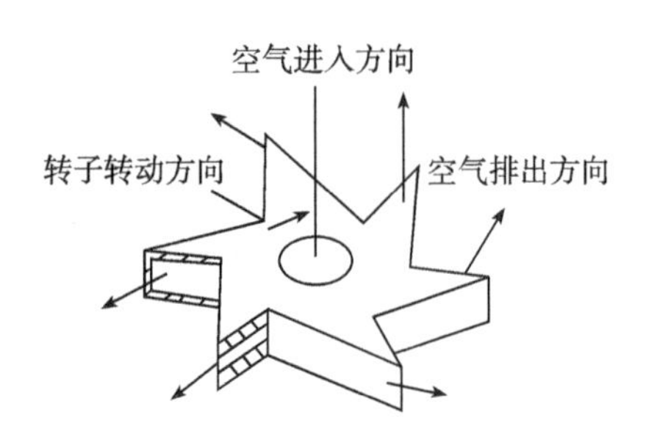

图 12－6　六叶轮转子

12.1.2.2　自吸式发酵罐的类型

（1）无定子回转翼片式自吸式发酵罐　通气搅拌装置为回转翼片的空气分布器，翼片呈流线形，上有许多小孔，压缩空气通过空心轴进入，并由小孔分布于液体中。这种罐结构简单、制作容易、操作维修方便。但空气的利用率低、电耗稍大。

（2）有定子自吸式发酵罐　图 12－4 所示为一具有转子和定子的自吸式发酵罐，主要构件即转子（又称为自吸搅拌器）和定子（又称为导轮）。转子为空心结构，如九叶轮、六叶轮、四叶轮、三叶轮等。

（3）溢流喷射式自吸式发酵罐　溢流喷射式自吸式发酵罐为新型发酵罐。溢流喷射器利用液体溢流时形成的抛射流，在液体表面层作用下，使靠近液体表面的气体边界层具有一定的移动速度，从而形成气体的流动和自吸作用。流体处于抛射非淹没溢流状态，溢流尾管略高于液面，尾管高 1～2m 时，吸气量较大。图 12－7 所示为 500m^3 单层溢流喷射反应器，生产能力为 2～2.5kg 干酵母/（h · m^3），电耗为 700（kW · h）/t 干酵母。

图 12－8 所示为浮布（VoBu）式自吸发酵罐，采用双层溢流。醪液从罐底抽出，经气液分离泵提升到罐顶的溢流口，流入上层发酵罐，吸入新鲜空气，再流至下层发酵罐，再吸入新鲜空气。可使用 2、3、4 个泵同时工作，体积溶氧速率为 12～14kgO_2/（m^3 · h），单位溶氧功耗为 0.4～0.5（kW · h）/kgO_2。

溢流式自吸发酵罐结构简单，省去了复杂的空压机及其附属设备，电耗少，生产率较大，溶氧速率高，输送发酵液效果较好。

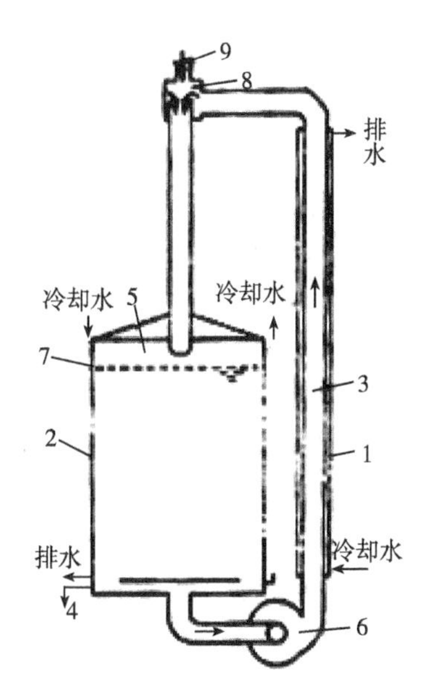

图 12－7　单层溢流喷射反应器

1—冷却器　2—罐体　3—循环管

4—放料口　5—分离排气　6—循环泵

7—液面　8—喷射器　9—空气入口

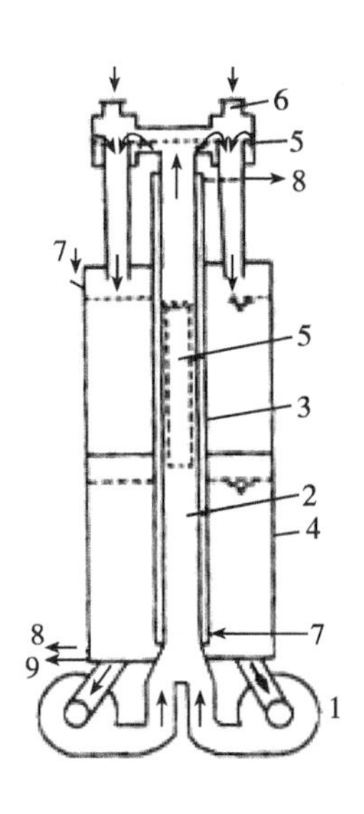

图 12－8　浮布双层发酵罐

1—循环泵　2—循环管　3—冷却器

4—罐体　5—喷射器　6—空气入口

7—冷却水进口　8—排水　9—排液

(4)喷射自吸式发酵罐(文氏管发酵罐)　文氏管发酵罐(图 12－9)是从水力真空泵发展而来的一种新型发酵罐,它以文氏管作为分散元件。工作时利用泵将发酵液送入文氏管,发酵液在文氏管的收缩段处流速增加,形成真空而将空气吸入,并使气泡均匀分散到液体中,分散效果好,溶氧速率高。

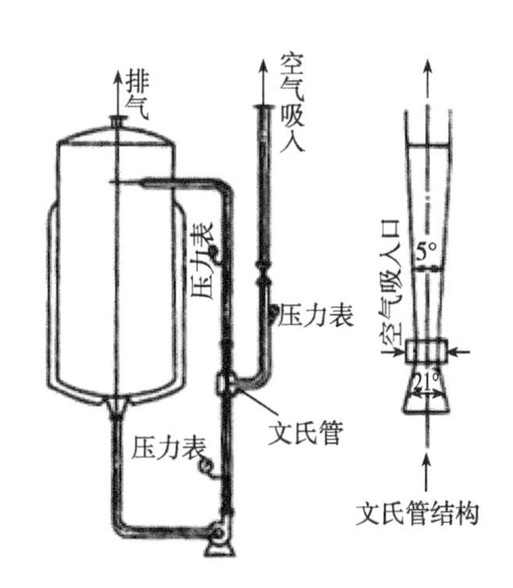

图 12－9　文氏管发酵罐

12.1.2.3　自吸式发酵罐的特点

与传统的机械搅拌通气发酵罐相比,自吸式发酵罐具有如下的优点与不足。

(1)不必配备空气压缩机及相应的附属设备,节约设备投资,减少厂房面积。

(2)溶氧速率高,溶氧效率较高,能耗较低,尤其是溢流自吸式发酵罐的溶氧比能耗可降至 0.5kW·h/(kg O_2)以下。

(3)用于酵母生产和醋酸发酵具有生产效率高、经济效益高的优点。

但因一般的自吸式发酵罐是靠负压吸入空气的,古发酵系统不能保持一定的正压,较易产生杂菌污染。同时,必须配备低阻力损失的高效空气过滤系统。为克服上述缺点,可采用自吸气与鼓风相结合的鼓风自吸式发酵系统,即在过滤器前加装一台鼓风机,适当维持无菌空气的正压,这不仅可减少染菌机会,而且增大通气量,提高溶氧系数。这类改进型的自吸罐用于酵母生产效果很好。

12.1.3 气升式发酵罐

气升式发酵罐是近几十年来发展起来的新型发酵罐。空气由罐底进入后,通过罐内底部安装的分散元件(如多孔板)分散成小气泡,在向上移动过程中与培养液混合进行供氧,最后经液面与二氧化碳等一起释出。在液体密度差异而产生的压力差的推动下,培养液呈湍流状态在罐内循环。

这种发酵罐结构简单,无机械搅拌装置,设备需要空压机或鼓风机来完成气流搅拌,有时还需有循环泵。因无机械搅拌装置,能耗低,减少了杂菌污染的危险,安装维修方便,氧传质效率高,常用于单细胞蛋白、酵母、细胞培养、土霉素等生产。目前常用的类型有带升式、塔式、气升环流式、气升及外循环式等。

12.1.3.1 带升式发酵罐

图 12-10 所示为外循环带升式发酵罐,其上升管安装于罐外,上升管两端与罐底及罐上部相连接,构成一个循环系统,下部装有空气喷嘴。

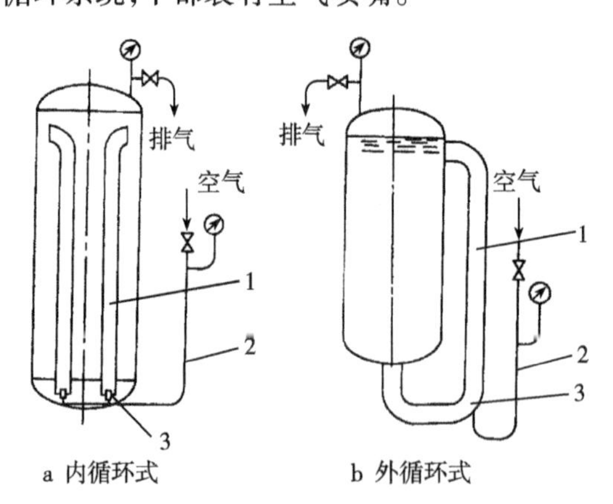

图 12-10 带升式发酵罐

1—上升管 2—空气管 3—空气喷嘴

在发酵过程中,空气以 250~300m/s 的高速从喷嘴喷入上升管。由于喷嘴的作用空气泡被分割细碎,而与上升管的发酵液密切接触。因气体含量多、密度小,加上压缩空气的高速向上喷流动能,上升管内液体上升。同时,罐内液体下降进入上升管下端,形成反复循环。在循环过程中,发酵液不断地与空气气泡接触,供给发酵所耗的溶解氧,使发酵正常进行。

内循环式的循环管可通过采用多层套管结构,延长气液接触时间;并列设置多个上升管,降低罐体高度及所需空气压力。外循环式罐外置的上升管外侧可增加冷却夹套,在循环的同时对发酵液进行冷却。

带升式发酵罐的性能指标主要有循环周期(发酵液体积/循环速度)、空气提升能力(发酵液循环流量/通入空气量)和通风比(通入空气量/发酵液体积)。

带升式发酵罐的主体内无空气,只在循环管内循环,装料系数较高,可达 80% ~90%,故应用广泛。但对于黏度较大的发酵液体积溶氧系数较低,一般小于 140L/h,为了提高体积溶氧系数,可以加大循环管的直径,同时在循环管内增设多孔板;对于外循环设备,可在循环管上增设液泵来增大循环速度,形成机械循环式反应器;还可采用多根循环管来提高循环速度。

12.1.3.2 环流式发酵罐

气升环流式发酵罐的形式较多,常用的有高位、低位及压力发酵罐。

对于培养植物或动物细胞,既要求设备对培养基应能充分搅拌均匀,使气体均匀分散,又要求没有伤害细胞的强烈剪切力,因此细胞培养多采用气升环流式发酵罐(图 12-11)。罐内设置一旋转推进器。气体从推进器转轴的上部进入,由底部的环形气体分布器喷出,与培养液均匀接触后由上部排出。培养液与气泡充分混合后由推进器上部的液体出口排出,然后向下流动到底部,被旋转的推进器吸入,形成环流。设备的特点为低转速高溶氧,一般用于小型发酵罐。

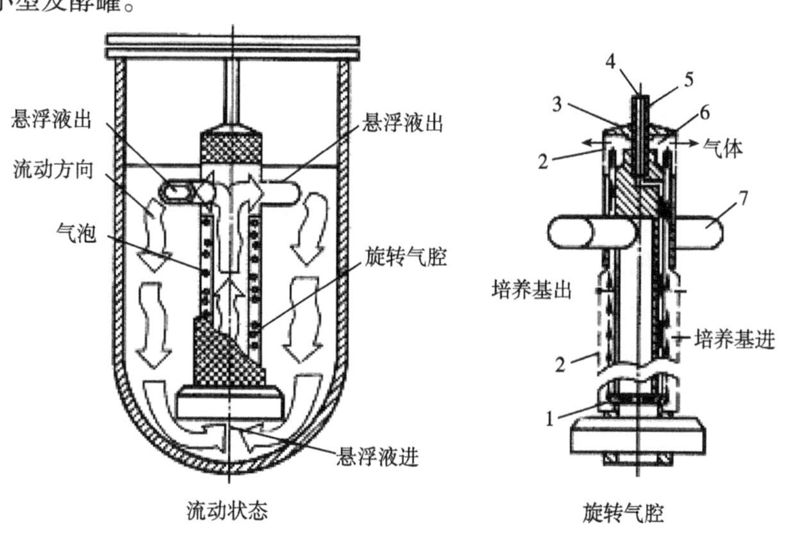

图 12-11 细胞培养气升环流式发酵罐示意图

1—气体分布器 2—筛网 3—上盖 4—气体进口 5—进气管 6—泡沫室 7—搅拌叶

12.1.3.3 塔式发酵罐

塔式发酵罐又称为空气搅拌高位发酵罐，如图 12－12 所示，罐体的高径比较大，罐内安装有多层用于空气分布的水平多孔筛板，下部装有空气分配器。空气从空气分配器进入后，经多孔筛板多次分割，不断形成新的气液界面，使空气泡一直能保持细小，液膜阻力下降，液相氧的传递系数增大，提高了体积溶氧系数。另外，多孔筛板减缓了气泡的上升速度，延长空气与液体的接触时间，从而提高了空气的利用率。在气升式发酵罐中，塔式发酵罐的溶氧效果最好，适用于多级连续发酵，主要用于微生物的培养及水杨酸的生产。

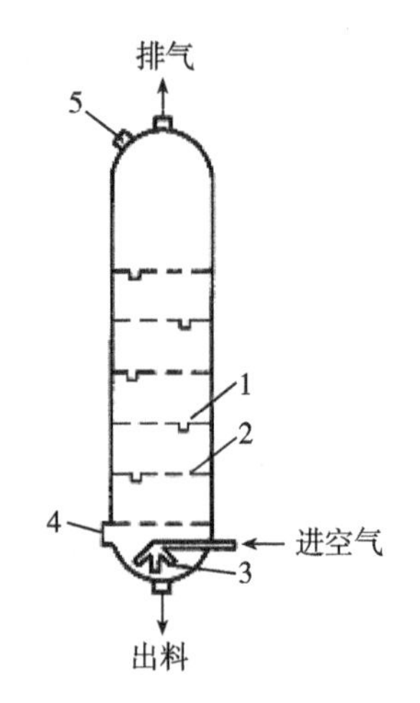

图 12－12 塔式发酵罐
1—导流筒 2—筛板
3—分配器 4、5—人孔

塔式发酵罐的高径比较大，占地面积小，装料系数较大；通风比和溶氧系数的数值范围较广，几乎可满足所有发酵的要求；液位高，空气的利用率高。但由于塔体较高，塔顶和塔底料液不易混合均匀，往往采用多点调节和补料。多孔筛板的存在不适宜固体颗粒较多的场合，否则固体颗粒大多沉积在下面，导致发酵不均匀；如果微生物是丝状菌，清洗有困难。

我国 40t 土霉素生产用塔式发酵罐的技术特性为：塔总高 14m，直径 2m，筛板距离 1.5m，筛孔直径 10mm，最下层筛孔面积 0.16m^2，其余各层筛孔面积为 0.5m^2，约占筛板面积的 20%；导流筒直径为 450mm，长 200mm。

12.2 嫌气发酵设备

由于微生物主要分嫌气和好气发酵两大类，故发酵设备也分两大类。酒精、啤酒和丙酮丁醇等属嫌气发酵产品；谷氨酸、柠檬酸、酶制剂和抗菌素等属好气发酵产品，在发酵过程中需不断通入无菌空气。

近年来，国内外发酵设备趋向大容量。大型发酵罐具有简化管理，节约投资，降低成本以及利于自控等优点。并已在大型发酵罐中实现了自动清洗。

20 世纪 50 年代初期，连续发酵工业化的问题已引起人们普遍的关注和重视。这是由于连续发酵不仅节约了设备投资和操作费用，而且由于时间的缩短和管理的合理化，提高了生产能力。目前，连续发酵生产酒精已在大部分工厂得到运用，而啤酒发酵的连续化也相继在工业生产中得到应用。

12.2.1 酒精发酵设备

12.2.1.1 间歇式酒精发酵罐

间歇式发酵是指生长缓慢期、加速期、平衡期和衰落期四个阶段的微生物培养过程全部在一个罐内完成。

利用酵母将糖转化为酒精时，要获得较高的转化率，除满足酵母生长和代谢的必要工艺条件外，还需要一定的生化反应时间。并移走在生化反应过程中释放出的生物热，否则将影响酵母的生长和代谢产物的转化率。酒精发酵罐的结构除必须满足上述工艺要求外，还应有利于发酵液的排出、设备清洗、维修以及设备制造安装。

间歇式酒精发酵罐（图12－13）的筒体为圆柱形，底盖和顶盖均为碟形或锥形结构如图12－13所示。为了回收发酵过程中产生的二氧化碳气体及其所带出的部分酒精，发酵罐一般采用密闭式结构。罐顶装有人孔、视镜及二氧化碳回收管、进料管、接种管、压力表和测量仪表接口管等。罐底装有排料口和排污口，罐身上下部装有取样口和温度计接口。对于大型罐，为了便于清洗和维修，接近罐底处设置有人孔。

对于发酵罐的冷却，中小型多采用罐顶喷水装置，而大型的采用罐内冷却蛇管或罐内蛇管和罐外喷洒联合冷却装置。有些采用罐外列管式冷却的方法，冷却均匀、效率高。

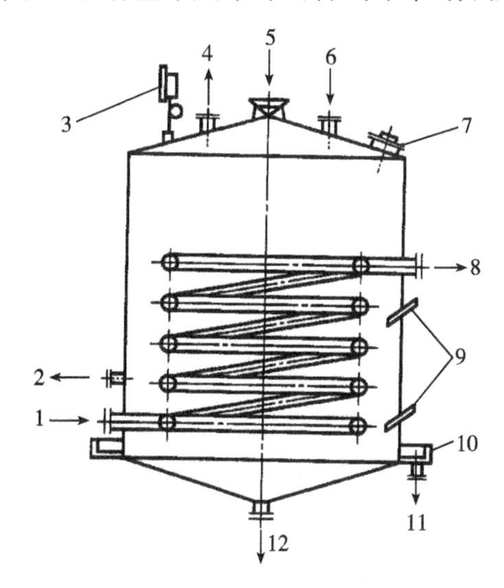

图12－13　间歇式酒精发酵罐

1—冷却水入口　2—取样口　3—压力表　4— CO_2 气体出口

5—喷淋水入口　6—料液和酵母入口　7—人孔　8—冷却水出口

9—温度计　10—喷淋水收集槽　11—喷淋水出口　12—排污口

酒精发酵罐的洗涤多采用水力洗涤器（图12－14），主要为一根两端装有喷嘴的洒水管，呈水平安装，管壁上均匀地开有一定数量的小孔，两端有弯曲段，通过活络接头与固定供水管相连。工作时，喷水管借助于两头喷嘴处以一定的速度喷出而形成的反作用力自由旋转。在旋转过程中，洗涤水由喷水孔排出而均匀喷洒在罐壁、罐顶、罐底上进行罐的洗涤。这种水力喷射洗涤装置在水压不大时洗涤不彻底，对大型罐尤其明显。

与水力洗涤器相比，高压水力喷射洗涤装置（图12－15）在水平分配管道基础上增加了一直立分配管，洗涤用水压力较高，一般为0.6～0.8MPa。直立分配管安装于罐的中央，其上面开出的喷水孔与水平面呈20°夹角。水流喷出时可使喷水管以48～56r/min的速度自动旋转，并高速喷射到罐体四壁和罐底，垂直的分配管以同样的水流速度喷射到罐体四壁和罐底,一次洗涤过程约需5min。

间歇式酒精发酵罐内的环境和发酵过程易于控制,使得其目前在工业生产应用中仍然占据主要地位。

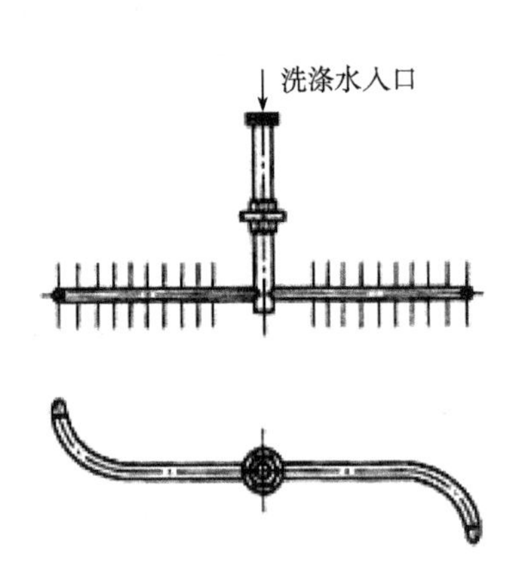

图12-14 发酵罐水力洗涤装置

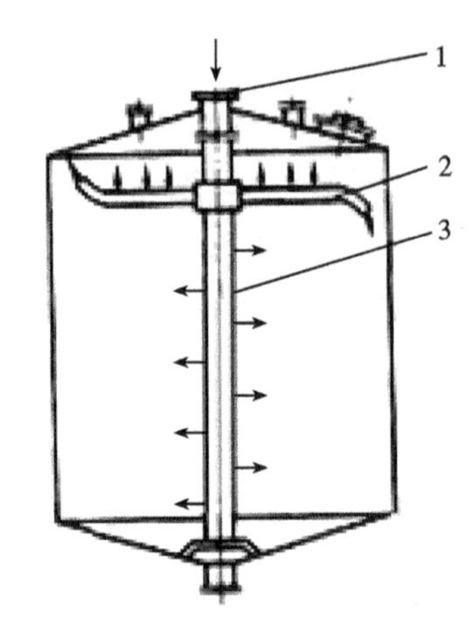

图12-15 发酵罐高压水力喷射洗涤装置

1—洗涤剂进口 2—水平喷水管 3—垂直喷水管

12.2.1.2 连续酒精发酵设备

由于前后两个微生物非旺盛生长期延续时间相当长,采用间歇发酵时发酵周期长,发酵罐数多,设备利用率低。通过在发酵罐内连续加入培养液和取出发酵液,可使发酵罐中的微生物一直维持在生长加速期,同时降低代谢产物的积累,培养液浓度和代谢产品含量相对稳定,微生物在整个发酵过程中即可始终维持在稳定状态,细胞处于均质状态。这即为连续发酵技术。

与间歇式发酵相比,连续发酵具有产品产量和质量稳定、发酵周期短、设备利用率高、易对过程进行优化等优点,但也存在着一些明显的缺点,如技术要求较高、容易造成杂菌污染、易发生微生物变异、发酵液分布与流动不均匀等。目前虽已对连续发酵的动力学和无菌技术进行了广泛的研究,但还不能根据连续发酵的理论来完全控制和指导生产。因此,在实际发酵工业生产中,连续发酵目前还无法完全代替传统的间歇发酵。

连续发酵的特点是微生物在整个发酵过程中始终维持在稳定状态,细胞处于均质状态。在此前提下,可用数学公式和实验公式来表达连续发酵在稳定状态下,微生物生长速度、代谢产物、底物浓度和流加速度之间的关系。

12.2.2 啤酒发酵设备

啤酒发酵容器的变迁过程,大概可分为以下三个方面:一是发酵容器材料的变化。容器的材料由陶器向木材→水泥→金属材料演变,现在的啤酒生产,主要以后两种为主。目前新建的啤酒厂发酵罐则较多使用不锈钢。二是开放式发酵容器向密闭式转换。小规模生产时,糖化投料量较少,啤酒发酵容器放在室内,一般用开放式,上面没有盖子,有利于发酵过程的管理,泡沫形态的观察和醪液浓度的测定。随着啤酒生产规模的扩大,投料量越来越大,发酵容器已开始大型化,并向密闭式发展。从开放式转向密闭发酵的最大问题就是发酵过程中对因气泡带到表面而产生的泡盖(Scum)的处理。开放发酵便于撇取,而密闭容器人孔较小,难以撇取。因此可用吸取法分离泡盖。三是密闭容器的演变。原来是在开放式长方形容器上面加穹形盖子的密闭发酵罐槽,随着技术革新过渡到用钢板、不锈钢或铝制的卧式圆筒形发酵罐。后来出现的是立式圆筒锥底发酵罐,这种罐是 20 世纪初期瑞士的奈坦(Nathan)发明的,所以又称奈坦式发酵罐。

目前使用的大型发酵罐主要是立式罐,如奈坦罐、联合罐、朝日罐等。由于发酵罐容量的增大,要求清洗设备也有很大的进步,大都采用 CIP 自动清洗系统。

12. 2. 2. 1　传统啤酒发酵设备

传统啤酒发酵为分批式,在 20 世纪 80 年代以前被我国啤酒厂普遍采用。随着锥形罐发酵技术的不断发展及迅速普及,目前我国只有少数几个厂家还保留此种方法。传统的啤酒发酵过程一般可分为两个阶段:主发酵和后发酵。

(1)主发酵设备　传统的主发酵一般是在发酵池内进行,也有的采用立式或卧式罐。发酵池大多为开放式的方形或圆形发酵容器,国外也有在敞口槽上安装可移动的有机玻璃拱形盖的发酵容器。主发酵池均置于隔热良好、清洁卫生的发酵室内,室内装有通气设备,以降低发酵室内的二氧化碳浓度。主发酵池可为钢板制,通常采用钢筋混凝土制成,也有用砖砌、外面抹水泥的发酵槽。形式以长方形或正方形为主。尽管发酵池的结构形式和材质各不相同。但为了防止啤酒中有机酸对各种材质的腐蚀,主发酵池内均要涂布一层特殊涂料作为保护层。如果采用沥青蜡涂料作为防腐层,虽然防腐效果好,但成本高、劳动强度大且年年要维修,不能适应啤酒生产的发展。因此,采用不饱和聚酯树脂、环氧树脂或其他特殊涂料较为广泛,但还未完全符合啤酒低温发酵的防腐要求。

开放式主发酵池如图 12 - 16 所示。

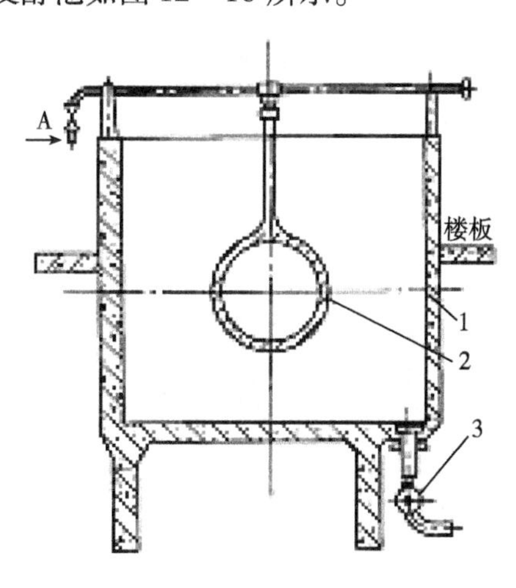

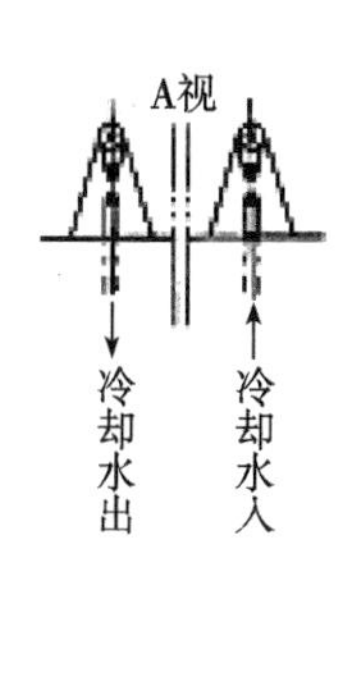

图 12 - 16　主发酵池

1—池体　2—冷却水管　3—出酒阀

主发酵池的底略有倾斜，利于废水排出，离池底10～15cm处，伸出嫩啤酒放出管，平时可拆卸，所以伸出池底的高度也可适当调节。管口有个塞子，以挡住沉淀下来的酵母，避免酵母污染放出的嫩啤酒。待嫩啤酒放尽后，可拆去嫩啤酒出口管头，酵母即可从槽底该管口直接排出。

为了维持发酵池内醪液的低温，在槽中装有冷却蛇管或排管。主发酵池的冷却面积，根据经验，对下面啤酒发酵取每立方米发酵液约为0.2m^{2}冷却面积，蛇管内通人0～2℃的冷水。

密闭式发酵池具有回收二氧化碳，减少前发酵室内通风换气的耗冷量以及减少杂菌污染机会等优点。因此，这种密闭式发酵罐已日益被新建啤酒厂采用。

除了在池内装置维持发酵温度的冷却蛇管外，在发酵室内也需配置冷却排管，维持室内一定的低温。但这种冷却排耗金属材料多、占地面积大且冷却效果又差，故新建工厂多采用空调装置，使室内维持工艺所要求的温度和湿度。

采用开口式主发酵池时，室内不能积聚过高浓度的二氧化碳，否则危害人体健康，因此，室内应装有排除二氧化碳气体的装置。若采用空调设备，则必须保证不断补充约10%的室外新鲜空气，其余作为再循环，从而节省冷耗，降低空调室的负荷。同时，确保排除二氧化碳气体，使室内二氧化碳气体的浓度达到最低，如图12－17所示。

发酵室内装置密闭式发酵池，则采用空调设备，实施冷风再循环更有利于冷耗的节约，如图12－18所示。为避免在室内产生激烈的气流，通风口都应设在墙角处。

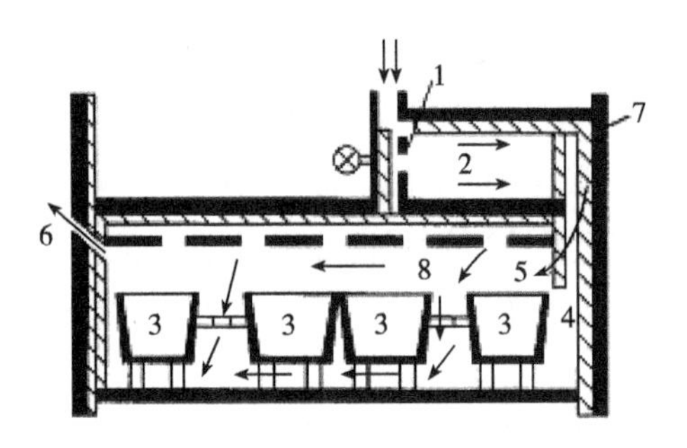

图12－17　主发酵室（置有开口式发酵池的供排风系统）

1—风机　2—空气调节室　3—开口发酵池　4—冷空气风道

5—控制气流方向的阀门　6—排风口　7—保温墙　8—操作台通道

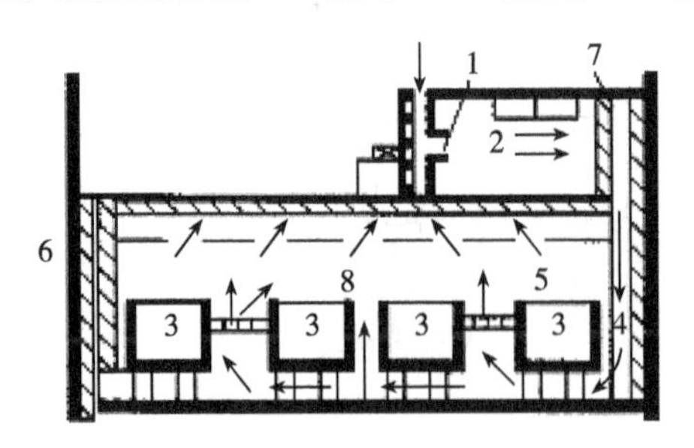

图12－18　主发酵室冷风循环系统

1—风机　2—空气调节室　3—密闭式发酵池　4—空气通道

5—气流方向控制阀　6—排风口7—保温墙　8—操作合通道

欲尽可能降低发酵室的冷耗量，除合理地在室内配置进出风道以及正确操作空调设备之外，发酵室的四周墙壁和顶棚均要采用较好的绝热结构，绝热层厚度不应小于 5cm。发酵池外壁及四周墙壁应铺砌白瓷砖或红缸砖，也可用标号较高的水泥抹面，再涂以较暗淡的油漆。地面通道应用防滑瓷砖铺设，并有一定坡度，便于废水排出。发酵室内顶棚应建成倾斜或光滑弧面，以免冷凝水滴入发酵槽内。从节省冷耗考虑，室内空间不宜太高，单位体积发酵室内的发酵池应尽可能最大。必须指出，由于这类传统的发酵池不适合大规模的现代啤酒生产，近十多年新建的啤酒厂已不用这种过时的设备。

(2) 后发酵设备　后发酵槽又称储酒罐，该设备主要完成嫩啤酒的继续发酵，并饱和二氧化碳，促进啤酒的稳定、澄清和成熟。根据工艺要求，储酒室内要维持比前发酵室更低的温度，一般要求 0 ~2℃，特殊产品要求达到 -2℃左右。后发酵过程残糖较低，发酵温和，产生发酵热较少，故槽内一般无需再装置冷却蛇管，后发酵产生的发酵热借室内低温将其带走。因此，储酒室的建筑结构和保温要求，均不能低于主发酵室，室内低温的维持，是借室内冷却排管或通入冷风循环而得，后者比前者应用更广。

后发酵槽是金属的圆筒形容器，有卧式和立式两种，如图 12 -19 所示。工厂大多数采用卧式。由于发酵过程中需饱和二氧化碳，所以后发酵槽应制成耐压 0.1 ~0.2MPa(表压)的容器，后发酵槽槽身装有人孔、取样阀、进出啤酒接管、排出二氧化碳接管、压缩空气接管、温度计、压力表和安全阀等附属装置。

后发酵槽的材料，以前用 A3 钢板制造，内壁涂以防腐层。有的槽采用铝板，铝制的槽不需要涂料修补费，但由于腐蚀，3 ~4 年之后壁面就产生不同程度粗糙度，不利于槽内的消毒和清洁工作。近年来采用的碳钢与不锈钢压制的复合钢板是制作酒槽的一种新型材料，该材料保证了槽的安全、卫生和防腐蚀性，其造价比纯不锈钢低。

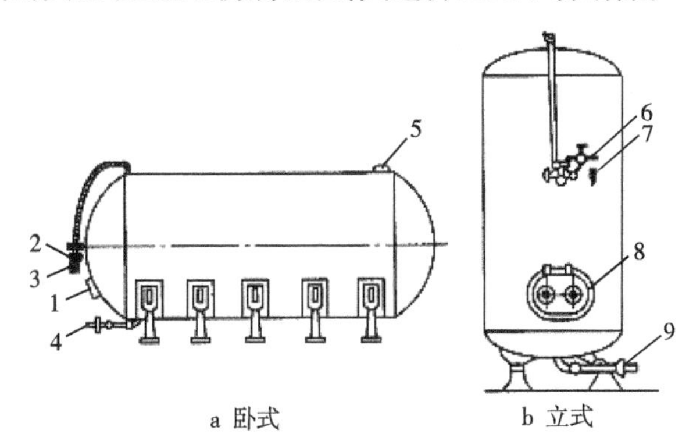

图 12 -19　后发酵槽

1、8—人孔　2—连通接头(排二氧化碳等)　3—取样旋塞　4—啤酒放出阀

5—压力表和安全阀　6—压力调节装置　7—取样口　9—啤酒放出口

为了改善后酵的操作条件，较先进的啤酒工厂将储酒槽全部放置在隔热的储酒室内，维持一定的后酵温度。毗邻储酒室外建有绝热保暖的操作通道，通道内保持常温，开启发

酵液的管道和阀门都接通到通道里，在通道内进行后发酵过程的调节和操作。储酒室和通道相隔的墙壁上开有一定直径和数量的玻璃观察窗，便于观察后发酵室内部情况。

12.2.2.2 新型啤酒发酵设备

（1）圆筒体锥底发酵罐 早在20世纪20年代德国的工程师就发明了立式密封圆柱锥底发酵罐（简称锥形罐），但由于当时的生产规模小而未被引起重视。20世纪50年代，二次大战后各国经济得到发展，啤酒工业也不断发展，啤酒产量骤增，这就使原有的传统啤酒发酵方法和设备不能满足要求，人们纷纷开始研究新的啤酒发酵工艺并经过多年的改进，大型的锥形发酵罐从室内走向室外，我国从20世纪70年代中期开始采用这项技术，由于露天锥形发酵罐的容积大、占地少、设备利用率高、投资省，而且便于自动控制，所以很快被广大啤酒厂家所使用，代替了冷藏库式的传统发酵。目前，全国新建和改建的啤酒厂大都采用露天锥形罐发酵。

锥形罐结构如图12－20所示。其锥底角度在60°～90°，主发酵后回收酵母方便。为保证啤酒良好的过滤性，酵母多采用凝聚性能良好的菌株。罐体设有冷却夹套，冷却能力满足工艺降温要求。罐的柱体部分设2～3段冷却夹套，锥体部分设一段冷却夹套，这种结构有利于酵母沉降和保存。锥形罐是密闭罐，可以回收二氧化碳，也可进行二氧化碳洗涤，既可作发酵罐用，又可作储酒罐用。发酵罐中酒液的自然对流比较强烈，罐体越高，对流作用越强，对流强度与罐体形状、容量大小和冷却系统的控制有关，锥形罐具有相当的高度，凝聚性较强的酵母较易沉淀，而凝聚性差的酵母就需要借助其他手段进行酵母分离。锥形罐不仅适用于下面发酵，同样也适用于上面发酵，在山东很多啤酒厂已经使用锥形罐生产上面发酵的小麦啤酒。

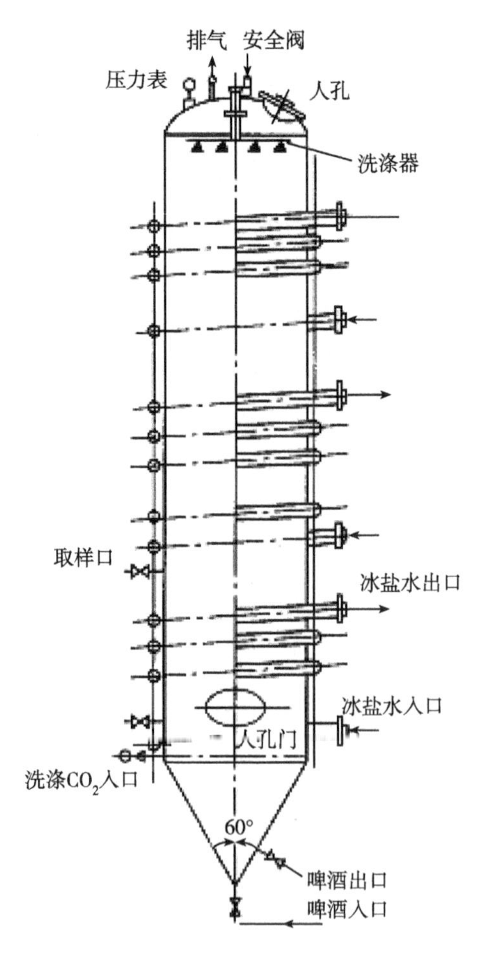

图12－20 锥形罐

锥形罐的尺寸过去并没有严格的规定，高度可达到40m，直径可超过10m。随着发酵理论的不断完善和酿酒技术的不断进步，为满足啤酒质量的要求，锥形罐必须按照一定的规范进行精心设计和制造。

酵母不但承受液压，还承受着气压，如果再考虑高浓度二氧化碳即浓度梯度现象的因素,酵母的生理性能无疑会受到较大的影响。另外,锥形罐高度过太,发酵液对流过强,影响啤酒质量。因此罐内液位高度是一个重要的参数,它不仅影响发酵副产物的组成,同时影响酵母的活性和生理代谢。罐体高度和径高比应根据工艺要求确定。

锥形罐发酵分为一罐法和两罐法。一罐法发酵是指将传统的主发酵和后发酵阶段都是在一个发酵罐内完成。这种方法操作简单,在啤酒的发酵过程中不用倒罐,避免了在发酵过程中接触氧气的可能,罐的清洗方便,消耗洗涤水少、省时、节能,国内多数厂家都采用一罐法发酵工艺。两罐法发酵又分为两种,一种是主发酵在发酵罐中进行,而后发酵和储酒阶段在储酒罐中完成,另一种是主发酵、后发酵在一个发酵罐中进行,而储酒罐中完成。两罐法比一罐法操作复杂,但储酒阶段的设备利用率较高,国内只有极少数厂家采用这种发酵方法。

已灭菌的新鲜麦汁与酵母由底部进入罐内。发酵最旺盛时,使用全部冷却夹套,维持适宜的发酵温度。冷媒多采用乙二醇或酒精溶液,也可使用氨(直接蒸发)作冷媒,优点是能耗低,采用的管径小,生产费用可以降低。最终沉积在锥底的酵母,可打开锥底阀门,把酵母排出罐外,部分酵母留作下次待用。CO_2 气体由罐顶排出罐外。罐身和罐盖上均装有人孔,以观察和维修发酵罐内部,罐顶装有压力表、安全阀和玻璃视镜。为了在啤酒后发酵过程中饱和 CO_2,故在罐底装有净化的 CO_2 充气管, CO_2 则从充气管的小孔吹入发酵液中。罐身还装有取样管和温度计接管。设备外部应包扎良好的保温层,以减少冷量损耗。

影响发酵设备造价的因素是多方面的,主要包括发酵设备大小、形式、操作压力及所需的冷却工作负荷。容器的形式主要是指单位体积所需的表面积,以 $m^2/100L$ 表示,这是影响造价的主要因素。

从图12-20可以看出,各种形式发酵罐的 $m^2/100L$ 数值,最小值属于球形罐,但这种罐做起来困难,制造费用高。球形罐以后的次序是联合罐(又称通用罐)、阿萨希罐(又称朝日罐)、水平罐(又称卧式罐),然后是锥形罐、方形罐。虽然从造价衡量锥形罐的造价高,但它对发酵工艺的发展有利。锥底角度一般为60°~130°的。以70°角较好。罐高度与直径的比例一般为(1.5~6): 1。常用3:1或4:1。罐的容量应与糖化能力相配合,以12~15h内满罐为宜,以避免酵母增殖太快而导致脂的产生速度太慢。

大型发酵罐的设计是一项必须周密考虑的技术工作。应该仔细考虑的是罐的耐压要求、热交换及内部清洗等方面。

(2)联合罐　前不久,美国出现了一种称为“Universal”型的发酵罐,这是一种具有较浅锥底的大直径[高径比为1: (1~1.3)]发酵罐,能在罐内进行机械搅拌,并具有冷却装置。这种发酵罐后来在日本得到推广并称之为“Uni—Tank”,意即为单罐或联合罐。联合罐在发酵生产上的用途与锥形罐相同,既可用于前、后发酵,也能用于多罐法及一罐法生产。因而它适合多方面的需要,故又称该类型罐为通用罐。

联合罐构造见图12-21。主体是一圆柱体,是由7层1.2m宽的钢板组成。总的表面积是 $378m^2$,总体积 $765m^3$。联合罐是由带人孔的薄壳垂直圆柱体、拱形顶及有足够斜度以除去酵母的锥底所组成。锥底的形式可与浸麦槽的锥底相似,如果锥底的角度较小而造成罐的总高度增加是一种不必要的浪费,因为这种罐的造价增大了。联合罐的基础是一钢筋混凝土圆柱体,其外壁约3m高,20cm厚。基础圆柱体壁上部的形状是按照罐底的斜度来确定的。有30个铁锚均匀地分埋入圆柱体壁中,并与罐焊接。圆柱体与罐底之间填入坚固结实的水泥沙浆,在填充料与罐底之间留25.4cm厚的空心层以绝缘。基础的设计要求是按耐压不超过0.2MPa计算,且能经受住里氏10单位的地震震动。

罐体要进行耐压试验,在全部充满的罐中加压7.031kPa检验。联合罐大多数用不锈钢板做的。为了降低造价,一般不设计成耐压罐(CO_2饱充是在完成罐中进行,否则应考虑适当的耐压)。在美国及欧洲有的联合罐是用普通钢板制造的,在钢板焊完后磨光表面即可在板内表面涂衬一种Lastiglas或Mukadur的涂料。涂布厚度0.5~1.0mm,涂料涂布后在室温下因聚合而固化。采用一段位于罐的中上部的双层冷却板,传热面积要能保证在发酵液的开始温度为13~14℃情况下,在24h内能使其温度降低5~6℃。这样就能在发酵时控制住品温,即便发酵旺盛阶段每24h下降3°Bx的外观糖度,也能使啤酒保持一定的温度。在正常的传热系数下,若罐容是780m^3,则罐的冷却面积达27m^{2}时就能控制住温度。

罐体采用15cm厚的聚尼烷作保温层。聚尼烷是泡沫状的,外面还要包盖能经得起风雨的铝板。为了加强罐内流动,以便提高冷却效率及加速酵母的沉淀,在罐中央内安设一CO_2注射圈,高度应恰好在酵母层之上。当CO_2在罐中央向上注入时。引起了啤酒的运动,结果使酵母浓集于底部的出口处,同时啤酒中的一些不良的挥发性组分也被注入的CO_2带着逸出。

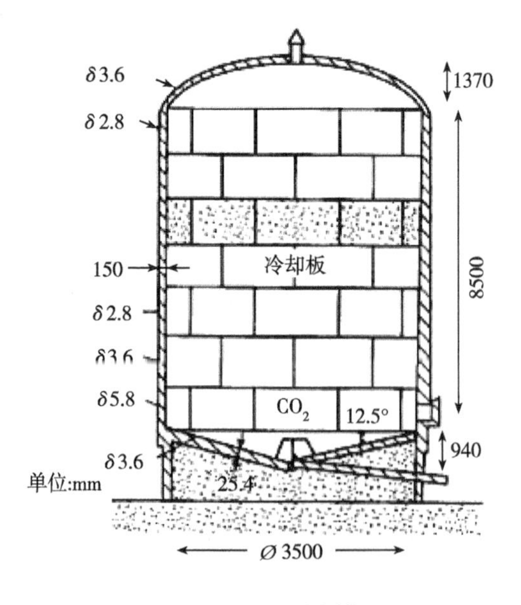

图12-21 联合罐

联合罐可以采用机械搅拌,也可以通过对罐体的精心设计达到同样的搅拌作用。

(3)朝日罐 朝日罐又称朝日单一酿槽,它是1972年日本朝日啤酒公司试制成功的主发酵和后发酵合一的室外大型发酵罐，见图 12-22。

朝日罐是用 4 ~6mm 的不锈钢板制成的斜底圆柱型发酵罐。其高度与直径比为(1 ~ 2):1，外部设有冷却夹套，冷却夹套包围罐身与罐底。外面用泡沫塑料保温。内部设有带转轴的可动排液管，用来排出酒液，并有保持酒液中 CO_2 含量均一的作用。该设备日本和世界各国广为采用。

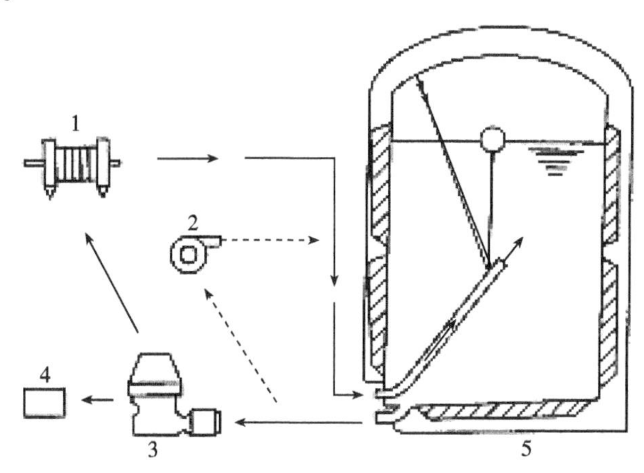

图 12-22　朝日罐生产系统

1—薄板换热器　2—循环泵　3—酵母离心机　4—酵母　5—朝日罐

朝日罐与锥形罐具有相同的功能，但生产工艺不同。它的特点是利用离心机回收酵母，利用薄板换热器控制发酵温度，利用循环泵把发酵液抽出又送回去。这 3 种设备互相组合，解决了主、后发酵温度控制和酵母的控制问题，同时也解决了消除发酵液不成熟的风味，加速了啤酒的成熟。使用酵母离心机分离发酵液的酵母，可以解决酵母沉淀慢的缺点，而且还可以利用凝聚性弱的酵母进行发酵，增加酵母与发酵液接触时间，促进发酵液中乙醛和双乙酰的还原，减少其含量。

发酵过程啤酒循环的目的是为了回收酵母，降低酒温，控制下酒酵母浓度和排除啤酒中的生味物质。第一次循环是在主发酵完毕的第 8 天，发酵液由离心机分离酵母后经薄板换热器降温返回发酵罐，循环时间为 7h。待后酵到 4h 时进行第二次循环，使酵母浓度进一步降低，循环时间为 4 ~12h。如果要求缩短成熟期，可缩短循环时间。当第二次循环时酵母由于搅动的关系，发酵液中酵母浓度可能回升，这有利于双乙酰的还原和生味物质的排除。循环后，酵母很快沉下去，形成较坚实的沉淀。若双乙酰含量高，或生味物质较显著，可在第 10 天进行第三次循环操作。

利用朝日罐进行一罐法生产啤酒的优点是可加速啤酒的成熟，后酵时，罐的装量可达 96%，提高了设备利用率，减少了排除酵母时发酵液的损失。缺点是动力消耗大。

复习思考题

1. 通风发酵设备和嫌气发酵设备有什么显著区别？

2. 评价通风发酵设备的主要性能指标有哪些？

3. 简述通气机械搅拌发酵罐的搅拌器、挡板、轴封的结构及作用。

4. 简述通气机械搅拌发酵罐、自吸式发酵罐、气升式发酵罐的特点及主要区别。

5. 简述酒精发酵罐的结构部件与作用。

6. 新型啤酒发酵设备有哪些类型？从结构角度比较它们的异同点。

第13章　包装机械设备

本章重点及学习要求：本章主要介绍食品包装的目的及作用；食品袋装技术装备、液体灌装技术装备、无菌包装技术装备的结构和工作原理。通过本章学习掌握食品袋装的工艺流程与计量方法及特点；掌握液体灌装技术装备的灌装技术方法与特点及应用；掌握无菌包装技术装备的工作结构与特点。

食品包装就是采用适当材料、容器和包装技术把食品包裹起来，以便食品在运输和储藏过程中保持其价值和原有状态。食品包装机械分为内包装机械和外包装机械两类：内包装机械一般完成分装和封罐（袋）等操作；外包装机械是在完成内包装后再进行的贴标、装箱、封箱、捆扎等操作。本章主要介绍内包装机械。

食品包装的目的在于保证食品的质量和安全性，为用户使用提供方便；突出商品包装外表及标志，以提高商品的价值。其中，保证食品的质量和安全性是食品包装的最重要的目的。食品包装的主要作用体现在以下几个方面：

（1）防止由于微生物而发生的变质　食品中生长的细菌、霉菌、酵母菌等微生物会使食品发生腐败或异常发酵。为了防止食品变质，必须选用抗氧性好的包装材料包装或进行加热杀菌以及进行冷藏、冷冻处理。

（2）防止化学性的变质　在直射光或荧光灯下，或者在高温情况下，食品中所含的脂肪和色素将发生氧化。为了防止这种变质，应选用抗氧性能高，而且能遮挡光线和紫外线的包装材料。

（3）防止物理性的变质　干燥粉末食品或固体食品，因吸收空气中的水分而变质；相反，有时因食品中的水分蒸发而变干变硬等。为了防止这类变化，需选用阻气性好的包装材料，或封入硅胶等吸湿剂后进行包装。

用于食品包装的包装材料应具备如下的要求：具有外观透明度和表面光泽度；防潮性能高；气体与水汽透过性能低；储藏和应用方面适应温度变化范围广；不含有毒成分；成本低；防止破碎性能强。

包装领域中大量应用各种塑料薄膜、塑料容器及复合材料。目前，复合材料在食品包装中已占主要地位，其基本结构是：外层材料应当是熔点较高，耐热性能好，不易划伤、磨毛，印刷性能好，光学性能好的材料，常用的有纸、铝箔、玻璃纸、聚碳酸酯、尼龙、聚酯、聚丙烯等；内层材料应当具有热封性及黏合性好、无味、无毒、耐油、耐水、耐化学药品等性能，常用的有聚丙烯、聚乙烯、聚偏二氯乙烯等热塑性材料。金属材料也占一定比重，使用最多的是镀锡薄钢板（马口铁）、镀铬薄钢板及铝材等。

13.1 食品袋装技术装备

13.1.1 食品袋装的工艺流程

现在市场上的袋装食品的主要包装袋形如图 13－1 所示。

制袋常用柔性材料为热合性能良好的单层及复合塑料薄膜。这些材料具有质轻、价廉、易印刷、易封口的特点,能有效地保护产品,制成的包装产品轻巧美观,商品性较好,是软包装产品中的重要成员。食品袋装的主要工艺流程如图 13－2 所示,其中充填机的主要功能是袋成型(或开袋)—充填—封口。

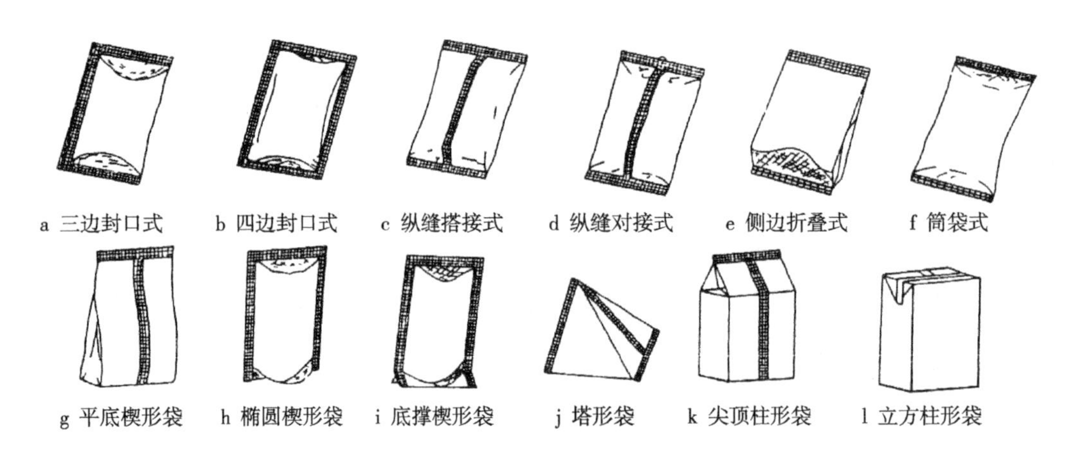

图 13－1 袋形示意图

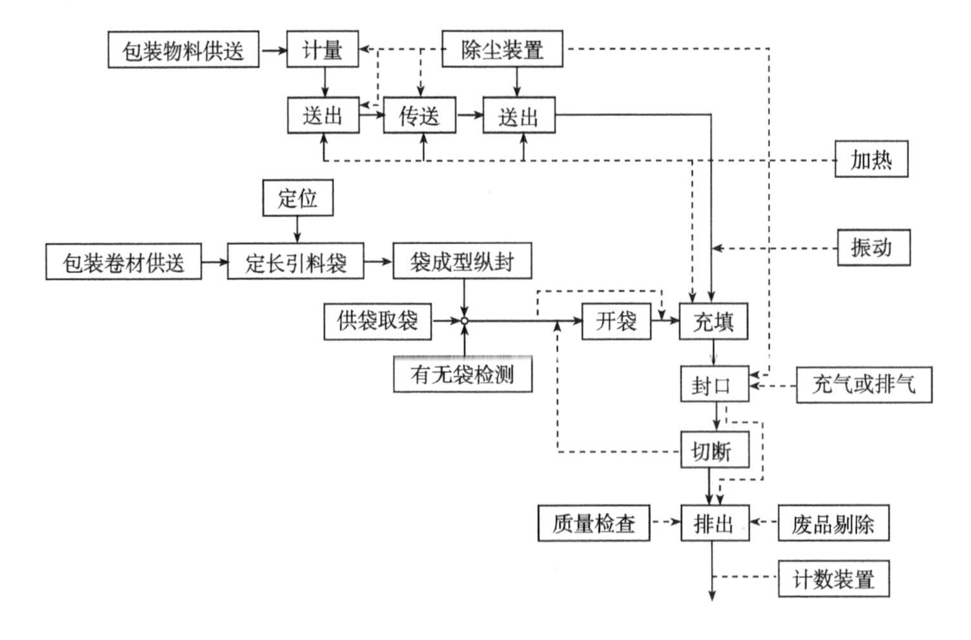

图 13－2 食品袋装的工艺流程

13.1.2　袋装设备构造与特点

13.1.2.1　设备分类

袋形的多样化，决定了充填机机型的繁多，从总体布局及运动形式方面考虑，主要类型如下：

①根据工艺路线的走向来分，有立式与卧式（图 13 - 3）；

②根据制袋、充填、封口等主要工序间的布局状况来分，有直移型与回转型；

③喂据装料的连续性来分，有间歇式与连续式。

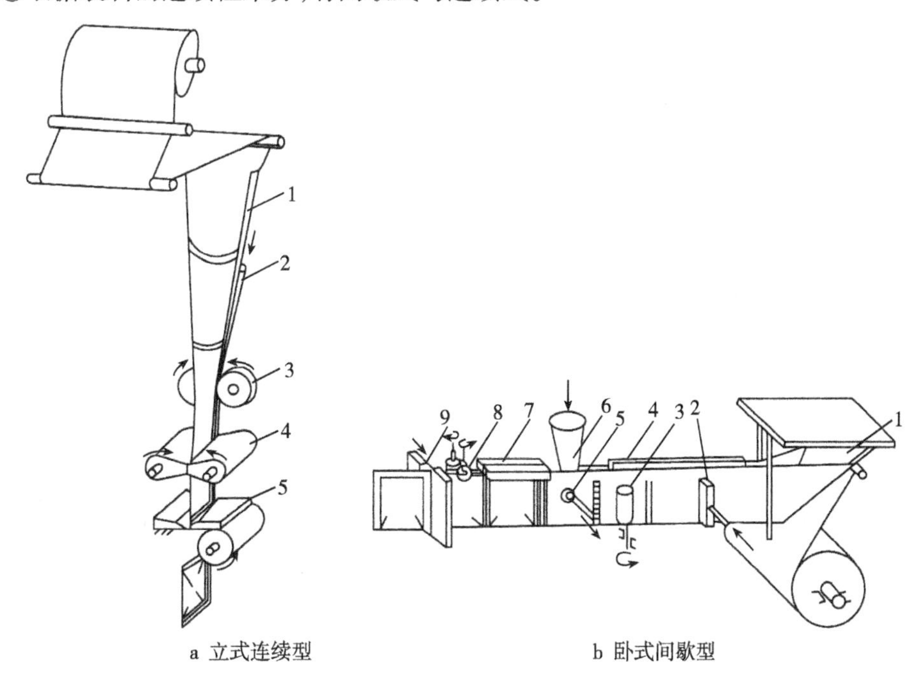

a 立式连续型　　b 卧式间歇型

1—象鼻式成型器　2—充填料斗封器　3—纵封辊　4—横封辊　5—回转切刀

1—三角形成型器　2—纵封器　3—牵引器　4—隔离板　5—开袋吸头　6—加料管　7—横封器　8—牵引辊　9—切刀

图 13 - 3　直移型袋子成型—充填—封口机工作原理

13.1.2.2　设备工作原理

袋子成型—充填—封口机的主要构成部分有：产品定量与充填装置、制袋成型器、封袋（包括纵封、横封）与切断装置等。

就袋的结构型式来说，应用最广的是扁平袋卧式成型（制袋）—充填—封口包装机，如图 13 - 4 所示。由于卧式机型包装材料在成型制袋中物料充填管不伸入袋管筒中（与立式机型相比），袋口的运动方向与充填物流方向呈垂直状态，袋之间侧边相连接，这些因素使得卧式扁平袋包装机的包装工艺程序和包装操作执行机构均比立式机型复杂，需增加一些专门的工作装置，如开袋口和整形装置等，故此类机型已逐渐被立式机型所取代。图 13 - 5 所示为扁平袋立式成型（制袋）—充填—封口包装机工作原理，a 为三面封式，b 为四面封式。

此外还有多种机型，单列、两列及多列四面封式，主要应用于小分量的粉粒物料包装。

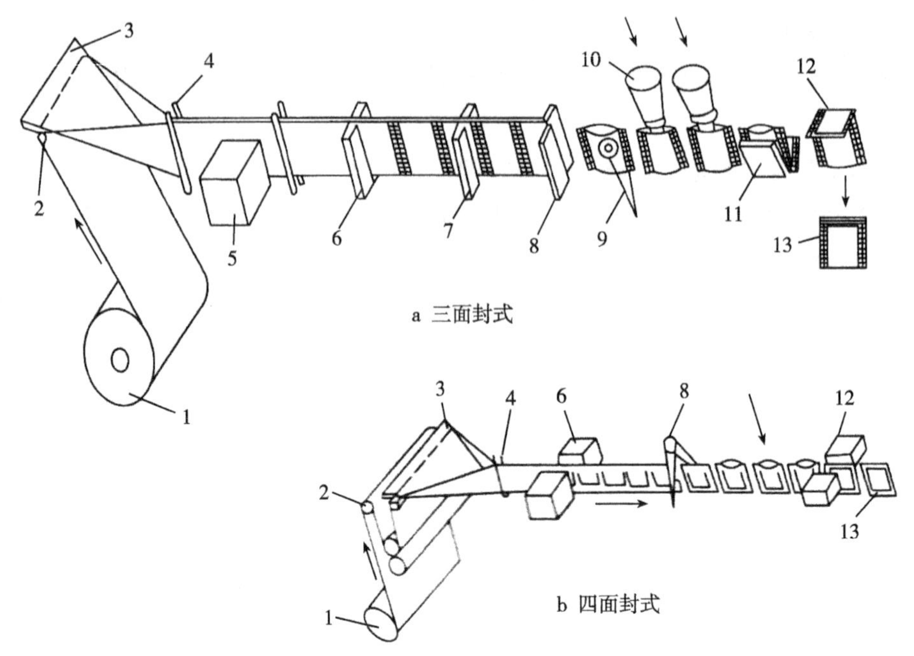

图 13－4 扁平袋卧式成型（制袋）—充填—封口包装机工作原理图

1—包装材料卷 2—导辊 3—成型折合器 4—保持杆
5—光电检测控制器 6—成袋热封装置 7—牵引送进装置 8—切断装置
9—袋开口装置 10—计量充填装置 11—整形装置 12—封口装置 13—成品排出装置

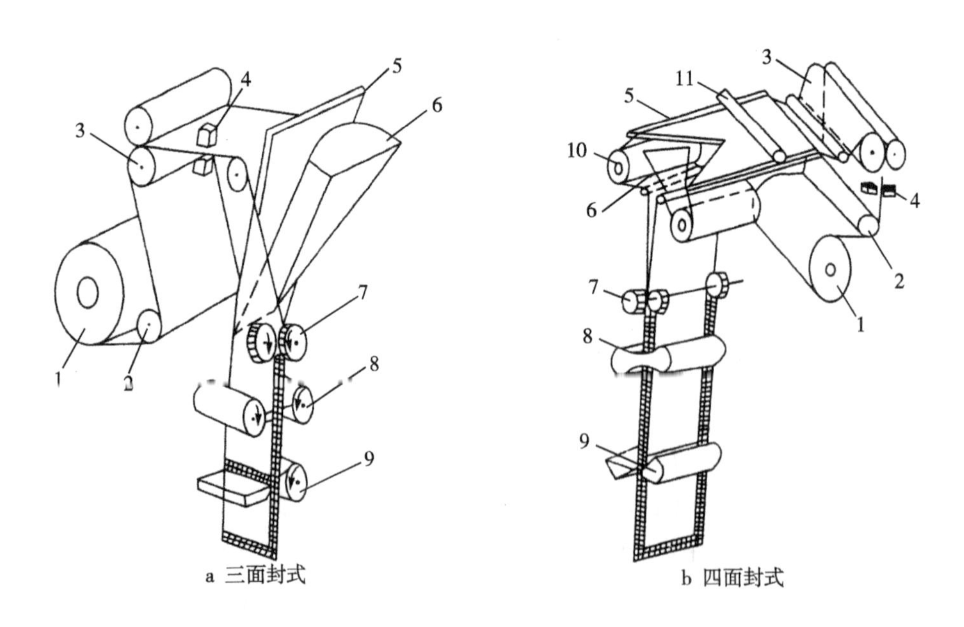

图 13－5 扁平袋立式成型（制袋）—充填—封口包装机工作原理图

1—包装用薄膜卷 2—导辊 3—预松装置 4—光电检控装置 5—制袋成型器 6—充填管 7—纵封装置
8—横封装置 9—切断装置 10—转向辊 11—压辊

13.1.3　计量方法与计量装置

充填入袋的各种产品总有一定量的规格，不是对尺寸数量的要求，就是对重量或容积方面的要求。用以保证充填量的设备称为计量装置。计量装置可以是充填机的一个组成部分，也可以做成独立的设备，以称量机的形式出现，然后与各种充填机或其他包装设备配套。

充填包装常用计量方式有 3 种，即计数法、定容法与称重法。计数法是采用多孔转盘进行计量颗粒状及块状尺寸的物料方法。本章着重介绍定容法和称重法这两种计量方法。

13.1.3.1　*定容法*

定容法常采用量杯式、螺杯式及定量泵等结构形式，可适用于粉状、颗粒状固体物料和液体、膏体状物料。这类装置结构简单、投资较少、调试及维修容易、计量速度高，但精度较差。

(1) 量杯式　量杯式计量装置在充填机上应用很广，结构形式较多，常用的有转盘式、转鼓式、柱塞式、插管式等。采用量杯式计量的物料，要求它们的容重较稳定。为补偿容重的变化及适应充填量的变化，相应地以采用可调式量杯为佳。一种可调量杯由上下两个半只组成，一个半只固定，另外半只则可调整上下之间的相对位置，从而改变容积的大小，如图 13－6 所示。另一种则是在量杯的内侧添加壁厚不等的衬杯，以改变容积大小。如在计量过程中要根据物料容重变化自动调节容积，则前者的结构较适宜，应在自动控制中增加对产品重量检测的装置，根据检测数据来判断量杯容积应扩大还是缩小，再通过伺服电机加以执行，使上下量杯间相对位置按需发生变化。

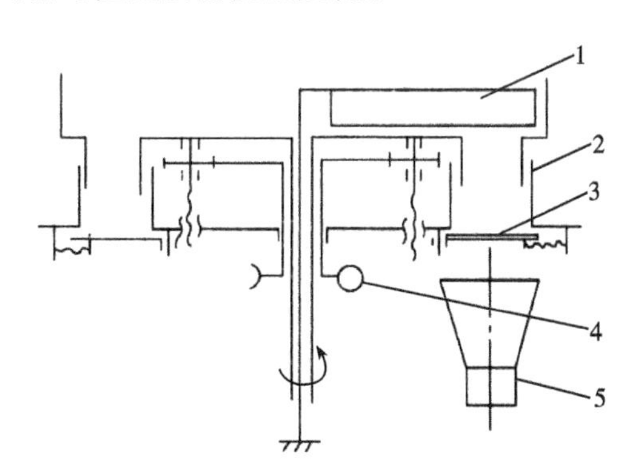

图 13－6　可调量杯式计量装置

1—刮板　2—可调量杯　3—杯底活门　4—调节装置　5—料斗

(2) 螺杆式　螺杆式计量装置实质上是一种螺旋给料器，粉末及小颗粒物料充填计量时经常应用该设备。计量速度可达 120 次/min，精度在 ±0.5% ～ ±2% 之间，若将它与电子秤配合应用，精度可达 ±0.25%。其结构形式有百余种之多，而其原理都是利用螺旋达到边供送边定量的目的。要求物料的容重较为稳定，而且给料也要稳定、连续。螺杆式计量装置如图 13－7 所示，通常由电机通过减速装置，再经电磁离合器带动计量螺杆，由电磁离合器控制螺杆转数,再由出料口的闸门控制出料口,由此实现较为精确的计量。

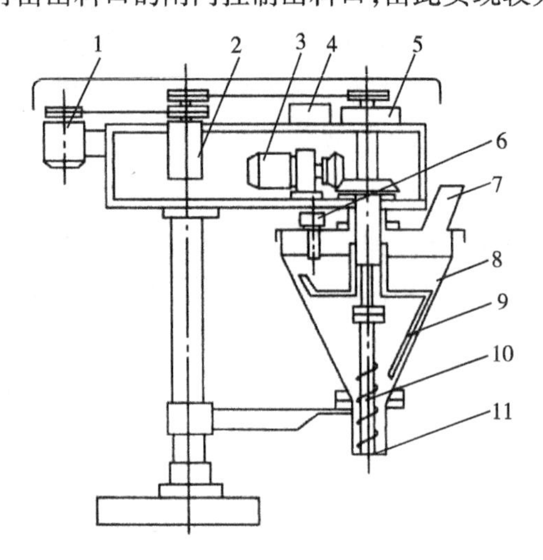

图 13 - 7　螺杆式计量装置

1—变速电动机　2—电磁离合器　3—减速电动机

4—脉冲计数器　5—电磁刹车　6—料位控制器　7—加料口

8—料筒　9—搅拌器　10—充填螺杆　11—出料口

(3)定量泵式　充填物料是液体或黏度较大的膏体时,往往采用定量泵计量充填,作为定量泵使用的有柱塞泵、齿轮泵等,它们与有关阀门组合使用,可实现间歇定量供料。

13.1.3.2　称重法

对于易吸潮结块、粒度不均匀、容重变化较大或计量精度要求高(0.1% ~1%)的粉粒状充填物料,必须采用称重法进行计量,常用的设备为电子秤。

称重法又可分为间歇式与连续式称重两种,两者在计重方式与原理上大有不同。

(1)间歇式称重　电子秤中的杠杆秤,称重精度高,灵敏度好,在包装计量方面曾广泛使用,但它的效率较低。图 13 - 8 所示就是一台不等臂杠杆电子秤,适合粉粒状物料的称量。

其称量原理是:粉粒物料储存在料斗中,槽式电磁振动给料器的振动使料斗内物料经闸门时,料层被控制而产生适当的厚度,通过振动槽和槽端的开关挡板流入秤斗,秤斗在大秤杆的一端。大小出料挡板处于全开状态的供料为大加料,此时大秤杆绕支点产生运动,由油阻尼器的作用加上大秤杆下的小秤杆的综合作用,可减少大加料对秤体的冲击。这时,大秤杆通过小秤杆吊件及吸引磁铁被固定不动。大加料到总量的 80% ~90%,大秤杆尾部的接近棒随秤杆绕支点上升到接近开关时,发出大加料终了信号,使大出料开关挡板在气缸或电磁铁 18 作用下关闭大出料口,但振动器仍然振动,让大加料槽内继续积聚物料,以实现下一循环的迅速大加料。此时,小出料口仍开着,继续向料斗内作微小供料。原吸住小秤杆的磁铁开始释放,大秤杆右端上升,带着尾部接近棒靠近接近开关到一定距离,发出满秤信号，致使小出料开关挡板关闭，振动器停振，等待料斗放料充填入袋的指令。放料指令下达，气缸或电磁铁 14 动作，料斗底部钩子脱落，物料靠自重下落，放料完毕，料斗底门利用弹簧力关闭，准备进行下一工作循环。

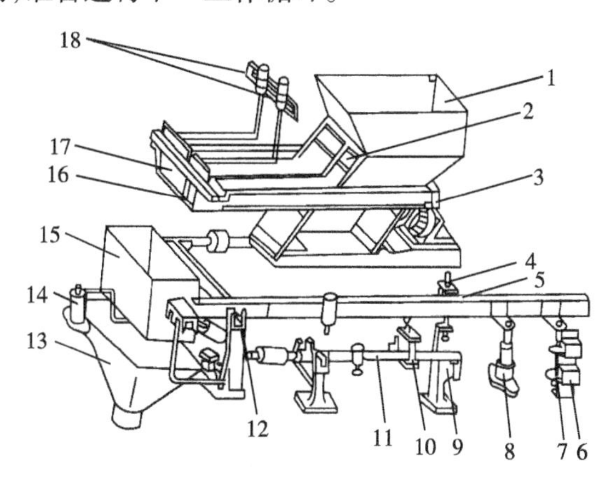

图 13-8　杠杆电子秤

1—料斗　2—闸门　3—槽式电磁振动给料器　4—限位器
5—大秤杆　6—接近开关　7—接近棒　8—油阻尼器　9—吸引磁铁
10—小秤杆吊件　11—小秤杆　12—支点　13—充填斗
14、18—气缸或电磁铁　15—秤斗　16—小出料口开关挡板　17—大出料口开关挡板

（2）连续式称重　连续式称重实质上是定时式计重量，常用皮带秤或螺旋秤来实现，它们都是通过控制物料的稳定流量及其流动时间间隔进行计量的。当物料容重发生变化时，则借调节物流的横截面积或移动速度，使单位时间内物料的重量流量保持稳定。故要求有较完善的闭环控制系统，才能获得足够的精度与较高的生产率。

图 13-9 所示为适宜于粉粒物料连续称重的电子皮带秤，它主要由供料器、秤体、输送

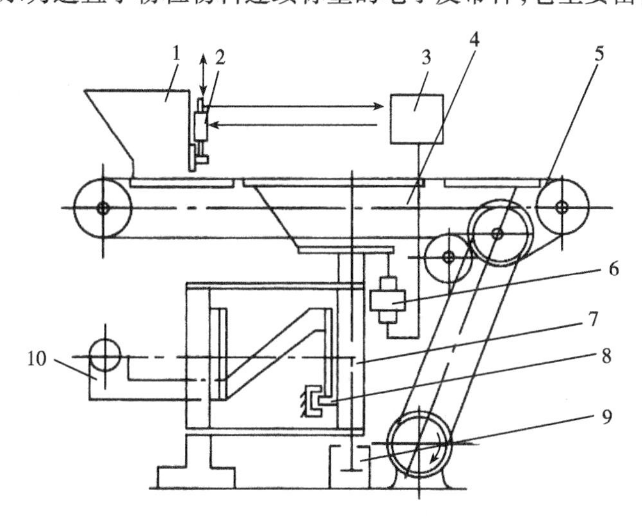

图 13-9　电子皮带秤

1—料斗　2—闸门　3—称重调节器　4—秤盘　5—输送带　6—传感器
7—主秤体　8—限位器　9—阻尼器　10—副秤体

带、称重调节器、阻尼器、传感器等部分组成。秤体又分主、副两部分,其中主秤体由平行板弹簧与秤架组合而成,作近似直线运动,副秤体则是绕支点转动的杠杆作配重用。当物料由料斗经自控闸门流到输送带上,连续运转的输送带将物料带至秤盘时,皮带秤立即可测出该段皮带上物料的重量,从而得知物料容重的变化,据此转换成电信号的变化。由称重调节器控制料斗闸门的开度,以保持物料流量的稳定。

充填机应用的电子皮带秤常与同步运转的等分盘配合使用,将皮带秤输送带上的某段范围内物料分成分量相等的充填量。

13.1.4 袋的成型与封袋装置

13.1.4.1 袋成型装置

制袋成型充填机常用的成型器有三角形、U 形、象鼻式和翻领式、缺口导板式,如图 13－10所示。借助各种成型器的功能,在其执行构件配合下,可将包装材料制成各种袋形。

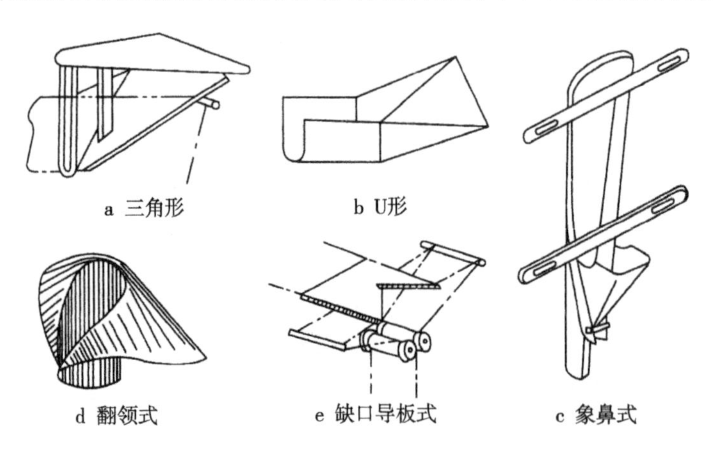

图 13－10 常用成型器示意图

13.1.4.2 封袋方法与装置

充填机封口装置利用包装封口部位的塑料材料具有热塑性能,进行加热加压使变形成密合的封口缝,故常称为热封。常用的热封方法有热板式、脉冲式、高频式、超声波式等。

(1)热板热封 常用电热丝、电热管、真空热管对板形、棒形、带形和辊形热封头恒温加热,然后引向封口部位,对塑料包装材料压合封接。这是一种最为简单的热封方法,一般为交流供电,可按调定的热封温度实行恒温自控。热封方法的加热时间就是加压的时间,因此,对那些受热易收缩变形分解的薄膜材料不太适用。

热板热封常制成板形、棒形,如图 13－11a 所示,以适应封口时包装袋静止不动的需要。聚四氟乙烯纤维织物放在热板与包装材料之间可以起到防粘的作用。为适应运动着的包装袋的封口需要,可将加热器件做成辊形或带形,如图 13－11b、图 13－11c 所示,这样,可使要封口的袋子边移动边加压加热。

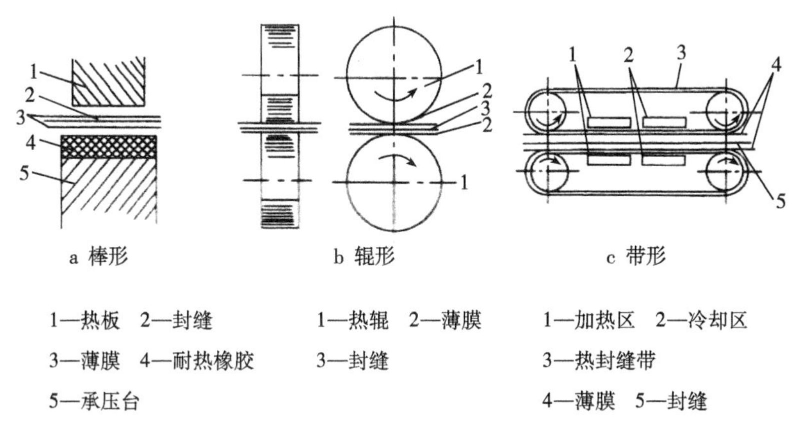

图 13－11　热板热封

(2)脉冲热封　如图 13－12 所示,将镍铬电热丝直接作为加热元件与包装材料接触加压,并瞬时通以低电压大电流,随后在继续加压情况下冷却,然后释放。所得封口缝,因不过热又有冷却定型过程,故强度较高,外观质量也较好。它的加热通电时间通过控制线路保证并可调节,加热温度通过调节通电电压解决。因瞬时通电,电热丝瞬时温度难以测量,往往只能凭封口缝外观加以判断,适当调节电压。每一脉冲热封周期分为 4 步,即加压、通电加热、冷却、释放。与其他加热封口方法相比,这种方法占用时间较长,封口速度受到一定限制。这种方法对许多塑料薄膜都较为适合,尤其对那些受热易变形分解的更为理想,但连续运动中的包装袋材料采用脉冲热封有一定难度。加压状态下的冷却是脉冲热封的特点之一,可对封缝起到定型固化的作用。

(3)高频热封　此法即介质加热封口方法,将塑料薄膜夹压于通过高频电流的平行板电极之间,如图 13－13 所示,在强电场作用下,形成薄膜的各双偶极子均按场强方向排列一致。由于场强是高速变化的,双偶极子不断改变方向,导致相互碰撞摩擦而产生热,频率越高,运动越快,温度越高。这种加热的热量纯粹是由被加热物质本身引起的,故又称“内加热”。因是内部加热,中心温度高而不过热,加热范围仅局限在电极范围以内,故可得较高强度的接缝。高频加热器的功率约几百至几千瓦,频率一般为 25～30Hz。

聚氯乙烯采用高频热封极为合适,因它的阻抗较高,发热量大。但这种方法对一些低阻抗薄膜不能使用,因为发热后的温度达不到热封所需温度。对较难热封的聚酯薄膜,必须采用超高频(频率达 40Hz 以上)加热才得以热封。

(4)超声波热封　声波频率高于 20kHz 的波为超声波,通常由电—声换能器将电磁振荡波的能量转换为机械波的能量,从而获得超声波。常用压电式换能器,当 20kHz 以上高频加到电—声换能器上时,将引起压电材料的同期伸缩的机械振动,发出超声波,使塑料薄膜封口处因高频振动摩擦生热,瞬时就可热合。

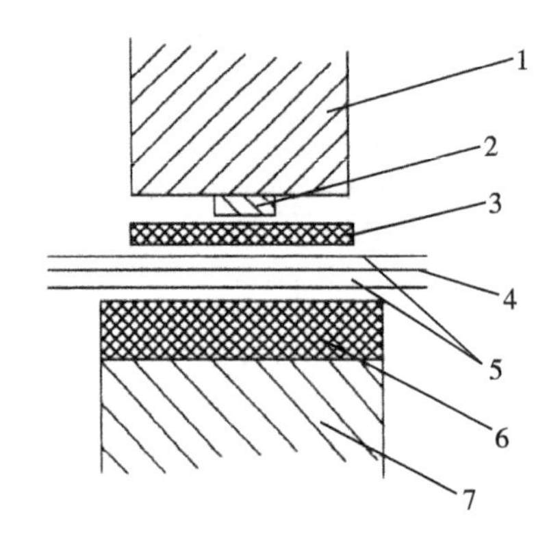

图 13－12　脉冲热封

1—压板　2—扁电热丝　3—防粘材料

4—封缝　5—薄膜　6—耐热橡胶　7—承压台

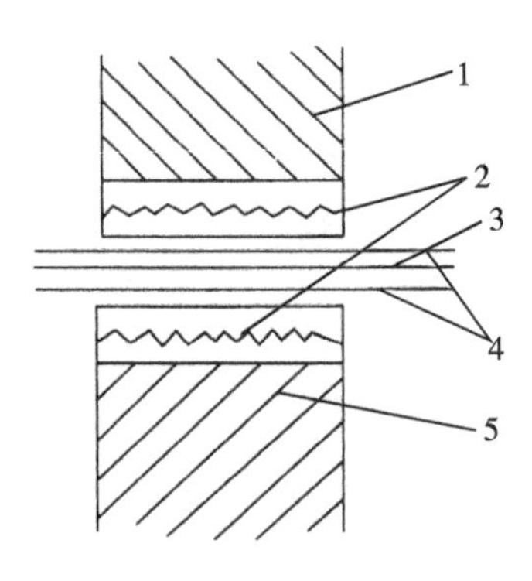

图 13－13　高频热封

1—压板　2—高频电极　3—封缝

4—薄膜　5—承压台

13.1.4.3　典型袋装设备

图 13－14 所示为 PFNV 公司生产的 PV－260 袋装机。PV－260 可连续高速运行,特别适合于糖果、花生等高产量、高效率产品的包装。图 13－15、图 13－16 所示为其袋装部分的工作原理及装置图。

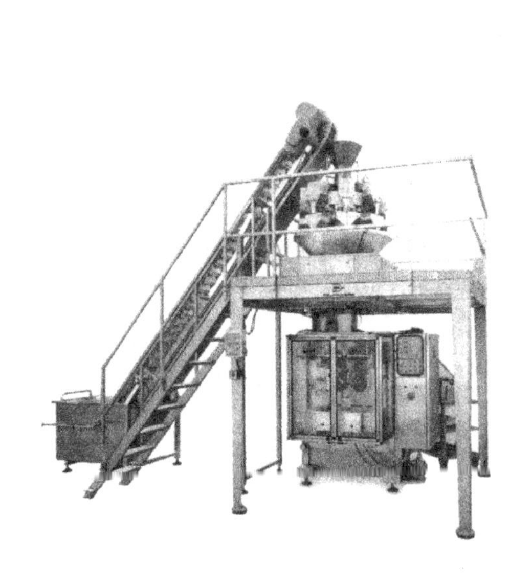

图 13－14　PV－260 袋装机

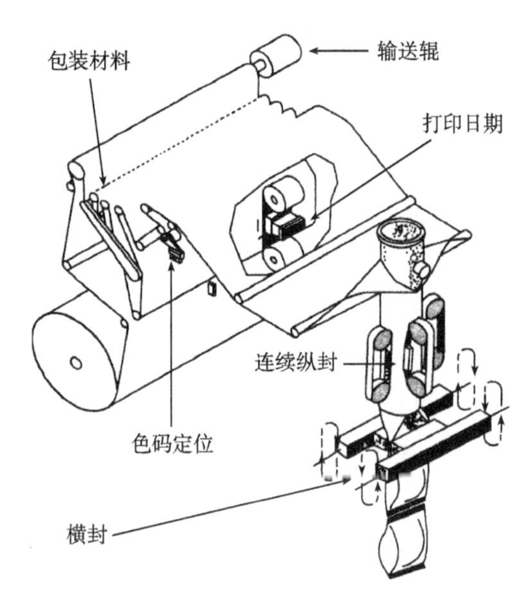

图 13－15　袋装工作原理

图 13－16　袋装成型装置图

13.2　液体灌装技术装备

13.2.1　灌装料液与灌装方法

13.2.1.1　灌装料液与容器

用于灌装的液料主要是低黏度的流体液料，有时也包括黏度大于 100Pa · s 的稠性液料。前者依靠自重即可产生一定速度的流动，如油类、酒类、果汁、牛乳、酱油、醋、糖浆等，而后者则需在大于自重的外力作用下才能产生一定速度的流动，如番茄酱、肉糜、香肠等。根据是否溶解二氧化碳气体，又可将低黏度液料分为不含气及含气两类。

用于灌装的容器主要有玻璃瓶、金属罐、塑料瓶（杯）等硬质容器，以及用塑料或其他柔性复合材料制成的盒、袋、管等软质容器。金属罐主要是铝质二片罐，其罐身为铝锰合金的深拔罐，罐盖为铝镁合金的易开盖。可用来灌装啤酒、可乐等含气饮料，对于不含气的果汁饮料，灌装后则需充入微量液态氮再进行封口，以增加罐内压力，避免罐壁压陷变形。塑料瓶主要是聚酯瓶，而聚氯乙烯瓶不宜用作食品包装容器，聚乙烯或聚丙烯容器又因其阻气性较差，也不宜灌装含气的和易氧化的液料。至于液料的软包装，可用多层塑料制成的袋；也可用纸、铝箔、塑料组成的复合薄膜制成的盒。

13.2.1.2　灌装方法

由于液料的物理化学性质各有差异，对灌装也就有不同的要求。液料由储液装置（通常称为储液箱）灌入包装容器，常采用如下几种方法。

(1)常压法灌装　常压法灌装是在大气压力下直接依靠被灌液料的自重流入包装容器内的灌装方法。常压灌装的工艺过程为：进液排气，即液料进入容器，同时容器内的空气被排出；停止进液，即容器内的液料达到定量要求时，进液自动停止；排除余液，即排除排气管中的残液。

常压法主要用于灌装低黏度、不含气的液料，如牛乳、白酒、酱油等。

(2)等压法灌装 等压法灌装是利用储液箱上部气室的压缩空气，给包装容器充气，使两者的压力接近相等，然后被灌液料靠自重流入该容器内的灌装方法。等压灌装的工艺过程为：充气等压；进液回气；停止进液；释放压力，即释放瓶颈内残留的压缩气体至大气内，以免瓶内突然降压引起大量冒泡，影响包装质量和定量精度。

等压法适用于含气饮料，如啤酒、汽水等的灌装，可减少其中所含二氧化碳气的损失。

(3)真空法灌装 真空法灌装是在低于大气压力的条件下进行灌装的方法。有两种方式：一种是差压真空式，即让储液箱内部处于常压状态，只对包装容器内部抽气，使其形成一定的真空度，液料依靠两容器内的压力差，流入包装容器其完成灌装；另一种是重力真空式，即让储液箱和包装容器都处于接近相等的真空状态，液料靠自重流入容器内。

真空法灌装的工艺过程为：瓶抽真空；进液排气；停止进液；余液回流，即排气管中的残液经真空室回流至储液箱内。

真空法适用于灌装黏度低一些的液料(如油类、糖浆等)、含维生素的液料(如蔬菜汁、果汁等)。此法不但能提高灌装速度，而且能减少液料与容器内残存空气的接触和作用，故有利于延长某些产品的保存期和改善操作条件。

(4)虹吸法灌装 虹吸法灌装是应用虹吸原理使液料经虹吸管由储液箱被吸入容器，直至两者液位相等为止。此法适合灌装低黏度不含气的液料，其设备结构简单，但灌装速度较低。

(5)压力法灌装 压力法灌装是借助机械或气液压等装置控制活塞往复运动，将黏度较高的液料从储料缸吸入活塞缸内，然后再强制压入待灌容器中。

13.2.1.3 *定量方法*

液料定量多用容积式定量法，大体上有如下3种。

(1)控制液位定量法 此法是通过灌装时控制被灌容器(如瓶子)的液位来达到定量值的，也称作“以瓶定量法”。由连通器原理可知，当瓶内液位升至排气管口时，气体不再能排出，随着液料的继续灌入，瓶颈部分的残留气体被压缩，当其与管口内截面上的静压力达到平衡时，则瓶内液位保持不变，而液料却沿排气管一直升到与储液箱的液位相等为止。可见，每次灌装液料的容积等于一定高度的瓶子内腔容积。要改变每次的灌装量，只需改变排气管口伸入瓶内的位置即可。这种方法设备结构简单，应用范围最广。

(2)定量杯定量法 此法是将液料先注入定量杯中，然后再进行灌装。若不考虑滴液等损失，则每次灌装的液料容积应与定量杯的相应容积相等。要改变每次的灌装量，只需改变调节管在定量杯中的高度或更换定量杯。这种方法避免了瓶子本身的制造误差带来的影响，故定量精度较高，但对于含气饮料不宜采用。

(3)定量泵定量法 这是采用机械压力灌装的一种定量方法。每次灌装物料的容积与活塞往复运动的行程成正比。要改变灌装量，只需调节活塞的行程。

13.2.2　灌装供料原理与装置

13.2.2.1　等压法供料装置

图13－17所示为大型含气液料灌装机的供料装置简图。输液管与灌装机顶部的分配头相连,分配头下端均布6根输液支管与环形储液箱相通。在未打开输液总阀前,通常先打开支管上的液压检查阀以调整液料流速和判断其压力的高低。待压力调好后,才打开输液总阀。无菌压缩空气管分两路:一路为预充气管,它经分配头直接与环形储液箱相连,可在开前对储液箱进行预充气,使之产生一定压力,以免液料刚灌入时因突然降压而冒泡,造成操作的混乱,当输液管总阀打开后,则应关闭截止阀5;另一路为平衡气压管,它经分配头与高液面浮子上的进气阀相连,用来控制储液箱的液面上限。若气量减少、气压偏低而使液面过高时,该浮子即打开进气阀,随之无菌压缩空气即补入储液箱内,结果液面有所下降。反之,若气量增多、气压偏高而使液面过低时,低液面浮子即打开放气阀,使液位有所上升。这样,储液箱内的气压趋于稳定,液面也能基本保持在视镜中线的附近。在工作过程中,截止阀6始终处于被打开位置。

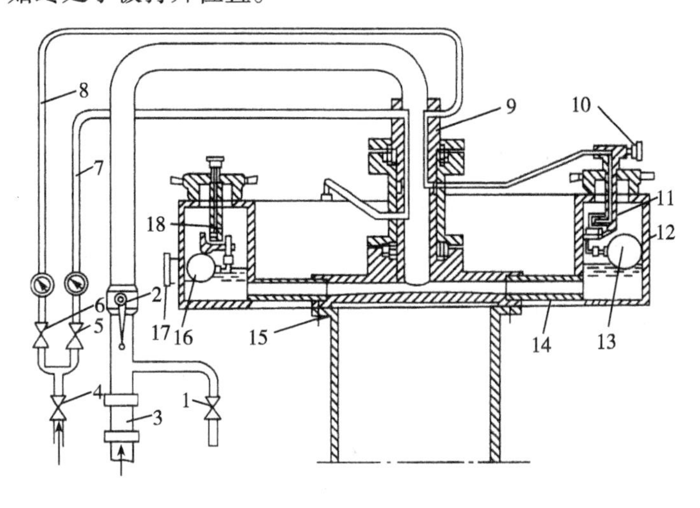

图13－17　等压法供料装置简图

1—液压检查阀　2—输液总阀　3—输液总管(透明段)
4—无菌压缩空气管(附单向阀)　5、6—截止阀　7—预充气管
8—平衡气压管　9—分配头　10—调节针阀　11—进气阀
12—环形储液箱　13—高液面浮子　14—输液支管　15—主轴
16—低液面浮子　17—视镜　18—放气阀

13.2.2.2　真空法供料装置

真空法灌装可按重力真空式或差压真空式两种不同方式进行,前者需在待灌瓶和储液箱中同时建立真空,其供料装置常将真空室与储液箱合为一体,称为单室式;后者只需在待灌瓶中建立真空,其供料装置常将真空室与储液箱分别设置,称为双室式。

图13－18所示为采用双室真空法供料系统的GT7B6真空加汁机,该机主要由加汁部分、中心盘、传动部分、进出罐输送带、储气回收桶、电气控制板等组成。

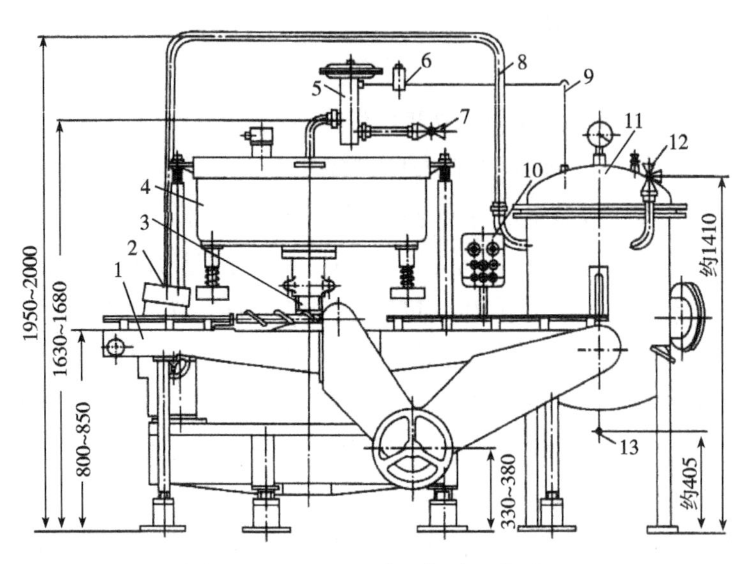

图 13－18　GT7B6 真空加汁机外形图

1—进出罐输送带　2—传动部分　3—中心盘　4—加汁部分　5—薄膜阀　6—电磁阀　7—进料管　8—不锈钢管　9—真空管路　10—电气控制板　11—储气桶　12—抽真空管　13—放料阀

图 13－19 为该机传动系统示意图。空罐由进出输送带送入，经进罐螺旋分隔由进罐星状轮送至中心盘的托罐盘上。随着中心盘的转动，托罐盘受升降凸轮控制上升。使罐头与灌装阀压紧，托罐盘的上升行程为两个阶段：第一阶段使灌装阀与真空管路接通，将罐内空气抽出；第二阶段使灌装阀与储汁槽接通，向管内灌装。中心盘回转一定角度后，托罐盘下降，罐头与灌装阀脱离，经出罐盘至进出罐输送带送出。

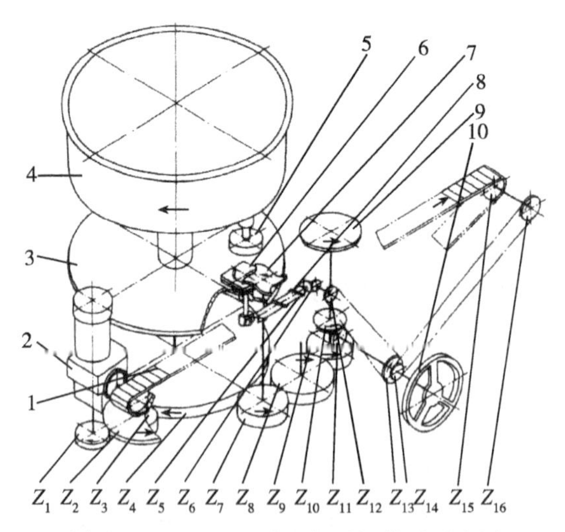

图 13－19　GT7B6 真空加汁机传动示意图

1—进出罐输送带　2—无级变速器　3—中心盘　4—储汁槽　5—灌装阀　6—托罐盘　7—进罐星状轮　8—进罐螺旋　9—出罐盘　10—盘车手转

Z_1～Z_4、Z_7～Z_9—圆柱齿轮　Z_5、Z_6—圆锥齿轮　Z_{10}、Z_{11}—圆锥齿轮　Z_{12}～Z_{16}—链轮

13.2.3　液体灌装设备的简介

图 13－20 所示为国产 FDC32T8 型灌装压盖机结构示意图，它适用于瓶装碳酸饮料和果汁饮料的灌装和压盖。如配置旋盖机，增加（或变更）部分附件即可为玻璃瓶和聚酯瓶两用灌装机。

该设备特点如下。

（1）灌装缸、灌装阀及与物料接触的零件，采用内壁抛光的微碳不锈钢制作，耐腐蚀，易清洗。

（2）饮料灌装部位能自动检测破瓶，保证设备正常运行。

（3）全机备有 CIP 自动清洗管路，自动循环，便于清洗。

（4）采用高速、高精度灌装阀，瓶内液位控制准确，确保优良的灌装质量。

（5）设有安全可靠的自动灌装系统，无瓶时自动闭阀，不使液体流失。

（6）有浮子液位控制装置及王冠盖检测装置。

（7）防护设施齐备，确保操作安全。

（8）采用巨型滚珠轴承，且星轮、进瓶螺杆等采用超高分子塑料制成，确保运行平稳无噪声。

（9）该机变换瓶型时，只需更换进瓶螺杆、星轮等塑料件，操作极为方便。

（10）采用无级变速器，可进行生产能力的调整。

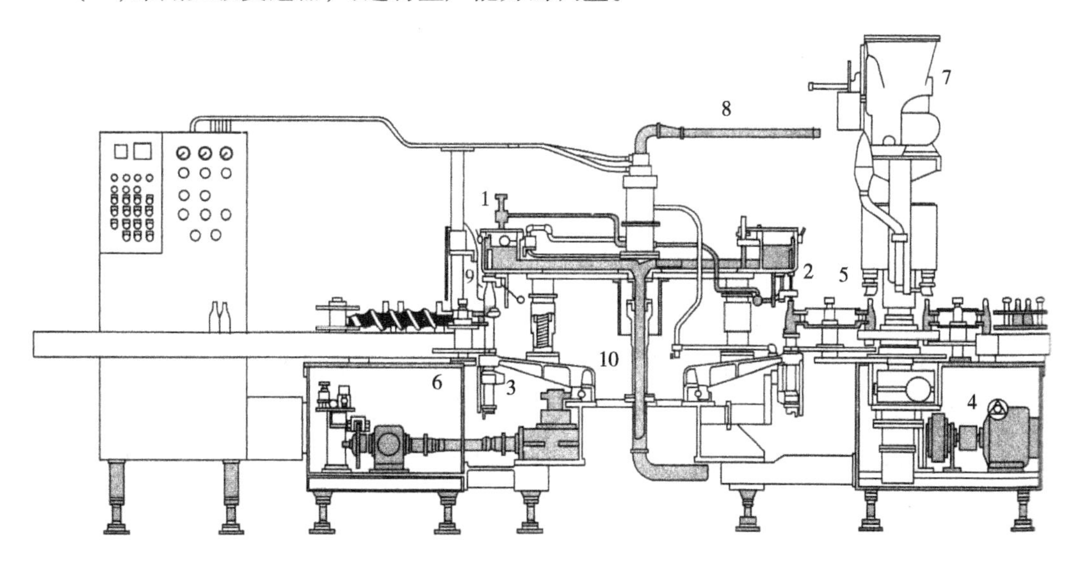

图 13－20　FDC32T8 型灌装压盖机结构示意图

1—灌装缸　2—灌装阀　3—提升气缸　4—驱动装置
5—输瓶有关零件　6—机身　7—压盖机　8—CIP 循环用配管
9—破瓶自动分离结构　10—中间自由分离结构

13.3 无菌包装技术装备

13.3.1 无菌包装的基本原理

13.3.1.1 无菌包装的概念

所谓无菌包装就是在无菌环境条件下，把无菌的或预杀菌的产品充填到无菌容器并密封之。食品无菌包装基本上由以下三部分构成：一是食品物料的预杀菌；二是包装容器的灭菌；三是充填密封环境的无菌。这也可以说是食品无菌包装的三大要素。由于无菌包装技术的关键是要保证无菌，所以它的基本原理是以一定方式杀死微生物，并防止微生物再污染。研究表明，采用无菌包装的产品质量要明显好于其他产品。在近二三十年间，无菌包装技术的研究取得了很大的进展，它不仅应用于乳品工业，而且广泛应用于其他食品工业，尤其是果汁、蔬菜汁、豆奶、酱类食品、营养保健食品类的无菌包装。

13.3.1.2 无菌包装的特点

采用无菌包装有以下特点。

(1)对包装内容物可采用最适宜的杀菌方法(如 HTST 法、UHT 法等)进行杀菌，使色泽、风味、质构和营养成分等食品品质少受损害。

(2)由于包装容器和食品分别进行杀菌处理，所以不管容器容量大小如何，都能得到品质稳定的产品，甚至还能生产普通罐装法根本无法生产的大型包装食品。再者，与包装后杀菌相比，食品与容器之间不易发生反应，包装材料中的成分向食品溶渗减少。

(3)由于容器表面无菌技术较简单，且与内容物杀菌无关，故包装材料的耐热性要求不高，强度要求也没有那么严格。

(4)适合于进行自动化连续生产，既省工又节能。

由于无菌包装的这些特点，可使无菌包装的产品质量要明显好于其他产品。该技术在食品工业中发展十分迅速，有着极好的应用前景。

13.3.1.3 无菌包装的包装形式

牛乳及果汁食品的无菌包装大多都装入牛乳厚纸盒内，牛乳厚纸盒有正方形和长方形两种。这些牛乳厚纸盒以及用于长期保存乳粉的包装用纸，是由聚乙烯、纸、聚乙烯、铝箔、聚乙烯等五层包装材料组成的，能起到阻气、隔氧的作用。包装用纸的结构分解如图 13 - 21 所示，从纸板卷到包装盒工艺流程如图 13 - 22 所示。

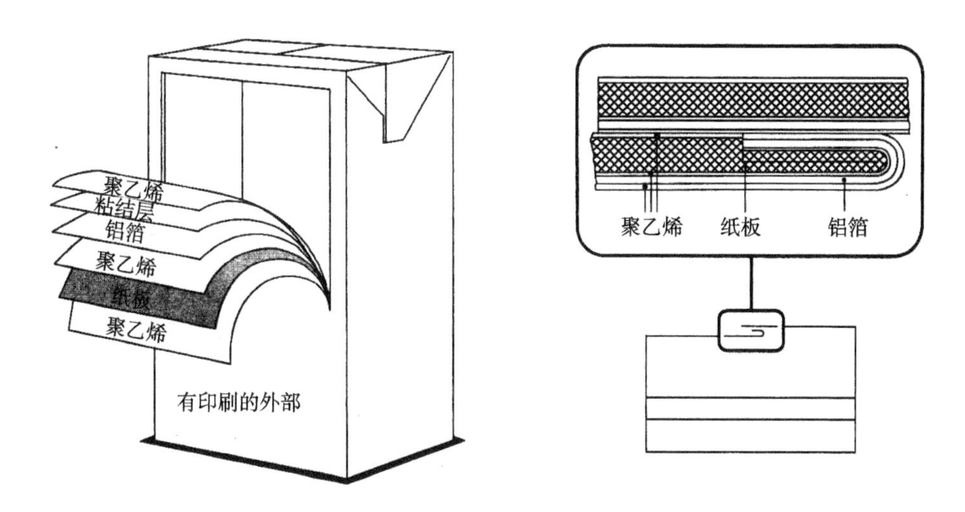

图 13－21　纸质结构分解图

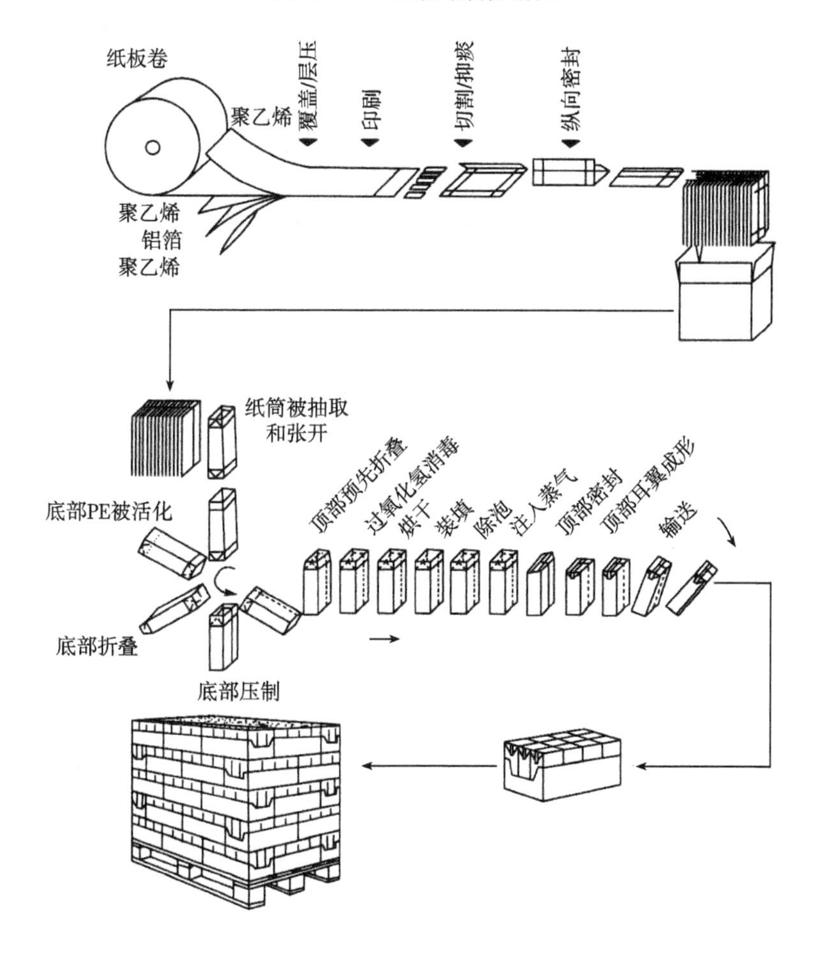

图 13－22　纸盒加工工艺流程图

13.3.2 无菌包装过程与设备

13.3.2.1 无菌包装基本过程

(1)机器的灭菌 无菌包装开始之前,所有直接或间接与无菌物料相接触的机器部位都要进行灭菌。在L-TBA/8无菌包装机中,采用先喷入H_2O_2溶液,然后用无菌热空气使之干燥的方法。如图13-23所示。其过程是:首先是空气加热器预热和纵向纸带加热器预热,在达到36℃的工作温度后,将35% H_2O_2溶液通过喷嘴分布到无菌腔及机器其他待灭菌的部位。H_2O_2的喷雾量及喷雾时间是自动控制的,以确保最佳的杀菌效果。喷雾之后,用无菌热空气使之自动干燥。整个机器灭菌的时间约45min。

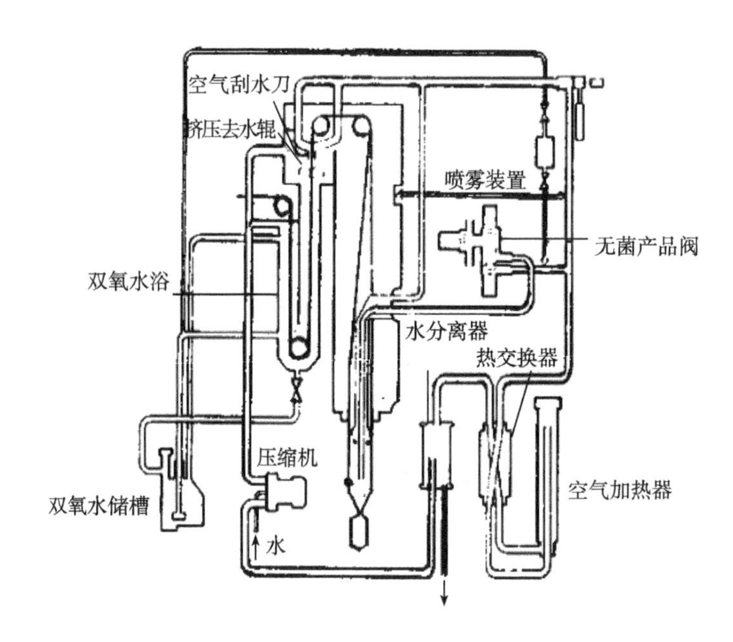

图13-23 L-TBA/8充填系统的灭菌

(2)包装材料的灭菌 如图13-24所示,包装材料引入后即通过充满35% H_2O_2溶液(温度约75℃)的深槽,其行进时间根据灭菌要求可预先在机械上设定。包装材料经由灭菌槽之后,再经挤压去水辊和空气刮水刀,除去残留的H_2O_2,然后进入无菌腔。

目前,美国及其他发达国家使用的成型—充填—封合无菌包装系统,大都采用纸板—塑料多层复合材料,并加热作为包装材料的主要杀菌手段,用于低酸性食品的包装。

(3)包装的成型、充填、封口和割离 包装材料经转向辊进入无菌腔,依靠三件成型元件形成纸筒,纸筒在纵向加热元件上密封。无菌的制品通过进料管进入纸筒,如图13-25所示,纸筒中制品的液位由浮筒来控制。每个包装产品的产生及封口均在物料液位以下进行,从而获得内容物完全充满的包装。产品移行靠夹持装置。纸盒的横封利用高频感应加热原理,即利用周期约200ms的短暂高频脉冲,加热包装复材内的铝箔层,以熔化内部的PE层,使纸盒在封口压力下被粘到一起。

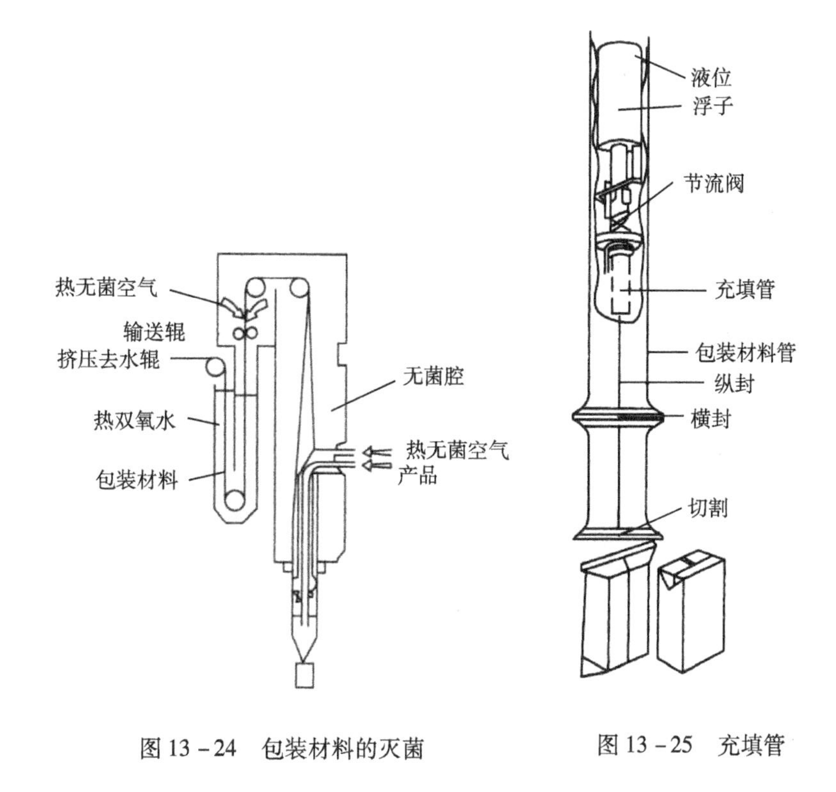

图13－24　包装材料的灭菌　　　　图13－25　充填管

13.3.2.2　典型设备

图13－26所示为利乐公司生产的无菌包装机生产原理图。

该机为间歇工作式，在包装材料处于静止状态时，就对包装材料进行折痕、封口、成型和将纸盒分别送出。包装材料由纸、塑料和铝箔组成。材料内侧可自行互相封合，因而无需使用特殊塑料封条进行纵向封贴。机器可在生产过程中停机及重新启动，一个纸盒也不会浪费。

该设备的工作过程描述如下。

(1)卷筒纸包装材料位于机器的后部。

(2)包装材料在两个压花滚筒之间通过，沿纸盒顶部及底部形成折痕。

(3)包装材料在两个滚筒之间通过，下面的滚筒位于消毒槽内，槽内装有过氧化氢，用于涂敷到包装材料的内侧。

(4)用两个挤压滚筒挤去大部分的消毒液体。

(5)当包装材料向上运行达到机器的最高点时，沿中部对折。在这一过程中，包装材料内侧为不锈钢板所遮盖，在消毒热空气的恒定正压下形成腔室，热空气温度约为125℃，把在特种材料内侧的一层极薄的过氧化氢层蒸发掉，并防止带菌空气从外部进入。

(6)折痕工具使纸盒顶和底起折，同时还使竖向边缘形成折痕；包装机装有一个冲孔装置，用于冲出一个插入吸管的孔，但不会穿透包装材料内层的聚乙烯薄膜及铝箔。

(7)通过一根管子将无菌的热空气吹进已折叠好的纸管中,此法可防止带菌空气进入。

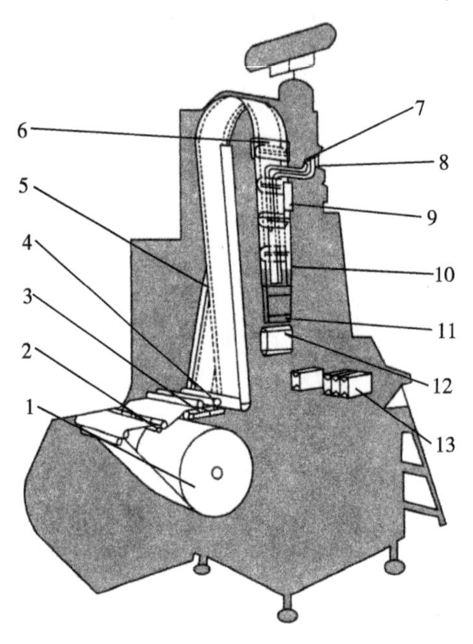

图 13-26 无菌包装机生产原理图

1—卷筒纸 2—压花滚筒 3—滚筒 4—挤压滚筒

5—不锈钢板 6—折痕工具 7—热空气管 8—灌装管

9—封合夹 10—探头 11—夹板 12—可控夹板 13—成品纸盒

复习思考题

1. 简述食品包装的主要作用。
2. 充填包装常用计量方式及特点。
3. 简述食品充填机的封口装置类型及特点。
4. 简述液体食品包装机的物料灌装的方法及特点。
5. 简述无菌包装的三大要素。
6. 简述无菌包装的特点与应用范围。

参考文献

[1]殷涌光.食品加工机械与设备[M].北京:化学工业出版社,2007.

[2]崔建云.食品机械[M].北京:化学工业出版社,2007.

[3]陈斌.食品加工机械与设备[M].2版.北京:机械工业出版社,2008.

[4]肖绪霖.食品加工机械与设备[M].北京:中国轻工业出版社,2000.

[5]许占林.中国食品与包装工程装备手册[M].北京:中国轻工业出版社,2000.

[6]张裕中.食品加工技术装备[M].北京:中国轻工业出版社,2007.

[7]王凯,冯连芳.混合设备设计[M].北京:机械工业出版社,2000.

[8]章建浩.食品包装大全[M].北京:中国轻工业出版社,2000.

[9]唐国强.食品通用机械与设备[M].华南理工大学出版社,2010.

[10]蒋迪清.食品通用机械与设备[M].广州:华南理工大学出版社,1996.

[11]高孔荣.发酵设备[M].北京:中国轻工业出版社,1991.

[12]梁世中.生物工程设备[M].北京:中国轻工业出版社,2011.

[13]唐伟强.食品通用机械与设备[M].广州:华南理工大学出版社,2010.

[14]高福成.食品分离重组工程技术[M].北京:中国轻工业出版社,1998.

[15]高福成.现代食品工程高新技术[M].北京:中国轻工业出版社,1997.

[16]陆振曦,陆守道.食品机械原理与设计[M].北京:中国轻工业出版社,1995.

[17]顾尧臣.粮食加工设备工作原理、设计和应用[M].武汉:湖北科学技术出版社,1998.

[18]章建浩.食品包装学[M].北京:中国农业出版社,2009.

[19]关志强.食品冷冻冷藏原理与技术[M].北京:化学工业出版社,2010.

[20]姚惠源.谷物加工工艺学[M].北京:中国财经出版社,1999.